NussKnacker 3

Mein Mathematikbuch

Herausgeber
Frank Lippmann, Auerbach/Vogtl.

Autoren
Frank Lippmann, Auerbach/Vogtl.
Katja Poser, Chemnitz

Mitautoren
Anja Bever, Köln
Kathrin Diestel, Überlingen
Gudrun Häring, Binnen
Karl Landherr, Thannhausen
Uwe Neißl, Kraichtal
Mirco Redlich, Schiffdorf

Berater
Frithjof Andersen, Leipzig
Silke Kriebel, Thiendorf
Anja Zscheile, Dresden

Ernst Klett Verlag
Stuttgart · Leipzig

Inhalt

■ Zahlen und Operationen ● Größen und Messen ◆ Daten, Häufigkeit und Wahrscheinlichkeit
▲ Raum und Form ▼ Muster und Strukturen

Vorwissen: Was kann ich schon?

Zum Bild Rechengeschichten erzählen. Dabei die 5 Nussknacker-Kinder (Paula, Emma, Fatima, Max und Anton) thematisieren. Dargestellte Aufgaben mündlich oder schriftlich lösen. Jedes Kind bearbeitet auf Seite 4 und 5 gemäß dem individuellen Lernstand ausgewählte Aufgaben.

AH 2 82–111

Die einzelnen Bildsituationen thematisieren zurückliegende Lerninhalte und geben zugleich einen Ausblick auf Lerninhalte des dritten Schuljahres. Die Lehrkraft gewinnt einen Einblick in die individuellen Lernvoraussetzungen.

AH 2 82 – 111

Addieren

1 a) 16 + 3
24 + 2
43 + 4
61 + 7
38 + 1

b) 52 + 6
79 + 0
91 + 8
85 + 2
44 + 3

c) 11 + 9
36 + 4
53 + 7
78 + 2
94 + 6

d) 18 + 5
27 + 7
49 + 2
66 + 9
83 + 8

e) 87 + 6
56 + 9
64 + 8
75 + 7
29 + 4

2 a)

+	20	30	40
23			
58			
39			

b)

+	50	10	60
15			
31			
26			

c)

+	30		40
18		68	
47			
			82

3 Rechenkonferenz

4 Kontrolliere mit den Lösungszahlen. Eine Zahl bleibt jeweils übrig.

a) 23 + 15
32 + 26
51 + 34
14 + 63
45 + 42

38 48 58
77 85 87

b) 36 + 41
25 + 53
73 + 22
48 + 31
52 + 14

66 76 77
78 79 95

c) 51 + 29
67 + 13
35 + 55
24 + 36
12 + 48

60 60 70
80 80 90

d) 74 + 17
56 + 36
69 + 27
47 + 45
28 + 53

81 91 92
92 93 96

e) 63 + 19
38 + 39
46 + 28
13 + 49
17 + 58

62 74 75
77 78 82

5 a) 7 + 3
17 + 4
27 + 5
37 + 6

b) 16 + 11
26 + 15
36 + 19
46 + 23

c) 34 + 56
39 + 51
44 + 46
49 + 41

d) 40 + 31
41 + 33
43 + 35
46 + 37

e) 21 + 58

f) 88 + 11

1

a) 19 − 4
28 − 6
57 − 3
34 − 1
65 − 2

b) 59 − 6
76 − 5
88 − 7
67 − 0
99 − 8

c) 20 − 3
40 − 5
70 − 8
50 − 7
100 − 4

d) 21 − 2
54 − 6
33 − 5
72 − 4
86 − 9

e) 95 − 8
37 − 7
41 − 3
68 − 9
92 − 6

2

a)

−	20	30	40
46			
55			
84			

b)

−	50	10	60
93			
69			
71			

c)

−	70		50
74		54	
82			
			48

3 Rechenkonferenz

4 Kontrolliere mit den Lösungszahlen. Eine Zahl bleibt jeweils übrig.

a) 25 − 14
38 − 26
49 − 44
73 − 63
52 − 31

5 10 11
12 18 21

b) 36 − 12
27 − 15
64 − 22
79 − 58
98 − 47

12 21 24
41 42 51

c) 30 − 16
60 − 24
40 − 35
90 − 89
80 − 18

1 5 6
14 36 62

d) 45 − 17
32 − 23
61 − 42
94 − 66
83 − 37

9 19 28
28 29 46

e) 62 − 19
81 − 29
56 − 48
75 − 39
96 − 78

8 18 28
36 43 52

5

a) 93 − 3
83 − 4
73 − 5
63 − 6

b) 16 − 12
26 − 14
36 − 16
46 − 18

c) 49 − 46
54 − 41
59 − 36
64 − 31

d) 60 − 21
61 − 23
63 − 25
66 − 27

e) 56 − 39

f) 22 − 11

1

a)

4	1	15	
14			0
	6		13
9		2	

Immer **30**.

b)

1	7		
	15		2
6		11	13
14		5	

Immer **30**.

c)

	5		11
9		7	
15		1	6
4			13

Immer **30**.

d)

3		9	
	13		7
	11	6	
5	2		8

Immer **30**.

e)

	9	10	
14		1	
	12		3
11			8

Immer **30**.

2 In jedem Zauberquadrat ist eine Zahl falsch. Finde die Fehler.

a)

5	8	18	19
17	22	6	7
12	9	15	14
16	13	11	10

Immer **50**.

b)

6	7	17	20
18	19	5	8
11	10	16	3
15	14	12	9

Immer **50**.

c)

5	12	16	17
18	15	11	6
19	14	10	7
8	9	23	20

Immer **50**.

3 a) Bestimme für jedes Zauberquadrat die Zauberzahl.
b) Addiere in jedem Zauberquadrat die Zahlen in gleichfarbigen Feldern. Was stellst du fest?
c) Finde eigene Muster.

A

1	8	10	15
12	13	3	6
7	2	16	9
14	11	5	4

Immer ▒.

B

3	13	12	6
16	2	7	9
5	11	14	4
10	8	1	15

Immer ▒.

C

5	4	14	11
16	9	7	2
3	6	12	13
10	15	1	8

Immer ▒.

Bei Zauberquadraten ist die Summe der Zahlen in jeder Zeile, Spalte und Diagonale gleich.

AH 5 KV 3–5 191, 194

1

2 Tauschaufgaben

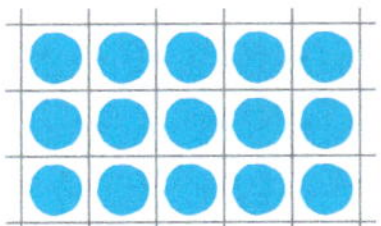

3 · 5 =

5 · 3 =

3 / 5	2 / 8	1 / 9
4 / 4	7 / 1	6 / 0

3 Kernaufgaben

a) 1 · 3, 2 · 3, 5 · 3, 10 · 3

b) 1 · 4, 2 · 4, 5 · 4, 10 · 4

c) ▢ · 6, ▢ · 6, ▢ · 6, ▢ · 6

d) Rechne die Kernaufgaben der Reihen mit 7, 8 und 9 genauso.

4 Kernaufgaben zuerst

a) 2 · 4, 3 · 4; 2 · 7, 3 · 7; 2 · 9, 3 · 9

b) 5 · 2, 6 · 2; 5 · 9, 6 · 9; 5 · 8, 6 · 8

c) 10 · 3, 9 · 3; 5 · 1, 4 · 1; 10 · 6, 9 · 6

5 Kernaufgaben zusammensetzen

a) 5 · 3, 1 · 3 — 6 · 3; 5 · 7, 1 · 7 — 4 · 7

b) 5 · 8, 2 · 8 — 7 · 8; 5 · 9, 2 · 9 — 7 · 9

c) 10 · 4, 1 · 4 — 9 · 4; 10 · 7, 1 · 7 — 9 · 7

6 Verdoppeln

a) 3 · 4, 6 · 4; 3 · 7, ▢ · 7; 3 · 9, ▢ · 9

b) 4 · 3, 8 · 3; 4 · 6, ▢ · 6; 4 · 8, ▢ · 8

7 Halbieren

a) 4 · 2, 2 · 2; 4 · 5, ▢ · 5; 4 · 8, ▢ · 8

b) 6 · 4, 3 · 4; 6 · 7, ▢ · 7; 6 · 9, ▢ · 9

Dividieren

1

a) Wie viele Vierertische werden benötigt?
b) Wie viele Tische werden benötigt, wenn es nur Sechser- oder nur Achtertische gibt?
c) Andere Gruppen kommen mit 18, 25 und 34 Personen.

2 Dividieren durch 2, 5 und 10

a)	b)	c)
6 : 2	12 : 2	15 : 5
10 : 2	18 : 2	10 : 5
8 : 2	20 : 2	25 : 5
14 : 2	16 : 2	40 : 5

d)	e)	f)
20 : 5	30 : 10	100 : 10
35 : 5	70 : 10	60 : 10
5 : 5	90 : 10	50 : 10
45 : 5	40 : 10	80 : 10

3 Umkehraufgaben

20 : 4 = 5
5 · 4 = ▢

20 : 4 | 21 : 3 | 32 : 8 | 0 : 7
30 : 3 | 18 : 9 | 54 : 6 | 28 : 4
6 : 1 | 63 : 7 | 72 : 9 | 48 : 8

4 Dividieren ohne Rest

a)	b)	c)
8 : 4	36 : 6	54 : 9
16 : 2	9 : 1	0 : 5
24 : 8	49 : 7	35 : 7
27 : 3	32 : 4	64 : 8

5 Dividieren mit Rest

a)	b)	c)
7 : 3	9 : 4	6 : 5
8 : 3	10 : 4	18 : 5
16 : 3	31 : 4	27 : 5
23 : 3	37 : 4	39 : 5

6 Aufgabenfamilien

18
3 6
3 · 6 = 18
6 · 3 = 18
18 : 6 = ▢
18 : 3 = ▢

a) 18 / 3 6
b) 56 / 7 8
c) 90 / 10 9
d) 42 / 6 ▢
e) 45 / ▢ 9
f) ▢ / ▢ ▢

1

Beispiel: 8 / 4 | 2 | 3

a) 4 | 2 | 3

b) 7 | 1 | 8

c) 1 | 6 | 9

d) 32 / _ | 4 / 2 | _ | _

e) _ | 9 / 3 | _ | 3

f) 6 | 4 / _ | 2 | _

g) 7 | _ / 7 | _ | 5

2

a) 1 | 2 | 5

b) 5 | 1 | 2

c) 1 | 5 | 2

d) 5 | 2 | 1

e) 2 | 1 | 5

f) 2 | 5 | 1

3 Löse durch Probieren. Setze nur Zahlen von 0 bis 10 ein.

a)

64 / _ | _ / 1 | _ | 1

64 / _ | _ / _ | 1 | _

64 / _ | _ / 2 | _ | 2

64 / _ | _ / _ | 2 | _

b) 100

c) 36

Lösungsschritte erweitern
Schule und Zahlen

1

LÖSUNGSSCHRITTE FÜR SACHAUFGABEN !

F — 1. FRAGE!
Was ist gefragt?

- Lies alles genau durch.
- Überlege, was gefragt ist. Manchmal steht die Frage im Text, manchmal musst du sie formulieren.

L — 2. LÖSE!
Wie kannst du die Aufgabe lösen?

- Suche einen Lösungsweg. Manchmal hilft dir eine Skizze oder Tabelle.
- Löse mit deinem Lösungsweg. Notiere übersichtlich.

A — 3. ANTWORTE!
Wie heißt die Antwort?

- Kontrolliere, ob dein Ergebnis stimmen kann.
- Schreibe einen Antwortsatz zur Frage.

Klasse 3a der Grundschule am See

In die 3a gehen 9 Jungen und 15 Mädchen. Jedes 4. Kind kommt mit dem Bus zur Schule.

Es kommen 3 Jungen mehr als Mädchen zu Fuß zur Schule. Insgesamt sind es 11 Kinder.

Anna, Tim, Julian und ich sitzen in einer Viererreihe. Anna sitzt zwischen mir und Julian. Tim sitzt rechts außen. Julian hat nur einen Tischnachbarn, weil er so gerne redet.

Lea

2 Die Kinder der Klasse 3a haben Sachaufgaben geschrieben.

a) Welcher Lösungsschritt (F – L – A) ist jeweils abgebildet? Ordne zu.

Felix:

Wie viele Kinder sind in der Klasse 3a?

Clara:

6 Kinder der Klasse 3a kommen mit dem Bus zur Schule.

Janosch:

(+3 von Mädchen zu Jungen)

Mädchen	Jungen	gesamt
1	4	5

Mia:

			T

b) Übertrage 2 Aufgaben in dein Heft und ergänze die fehlenden Lösungsschritte.

	1a	1b	2a	2b	3a	3b	4a	4b
Mädchen	8	12	13	11	9	10	11	13
Jungen	9	7	15	16	15	17	13	12
insgesamt	17	19	28	27	24	27	24	25

3 a) Welche Informationen kannst du aus der Tabelle ablesen? Erkläre.

b) Bearbeite die Sachaufgaben. Frage, löse und antworte.

1 Die beiden 3. Klassen planen einen Ausflug ins Theater.
Wie viele Eintrittskarten müssen für die Kinder reserviert werden?

2 Die 2. Klassen gehen mit ihren Klassenlehrern ins Schulkino.
Wie viele Eintrittskarten werden benötigt?

3 Bei den Projekttagen zum Thema „Gesünder leben“ bekommt jedes Kind der 3. und 4. Klassen einen Apfel.
Wie viele Äpfel müssen besorgt werden?

4 Für den Kunstunterricht der 4. Klassen hat Frau Fischer 75 Stoffsäckchen bestellt.
Jedes Kind braucht zum Basteln ein Säckchen.
Reichen die restlichen Säckchen noch für die Klasse 3b?

5 Bei den Projekttagen macht jedes Kind der Schule bei einem der beiden Gesundheitsprojekte mit. Beim Projekt „Fit durch Bewegung“ sind 62 Jungen.
Wie viele Jungen sind beim Projekt „Gesundes Frühstück“?

4 Jedes Kind hat einen Fehler gemacht. Kontrolliere und berichtige im Heft.

Janosch:

F: Wie viele Jungen sind in Klasse 3?
L: 15 + 17 = 22
A: In Klasse 3 sind 22 Jungen.

Mia:

F: Wie viele Kinder sind in Klasse 1 und 2?
L: 8 + 12 + 13 + 11 = 44
A: In Klasse 1 und 2 sind 44 Kinder.

Felix:

F: Wie viele Kinder sind in der 4a da, wenn jedes 6. Kind fehlt?
L: 24 − 6 = 18
A: 18 Kinder sind noch da.

Clara:

F: Gibt es mehr Dritt- oder Viertklässler?
L: 24 + 27 = 51
24 + 25 = 49 51 > 49
A: Es gibt mehr Viertklässler.

Große Zahlen

1

a) Schätze. Wie viele Schokolinsen könnten es sein?
b) Erkläre, wie du beim Schätzen vorgegangen bist.

2 Anton, Fatima und Emma haben Schokolinsen gelegt.

a) Wie viele hat jeder?

Anton:

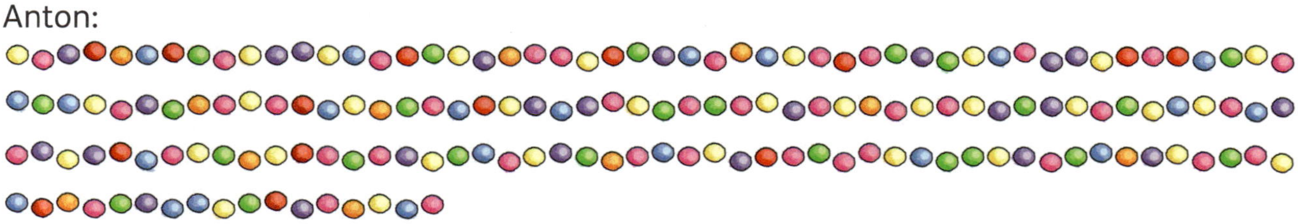

Fatima:

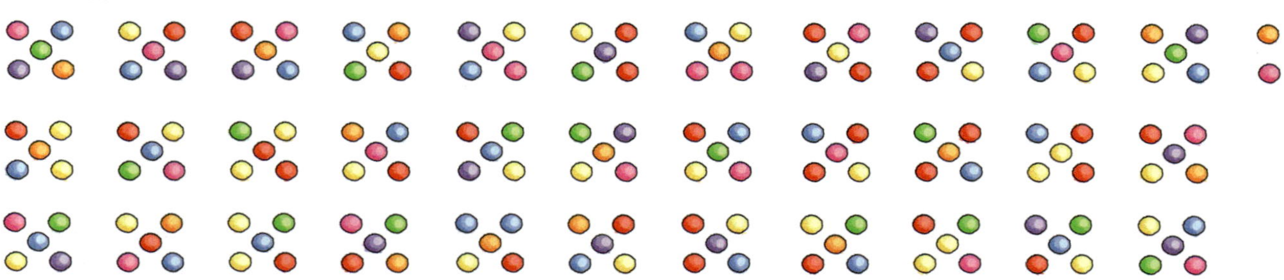

Emma:

b) Wo konntest du leichter zählen? Begründe.

c) Nehmt selbst Schokolinsen oder andere Dinge. Schätzt zuerst, legt geschickt und zählt.

d) Finde eigene Beispiele für große Zahlen in deiner Umwelt.

1

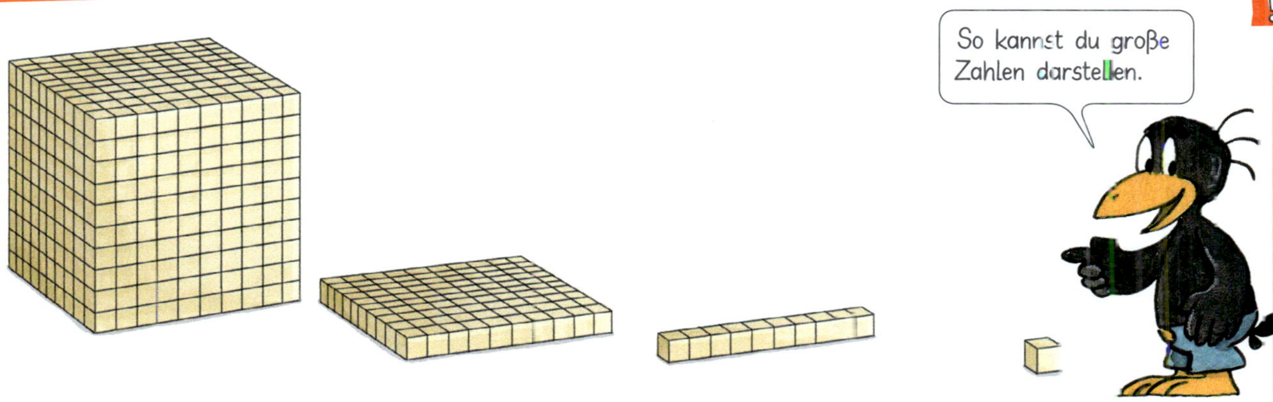

Tausenderwürfel | Hunderterplatte | Zehnerstange | Einerwürfel

Tausender	Hunderter	Zehner	Einer
1000	100	10	1
1 T = ▢ H	1 H = ▢ Z	1 Z = ▢ E	1 E

2 Welche Zahlen sind dargestellt? Lege sie. Trage sie in eine Stellenwerttafel ein und schreibe sie auf.

H	Z	E		Zahl
3	4	5		345

a) 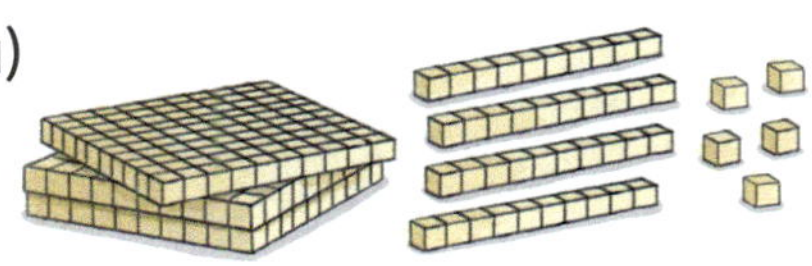

b) 

c) 

d) 

e) 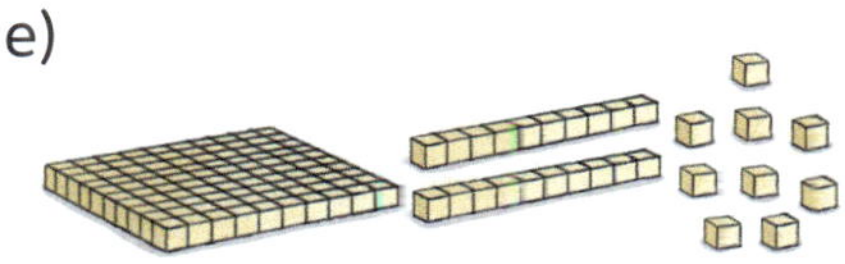

f) 

g) 

h) 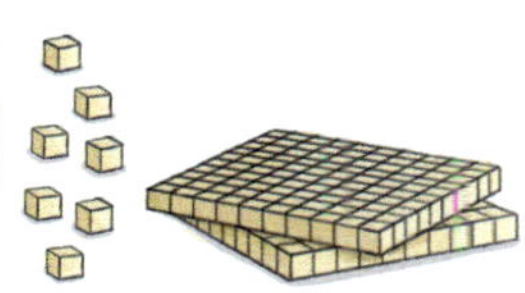

3 Legt diese Zahlen. Wie heißen sie?

a)

H	Z	E
1	2	3

H	Z	E
4	5	6

H	Z	E
3	5	0

H	Z	E
7	8	9

b)

E	H	Z
6	7	1

H	E	Z
5	8	3

E	Z	H
5	4	2

Z	E	H
0	4	9

c) Legt eigene Zahlen.

1

So sprechen Kinder in anderen Sprachen die Zahl 347.

three hundred and forty-seven

trois cents quarante-sept

Üç yüz kırk yedi

триста сорок семь

2 Zeige deinem Partner am Tausenderfeld.

a) 200, 500, 800 b) 150, 450, 75 c) 180, 640, 960 d) 377, 737, 773

e) 596, 769, 269 f) 47, 854, 1 000 g) 292, 922, 29 h) Zeigt noch andere Zahlen.

3 Trage die Zahlen in eine Stellenwerttafel ein.

a) 

b) 

c) 

d) 

e) 

4 Schreibe in Geheimschrift.

a)

H	Z	E
6	8	9

H	Z	E
7	0	2

H	Z	E
8	3	4

b) einhundertfünf
dreihundertdreizehn
sechshundertneunzig

c) 155 512 568
987 123 271

2 KV nutzen.

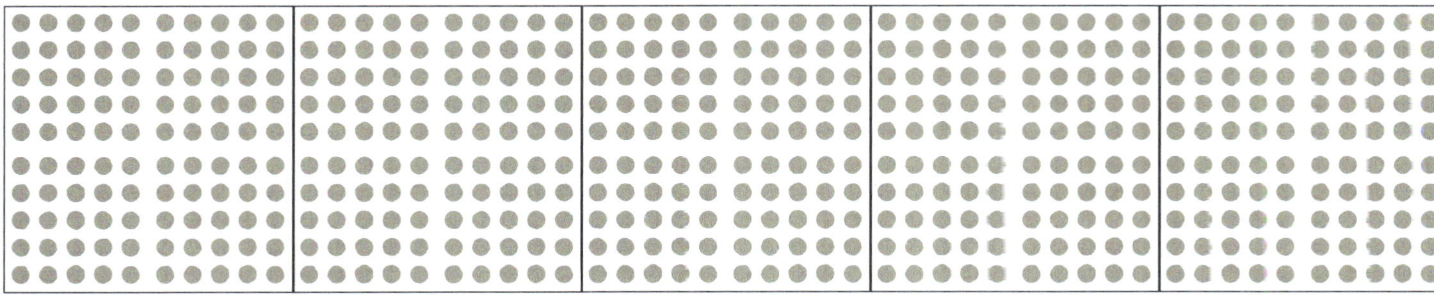

5 Zerlege die Zahlen.

H	Z	E
2	3	7

237 = 200 + 30 + 7

H	Z	E
6	7	1

H	Z	E
5	4	2

H	Z	E
9	1	5

H	Z	E
4	8	9

H	Z	E
7	0	8

H	Z	E
8	9	0

6 Schreibe Steckbriefe.

125

H	Z	E
1	2	5

100 + 20 + 5

einhundert-fünfundzwanzig

567 234 496 305 814 600 369 407 782 193

7 Es wurden 4 Steckbriefe zerschnitten. Erstellt diese 4 Steckbriefe. Ergänzt die fehlenden Angaben.

703

dreihundert-siebzig

H	Z	E
3	7	0

zweihundert-siebenunddreißig

273

zweihundert-dreiundsiebzig

200 + 30 + 7

200 + 70 + 3

H	Z	E
7	0	3

300 + 70

H	Z	E
2	7	3

700 + 3

H	Z	E
2	3	7

8 Anton hat in eine Stellenwerttafel Plättchen gelegt. Welche Zahl ist dargestellt?

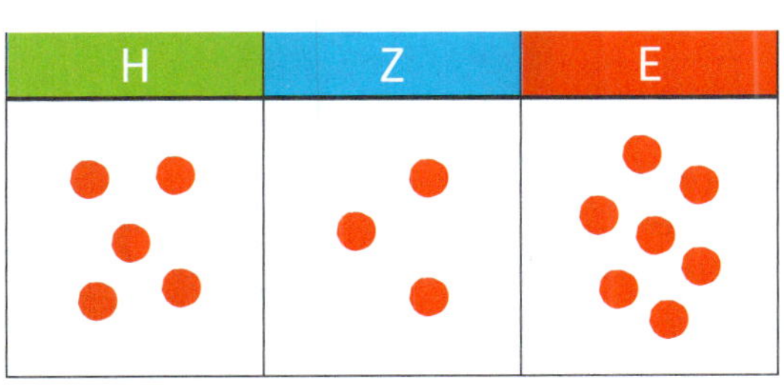

Welche Zahlen können entstehen, wenn Anton
a) ein Plättchen in einem Feld dazulegt?
b) ein Plättchen aus einem Feld wegnimmt?
c) ein Plättchen von einem Feld in ein anderes verschiebt?
d) 2 Plättchen dazulegt?

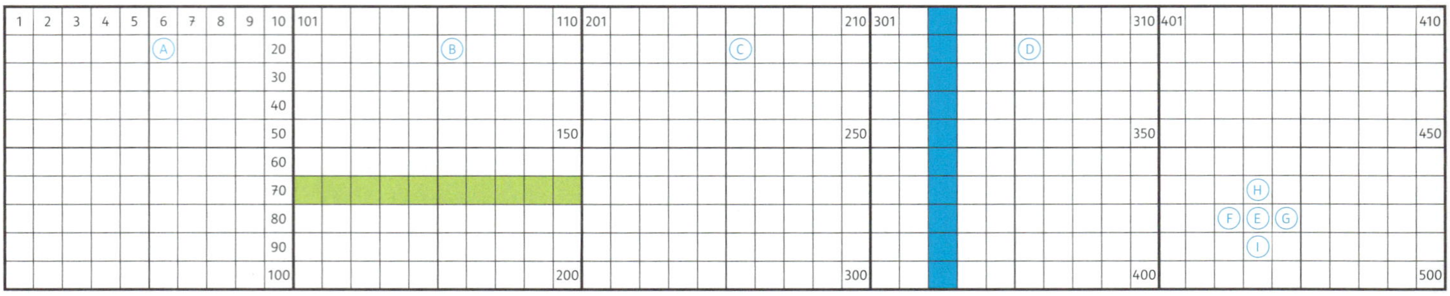

1 Zeige deinem Partner an den Hundertertafeln:

a) alle Hunderterzahlen,
b) alle Zehnerzahlen von 100 bis 250,
c) alle Zahlen von 498 bis 512,
d) die Zahlen 356, 517, 714, 888, 969,
e) alle Zehnerzahlen im 8. Hunderter,
f) deine Lieblingszahlen.

2 Zähle:

a) in Einerschritten von 130 bis 143, von 836 bis 819,
b) in Zehnerschritten von 315 bis 395, von 967 bis 907,
c) in Fünfzigerschritten von 150 bis 550, von 950 bis 750,
d) in Hunderterschritten von 17 bis 917, von 994 bis 94.

3 Wie heißen die Zahlen auf den Hundertertafeln:

a) in den grünen Feldern?
b) in den blauen Feldern?
c) in den gelben Feldern?
d) in den Kreisen?

4 Welche Zahlen fehlen in den gelben Feldern?

a)

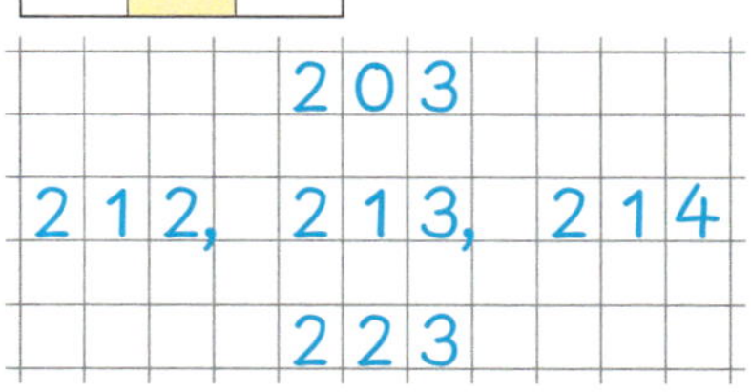

b)

c)

d)

e)
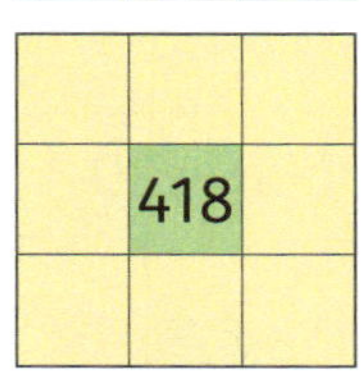

f)
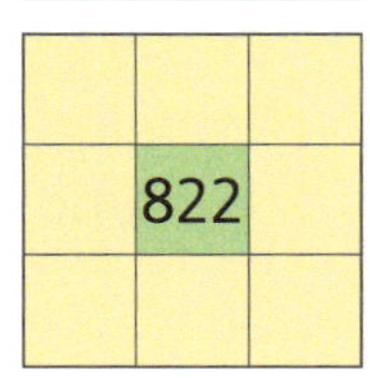

g)

5 Löse die Zahlenrätsel.

a) Meine Zahl liegt genau in der Mitte zwischen 700 und 800.

b) Meine Zahl liegt zwischen 710 und 728. Der Einer ist 9.

c) Meine Zahl liegt zwischen 790 und 800. Zehner und Einer sind gleich.

d) Meine Zahl liegt genau in der Mitte zwischen 750 und 760.

e) Bei meiner Zahl ist der Hunderter um 2 größer als der Zehner und der Zehner um 2 größer als der Einer. Der Einer ist 3.

719 750 753 755 768 799

KV nutzen.

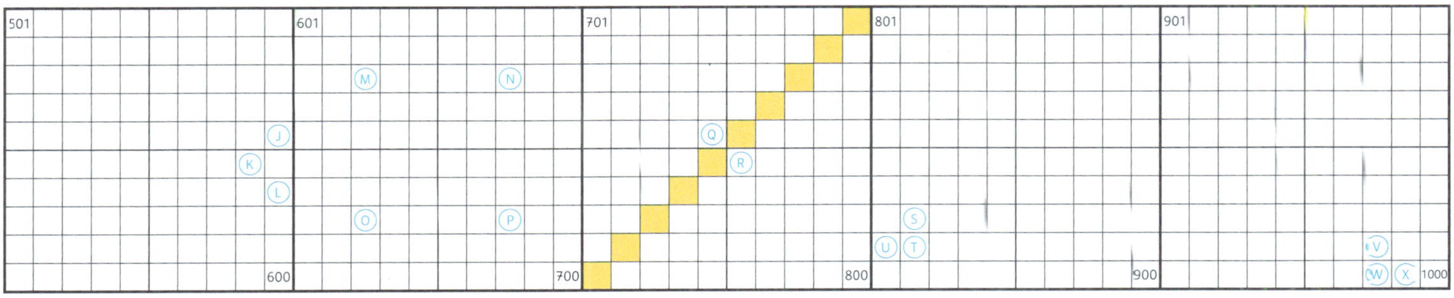

6 a) Zeichne die Buchstaben vergrößert auf.
Trage die fehlenden Zahlen ein.

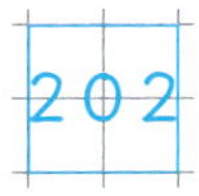

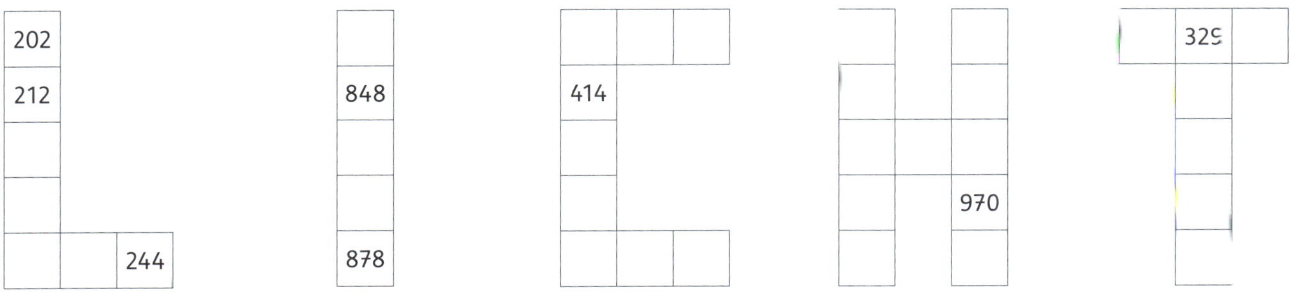

b) Zeichne weitere Buchstaben und trage Zahlen ein.

7 Springe vom grünen zum gelben Feld. Auf welcher Zahl landest du?
Beschreibe deinen Weg.

a)

b)

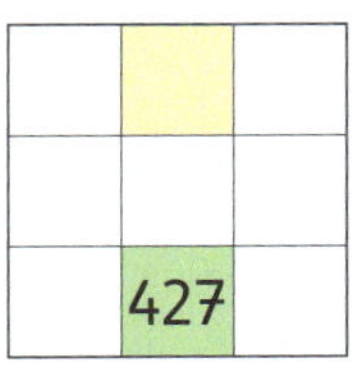

c)

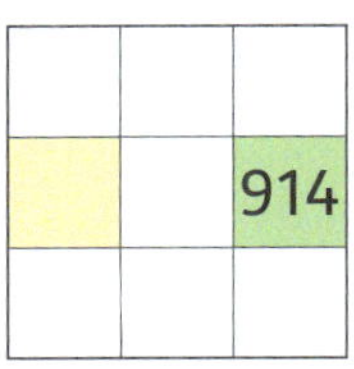

d)

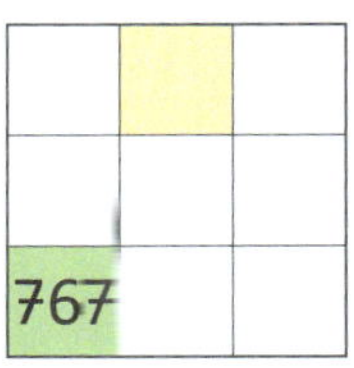

e)

8 Zeige die Zahlen und springe. Auf welcher Zahl landest du?

235 956 644 875 527

a) 2 Felder nach rechts und 1 Feld nach oben.
b) 1 Feld nach oben und 3 Felder nach rechts.
c) 3 Felder nach links, 2 Felder nach unten.
d) 3 Felder nach rechts und 2 Felder nach oben.
e) Wie kannst du springen, wenn du jeweils auf einer Hunderterzahl landen willst?

9 a) Anton würfelt 2, 4, 6. Er setzt daraus 246 und 642 zusammen.
Welche anderen Zahlen kann er daraus noch zusammensetzen?
Ordne die Zahlen nach der Größe.
b) Würfle und setze selbst Zahlen zusammen.

6 KV nutzen.

Zahlenstrahl

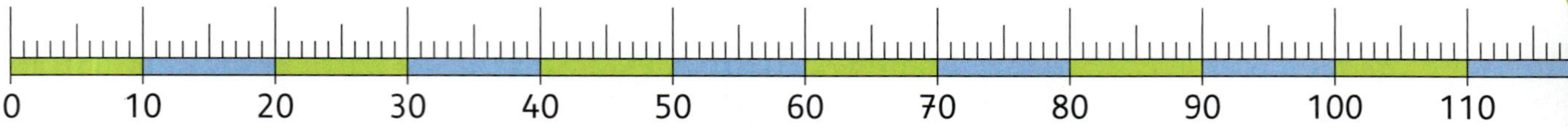

1 a) Zeige deinem Partner am Zahlenstrahl:
- alle Hunderterzahlen,
- alle Zehnerzahlen von 100 bis 200,
- die Mitte zwischen 2 benachbarten Hunderterzahlen,
- noch andere Zahlen.

b) Wie heißen die Zahlen an den grünen Pfeilen?

2 Zähle vorwärts und rückwärts:

a) in Einerschritten von 182 bis 212, von 816 bis 796.

b) in Zehnerschritten von 415 bis 505, von 956 bis 866.

c) in Hunderterschritten von 16 bis 916, von 909 bis 9.

d) in anderen Schritten.

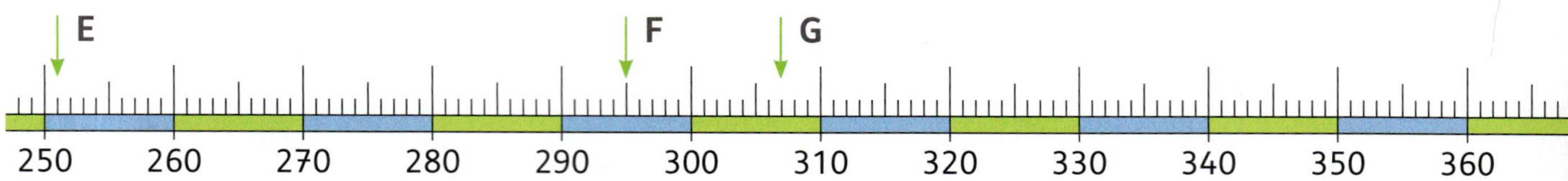

3 Setze >, < oder = ein.

a) 312 ○ 308
492 ○ 496

888 ○ 889
862 ○ 860

704 ○ 704
725 ○ 737

b) 330 ○ 303
397 ○ 379

487 ○ 487
213 ○ 231

159 ○ 195
620 ○ 616

4 Ordne die Zahlen nach der Größe. Beginne mit

a) der kleinsten Zahl.

312 | 381 | 302 | 407 | 418 | 481

b) der größten Zahl.

443 | 434 | 487 | 478 | 444 | 490

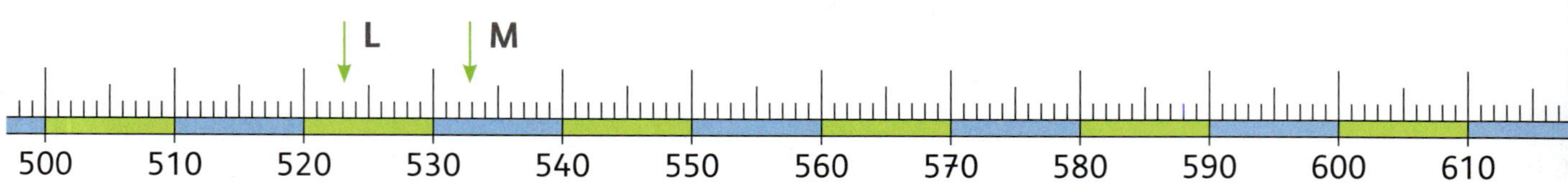

5

a) Schreibe weitere EDE-Zahlen auf. Ordne sie nach der Größe.

b) Wie viele EDE-Zahlen mit 1 (9 oder 0):
- als mittlere Ziffer gibt es?
- als Anfangsziffer gibt es?

c) Wie viele EDE-Zahlen gibt es insgesamt?

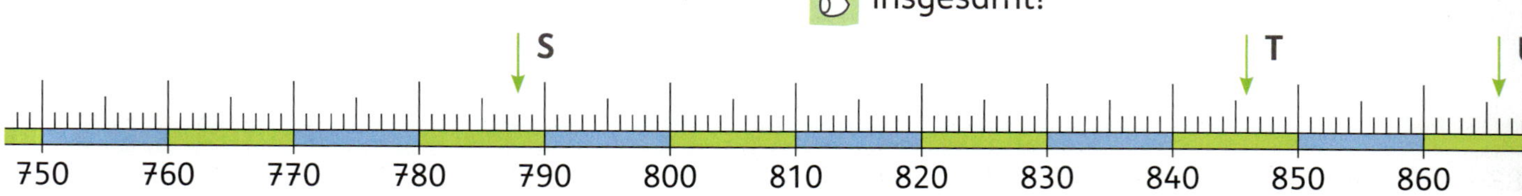

5 „EDE-Zahlen“ einführen. Besonderheiten erklären.

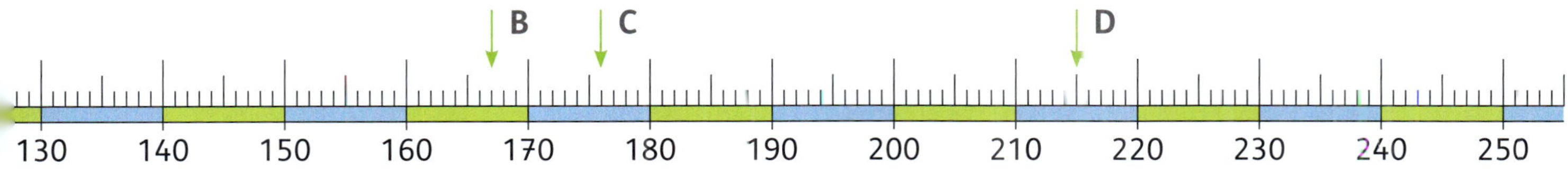

6 Gib Vorgänger (V) und Nachfolger (N) an.

V	↓	N
312	313	314
	417	
	529	
	701	
	686	

V	↓	N
	720	
	840	
	600	
	300	
	500	

V	↓	N
621		
	470	
		900
599		
	660	

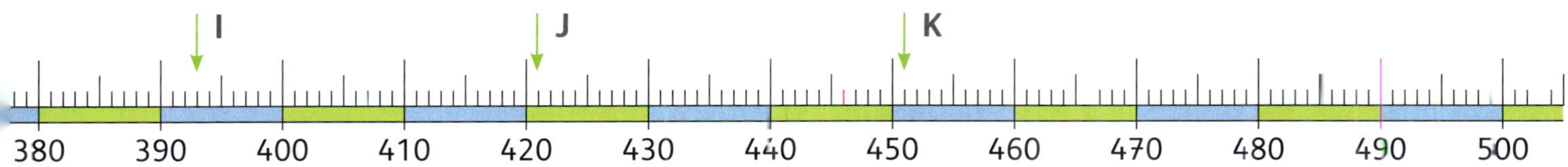

7 Gib die Nachbarzehner (NZ) an. Welcher Zehner ist am nächsten? Unterstreiche.

NZ	↓	NZ
<u>870</u>	874	880
	227	
	449	
	605	

NZ	↓	NZ
	942	
	386	
	720	
	200	

NZ	↓	NZ
660		
	850	
750		
		990

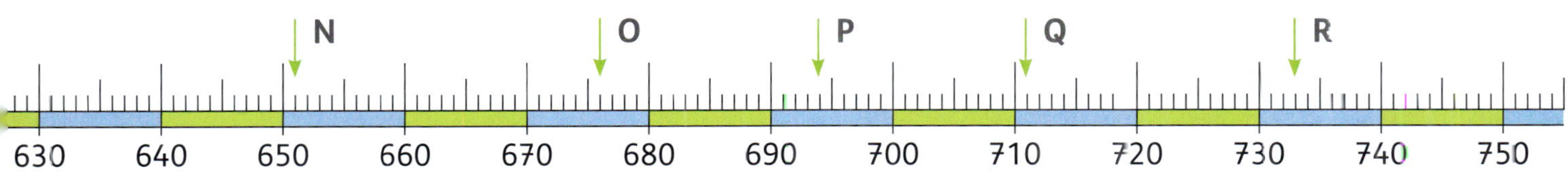

8 Gib die Nachbarhunderter (NH) an. Welcher Hunderter ist am nächsten? Unterstreiche.

NH	↓	NH
<u>400</u>	432	500
	515	
	481	
	867	

NH	↓	NH
	357	
	801	
	199	
	93	

NH	↓	NH
200		
		600
	754	
800		

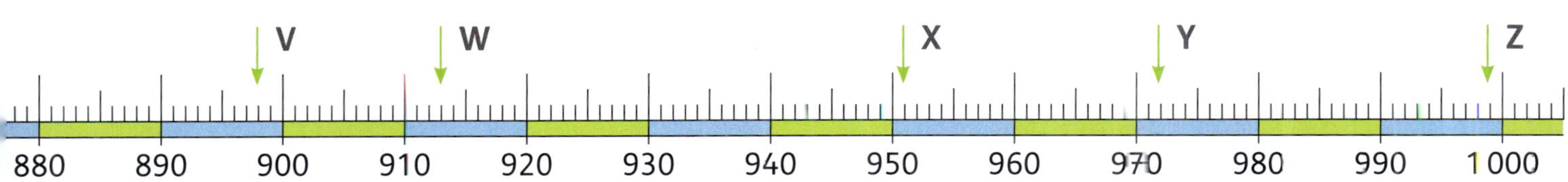

6–8 KV nutzen.

Geld

1 Beschreibe die Euro-Scheine. Welche Unterschiede gibt es?
Finde heraus, was auf der Rückseite der Scheine dargestellt ist.

2 Wie viel Geld ist es jeweils? 500 € + 200 € + 100 € =

a) 

b) 

c) 

d) 

3 Tausche einen 500-Euro-Schein in kleinere Scheine um.
Finde verschiedene Möglichkeiten.

500 € = 200 € + ___ € +

4 Lege mit möglichst wenigen Scheinen und Münzen. Notiere.

a) 164 €, 283 €, 336 € 164 € = 100 € + 50 € +

b) 457 €, 800 €, 688 €

c) 524 €, 427 €, 217 €

d) 575 €, 675 €, 775 €

5

a) 210 € + ___ € = 300 €
340 € + ___ € = 400 €
460 € + ___ € = 500 €
530 € + ___ € = 600 €
40 50 60 70 90

b) 650 € + ___ € = 700 €
370 € + ___ € = 400 €
840 € + ___ € = 900 €
190 € + ___ € = 200 €
10 30 50 60 90

c) 240 € + ___ € = 1 000 €
760 € + ___ € = 1 000 €
740 € + ___ € = 1 000 €
260 € + ___ € = 1 000 €
240 260 460 740 760

6

a) Legt den Betrag. Wie viel Geld ist es?
Nehmt abwechselnd jeweils einen Schein und danach eine Münze weg.
Wie viel Geld bleibt nach jedem Wegnehmen übrig?

b) Legt andere Beträge und nehmt abwechselnd Scheine und Münzen weg.

1

Das Komma trennt Euro und Cent:

4 € 99 ct = 499 ct = 4,99 €

2 Schreibe die Beträge so auf: 1 € 25 ct = 125 ct = 1,25 €

a) 

b) 

c) 

d) 

3 Schreibe die Beträge so auf: 1 € 65 ct = 1,65 €

a)

1	6	5
1	9	0
2	3	4
2	8	5

b)

4	4	9
4	8	0
6	7	2
6	9	9

c)

3	0	6
7	0	9
0	7	5
0	9	9

d)

0	3	0
0	0	5
7	0	0
0	0	9

4 Setze >, < oder = ein.

a) 0,55 € ◯ 60 ct
6,50 € ◯ 605 ct
4 € ◯ 395 ct

b) 15 ct ◯ 10,50 €
70 ct ◯ 0,70 €
99 ct ◯ 90,09 €

c) 7,60 € ◯ 706 ct
0,90 € ◯ 900 ct
5,00 € ◯ 501 ct

d) 33 € ◯ 30,33 €
85 € ◯ 85,58 €
40 € ◯ 39,99 €

5 Dein Partner sagt einen Betrag bis zu 100 €.
Lege diesen Betrag mit möglichst wenigen Münzen und Scheinen.
Schreibe dann die Beträge in allen drei Schreibweisen auf.

6 Ordne nach dem Wert. Beginne mit dem kleinsten. 95 ct,

a) 13,90 € 95 ct 11,50 € 140 ct

b) 0,65 € 85 ct 10,05 € 21,35 €

c) 900 ct 450 ct 12,50 € 45,95 €

d) 250 ct 0,25 € 25,00 € 250 €

Näherungswerte

1

Wo sind genaue Zahlenangaben notwendig? Wo reicht eine angenäherte Zahl aus?

2 Als Näherungswerte für Zahlen werden oft Nachbarzehner oder Nachbarhunderter verwendet.
Meist werden dabei die nächstgelegenen Zahlen ausgewählt.
Schreibe jeweils auf:

> **!** ≈ ist ungefähr / ist angenähert

a) den nächstgelegenen Zehner.

352 ≈ 350

352	284	616	937
489	521	803	705

b) den nächstgelegenen Hunderter.

548 ≈ 500

548	675	911	263
182	450	337	890

3

NEUESTE TIERNACHRICHTEN

Eine Zwergspitzmaus ist am Tag etwa 22 Stunden auf Futtersuche.

Ein Blauwal wird bis zu 30 Meter lang.

Das Herz des Kolibri schlägt über 1 000-mal in einer Minute.

Ein Kaiserpinguin kann bis zu 20 Minuten unter Wasser bleiben.

Ein Floh springt ungefähr 20 cm hoch.

a) Kannst du erklären, warum hier keine genauen Zahlenangaben verwendet werden?
b) Findest du auch Zeitungsausschnitte mit ungefähren Angaben?

1

2 a) Errechne die Quersumme der Zahlen.

197	523	500	666
101	78	380	9

b) Schreibe zu jeder Quersumme noch 3 andere Zahlen auf.

Q 17: 39, 188, ...

3 Die Ergebnisse einiger Aufgaben haben die Quersumme 6. Finde sie.

5 • 3	6 • 10	100 − 48	900 − 400	24 + 27	8 • 4
42 : 7	80 − 36	200 + 40	100 + 23	59 + 19	93 − 27

4 Tim will alle Zahlen bis 1 000 mit der Quersumme 1, 2 oder 3 finden. Welche Zahlen fehlen noch?

a) Q 1: 1, 10, ...

b) Q 2: 2, 11, 20, ...

c) Q 3: 3, 12, 21, 30, 102, ...

5 Subtrahiere von jeder Zahl ihre Quersumme. Was fällt dir auf?

93 − Q	77 − Q	64 − Q	29 − Q	58 − Q
35 − Q	16 − Q	45 − Q	80 − Q	▢ − Q

6 Q

56 + 19 = 75 12
100 − 37 = ▢ 9

a) 300 + 50 + 7 15
200 + 20 + 2 6
800 + 90 + 9 26

b) 100 − 33 13
100 − 59 5
100 − 86 5

c) 50 + 24 + 18 11
50 + 31 − 46 8
50 − 17 + 67 1

d) 9 • 6 9
7 • 8 11
8 • 5 4

Q steht als Abkürzung für Quersumme.

Wiederholung: Das habe ich neu gelernt!

1 a) Welcher Lösungsschritt (F – L – A) ist jeweils abgebildet?
12 13 b) Übertrage in dein Heft und ergänze die fehlenden Lösungsschritte.

Im Schulbus sitzen 16 Jungen und 29 Mädchen. Jedes 5. Kind im Bus geht in die Klasse 3. Am Sportgelände steigen 8 Kinder aus, am Rathaus dreimal so viele. Alle anderen Kinder fahren bis zum Kirchplatz.

Paul:
Wie viele Mädchen mehr als Jungen sitzen im Schulbus?

Ben:
3 · 8

Johanna:
16 + 29 = 45
45 : 5

Marie:
Bis zum Kirchplatz fahren noch 13 Kinder.

2 Schreibe ab und vervollständige die Steckbriefe.
16 17

264		731	
H Z E	H Z E	H Z E	H Z E: 5 0 5
+ +	400 + 20 + 8	+ +	+ +
zweihundert-vierundsechzig			

3
20 24

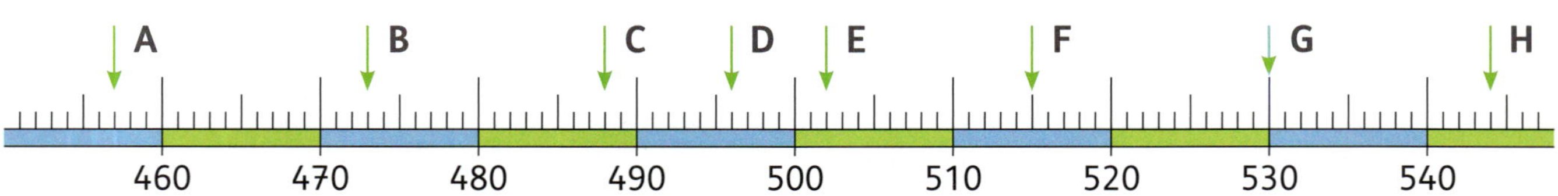

a) Wie heißen die Zahlen an den grünen Pfeilen?
b) Schreibe Vorgänger und Nachfolger jeder Zahl auf.
c) Schreibe die Nachbarzehner jeder Zahl auf.
d) Schreibe die Nachbarhunderter jeder Zahl auf.
e) Schreibe für jede Zahl den nächstgelegenen Zehner auf.
f) Schreibe für jede Zahl den nächstgelegenen Hunderter auf.
g) Errechne die Quersumme jeder Zahl.

2 KV nutzen.

AH 22 KV 28, 32–36, 92–94

1 Kl. 2

a)	b)	c)	d)	e)	f)
3 · 2	1 · 9	7 · 4	2 · 3	3 · 3	1 · 1
5 · 4	4 · 8	3 · 5	8 · 1	5 · 5	6 · 6
6 · 3	2 · 6	5 · 9	9 · 3	8 · 8	2 · 2
7 · 1	3 · 7	6 · 8	6 · 7	4 · 4	10 · 10
8 · 5	10 · 0	9 · 2	0 · 6	9 · 9	7 · 7

2 Kl. 2

a)	b)	c)	d)	e)	f)
8 : 2	14 : 7	24 : 3	56 : 8	16 : 2	72 : 8
24 : 4	30 : 6	35 : 5	10 : 1	49 : 7	5 : 5
18 : 3	0 : 4	14 : 2	36 : 4	45 : 9	24 : 6
20 : 5	16 : 8	48 : 6	63 : 9	21 : 3	32 : 4
3 : 1	27 : 9	28 : 7	50 : 5	54 : 6	0 : 10

3 Kl. 2

a)

30 + 18	48
+ +	+
14 + 19	
+	

b)

26 + 15	
+ +	+
17 + 34	
+	

c)

18 + 9	
+ +	+
20 + 16	
+	

d)

47 + 17	
+ +	+
28 + 0	
+	

e)

+	
+ +	+
+ 27	36
+ 69	100

f)

+	
+ +	+
+ 35	41
+ 52	100

g)

+	
+ +	+
+ 19	38
+ 24	100

h)

+	
+ +	+
+ 6	63
− 31	100

4 Kl. 2 Was passt zusammen?

Länge des Tafellineals | Länge eines Sportplatzes | Dicke einer 1-Cent-Münze

1 mm | 10 mm | 1 cm | 10 cm | 1 m | 10 m | 100 m

Handbreite | Breite von 2 Kästchen | Höhe eines Hauses | Fingerbreite

5 Kl. 2

a) Zeichne Kreise mit einem Radius von 3 cm und 5 cm Länge. Wie groß ist jeweils der Durchmesser?

b) Bestimme Radius und Durchmesser der Kreise.

1 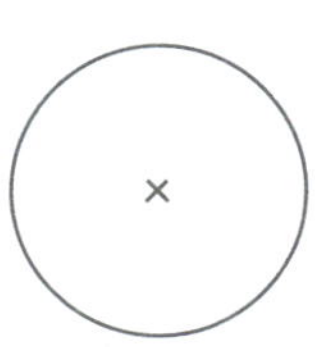

2 

3 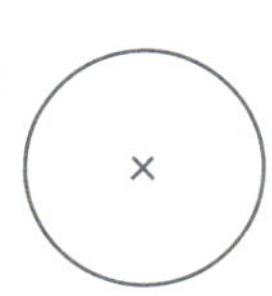

1 Welche Bilder zeigen symmetrische Tiere?
Überprüfe mit einem Spiegel.

2 Welche Figuren erkennst du?

3 Wie viele Würfel sind es?
Wie viele Würfel brauchst du, damit ein Quader entsteht?

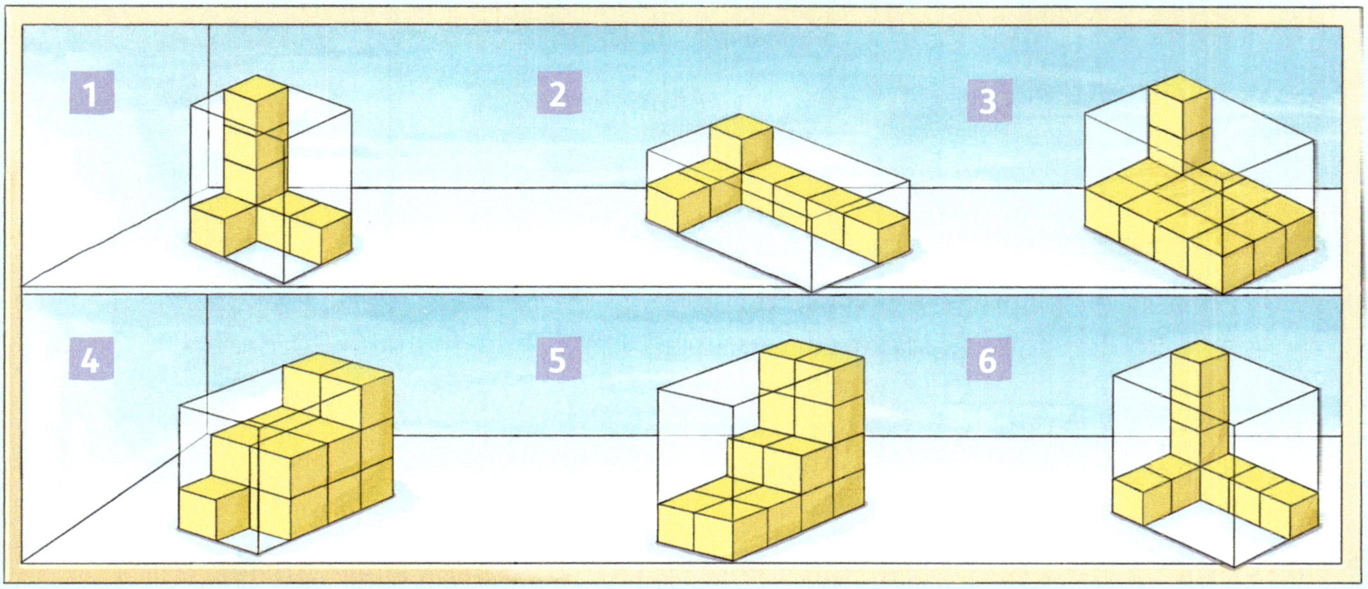

4 Immer 2 Figuren sind gleich. Ordne zu.

Figuren untersuchen

1

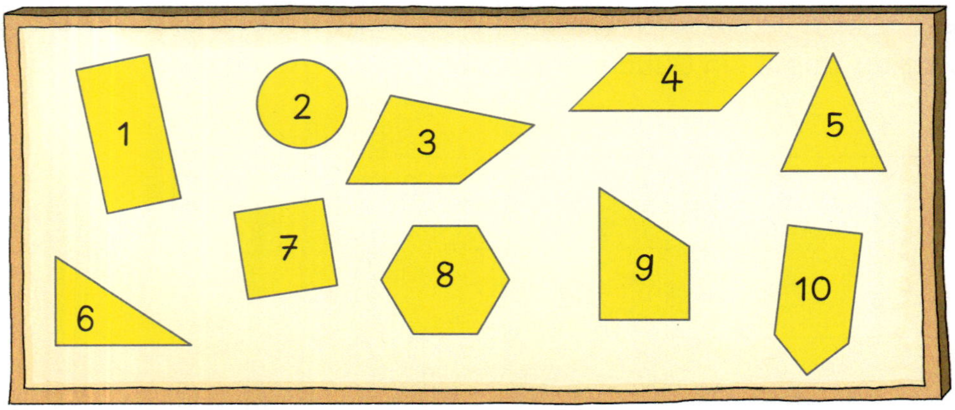

a) Wie heißen die Figuren? Was weißt du über sie?
b) Welche Figuren haben zueinander parallele Seiten? Prüfe mit dem Geodreieck.
c) Welche Figuren haben zueinander senkrechte Seiten? Prüfe.
d) Welche Figuren haben rechte Winkel? Prüfe.
e) Welche Figuren sind Rechtecke? Begründe.

2 Gibt es solche Vierecke? Probiere mit 4 Holzstäbchen oder mit 4 Papierstreifen. Wenn es eine Lösung gibt, zeichne sie freihändig auf Gitterpapier.

a) ein Viereck mit 4 rechten Winkeln
b) ein Viereck mit 3 rechten Winkeln
c) ein Viereck mit 2 rechten Winkeln
d) ein Viereck mit 1 rechten Winkel
e) ein Viereck mit 4 gleich langen Seiten
f) ein Viereck mit 2 Paar gleich langen Seiten
g) ein Viereck mit 1 Paar gleich langen Seiten
h) ein Viereck mit keinen gleich langen Seiten

3 Zeichne Rechtecke mit dem Geodreieck.

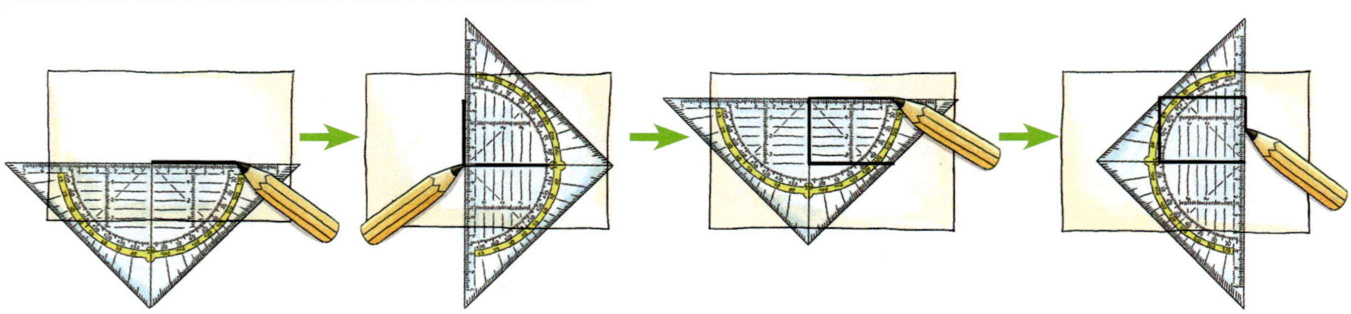

a) 5 cm lang
3 cm breit

b) 4 cm lang
4 cm breit

c) 45 mm lang
60 mm breit

d) 7 cm lang
halb so breit

4 Kann das stimmen? Begründe.

a) Jedes Viereck ist ein Rechteck.
b) Jedes Rechteck ist ein Viereck.
c) Jedes Quadrat ist ein Rechteck.
d) Jedes Rechteck ist ein Quadrat.
e) Jedes Viereck ist ein Quadrat.
f) Jedes Quadrat ist ein Viereck.

1

a) Vergrößere das Bild. Zeichne alle Strecken doppelt so lang in dein Heft.

b) Verkleinere das Bild. Zeichne alle Strecken halb so lang in dein Heft.

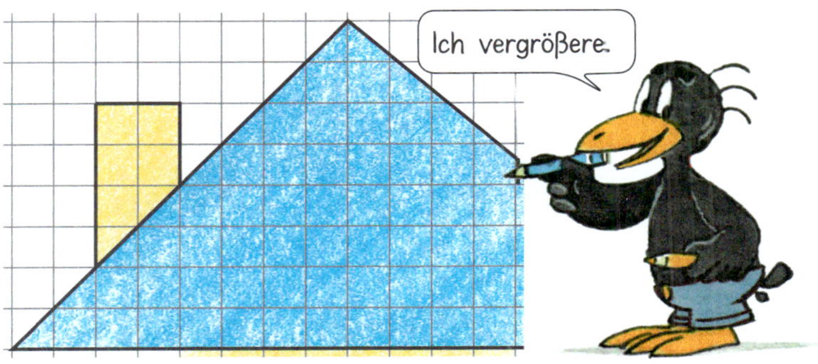

2

a) Vergrößere alle Figuren: Zeichne die Strecken doppelt so lang.

b) Verkleinere alle Figuren: Zeichne die Strecken nur halb so lang.

c) Stark vergrößern: Zeichne bei den Figuren 3 und 4 die Strecken viermal so lang.

d) Stark verkleinern: Zeichne die Figuren 1 und 2 so, dass sie nur 2 Kästchen hoch sind.

3

a) Wie viele solcher Quadrate brauchst du, um ein Quadrat zu legen, das doppelt (dreimal, viermal) so lange Seiten hat?

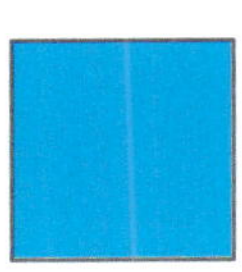

b) Wie viele solcher Würfel brauchst du für einen Würfel, der doppelt (dreimal, viermal) so lange Kanten hat?

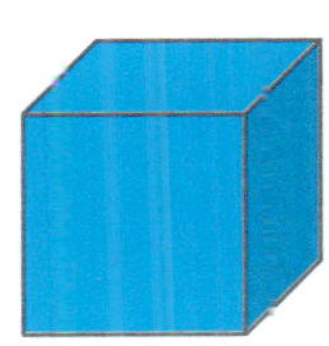

1

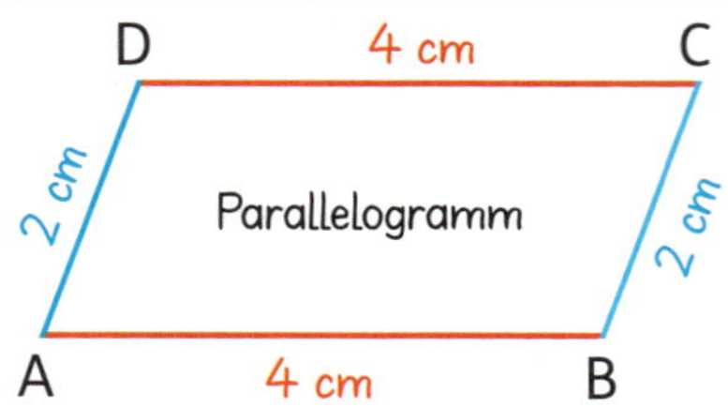

Ein Parallelogramm ist ein Viereck, bei dem gegenüberliegende Seiten zueinander parallel und gleich lang sind.

a) Baue ein Rechteck. Verschiebe 2 Seiten. Beschreibe das neue Viereck.

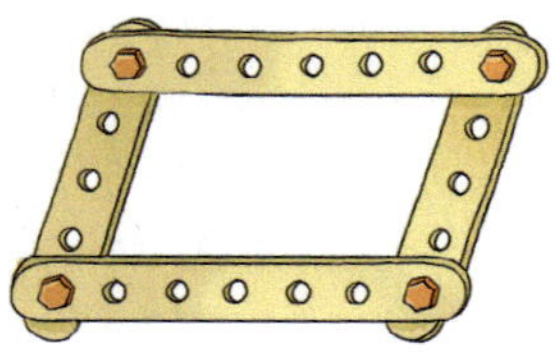

b) Lege 2 Streifen Transparentpapier übereinander. Welche Vierecke entstehen?

2 a) Zeichne mit dem Geodreieck 2 zueinander parallele Geraden. Zeichne weiter, sodass ein Parallelogramm entsteht.
b) Zeichne 2 Geraden so, dass sie sich schneiden. Nimm ein Geodreieck und ergänze zum Parallelogramm.
c) Zeichne mit dem Lineal auf Gitterpapier verschiedene Parallelogramme.

3 Welche Figuren sind Parallelogramme? Begründe.

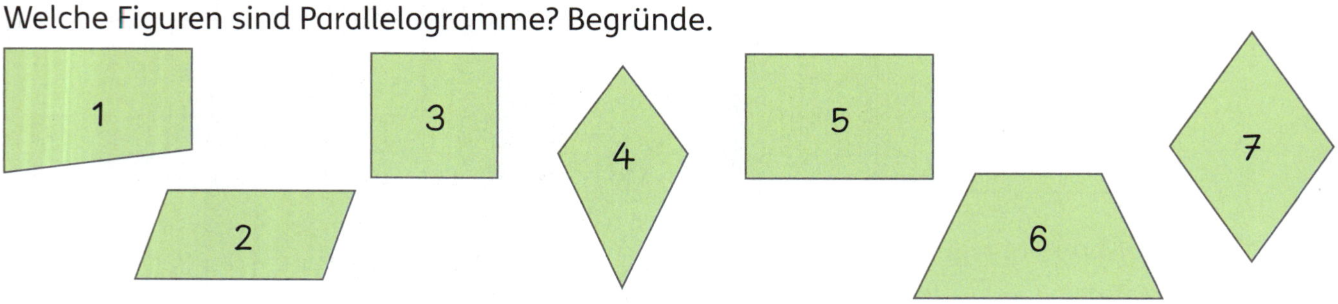

4 Faltet quadratische Blätter Papier (Seitenlänge 10 cm). Schneidet die entstandenen Dreiecke aus. Legt Parallelogramme. Wie viele verschiedene findet ihr? Klebt sie auf.

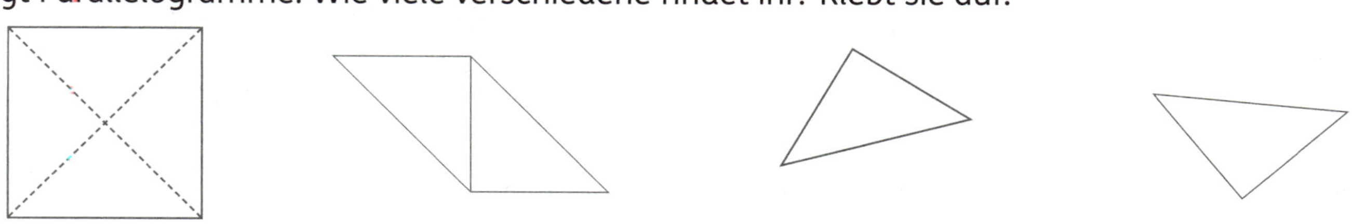

1 Falte 6 gleiche Figuren aus Papierquadraten.
Stecke sie zu einem Würfel zusammen.

Du brauchst:
6 Quadrate mit jeweils 3 Faltlinien, die parallel zueinander liegen.

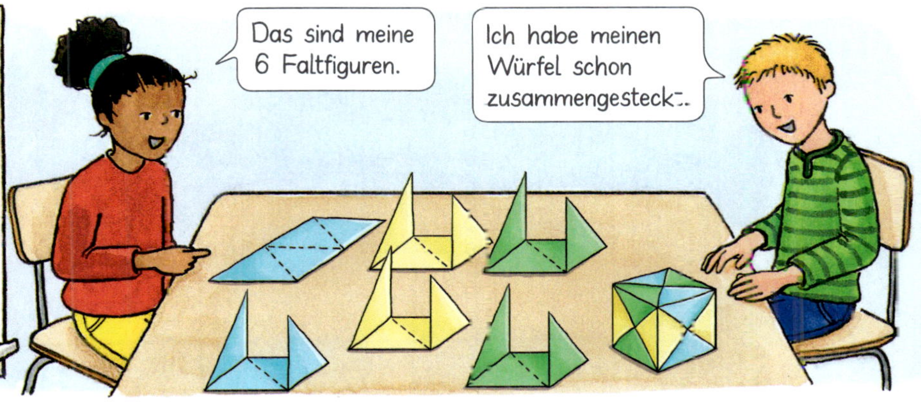

a) Beide Ecken zur Faltlinie falten.

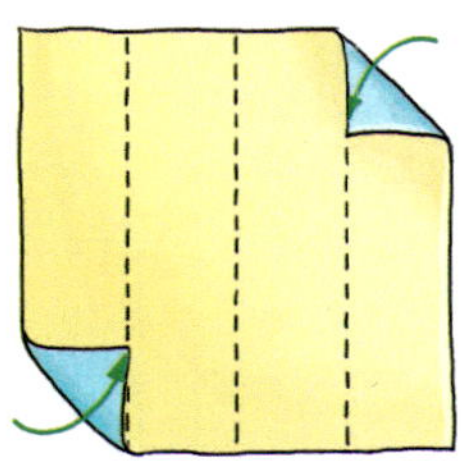

b) Beide Seiten zur Mittellinie falten.

c) Linke obere Ecke zur gegenüberliegenden Seite falten.

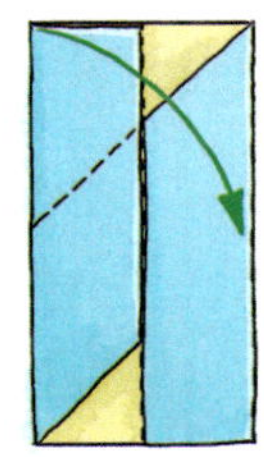

d) Rechte untere Ecke zur gegenüberliegenden Seite falten.

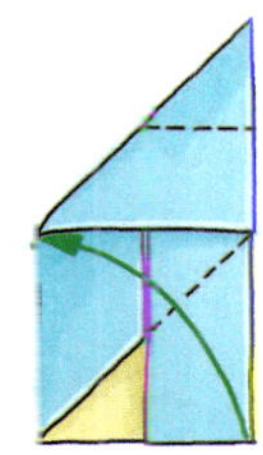

e) Beide Dreiecke wieder auffalten.

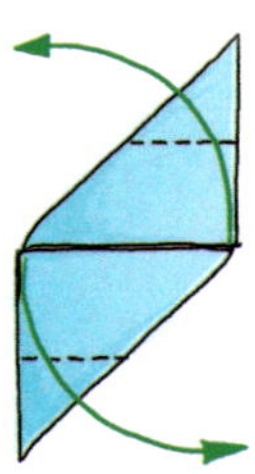

f) Ecke in Pfeilrichtung unter die Papierschicht schieben.

g) Viereck auf die andere Seite drehen.

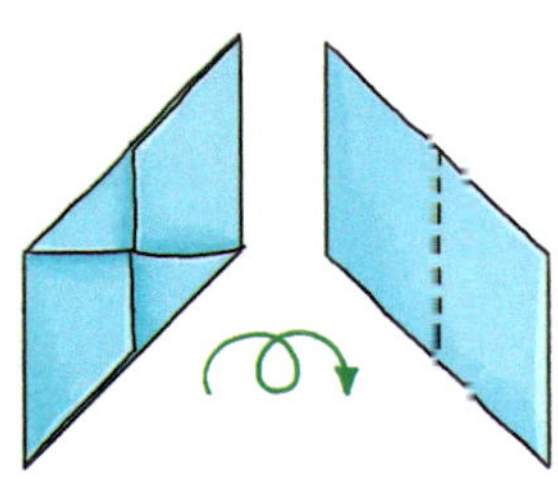

h) Dreiecke falten und wieder auffalten.

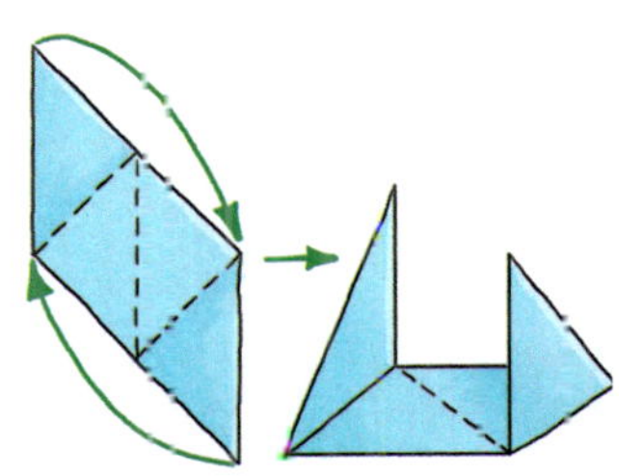

i) Falte 6 solche Figuren und stecke sie zu einem Würfel zusammen.

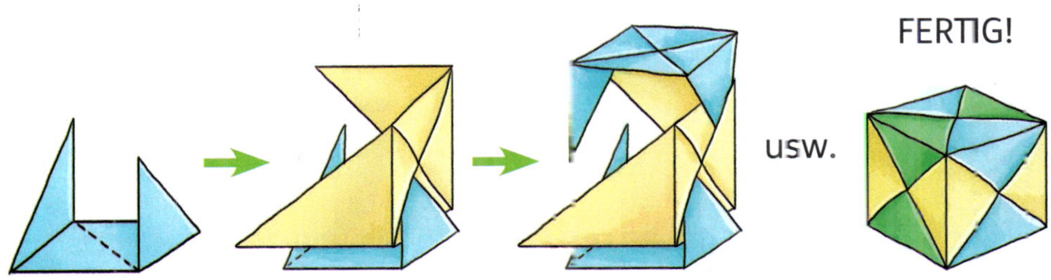

1 Paula hat 3 Figuren in ihr Heft gezeichnet. Bestimme die Größe der Flächen. Welche Figur hat die größte Fläche? Welche Figur hat die kleinste Fläche?

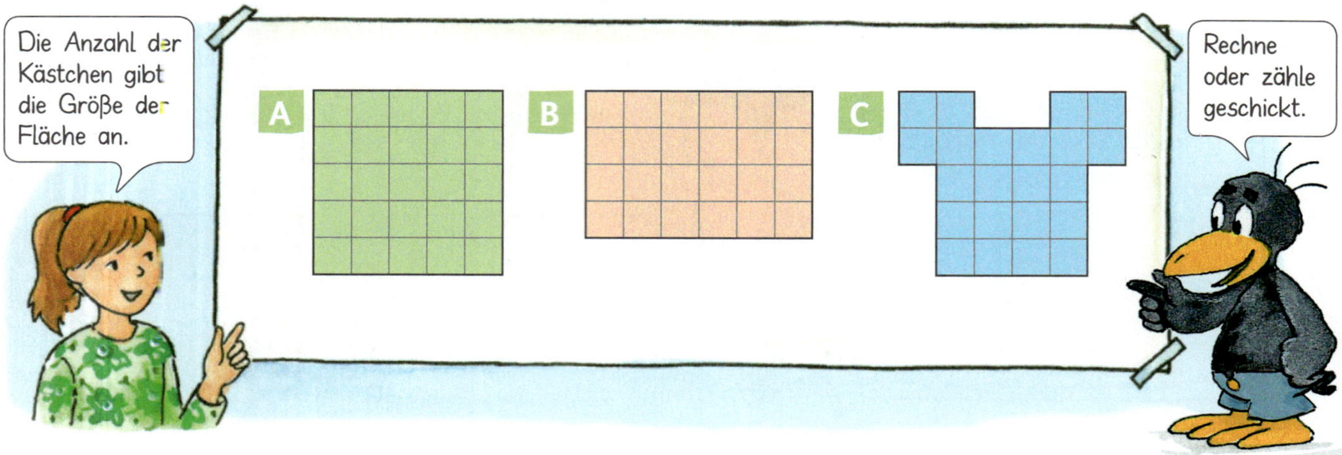

2 Vergleiche die Größe der Flächen. Schätze zuerst. Bestimme dann die Anzahl der Kästchen.
a) Welche Fläche ist die größte?
b) Welche Fläche ist die kleinste?
c) Welche Flächen sind gleich groß?

3 a) Zeichne die Rechtecke in dein Heft.
b) Gib die Größe der Fläche durch die Anzahl der Kästchen an.

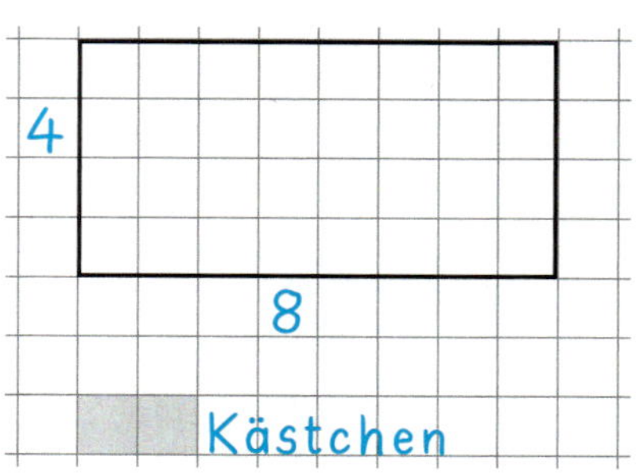

	Länge	Breite
a)	8	4
b)	9	3
c)	6	6
d)	2	7
e)	12	1

c) Zeichne Rechtecke mit einer Fläche von 24 Kästchen.
Finde verschiedene Lösungen.

1

a) Finde alle verschiedenen Quadrate, die du auf dem Geobrett spannen kannst. Zeichne sie auf.

b) Finde alle verschiedenen Rechtecke, die du auf dem Geobrett spannen kannst. Zeichne sie auf.

Es gibt 6 Quadrate und 8 Rechtecke.

2 Finde alle verschiedenen Parallelogramme, die keine Rechtecke sind. Der grüne Gummiring ist jeweils eine Seite. Spanne ihn auf. Zeichne die Parallelogramme auf.

a) 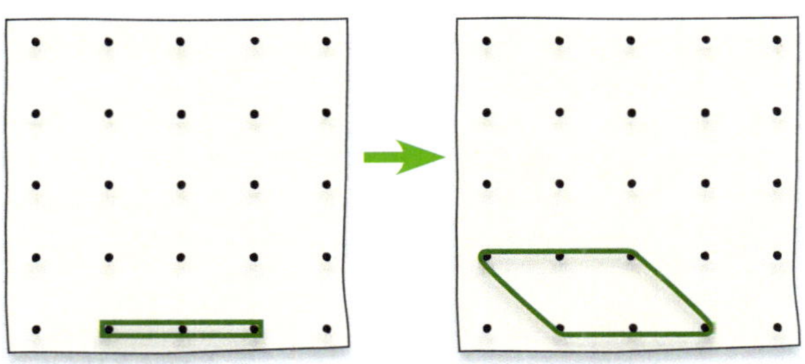

Es gibt 4 Lösungen.

b) 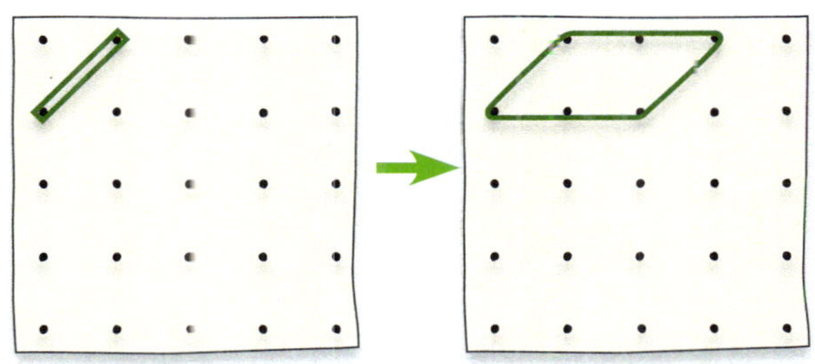

Es gibt 6 Lösungen.

3 Zerlege jede Figur in 2 gleiche Teile. Spanne und zeichne.
Wo findest du mehrere Möglichkeiten?

a) 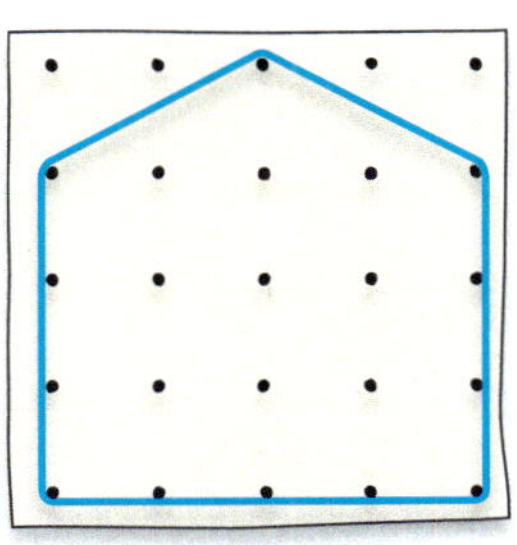

b) 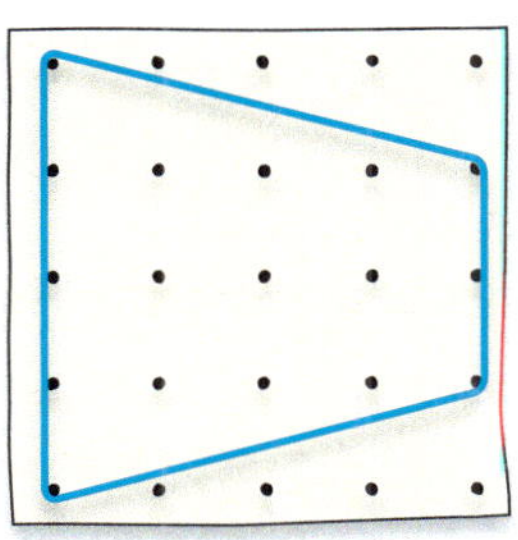

c) 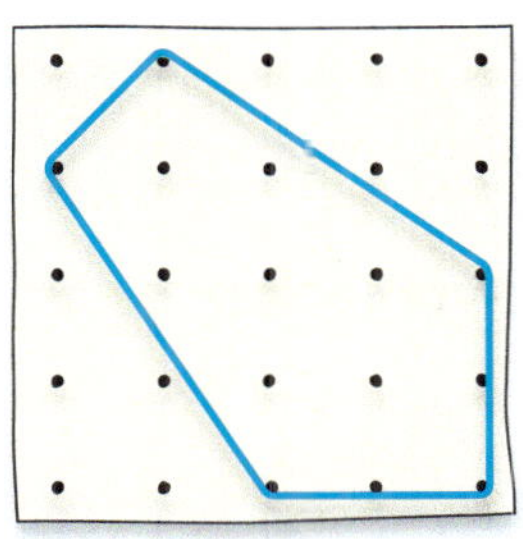

d) 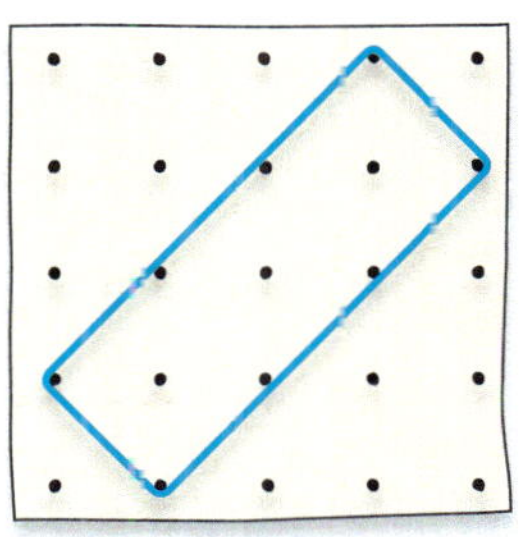

e) 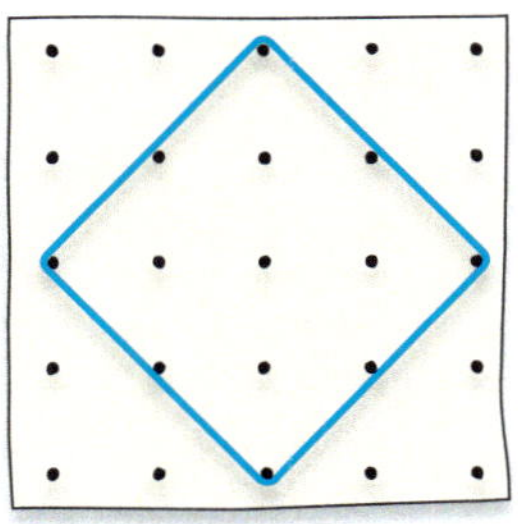

f) 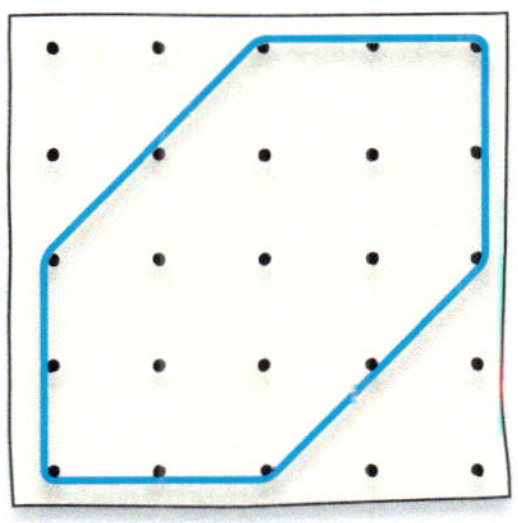

g) 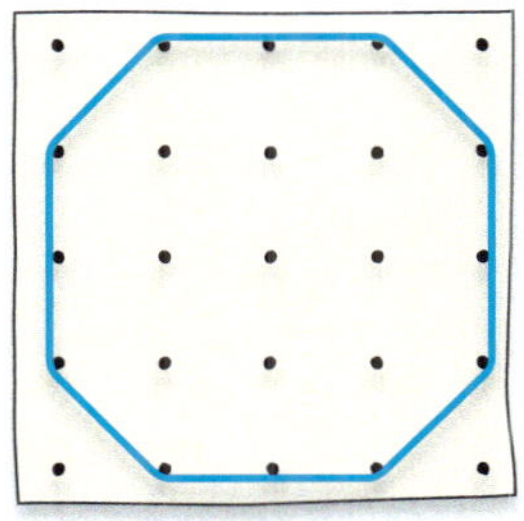

h) Erfinde eigene Figuren. Spanne und zeichne sie.

Mit Formen knobeln

1

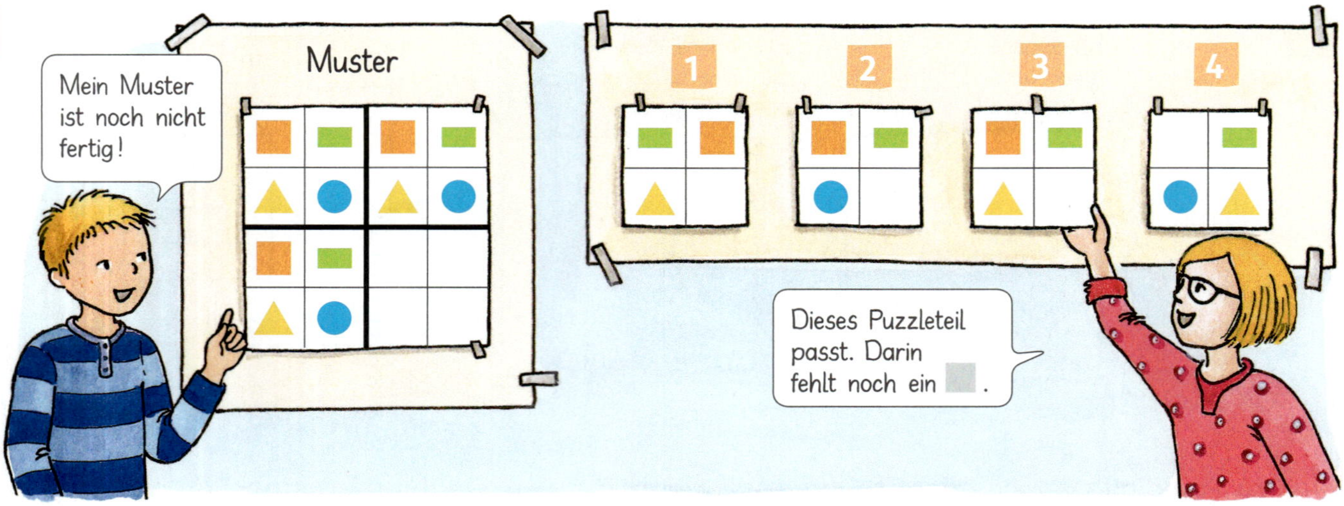

2 Ordne jedem Muster das passende Puzzleteil zu. Ergänze auch die fehlende Form.

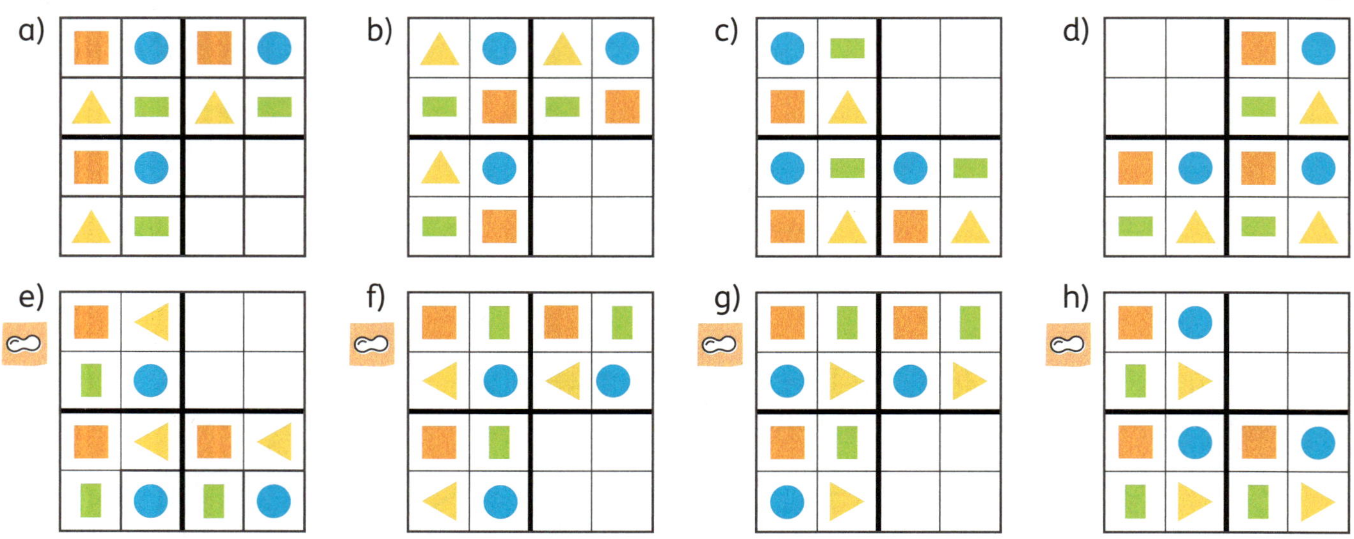

3 Finde jeweils 4 Puzzleteile, aus denen du ein Muster zusammensetzen kannst.

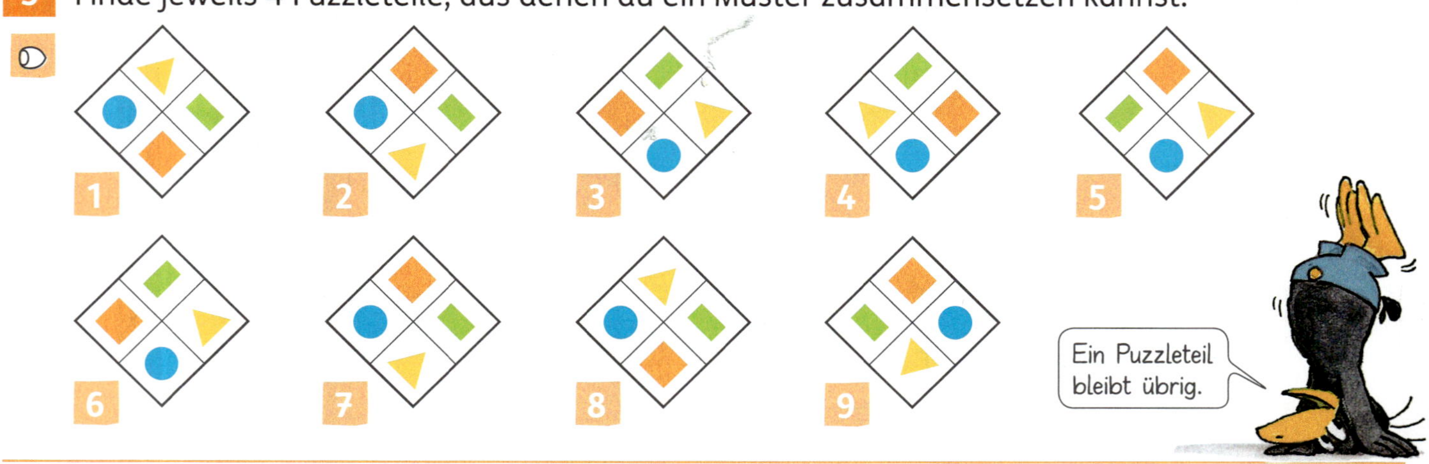

1

2 Lege Zahlen und verändere sie. Welche Zahlen entstehen?

a) Lege 1 dazu.

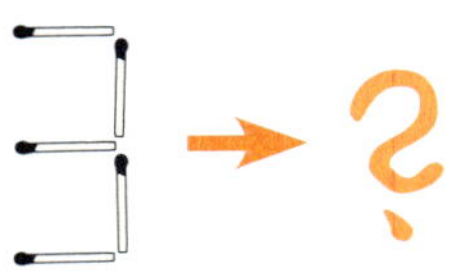

1

b) Lege 1 um.

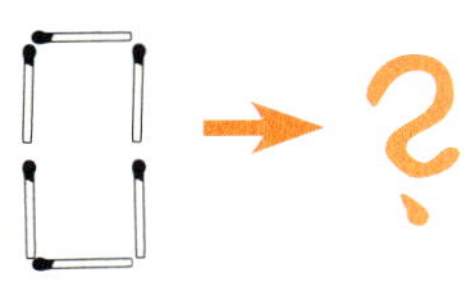

2

c) Nimm 1 weg.

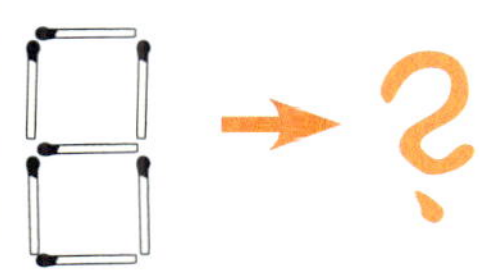

3

d) Probiere es auch mit anderen Zahlen. Notiere deine Ergebnisse.

3 Lege immer 1 um, damit die Aufgabe stimmt.

a)

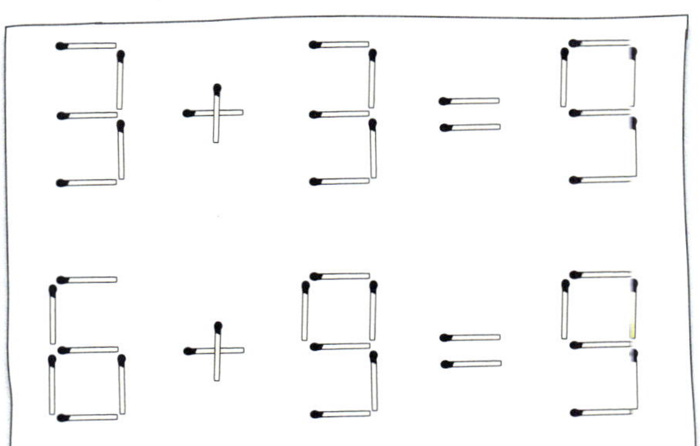

b)

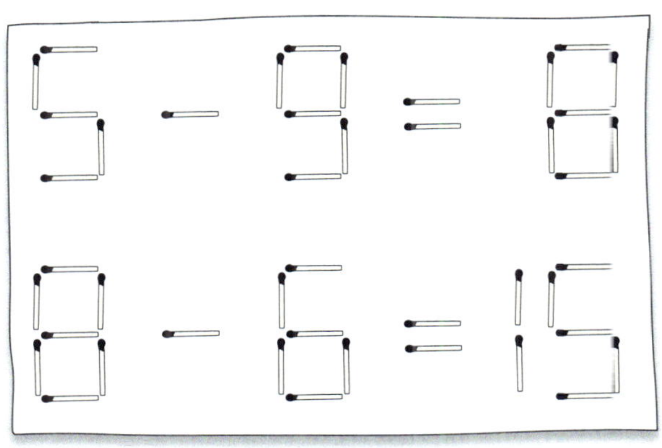

4 Legt immer 1 um, damit die Aufgabe stimmt. Findet mehrere Lösungen.

a)

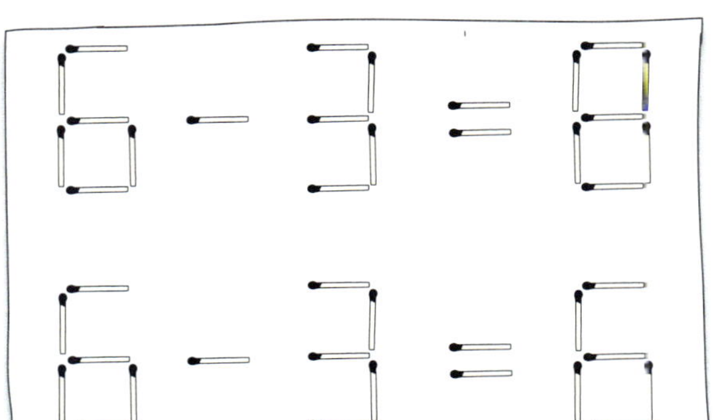

jeweils 2 Lösungen

b)

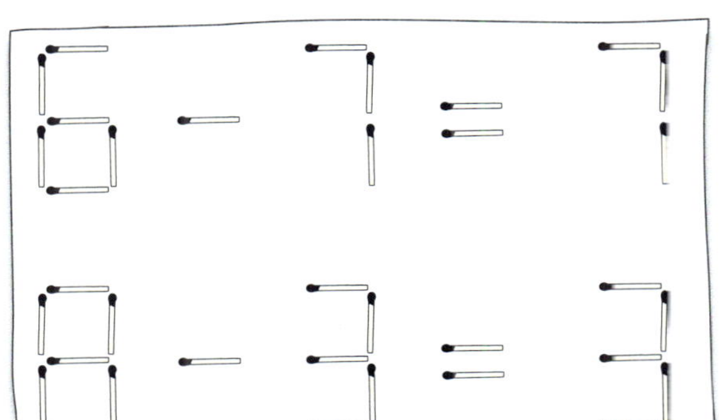

jeweils 3 Lösungen

1 Digitalanzeige der Uhr zur Veranschaulichung nutzen. **4** Es gibt mehrere Möglichkeiten.

Addieren ohne Hunderterübergang

1 Rechenkonferenz

2 Wie rechnest du? Erkläre deinem Partner 5 Aufgaben.

a) 115 + 23 12
354 + 16 10
146 + 2 13
203 + 96 20
330 + 40 10

b) 143 + 38 10
828 + 64 19
410 + 30 8
509 + 5 10
736 + 49 20

c) 532 + 44 18
346 + 4 8
227 + 37 12
947 + 30 23
353 + 17 10

d) 408 + 66 15
509 + 50 19
619 + 25 14
853 + 8 15
752 + 22 18

e) 87 + 305 14
22 + 448 11
5 + 946 15
71 + 517 21
60 + 828 24

3

a)

b)

c)

d)

4 In jedem Traxomat ist eine Zahl falsch. Finde den Fehler.

a)
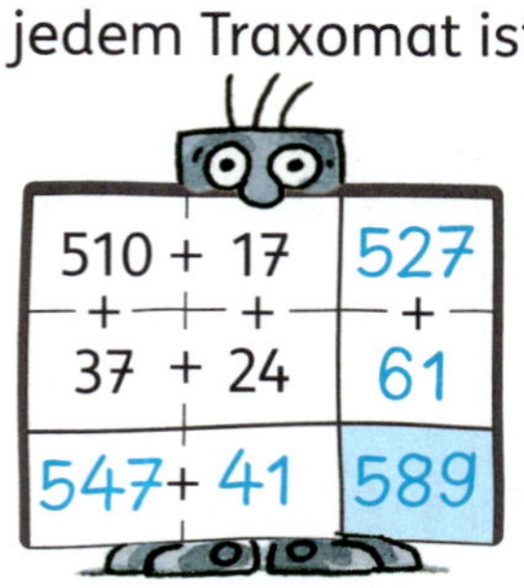

b)

c)
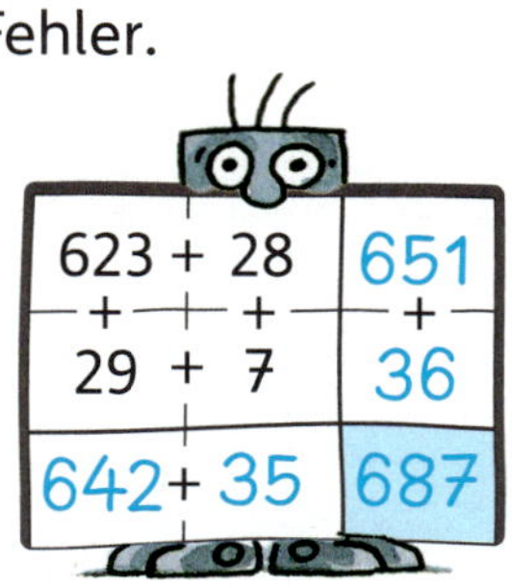

d)
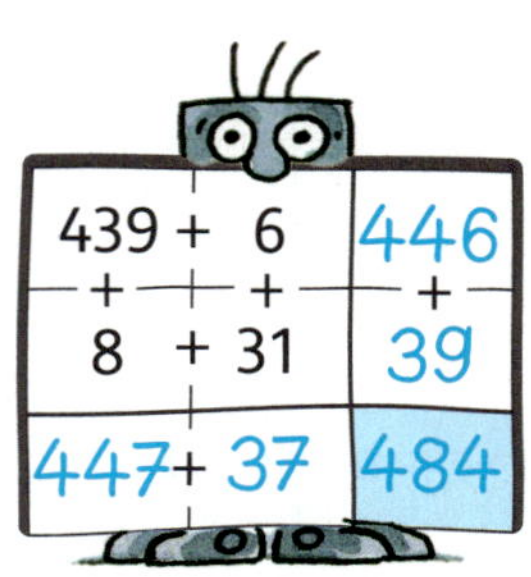

5 Ergänze bis zum nächsten Hunderter.

165 840 499 283 625 701

165 + ▢ = 200

508 352 260

737 111 904 876 13

AH 31 KV 39–40 243–245

1 Rechenkonferenz

2 Wie rechnest du? Erkläre deinem Partner 5 Aufgaben.

a)		b)		c)		d)		e)	
198 – 44	10	394 – 76	12	178 – 26	8	273 – 6	15	470 – 35	12
477 – 56	7	680 – 70	7	596 – 33	14	661 – 27	13	194 – 4	10
836 – 9	17	942 – 23	19	385 – 40	12	795 – 68	16	583 – 67	12
582 – 71	7	755 – 48	14	839 – 8	12	370 – 50	5	960 – 59	10
263 – 30	8	219 – 5	7	457 – 54	7	982 – 39	16	852 – 16	17

3

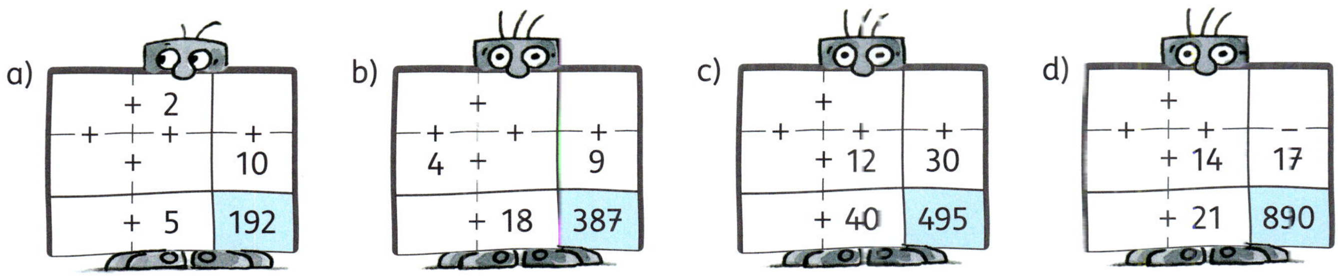

4 In jedem Traxomat ist eine Zahl falsch. Finde den Fehler.

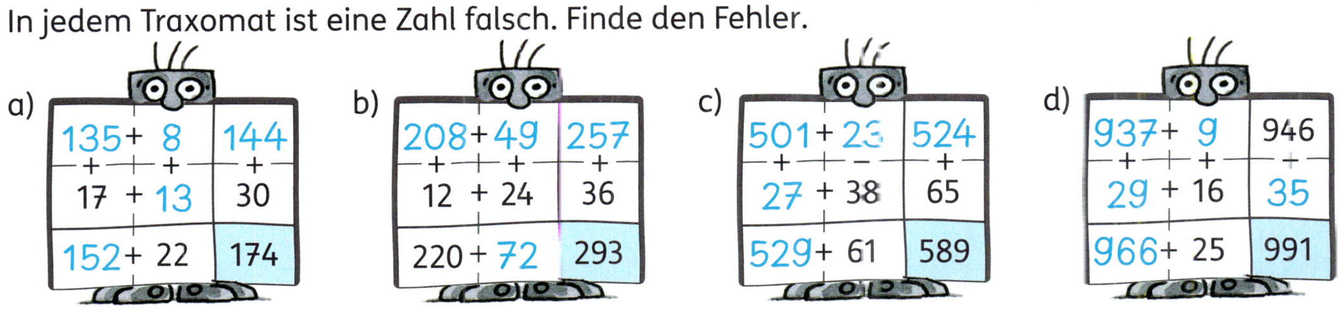

5

a)	b)	c)
175 – … = 173	568 – 17 = …	… – 3 = 197
231 – 3 = …	… – 31 = 942	500 – … = 470
… – 40 = 444	634 – … = 607	600 – 15 = …
792 – … = 752	… – 22 = 819	… – 71 = 829

1 Rechenkonferenz

2 Wie rechnest du? Erkläre deinem Partner 5 Aufgaben.

a) 350 + 140 13
420 + 260 14
530 + 50 13
240 + 610 13
960 + 20 17

b) 180 + 20 2
670 + 230 9
810 + 190 1
490 + 310 8
250 + 250 5

c) 270 + 160 7
520 + 90 7
780 + 150 12
360 + 570 12
140 + 680 10

d) 380 + 140 7
640 + 230 15
440 + 280 9
730 + 90 10
590 + 330 11

3 Wie rechnest du?

340 + 20 | 480 + 370 | 630 + 180 | 540 + 390 | 210 + 70 | 30 + 860 | 185 + 470

4

a) 130 | 20 | 140

b) 140 | 30 | 150

c) 150 | 40 | 160

d) 160 | 50 | 170

e) 70 | 80 | 50 | 130

f) 30 | 110 | 60 | 120

g) 225 | 35 | 45 | 140

h) 241 | 119 | 21 | 269

1 Rechenkonferenz

2 Wie rechnest du? Erkläre deinem Partner 5 Aufgaben.

a) 360 – 140 4
470 – 20 9
540 – 310 5
880 – 130 12
990 – 80 10

b) 280 – 80 2
690 – 290 4
110 – 40 7
230 – 170 6
340 – 150 10

c) 620 – 450 8
400 – 380 2
720 – 460 8
910 – 60 13
830 – 170 12

d) 570 – 190 11
610 – 360 7
420 – 280 5
740 – 550 10
900 – 640 8

3 Wie rechnest du?

140 – 60 | 480 – 370 | 630 – 180 | 540 – 390 | 210 – 70 | 300 – 110 | 765 – 470

4

a)
380
150 | _
40 | _ | _

b)
460
230 | _
100 | _ | _

c)
630
_ | 320
_ | _ | 110

d)
990
_ | 570
_ | _ | 340

e)
540
210 | _
_ | 120 | _
50 | _ | 80 | _

f)
960
_ | 510
_ | 260 | _
_ | 130 | _ | 120

g)
710
430 | _
_ | _ | 160
_ | 105 | _ | 145

h)
830
_ | 360
230 | _ | _
103 | _ | 113 | _

Addieren mit Hunderterübergang

1 Rechenkonferenz

2 Wie rechnest du? Erkläre deinem Partner 5 Aufgaben.

a)		b)		c)		d)		e)	
198 + 15	6	185 + 51	11	658 + 72	10	478 + 44	9	254 + 180	11
290 + 34	9	596 + 20	13	497 + 4	6	367 + 37	8	540 + 272	11
495 + 9	9	374 + 63	14	243 + 90	9	829 + 81	10	195 + 615	9
391 + 28	14	897 + 8	14	755 + 59	13	636 + 70	13	357 + 364	10
693 + 80	17	269 + 46	9	316 + 97	8	199 + 2	3	408 + 499	16

3 a) Ergänze bis 703.

698 692 640 683 659

698 + ☐ = 703

570 501

b) Ergänze bis 807.

799 794 760 771 788

680 654 607 404 101

4

a) 184 + 49 8
376 + 59 12
653 + 89 13
468 + 79 16

b) 275 + 48 8
853 + 68 12
587 + 88 18
739 + 98 18

5

a)
190 + 22
280 + 33
370 + 44
460 + 55

b)
123 + 80
234 + 70
345 + 60
456 + 50

c)
186 + 32 + 15
236 + 82 + 15
286 + 32 + 15
336 + 82 + 15

d)
334 + 78
338 + 87
342 + 68
346 + 86

e)
111 + 99

f)
555 + 55

1 Rechenkonferenz

2 Wie rechnest du? Erkläre deinem Partner 5 Aufgaben.

a)		b)		c)		d)		e)	
205 – 26	17	122 – 25	16	320 – 31	19	763 – 78	19	367 – 170	17
307 – 19	18	538 – 67	12	910 – 23	23	611 – 96	11	725 – 280	13
614 – 44	12	473 – 98	15	440 – 56	15	334 – 51	13	952 – 561	13
904 – 8	23	729 – 80	19	250 – 84	13	804 – 9	21	436 – 343	12
531 – 50	13	901 – 3	25	130 – 72	13	546 – 73	14	894 – 699	15

3 a) Subtrahiere. Das Ergebnis soll 496 sein.

502 505 530 570 516 541 595

502 – ▢ = 496

b) Subtrahiere. Das Ergebnis soll 898 sein.

904 909 950 980 918 988 929 947 961 997

4

a)		b)	
324 – 59	13	213 – 38	13
532 – 69	13	842 – 88	16
413 – 39	14	739 – 48	16
657 – 99	18	965 – 98	21

5

a)
915 – 30
825 – 40
735 – 50
645 – 60

b)
987 – 88
876 – 77
765 – 66
654 – 55

c)
963 – 82 – 14
913 – 42 – 14
863 – 82 – 14
813 – 42 – 14

d)
941 – 87
937 – 78
933 – 86
929 – 68

e)
222 – 99

f)
606 – 66

Gleichungen und Ungleichungen

1

Gleichungen

lösbar	nicht lösbar
s – 20 = 390	79 – 101 = a
s = 410	b + 190 = 156
101 – 79 = k	20 – n = 390
k = ▢	

a) Wie findest du heraus, ob eine Gleichung mit den Zahlen von 0 bis 1 000 lösbar ist?
b) Ordne die Gleichungen zu. Ergänze noch je 3 Gleichungen.

450 + h = 494 | e + 300 = 167 | 606 – y = 598 | 930 – x = 930

2 Löse. Prüfe zuerst, ob die Gleichungen lösbar sind.

a)	b)	c)	d)
510 + 46 = a	350 + e = 381	830 – k = 710	r – 40 = 220
630 + 51 = b	420 + f = 415	150 – l = 40	s – 90 = 870
740 – 19 = c	g + 30 = 927	700 – m = 950	t – 70 = 424
33 – 280 = d	h + 560 = 548	640 – n = 580	u – 50 = 381

3 Schreibe Gleichungen und löse sie. 670 + a = 720

a)
1. Summand: 670
2. Summand: a
Summe: 720

b)
1. Summand: b
2. Summand: 80
Summe: 410

c)
Minuend: 920
Subtrahend: c
Differenz: 850

d)
Minuend: d
Subtrahend: 90
Differenz: 305

4

Ungleichungen

386 + b < 391

386 + [0] < 391
386 + [1] < 391
386 +
b = 0, 1

[5] [4] [3] [6] [2] [7] [8] [9]

Welche Zahlenkarten passen?

a)	b)
386 + b < 391	433 – k > 429
518 + c < 522	527 – l > 522
639 + d < 641	902 – m > 895
199 + e < 200	204 – n > 198
397 + f < 403	800 – o > 797

5 Setze <, > oder = ein.

a)	b)	c)
370 + 30 < 500	490 ◯ 750 – 220	240 + 110 ◯ 380 – 160
730 + 41 ◯ 770	610 ◯ 840 – 250	680 – 320 ◯ 170 + 190
815 + 65 ◯ 880	120 ◯ 330 – 219	994 – 850 ◯ 482 – 370
140 + 62 ◯ 192	270 ◯ 992 – 722	530 + 291 ◯ 173 + 660

AH 37

1

$\frac{1}{4}+\frac{1}{4}+\frac{1}{4}+\frac{1}{4}=\frac{4}{4}$ — 4 Viertel

$\frac{4}{4}-\frac{1}{4}=$ ___ — 3 Viertel

$\frac{3}{4}-\frac{1}{4}=$ ___ — ___ Viertel

$\frac{2}{4}-\frac{1}{4}=$ ___ — ___ ___

2 $\frac{1}{2}$ $\frac{1}{4}$ $\frac{1}{8}$ $\frac{1}{3}$ $\frac{1}{6}$

Setze aus verschiedenen Teilen deine eigenen Pizzas zusammen.
Schreibe die Zusammensetzung auf.

$\frac{1}{2}+\frac{1}{8}+$ ___ $+$ ___

3 a) Zeichne die Muster auf Karopapier. Färbe sie. Vergleiche mit deinem Partner.

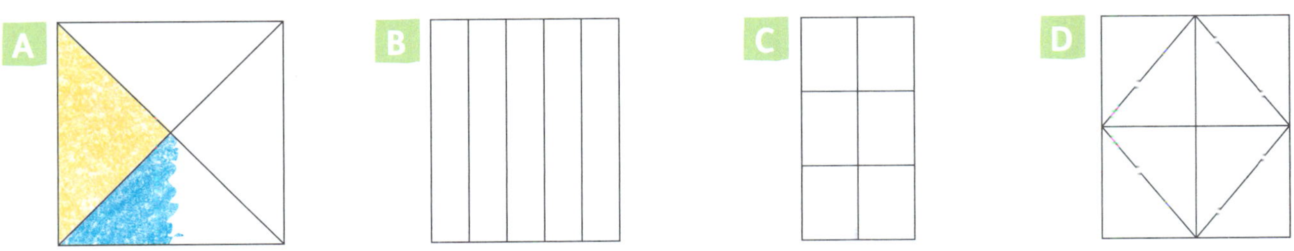

A	B	C	D
$\frac{1}{4}$ gelb	$\frac{1}{5}$ gelb	$\frac{2}{6}$ gelb	$\frac{3}{8}$ gelb
$\frac{2}{4}$ blau	$\frac{3}{5}$ blau	$\frac{3}{6}$ blau	$\frac{5}{8}$ blau

b) Schreibe jeweils als Bruch, wie viele Teile nicht gefärbt werden.

4 a) Berechne $\frac{1}{2}$ von

36 12 40
50 800 1 000

$36 : 2 =$ ___

b) Berechne $\frac{1}{4}$ von

36 12 80
44 400 100

$36 : 4 =$ ___

c) Berechne $\frac{1}{3}$ von

36 12 30
150 303 999

$36 : 3 =$ ___

2 KV nutzen.

KV 57 – 58

Informationen entnehmen

Am Imbiss

1

Vergleiche die Rechenwege. Erkläre, löse und antworte.

F: Wie viel muss Max bezahlen?

L: 3,10 € + 1,60 € = ▢ €

3 € + 1 € = 4 €

10 ct + 60 ct = 70 ct

F: Wie viel muss Emma bezahlen?

L: 3,40 € + 1,20 € = ▢ €

3,40 € + 1 € = 4,40 €

4,40 € + 0,20 € = ▢ €

2 Wie viel muss jedes Kind bezahlen? Frage, löse und antworte.

3 Frage, löse und antworte.

a) Meike hat Hunger und Durst. In ihrer Geldbörse sind 3,20 €.

b) Janine hat 3,30 €. Sie möchte eine Bockwurst und etwas zum Trinken kaufen.

c) Malte und Felix haben zusammen 7 €. Malte möchte einen Döner und Felix möchte eine Currywurst kaufen.

d) Arne hat 4,50 Euro und möchte sich etwas zum Essen und zum Trinken kaufen. Für die Heimfahrt mit dem Bus braucht er noch 1,20 €.

e) Anton und Matilda möchten sich gemeinsam ein Essen kaufen. Außerdem möchte jeder noch ein Getränk kaufen. Anton hat noch 1,75 €. Matilda hat noch 2,55 €.

f) Paul hat 2 Essen und 2 Getränke gekauft. Für das Essen musste er genau doppelt soviel bezahlen wie für die Getränke.

AH 38 KV 17–19

1

Die Verkäuferin überlegt, wie viel Rückgeld sie geben muss und rechnet.

Schreibe die Rechnung vollständig auf.

6,75 € —(+ 5 ct)→ 6,80 € —(+ ☐ ct)→ 7 € —(+ ☐ €)→ 10 €

2 Wie viel Rückgeld bekommen die Kinder? Schreibe wie bei Aufgabe 1.

3 Überprüfe das Rückgeld und korrigiere. 5,34 € + ☐ € = 10 €

a)

Preis	gegeben	Rückgeld
5,34 €	10	4,66 €
4,45 €	10	5,65 €
15,99 €	20	5,01 €

b)

Preis	gegeben	Rückgeld
47,85 €	100	52,15 €
125,49 €	200	75,51 €
109,37 €	500	390,63 €

4 Schreibe Rechengeschichten zu den Geldbeträgen.

a) Preis: 8,50 € gegeben:

b) Preis: 10,05 € gegeben:

Mit Fragen arbeiten

In der Schule

1

In die Löwenzahn-Grundschule gehen 375 Kinder. Davon sind 190 Jungen. Außerdem gibt es 24 Lehrkräfte.
Die Kinder kommen aus Stettheim, Langenbrunn, Kohlgrub, Mittelstadt und Westendorf.
Die 1. Hofpause beginnt um 9.30 Uhr. Die 2. Pause beginnt 2 Stunden später.
Einmal im Jahr fahren alle Kinder und Lehrkräfte mit Bussen ins Theater. In einem Bus ist Platz für 50 Personen.
Bei einer Umfrage gaben nur 14 Kinder an, dass sie nicht gern zur Schule gehen. An der Umfrage haben alle Kinder teilgenommen.

Eine Frage kannst du jeweils mit Hilfe des Textes beantworten. Löse und antworte.

a) Wie viele Mädchen gibt es an der Löwenzahn-Grundschule?
Wie viele Klassenzimmer gibt es an der Löwenzahn-Grundschule?

b) Wie viele Minuten dauert die erste Hofpause?
Um wie viel Uhr beginnt die zweite Hofpause?

c) Wie viele Kinder gehen gern zur Schule?
Wie viele Kinder machen gern Hofpause?

d) In welcher Ortschaft steht die Löwenzahn-Grundschule?
Aus wie vielen Ortschaften kommen die Schüler der Schule?

e) Wie viele Busse werden für die Fahrt zum Theater benötigt?
Wie viele Sitzplätze gibt es im Theater?

2 Formuliere Fragen, die zu den Ergebnissen passen.

1: Wie viele Mädchen ...

a) 30 Kinder aus Stettheim kommen mit dem Bus zur Schule. Der 3. Teil davon sind Mädchen. Aus Kohlgrub kommen 9 Kinder weniger mit dem Bus als aus Stettheim.

1 10
2 21
3 51

b) In der großen Pause wurden heute 30 Päckchen Milch verkauft. Beim Kakao waren es doppelt so viele Päckchen. Gestern wurden 5 Päckchen Milch weniger verkauft als heute.

1 25
2 60
3 90

3 Findet heraus:

a) Wie viele Schüler sind in eurer Klasse?

b) Wie viele Schüler gibt es in eurer Schule?

c) Wie viele Schüler eurer Klasse fahren mit dem Bus zur Schule?

d) Wie viele Kinder werden mit dem Auto gebracht und wie viele gehen zu Fuß?

e) Wie viele Getränke werden an eurer Schule an einem Tag verkauft?

1 a) Mia, Lisa und Nicole sammeln Murmeln.
Mia hat 12 Murmeln mehr als Lisa.
Nicole hat 6 Murmeln weniger als Lisa.
Zusammen haben sie 81 Murmeln.
Wie viele Murmeln hat jedes Mädchen?

Löse mit Hilfe einer Tabelle.

F: Wie viele Murmeln hat jedes Mädchen?

+ 12 (Lisa → Mia), −6 (Lisa → Nicole)

L: Mia	Lisa	Nicole	zusammen
19	7	1	27 f

Die wenigsten Murmeln hat Nicole.
Wenn sie eine Murmel hat, dann hat Lisa …

b) Jonas, David und Lasse sammeln Fußballkarten. David hat 5 Karten weniger als Jonas. Lasse hat 16 Karten mehr als David. Zusammen haben sie genau 99 Fußballkarten.
Wie viele Karten hat jeder von ihnen?

c) In Klasse 1 sind 6 Kinder mehr als in Klasse 2. Es sind in Klasse 1 auch 5 Kinder weniger als in Klasse 3. Zusammen sind es 65 Kinder in den 3 Klassen.
Wie viele Kinder sind in jeder Klasse?

2 a) Sina, Luis und Maja vergleichen ihr gespartes Geld. Zusammen haben sie 86 Euro gespart. Sina hat schon doppelt so viel Geld gespart wie Luis. Maja hat 10 Euro mehr als Luis.
Wie viel Geld hat jedes der Kinder?

Löse mit Hilfe einer Tabelle.

Hier musst du verdoppeln.

F: Wie viel Geld hat jedes der Kinder?

· 2 (Luis → Sina), + 10 (Luis → Maja)

L: Sina	Luis	Maja	zusammen
2	1	11	14 f

b) Nils, Leon und Sara vergleichen ihr gespartes Geld. Zusammen haben sie 126 Euro. Sara hat 6 Euro mehr als Leon. Nils hat doppelt so viel gespart wie Leon.
Wie viel Geld hat jedes der Kinder?

c) Frau Müller, Herr Schmitt und Frau Blum vergleichen ihr Alter. Frau Müller ist 8 Jahre älter als Frau Blum. Herr Schmitt ist halb so alt wie Frau Müller. Zusammen sind sie 107 Jahre alt.
Wie alt ist jeder?

3 Erstelle eine passende Tabelle und löse.

a) An der Astrid-Lindgren-Schule werden in den Pausen Getränke verkauft.
In dieser Woche waren es 195 Päckchen.
Es wurden 20 Päckchen Orangensaft weniger verkauft als Kakao.
Außerdem wurden 25 Päckchen mehr Kakao verkauft als Milchpäckchen.
Wie viele Getränke jeder Sorte wurden in dieser Woche verkauft?

b) Im Stadtpark wachsen viele alte Bäume.
Es gibt Kastanien, Eichen und Linden.
Insgesamt sind es genau 400 Bäume.
Kastanien gibt es doppelt so viele wie Linden.
Von den Eichen gibt es 40 mehr als Linden.
Der älteste Baum im Park ist eine Eiche.
Sie ist 330 Jahre alt.
Wie viele Kastanien, wie viele Eichen und wie viele Linden wachsen im Stadtpark?

1

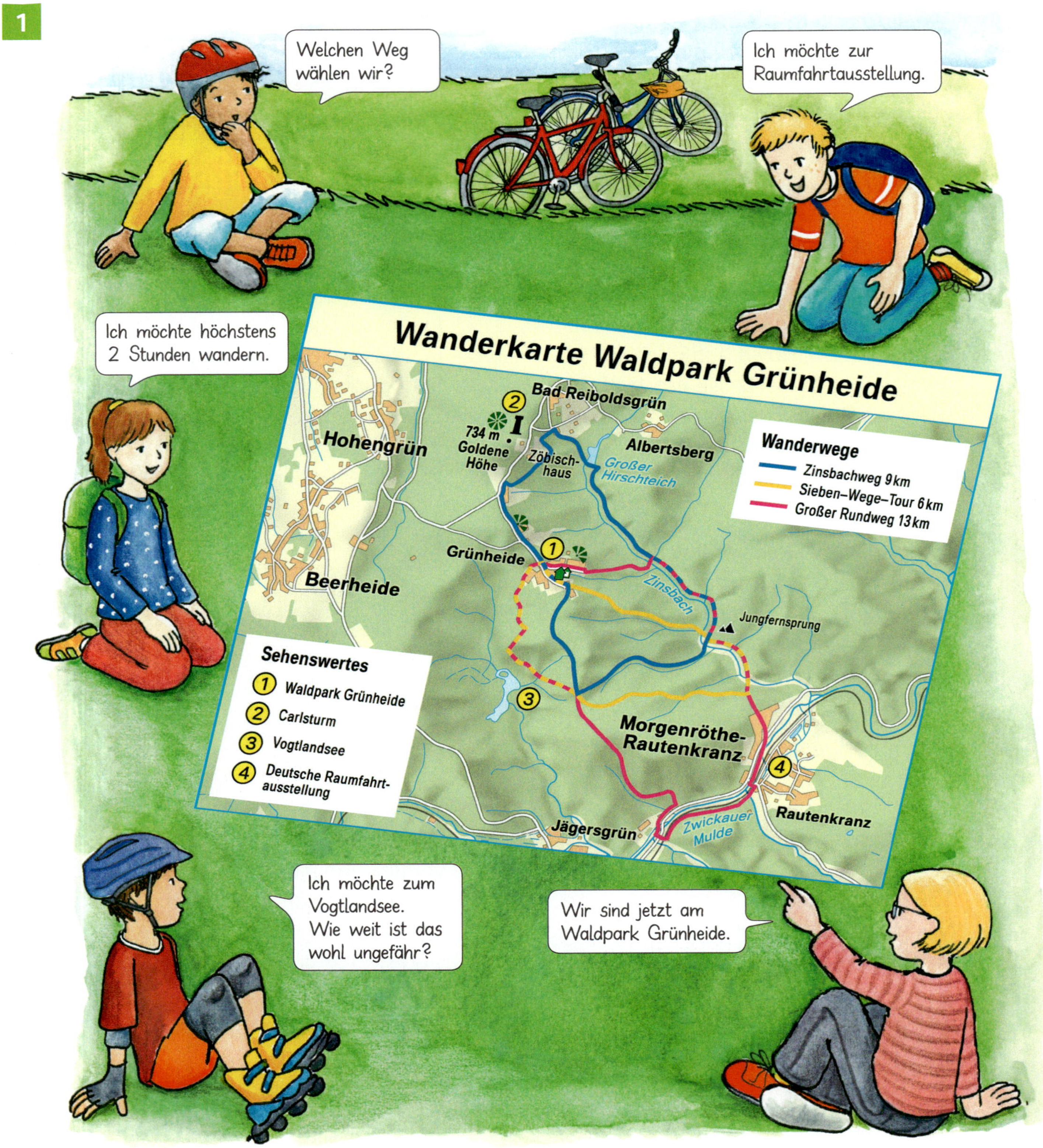

2 So weit kommt man etwa in einer Stunde:

4 km

10 km

15 km

100 km

800 km

1

!

1 Kilometer = 1 000 Meter
1 km = 1 000 m
$\frac{1}{2}$ km = 500 m

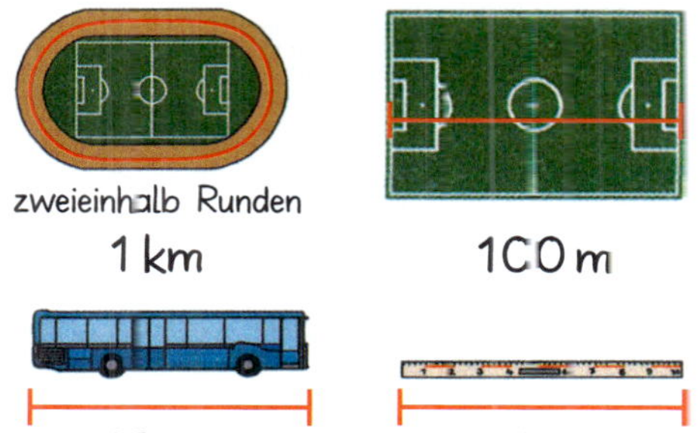

Schulwege verschiedener Kinder:

	benötigte Zeit	Länge
Sina	20 min	1 km
Daniel	40 min	▢ km
Ebru	30 min	▢ km ▢ m
Jan	10 min	▢ km ▢ m
Simon	25 min	▢ km ▢ m

a) Wie viele Kilometer und Meter müssen die Kinder ungefähr zur Schule laufen?

b) Wer hat den kürzesten Weg? Wer hat den längsten?

c) Wie lange läufst du? Wie lang ist dein Weg ungefähr?

d) Was wäre, wenn du schneller gehst?

2 a) Wie heißen die Messgeräte? Ordne zu.

Lineal · Zollstock · Armbanduhr · Maßband · Stoppuhr

b) Womit würdest du einen Kilometer abmessen? Begründe.
c) Welche Gebäude sind etwa einen Kilometer von deiner Schule entfernt?

3 Wie viele Meter fehlen bis zum nächsten vollen Kilometer?

880 m + ▢ m = 1 km

a) 880 m, 640 m, 360 m, 510 m, 999 m, 990 m, 95 m, 899 m
b) 1 km 330 m, 1 km 280 m, 1 km 10 m, 3 km 995 m, 5 km 799 m, 11 km 11 m

4 Wie weit war es etwa?

a) Alim ist zwei Stunden Rad gefahren.

b) Wir sind drei Stunden mit dem Auto gefahren.

c) Unser Flug in den Urlaub dauerte zwei Stunden und 30 Minuten.

d) Jana war drei Stunden wandern. Sie machte zwei 15 Minuten lange Pausen.

1

Das Komma trennt Meter und Zentimeter.

311 cm = 3 m 11 cm = 3,11 m

Vervollständige die Tabelle mit den Sprungergebnissen der Kinder. Beginne mit dem kürzesten Sprung.

		m	cm	
Lennard	1,67 m	1	67	167 cm

2 Schreibe in allen 3 Schreibweisen.

128 cm = 1 m 28 cm = 1,28 m

Achte auf die Nullen:
2 m 5 cm = 205 cm = 2,05 m

a) 128 cm
854 cm
735 cm
965 cm

b) 2 m 30 cm
5 m 73 cm
3 m 88 cm
8 m 10 cm

c) 1,77 m
2,99 m
6,49 m
8,23 m

d) 2 m 5 cm
7 m 9 cm
1 m 2 cm
10 m 7 cm

3 Ordne nach der Länge. Beginne mit der kürzesten Angabe. 34 cm, 43 cm,

a) 43 m
34 cm
4,30 m
43 cm

b) 240 cm
24 m
24 cm
2 m 4 cm

c) 95 m
9 m 50 cm
0,95 m
905 m

d) 3 m 5 cm
3,50 m
0,35 m
3 500 cm

e) 1 200 cm
12 m 2 cm
12,20 m
1,22 m

4 Kann das stimmen? Begründe.

a) Eine Drittklässlerin springt beim Sportfest 6,24 m weit.
b) Ein Drittklässler springt beim Sportfest 0,85 m weit.
c) Die Lehrerin Frau Müller ist 1,68 m groß.
d) Ein Tisch im Klassenzimmer der 3b ist genau 7,89 m lang.
e) Beim Wandertag ist die Klasse 3a in drei Stunden 11 km gewandert.
f) Lina braucht für ihren 900 m langen Schulweg ungefähr 45 min.
g) Jonas behauptet, er könne mit dem Fahrrad in acht Stunden 400 km fahren.
h) Herr Schell hat für eine 1 000 km lange Autofahrt ungefähr vier Stunden gebraucht.

1

a) Welche Käfer hast du schon einmal gesehen?
b) Miss die Länge der Käfer ohne Fühler und Beine.

Maikäfer: 2 cm 4 mm = 2,4 cm

c) Zeichne für jeden Käfer eine Strecke in dein Heft.

> **!** Das Komma trennt Zentimeter und Millimeter.
> 24 mm = 2 cm 4 mm = 2,4 cm

2 Schreibe in allen 3 Schreibweisen. 15 mm = 1 cm 5 mm = 1,5 cm

a)	b)	c)	d)	e)
15 mm	5 cm 8 mm	3,3 cm	27 cm 1 mm	12,6 cm
42 mm	7 cm 3 mm	6,9 cm	35 cm 8 mm	57,4 cm
80 mm	9 cm 9 mm	0,5 cm	60 cm 3 mm	88,8 cm
9 mm	3 cm 1 mm	1,1 cm	48 cm 5 mm	70,7 cm

3 Ordne nach der Länge. Beginne mit der kürzesten Angabe. 44 mm, 4 cm 8 mm,

a)	b)	c)	d)	e)
44 mm	8 cm 6 mm	7,7 cm	20,5 cm	109 mm
6,2 cm	68 mm	70 mm	0,5 cm	99 cm
5 cm	9,7 cm	17 cm 7 mm	52 mm	9,0 cm
4 cm 8 mm	10 cm	71 mm	25 cm 2 mm	90 cm 9 mm

4 Welche Linie ist 14 cm (18 cm, 26 cm) lang?
Schätze zuerst.
Miss dann.

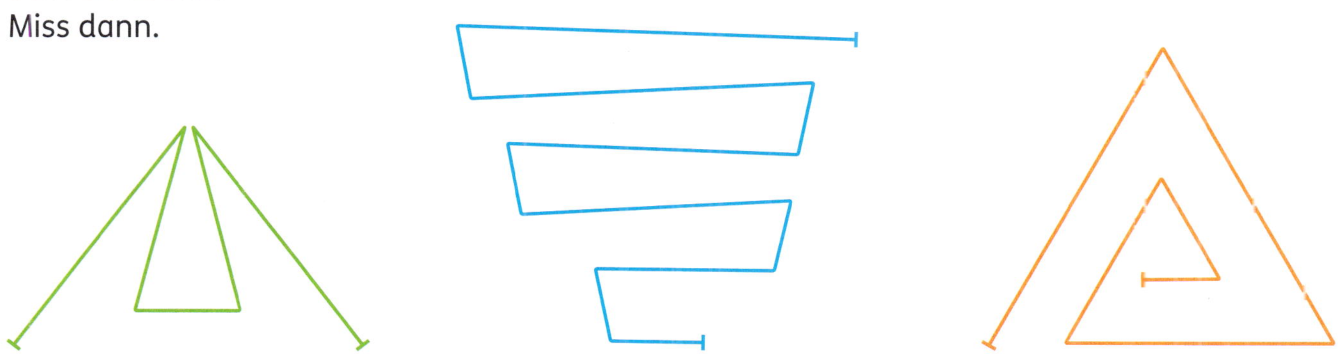

Informationen aus Schaubildern entnehmen

Im Erlebnispark

1

a) Zeigt die verschiedenen Attraktionen auf dem Plan.
b) Wie weit ist es vom Eingang bis zum Trampolin?
   Nennt auch andere Entfernungen.
c) Wie können Paula und Anton laufen? Beschreibt und zeigt mögliche Wege.
d) Welcher Weg ist jeweils der kürzeste?

2 Max ist schon im Freizeitpark. Er möchte von der Riesenrutsche zum Trampolin gehen und hat sich 2 Wege überlegt:

Weg 1: Riesenrutsche – Urzeitbahn – Wildwasserbahn – Streichelzoo – Trampolin
Weg 2: Riesenrutsche – Kettenflieger – Wildpark – Trampolin

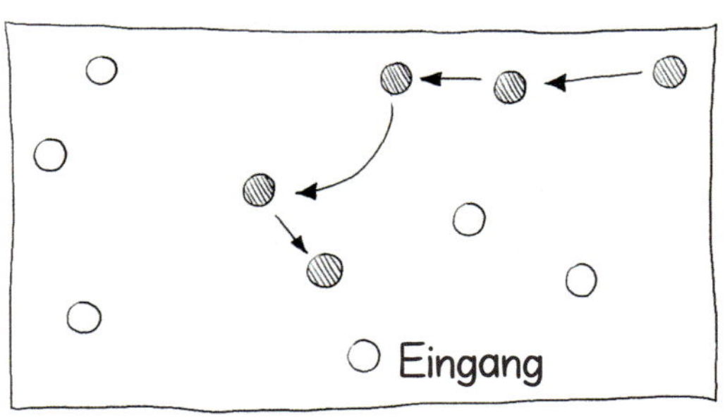

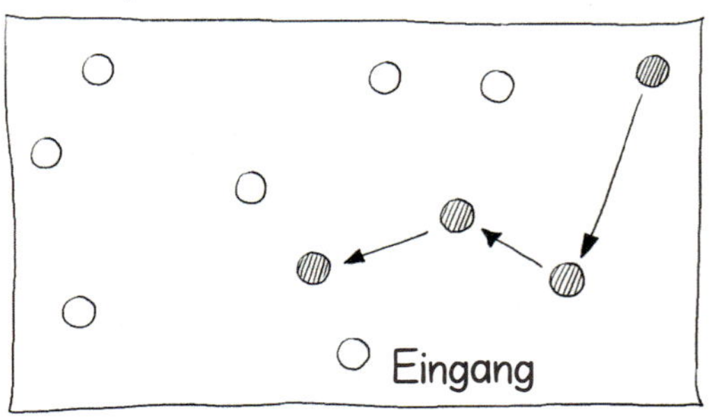

a) Was bedeuten die Pfeile und Punkte?
b) Beschreibe die Wege.
c) Welcher der beiden Wege ist kürzer?
d) Findest du noch einen kürzeren Weg? Wie lang ist er?

3 a) Welche Attraktionen möchtest du im Erlebnispark besuchen?
Überlege, wie du laufen würdest und berechne deine Wegstrecke.

b) Du willst nicht mehr als 500 m laufen.
Schreibe verschiedene Möglichkeiten auf, welche Attraktionen du besuchen kannst.

1 a) Welche Skizze passt zu welcher Aufgabe? Ordne zu.

A In der Klasse 3b sitzen Maja, Silas, Jason und Ina in einer Reihe. Maja und Silas sind keine Nachbarn. Jason sitzt ganz links neben Maja. Wie sitzen die vier Kinder?

B Beim Wandertag machen die 3. Klassen eine 12 Kilometer lange Wanderung. Alle 4 Kilometer wird eine Rast gemacht. Wie oft wird bei der Wanderung gerastet?

C Sofia ist 20 cm kleiner als ihr Bruder Marvin. Marvin ist 13 cm größer als sein Bruder Jonas. Jonas ist 1,34 m groß. Wie groß sind Sofia und Marvin?

1
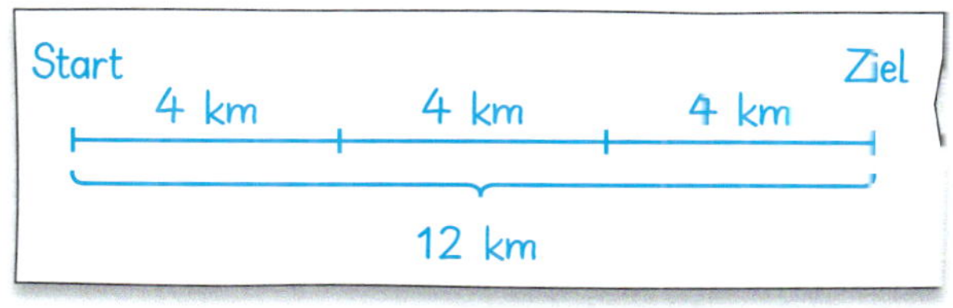

2
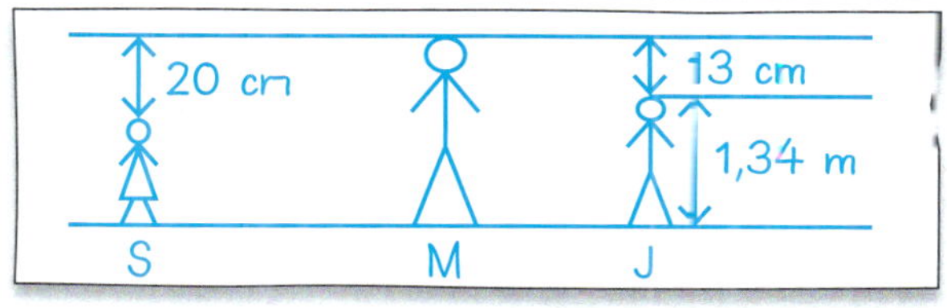

3

b) Löse die Aufgaben mit Hilfe der Skizzen.

2 a) Welche Skizze passt zu welcher Aufgabe? Ordne zu.

A Sina macht eine mehrtägige Radtour entlang des Rheins. Insgesamt fährt sie 240 km. Pro Tag möchte Sina 60 km schaffen. Wie oft muss sie unterwegs übernachten?

B David liest über Berge in der Eifel. Die Hohe Acht ist 90 m höher als der Raßberg. Der Raßberg ist 230 m höher als der Veitskopf, der 430 m hoch ist. Wie hoch sind die Hohe Acht und der Raßberg?

C Felix, Mia, Lina und Sven stehen am Kiosk an. Felix ist nicht der Letzte und steht direkt hinter Sven. Lina ist die Erste in der Reihe. In welcher Reihenfolge stehen die Kinder?

1

2
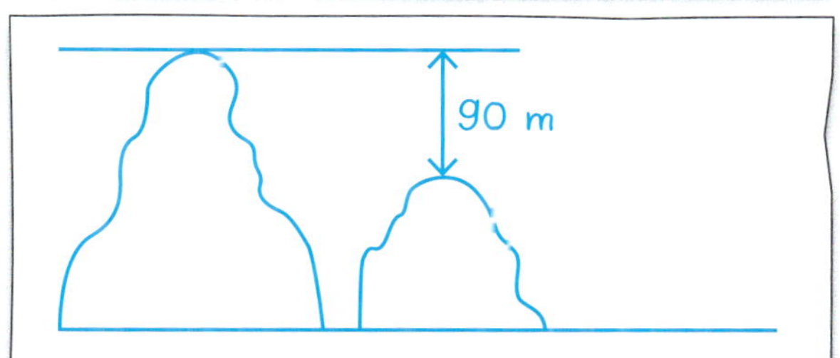

3
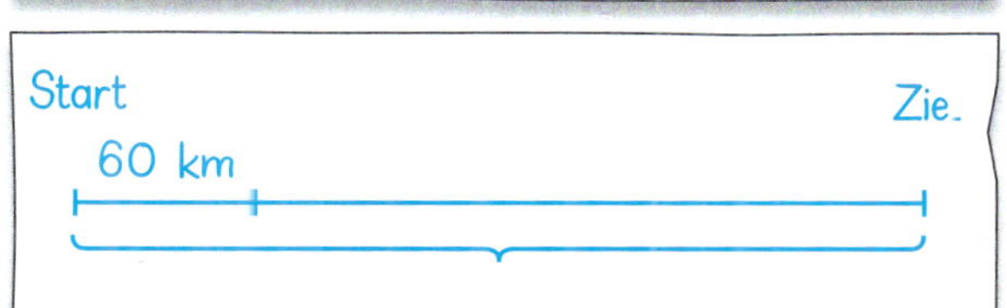

b) Übertrage in dein Heft und vervollständige die Skizzen. Löse dann die Aufgaben.

3 Zeichne eine passende Skizze und löse.

A Jule ist 21 cm größer als Dana. Dana ist 29 cm kleiner als Aaron. Aaron ist genau 1,63 m groß. Wie groß sind Jule und Dana?

B Im Sportunterricht stellen sich Lea, Tom, Nina und Pit hintereinander auf. Ganz vorne steht Tom. Pit steht nicht hinter einem Mädchen. Lea steht ganz hinten. In welcher Reihenfolge stehen die Kinder?

C Von einem 27 m langen Seil werden 3 m lange Stücke abgeschnitten. Wie viele Schnitte sind für 9 Stücke notwendig?

1 a) Woran erkennst du, ob ein Viereck ein Parallelogramm ist?
32

b) Zeichne 3 verschiedene Parallelogramme auf Gitterpapier.

c) Zeichne 3 verschiedene Parallelogramme mit dem Geodreieck auf weißes Papier.

2 38 39 Q

a)		b)		c)		d)	
243 + 36	18	420 + 60	12	268 − 24	10	580 − 70	6
356 + 25	12	709 + 55	17	183 − 14	16	472 − 66	10
581 + 6	20	228 + 68	17	659 − 8	12	842 − 9	14
104 + 85	18	935 + 17	16	394 − 67	12	262 − 48	7
630 + 47	20	108 + 74	11	780 − 59	10	985 − 39	19

3 40 41 Q

a)		b)		c)		d)	
240 + 330	12	180 + 180	9	230 − 120	2	530 − 270	8
150 + 60	3	640 + 270	10	630 − 50	13	760 − 580	9
410 + 170	13	830 + 80	10	490 − 230	8	900 − 460	8
580 + 90	13	270 + 390	12	910 − 70	12	820 − 540	10
380 + 210	14	450 + 480	12	380 − 360	2	430 − 190	6

4 42 43 Q

a)		b)		c)		d)	
195 + 25	4	365 + 78	11	108 − 25	11	350 − 72	17
292 + 43	11	648 + 72	9	305 − 13	13	735 − 46	23
488 + 17	10	777 + 54	12	212 − 34	16	822 − 81	12
370 + 56	12	264 + 81	12	618 − 52	17	478 − 97	12
597 + 38	14	853 + 49	11	420 − 94	11	930 − 99	12

5 Berechne das Rückgeld.
47

a)

Preis	gegeben	Rückgeld
6,50 €		
8,79 €		
13,99 €		
17,05 €		

b)

Preis	gegeben	Rückgeld
32,80 €		
24,99 €		
66,95 €		
49,60 €		

6 Ordne nach der Länge. Beginne mit der kürzesten Angabe.
52 53

a)	b)	c)	d)
27 m	809 cm	5,3 cm	204 mm
72 cm	89 m	5 cm	22 cm
2,70 m	0,89 m	5 cm 7 mm	0,2 cm
27 cm	8 m 90 cm	58 mm	20 cm 2 mm

1 Kl. 2

a)	b)	c)	d)	e)	f)
4 · 3	3 · 6	2 · 4	5 · 6	3 · 8	8 · 2
5 · 7	4 · 2	9 · 1	7 · 9	7 · 5	10 · 7
1 · 8	8 · 7	7 · 0	9 · 6	6 · 1	8 · 9
8 · 4	0 · 9	4 · 5	1 · 4	0 · 0	6 · 10
2 · 5	5 · 8	7 · 2	0 · 8	9 · 4	10 · 5

2 Kl. 2

a)	b)	c)	d)	e)	f)
10 : 2	12 : 4	7 : 7	30 : 5	2 : 1	70 : 10
21 : 7	25 : 5	24 : 8	12 : 3	35 : 7	4 : 4
40 : 8	6 : 6	18 : 2	48 : 8	30 : 3	40 : 4
6 : 3	36 : 9	15 : 5	9 : 9	6 : 2	56 : 8
90 : 9	20 : 4	8 : 1	0 : 1	81 : 9	50 : 10

3 Schreibe die Beträge so auf: 1 € 7 2 ct = ▢ ct = ▢,▢ €

23

a) 

b) 

c) 

4 a) Mit welcher Gleichung kannst du die Aufgaben lösen? Begründe.

Kl. 2

1 Im Puppentheater gibt es 7 Reihen mit jeweils 8 Plätzen und eine Sitzreihe mit 10 Plätzen. Wie viele Plätze gibt es im Puppentheater insgesamt?

2 Im Bus sind 7 Personen. An der Haltestelle steigen 8 Personen ein. Beim nächsten Halt steigen 10 Personen aus. Wie viele Personen sind nun im Bus?

A 7 · 8 + 10 = ▢

B 7 + 8 − 10 = ▢

3 Jule hat 7 Euro im Geldbeutel und 8 Euro im Sparschwein. Von dem Geld kauft sie eine Flöte für 10 Euro. Wie viel Geld hat sie noch?

4 Auf dem Flohmarkt hat Jonas 7 Spiele für je 8 Euro und eine Trommel für 10 Euro verkauft. Wie viel Geld hat er insgesamt eingenommen?

b) Wähle 2 Aufgaben, löse und antworte.

5 a) Zeichne von jedem Gebäude einen Bauplan.

Kl. 2

A 

B 

C 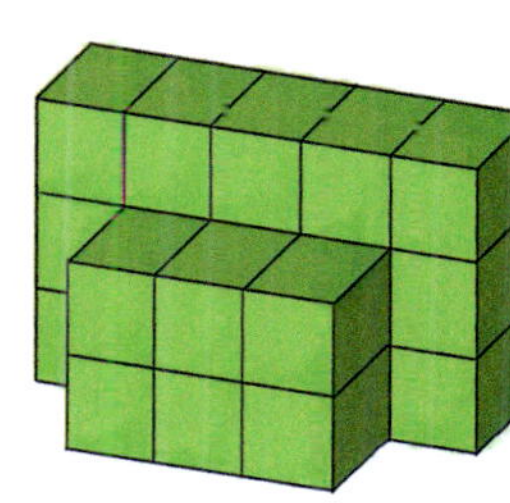

b) Wie viele Würfel sind es? Schreibe verschiedene Rechnungen.

1

Würfel	Quader	Kugel	Pyramide	Zylinder	Kegel
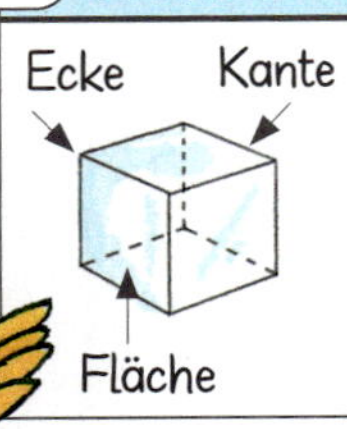	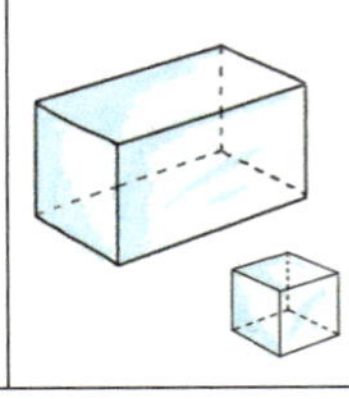		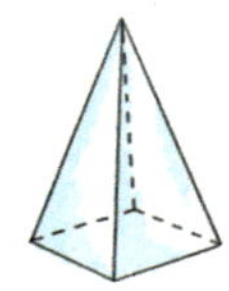	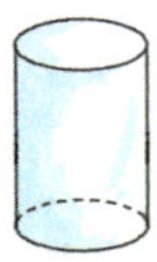	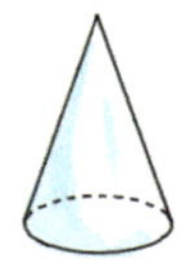

a) Welche Körper erkennst du auf dem Bild? Welche Flächen?
b) Nenne zu jedem Körper weitere Gegenstände aus deiner Umwelt.

2 Stelle selbst Körper aus Knete und Stäbchen her. Vergleiche sie.

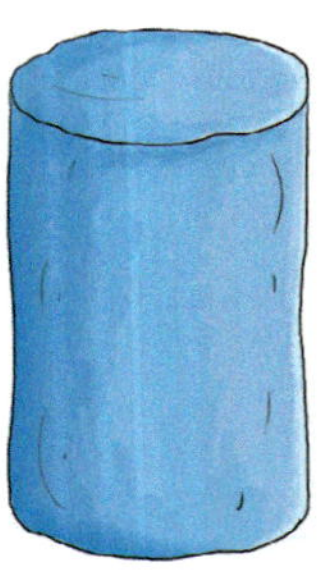

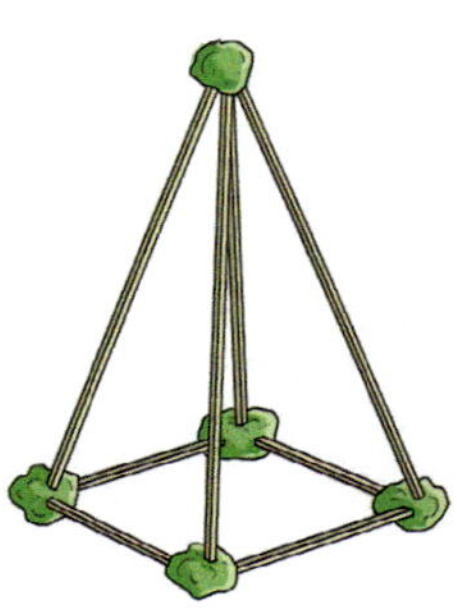

3 Erstelle Körper-Steckbriefe.

	Würfel
Anzahl der Ecken	
Anzahl der geraden Kanten	
Anzahl der gekrümmten Kanten	
Anzahl der ebenen Flächen	
Anzahl der gewölbten Flächen	
Beispiele aus der Umwelt	

4 Geoquiz: Um welche Körper handelt es sich? Wo gibt es mehrere Lösungen?

a) nur 2 Kanten
b) 6 gleiche Flächen
c) 8 Ecken und 12 Kanten
d) genau 8 Kanten
e) nur eine Fläche
f) nur gerade Kanten
g) weder Ecken noch Kanten
h) genau 3 Flächen
i) nur 2 Flächen
j) nur gekrümmte Kanten
k) gewölbte und ebene Flächen
l) genau 5 Ecken

Denke dir weitere Aufgaben aus.

3 Für Körpersteckbriefe KV nutzen.

1 Hier wurde eine Schachtel so aufgeschnitten, dass sie nicht in Einzelteile zerfällt. Es entsteht ein Quadernetz.

a) Entlang welcher Kanten wurde geschnitten?

b) Wie viele Kanten wurden aufgeschnitten?

c) Zeige Flächen, die sich am Quader gegenüberliegen.

2 Schachteln wurden verschieden aufgeschnitten. Zeichne die Quadernetze auf Gitterpapier.

1
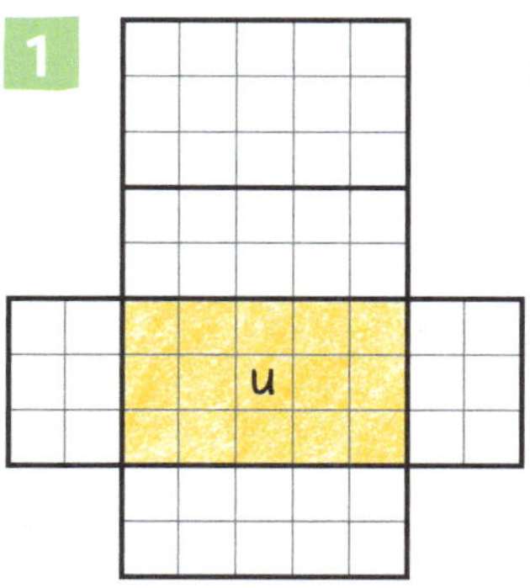

2
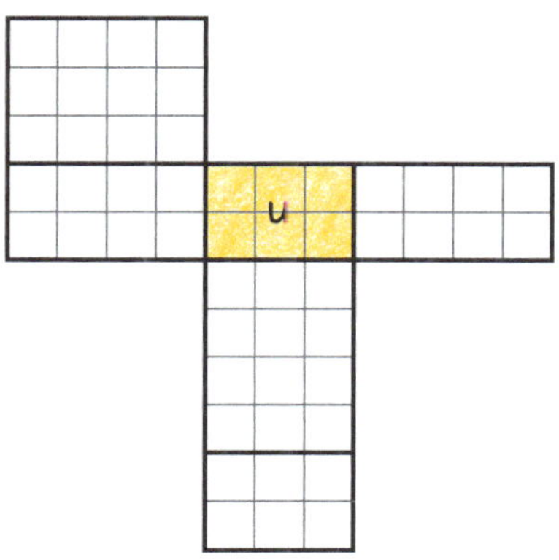

3
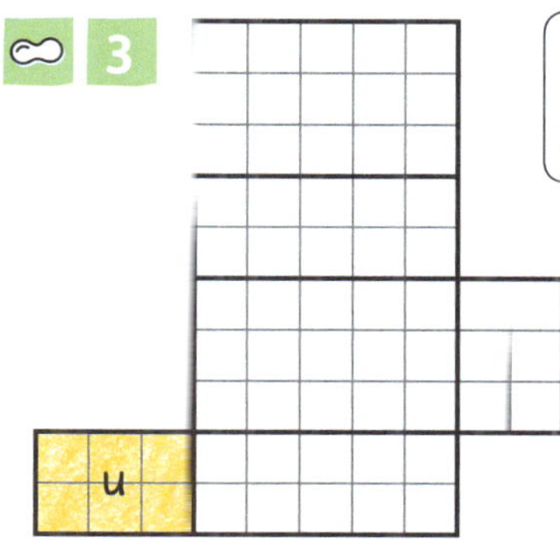

a) Falte im Kopf. Die farbige Fläche liegt unten (u). Welche Fläche ist dann vorn (v), hinten (h), links (l), rechts (r) und oben (o)? Trage in deine Netze ein.

b) Schneide deine Netze aus und falte. Stimmen die eingetragenen Buchstaben?

3 Paula hat Figuren gezeichnet. Kann man sie zu einem Quader falten? Überprüfe.

1
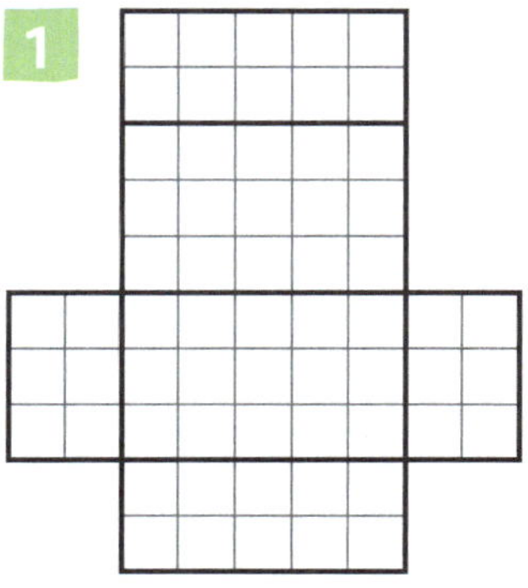

2
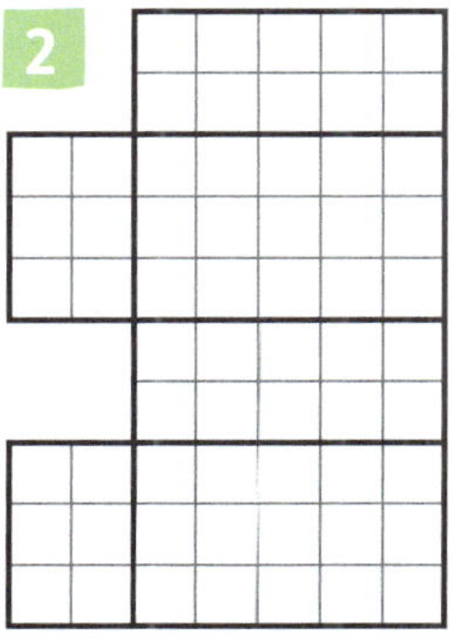

3
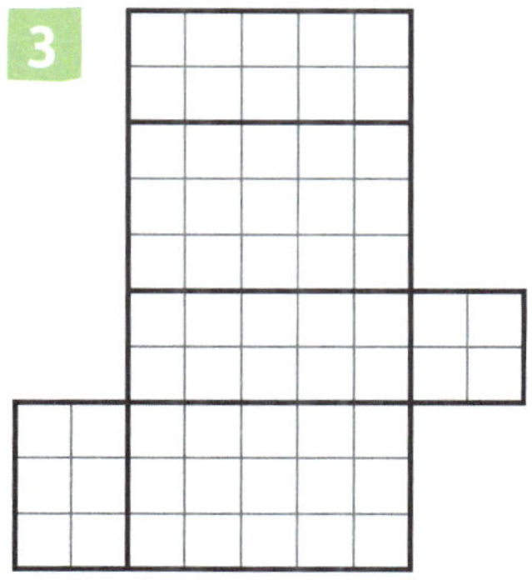

Würfelnetze

1 Emma und Anton stellen auf unterschiedliche Arten Würfelnetze her. Beschreibe.

2 Emma hat Würfel an den Kanten aufgeschnitten und gezeichnet. Was passt zusammen?

A

B

C

D

1
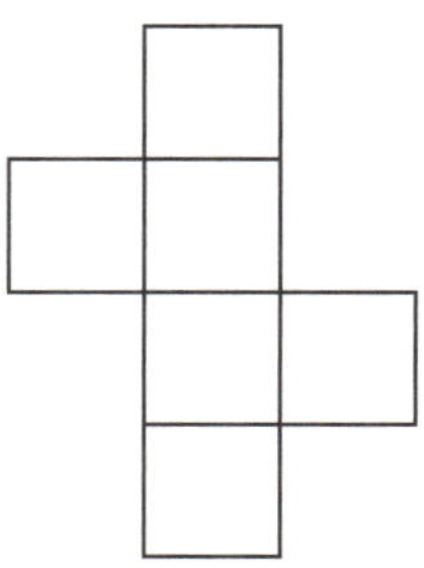

2
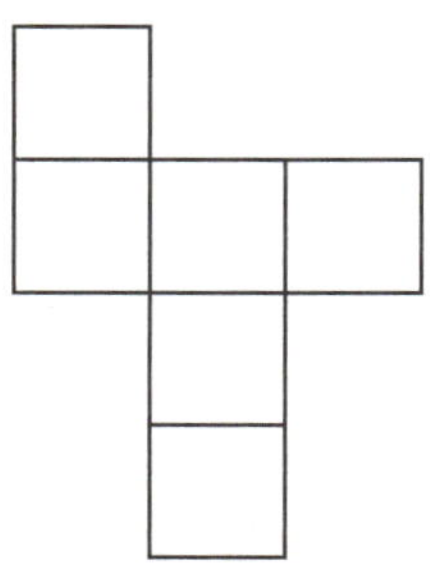

3
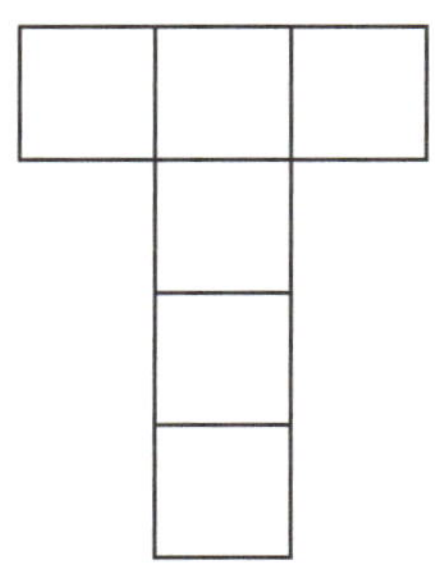

4
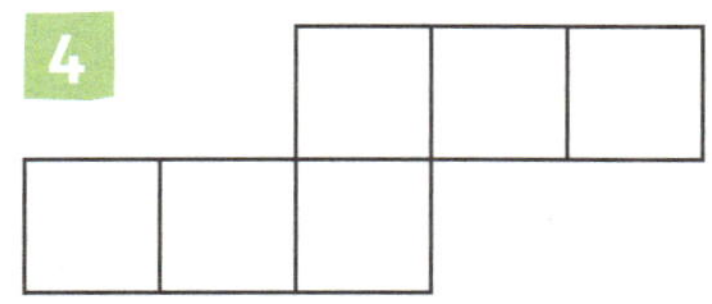

3 Nur 3 der Netze sind Würfelnetze.

a) Untersuche: Falte dazu in der Vorstellung zum Würfel zusammen.

1
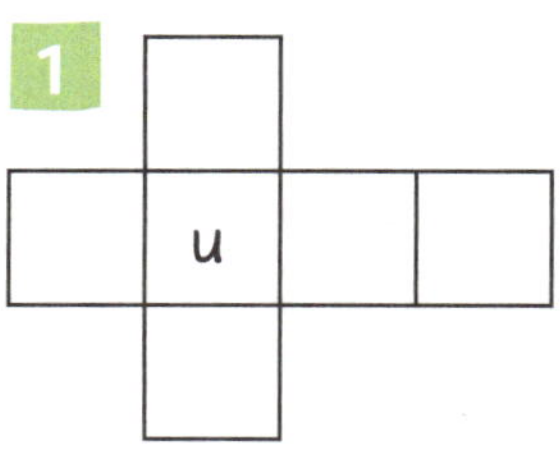

2
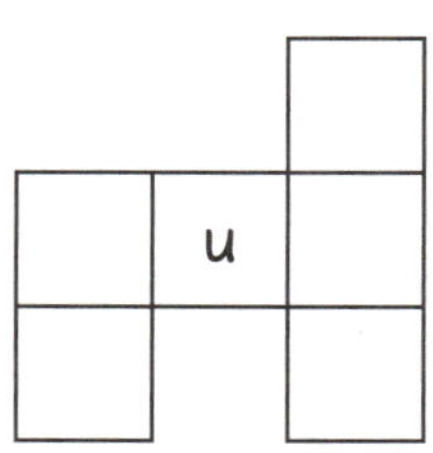

3
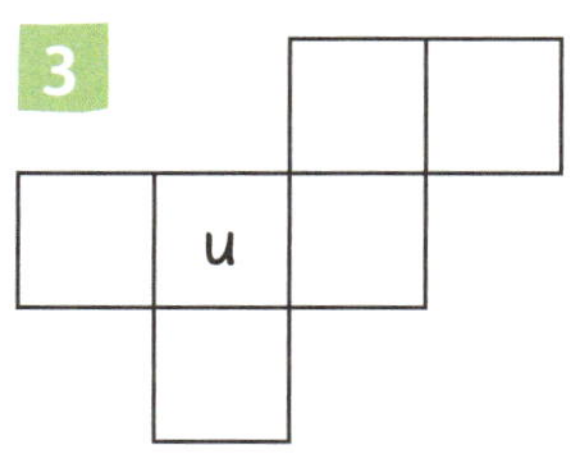

4
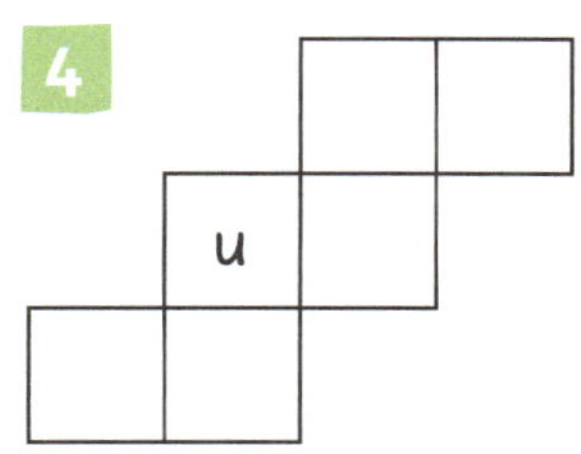

b) Zeichne die 3 Würfelnetze auf Karopapier.
Beschrifte sie mit u, o, v, h, l, r.

c) Schneide die Würfelnetze aus.
Überprüfe durch Falten.

KV nutzen.

AH 49 KV 41–42, 66 325–326

1 Fatima und Paula basteln Spielwürfel aus Würfelnetzen.

2 Aus welchen Netzen kann man den Spielwürfel aus Nr. 1 nicht falten? Begründe.

a)

b)
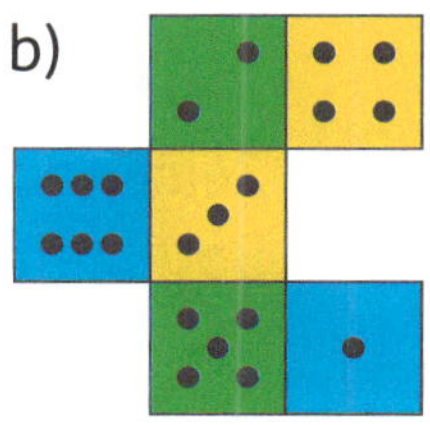

c)

d)

e)
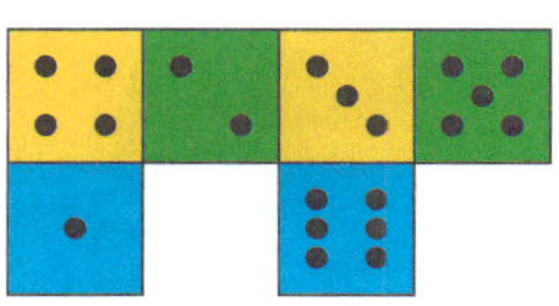

f)

g)
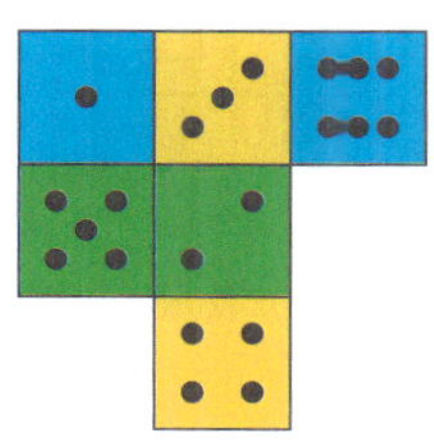

h)

3 Falte in der Vorstellung zu Spielwürfeln. Zeichne dann die Netze.
Ergänze die Augenzahlen und färbe wie Trax.

a)
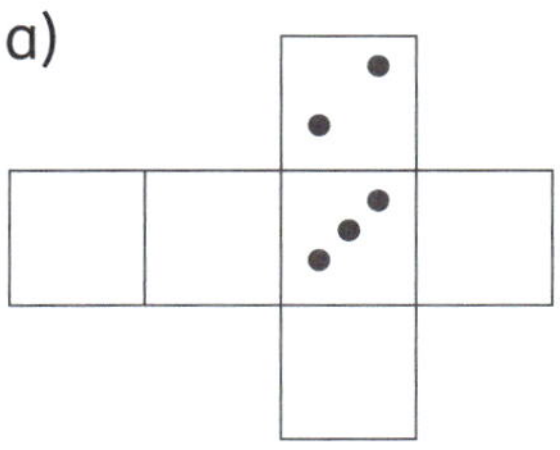

b)
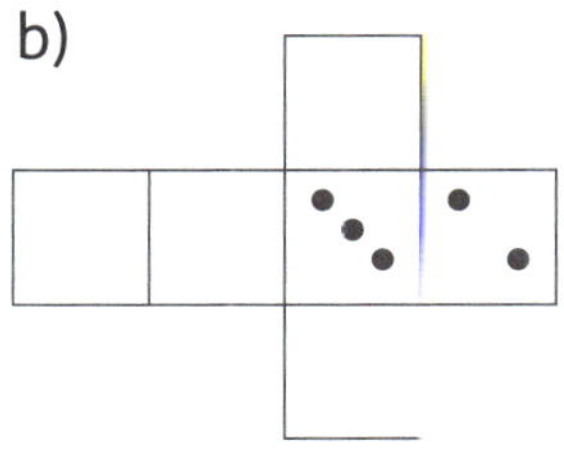

c)
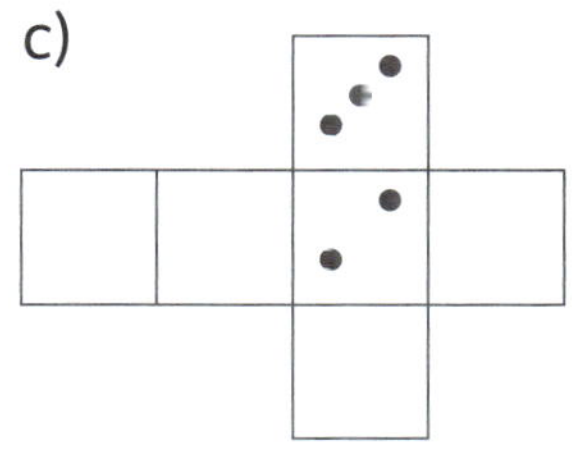

d)
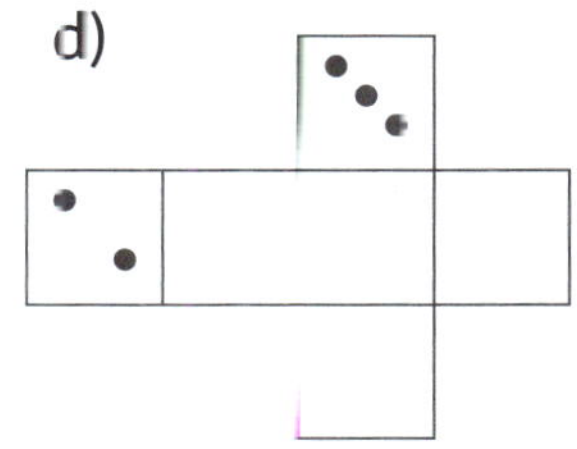

e)
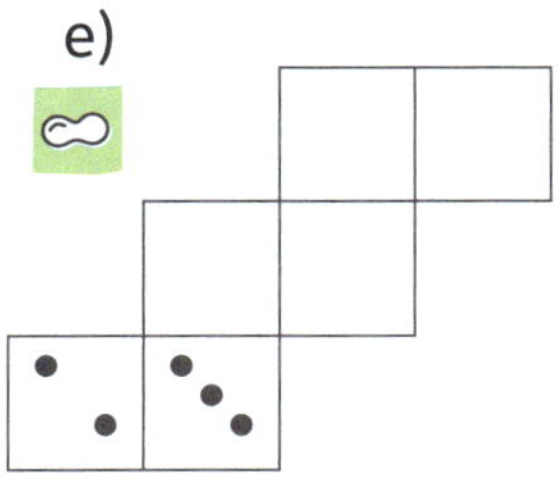

f)
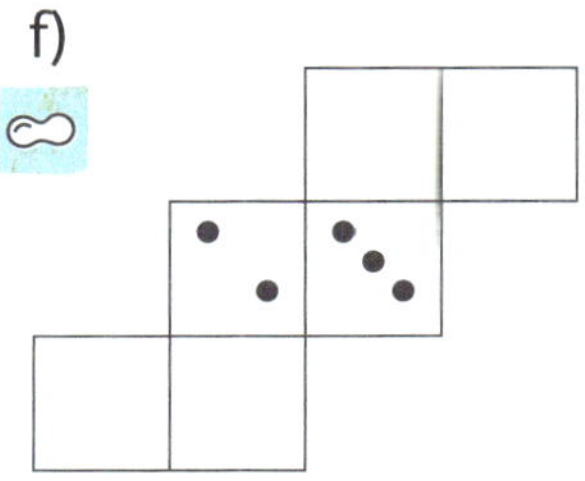

g)
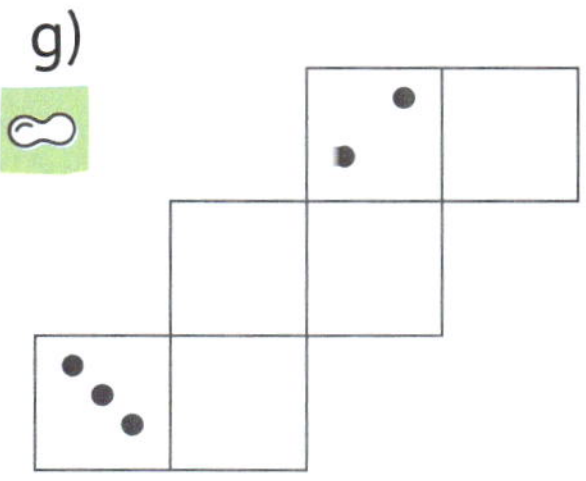

h)
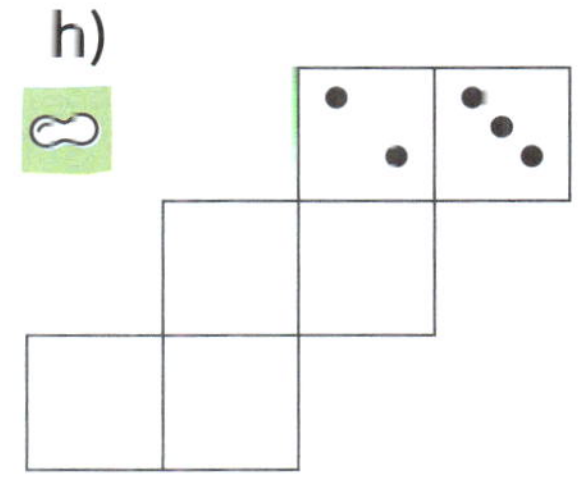

KV nutzen.

Würfelcity

1 a) Aus wie vielen Würfeln bestehen die Gebäude 1 bis 10? Baue gedanklich so um, dass du leicht zählen kannst.

b) Wie viele Würfel sind vollständig verdeckt?

	1	2
a) Würfel (insgesamt)	12	
b) vollständig verdeckte Würfel	3	

c) Vergleiche die Gebäude. Was fällt dir auf?

2 Zeichne zu den Gebäuden 1 bis 5 Baupläne.

3 Welche Gebäude (6 bis 10) gehören zu diesen Bauplänen?

a)

3	3	2	2
3	3	2	2
1	1	1	1

b)

4	4	3
4	4	3
1	1	

c)

3	4	4
1	1	2

d)

3		
3	1	1
3	2	2
3	3	3

e)

		1	2
	1	1	1
1	1	1	2
2	1	2	2

4 Trax hat Baupläne gezeichnet. Baue nach. Wie viele Würfel benötigst du jeweils?

a)

4	3	2	1
1	2	3	4
4	3	2	1

b)

4	2	4
2		2
4	2	4

c)

6	4	2
4	2	
2		

d)

6	4	
4	2	2
4	2	2
6	4	

e) Zeichnet Baupläne für eigene Gebäude.

4 Nach Bauplan Würfelgebäude errichten. Vorher das Gebäude beschreiben (Kopfgeometrie). Evtl. die Aufgabe mit einem Partner als Bauplandiktat bearbeiten.

AH 50 KV 67 39, 327–331

5 Max hat 4 Ansichten zum Gebäude 7 gezeichnet.
Welche Zeichnung zeigt welche Ansicht?
Notiere die Blickrichtung.

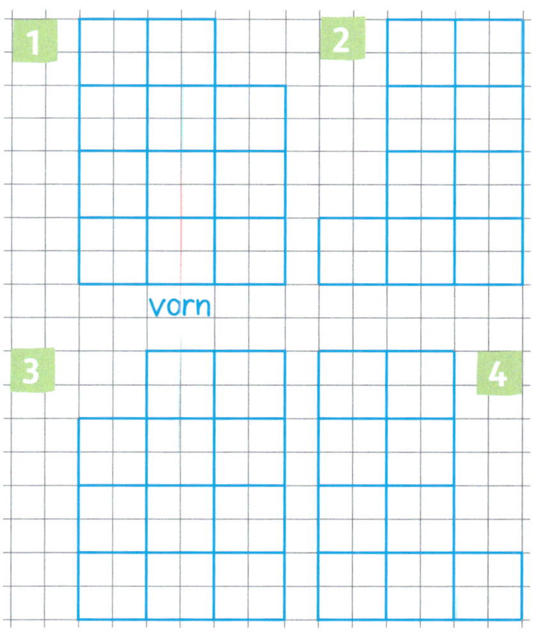

6 a) Zu welchem Gebäude gehören diese Ansichten?

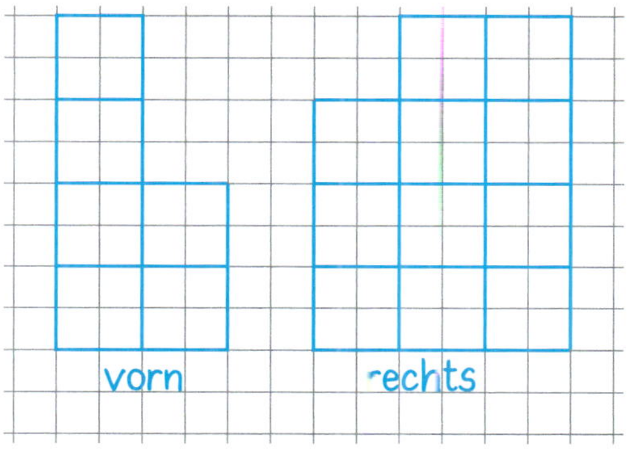

b) Zeichne die fehlenden Ansichten.

c) Zeichne die Ansichten zu weiteren Gebäuden.

7 Ergänze jedes Gebäude mit möglichst wenigen Würfeln zu einem Quader.
Wie viele Würfel benötigst du jeweils?

Gebäude 1

Anzahl	1	2	3	
vorhandene Würfel	12			
zusätzliche Würfel	4			
Würfel für den Quader	16			

1 Bei der Ausstellung „Kunst im Schulhof“ haben die Kinder ihre Kunstwerke fotografiert. Welches Kunstwerk wurde aus welcher Richtung fotografiert?

a)

b)

c)

d)

e)

Zeichne auch die anderen Kunstwerke so wie Trax sie sieht.

1

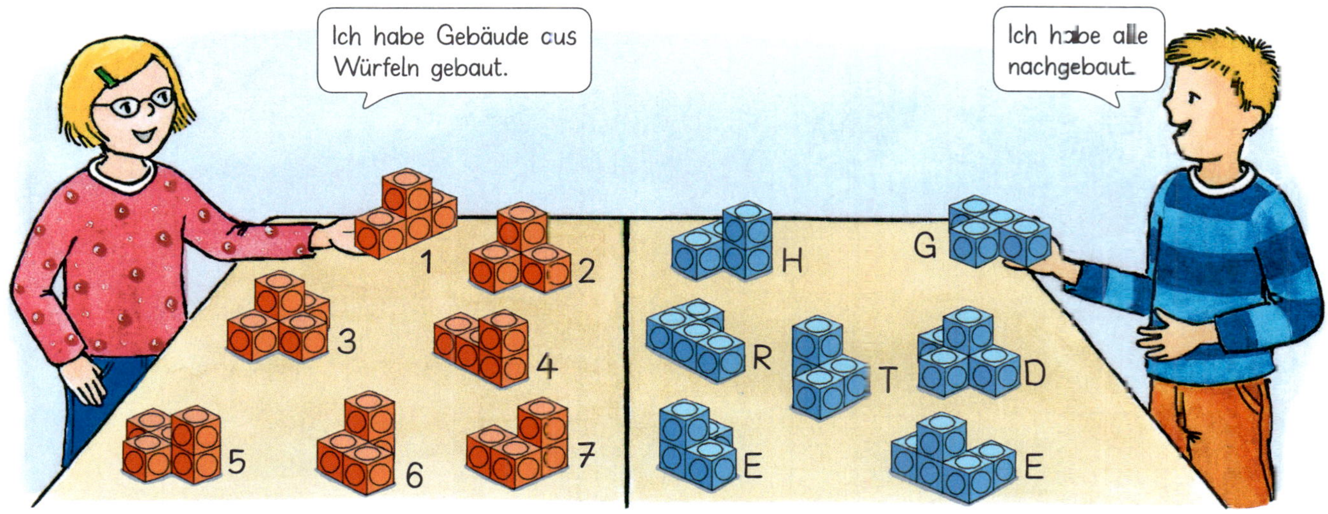

Welche Gebäude haben die gleiche Form? Finde das richtige Lösungswort.

2 Alles verdreht. Jeweils 2 gelbe Gebäude haben nicht dieselbe Form wie das rote. Finde sie.

a)

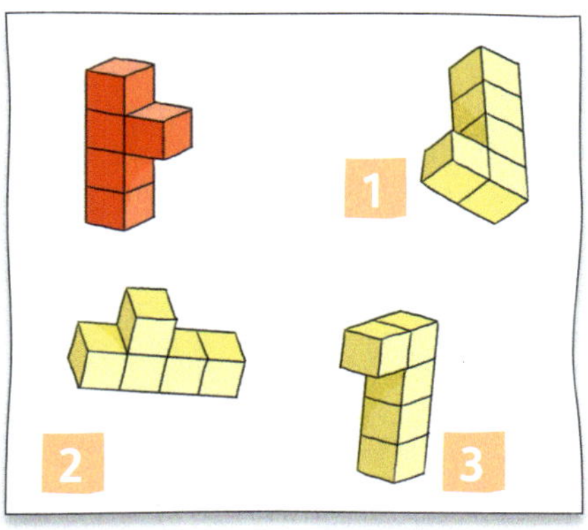

b)

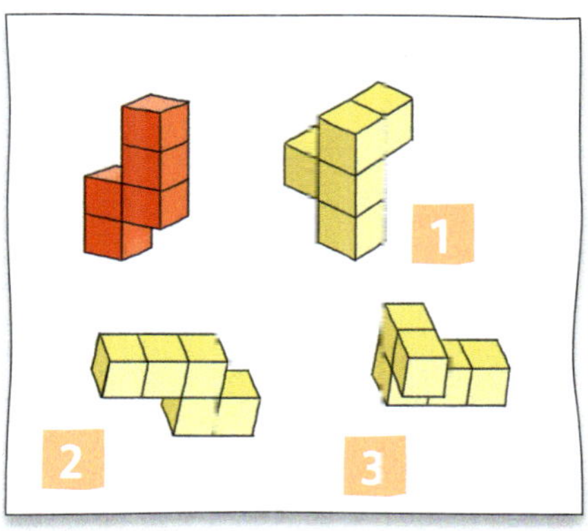

c)

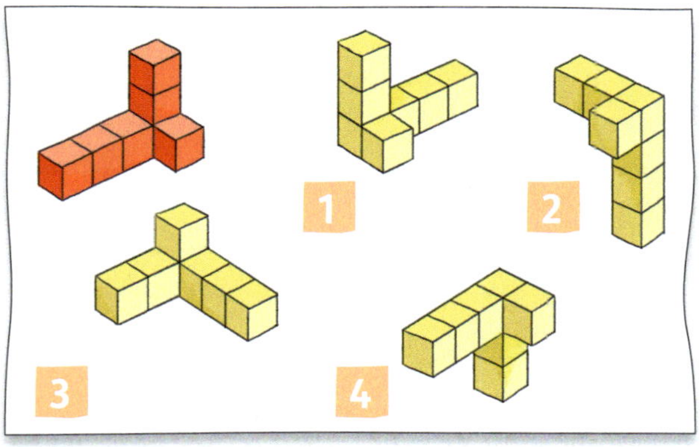

d)

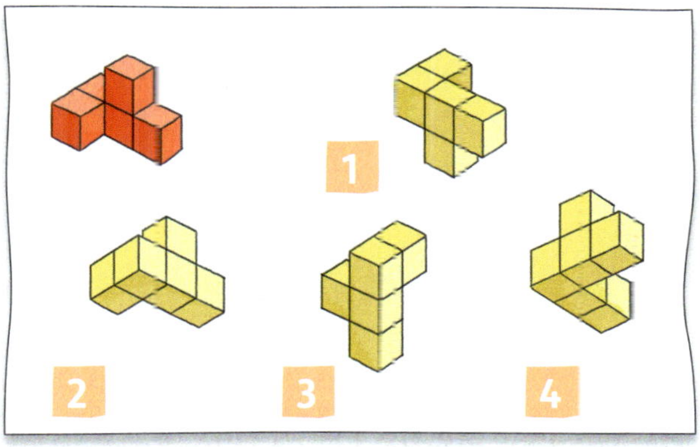

e)

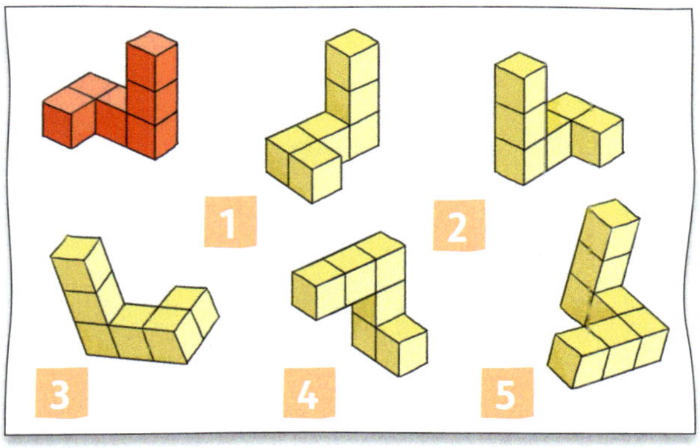

f)

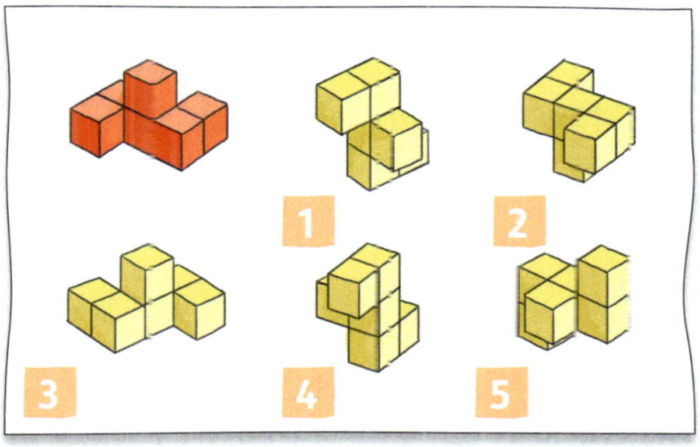

1

So überschlagen die Kinder. Was denkst du über diese Überschläge?
Einen Überschlag solltest du sicher im Kopf rechnen können.

Emma überschlägt so:
187,99 € → 200 €
7,89 € → 10 €
16,75 € → 20 €
Alles zusammen kostet ungefähr 230 Euro.

Max überschlägt so:
187,99 € → 190 €
7,89 € → 8 €
16,75 € → 17 €
Alles zusammen kostet ungefähr 215 Euro.

Paula überschlägt so:
187,99 € → 188,00 €
7,89 € → 7,90 €
16,75 € → 16,80 €
Alles zusammen kostet ungefähr ___ Euro.

2 Wie viel kostet es ungefähr? Überschlage.

a) Gitarrenband, Notenständer

b) Schlagzeug lernen Band 1, Keyboard lernen

c) Schlagzeug, Schlagzeug-Beckenset

d) E-Gitarre, Gitarrenband, Gitarre lernen Band 1

e) Keyboard, Keyboard lernen, Notenständer

f) Schlagzeug, E-Gitarre, Keyboard

3 Was möchtet ihr euch im Musikgeschäft kaufen?
Wählt aus und überschlagt. Vergleicht eure Überschläge.

4 Die Klasse 3a der Seeschule gründet eine Band.

a) Welche Instrumente könnten sie gebrauchen?
b) Reichen 800 €? Überschlage.

1 Die Astrid-Lindgren-Schule kauft neue Musikinstrumente. Jeder Klasse stehen 200 Euro zur Verfügung. Überschlage die Kosten.

a) Die Klasse 4 braucht ein Regenrohr, eine Kuhglocke, Bongos und ein Xylofon.

b) Die 1. Klasse kauft 3 Schulflöten, eine Rassel und die Vogelflöte.

c) Die 3. Klasse möchte eine Pauke und eine Kuhglocke kaufen. Reicht das Geld noch für ein Regenrohr?

d) Die Klasse 2 möchte auf jeden Fall die Boomwhackers kaufen. Was könnten sie sich vom restlichen Geld noch kaufen?

2 Die Kinder wünschen sich Instrumente. Sie überschlagen die Kosten. Welche Instrumente könnten es sein?

- Alessandro: 15 € + 21 €
- Anna-Lena: 37 € + 54 €
- Janine: 140 € + 8 €
- Maria-Sophie: 150 € + 30 €
- Mike: 30 € + 8 € + 16 €
- Lars: 10 € + 20 € + 130 €

3 Überlege zuerst: Wo reicht ein Überschlag? Wo muss man genau rechnen? Begründe.

a) Jonas hat 20 €. Er möchte ein Notenbuch für 12,99 € und einen Flötenputzer für 4,95 € kaufen. Nun überlegt er, ob sein Geld reicht.

b) Hannah muss für 10 Klarinettenblätter 23,90 € zahlen. Sie gibt der Verkäuferin 30 €. Die Verkäuferin überlegt, wie viel Rückgeld Hannah bekommt.

c) Auf dem Flohmarkt verkauft Eric eine Flöte für 11,50 €, einen Notenständer für 7,50 € und ein Flötenbuch für 1,90 € an eine ältere Frau. Er überlegt, wie viel Geld er verlangen muss.

d) Ina hat auf dem Flohmarkt 5 Flötenbücher für je 2,75 € verkauft. In ihrer Kasse hat sie jetzt 13,50 €. Nun überlegt sie, ob sie immer richtig herausgegeben hat.

e) Amelie möchte eine Trompete für 339 € kaufen. Auf ihrem Konto hat sie 148,83 €. Ihre Oma gibt ihr auch noch 150 € dazu. Reicht das Geld?

AH 53

1

326 + 243

H	Z	E
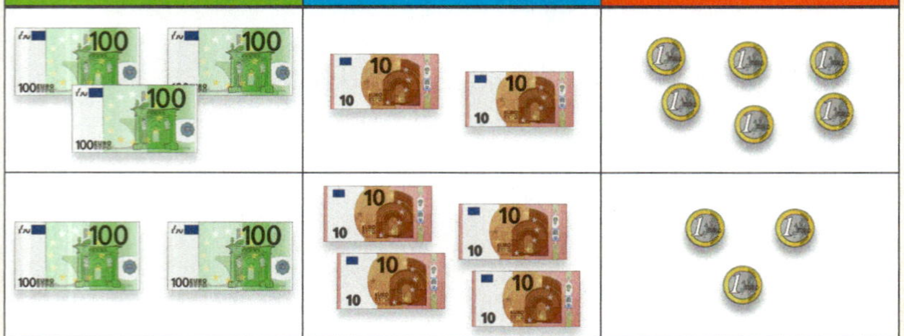		
2 H + 3 H = ▢ H	4 Z + 2 Z = ▢ Z	3 E + 6 E = ▢ E

	H	Z	E
	3	2	6
+	2	4	3
	5	6	9

! Sprich so:
3 + 6 = 9, schreibe **9**,
4 + 2 = 6, schreibe **6**,
2 + 3 = 5, schreibe **5**.

2

H Z E	H Z E	H Z E	H Z E	H Z E
2 1 4	5 3 2	1 8 5	8 0 7	6 4 3
+ 1 7 3	+ 3 1 7	+ 4 1 1	+ 1 9 2	+ 2 0 5

H Z E	H Z E	H Z E	H Z E	H Z E
3 6 8	7 4 1	4 2 5	9 1 3	8 2
+ 6 2 0	+ 1 2 6	+ 3 7 1	+ 6 5	+ 2 0 4

286 387 596 696 796 848 849 867 978 988 999

3 Schreibe stellengerecht untereinander und addiere.

Ⓠ a) 314 + 562 21
428 + 251 22
132 + 643 19
755 + 124 24
583 + 315 25

b) 606 + 193 25
540 + 318 21
272 + 403 18
169 + 720 25
450 + 207 18

c) 254 + 33 17
812 + 76 24
57 + 441 21
71 + 528 23
28 + 360 19

d) 225 + 131 + 442 24
342 + 213 + 104 20
506 + 172 + 310 25
413 + 64 + 201 21
34 + 920 + 45 27

1

247 + 135

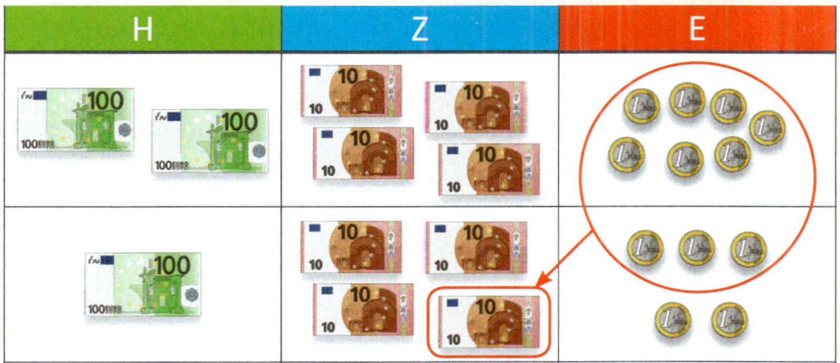

H	Z	E
1 H + 2 H = ▢ H	1 Z + 3 Z = 4 Z 4 Z + 4 Z = ▢ Z	5 E + 7 E = 12 E 12 E = 1 Z + ▢ E

	H	Z	E
	2	4	7
+	1	3	5
		1	
	3	8	12

! Sprich so:

5 + 7 = 12, schreibe **2**, übertrage 1,
1 + 3 + 4 = 8, schreibe **8**,
1 + 2 = 3, schreibe **3**.

2

H	Z	E
4	2	7
+ 2	5	8
	1	

H	Z	E
3	6	9
+ 5	1	4

H	Z	E
1	0	8
+ 7	3	6

H	Z	E
5	4	6
+	2	9

H	Z	E
2	3	5
+ 5	9	4

H	Z	E
7	6	3
+ 1	7	0

H	Z	E
5	9	8
+ 1	4	3

H	Z	E
3	5	2
+ 4	7	8

575 685 741 829 830 844 883 923 933

3 Schreibe stellengerecht untereinander und addiere.

Q a) 534 + 327 15
206 + 648 17
731 + 186 17
335 + 409 15
678 + 212 17

b) 683 + 241 15
471 + 396 21
194 + 85 18
545 + 160 12
62 + 843 14

c) 275 + 436 9
382 + 549 13
894 + 17 11
63 + 737 8
107 + 395 7

d) 319 + 162 + 416 24
523 + 68 + 154 16
133 + 313 + 295 12
204 + 86 + 651 14
58 + 809 + 42 18

Schriftlich addieren

1 Schreibe stellengerecht untereinander und addiere.

Q

```
  509
+ 228
+ 176
  1 2
  913
```

a)		b)	
509 + 228 + 176	13	179 + 294 + 488	16
438 + 157 + 237	13	389 + 268 + 195	15
337 + 69 + 354	13	587 + 96 + 279	17
290 + 346 + 178	13	677 + 199 + 58	16
88 + 493 + 182	16	99 + 777 + 88	19

2 Finde Rechenfehler. Bei manchen Aufgaben reicht der Überschlag.

Ü: 300 + 300 = 600

```
  347
+ 265
  1 1
  612
```

Ich denke, der zweite Übertrag wurde vergessen.

a) 347 + 265 = 512

b) 209 + 785 = 994

c) 626 + 134 = 760

d) 267 + 512 = 789

e) 482 + 301 + 196 = 979

f) 578 + 49 + 227 = 844

g) 358 + 454 + 59 = 871

h) 197 + 539 + 191 = 937

3 a)

b) 2■6 + 41■ = ■69

c) 42■ + 2■1 = ■93

d) ■12 + 43■ = 5■7

e) 3■5 + ■20 = 78■

f) 23■ + ■44 = 3■2

g) ■59 + 3■7 = 96■

h) 4■1 + 23■ = ■17

i) 57■ + 3■2 = ■35

j) 35■ + 41■ = ■63
Es gibt 4 Lösungen.

k) 2■7 + 3■5 = 55■
Es gibt 5 Lösungen.

l) 25■ + ■34 = 78■
Es gibt 6 Lösungen.

AH 56 · 254–256

1 a) Entscheide, wie du rechnest.

b) Erfinde für jeden Briefkasten noch 3 weitere Aufgaben.

2 Wie rechnest du hier? Entscheide bei jeder Aufgabe neu.

160 + 475	14	190 + 750	13	483 + 372	18
155 + 300	14	476 + 176	13	299 + 79	18
266 + 297	14	235 + 480	13	743 + 184	18
770 + 135	14	340 + 420	13	370 + 449	18
337 + 586	14	526 + 396	13	801 + 135	18

3 Löse das Trax-Quiz. Welches der 3 Ergebnisse ist jeweils richtig?

a) Du erhältst meine Zahl, wenn du 316 und 452 addierst.

b) Wenn du 666 zu 222 addierst, erhältst du meine Zahl.

c) Addiere 151 und 515 zu 321 und du erhältst meine Zahl.

d) Du erhältst meine Zahl, wenn du 299 und 301 zu 278 addierst.

e) Wenn du das Doppelte von 333 und die Hälfte von 444 zu 112 addierst, erhältst du meine Zahl.

f) Wenn du zur Hälfte von 860 zuerst das Doppelte von 165 und dann noch 117 addierst, erhältst du meine Zahl.

EDE-Zahlen addieren

1

a) Bilde mit diesen EDE-Zahlen Additionsaufgaben und rechne.

b) Schreibe deine Ergebnisse der Größe nach untereinander. Was fällt dir auf?

c) Ein Ergebnis kommt mehrfach vor. Finde noch andere EDE-Aufgaben mit diesem Ergebnis. Wie viele gibt es?

d) Finde auch möglichst viele Aufgaben zu den anderen Ergebnissen.

e) Gibt es auch EDE-Aufgaben mit den Ergebnissen 111, 222 und 333? Finde sie.

f) Wie viele EDE-Aufgaben gibt es, deren Ergebnis kleiner ist als 1 000?

g) Kannst du den Trick erklären? Prüfe bei anderen EDE-Zahlen nach.

h) Suche EDE-Aufgaben, bei denen das Ergebnis größer als 1 000 ist. Wie viele solcher Aufgaben gibt es?

1

367 − 124

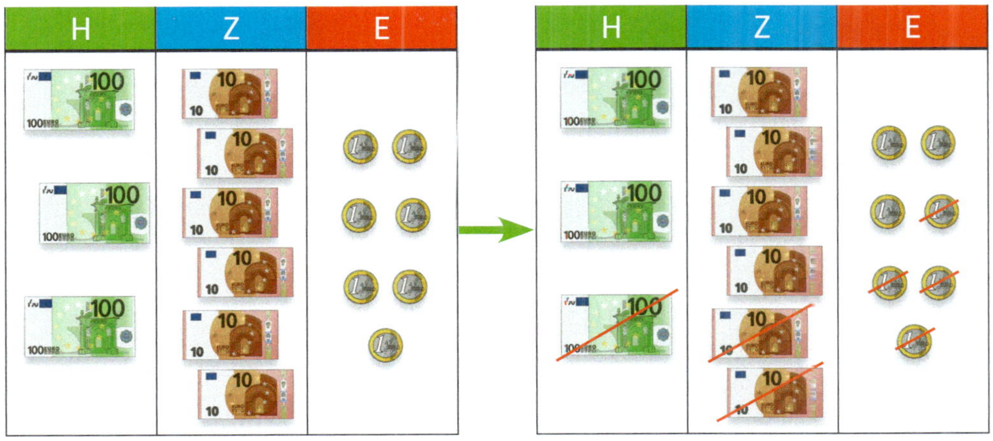

	H	Z	E
	3	6	7
−	1	2	4
	2	4	3

Emma spricht: !
7 − 4 = **3**
6 − 2 = **4**
3 − 1 = **2**

Max spricht: !
4 + **3** = 7
2 + **4** = 6
1 + **2** = 3

2

	H	Z	E
	4	7	5
−	1	4	2

	H	Z	E
	9	8	6
−	7	3	5

	H	Z	E
	6	9	3
−	2	6	1

	H	Z	E
	3	5	8
−	1	2	8

	H	Z	E
	5	6	4
−	3	6	3

	H	Z	E
	6	3	5
−	4	0	1

	H	Z	E
	7	4	3
−	5	1	0

	H	Z	E
	9	6	9
−		5	4

	H	Z	E
	2	7	8
−	2	2	3

	H	Z	E
	8	5	2
−	6	5	2

55 200 201 230 233 234 251 333 432 433 915

3 Schreibe stellengerecht untereinander und subtrahiere.

Q

a) 463 − 252 4
398 − 153 11
783 − 351 9
679 − 217 12
956 − 744 5

b) 419 − 101 12
899 − 123 20
985 − 462 10
789 − 67 11
596 − 470 9

c) 867 − 627 6
786 − 434 10
518 − 116 6
654 − 402 9
999 − 33 21

d) 784 − 161 11
875 − 422 12
978 − 56 13
676 − 43 12
912 − 412 5

1

341 – 127

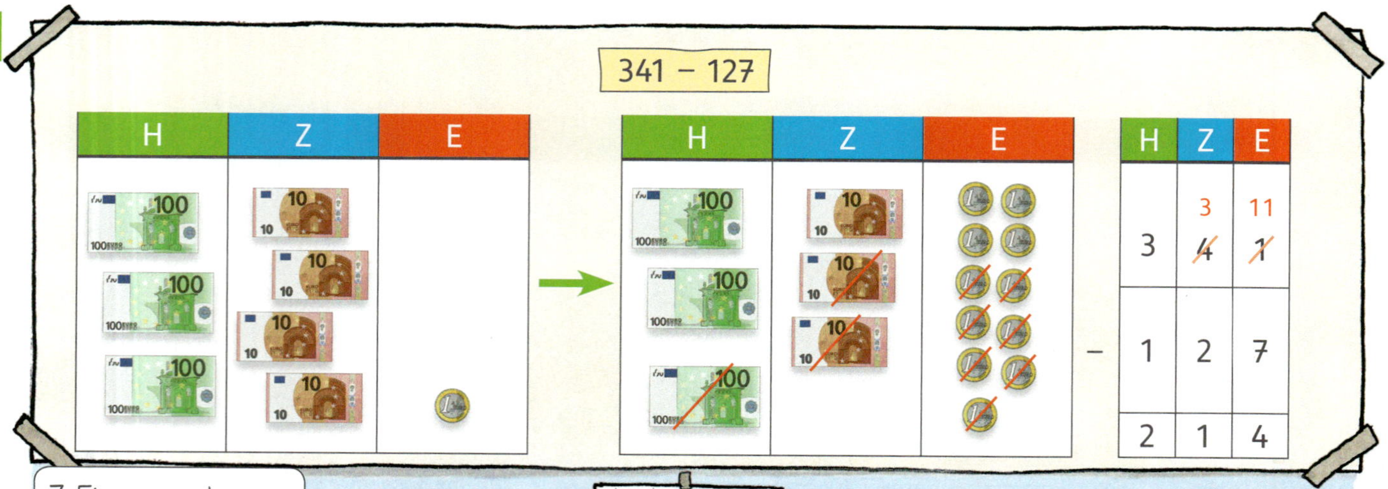

! Sprich so:
1 – 7 geht nicht,
tausche 1 Z in 10 E;
3 Z bleiben
11 – 7 = 4, schreibe **4**,
3 – 2 = 1, schreibe **1**,
3 – 1 = 2, schreibe **2**.

2

H	Z	E
	7	12
4	8	2
– 1	5	5

H	Z	E
8	12	
9	2	8
– 5	9	2

H	Z	E
9	8	3
– 5	6	9

H	Z	E
7	6	8
– 3	5	9

H	Z	E
8	4	1
– 4	3	7

H	Z	E
6	3	4
– 2	1	8

H	Z	E
7	1	6
– 2	8	0

H	Z	E
8	1	9
– 4	9	5

H	Z	E
5	14	13
6	5	3
– 2	7	6

H	Z	E
5	2	4
– 1	8	7

324 327 336 337 377 404 409 414 416 424 436

3

Schreibe stellengerecht untereinander und subtrahiere.

a)		b)		c)		d)	
663 – 325	14	590 – 385	7	941 – 580	10	713 – 378	11
472 – 246	10	851 – 429	8	417 – 226	11	526 – 257	17
971 – 148	13	374 – 136	13	638 – 375	11	865 – 579	16
793 – 567	10	483 – 424	14	516 – 474	6	781 – 489	13
356 – 117	14	672 – 263	13	725 – 83	12	644 – 98	15

AH 59 KV 21 258–260

1

2 Schreibe stellengerecht untereinander, rechne und kontrolliere deine Ergebnisse.

a)	b)	c)	d)	e)
302 − 166	823 − 686	704 − 366	736 − 418	900 − 158
606 − 228	578 − 355	206 − 128	817 − 362	500 − 267
507 − 438	765 − 73	903 − 509	912 − 574	700 − 352
403 − 275	412 − 86	807 − 208	634 − 87	800 − 416
205 − 117	641 − 274	605 − 475	525 − 236	1 000 − 623

3 Finde Rechenfehler. Bei manchen Aufgaben reicht der Überschlag.

	a)	b)	c)	d)	e)
	912	736	806	637	841
−	617	343	497	285	609
	395	393	309	452	242

	f)	g)	h)	i)	j)
	508	703	304	604	1 000
−	117	88	278	75	78
	491	615	36	629	1 922

4

	a)	b)	c)	d)	e)
	7 ● 6	● 3 8	7 8 ●	5 4 2	● 0 ●
−	3 4 ●	2 ● 2	● 6 3	3 ● ●	5 0 9
	● 3 2	1 1 ●	3 ● 0	● 9 3	2 ● 5

f) Erfinde eigene Klecksaufgaben mit 3 Klecksen für deinen Partner.

1

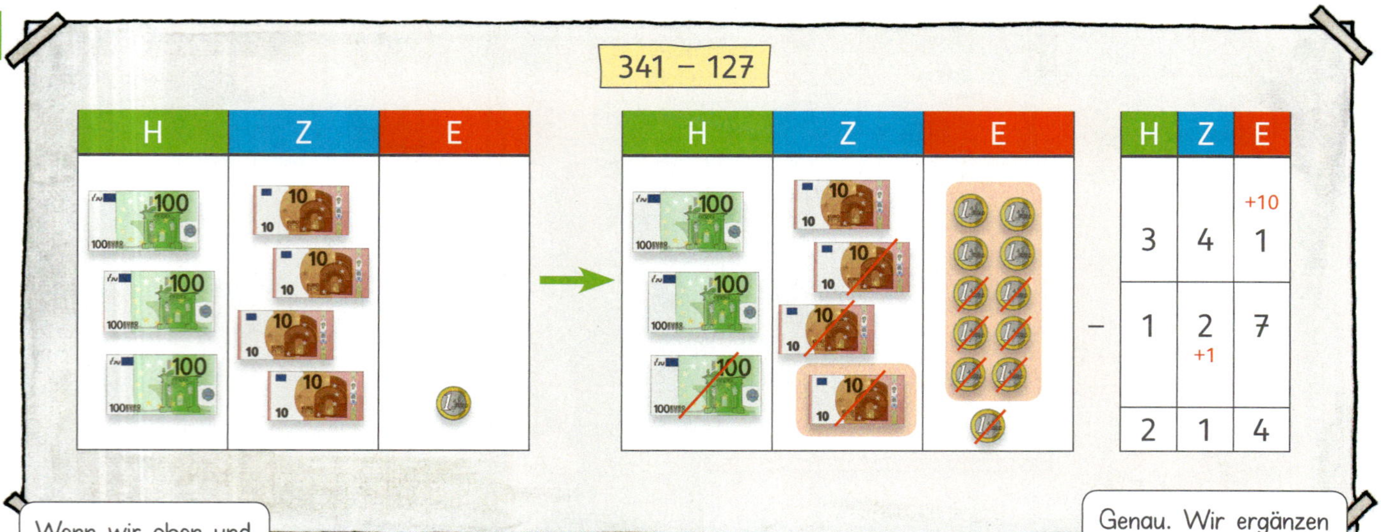

Sprich so:

7 + **4** = 11, schreibe **4**, übertrage 1,
1 + 2 + **1** = 4, schreibe **1**,
1 + **2** = 3, schreibe **2**.

2

482 – 155	928 – 592	983 – 569	768 – 359	841 – 437
634 – 218	716 – 280	819 – 495	653 – 276	524 – 187

(Bei 482 – 155 und 928 – 592 ist oben 10 ergänzt und unten 1 übertragen; bei 653 – 276 sind oben 10 10 ergänzt und unten 1 1 übertragen.)

324 327 336 337 377 404 409 414 416 424 436

3 Schreibe stellengerecht untereinander und subtrahiere.

a) 684 – 335 16
572 – 244 13
973 – 448 12
731 – 576 11
356 – 119 12

b) 580 – 365 8
831 – 428 7
375 – 139 11
493 – 414 16
662 – 237 11

c) 841 – 480 10
914 – 226 22
637 – 395 8
526 – 174 10
755 – 87 20

d) 612 – 369 9
426 – 157 17
956 – 597 17
871 – 486 16
604 – 98 11

1

2 Schreibe stellengerecht untereinander, rechne und kontrolliere deine Ergebnisse.

a)	b)	c)	d)	e)
702 – 347	832 – 578	608 – 364	763 – 481	800 – 257
505 – 282	696 – 434	307 – 108	811 – 522	700 – 164
807 – 436	757 – 82	902 – 516	945 – 78	1000 – 593
401 – 175	431 – 69	806 – 309	624 – 144	900 – 408
603 – 591	648 – 293	705 – 447	538 – 396	1000 – 319

3 Finde Rechenfehler. Bei manchen Aufgaben reicht der Überschlag.

a) 912 – 617 = 305	b) 725 – 232 = 393	c) 604 – 385 = 219	d) 837 – 464 = 363	e) 541 – 109 = 448
f) 408 – 217 = 291	g) 363 – 316 = 47	h) 972 – 578 = 394	i) 640 – 51 = 689	j) 255 – 169 = 86

4

a) 8■7 – 34■ = ■33	b) ■49 – 2■3 = 12■	c) 78■ – ■54 = 6■0	d) 643 – 3■■ = ■94	e) ■0■ – 409 = 1■6

f) Erfinde eigene Klecksaufgaben mit 3 Klecksen für deinen Partner.

1 a) Entscheide, wie du rechnest.

b) Erfinde für jeden Briefkasten noch 3 weitere Aufgaben.

2 Wie rechnest du hier? Entscheide bei jeder Aufgabe neu.

872 – 496 16	960 – 470 13	999 – 333 18
1 000 – 210 16	578 – 196 13	900 – 144 18
337 – 168 16	931 – 99 13	671 – 284 18
700 – 234 16	658 – 465 13	400 – 112 18
999 – 533 16	460 – 186 13	809 – 350 18

3 Löse das Trax-Quiz. Welches der 3 Ergebnisse ist jeweils richtig?

a) Du erhältst meine Zahl, wenn du 393 von 987 subtrahierst.

b) Subtrahiere 139 von 761 und du erhältst meine Zahl.

c) Wenn du 406 von 901 subtrahierst, erhältst du meine Zahl.

d) Du erhältst meine Zahl, wenn du von 978 zuerst 323 und dann noch 158 subtrahierst.

e) Wenn du vom Doppelten von 383 die Hälfte von 484 subtrahierst, erhältst du meine Zahl.

f) Wenn du die Hälfte von 240 vom Doppelten von 432 subtrahierst, erhältst du meine Zahl.

1

a) Bilde so wie ich EDE-Subtraktionsaufgaben. Rechne.

b) Schreibe die Ergebnisse der Größe nach untereinander. Beginne mit dem kleinsten. Was fällt dir auf?

c) Ein Ergebnis kommt mehrfach vor. Finde noch weitere Aufgaben mit diesem Ergebnis. Wie viele gibt es?

d) Finde auch möglichst viele Aufgaben zu den anderen Ergebnissen.

e) Berechne bei jedem Ergebnis die Quersumme. Was entdeckst du?

f) Berechne auch die Quersumme der Einer- und Zehnerstelle. Was entdeckst du hier?

g) Wie viele EDE-Subtraktionsaufgaben gibt es eigentlich?

Ich habe einen Trick entdeckt. Ich kann das Ergebnis schnell mit einer Multiplikationsaufgabe ausrechnen.

Minustürme

1

a) Bilde Minustürme mit den Ziffern auf der Mauer. Was fällt dir auf?

b) Wie viele Stockwerke hat dein höchster, wie viele dein niedrigster Minusturm?

c) Baue eigene Minustürme.

d) Wie viele Überträge sind bei jeder Rechnung vorhanden? Warum ist das so?

e) Welche Zahl steht bei den Ergebnissen immer in der Mitte? Wie kommt das?

f) Ordne deine Ergebnisse nach ihrer Größe. Was fällt dir auf?

2

a) Wie viele Stockwerke hat jetzt dein höchster, wie viele dein niedrigster Minusturm?

b) Welches Ergebnis steht hier im untersten Stockwerk?

c) Ordne auch hier die verschiedenen Ergebnisse nach ihrer Größe. Was fällt dir auf?

1

	Euro		Cent	
	10 €	1 €	10 ct	1 ct
	1	4	9	5
+		4	8	9
+		0	4 (2)	9
				3

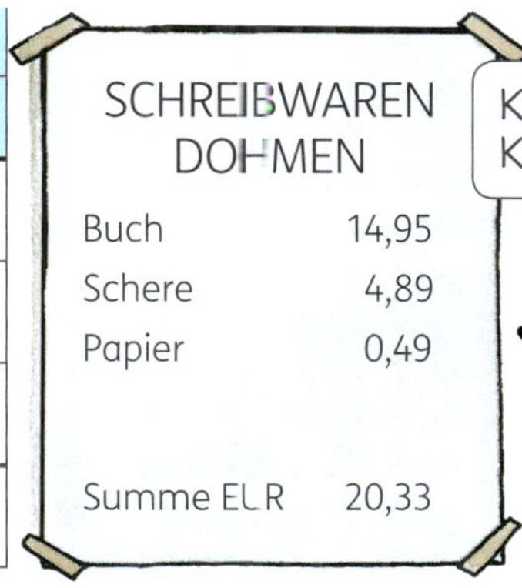

2

Überschlage zuerst, rechne dann genau. Vergleiche die Ergebnisse mit dem Überschlag.

Q

Ü: 15 € + ▢

  14,63 €
+ 2,19 €

a) 14,63 € + 2,19 € 17
75,15 € + 34,88 € 5
206,09 € + 90,55 € 27
830,24 € + 89,76 € 11
499,98 € + 74,07 € 21

b) 16,94 € + 47,23 € + 4,11 € 24
3,51 € + 28,68 € + 13,87 € 16
18,17 € + 5,36 € + 42,72 € 19
25,08 € + 30,07 € + 0,09 € 16
60,40 € + 95,55 € − 39,85 € 23

3

Überschlage zuerst, rechne dann genau. Vergleiche die Ergebnisse mit dem Überschlag.

Q

Ü: 26 € − ▢

  26,45 €
− 12,84 €

a) 26,45 € − 12,84 € 11
78,93 € − 46,42 € 11
95,04 € − 2,86 € 20
32,60 € − 17,09 € 12
61,22 € − 39,35 € 18

b) 156,43 € − 42,86 € 17
438,54 € − 28,63 € 27
202,61 € − 10,54 € 19
341,70 € − 8,95 € 20
900,00 € − 85,99 € 14

4

Schreibe alle Beträge als Kommazahlen und addiere. Prüfe mit der Probe.

781 ct	15 € 36 ct	43 € 17 ct	60 € 82 ct	44 ct	99 € 99 ct
5 € 42 ct	978 ct	86 ct	59 € 3 ct	286 ct	9 € 9 ct

Mit Texten arbeiten

1 Emma und Anton haben unterstrichen, was sie zum Beantworten ihrer Frage brauchen.
a) Welche Frage möchte Emma und welche möchte Anton beantworten?

Das Figurentheater „Grütze" hat 248 Sitzplätze.
Für die 2-stündige Vorstellung von „Aladin und die Wunderlampe" am Montagmorgen um 9.30 Uhr sind bereits 74 Karten für die Brüder-Grimm-Schule und 83 Karten für die Steinberg-Grundschule reserviert.
Außerdem wurden noch 20 Karten von einem Kindergarten reserviert.
Jede Karte kostet 5 €.

A Wie viele Karten sind schon reserviert?

B Wann endet die Vorstellung?

C Wie viel muss der Kindergarten bezahlen?

b) Eine Frage bleibt übrig. Welche Angaben sind zum Beantworten dieser Frage wichtig?

2 a) Welche Frage möchte Emma und welche möchte Anton beantworten?

Am kommenden Sonntag ist es endlich soweit. Die 6 Puppenspieler sowie 5 weitere Mitarbeiter des Figurentheaters „Grütze" können endlich den lang ersehnten Theaterneubau einweihen. Der Neubau bietet mit 324 Plätzen deutlich mehr Platz als der alte Bau, in dem es nur 248 Plätze gab. Zur Eröffnungsvorstellung von „Ali Baba und die 40 Räuber" um 15.00 Uhr rechnet das Theater mit 200 geladenen Gästen. Im Anschluss an die 2-stündige Vorstellung ist noch ein Empfang im Vorraum des Theaters geplant. Weitere Vorstellungen des Stücks finden an 7 Tagen in der Woche jeweils um 18 Uhr (sonntags und samstags auch um 15 Uhr) statt. In diesem Monat gelten außerdem die günstigen „Eröffnungspreise": Erwachsene zahlen für jede Vorstellung nur 4,50 €, Kinder bis 14 Jahre nur 3 € Eintritt.

A Wie viele Plätze mehr hat das neue Theater?

B Wie viele Vorstellungen gibt es in einer Woche?

C Wann beginnt der Empfang im Vorraum?

b) Eine Frage bleibt übrig. Welche Angaben sind zum Beantworten dieser Frage wichtig?
c) Löse die Aufgaben und schreibe eine Antwort.
d)

Wie viel Eintritt muss Familie Müller (2 Erwachsene, 3 Kinder) für eine Vorstellung in diesem Monat bezahlen?

Schreibe zu der Frage einen kurzen Text, der nur die Angaben enthält, die zum Beantworten der Frage wichtig sind.

1 a) Mit welcher Gleichung kannst du die Aufgaben lösen? Begründe.

1 Sina hat auf ihrem Sparbuch 318 Euro. Am Weltspartag zahlt sie 109 Euro ein. Kurz danach hebt sie 20 Euro ab. Wie viel Euro hat Sina auf ihrem Sparbuch?

2 Maria hat in ihrem Sparschwein 318 Euro. In Jules Spardose sind 109 Euro. Tim hat nur 20 Euro im Sparschwein. Wie viel Geld haben die Kinder zusammen?

3 Danny hat 318 Euro im Sparschwein. Davon kauft er sich ein Radio für 109 Euro. Von seiner Oma bekommt er 20 Euro zum Geburtstag. Wie viel Euro hat Danny jetzt?

A 318 − 109 + 20 = ___

B 318 + 109 − 20 = ___

C 318 + 109 + 20 = ___

4 Im Kino 1 sind 318 Plätze besetzt. Bis zum Vorstellungsbeginn kommen noch 109 Personen dazu. Trotzdem bleiben 20 Plätze frei. Wie viele Plätze hat Kino 1?

5 Das Kino 2 hat 318 Plätze. 109 Plätze sind noch frei. Kurz vor Vorstellungsbeginn kommen noch 20 Besucher. Wie viele Plätze sind besetzt?

6 Im Kino 3 sind 318 Plätze besetzt. 109 Personen wollen noch in die Filmvorführung. 20 davon bekommen keinen Platz mehr. Wie viele Plätze hat Kino 3?

b) Wähle 3 Aufgaben. Frage, löse und antworte.

2 a) Welche Fragen möchten die Kinder beantworten? Erkläre.

Frau Richter kauft 3 Packungen Katzenfutter für je 2,39 € und 2 Packungen Eier für je 1,99 €. Sie bezahlt mit einem 20-€-Schein.

A Wie viel Geld bekommt sie zurück?

B Wie viel kostet alles zusammen?

C Wie viel kosten die Eier?

Alex:

```
  2,39 €      1,99 €
+ 2,39 €    + 1,99 €
+ 2,39 €    --------
--------      3,98 €
  7,17 €

7,17 € + 3,98 € = ___ €
```

Sarah:

```
  2,39 €       20,00 €
+ 2,39 €     - 11,15 €
+ 2,39 €     ---------
+ 1,99 €         ___ €
+ 1,99 €
--------
 11,15 €
```

Eric:

1,99 € + 1,99 € = ___ €

b) Schreibt zu jeder Frage eine passende Rechnung. Vergleicht eure Lösungswege.

Herr Müller ist im Supermarkt. Er kauft 4 Honigmelonen für jeweils 2,49 €, 2 Salatgurken für je 0,99 € und 5 Flaschen Orangensaft für je 1,29 €. Für jede Flasche muss er noch 25 ct Pfand bezahlen. Er bezahlt mit einem 50-€-Schein.

A Wie viel kosten die Honigmelonen zusammen?

B Wie viel kostet der Orangensaft mit Pfand?

C Wie viel Geld bekommt Herr Müller zurück?

Wiederholung: Das habe ich neu gelernt!

1 a) Zeichne die Würfelnetze auf Gitterpapier.

60 b) Die rote Fläche ist jeweils **u**nten. Kennzeichne die anderen Flächen mit **o** (oben), **v** (vorn), **h** (hinten), **l** (links) und **r** (rechts).

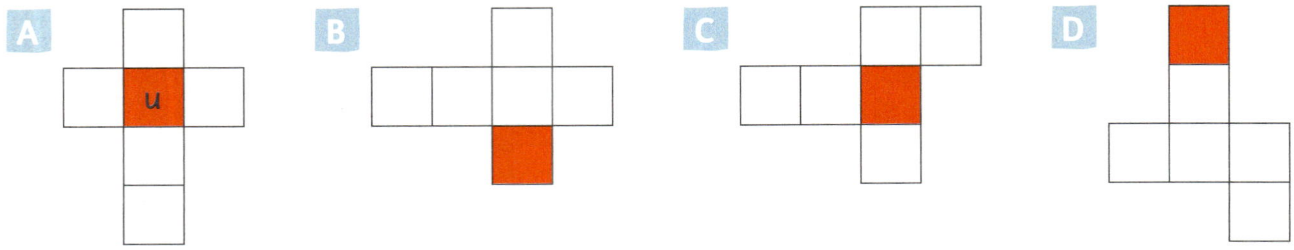

2 Rechne schriftlich.

69, 74 oder 76

a)		b)		c)		d)	
324 + 262	19	273 + 419	17	657 − 233	10	735 − 117	15
408 + 591	27	548 + 247	21	869 − 624	11	962 − 548	9
146 + 730	21	386 + 592	24	796 − 581	8	846 − 172	17
581 + 104	19	179 + 788	22	942 − 432	6	463 − 458	5
613 + 326	21	764 + 96	14	568 − 345	7	600 − 239	10

3

70, 75 oder 77

a)
```
  5 ■ 4
+ 3 7 ■
-------
  ■ 9 9
```
b)
```
  2 8 5
+ ■ ■ ■
-------
  9 0 8
```
c)
```
  6 8 ■
− 3 ■ 4
-------
  ■ 6 1
```
d)
```
  7 5 7
− ■ ■ ■
-------
  4 3 0
```
e)
```
  3 6 4
+ 5 ■ ■
-------
  ■ 2 1
```
f)
```
  ■ 3 8
+ 3 ■ 4
-------
  8 2 ■
```
g)
```
  9 ■ 6
− 6 3 2
-------
  ■ 7 ■
```
h)
```
  ■ 6 2
− 2 ■ 8
-------
  6 1 ■
```

4 Emma und Anton haben alles unterstrichen, was sie zur Beantwortung ihrer Frage brauchen.

82 a) Welche Frage möchte Emma und welche Frage möchte Anton beantworten?

> Am Zeichenwettbewerb zur Verschönerung des neuen Kindergartens nahmen 48 Mädchen und 27 Jungen aus allen 12 Klassen der Grundschule teil. Den Hauptpreis von 100 € gewann die Klasse 3b. Die Kinder wünschen sich neue Bücher für ihre Klassenbücherei. Es werden Sachbücher für insgesamt 39,50 €, ein Tierlexikon für 26,90 € und 2 Abenteuerbücher für je 14,80 € gekauft.

A Wie viel kosten die Bücher zusammen?

B Wie viele Kinder nahmen am Wettbewerb teil?

C Wie viel Geld bleibt übrig?

b) Eine Frage bleibt übrig. Welche Angaben sind zum Beantworten dieser Frage wichtig?

c) Löse die Aufgaben und schreibe eine Antwort (F – L – A).

1 KV nutzen.

1 Kl. 2

a)	b)	c)	d)	e)	f)
3 · 4	1 · 5	7 · 6	2 · 8	4 · 7	1 · 6
5 · 2	4 · 6	8 · 9	8 · 6	5 · 1	6 · 5
6 · 9	2 · 7	5 · 3	9 · 5	8 · 0	2 · 9
7 · 8	3 · 0	6 · 4	6 · 2	4 · 9	8 · 10
8 · 3	10 · 1	9 · 7	0 · 4	9 · 8	7 · 3

2 Kl. 2

a)	b)	c)	d)	e)	f)
8 : 4	42 : 7	9 : 3	80 : 8	4 : 2	64 : 8
12 : 2	36 : 6	45 : 5	9 : 1	56 : 7	35 : 5
15 : 3	0 : 2	8 : 8	16 : 4	18 : 9	18 : 6
40 : 5	32 : 8	12 : 6	72 : 9	27 : 3	28 : 4
7 : 1	54 : 9	63 : 7	10 : 5	42 : 6	90 : 10

3 Kl. 2

a) Zeichne Muster.

b) Zeichne Bandmuster. Setze sie fort.

4 Steckbrief: Was gehört zusammen?

17

F 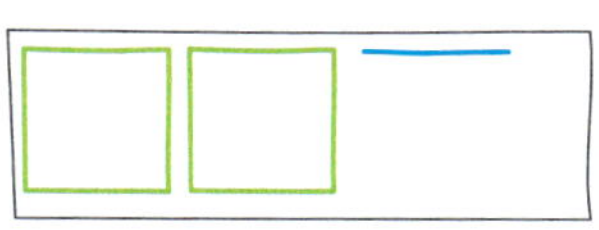

T 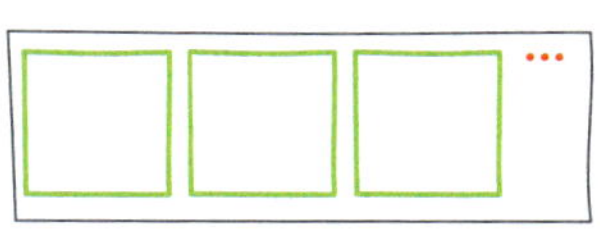

K 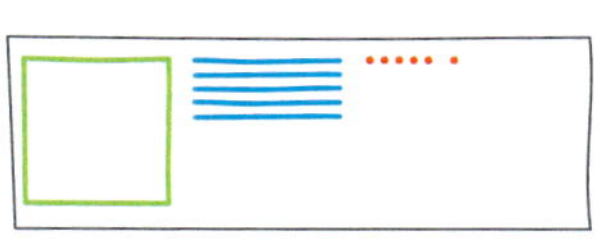

O

H	Z	E
3	0	3

L

H	Z	E
1	5	6

E

H	Z	E
2	1	0

A 155

I 210

L 303

L dreihundertdrei

R einhundert-sechsundfünfzig

N zweihundertzehn

5 Längen-Quartett: Was fehlt? Übertrage ins Heft und ergänze.

51
53

Kilometer	■	■	m	Zentimeter	■	Millimeter	■
So lang wie zweieinhalb Runden um den Sportplatz.	1 km = 1 000 ■	So lang wie ...	1 m = ■ cm	Etwa so lang ...	1 cm = ■ mm	Etwa ...	 Floh

Gewichte schätzen und vergleichen

1

Nehmt 4 verschiedene Dinge (Mäppchen, Hefte, Bücher, ...) aus eurer Schultasche.

a) Ordnet die Dinge nach ihrem Gewicht. Schätzt zuerst.
b) Kontrolliert nun, ob ihr richtig geordnet habt. Verwendet dazu eine Kleiderbügelwaage.
c) Vergleicht auch das Gewicht eurer Schultaschen. Benutzt dazu eine Tafelwaage. Wer hat die leichteste, wer die schwerste Tasche?

2 Bestimmt das Gewicht der Gegenstände mit Steckwürfeln, Murmeln oder Büroklammern. Schätzt zuerst. Wie viele braucht ihr jeweils? Notiert in einer Tabelle.

Füller | Anspitzer | Radiergummi
Bleistift | Mäppchen | Trinkflasche

	geschätzt	gemessen
Füller	21 Steckwürfel	

3 Womit würdest du das Gewicht bestimmen? Begründe.

A 

B 

C 

D 

E 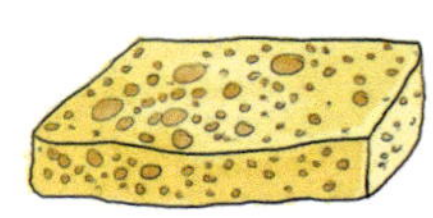

4 Ida hat mit kleinen Büroklammern das Gewicht von Gegenständen bestimmt. Alex hat große Büroklammern verwendet. Welche Messergebnisse stammen von Ida? Welche von Alex? Begründe.

Bleistift | Heft | Füller

6 Klammern | 81 Klammern | 162 Klammern
38 Klammern | 3 Klammern | 19 Klammern

Die korrekte Bezeichnung der Größenart ist „Masse". Im „Nussknacker" wird durchgängig die umgangssprachliche Formulierung „Gewicht" verwendet.

1 Für die Tafelwaage gibt es einen solchen Gewichtssatz.

!

Leichte Dinge misst man in **Gramm (g).**

1 g 10 g 100 g

Ein Gramm ist immer gleich schwer.

a) Welche Gewichte enthält der Gewichtssatz? Schreibe auf.
b) Wie viel Gramm ergeben alle Gewichte zusammen?
c) Nimm Dinge aus deiner Schultasche und wiege sie mit der Tafelwaage.
d) Warum gibt es manche Gewichte doppelt?

2 Stelle das Gewicht fest.

a) 

b) 

c) 

d) 

e) 

f) 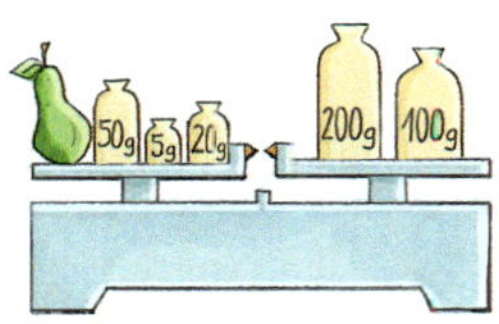

g) 

h) 

3 Was passt zusammen?

A 

B 

C 

D 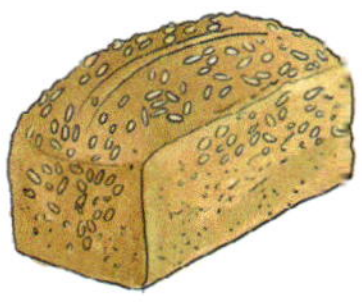

E 

10 g	400 g	3 g	95 g	750 g

4 Ordne zu: Briefwaage, Personenwaage, Küchenwaage, Babywaage, Kaufmannswaage.

A 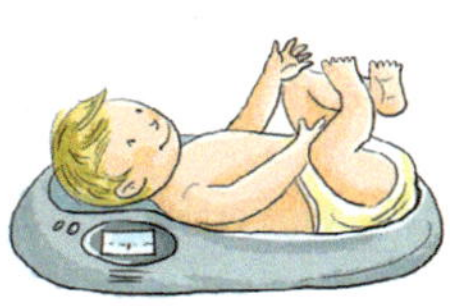

B 

C 

D 

E 

Kilogramm und Gramm

1

!

1 Kilogramm = 1 000 Gramm
1 kg = 1 000 g
$\frac{1}{2}$ kg = 500 g

1 kg 10 kg 100 kg

Kennst du Dinge, die etwa 1 kg schwer sind?

2 Wie schwer war der Einkauf? Lisa: ☐ kg ☐ g

3 Was passt zusammen?

volle Gießkanne | 85 kg | Erwachsener | 1 000 kg

200 kg | Löwe | 30 kg | Auto | 10 kg | Drittklässler

4 Setze <, > oder = ein.

a)

350 kg	●	305 g
100 g	●	1 kg
257 g	●	275 g
1 000 g	●	1 kg

b)

903 g	●	309 kg
909 kg	●	990 g
999 g	●	1 kg
1 kg	●	1 001 g

5 Wie viel fehlt bis zum vollen Kilogramm?

a)	b)	c)
670 g	345 g	1 kg 453 g
340 g	111 g	4 kg 667 g
120 g	567 g	2 kg 35 g
80 g	12 g	9 kg 9 g

6 Sören kauft ein. Was kann er zusammen in eine Tüte packen?
Finde verschiedene Möglichkeiten.

1

Pinguin

Gewicht: 5 kg
Größe: 70 cm
Alter: 25 Jahre
Geschwindigkeit: 36 km/h

Giraffe

Gewicht: 1 930 kg
Größe: 600 cm
Alter: 25 Jahre
Geschwindigkeit: 50 km/h

Känguru

Gewicht: 70 kg
Größe: 160 cm
Alter: 20 Jahre
Geschwindigkeit 88 km/h

Husumer Landschwein

Gewicht: 350 kg
Größe: 92 cm
Alter: 20 Jahre
Geschwindigkeit: 20 km/h

Trampeltier

Gewicht: 1 000 kg
Größe: 230 cm
Alter: 35 Jahre
Geschwindigkeit: 15 km/h

Gepard

Gewicht: 65 kg
Größe: 130 cm
Alter: 16 Jahre
Geschwindigkeit: 120 km/h

Seehund

Gewicht: 150 kg
Größe: 170 cm
Alter: 35 Jahre
Geschwindigkeit: 40 km/h

Löwe

Gewicht: 260 kg
Größe: 200 cm
Alter: 25 Jahre
Geschwindigkeit: 75 km/h

Alle Zahlen geben die Höchstwerte an.

Fasse die Angaben über die Tiere in einer Tabelle zusammen.

Name	Gewicht	Größe	Alter	Geschwindigkeit
Pinguin				

Ergänze auch meine Angaben in der Tabelle.

2 Beantworte mit Hilfe der Tabelle diese Fragen. Welches Tier …

a) ist am schwersten (am leichtesten)?
b) ist am größten (am kleinsten)?
c) ist am schnellsten (am langsamsten)?

3 Jährliche Futterkosten in einem Zoo:

50 €	250 €	500 €	1 000 €	2 500 €
Ente	Känguru	Trampeltier	Seehund	Löwe
Seeigel	Pinguin	Geier	Meerkatze	Brillenbär

a) Stelle Fragen zur Tabelle.
b) Berechne die Futterkosten:
- Ein Schwein verursacht viermal so hohe Kosten wie eine Ente.
- Die Kosten für ein Seepferdchen betragen den 5. Teil der Kosten für einen Geier.
- Die Kosten für eine Giraffe sind so hoch wie die Kosten für ein Trampeltier und eine Meerkatze zusammen.

1

a) Nehmt verschiedene Gefäße. Welches Gefäß fasst am meisten?
b) Ordnet die Gefäße nach dem Rauminhalt.

2 Mit Bechern könnt ihr die Inhalte eurer Gefäße messen. Schreibt die Ergebnisse in einer Tabelle auf. Schätzt zuerst.

	geschätzt	gemessen
Saftflasche	5 Becher	▢ Becher

3

> Rauminhalte misst man in **Liter (l).**
> Liter ist ein Hohlmaß.
>
> **Ein Liter ist immer gleich viel.**

In der Küche werden Flüssigkeiten oft mit einem Messbecher abgemessen. Er fasst meist genau einen Liter (l).

a) Wie viele Becher von Aufgabe 2 fasst ein Messbecher? Probiere.
b) Suche andere Gefäße, die genau einen Liter fassen.
c) Suche nach Literangaben: auf Verpackungen, in Zeitschriften, ...

4 Was passt zusammen?

1 l   2 l   10 l   180 l

A

B

C

D

5 a) Jan möchte mit den beiden Eimern genau 2 Liter Wasser in die Wanne füllen. Wie kann er schütten?
b) Daniel möchte 4 Liter abfüllen.
c) Evi möchte 7 Liter abfüllen.

1

1 Liter = 1 000 Milliliter
1 l = 1 000 ml

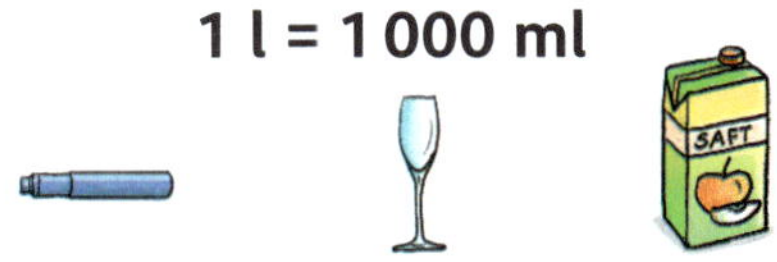

1 ml | 100 ml | 1 l

ein Liter	dreiviertel Liter	halber Liter	viertel Liter
1 l	**$\frac{3}{4}$ l**	**$\frac{1}{2}$ l**	**$\frac{1}{4}$ l**
1 000 ml	**750 ml**	**500 ml**	**250 ml**

a) Sammelt Gefäße mit Liter- und Milliliterangaben.
b) Welche Gefäße fassen genau $\frac{1}{2}$ l ($\frac{1}{4}$ l, $\frac{3}{4}$ l)?

2 Schätzt zuerst, wie viele Milliliter in verschiedene Gefäße (Tasse, Glas, Becher, ...) passen.
Messt dann.
Tragt in eine Tabelle ein.

	geschätzt	gemessen
Tasse	ml	ml
Glas		

3 Ordne nach dem Rauminhalt. Beginne mit dem kleinsten. 7 ml, 77 ml,

a) 77 ml, 77 l, 7 ml, 7 l
b) 999 ml, 9 l, 909 ml, 990 l
c) 78 l, 87 ml, 88 ml, 77 l
d) 550 ml, $\frac{3}{4}$ l, $\frac{1}{2}$ l, 770 ml
e) 3 l 200 ml, 2 l 300 ml, 2 $\frac{1}{2}$ l, 3 l

4 Wie viel fehlt bis zum vollen Liter? 250 ml + ☐ ml = 1 l

a) 250 ml, 125 ml, 50 ml
b) 150 ml, 950 ml, 675 ml
c) 555 ml, 333 ml, 111 ml
d) $\frac{1}{4}$ l, $\frac{1}{2}$ l $\frac{3}{4}$ l
e) 1 l 366 ml, 4 l 55 ml, 5 $\frac{1}{2}$ l

5 Wie kannst du mit diesen Gefäßen 1 l (600 ml) abmessen?
Finde verschiedene Möglichkeiten.

	4 ml	25 ml	75 ml	200 ml	$\frac{1}{2}$ l
1 l	–	–	–	–	2
1 l					

4 ml

25 ml

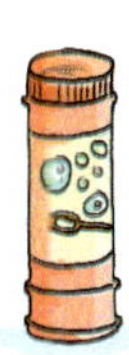
75 ml

200 ml

$\frac{1}{2}$ l

1

Multiplikation

multiplizieren

1. Faktor · 2. Faktor

6 · 9 = 54

Produkt · Produkt

a)	b)	c)	d)	e)	f)
6 · 9	1 · 6	4 · 9	8 · 3	0 · 0	3 · 3
2 · 7	3 · 4	5 · 3	6 · 5	1 · 1	6 · 6
8 · 6	2 · 8	9 · 7	9 · 3	2 · 2	9 · 9
5 · 0	4 · 7	6 · 4	7 · 8	4 · 4	5 · 5
9 · 8	0 · 3	2 · 1	6 · 7	8 · 8	7 · 7

2 Schreibe jeweils 5 Aufgaben und rechne.

Ben
Der 1. Faktor ist 7.
Der 2. Faktor ist größer als 5.

Mia
Der 2. Faktor ist 9.
Der 1. Faktor ist kleiner als 8.

Tania
Das Produkt ist größer als 20.
Der 1. Faktor ist 6.

Max
Das Produkt ist dreimal so groß wie der 2. Faktor.

3

Division

dividieren

Dividend · Divisor

54 : 9 = 6

Quotient · Quotient

a)	b)	c)	d)	e)	f)
54 : 9	32 : 8	20 : 2	72 : 9	0 : 0	9 : 3
18 : 6	0 : 9	12 : 6	63 : 7	1 : 1	36 : 6
3 : 3	40 : 5	8 : 8	45 : 5	4 : 2	81 : 9
7 : 1	28 : 4	42 : 7	0 : 8	16 : 4	25 : 5
12 : 2	56 : 7	15 : 3	27 : 3	64 : 8	49 : 7

4 Schreibe jeweils 5 Aufgaben und rechne.

Sophie
Der Dividend ist größer als 25.
Der Divisor ist 5.

Julia
Dividend und Divisor sind gleich groß.

Paul
Der Dividend ist doppelt so groß wie der Divisor.

Arne
Der Quotient ist der 4. Teil des Dividenden.

5

a) Schreibe 3 Vielfache von 8 auf.
b) Wie heißt das 9-Fache von 4?
c) Schreibe 3 Zahlen auf, die nicht Vielfache von 7 sind.

Vielfache

Teiler

d) Welche Teiler hat die Zahl 6?
e) Wie heißt der 8. Teil von 32?
f) Schreibe 3 Zahlen auf, die nicht den Teiler 2 haben.

1

	H	Z	E	
: 1			3	· 1
			3	

	H	Z	E	
: 10			3	· 10
		3	0	

	T	H	Z	E	
: 100				3	· 100
		3	0	0	

2 a) Multipliziere mit 10.

2 | 4 | 40 | 41 | 99
36 | 57 | 70 | 71 | 100

b) Dividiere durch 10.

200 | 500 | 490 | 760
620 | 910 | 840 | 990

3 a) Multipliziere mit 100.

2 | 4 | 9 | 1 | 5
6 | 7 | 8 | 3 | 10

b) Dividiere durch 100.

200 | 500 | 600 | 700
100 | 400 | 800 | 1000

4

a) Beim Multiplizieren mit 10
b) Beim Dividieren durch 1
c) Beim Multiplizieren mit 100
d) Beim Dividieren durch 10

1 hängst du eine Null an.
2 werden aus Zehnern Einer.
3 bleibt die Zahl gleich.
4 hängst du 2 Nullen an.

5 a) Bezahle nur mit 10-€-Scheinen. Wie viele Scheine benötigst du jeweils?

b) Wie viel Geld bekommst du jeweils zurück?

60 € | 95 € | 320 €
170 € | 410 € | 500 €
181 € | 264 € | 358 €

6 Beim Minigolf bezahlen Erwachsene 4 Euro, Kinder die Hälfte.

a) Letzte Woche wurden 100 Karten für Erwachsene verkauft, für Kinder doppelt so viele. Wie hoch waren die Einnahmen?

b) Wie viele Karten für Erwachsene müssen verkauft werden, um 1 000 € einzunehmen?

AH 71

Multiplizieren mit einer Zehnerzahl

1

2

a)	b)	c)	d)	e)	f)
3 · 70	6 · 30	2 · 90	20 · 4	10 · 3	50 · 9
4 · 70	6 · 80	5 · 70	50 · 1	40 · 4	30 · 7
7 · 70	6 · 40	8 · 80	40 · 9	50 · 8	20 · 8
9 · 70	6 · 60	0 · 40	70 · 6	80 · 2	60 · 4
8 · 70	6 · 50	7 · 60	30 · 10	40 · 7	90 · 3

3

a)	b)	c)	d)
8 · __ = 160	5 · __ = 350	__ · 40 = 120	__ · 30 = 90
3 · __ = 270	9 · __ = 720	__ · 20 = 140	__ · 50 = 300
4 · __ = 240	2 · __ = 100	__ · 70 = 560	__ · 80 = 400
7 · __ = 210	6 · __ = 540	__ · 90 = 360	__ · 60 = 480

4

a)
3 · 8
30 · 8
4 · 8
40 · 8

b)
9 · 7
90 · 7
8 · 7
80 · 7

c)
1 · 90
2 · 80
3 · 70
4 · 60

d)
10 · 1
20 · 2
30 · 3
40 · 4

e)
90 · 1

f)
5 · 50

5

a)

2	30	120
4	40	160
6	60	240
8	80	320

9

__ · __ = __

b)

30	2	180
40	3	240
80	6	270
90	9	360

7

__ · __ = __

1

2

a)	b)	c)	d)	e)	f)
160 : 40	160 : 4	300 : 30	280 : 7	360 : 60	110 : 10
120 : 40	120 : 4	150 : 50	640 : 8	40 : 2	330 : 3
80 : 40	80 : 4	540 : 90	320 : 4	720 : 90	550 : 50
240 : 40	240 : 4	420 : 60	350 : 5	560 : 8	770 : 7
360 : 40	360 : 4	180 : 20	180 : 3	600 : 10	990 : 90

3 Kontrolliere mit der Umkehraufgabe.

a)	b)	c)	d)
180 : ☐ = 3	150 : ☐ = 50	☐ : 20 = 6	☐ : 3 = 70
270 : ☐ = 9	420 : ☐ = 70	☐ : 50 = 7	☐ : 8 = 60
540 : ☐ = 6	240 : ☐ = 80	☐ : 60 = 8	☐ : 4 = 50
60 : ☐ = 2	320 : ☐ = 40	☐ : 90 = 5	☐ : 7 = 90

4

a)
70 : 7
700 : 70
63 : 7
630 : 70

b)
180 : 90
180 : 9
270 : 90
270 : 9

c)
80 : 40
80 : 20
120 : 40
120 : 20

c)
300 : 50
300 : 60
350 : 50
350 : 70

e)
900 : 90

f)
100 : 5

5 Schreibe Aufgabenfamilien.

150
5 30
5 · ☐ = ☐
30 · ☐ = ☐
☐ : 30 = ☐
☐ : 5 = ☐

a) 150 / 5 30

b) 270 / 9 30

c) 810 / 90 9

d) ☐ / 50 5

e) 320 / ☐ 80

f) ☐ / ☐ ☐

Halbschriftlich multiplizieren

1 Rechenkonferenz

2 Wie rechnest du? Erkläre deinem Partner 5 Aufgaben.

a)		b)		c)		d)		e)	
4 · 13	7	3 · 24	9	5 · 49	11	15 · 8	3	21 · 4	12
6 · 12	9	2 · 28	11	8 · 68	13	17 · 9	9	52 · 3	12
5 · 14	7	4 · 35	5	6 · 89	12	13 · 6	15	39 · 2	15
3 · 16	12	9 · 31	18	3 · 78	9	19 · 5	14	85 · 7	19
8 · 17	10	7 · 42	15	9 · 59	9	14 · 7	17	94 · 9	18

3

a)
2 · 19
3 · 18
4 · 17
5 · 16

b)
6 · 14
6 · 24
6 · 34
6 · 44

c)
59 · 3
57 · 3
55 · 3
53 · 3

d)
92 · 5
85 · 2
72 · 5
65 · 2

e) 2 · 22

f) 51 · 5

4 Für die Hunde im Tierheim wurde von Geldspenden Folgendes gekauft:

Trockenfutter	Futternäpfe	Leinen	Halsbänder	Decken
Anzahl: 8 Säcke	Anzahl: 14 Stück	Anzahl: 3 Stück	Anzahl: 15 Stück	Anzahl: 6 Stück
Einzelpreis: 15 €	Einzelpreis: 7 €	Einzelpreis: 17 €	Einzelpreis: 9 €	Einzelpreis: 16 €

a) Berechne die Gesamtkosten.

b) Die Preise für die gekauften Gegenstände sind angenähert. Jeder Artikel kostete 2 Cent weniger. Berechne die Gesamtkosten neu.

5

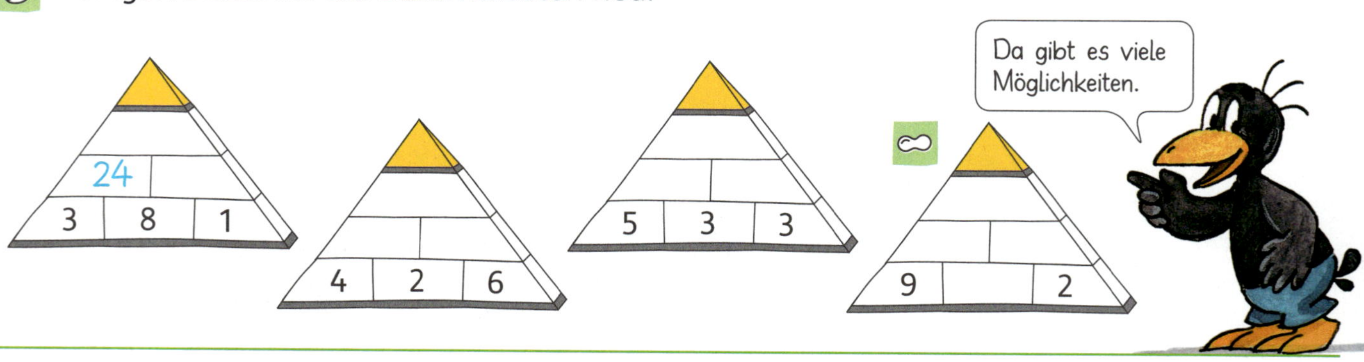

1 Rechenkonferenz

2 Wie rechnest du? Erkläre deinem Partner 5 Aufgaben. Rechnet auch die Probe.

a)	b)	c)	d)	e)
44 : 4	39 : 3	96 : 8	110 : 5	124 : 4
48 : 4	72 : 6	117 : 9	75 : 3	192 : 6
56 : 4	85 : 5	126 : 7	54 : 2	205 : 5
60 : 4	34 : 2	95 : 5	189 : 9	497 : 7
72 : 4	98 : 7	102 : 6	184 : 8	882 : 9

3 Schreibe Aufgabenfamilien.

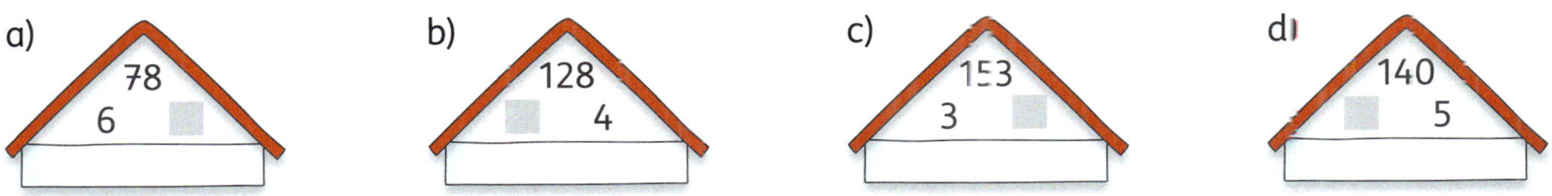

4 Für das Katzenhaus im Tierheim wird Folgendes gekauft:

	Transportboxen	Katzentoiletten	Bürsten	Ruhekissen	Spielzeugset
Anzahl:	3	4	9	7	5
gesamt:	69 €	144 €	108 €	182 €	105 €

a) Berechne die Einzelpreise.

b) Jeder Artikel wird heute mit einem Preisnachlass von 2 Euro verkauft.
Berechne die Ersparnis insgesamt.

5

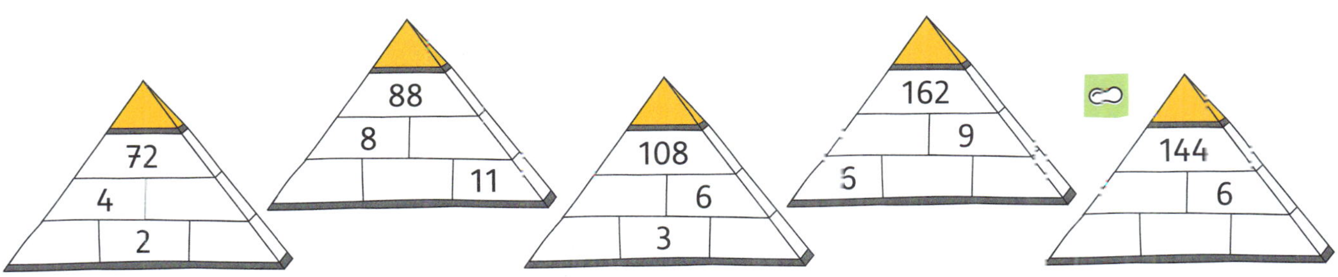

Halbschriftlich dividieren mit Rest

1 Für die Ferien wurden 74 Kinder im Zeltlager angemeldet.

a) In jedem Ruderboot haben 6 Kinder Platz.

b) In einer Fußballmannschaft spielen immer 7 Kinder.

c) Beim Essen passen immer 8 Kinder an einen Tisch.

d) In jeder Wandergruppe sind 15 Kinder.

2

a)	b)	c)	d)	e)
74 : 3	82 : 7	54 : 3	221 : 3	359 : 7
65 : 3	76 : 6	61 : 2	419 : 5	359 : 6
49 : 4	98 : 9	89 : 8	315 : 4	359 : 8
59 : 4	72 : 6	84 : 7	377 : 6	359 : 5
63 : 5	84 : 5	77 : 6	259 : 5	359 : 9

3

a)	b)	c)	d)
66 : 3	90 : 5	88 : 2	197 : 9
67 : 3	92 : 5	88 : 3	212 : 8
68 : 3	94 : 5	88 : 4	227 : 7
69 : 3	96 : 5	88 : 5	242 : 6

e) 500 : 9

f) 111 : 9

4

a) Finde Zahlen, die beim Teilen durch 3 den Rest 2 haben.

b) Finde Zahlen, die beim Teilen durch 5 den Rest 2 haben.

c) Finde Zahlen, die beim Teilen durch 4 den Rest 3 haben.

d) Finde Zahlen, die beim Teilen durch 9 den Rest 7 haben.

e) Durch welche einstellige Zahl musst du 29 teilen, um den Rest 4 zu erhalten?

f) Durch welche einstellige Zahl musst du 112 teilen, um den Rest 1 zu erhalten?

g) Durch welche einstellige Zahl musst du 263 teilen, um den Rest 5 zu erhalten?

1 a) Entscheide, wie du rechnest.

b) Erfinde für jeden Briefkasten noch 3 weitere Aufgaben.

2 Löse das Trax-Quiz. Welches der 3 Ergebnisse ist jeweils richtig?

a) Du erhältst meine Zahl, wenn du 63 mit 3 multiplizierst.

b) Dividiere 126 durch 9 und du erhältst meine Zahl.

c) Wenn du 355 durch 5 teilst, erhältst du meine Zahl.

d) Du erhältst meine Zahl, wenn du 60 mit 6 multiplizierst und das Ergebnis durch 90 teilst.

e) Wenn du das Doppelte von 27 mit dem 9. Teil von 63 multiplizierst, erhältst du meine Zahl.

f) Wenn du den 3. Teil von 297 durch den 5. Teil von 15 teilst und dann 1 subtrahierst, erhältst du meine Zahl.

3 In der Zoohandlung gibt es eine Sonderaktion:

26 €	34 €	57 €	48 €	32 €

a) Das Tierheim Arnsfeld kauft 2 Transportboxen und 3 Hundekissen.

b) Das Tierheim in Wolfenburg nimmt 4 Käfige und einen Kratzbaum.

c) Das Tierheim Blumental hat eine Spende in Höhe von 400 Euro erhalten. Es soll davon möglichst wenig Geld übrig bleiben.
Schreibe verschiedene Möglichkeiten auf, was gekauft werden könnte.

1

Emma nimmt 5 polierte Jumbosteine.

Fatima möchte 3 Steine zu 0,20 € und 2 Jumbosteine.

Ben kauft einen Anhänger und 3 Halbedelsteine.

Anna nimmt eine Kette und 2 Anhänger.

Was kaufst du?

2 Trax hat als Verkäufer Tabellen vorbereitet, aus denen er schnell die Preise für den Kauf mehrerer Steine einer Sorte ablesen kann.

a) Zu welchen Steinen gehören die Tabellen?
b) Ergänze die Tabellen jeweils bis 10 Steine.
c) Lege auch Tabellen für den Kauf von Ketten und für den Kauf von Anhängern an.

Stück	Preis
1	0,35 €
2	0,70 €
3	1,05 €
4	1,40 €
5	1,75 €

Stück	Preis
1	0,50 €
2	1,00 €

Stück	Preis
1	0,20 €

3

5 · 0,70 € = ___ €
5 · 70 ct = 350 ct

1,80 € : 2 = ___ €
180 ct : 2 = 90 ct

a) 5 · 0,70 €
4 · 0,90 €
8 · 0,60 €
7 · 0,40 €

b) 3 · 0,30 €
9 · 0,50 €
6 · 0,25 €
8 · 0,85 €

c) 1,80 € : 2
4,20 € : 6
3,00 € : 5
7,20 € : 9

d) 5,60 € : 7
2,70 € : 3
3,20 € : 4
4,00 € : 8

4

Sonderangebote

Steinmix	Jumbosteine	Halbedelsteine	Anhänger Glücksstein
5 Stück 4,00 €	3 Stück 1,35 €	4 Stück 1,20 €	2 Stück 1,50 €

a) Marie kauft 3 Jumbosteine im Angebot. Wie viel kostet dann ein Stein?
b) Wie viel Geld kann Ben einsparen, wenn er 8 Halbedelsteine im Sonderangebot kauft?
c) Luisa möchte insgesamt 10 Steine im Angebot kaufen. Suche verschiedene Möglichkeiten und berechne jeweils den Preis.

1

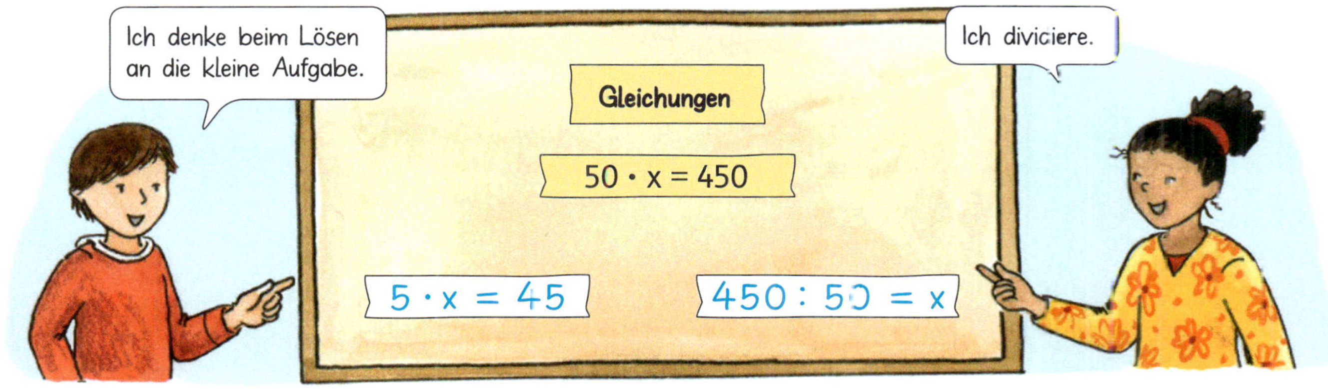

30 · y = 210 z · 70 = 420 s : 40 = 8 720 : r = 80

2

a) 20 · r = 180
60 · s = 300
4 · t = 320
7 · u = 630

b) a · 30 = 210
b · 80 = 720
c · 2 = 80
d · 9 = 810

c) 400 : m = 50
1 000 : n = 100
640 : r = 8
160 : s = 4

d) e : 30 = 4
f : 60 = 9
g : 8 = 70
h : 7 = 50

3 Schreibe Gleichungen und löse sie. 70 · a = 490

a)
1. Faktor: 70
2. Faktor: a
Produkt: 490

b)
1. Faktor: b
2. Faktor: 55
Produkt: 165

c)
Dividend: 480
Divisor: c
Quotient: 60

d)
Dividend: d
Divisor: 25
Quotient: 8

4

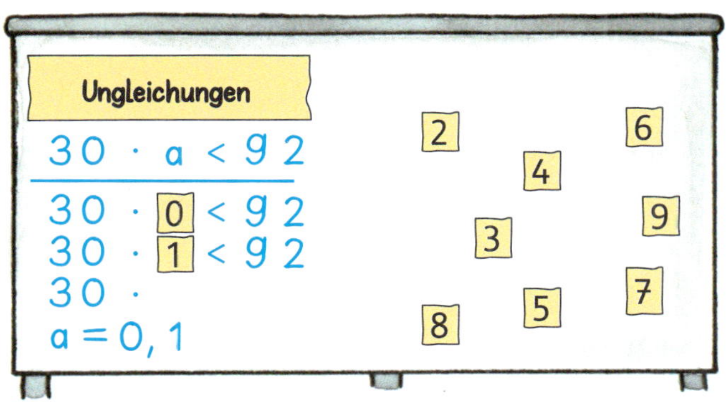

Welche Zahlenkarten passen?

a) 30 · a < 92
60 · b < 130
90 · c < 480
40 · d < 79
70 · e < 550

b) 70 · r < 3 · 60
80 · s < 5 · 90
50 · t < 4 · 70
30 · u < 6 · 40
90 · v < 8 · 20

5

Teilbarkeitsregeln

1

a) Schreibe ab und ergänze die Regeln.

Alle Zahlen, die am Ende eine 0, ___, ___, ___ oder ___ haben, sind durch 2 teilbar.	Alle Zahlen, die am Ende eine ___ oder ___ haben, sind durch 5 teilbar.	Alle Zahlen, die am Ende eine ___ haben, sind durch 10 teilbar.

b) Welche Zahlen sind durch 2, welche durch 5 und welche durch 10 teilbar?

35 | 60 | 619 | 200 | 775 | 1 015

86 | 405 | 955 | 201 | 978 | 0

Schreibe jeweils 5 weitere Zahlen auf.

c) Welche Zahlen zwischen 720 und 740 kann man durch 2 teilen?

d) Welche Zahlen zwischen 890 und 960 sind durch 10 teilbar?

e) Welche Zahlen zwischen 370 und 410 sind durch 5 teilbar?

f) Welche Zahlen zwischen 850 und 870 kann man nicht durch 2, 5 oder 10 teilen?

2 Findest du auch eine Regel für die Teilbarkeit durch 100?

a) Schreibe 5 Zahlen auf, die sich durch 100 teilen lassen.
Schreibe 5 Zahlen, die sich nicht durch 100 teilen lassen.
Untersuche, was diese Zahlen jeweils gemeinsam haben.

b) Wie heißt die Regel für die Teilbarkeit durch 100? Schreibe sie auf.

3

1

2

a) 93 + 7 · 8
64 + 5 · 10
88 + 6 · 50
72 + 2 · 33

b) 140 − 2 · 6
520 − 4 · 9
280 − 8 · 15
300 − 9 · 11

c) 374 + 25 : 5
681 + 48 : 6
160 + 240 : 3
790 + 180 : 9

d) 259 − 72 : 8
403 − 45 : 5
916 − 300 : 6
800 − 490 : 7

3 Wie rechnest du? Erkläre deinem Partner 4 Aufgaben.

a) 48 + 4 · 12
720 − 90 : 3
40 · 6 − 180
110 + 450 : 5

b) 81 : 9 − 3
70 + 40 · 8
830 − 6 · 10
3 · 200 + 66

c) 698 + 640 : 80
104 − 90 · 0
560 : 70 + 777
8 · 20 + 390

d) 900 : 10 − 89
402 − 320 : 8
35 · 3 − 25
267 + 90 : 30

4 Beachte die Farben und schreibe passende Aufgaben. Rechne.

a)

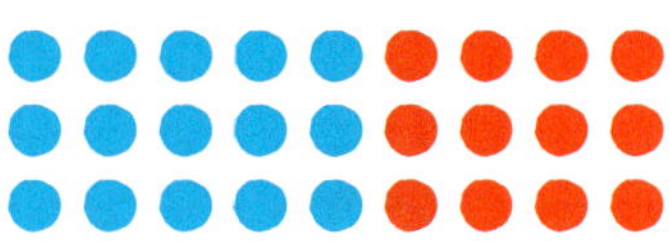

3 · 5 + 3 · 4 =
15 + 12 =

b)

c)

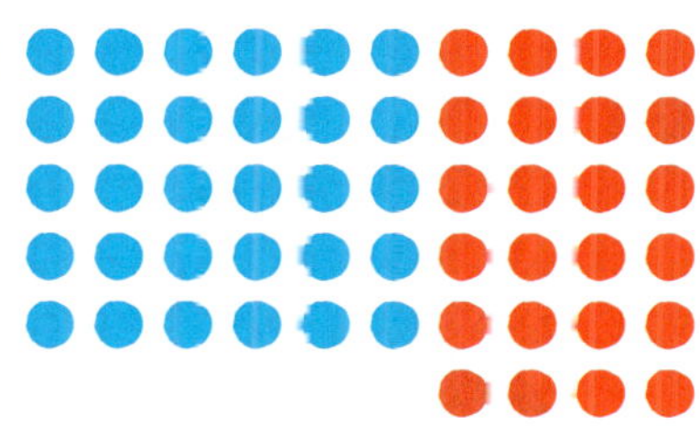

d)

e)

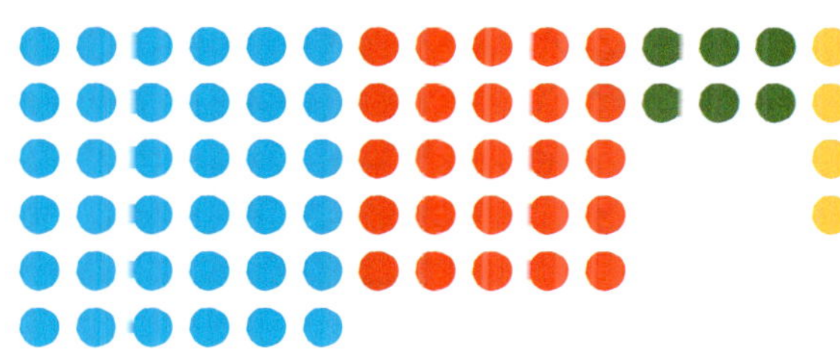

5

a) 7 · 7 + 6 · 8
9 · 5 + 4 · 2
8 · 9 − 5 · 3
6 · 6 − 3 · 7

b) 2 · 40 + 10 · 7 + 3 · 80
6 · 90 − 20 · 8 − 5 · 50
3 · 75 + 30 · 4 − 6 · 21
9 · 12 − 80 · 0 + 4 · 99

c) 45 : 9 + 28 : 7 + 60 : 6
54 : 6 + 44 : 4 + 52 : 2
96 : 3 − 65 : 5 − 96 : 8
88 : 2 − 84 : 7 − 78 : 6

Schriftlich multiplizieren

1

231 · 3

Sprich so:
3 · 1 E = 3 E, schreibe **3**,
3 · 3 Z = 9 Z, schreibe **9**,
3 · 2 H = 6 H, schreibe **6**.

2 Rechne wie Fatima oder Emma.

312 · 3 = 6…	241 · 2	121 · 4	232 · 3	222 · 4
203 · 3	410 · 2	120 · 4	101 · 8	302 · 3

480 482 484 609 696 808 820 840 888 906 936

3

246 · 4

Sprich so:
4 · 6 E = 24 E, schreibe **4**, merke 2,
4 · 4 Z + 2 Z = 18 Z, schreibe **8**, merke 1,
4 · 2 H + 1 H = 9 H, schreibe **9**.

4 Q

a)		b)		c)		d)		e)	
214 · 4	19	143 · 6	21	398 · 2	22	107 · 5	13	283 · 6	24
216 · 3	18	124 · 8	20	257 · 3	15	109 · 9	18	473 · 4	20
113 · 5	16	279 · 3	18	163 · 4	13	140 · 7	17	649 · 3	21
115 · 6	15	126 · 7	18	479 · 2	22	309 · 3	18	376 · 4	10
112 · 7	19	134 · 5	13	186 · 5	12	480 · 2	15	238 · 8	14

AH 80

1

a)	b)	c)	d)	e)
287 · 3	417 · 2	224 · 4	485 · 2	508 · 2
225 · 3	332 · 3	329 · 3	299 · 3	492 · 4
217 · 4	182 · 4	130 · 5	176 · 4	576 · 3
493 · 2	109 · 9	116 · 8	308 · 3	219 · 3
189 · 5	348 · 2	307 · 3	132 · 7	708 · 2

2 Finde Rechenfehler. Bei einigen Aufgaben reicht der Überschlag.

a) 109 · 7 = 703	b) 236 · 4 = 944	c) 148 · 5 = 740
d) 327 · 3 = 961	e) 251 · 3 = 753	f) 394 · 2 = 688
g) 103 · 8 = 804	h) 99 · 6 = 594	i) 279 · 2 = 448

3

a) 3 1 ■ · 2 = ■ 2 8	b) 1 3 ■ · 3 = 3 ■ 6	c) ■ 2 4 · ■ = 8 9 6
d) 1 0 ■ · 5 = ■ 3 0	e) 2 ■ 5 · 4 = 9 0 ■	f) ■ 2 7 · ■ = 9 ■ 1

4 Der Kapitän erzählt: Unser Dampfer „Kurort Rathen“ hat 256 Sitzplätze. Davon sind 84 innen und 172 außen. Heute ist schon die 3. Fahrt, bei der alle Plätze besetzt sind. Gestern gab es nur 2 Fahrten. Dabei blieben aber insgesamt 108 Plätze frei.
Stelle Fragen und rechne.

1

Johanna will mit ihren 3 Freundinnen eine Wanderung machen. Allein hat sie für die Strecke 3 Stunden gebraucht. Wie lange brauchen sie zusammen?

Was meint ihr dazu?

2 In jeder Zeile kann man 2 Aufgaben lösen.
Findet diese Aufgaben, löst sie und begründet.

a)

Luis muss 20 Kartoffeln schälen. Sein Freund kann genauso schnell schälen und hilft. Wie viele Minuten dauert das Schälen jetzt?

Lisa weiß von ihrer Mutter, dass ein Päckchen Spagetti 8 Minuten kochen muss. Wie lange müssen 2 Päckchen Spagetti kochen?

Im Schullandheim müssen jeden Morgen 4 Kinder das Geschirr spülen. Dazu brauchen sie 30 Minuten. Wie lange brauchen 2 Kinder?

b)

Wenn Bauarbeiter Kurt in der Frühstückspause 4 belegte Brote isst, kann er danach einen schweren Zementsack schleppen. Was kann Kurt schleppen, wenn er 12 belegte Brote frühstückt?

Ein Straßenarbeiter schaufelt einen 4 Meter langen Graben in 4 Tagen aus. Wie lange hätten 2 Arbeiter dafür gebraucht?

Der Bautrupp der Firma Ratzfatz stellt in einer Woche 100 m Radweg fertig. Wie lange braucht der Bautrupp für einen halben Kilometer Radweg?

c)

Frau Maier gießt ihre Zimmerpflanzen einmal in der Woche. Dafür braucht sie immer 2 Gießkannen voll Wasser. Wie viele Gießkannen Wasser braucht sie in einem Jahr?

Herr Feil kauft 2 Apfelbäume für je 24,95 € und einen Birnbaum für 29,95 €. Er bezahlt mit einem Schein und erhält 20,15 € zurück. Mit welchem Geldschein hat Herr Feil bezahlt?

Onkel Udo gießt seine Palme täglich mit einem Becher Wasser. Sie wächst monatlich 2 cm. Wie viele Zentimeter würde die Palme wachsen, wenn sie täglich 5 Becher Wasser bekäme?

3 Verändere die Aufgaben so, dass sie sinnvoll und lösbar werden.

a)

In 4 Meter Höhe ist ein Nistkasten im Baum. Im Nest sitzen 3 frisch geschlüpfte Meisen. Wie viele Eier werden noch ausgebrütet?

b)

In die Klasse 4a gehen 4 Kinder mehr als in die Klasse 4b. In der 4b sind es 5 Kinder weniger als in der Klasse 4c. Wie viele Kinder sind in jeder Klasse?

AH 81

Fermi-Aufgaben

Ist das möglich?

1

Können alle Kinder eurer Schule eine Kette bilden, die einen Kilometer lang ist?
Wie geht ihr vor? Erklärt.

2 Ist das möglich? Überprüft diese Behauptungen.
Wie geht ihr vor? Erklärt.

a) Ein Turm aus 1 000 Steckwürfeln wäre ungefähr so hoch wie das Schulgebäude.

b) Von der ersten Klasse an hatten wir bis jetzt fast 1 000 Stunden Mathematikunterricht.

c) Mit einer neuen Tafelkreide kann man eine 500 Meter lange Linie zeichnen.

d) Im Jahr essen die Kinder unserer Klasse in der Schule zusammen ungefähr 200 Äpfel.

e) Mit den Seiten dieses Nussknackerbuchs könnte man das ganze Klassenzimmer auslegen.

f) In das Auto unserer Lehrerin passen ungefähr 500 aufgeblasene Luftballons.

g) Ihr habt in eurem bisherigen Leben schon mehr als 3 ganze Jahre geschlafen.

h) An unserer Schule gibt es genügend Steckwürfel, um damit unsere Klassenzimmertür zuzubauen.

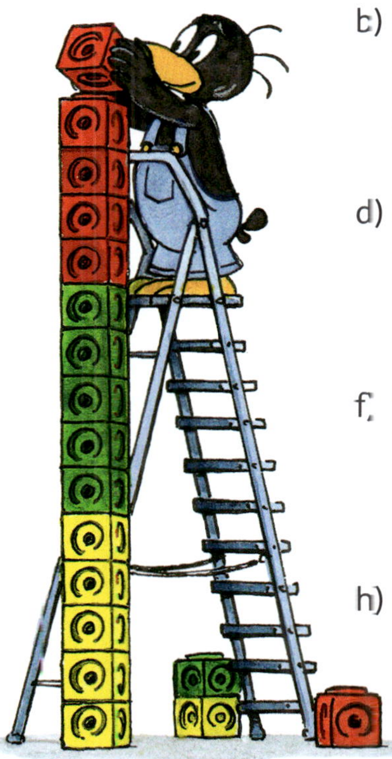

3 Stellt zu einem der folgenden Themen selbst Behauptungen auf.
Lasst sie von euren Mitschülern überprüfen.

Steckwürfel | Luftballons | Unterricht | Freizeit

Fermi-Aufgaben einführen. Fermi-Aufgaben sind Problemstellungen, bei denen keine Daten gegeben sind. Die Kinder sollen Strategien zur quantitativen Abschätzung entwickeln.

1 Stelle das Gewicht fest.

87

a) 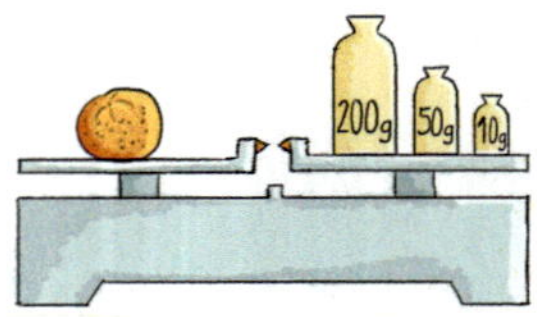

b) 

c) 

d) 

e) 

f) 

g) 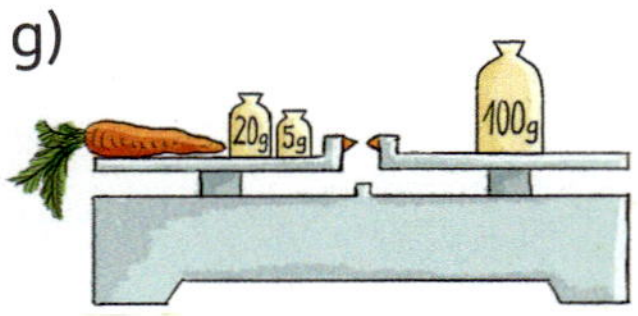

h) 

2 Ordne jeweils nach dem Gewicht. Beginne mit dem leichtesten.

88

a) 6 kg, 660 g, 66 kg, 660 kg, 600 g

b) 1 000 kg, 1 kg 1 g, 10 kg, 100 g, 1 000 g

c) 450 g, 45 kg, 45 g, 450 kg, 540 g

d) 4 040 kg, 4 400 g, 4 kg 4 g, 404 g, 440 kg

3 Wie viel fehlt bis zum vollen Liter?

91

a) 100 ml, 500 ml, 800 ml, 900 ml

b) 222 ml, 444 ml, 666 ml, 999 ml

c) 350 ml, 925 ml, 175 ml, 25 ml

d) $\frac{1}{4}$ l, $\frac{1}{2}$ l, $\frac{3}{4}$ l, 1 000 ml

4

94
95

a)	b)	c)	d)	e)	f)
3 · 30	5 · 40	20 · 9	280 : 40	240 : 6	200 : 50
4 · 80	9 · 70	50 · 3	320 : 80	300 : 5	450 : 5
2 · 20	8 · 60	80 · 8	150 : 30	180 : 9	350 : 70
7 · 50	6 · 90	60 · 4	630 : 90	720 : 8	210 : 7
4 · 90	7 · 80	30 · 7	400 : 50	480 : 6	180 : 90
40 80 90	200 240 480	150 180 210	4 5 6	20 40 50	2 4 5
320 350 360	540 560 630	240 280 640	7 7 8	60 80 90	20 30 90

5

96
97

a)	b)	c)	d)	e)	f)
2 · 18	5 · 23	21 · 9	38 : 2	84 : 3	252 : 4
4 · 15	3 · 48	55 · 2	57 : 3	119 : 7	384 : 6
6 · 19	8 · 56	73 · 6	90 : 5	153 : 9	192 : 2
9 · 12	7 · 34	62 · 4	96 : 6	136 : 8	425 : 5
7 · 13	6 · 55	38 · 3	91 : 7	105 : 5	282 : 3
36 60 74	115 134 144	110 114 189	13 15 16	16 17 17	63 64 85
91 108 114	238 330 448	248 338 438	18 19 19	17 21 28	92 94 96

6 Finde Rechenfehler. Bei einigen Aufgaben reicht der Überschlag.

104
105

304 · 3	238 · 4	156 · 6	219 · 2	195 · 4
902	852	936	438	480
427 · 2	116 · 7	281 · 3	395 · 2	219 · 4
854	818	643	790	976

AH 82 KV 101–103

1 Finde Rechenfehler. Bei manchen Aufgaben reicht der Überschlag.

70
75

a)	b)	c)	d)	e)	f)
317 + 428 = 735	488 + 408 = 896	772 + 218 = 790	232 + 376 = 518	695 + 84 = 779	81 + 829 = 800

g)	h)	i)	j)	k)	l)
824 − 611 = 215	381 − 333 = 48	521 − 492 = 929	903 − 615 = 288	840 − 749 = 101	655 − 98 = 557

2 Wie viele verschiedene Möglichkeiten gibt es jeweils?

Kl. 2

a) Lea kombiniert eine Tasse mit einem Teller.

b) Lea kombiniert eine Tasse mit einem Teller in einer anderen Farbe.

c) Lea kombiniert eine Tasse mit einem Teller. Sie möchte aber keine blaue Tasse benutzen.

3 Haben die Kinder Recht? Was meinst du?

Kl. 2

Tom
Wenn ich 3-mal würfle, ist bestimmt eine 1 dabei.

Paul
Wenn ich mit einem Würfel würfle, kann ich mehr gerade als ungerade Ergebnisse erreichen.

Marie
Es ist möglich, 3-mal nacheinander eine 6 zu würfeln.

Julia
Es ist wahrscheinlicher eine 3 zu würfeln, als eine 5.

Anna
Es ist unmöglich, eine 8 zu würfeln.

Brad
Wenn ich würfle, ist das Ergebnis wahrscheinlich eine Zahl von 1 bis 6.

4 Falte, zeichne und schneide aus. Welche Buchstaben entstehen?

Kl. 2

a) b) c) d) e) f)

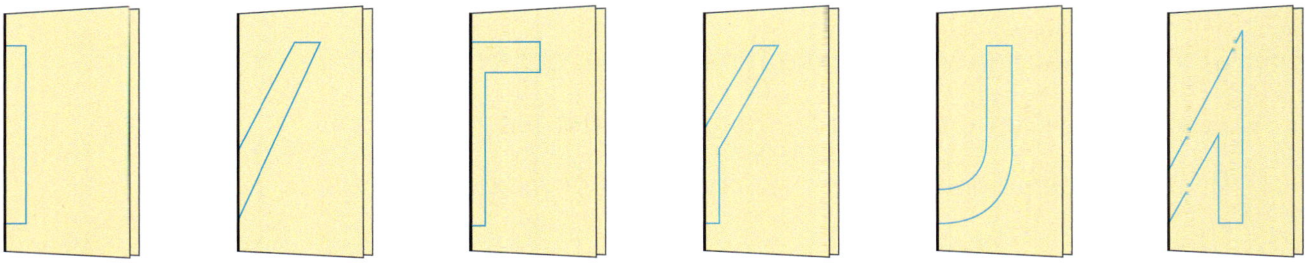

5 Beantworte die Fragen zum Balkendiagramm.

Kl. 2

a) Wie viele Mädchen aus der Klasse 3b erhielten eine Urkunde?

b) Wie viele Jungen der 3. Klassen erhielten eine Urkunde?

c) Wie viele Kinder der 3. Klassen erhielten eine Urkunde?

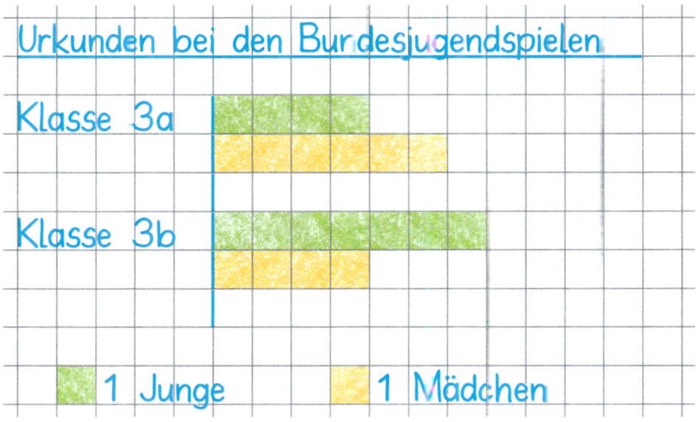

Kombinieren
Wie viele Möglichkeiten gibt es?

1 Fatima und Anton bauen die Tierfamilie Rotgelb. Sie haben rote und gelbe Steine. Jedes Tier sieht anders aus.

a) Baut die Tiere der Tierfamilie Rotgelb.
b) Wie viele Tiere habt ihr gefunden? Sind das alle?

2

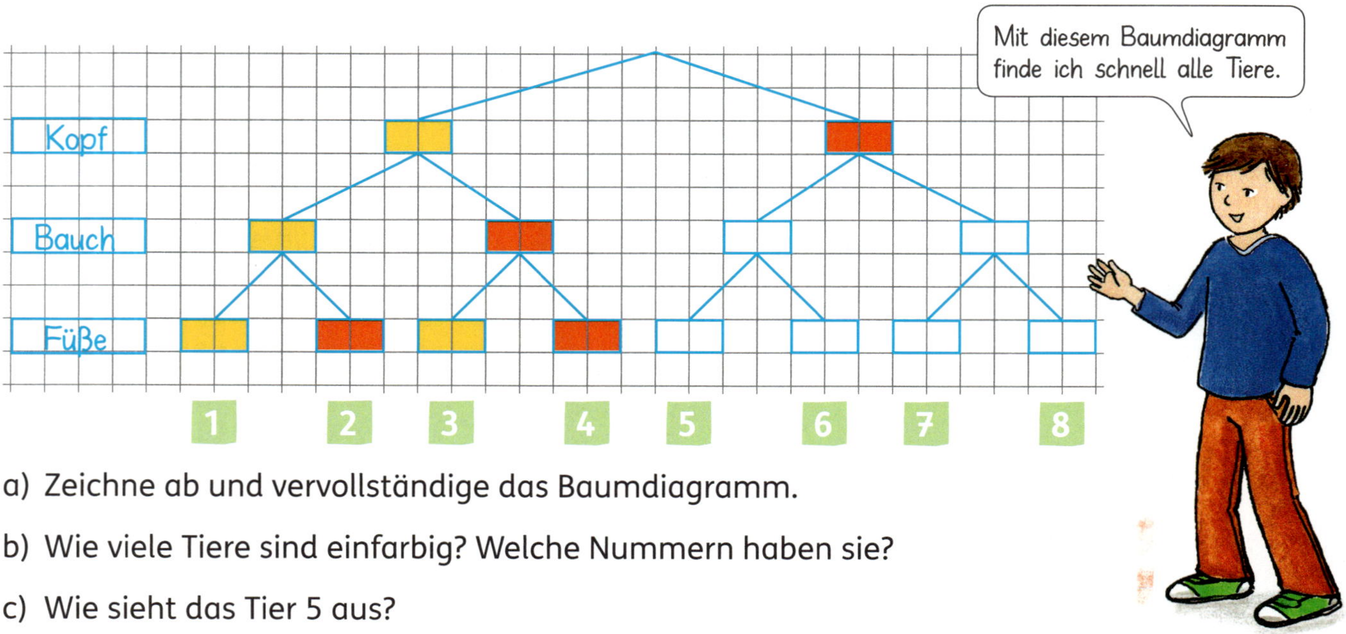

a) Zeichne ab und vervollständige das Baumdiagramm.

b) Wie viele Tiere sind einfarbig? Welche Nummern haben sie?

c) Wie sieht das Tier 5 aus?

d) Welche Nummern haben die Tiere mit dem gelben Kopf?

e) Welche Nummern haben die Tiere mit den roten Füßen?

f) Ordne alle deine Tiere den Nummern im Baumdiagramm zu.

3 Baut eine neue Tierfamilie Rotgelb. Jedes Tier besteht jetzt aus 4 Steinen:

Kopf
Bauch
Beine
Füße

a) Wie viele Tiere gehören zu dieser Tierfamilie Rotgelb? Erklärt an einem Baumdiagramm.

b) Findet Fragen wie in Aufgabe 2.

2 KV nutzen.

1

Fertigt solche Glücksräder an.

2 a) Dreht jedes Glücksrad 30-mal.
Vermutet, welche Farbe häufiger kommt.
Schreibt eure Ergebnisse als Strichliste auf.
Vergleicht eure Ergebnisse mit eurer Vermutung.

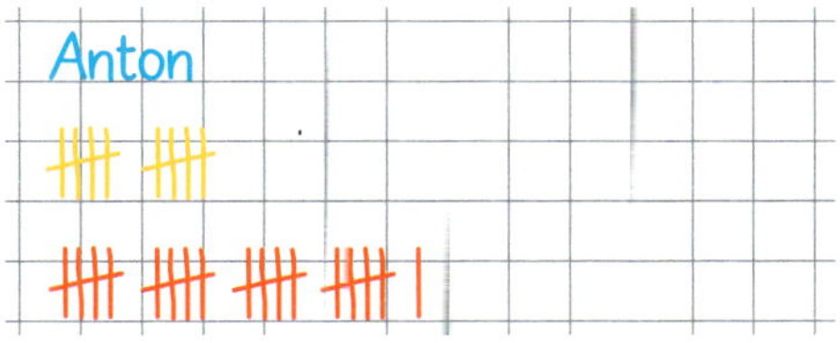

b) Tragt alle Ergebnisse der Klasse für jedes Glücksrad in eine Tabelle ein.
Erklärt, was euch auffällt.

3 Liessa, Emelie, Len und Felix haben 30-mal andere Glücksräder gedreht und ihre Ergebnisse in Strichlisten notiert.
Wem könnte welches Glücksrad gehören? Begründe.

A
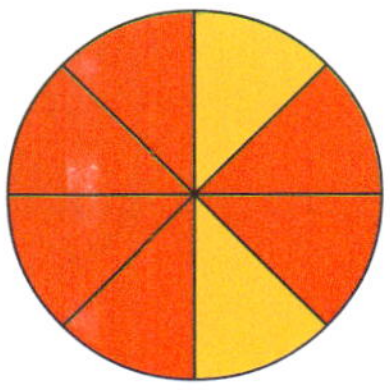

B
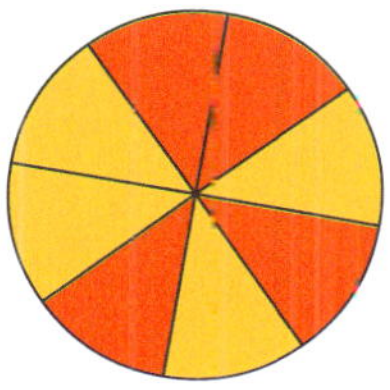

C
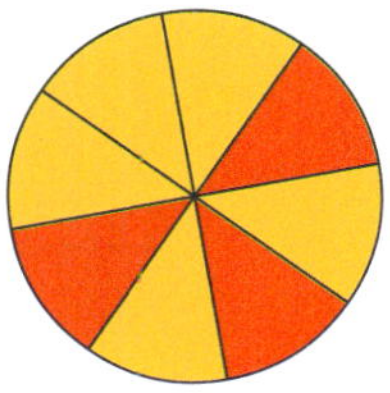

D
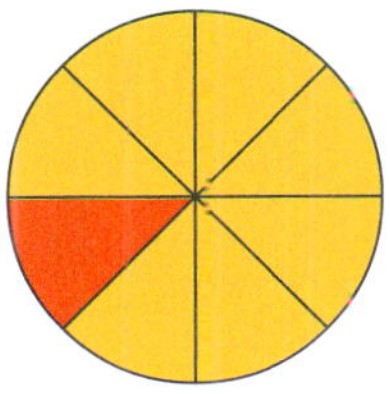

4 Ida, Moritz, Karla und Ben haben 30-mal Glücksräder gedreht und ihre Ergebnisse in Strichlisten notiert. Zeichne passende Glücksräder.

1 KV nutzen.

Zufall und Wahrscheinlichkeit

Glücksrad

1 Paula und Max drehen ihr Glücksrad. Man gewinnt bei Rot.

a) Bei welchem Glücksrad sind die Gewinnchancen größer? Warum?
b) Wie wahrscheinlich ist es, dass Paula gewinnt? Wie wahrscheinlich ist es, dass Max gewinnt? Zeige auf dem Wahrscheinlichkeitsstreifen.

2 Man gewinnt bei Rot. Welches Glücksrad wählst du jeweils? Begründe deine Wahl und zeige deinem Partner auf dem Wahrscheinlichkeitsstreifen.

a)
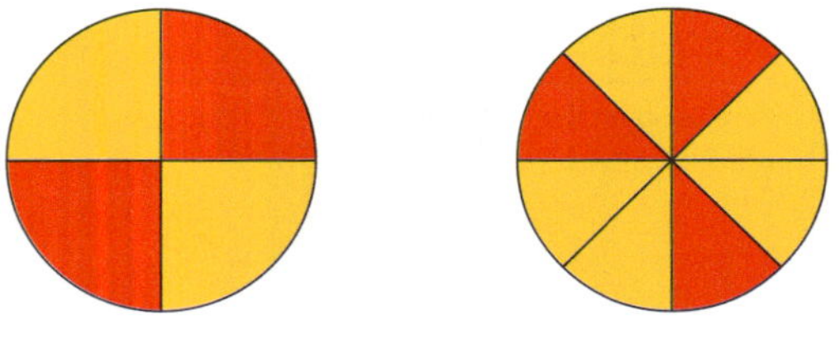

b)
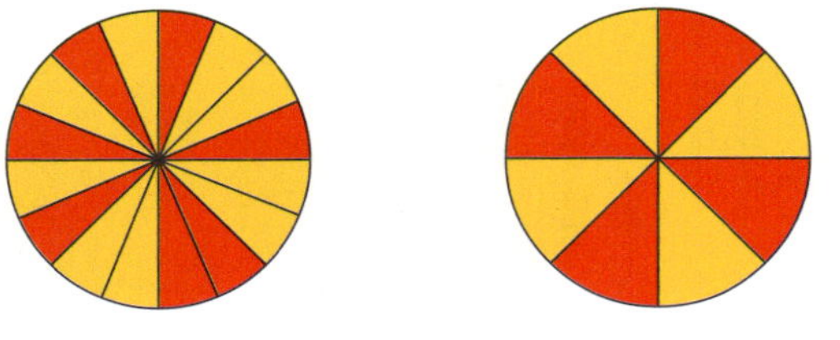

c)
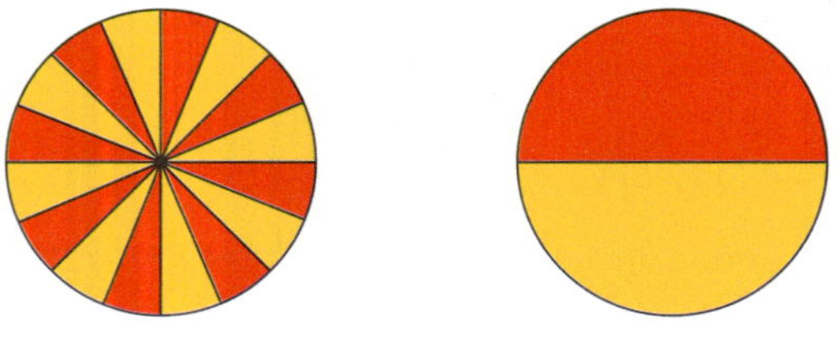

d)
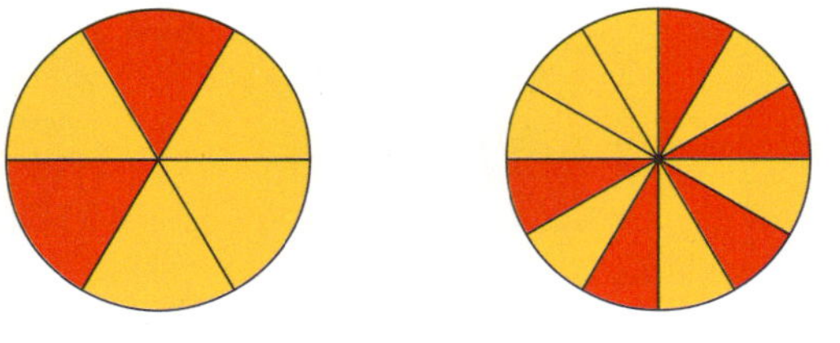

e)
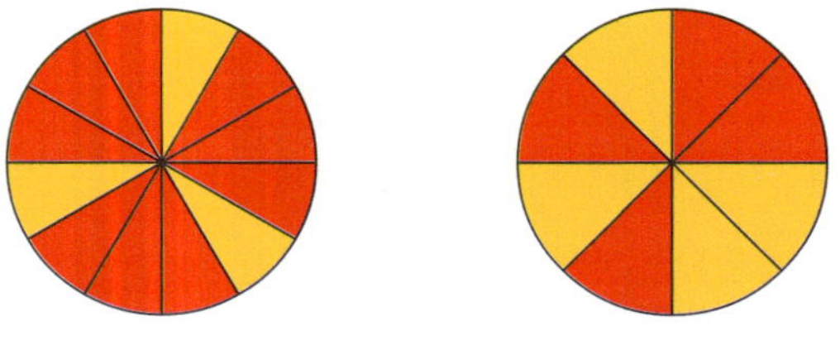

f)
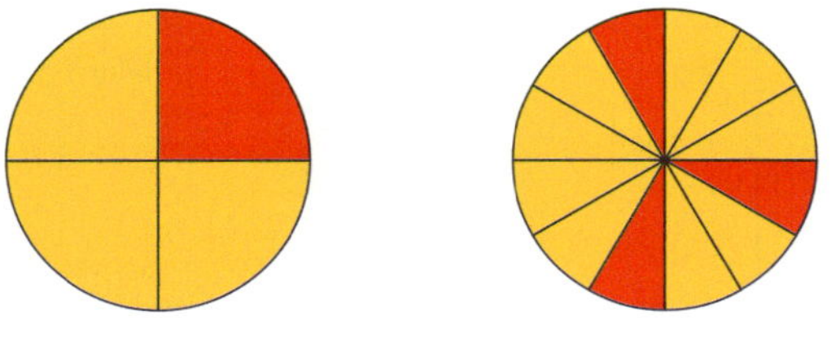

1 Welche Behauptungen passen zu diesem Glücksrad? Begründe.

Es ist sicher, dass Gelb gewinnt.

Es ist unmöglich, dass Gelb und 2 gewinnen.

Es ist unwahrscheinlich, dass 5 gewinnt.

Es ist wahrscheinlich, dass Gelb gewinnt.

Es ist unmöglich, dass Rot und eine ungerade Zahl gewinnen.

Es ist wahrscheinlich, dass Gelb oder eine gerade Zahl gewinnen.

2 Emma dreht das Glücksrad. Welche Regel sollte sie wählen, damit sie die größten Gewinnchancen hat? Begründet eure Entscheidung.

Regel A
Du gewinnst bei 2, 4 und 6 und bei Gelb.

Regel B
Du gewinnst bei Gelb und bei einer geraden Zahl.

Regel C
Du gewinnst bei Gelb und bei einer ungeraden Zahl.

Regel D
Du gewinnst bei Rot oder bei einer geraden Zahl.

3

Regel A
Du gewinnst bei 6.

Regel B
Du gewinnst bei allen ungeraden Zahlen.

Regel C
Du gewinnst bei Gelb oder bei einer ungeraden Zahl.

Regel D
Du gewinnst bei 3 und bei Rot.

Regel E
Du gewinnst bei allen Zahlen, die größer als 4 sind.

Regel F
Du gewinnst bei einer geraden Zahl.

a) Bei welcher Regel gewinnt ihr sicher? Begründet.

b) Bei welcher Regel könnt ihr unmöglich gewinnen? Begründet.

c) Ordnet die Regeln nach den Gewinnchancen.
Beginnt mit der Regel mit den größten Gewinnchancen.

1 Welches Zeichen steht für welche Zahl?

a)

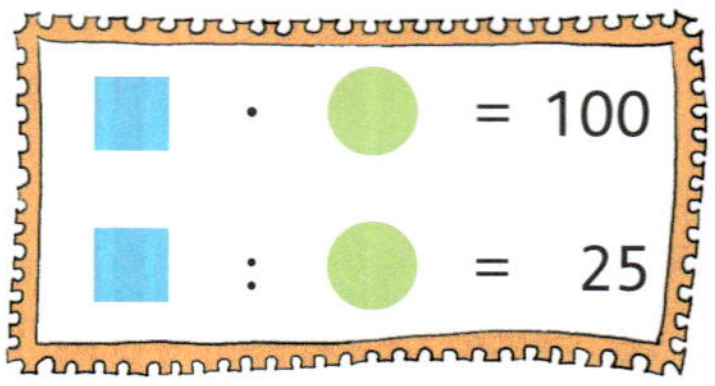

b)

c)

d)

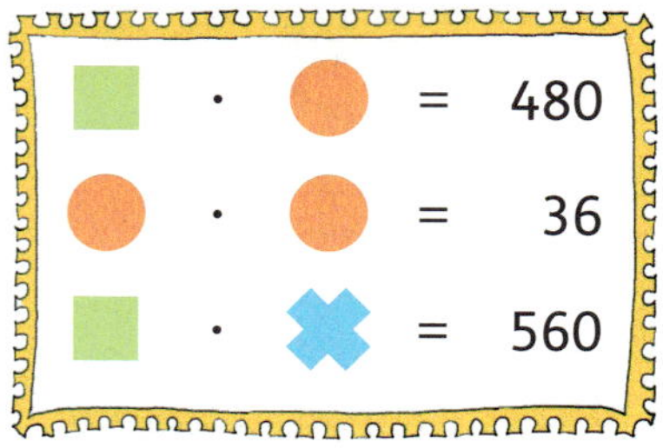

e)

f)

g)

h)

2 a)

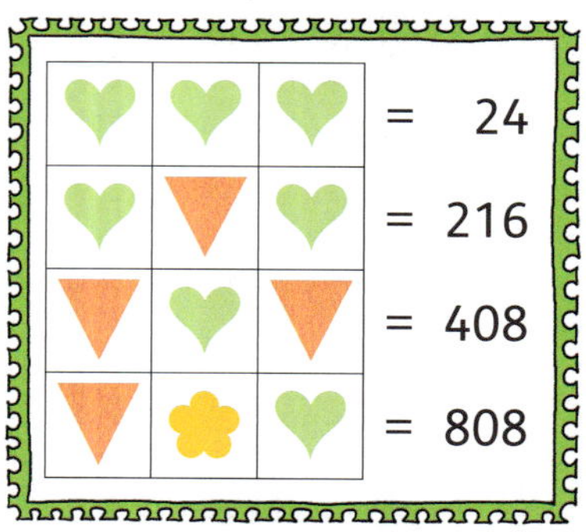

b)

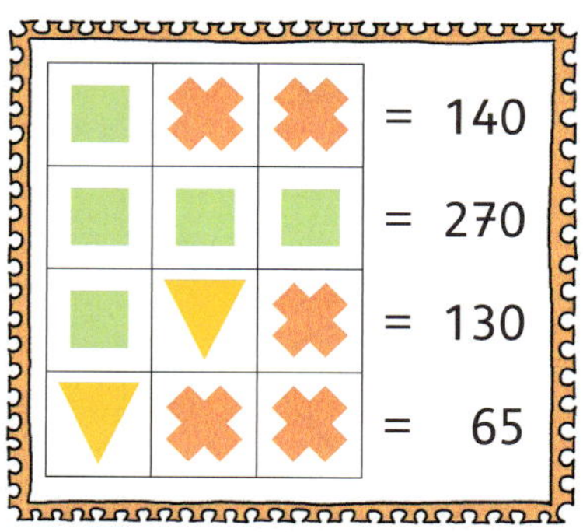

c)

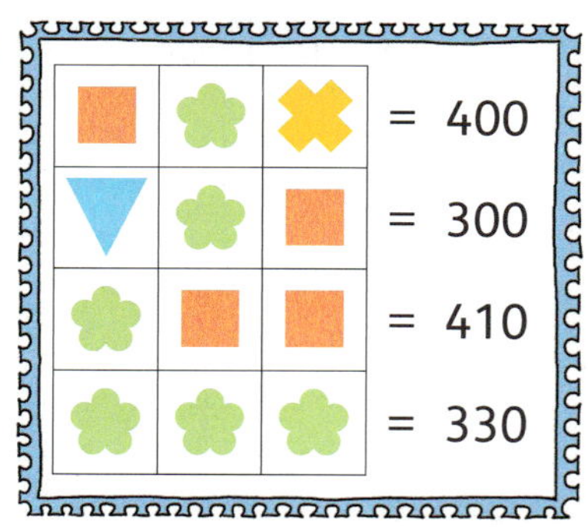

3 a)

b)

AH 85 KV 78

1

Geheimschrift mit Zahlen

	1	2	3	4	5
1	A	B	C	D	E
2	F	G	H	I	J
3	K	L	M	N	O
4	P	Q	R	S	T
5	U	V	W	X, Y	Z

Geheimschrift mit Symbolen

	|	—	‖	=	+
⊂	A	B	C	D	E
⊃	F	G	H	I	J
∪	K	L	M	N	O
∩	P	Q	R	S	T
○	U	V	W	X, Y	Z

Wie heißen die Geheimbotschaften von Paula und Anton?

a)

44 13 23 43 15 24 12 15
11 51 13 23 14 15 24 34 15 34
34 11 33 15 34
24 34 22 15 23 15 24 33
44 13 23 43 24 21 45

b)

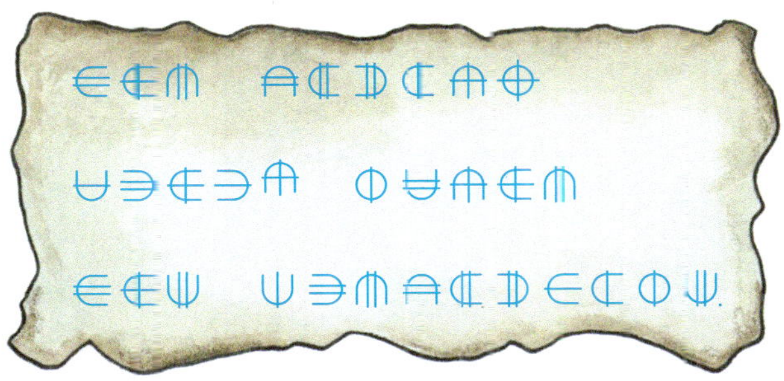

c) Schreibt selbst Geheimbotschaften.

d) Erfindet eine eigene Geheimschrift.

2 a) Trax hat sich auch eine Geheimschrift ausgedacht. Kannst du seine Botschaft lesen?

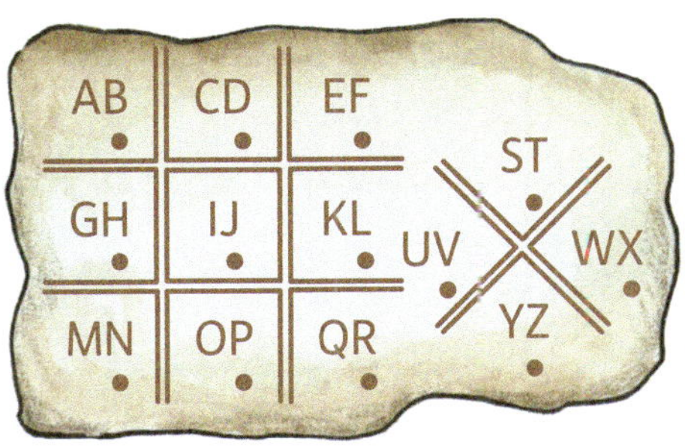

b) Wie heißt das Rezept für die Geheimtinte?

1 Die Kinder untersuchen Verkehrsschilder.

2 Sind die Linien Spiegelachsen? Überprüfe mit einem Spiegel. Suche weitere Spiegelachsen.

a) 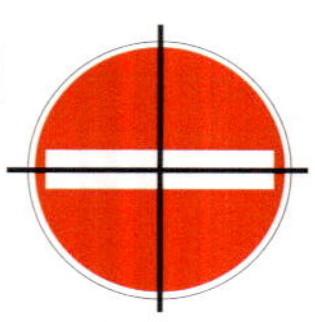 b) 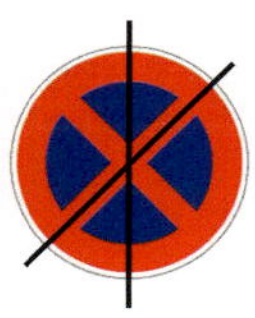 c) 

d) 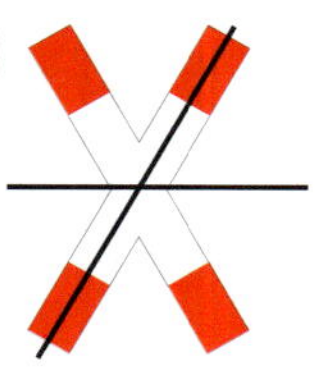 e) 

f) 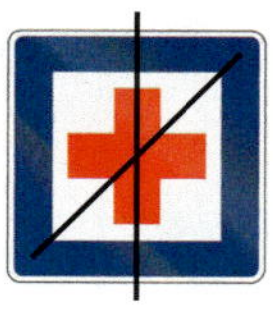

g)  h)  i) 

3 Bestimme jeweils die Anzahl der Spiegelachsen.

Flagge ▢ hat ▢ Spiegelachsen.

a)  b)  c) 

d)  e)  f) 

g) 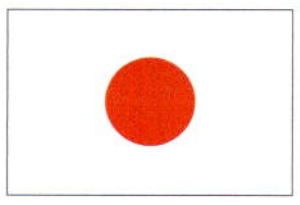 h)  i) 

4 a) Suche Spiegelachsen.

A	B	C	L
F	H	K	E
M	T	X	O

b) Finde weitere Buchstaben mit Spiegelachsen.

5

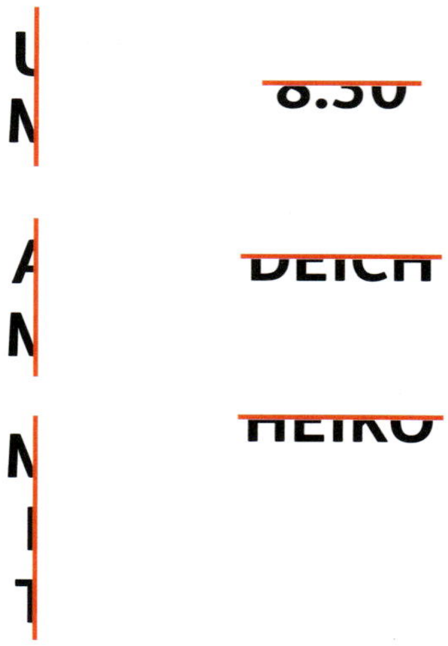

AH 87 343–345

1

2 Zeichne die Figuren in dein Heft und ergänze die Spiegelbilder. Kontrolliere mit dem Spiegel.

a) 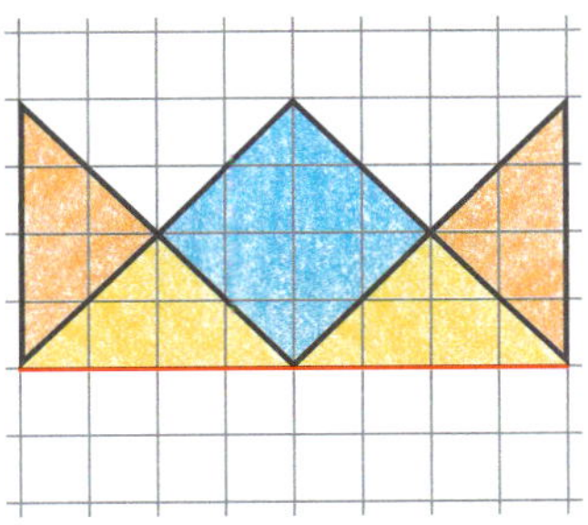

b) 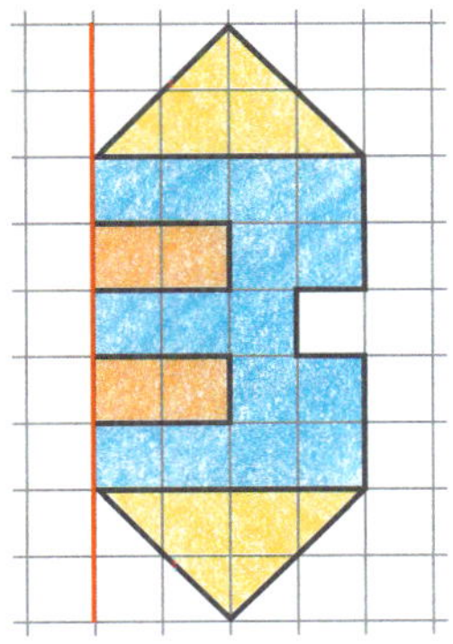

c) 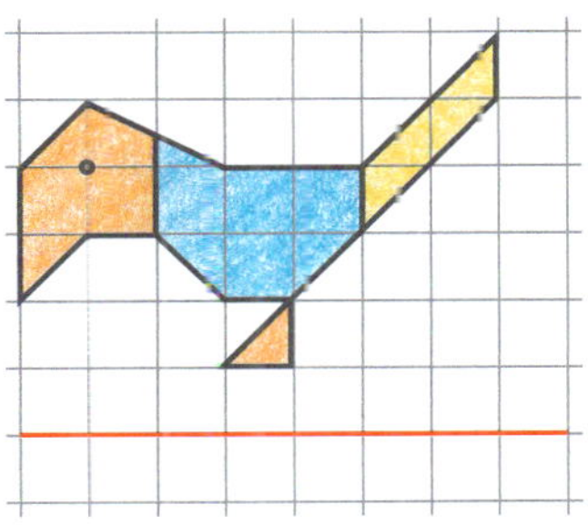

d) 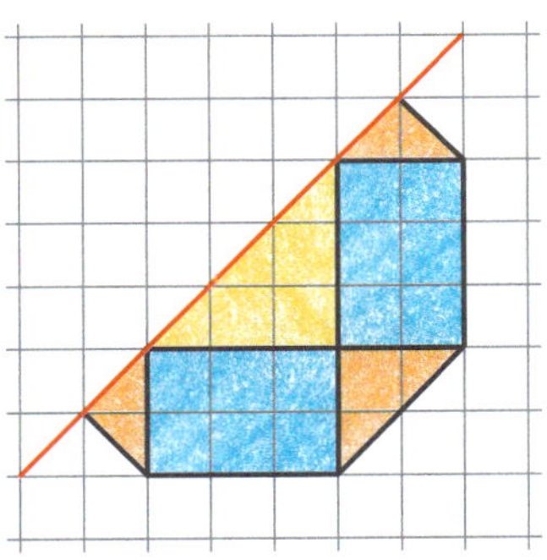

e) 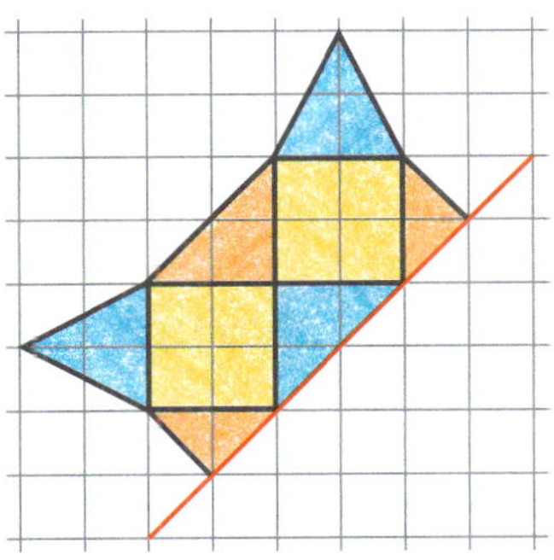

f) 

3 Welche Figur hat keine Spiegelachse?

a) 

b) 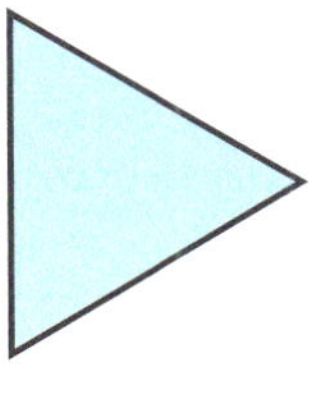

c) 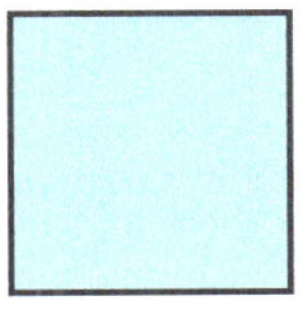

d) 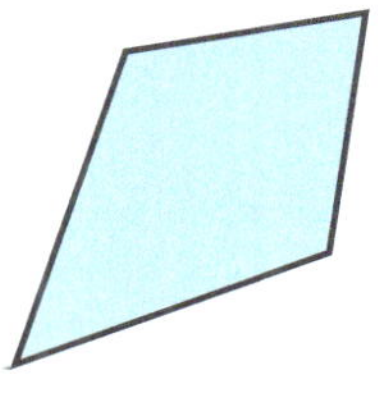

e) 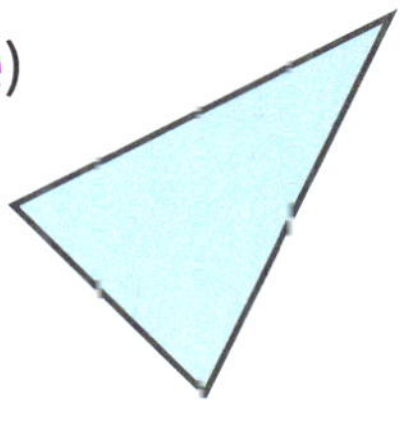

f) 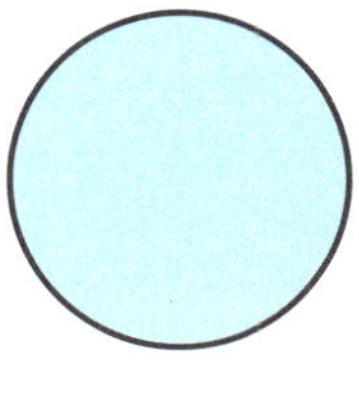

g) 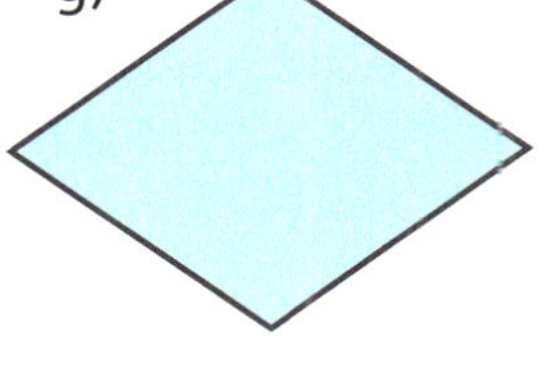

h) 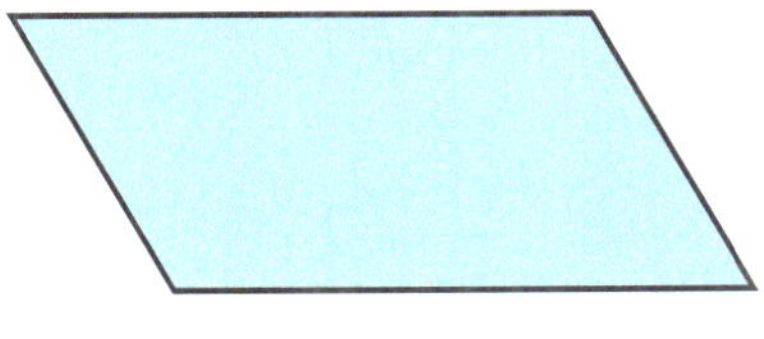

i) 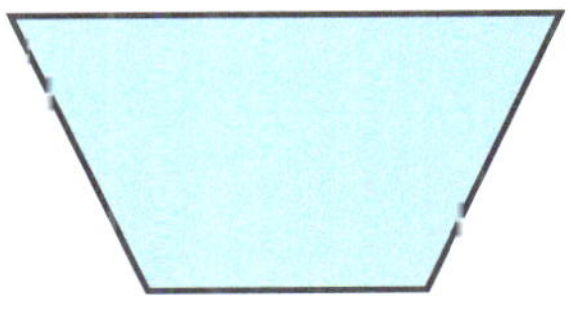

AH 88 343–345, 348

Wege finden
Auf der Schatzinsel

1

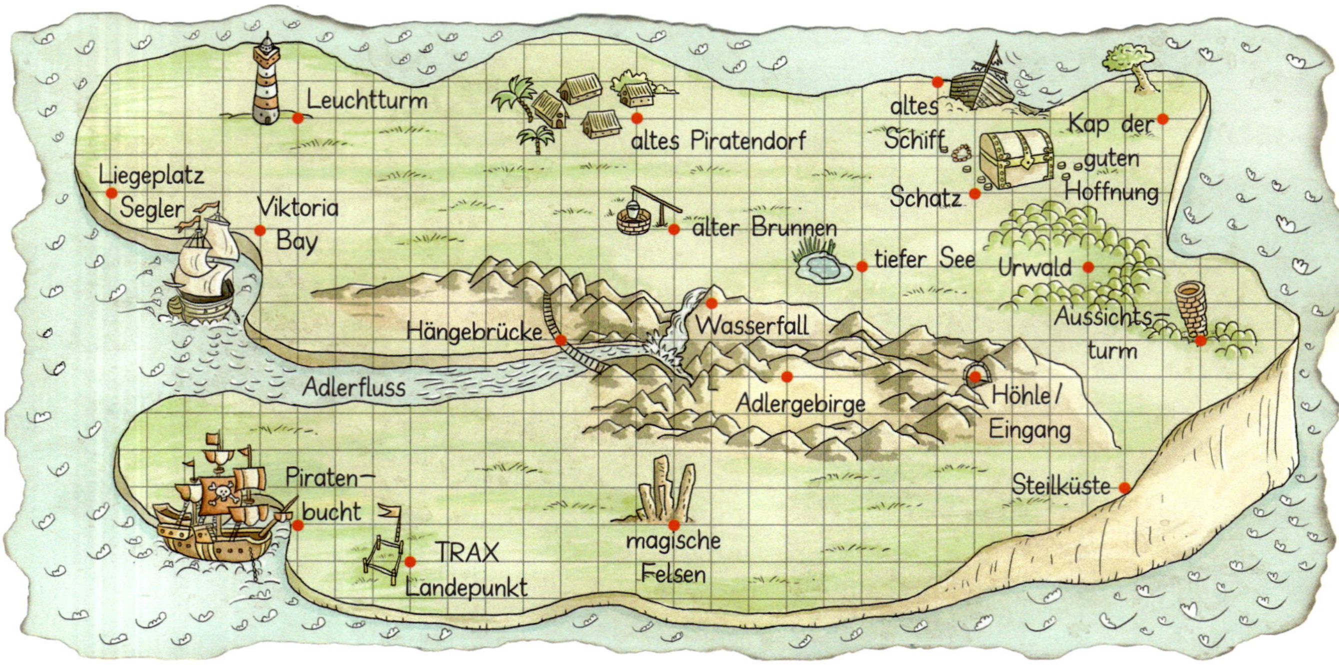

Trax hat eine alte Schatzkarte gefunden. Er ist auf dieser Pirateninsel gelandet.

a) Vom Landepunkt aus geht er ein Kästchen nach oben und 7 Kästchen nach rechts. Wo kommt Trax an?

b) Von dort aus geht Trax 4 Kästchen nach oben und 3 nach rechts. Wo ist er jetzt?

2 Wie kann Trax gehen? Finde die Wege und beschreibe sie.

a) Trax hat Durst. Er möchte vom Aussichtsturm zum alten Brunnen.

b) Trax will jetzt zum Schatz. Er startet am alten Brunnen.

c) Trax möchte sich erholen und baden. Er geht vom Schatz zum tiefen See.

3 Trax möchte den Schatz neu verstecken. Wo könnte das sein?
Überlegt euch ein neues Versteck. Beschreibt euch gegenseitig den Weg dorthin.
Startet beim Schatz.

4 Gehe auch diese Wege. Wo landest du?

a)  3 ↓ 1 ← Ziel: ☐

b)  4 ↓ 18 ← Ziel: ☐

c)  4 ↓ 11 ← 2 ↓ Ziel: ☐

d)  5 → 5 ↑ 1 ↖ 6 ↑ 2 → Ziel: ☐

5 Suche die kürzesten Wege. Beschreibe.

a) Start: Piratenbucht — Ziel: altes Piratendorf

b) Start: Höhle — Ziel: Liegeplatz Segler

c) Start: Leuchtturm — Ziel: magische Felsen

1 Beschreibe deinem Partner den Plan der Schule.

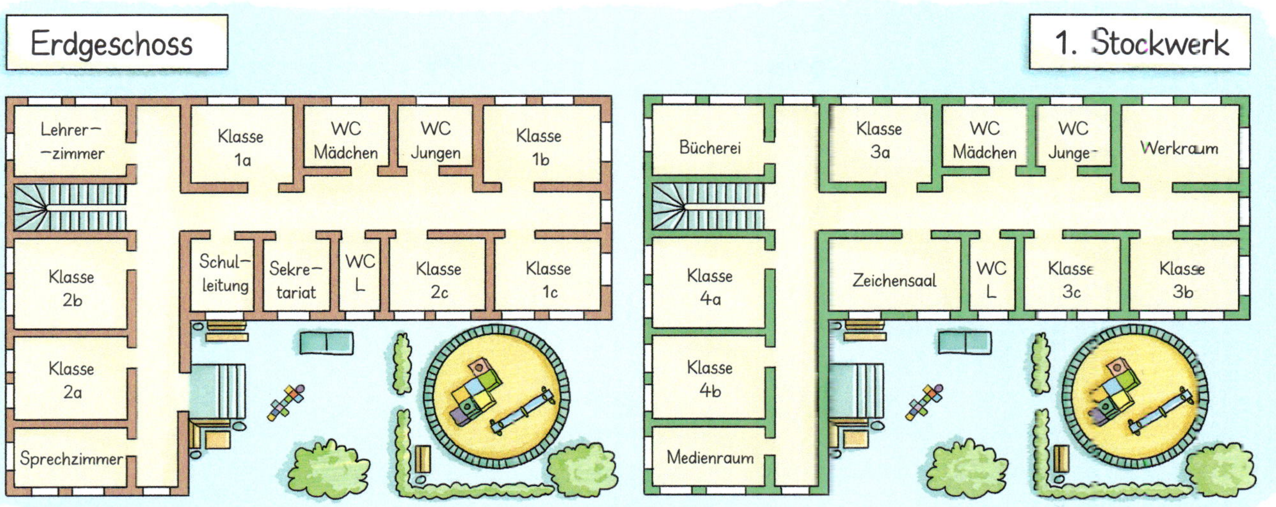

a) Welche Räume findest du im Erdgeschoss? Welche im 1. Stockwerk?

b) Welcher Raum liegt direkt über dem Lehrerzimmer? Welcher Raum liegt direkt unter dem Zeichensaal?

c) Welche Räume liegen rechts und links neben der Klasse 2c?

d) Welcher Raum liegt gegenüber der Klasse 3a?

2 Wohin gehen die Kinder? Woher kommen sie?

Ich gehe aus der Klasse 1b heraus nach rechts und dann in die 3. Tür rechts hinein. Wo bin ich jetzt?

Ich gehe aus dem Werkraum nach rechts, der Gang geradeaus und die Treppe nach unten. Dort gehe ich nach rechts und in die 3. Tür rechts hinein.

Ich gehe aus dem Klassenzimmer im Erdgeschoss nach links und den nächsten Gang nach rechts. Ich laufe weiter bis zur Jungentoilette. In welche Klasse könnte ich gehen?

Ich gehe aus dem Klassenzimmer nach rechts und laufe so direkt auf die Treppe zu. Die gehe ich nach oben. Ich gehe im Gang nach rechts in die 1. Tür rechts hinein.

3 Beschreibe die Wege der Kinder.

a) Tom aus der Klasse 1a möchte seine Freundin Lia in der Klasse 2a besuchen.

b) Felix ist in der Klasse 4b. Er soll seinem Bruder in der Klasse 1c das Mäppchen bringen.

c) Julia ist in der Klasse 2b. Sie holt Zeichenpapier aus dem Sekretariat.

d) Janina aus der Klasse 2c soll den CD-Player aus dem Medienraum holen.

Kennt ihr eure Fluchtwege?

1 Das ist ein Ausschnitt aus dem Stadtplan von Leipzig.

Der Stadtplan ist in Quadrate eingeteilt. Ein Planquadrat wird durch einen Buchstaben und eine Zahl bestimmt. Das ist das Planquadrat E10.

a) Suche die Planquadrate D5 und G7.

b) Welche Planquadrate grenzen an E7 und G8? Welche an G5 und J7?

2 Welche Planquadrate sind es?

a) 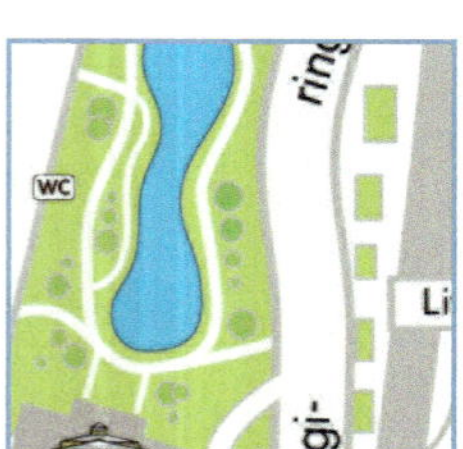

b) 

c) 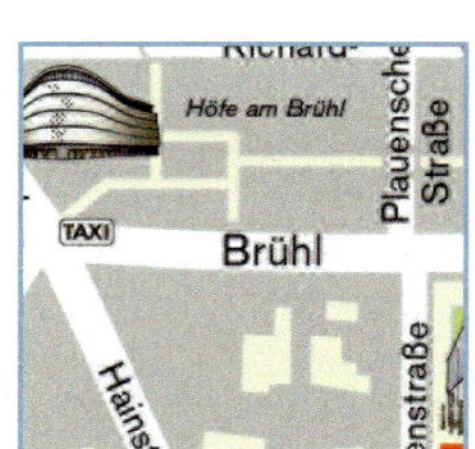

d) 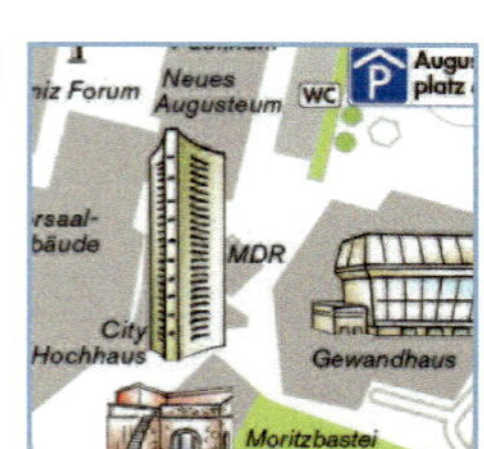

1 Wichtige Gebäude: In welchen Planquadraten findest du sie?

2 Suche auf dem Plan:

a) Naturkundemuseum,
b) Touristeninformation,
c) Willy-Brandt-Platz,
d) R.-Wagner-Platz,
e) Barfußgässchen,
f) Ritterstraße.
g) Nenne Gebäude, Plätze oder Straßen, die dein Partner zeigt.

3 Suche Wege und beschreibe sie:

a) vom Hauptbahnhof zur Oper,
b) vom Hauptbahnhof zum Markt,
c) vom Burgplatz zum Naschmarkt,
d) vom Neuen Rathaus zur Oper,
e) von der Thomaskirche zur Kupfergasse,
f) vom Augustusplatz zum Burgplatz.
g) Denke dir Wege für deinen Partner aus.

4 Max und Paula kommen am Hauptbahnhof an. Sie laufen entlang des Willy-Brandt-Platzes auf den Tröndlinring zu. Dort biegen sie in den Goerdelerring ein. An der Kreuzung gehen sie den Dittrichring entlang. Der Dittrichring geht in den Martin-Luther-Ring über und die beiden Kinder sind ungefähr 30 Minuten unterwegs. Sie schauen sich das Neue Rathaus an. Dann gehen sie weiter bis zum Roßplatz und betrachten das Gewandhaus. Nun überqueren sie den Augustusplatz und biegen in die Goethestraße ein. Wo kommen sie an?

1

Wie viele Sekunden brauchten die anderen Kinder?

1 Minute = 60 Sekunden
1 min = 60 s

2 So schnell liefen die anderen Kinder der Klasse.
Schreibe alle Zeiten in 2 Schreibweisen:

Patricia: 1 min 35 s = 95 s

Patricia Igor Peter Emi Lisa

3 Wie viele Sekunden sind es?

3 min = ☐ s

a)	b)	c)
3 min	10 min	10 min 5 s
5 min	12 min	13 min 9 s
7 min	15 min	60 min
4 min	11 min	45 min
6 min	17 min	50 min

4 Wie viele Minuten und Sekunden sind es?

65 s = 1 min ☐ s

a)	b)	c)
65 s	100 s	305 s
69 s	121 s	250 s
62 s	185 s	419 s
70 s	200 s	575 s
97 s	240 s	666 s

5 Wie viele Sekunden fehlen bis zur vollen Minute?

36 s + ☐ s = 1 min

36 s	19 s	54 s
5 s	49 s	22 s
65 s	90 s	359 s

6 Schließe die Augen und versuche, sie nach genau 5 s (10 s, 30 s, 1 min) wieder zu öffnen.
Dein Partner kontrolliert jeweils mit einer Stoppuhr.

Um wie viele Sekunden hast du dich jeweils verschätzt?

1

Was würdest du sagen?

1 Stunde = 60 Minuten
1 h = 60 min
$\frac{1}{4}$ h = 15 min $\frac{1}{2}$ h = 30 min $\frac{3}{4}$ h = 45 min

2 Zu welchen Uhren passen die Sprechweisen? 9 Uhr und 35 Minuten: B

9 Uhr und 35 Minuten | zwei Minuten vor eins | 10 Minuten nach sechs | fünf nach halb zehn

dreiviertel elf | 12 Uhr und 58 Minuten | Viertel vor elf | drei nach sieben | 10 Uhr und 45 Minuten

3 Wie viele Stunden und Minuten?

65 min = ▯ h ▯ min

a) 65 min
75 min
61 min
88 min

b) 120 min
150 min
185 min
172 min

c) 245 min
299 min
413 min
598 min

4 Wie viele Minuten?

1 h 20 min = ▯ min

a) 1 h 20 min
2 h 35 min
3 h 25 min
4 h 5 min

b) 6 h
$\frac{1}{2}$ h
$\frac{3}{4}$ h
$\frac{1}{4}$ h

c) $9\frac{1}{4}$ h
$10\frac{1}{2}$ h
$11\frac{3}{4}$ h
$12\frac{1}{4}$ h

5 Kann das stimmen? Begründe.

a) Ivan kann 50 Minuten laufen ohne anzuhalten.
b) Lisa kann eine Viertelstunde die Luft anhalten.
c) Silas ist mit seiner Familie im Auto in $2\frac{1}{2}$ h von Chemnitz bis nach Spanien gefahren.
d) Mina ist gestern in 2 Stunden und 15 Minuten 9 Kilometer weit gewandert.
e) Jonas hat in $1\frac{1}{2}$ Stunden ein Buch mit 1 000 Seiten gelesen.
f) David isst in 90 Sekunden 10 Schokoküsse.

1 Wie lange waren die Kinder in der Schule?

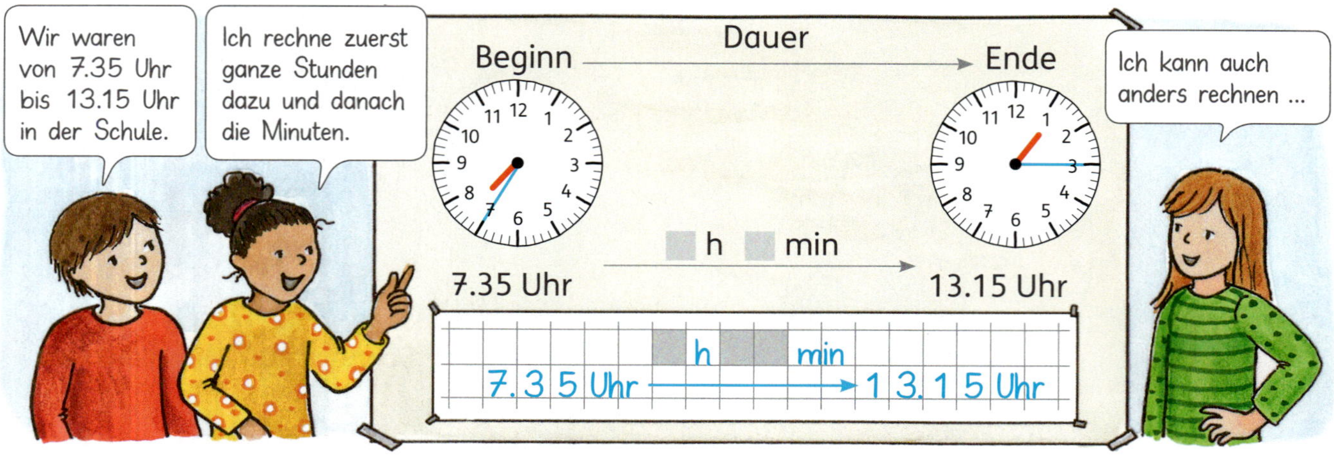

2 Schreibe Beginn und Ende ins Heft, berechne die Dauer.

a)  ▢ h ▢ min → 

 ▢ h ▢ min → 

b)  ▢ h ▢ min → 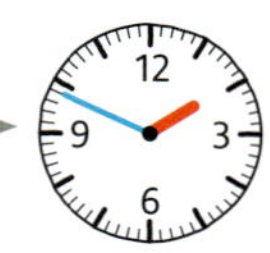

 ▢ h ▢ min → 

3 a) 8.05 Uhr — ▢ h ▢ min → 13.50 Uhr

17.45 Uhr — ▢ h ▢ min → 23.20 Uhr

4.52 Uhr — ▢ h ▢ min → 11.28 Uhr

b) 3.54 Uhr — ▢ h ▢ min → 15.17 Uhr

7.37 Uhr — ▢ h ▢ min → 20.21 Uhr

0.01 Uhr — ▢ h ▢ min → 23.59 Uhr

4 Das ist der Stundenplan von Anna aus Freiberg.
Wie viele Stunden und Minuten ...

a) ist Anna an den einzelnen Tagen in der Schule?

b) hat sie in der Woche Sport (Sachunterricht, Mathe, Deutsch)?

c) hat sie in der Woche Unterricht?

d) Rechne auch mit deinem Stundenplan.

Zeit	Mo	Di	Mi	Do	Fr
7.45 Uhr 8.30 Uhr	Deu	Sport	Deu	Mathe	Musik
8.35 Uhr 9.20 Uhr	Deu	Mathe	Sach	Engl	Mathe
Große Pause					
9.40 Uhr 10.25 Uhr	Mathe	Deu	Mathe	Sport	Deu
10.30 Uhr 11.15 Uhr	Engl	Deu	Reli	Deu	Sach
Große Pause					
11.35 Uhr 12.20 Uhr	Musik	Kunst	Sport	Werk	Reli
12.25 Uhr 13.10 Uhr	–	Kunst	Fö	–	–

1

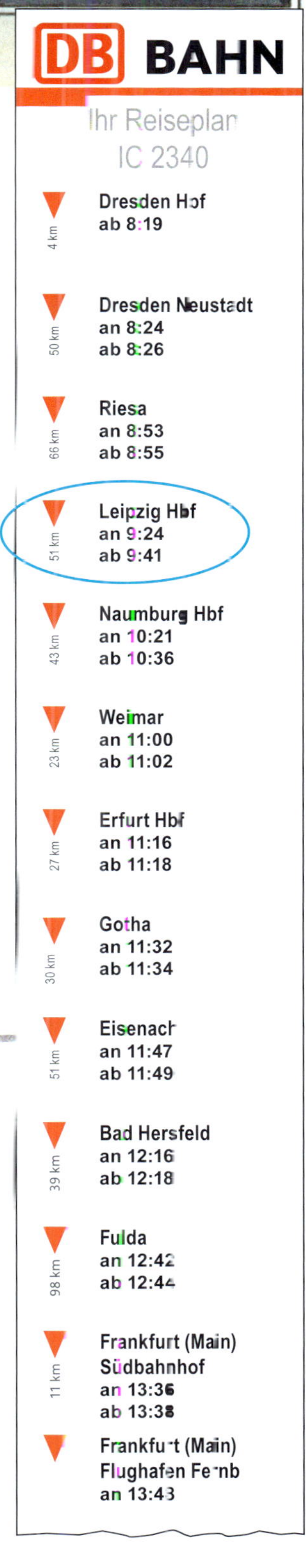

a) Wann kommt der IC 2340 in Leipzig an? Wann fährt er ab?
b) Wann soll der Zug in Fulda ankommen?
c) Auf welchen Bahnhöfen hält der Zug zwischen Leipzig und Fulda? Wie lange hält der Zug jeweils?
d) Wie lange dauert die Fahrt von Leipzig bis Fulda insgesamt?

2 Wie lange waren die Kinder im IC 2340 unterwegs?

Name	von	nach
Amelie	Leipzig Hbf	Weimar
Moritz	Dresden Neustadt	Erfurt Hbf
Sebastian	Naumburg	Gotha
Melanie	Weimar	Bad Hersfeld
Michael	Eisenach	Frankfurt Südbahnhof
Annica	Riesa	Erfurt Hbf
Katja	Dresden Hbf	Frankfurt Flughafen

3 Wo sind die Kinder eingestiegen? Wo sind sie ausgestiegen?

a) Paula ist in Leipzig eingestiegen und fuhr fast 2 Stunden im IC.

b) Louis ist nach 45 min Fahrt im IC in Eisenach ausgestiegen.

c) Alex stieg in Dresden ein und kam um 12.26 Uhr mit 10 Minuten Verspätung an.

d) Sina fuhr nur eine Station weit. Sie stieg nach 29 min wieder aus.

e) Saman war nach fast 4 h Fahrt am Ziel. Er ist 341 km gefahren.

f) Simon war nach 1 h 40 min Fahrt im IC am Ziel.

1 Die Klasse 3b der Grundschule am See erforscht die Haarfarbe der Kinder der Schule.

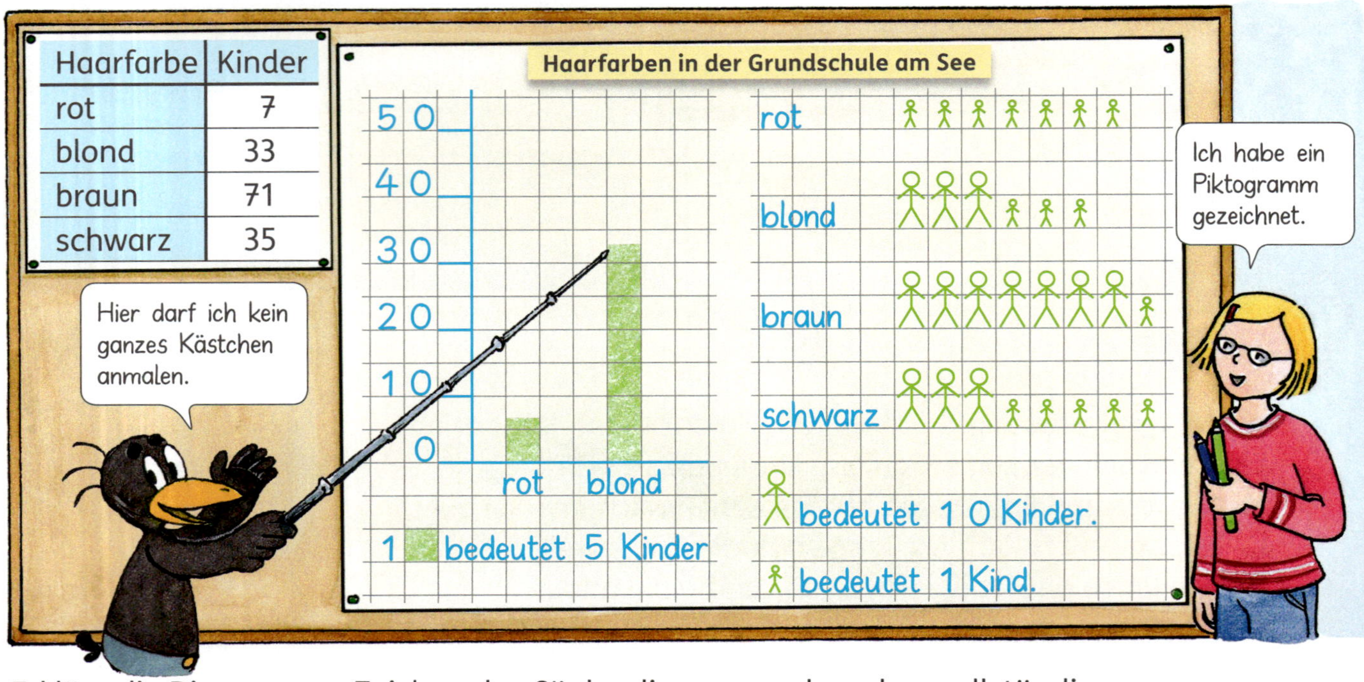

Erkläre die Diagramme. Zeichne das Säulendiagramm ab und vervollständige es.

2 Auch in der Berg-Grundschule wurde eine Tabelle zu den Haarfarben erstellt.

	1a	1b	2a	2b	3a	3b	4a	4b
rot	1	1	0	2	1	2	1	0
blond	3	6	5	4	8	5	3	7
braun	12	12	15	13	8	13	18	12
schwarz	4	2	4	5	6	5	6	8

a) Wie viele Kinder der Berg-Grundschule haben rote (blonde, braune, schwarze) Haare? Erstelle eine Tabelle wie bei Aufgabe 1.

b) Erstelle für die Haarfarben der Kinder ein Säulendiagramm und ein Piktogramm.

3 Beantworte die Fragen zum Diagramm. Eine Frage kann man nicht beantworten.

a) Wie viele Kinder der 3. Klassen trinken gerne Wasser?

b) In welcher Klasse ist Milch am unbeliebtesten?

c) Wie viele Kinder sind in Klasse 4b?

d) Wie viele Kinder trinken gerne Milch?

e) In welchem Jahrgang sind die meisten Kinder?

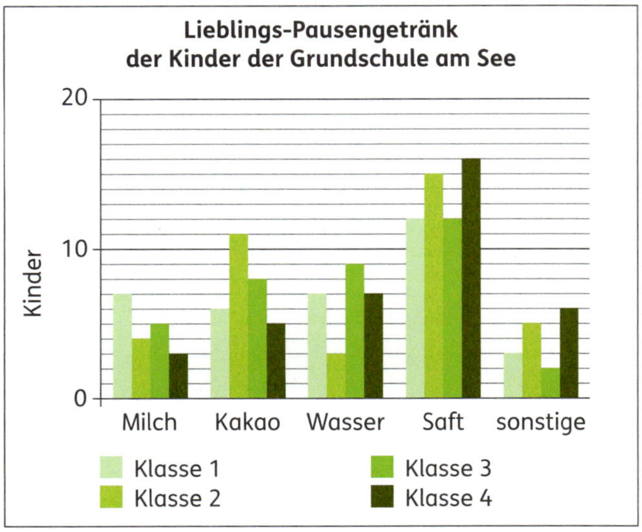

1 Die Klasse 3b der Grundschule am See hat eine Tabelle mit den Ergebnissen der Mädchen bei den Bundesjugendspielen erstellt.

Name	Alter	Sprung	Wurf	Lauf
Alina	8 Jahre	1,99 m	11,00 m	10,2 s
Elena	9 Jahre	2,67 m	16,50 m	8,5 s
Kiara	8 Jahre	1,23 m	8,50 m	11,1 s
Lara	10 Jahre	2,30 m	13,50 m	9,0 s
Rabiye	9 Jahre	2,57 m	14,50 m	9,9 s
Sarah	9 Jahre	2,05 m	12,00 m	10,0 s

a) Erkläre die Tabelle.
b) Wer war in den einzelnen Wettkämpfen am besten? Wer war am schwächsten?
c) Wie waren deine Ergebnisse bei den Bundesjugendspielen?

2 Hier siehst du eine Punktetabelle für Mädchen.

Weitsprung

Sprungweite (m)	1,21-1,24	1,25-1,28	1,29-1,32	1,33-1,36	1,37-1,40	1,41-1,44	1,45-1,48	1,49-1,52	1,53-1,56	1,57-1,60	1,61-1,64	1,65-1,68	1,69-1,72
Punkte	3	11	20	28	37	45	53	61	68	76	84	91	99
Sprungweite (m)	1,73-1,76	1,77-1,80	1,81-1,84	1,85-1,88	1,89-1,92	1,93-1,96	1,97-2,00	2,01-2,04	2,05-2,08	2,09-2,12	2,13-2,16	2,17-2,20	2,21-2,24
Punkte	106	113	121	128	135	142	149	155	162	169	175	182	188
Sprungweite (m)	2,25-2,28	2,29-2,32	2,33-2,36	2,37-2,40	2,41-2,44	2,45-2,48	2,49-2,52	2,53-2,56	2,57-2,60	2,61-2,64	2,65-2,68	2,69-2,72	2,73-2,76
Punkte	195	201	208	214	220	226	232	238	245	250	256	262	268

Wurf (Schlagball 80 g)

Wurfweite (m)	5,00	5,50	6,00	6,50	7,00	7,50	8,00	8,50
Punkte	24	36	48	60	71	81	92	102
Wurfweite (m)	9,00	9,50	10,00	10,50	11,00	11,50	12,00	12,50
Punkte	111	121	130	139	147	156	164	173
Wurfweite (m)	13,00	13,50	14,00	14,50	15,00	15,50	16,00	16,50
Punkte	181	188	196	204	211	218	226	233

Lauf (50 m)

Zeit (s)	11,1	11,0	10,9	10,8	10,7	10,6	10,5	10,4	10,3
Punkte	115	121	127	133	139	146	152	159	156
Zeit (s)	10,2	10,1	10,0	9,9	9,8	9,7	9,6	9,5	9,4
Punkte	172	179	187	194	201	209	217	225	233
Zeit (s)	9,3	9,2	9,1	9,0	8,9	8,8	8,7	8,6	8,5
Punkte	241	249	258	267	276	285	294	304	314

a) Wie kann man aus der Tabelle die erreichten Punkte der Mädchen ablesen? Erkläre.
b) Wie viele Punkte hat jedes Mädchen der Klasse 3b erreicht? Erstelle eine Tabelle.

Name	Sprung	Wurf	Lauf	gesamt
Alina	149	147	172	468

c) Wie viele Punkte hattest du bei den Bundesjugendspielen?

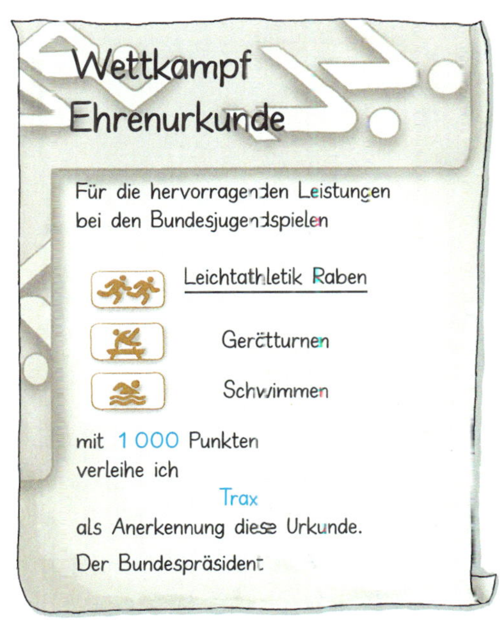

3 So viele Punkte brauchen Mädchen für eine Urkunde.

Punktespiegel Mädchen

Alter	Siegerurkunde	Ehrenurkunde
8 Jahre	ab 475 Punkte	ab 625 Punkte
9 Jahre	ab 550 Punkte	ab 725 Punkte
10 Jahre	ab 625 Punkte	ab 825 Punkte
11 Jahre	ab 700 Punkte	ab 900 Punkte

Welche Mädchen erhalten eine Urkunde?

1

Titelbild des 1. Rechenbuches
„Rechnungen auff der linihen“
von Adam Ries aus dem Jahr 1518

Adam Ries nutzte zum Rechnen das Rechenbrett. Er legte Rechenpfennige auf die Linien und in die Zwischenräume. Das sah dann so aus:

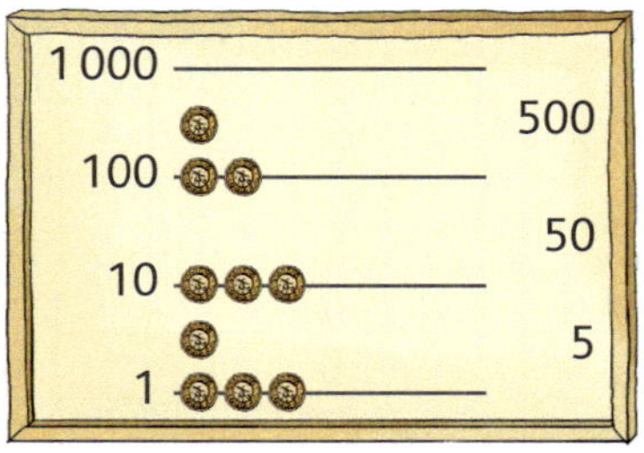

Regel:
Auf einer Linie höchstens 4 Pfennige, in einem Zwischenraum höchstens einer.

Rechne so:
500 + 200 + 30 + ▢ + ▢ = ▢

2 Welche Zahlen sind gelegt? Schreibe auf, wie sie zusammengesetzt werden.

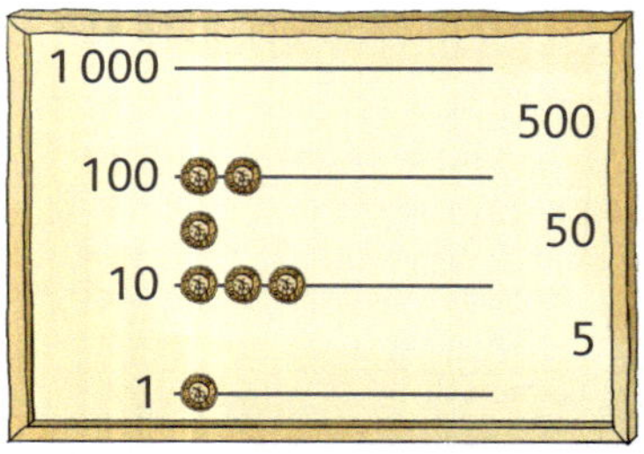

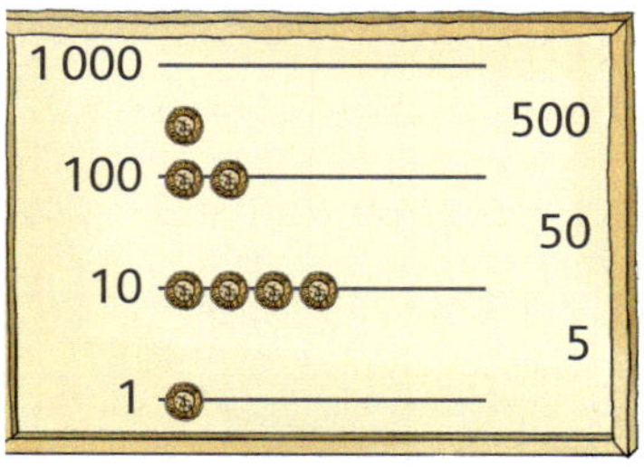

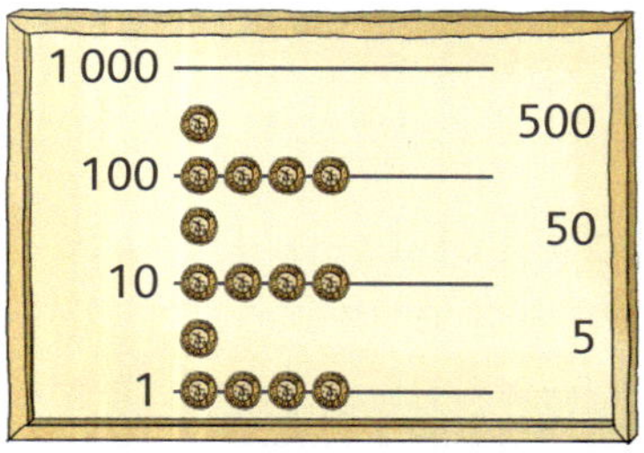

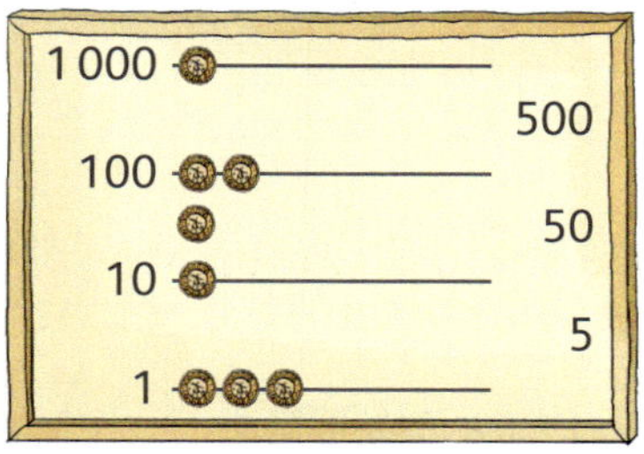

3 Zeichne ein Rechenbrett. Nimm Plättchen als Rechenpfennige und lege.

462 908 555

640 781 362

193 830 299

1 111

1 257 2 856

4

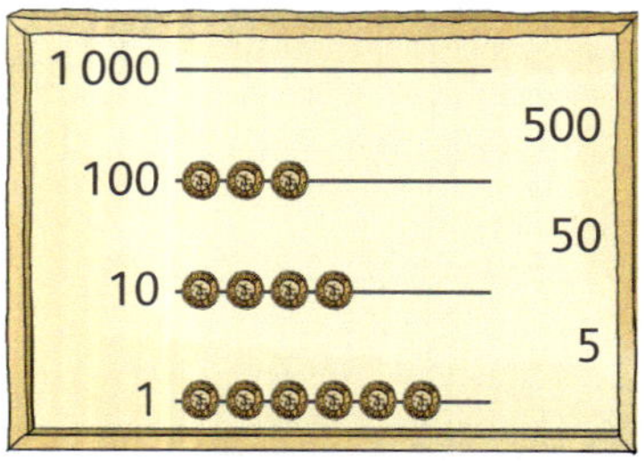

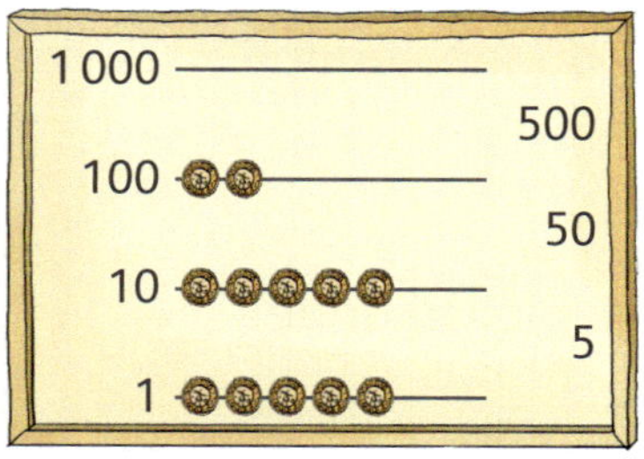

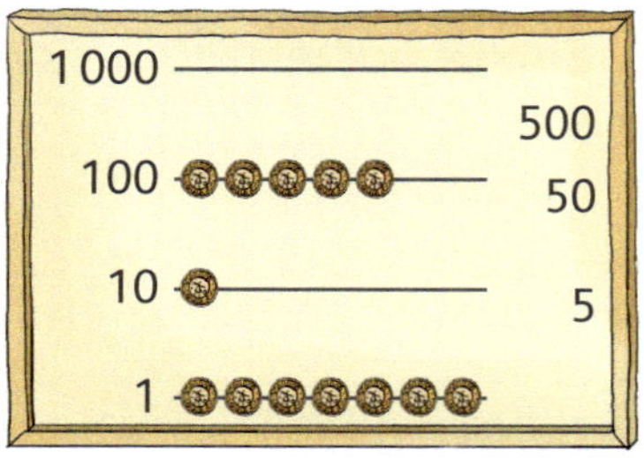

Hier stimmt doch etwas nicht.

a) Welche Zahlen sollen das sein? Was fällt dir auf?
b) Lege die Zahlen richtig.
c) Lege eine Zahl falsch. Dein Partner legt daneben die Zahl richtig. Vergleicht, wie viele Rechenpfennige ihr jeweils für die gleiche Zahl gebraucht habt.

 KV nutzen.

1 So kannst du auf dem Rechenbrett addieren:

114 + 132

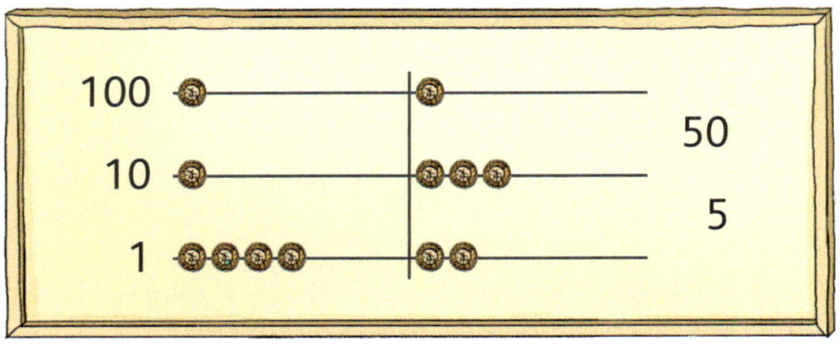

1. Zahl legen

2. Zahl legen

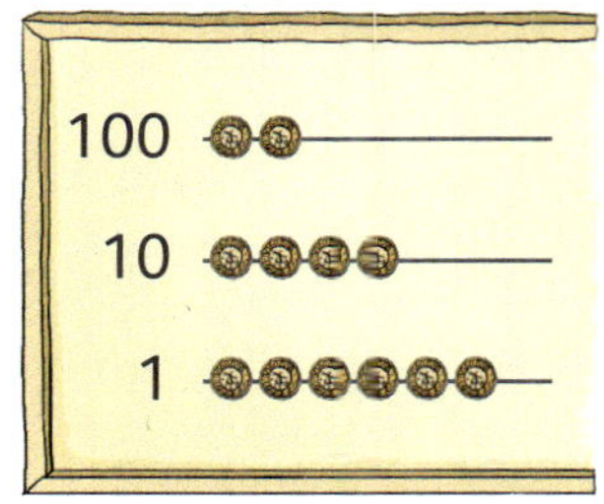

Rechenpfennige zusammenschieben

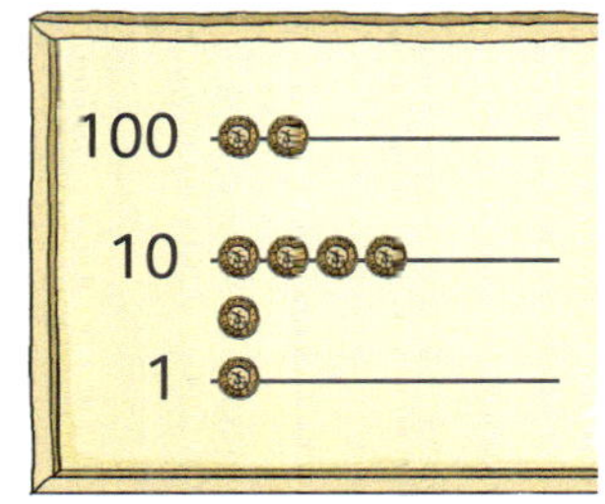

schrittweise tauschen

a) Lege nach.

b) Rechne die Aufgabe schriftlich im Heft. Vergleiche die Ergebnisse.

c) Adam Ries beschreibt das Tauschen in seinem Rechenbuch „Rechnung auff der linihen“. Verstehst du den Text? Erkläre, wie man die Rechenpfennige tauscht.

Liegen fünf rechenpfennig auf einer linien/
so heb die auff // leg eine in das spacium darüber //
Hastu aber zwen pfennig in einem spacio /
so heb die auff und leg einen auf die linien darüber.

2 Addiere. Erkläre deinem Partner, wie du legst, rechnest und tauschst.

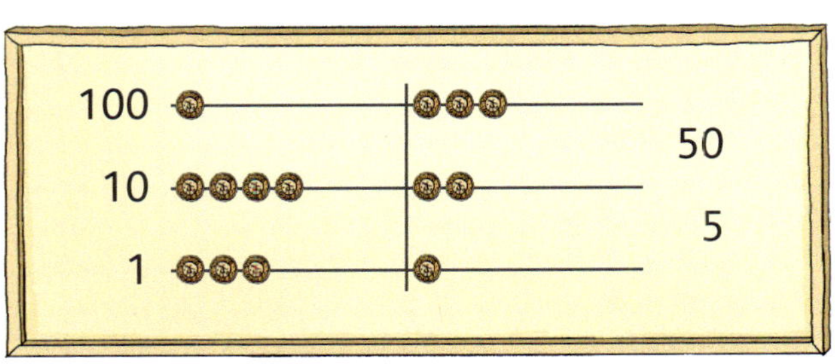

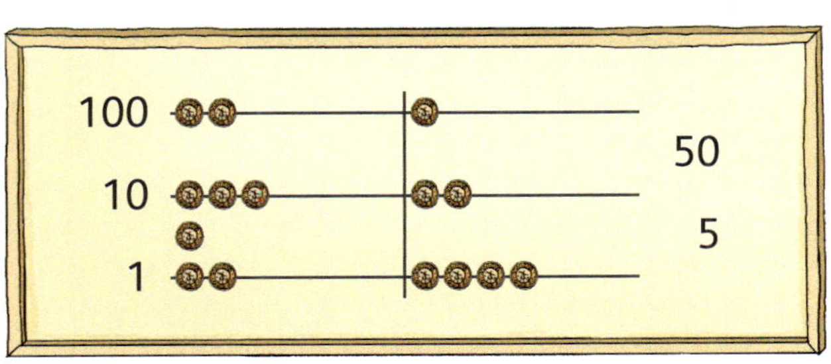

114 + 127

138 + 131

217 + 321

365 + 178

249 + 238

153 + 348

505 + 215

424 + 329

Denke dir eigene Aufgaben aus.

Mathematik in der Kunst

1

M.C. Escher s „Symmetry E106“

a) Dieses Bild ist vom niederländischen Künstler M. C. Escher. Betrachte das Bild. Was fällt dir auf?

b) Dieses Kunstwerk ist eine Parkettierung. Was ist das Besondere daran?

2 a) Stellt für eine Parkettierung Fische her.

1. Zeichnet ein Quadrat mit der Seitenlänge 9 cm auf gelbes oder blaues Papier. Unterteilt das Quadrat in 9 gleich große Quadrate.
2. Schneidet die grauen Quadrate weg.
3. Malt eurem Fisch einen Punkt als Auge.
4. Ihr könnt euren Fisch für die Parkettierung auch drehen.

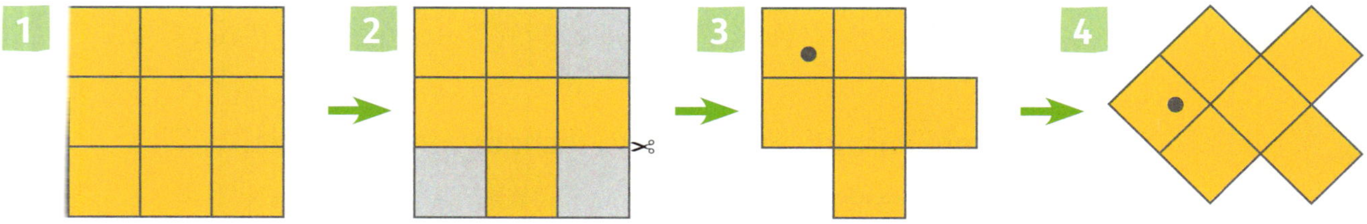

b) So kannst du weiter arbeiten:

Lege und klebe auf.

Nutze den Fisch als Schablone.

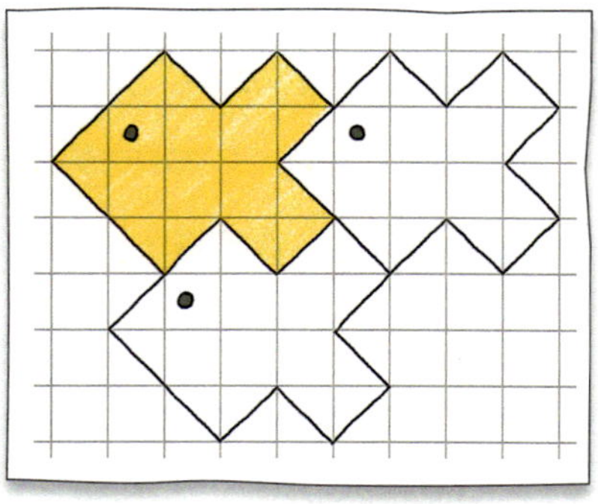

Zeichne auf Gitterpapier. Male als Muster aus.

2 KV nutzen.

1 Stelle nun eine Schablone mit Hilfe der „Knabbertechnik“ her.
Gestalte damit eine Parkettierung.

a) Gehe so vor:

1 Zeichne auf Pappe ein Quadrat mit der Seitenlänge 5 cm. Schneide es aus. Zeichne eine Linie in das Quadrat ein.

2 Schneide das Knabberstück ab. Füge es an der gegenüberliegenden Seite mit Klebestreifen an.

3 Zeichne eine 2. Linie ein.

4 Schneide ab und klebe an.

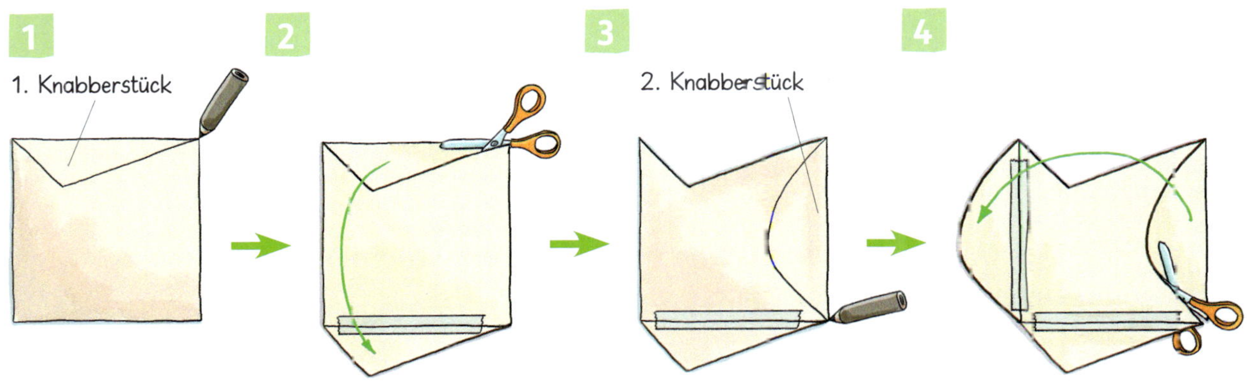

b) Arbeite so weiter:
- Lege die Schablone auf ein großes Blatt und umfahre sie.
- Verschiebe die Schablone immer wieder. Zeichne so eine Parkettierung.
- Gestalte deine Parkettierung nach deiner Fantasie.

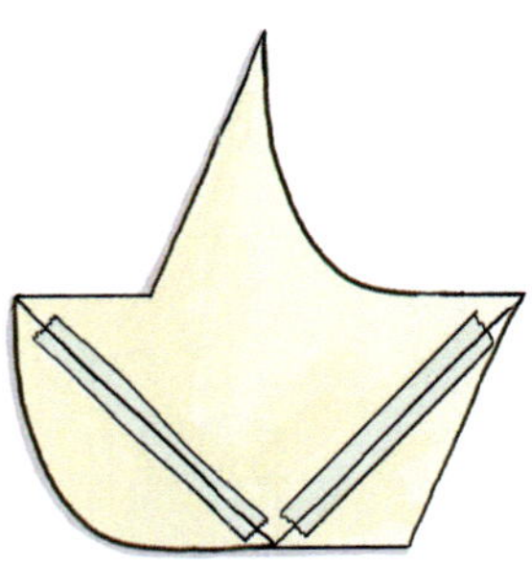

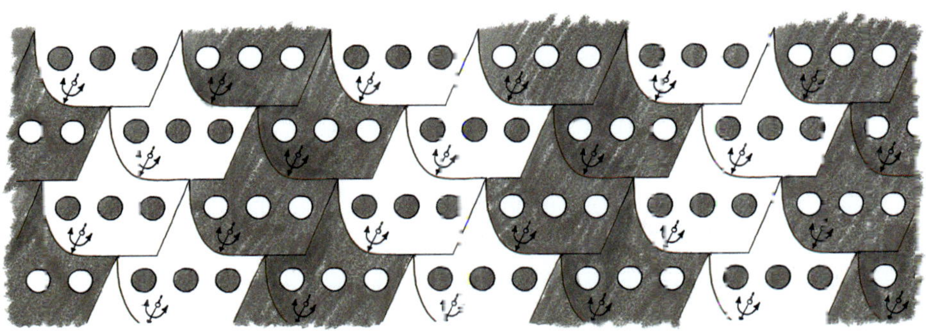

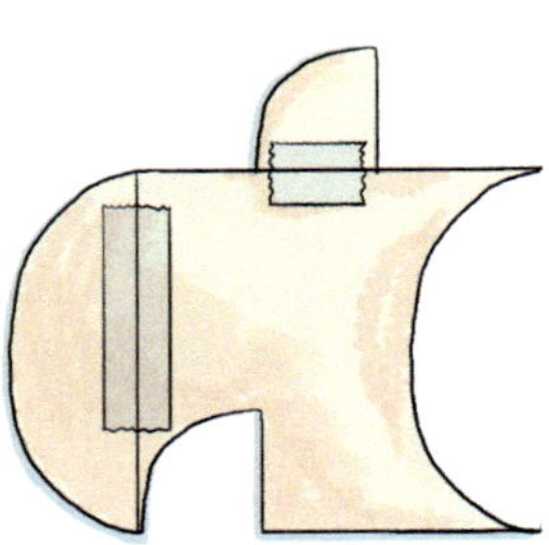

So viel Wasser verbraucht eine Person in Deutschland durchschnittlich an einem Tag:

7 l
Geschirr spülen

3 l
trinken und kochen

17 l
Wäsche waschen

7 l
waschen,
Zähne putzen

1 Zeichne ein Balkendiagramm zu den Verbrauchsangaben.
Verwende für 5 Liter ein Kästchen.

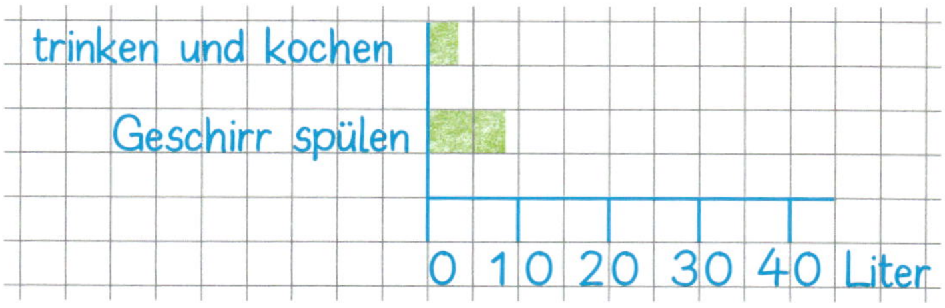

2 a) Wie viel Wasser verbraucht eine Person am Tag?
Wie viel Wasser verbraucht eine Person in einer Woche?
Lege eine Tabelle an.

b) Wie viel Wasser wird in deinem Haushalt an einem Tag (in einer Woche) verbraucht?
Zu deinem Haushalt gehören alle Personen, die bei dir zu Hause wohnen.

	täglich	1 Woche
Geschirr spülen	7 l	49 l
trinken und kochen	3 l	
Wäsche waschen		

3 Durch einen tropfenden Wasserhahn gehen in einer Stunde 83 Milliliter Wasser verloren.
Wie viel Wasser gehen in 12 Stunden, an einem Tag, in einer Woche und in einem Jahr verloren?
Löse mit einer Tabelle. Verwende Näherungswerte und wandle um.

1 Stunde	12 Stunden	1 Tag	1 Woc
83 ml	ca. l		

4 Wie könnte man sinnvoll Wasser sparen?

- Tropfenden Wasserhahn reparieren.
- Regenwasser zum Blumengießen sammeln.
- Zähne nur einmal in der Woche putzen.
- Duschen anstatt zu baden.
- Weniger trinken.
- Geschirr in den Regen stellen.
- Stopptaste an der Toilettenspülung nutzen.

6 l
Wohnung putzen

37 l
baden und duschen

40 l
Toilette

5 l
Garten gießen

5 So viel Wasser verbraucht eine Person in anderen Ländern durchschnittlich an einem Tag:

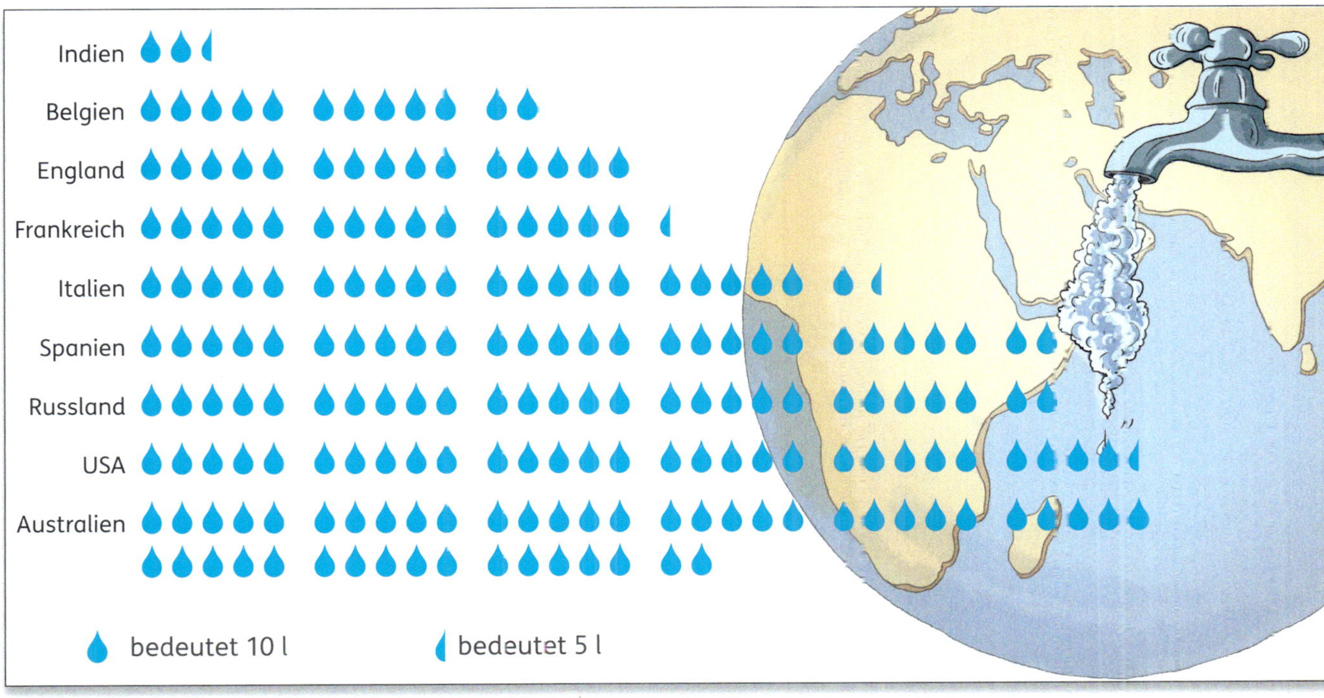

a) Welche Länder kennst du? Welche kennst du nicht? Suche die Länder auf einem Globus oder auf einer Weltkarte.
b) Wie viele Liter Wasser verbraucht eine Person in den einzelnen Ländern am Tag?

6 Überprüfe, ob diese Aussagen stimmen.

- Eine Person in Deutschland braucht am Tag ungefähr so viel Wasser wie eine Person in Belgien.
- Eine Person in Deutschland braucht am Tag fast fünfmal so viel Wasser wie eine Person in Indien.
- Eine Person in Spanien braucht am Tag mehr als die doppelte Menge Wasser wie eine Person in Deutschland.
- Die Menschen in Deutschland brauchen im Vergleich zu den meisten anderen Ländern eher wenig Wasser.
- Der tägliche Wasserverbrauch einer Person in Australien ist im Vergleich zu einer Person in Indien 20-mal höher.
- Die benötigte Wassermenge einer Person in Australien würde einem Deutschen fünfeinhalb Tage reichen.

1 Du gewinnst bei Rot. Welches Glücksrad wählst du? Begründe deine Entscheidung.

112

a) 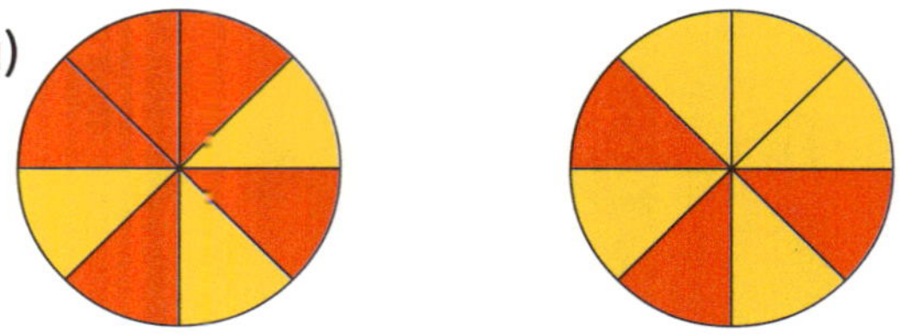

b) 

c) 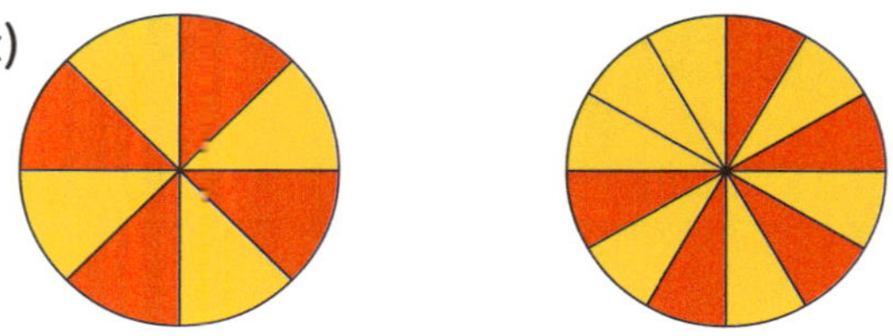

d) 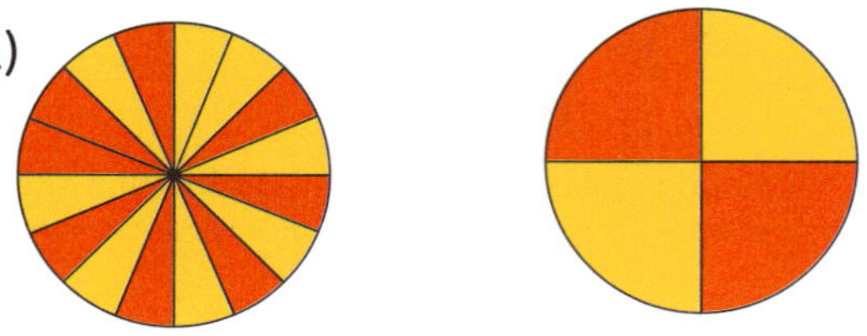

2 Zeichne jede Figur in dein Heft und ergänze das Spiegelbild. Kontrolliere mit dem Spiegel.

117

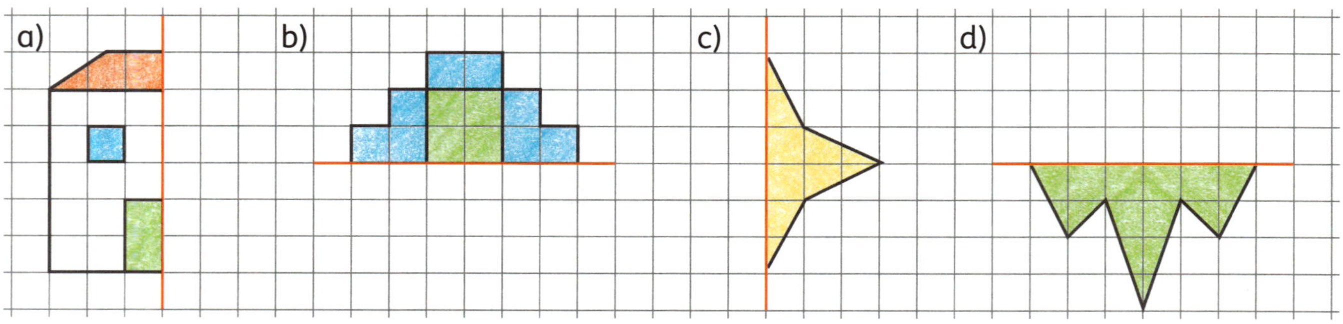

3 Rechne um:

122
123

a) in Minuten und Sekunden.

65 s	74 s	108 s	172 s
500 s	420 s	359 s	222 s

b) in Stunden und Minuten.

90 min	98 min	110 min	125 min
240 min	193 min	479 min	352 min

4 Berechne die Zeitdauer.

124

a)

9.10 Uhr	☐ h ☐ min →	11.40 Uhr
7.05 Uhr	☐ h ☐ min →	14.25 Uhr
19.45 Uhr	☐ h ☐ min →	23.50 Uhr

b)

6.35 Uhr	☐ h ☐ min →	13.12 Uhr
12.55 Uhr	☐ h ☐ min →	16.47 Uhr
15.18 Uhr	☐ h ☐ min →	21.03 Uhr

5 Welche Zahlen sind gelegt? Schreibe auf, wie sie zusammengesetzt sind.

128

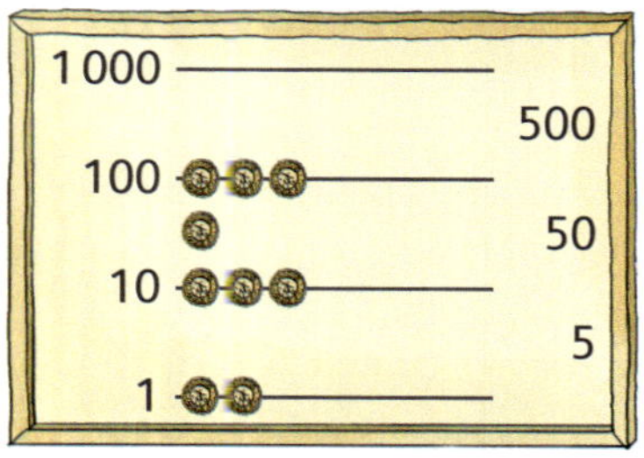

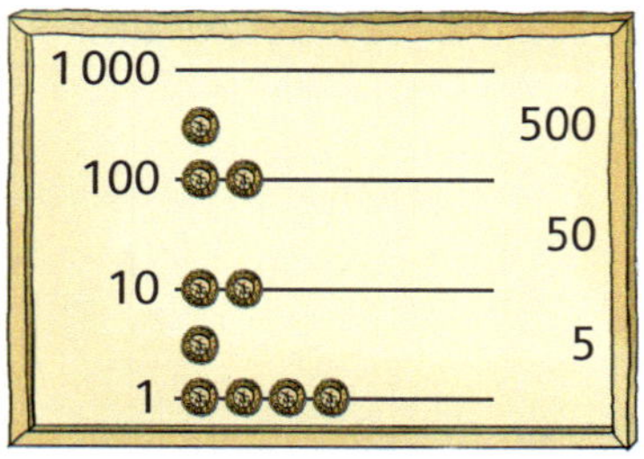

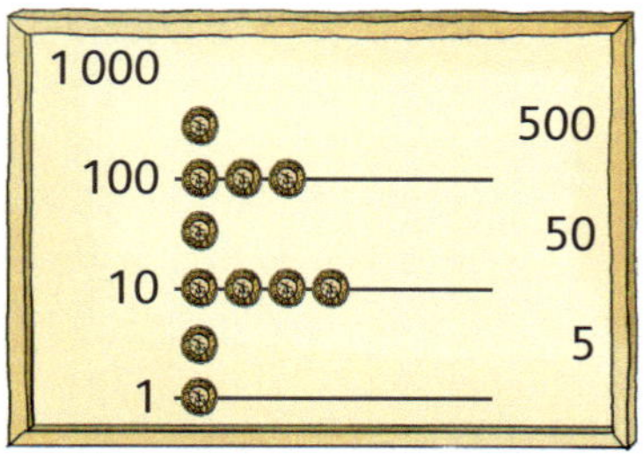

1 Wie rechnest du?

71 78 Q

a)		b)		c)		c)	
318 + 3	6	596 + 8	10	684 – 7	20	910 – 2	17
318 + 40	16	596 + 70	18	684 – 50	13	910 – 80	11
318 + 43	10	596 + 78	17	684 – 57	15	910 – 82	18
318 + 200	14	596 + 300	23	684 – 400	14	910 – 600	4
318 + 240	18	596 + 370	21	684 – 450	9	910 – 680	5
318 + 243	12	596 + 378	20	684 – 457	11	910 – 682	12

2 **Spiel: Fang die 1 000**

69

Ihr braucht: 2 ⚂

Würfelt abwechselnd je 6-mal.
Nach jedem Wurf trägst du deine gewürfelte Zahl in eines der gelben Felder ein.
Die beiden so entstandenen Zahlen werden nun addiert.

Sieger ist, wer mit seiner Rechnung näher bei 1000 ist.

3 Was gehört zusammen?

58

1 Quader
2 Pyramide
3 Kegel
4 Kugel
5 Würfel
6 Zylinder

P nur 1 Fläche
R genau 3 Flächen
Ö genau 8 Kanten
E 6 quadratische Flächen
K nur rechteckige Flächen
R nur 1 gewölbte und 1 ebene Fläche

4

46

Bratwurst	3,10 €
Fleischkäse	1,80 €
1 Paar Wiener	2,50 €
Kartoffelsalat	1,30 €
Pommes frites	1,70 €
Obstsalat	1,50 €
Wasser	1,10 €
Orangensaft	1,60 €
Saftschorle	1,30 €
Cola	1,40 €

Familie Huber kauft 3 Bratwürste, 1 Paar Wiener, 2 Saftschorlen und 2 Orangensäfte.

Familie Kunz nimmt 2 Fleischkäse, 2-mal Kartoffelsalat und 2 Cola.

Herr Weise kauft eine Bratwurst und einen Orangensaft.

Familie Müller kauft 3 Fleischkäse, 3 Paar Wiener, 2 Saftschorlen, 2 Wasser und 2 Cola.

Frau Holl nimmt nur den Obstsalat und Wasser.

Was kaufst du?

Zahlen

Zahlen bis 1 000

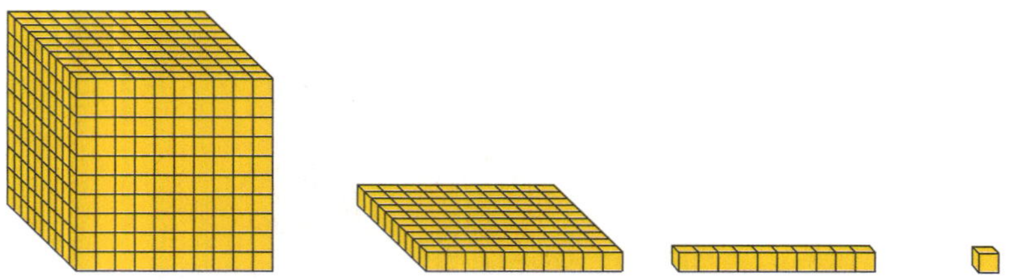

Tausender Hunderter Zehner Einer

286

H	Z	E
2	8	6

zweihundertsechsundachtzig

Rechnen

addieren	subtrahieren	multiplizieren	dividieren
287 + 615 (Übertrag 1 1) = 902	894 − 473 = 421	236 · 4 = 944	96 : 4 = 24; 80 : 4 = 20; 16 : 4 = 4
Summe	Differenz	Produkt	Dividend Divisor Quotient

Näherungswerte ≈ ist angenähert, ist ungefähr 264 ≈ 260 264 ≈ 300

Größen

Geld Euro € Cent ct 1 € = 100 ct 7,93 € = 7 € 93 ct = 793 ct

Länge

Kilometer	km	1 km	=	1 000 m
Meter	m	1 m	=	100 cm
Zentimeter	cm	1 cm	=	10 mm
Millimeter	mm			

Zeit

Tag		1 Tag hat 24 Stunden.
Stunde	h	1 h = 60 min
Minute	min	1 min = 60 s
Sekunde	s	

Masse (Gewicht)

Kilogramm	kg	1 kg	=	1 000 g
Gramm	g			

Hohlmaß (Rauminhalt)

Liter	l	1 l = 1 000 ml
Milliliter	ml	

Geometrie

Parallelogramm

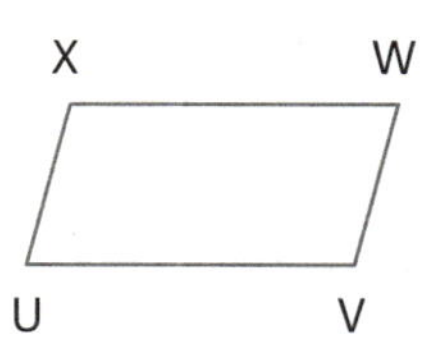

Viereck, gegenüberliegende Seiten zueinander parallel und gleich lang

Spiegelung – Symmetrische Figuren

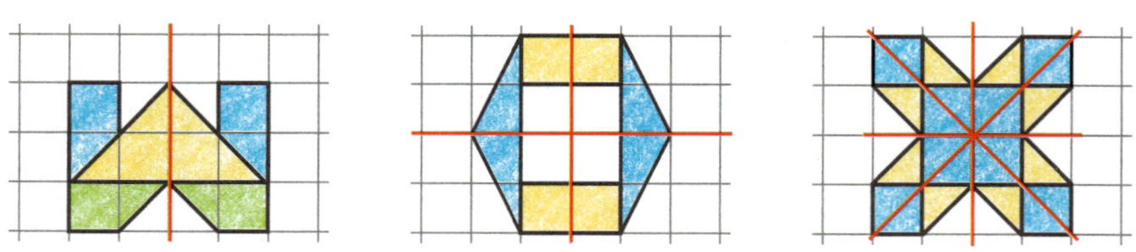

Spiegelachse

Körper

Pyramide Zylinder Kegel

Körpernetze

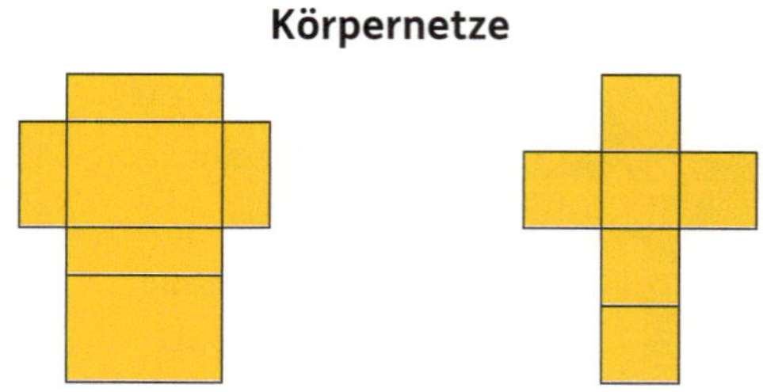

Quadernetz Würfelnetz

ENGLISH G

access 6

Cornelsen

English G Access · Band 6

Im Auftrag des Verlages herausgegeben von
Prof. Jörg Rademacher, Mannheim

Erarbeitet von
Laurence Harger, Wellington, Neuseeland
Cecile Niemitz-Rossant, Berlin

unter Mitarbeit von
Dr. Annette Leithner-Brauns, Dresden, Birgit Ohmsieder, Berlin, Mervyn Whittaker, Bad Dürkheim *sowie* Peadar Curran, Berlin (Übungen, Grammar and practice)

in Zusammenarbeit mit der Englischredaktion
Dr. Philip Devlin (koordinierender Redakteur), Gareth Evans, Bonnie Glänzer, Stefan Höhne (Projektleitung), Meike Kolle, Thomas Schulze, Uwe Tröger *und beratend* Filiz Bahsi, Ulrike Berendt, Solveig Heinrich, Renata Jakovac *und* Lothar Teworte (digitales Schülerbuch)

Beratende Mitwirkung
Friederike von Bremen, Hannover; Peter Brünker, Bad Kreuznach; Anette Fritsch, Dillenburg; Uli Imig, Wildeshausen; Bernd Koch, Marburg; Thomas Neidhardt, Bielefeld; Wolfgang Neudecker, Mannheim; Dr. Andreas Sedlatschek, Esslingen; Sieglinde Spranger, Chemnitz; Marcel Sprunkel, Köln; Sabine Tudan, Reichenau; Harald Weißling, Mannheim

Illustrationen
Tobias Dahmen, Utrecht/NL;
Burkhard Schulz, Düsseldorf, Michael Fleischmann, Waldegg *sowie* Eric Gira, Berlin

Umschlaggestaltung und Layoutkonzept
kleiner & bold, Berlin
hawemannundmosch, Berlin
klein & halm, Berlin

Layout und technische Umsetzung
Eric Gira, Ungermeyer, Berlin

Soweit in diesem Buch Personen fotografisch abgebildet sind und ihnen von der Redaktion fiktive Namen, Berufe, Dialoge und Ähnliches zugeordnet oder diese Personen in bestimmte Kontexte gesetzt werden, dienen diese Zuordnungen und Darstellungen ausschließlich der Veranschaulichung und dem besseren Verständnis des Buchinhaltes.

Begleitmaterial zu English G Access 6

978-3-06-032815-4	Workbook mit Audios online
978-3-06-033109-3	Workbook mit Audios online und interaktiven Übungen
978-3-06-032380-7	Vokabeltaschenbuch
978-3-06-033084-3	Wordmaster Band 5 + 6
978-3-06-033091-1	Klassenarbeitstrainer
978-3-06-033864-1	*Mr. Penumbra's 24-Hour Bookstore* (Lektüre)
978-3-06-033790-3	E-Book

www.cornelsen.de
www.englishg.de/access

Die Webseiten Dritter, deren Internetadressen in diesem Lehrwerk angegeben sind, wurden vor Drucklegung sorgfältig geprüft. Der Verlag übernimmt keine Gewähr für die Aktualität und den Inhalt dieser Seiten oder solcher, die mit ihnen verlinkt sind.

Dieses Werk berücksichtigt die Regeln der reformierten Rechtschreibung und Zeichensetzung.

Alle Drucke dieser Auflage sind inhaltlich unverändert und können im Unterricht nebeneinander verwendet werden.

Druck: Mohn Media Mohndruck, Gütersloh

1. Auflage, 4. Druck 2022
ISBN 978-3-06-032813-0 – broschiert

1. Auflage, 2. Druck 2019
ISBN 978-3-06-032814-7 – gebunden

ISBN 978-3-06-033790-3 – E-Book

PEFC
PEFC/04-31-1033

PEFC zertifiziert
Dieses Produkt stammt aus nachhaltig bewirtschafteten Wäldern und kontrollierten Quellen.

www.pefc.de

English G Access 6 **enthält folgende Teile:**

Units	die drei Kapitel des Buches
Text challenge	Vorbereitung auf die Oberstufe
Skills File (SF)	eine Beschreibung wichtiger Lern- und Arbeitstechniken
Grammar and practice (GAP)	Grammatikerklärungen und Übungen zum Wiederholen
Vocabulary	das Wörterverzeichnis zum Lernen der neuen Wörter jeder Unit
Dictionary	alphabetisches Wörterverzeichnis zum Nachschlagen

In den Units findest du diese Überschriften:

Background file	Informationen über Land und Leute
Looking at language	Beispiele sammeln und sprachliche Regeln entdecken
Language help	Hilfe in Form von sprachlichen Regeln
Practice	Aufgaben und Übungen
Access to words	Wortschatz systematisch ausbauen
Listening course	Hörverstehen gezielt trainieren
The world behind the picture	vom Bild in den Film – Videoclips mit Aufgaben

Du findest auch diese Symbole:

www	zusätzliche Materialien, die du unter *www.cornelsen.de/webcodes* finden kannst (Webcode: *huxopu*; Audios: *xufcde*; GaP-Lösungen: *nivihu*)
	deinen Alltag mit der Alltagskultur anderer Länder vergleichen
Early finisher	zusätzliche Aktivitäten und Übungen für Schüler/innen, die früher fertig sind
More help	zusätzliche Hilfen für eine Aufgabe
You choose	eine Aufgabe auswählen
EXTRA	zusätzliche Aktivitäten und Übungen für alle
My Book	schöne und wichtige Arbeiten sammeln
Study skills	Einführung in Lern- und Arbeitstechniken
Your task	Was du in einer Unit gelernt hast, kannst du in einer Lernaufgabe zeigen.
	Hören Sprechen Lesen Schreiben Hör-Seh-Verstehen
	Mediation (zwischen zwei Sprachen vermitteln)
	Partnerarbeit Partnercheck Gruppenarbeit Kooperative Lernform

Inhalt

Die hier und auf den Folgeseiten aufgeführten Angebote sind nicht obligatorisch abzuarbeiten. Die Auswahl der Übungen und Übungsteile richtet sich nach den Schwerpunkten des schulinternen Curriculums.

Describe the picture and discuss what ideas it expresses.

Say how you think these ideas are linked to the topics of Units 1-3.

Who are you?

1

2

4

5

7

8

 → Workbook 1 (p. 2)

3

6

9

1 Profile pictures

a) Describe the people in the pictures. Point to similarities and differences.

- This photo looks as if it was taken in a park/…
- It shows
  - someone (maybe) in their late teens / …
  - someone standing/sitting/smiling/…
- He/She has dreadlocks / curly hair / kinky hair / …
  - … is dressed casually/formally/ …
  - … is wearing …

blazer · cap denim jacket · face paint · glasses · headscarf · scarf · tie · …

- Like/Unlike most of the others, she is/isn't smiling/ looking directly at the camera/…

b) Discuss how you think the people in the photos would like to be seen.

- I think he wants to come across as mysterious/ patriotic/serious/…
- Her expression/hairstyle/… suggests that she wants to look thoughtful/traditional/…

c) Choose a person you would like to meet. Describe your first impression of them and explain why you'd like to meet them.

- I think I'd like to meet …
- To me she seems easy-going/friendly/…
- Even though he looks a bit conservative/shy/…, I still think …

2 Choosing your profile picture

Discuss the points you consider when you post a photo of yourself, e.g. on social media.

- I like to use a photo where I look friendly/…
- I'd like people to see me as funny/original/…
- I'd prefer people not to think I'm …
- I use any photo. I never think about how I look.

Your task

At the end of this unit:
Make a magazine in which you express your opinion on an important issue.

→ Workbook 2 (p. 2), Wordbank 1

1 Tiresias by Kate Tempest (excerpt)

a) Look at the images of poet Kate Tempest performing *Tiresias*. Describe how she comes across to you.
- She seems to be confident/emotional/in a trance/…

b) Read the excerpt from the poem to yourself. Say who the protagonist is and what you learn about him.

c) In a double circle, tell your partners about your impression of the protagonist. Choose one verse to illustrate your ideas.

d) Watch a video of Kate Tempest performing the poem. Compare the experience of reading a text and watching it being performed.

Picture the scene:
A boy of fifteen.
With the usual dreams
And the usual routine.

Heading to school with a dullness inside
Borne of desires left unsatisfied.

Is he stifled or is he just
Learning the ways of his times?
Give him limbs that are awkward
But know how to climb.

Give him a gait that you know.
Give him hopes.
His days are so painfully slow,
But he copes.

This morning
He wakes to the same old alarm.
Slumps in the shower
Like a frog in the rain.
Winks at the mirror – does cool, does charm.
Shaves soft skin.
Nods at the pain.
No hair yet. Soon though.

Headphones on.
Last half of last night's joint in his lips.
Bass so loud it feels like a movie.
Scuffing his trainers.
Swinging his hips.

They're always laughing,
The kids at the bus stop.
He tries to ignore them,
But it doesn't help.

Hood up, he walks past them.
Blowing out smoke rings.
Singing out Wu-Tang.
Hating himself.

dullness Mattigkeit **borne of …** geboren aus … **desire** Wunsch, Verlangen **unsatisfied** unbefriedigt **stifle** unterdrücken; ersticken **limbs** Glieder **gait** Gang **painfully** furchtbar, äußerst **cope** zurechtkommen, klarkommen **slump** zusammensacken **wink** zwinkern **do charm** auf Charme machen

2 Theme for English B by Langston Hughes

The instructor said,

Go home and write
a page tonight.
And let that page come out of you—
Then, it will be true.

I wonder if it's that simple?
I am twenty-two, colored, born in Winston-Salem.
I went to school there, then Durham, then here
to this college on the hill above Harlem.
I am the only colored student in my class.
The steps from the hill lead down into Harlem,
through a park, then I cross St. Nicholas,
Eighth Avenue, Seventh, and I come to the Y,
the Harlem Branch Y, where I take the elevator
up to my room, sit down, and write this page:

It's not easy to know what is true for you or me
at twenty-two, my age. But I guess I'm what
I feel and see and hear, Harlem, I hear you.
hear you, hear me—we two—you, me,
talk on this page.
(I hear New York, too.) Me—who?
Well, I like to eat, sleep, drink, and be in love.
I like to work, read, learn, and understand life.
I like a pipe for a Christmas present,
or records—Bessie, bop, or Bach.
I guess being colored doesn't make me not like
the same things other folks like who are other races.
So will my page be colored that I write?

Being me, it will not be white.
But it will be
a part of you, instructor.
You are white—
yet a part of me, as I am a part of you.
That's American.
Sometimes perhaps you don't want to be a
part of me.
Nor do I often want to be a part of you.
But we are, that's true!
As I learn from you,
I guess you learn from me—
although you're older—and white—
and somewhat more free.

This is my page for English B.

a) Follow the text of the poem on this page as you listen to a recorded reading of it.

b) Choose one or two lines of the poem that spoke to you strongly.
Compare the lines you chose and discuss your ideas about the text.

EXTRA Using the link below, read more information about the poet and the poem. Say whether this information changes your understanding of the message of the poem.

www Find out about Langston Hughes.

c) Discuss how life changes between the ages of 15 and 22. Say what you think are important influences during these years.

instructor Lehrer/in, Ausbilder/in **The Y (YMCA, Young Men's Christian Association)** **branch** Zweigstelle, Filiale **record** Schallplatte **Bessie (Bessie Smith)** *amerik. Blues-sängerin (1894–1937)* **bop (bebop)** *Jazzstil* **make sb. do sth.** jn. dazu bringen, etwas zu tun **yet** dennoch **Nor do I want …** Und ich will auch nicht … **somewhat** etwas, ein wenig

3 Identity – two perspectives

From ***"Bestiary"***
by Sherman Alexie

My mother sends me a black-and-white
photograph of her and my father, circa
1968, posing with two Indian men.

"Who are those Indian guys?" I ask her
on the phone.

"I don't know," she says.

The next obvious question: "Then why
did you send me this photo?" But I don't ask it.

One of those strange Indian men is
pointing up toward the sky.

Above them, a bird shaped like a
question mark.

Lochinver
by Hugh McMillan

Lochinver. The end of the track.
Black swallows black
and the storm howls like a dog.
At the quay, in orange fog,
a ship spews out whiskery fish
and you, in Dumfries,
are crackling over the phone
picking at the bones
of my latest lunacy. I nod
but I am really wondering
if this phonebox on its outcrop of scree
can be seen from sea
by that schooner
crewed by dead sailors,
or by aliens circling,
hungry for pineal gland.
Yes I'm sorry, it won't happen again,
and the rain sounds like drums
in this bubble of yellow light,
emptiness everywhere like the tide.

Read the poems to yourself.
Then listen to a recording.
After listening, describe your initial reaction.

- like/don't like/prefer …
- appeals/doesn't appeal to me because …

4 A poetry circle

a) In groups of three, working in one of these roles, examine the poems again.

Word expert
Choose a few words or phrases from the poems which speak to you.

Artist
Draw a picture or make a diagram which reflects the content of the poems.

Questioner
Write down questions for a discussion about the content of the poems.

b) Present your results to your group. Then, using the ideas you have collected, discuss how the poems explore the theme of identity.

c) Compare your initial reaction to the poems with your understanding of it now. Refer to any insights you gained from the discussion with your partners.

- When I first read the poems, I thought …
- Now that we've discussed the poems, I think …
- The discussion made me realize that …

Early finisher → p. 88

identity Identität **perspective** Perspektive, Blickwinkel **bestiary** Bestiarium *(mittelalterliches Tierbuch)* **obvious** offensichtlich; naheliegend **Lochinver** [lɒx'ɪnvə] *Hafenort in Schottland* **howl** heulen, brüllen **spew out** ausspucken **Dumfries** [dʌm'friːs] *Stadt in Schottland* **crackle** knistern; krächzen **pick at the bones** an den Knochen herumnagen **lunacy** Wahnsinn **outcrop** Felsvorsprung **scree** Geröll **schooner** Schoner *(Segelschiff)* **pineal gland** Zirbeldrüse *(Organ im Zwischenhirn)* **tide** Gezeiten

 → Workbook 3 (p. 3)

5 Painting with words

1

2

a) Match each image to a line (or lines) in one of the poems on p. 14.
Then, in your own words, write down what you think each image means.
Compare your ideas.

TIP Imagery
To create images in their readers' minds, writers use special language called imagery.
Common types of imagery are similes and metaphors, two devices for making comparisons.

- **Similes** compare things by using the words *as* or *like*.
  He was as gentle as a dove. • *She was like a dove among pigeons.*
- **Metaphors** are often considered stronger than similes because they do not use *as* or *like*.
  Instead they suggest that one thing is another, often by using a form of the verb *be*.
  She was a dove that shone in the night. • *Be a dove and not a hawk.*
- Other verbs can also be used as metaphors, e.g. *fly* to mean *go fast* or *hurry*.
  She came out of the building and flew down the street.
- Metaphors are often combined with similes.
  She flew from the room like a dove from a storm.

b) Read the tip above and then go back to the poems on p. 14.
Decide how often each poem uses imagery and what kind of imagery is used.
Think about the words and describe the images they create in your mind.

More help → p. 82

6 Create your own images

You choose a) or b).

a) Similes often describe character or appearance:
She was as wise as an owl / as white as a ghost / …

Using these or other adjectives, make similes to describe people. Collect them in class.

angry · blind · brave · clever · fast · hungry · large · mad · peaceful · pretty · proud · tall

b) Find a photo of someone you find interesting, and write a few lines describing how you think they look, sound, smell, etc. Use imagery.

The man in this photo looks as kind as a lamb. His smile lights up the room and his voice is music in people's ears.

Early finisher → p. 88

On this page you will work with words and phrases people use to talk about identity. Then you will write a short personal profile.

1 Word field: Talking about identity

Look at these figures and think about how they might describe themselves. Using phrases from below, write four sentences for each person. You can use ideas from the box or your own ideas.

1 I'm the sort of person who wants to achieve something in life.

- *I'm …* • *People/My friends say I'm …*
- *I'm proud to be … / I'm proud of …*
- *I like …* • *I'm a fan of …*
- *I'm the sort of person who (likes/tries to …)*
- *… is important to me/is a big part of my life.*
- *One person/place that has influenced me is …*
- *One thing I value is …*
- *I'm hoping to (become …/study …/travel to …)*

good-looking · +athletic · +gay · +straight · gentle · +aggressive · +ambitious · easy-going · hard-working · +reliable · patriotic · creative · +musical · talented · +passionate · +conventional · conservative · +liberal · religious · +African-American · British · … climbing · cycling · opera · … family · +upbringing · teacher · hometown · local +dialect · region · environment · …

+ = *new words*

2 Collocations (Adverbs and adjectives as modifiers)

Rewrite some sentences from 1 to make the meaning stronger or weaker. Use words from the box.

1 My friends say I'm extremely creative.
I'm not particularly creative.

big · great · huge
extremely · quite · fairly · somewhat
a lot · a bit
(not) really · (not) very · (not) particularly

More help → *p. 82*

→ *GAP 27: Emphasis (p. 194)*

TIP

Use adverbs or adjectives to modify statements (make them stronger or weaker).
I'm a great/… fan of …
I'm fairly/not very/… proud to be …
One thing that I value a bit/a lot is …
I'm particularly/really hoping to …

Test collocations using a search engine, e.g. compare "extremely musical" with "extremely talented". If you only get a few results, the collocation may not be very common.

Write a profile for a website – either for yourself or for a character you create.

→ Workbook *6 (p. 4), Wordbank 1*

On this page, you will learn basic rules about the layout, formatting and checking of electronic texts. This will help you to make your own electronic texts visually more inviting and easier to read.

a) Read the guidelines on text layout and formatting. Then examine the text on Kate Tempest. Decide if it follows the guidelines. Then tell your partner what you would change, and why.

Partner A: Focus on text layout.

Text layout

1 Do not put too much text on one page. Use proper margins (top, bottom, left, right).
2 Indent paragraphs or leave an empty line.
3 Consider using headings to guide your reader.
4 Think about the best place for images. Make sure they are neither too big nor too small in relation to your text. If you use an image from the internet, <u>always add the source</u>.

Partner B: Focus on text formatting.

Text formatting

1 Use a standard font that is easy to read, e.g. Arial, Times New Roman, etc.
2 Use a different style (*italics*, **bold**, etc.) for greater clarity, e.g. for book or song titles.
3 Use <u>one</u> font for the body of the text. You can use other fonts for headings, captions, etc., but more than three can make a text look untidy.
4 Make sure the font size is legible, e.g. 12 pt.

KATE TEMPEST

<u>KAte</u> <u>Tempets</u> is a <u>british</u> poet, spoken-word performer, rap singer, playwright and novelist. Her real name is Kate Calvert. She was <u>been</u> born in 1985 and grew up <u>inin</u> south London. She is widely seen as Britain's leading spoken-word

poet. Kate Tempest started performing when she was only 16 <u>yeara</u> old, going to open mic nights, but has since worked with the Royal Shakespeare Company and performed at festivals like Glastonbury and Edinburgh. Across the <u>atlantic</u> she has won two poetry slams in New York.

Kate Tempest's poetry collections *Hold your own* and ***Everything speak in its own way*** mix word play and street slang and are so full of emotion that they must touch the hart of <u>of</u> any reader. Hold your own is a series of connected poems who use the figure of the gender-changing, blind prophet Tiresias from Greek mythology. Tempest has also written several pieces for the stage, <u>includeing</u> the award-winning *Brand new ancients*.

MUsic

Of course, it's through her music that Kate Tempest is reaching most people and she has toured the world with her hip-hop band **Sound of Rum**. Her first album, *<u>Everybody</u> down* (2014), was shortlisted for the Mercury music prize and *Let them eat chaos* (2016) has been called an <u>uncomparable</u> musical novel in 13 chapters.
However, poetry, theatre and hip-hop are not enough for this multi-talent. She has also <u>wrote</u> a novel, The bricks that built the houses, which retells the story told in the songs of her album *Everybody down*.
KT has received much acclaim for her work in all <u>therse</u> fields. The Huffington Post called her "Britain's leading young poet, playwright and rapper... – the complete package of lyrics and delivery. She is also one of the most exciting young writers working in Britain today." Above all, Kate Tempest is a performer <u>andthese</u> lines from one of her poems could be her motto: "Language lives when you speak it / Let it be heard."

b) Read the tip carefully. Then agree on what needs to be corrected in the text above.

EXTRA Using an electronic version of the text, improve the text layout and formatting and correct any mistakes.

→ *SF 15: Revising and improving electronic texts (p. 116)*
→ *SF 33: Creating a good layout for a page or poster (p. 130)*

TIP Using the check function
The check function underlines spelling, typing and grammar mistakes, but remember
- it sometimes underlines correct words
- it doesn't always recognize a mistake.

So before you correct a word, make sure you understand <u>why</u> it was underlined.
And check the text yourself for mistakes the check function may not have found.

→ Workbook 7 (p. 5)

Gender and identity: An opinion piece

a) In one minute, name and write on the board the names of famous men and women from history.

Women need to be recognized as a part of our history *Shari Boiskin*

Women make up 50.8 percent of the world's 7,404,976,783 person population.

That means that there are 3,761,728,205 women. Yet, for some reason, women, throughout time have been, and still are, treated like a nonexistent part of our history.

Yes, men and women differ biologically. When it comes to representation in academia, where it should be equal, it is also different. Women are dropped. I had my nine-year-old brother try to name some important women from history – he was able to list Betsy Ross, Harriet Tubman and Rosa Parks. When asked to list some important men, he was able to go on for at least ten minutes – I had to stop him. Where are women in history? It's not like women just recently decided to show up and start doing things. Angela Merkel is not the first woman to have thought of going into government. Malala Yousafzai is not the first to have thought of advocating for women's right to education.

In 1777, Sybil Ludington went on a midnight ride similar to, but actually twice as long as Paul Revere's. In the 1920s, Zelda Fitzgerald's dancing, writing, and musical talents were always overshadowed by those of her husband, the author of *The Great Gatsby*, Scott Fitzgerald. I never learned about these women in school. I had to discover them on my own.

Abigail Adams sent a letter to her husband John Adams while he was at the Constitutional Convention, in which she wrote, "remember the ladies." Yet, so many women are forgotten in the annals of history.

My sister is in Israel, spending her 10th grade Spring semester abroad. She called me from Israel on International Women's Day to tell me that one of the male counselors from her program had just said that International Women's Day is irrelevant and Women's History Month is neither important nor necessary. She didn't understand why he would say that, and asked me what I would've said if I had been there.

I told her that I would have said yes, and told the counselor that I agree with him. I would have continued to say that I also believe that having an International Women's Day and Women's History Month is pretty ridiculous. I believe that every day should be women's day!

Women should be acknowledged for their role in society not just during one day of the year, and their contributions to the world for not just one month, but for the entire year, every year. After all, men are acknowledged constantly. We study men's history in school. That's why there's no need for an International Men's Day or Men's History month. I would also add that I believe that both International Women's Day and Women's History Month should be eliminated – as soon as women are treated as complete equals to men.

That will take some time. So, in the meantime, my sister's counselor should crack open a book on Elizabeth Cady Stanton or Rosalind Franklin, or perhaps read more blogs and articles about the importance of women's history. Women need to be recognized as a part of our history.

*(From **Eastside**, the school newspaper of Cherry Hill High School East, Cherry Hill, New Jersey)*

b) Look at the names you wrote in a). Does it support the opinion Shari expresses? Explain why or why not.

gender Geschlecht **opinion piece** Stellungnahme, Meinungsartikel **representation** Vertretung, Repräsentanz **academia** die akademische Welt **have sb. do sth.** veranlassen, dass jemand etwas tut **recently** kürzlich **show up** auftauchen, erscheinen **advocate for** sich einsetzen für **Constitutional Convention** verfassungsgebende Versammlung **counselor** *(AE)* Betreuer/in **ridiculous** lächerlich **acknowledge** anerkennen **contribution** Beitrag **eliminate** abschaffen **in the meantime** in der Zwischenzeit

Writing an opinion piece

Each unit of this book will focus on writing a different type of text.
In this unit, the text in focus is an ***opinion piece****. In an opinion piece, you express your view on an issue you feel strongly about. Opinion pieces often appear online, e.g. in blogs or newspapers.*
Over the next three pages, you will work through the following steps to produce your opinion piece.

1 EXAMINE THE TEXT STRUCTURE
2 FOCUS ON LANGUAGE
3 WRITE A FIRST DRAFT
4 GIVE AND RECEIVE FEEDBACK
5 PRACTISE LANGUAGE STRUCTURES
6 IMPROVE YOUR STYLE
7 EDIT YOUR TEXT

1 EXAMINE THE TEXT STRUCTURE

Read about the structure of an opinion piece. Then discuss whether Shari follows these tips.

OPINION PIECE: STRUCTURE
- Headline Catch your reader's attention. Make a clear statement, ask a provocative question, promise a solution to a problem.
- First paragraph Keep it short. State your topic and opinion clearly. Keep readers interested.
- Supporting paragraphs Use statistics, other facts or quotes to back up your main statement.
- Conclusion Restate your opinion. Suggest a solution, or call for action.

2 FOCUS ON LANGUAGE

a) Read Shari's text again. Identify the two main tenses and collect examples.
Compare your results. Explain why each of the tenses is used.

b) Scan lines 53–75. Find and note down four examples of the use of *should*.
Discuss why Shari uses the word *should* so often.

3 WRITE A FIRST DRAFT

a) Discuss why topics like these can be important for people's identities:
women's rights, same-sex marriage, fashion, language, social media, sport, hometown, …

b) Choose a topic from a). Express your view in a sentence or two, e.g.
- *Sport should not be separated by sex.*
- *You don't need to follow fashion. Be yourself.*

Then write a first draft of your opinion piece. Consider the points you discussed in 1 and 2.

➜ Workbook 9 (p. 5)

4 GIVE AND RECEIVE FEEDBACK

Give your text to a partner to read. Get feedback on the structure and grammar.

I think you need a paragraph break here.

Nice conclusion! You expressed your opinion very clearly.

Great! You used the simple present every time you …

5 PRACTISE LANGUAGE STRUCTURES

1 REVISION Statements and arguments (Simple present, simple past)

*In an opinion piece, you often need the **simple present** to make general statements.*
*You use **simple present** or **simple past** to support your argument with examples from your personal experience, from history, research, etc.*

a) Read these paragraphs, looking carefully at the verbs.
Correct the mistakes you find. More help → p. 82

1 Equal pay for equal work is a basic right. If a woman doesn't earns as much as a man doing the same job, this is discrimination. It exist in many countries.

2 Here in the UK we have a long history of discrimination at the workplace. In 1970, the Equal Pay Act has made it illegal to discriminate on pay. But my grandma has worked in a factory in the 1970s and 80s. And she don't earned as much as men in the same job.

3 Today the situation improves. Men and women in the same jobs earns the same. Sadly, women are still at a disadvantage. The average woman in a full-time job receive 8.6% less than the average man. And the gap is even bigger for a woman who take time off to have children. Twelve years after she is having her first baby, the gap between her and a man can reaches 33 percent!

4 Where do I got these facts? I didn't made them up. I found them in a report from the Office of National Statistics that has come out just last year, half a century after the Equal Pay Act has became law.

5 So the question is: why exists still a pay gap between men and women?
If you're thinking this question is important, you should raise your voice in protest.

b) Explain the corrections you made. Then check the verbs in your first draft again.

→ *GAP 2: Talking about the present (p. 144);* → *GAP 3: Talking about the past (I) (p. 146)*

2 REVISION Stressing your point (Modals)

When you write an opinion piece, you can use modals (and their substitutes) to
- *say clearly what you think is right (should, shouldn't, ought to, …)*
- *express more strongly what you think is important or necessary (must, mustn't, have to, …)*

Decide which of these statements express support for equal pay for women and men.
Rewrite the other sentences so that they also express support for equal pay.

1 Any company that pays women less should have to pay a fine.
2 We must give up our protests against equal pay.
3 Women should earn less than other workers.
4 We mustn't take protests against unequal pay very seriously.
5 These are the facts – we needn't consider them.
6 The government ought to do something – immediately.
7 We have to accept the situation as it is.
8 Women protesting against unequal pay must be supported.

→ *GAP 11: Modal auxiliaries (p. 162)*

6 IMPROVE YOUR STYLE Persuasion techniques

Using *persuasion techniques* will improve your style and help to win over your readers. Read these tips based on techniques used in Shari's text and do tasks a)–e).

Use personal pronouns

- ***I*** shows how strongly you feel
- ***you*** shows readers you are speaking to them
- ***we*** suggests that you have something in common with your readers

a) Scan Shari's text (p.18). Say which pronoun she uses most, and where in the text. Comment on how her use of this pronoun affects her message.

Tell anecdotes about your experience

Anecdotes are short stories about real events. Writers use them to get closer to their readers. Shari, for example, tells anecdotes about members of her family.

b) Identify the anecdotes in Shari's text. Comment on their effect on you as a reader.

Include statistics, historical facts and quotes

- *Statistics* suggest that your arguments are based on facts.
  Dramatic or unexpected statistics help you to catch your reader's attention or to underline important points.
  Be careful not to overuse statistics – your reader might begin to get bored.
- Like statistics, *examples from history* also suggest that your argument is factual.
  If you want to surprise your reader, you could use less well-known facts.
- A *quote* in support of your argument shows that other people agree with you.

c) In Shari's text, find examples of her use of statistics, historical facts and quotes. Comment on how these techniques affect you as a reader.

Use expressive language

Use words that touch your reader's emotions, i.e. make them feel angry, happy, etc.

d) Find these words in Shari's text: *nonexistent, dropped, overshadowed, forgotten, irrelevant* (p. 18, ll. 1–45). Explain who or what they refer to. Then comment on how they affect you as a reader.

Use rhetorical questions

Rhetorical questions don't expect answers. They're often really statements. For example, *Who can deny this?* is an emphatic way of saying *This is true*.

e) Read the second paragraph of Shari's text. Identify the rhetorical question and discuss its meaning.

7 EDIT YOUR TEXT

a) Read your first draft again and consider
- your partner's feedback on it
- any relevant points you have covered in steps 5 and 6

Think of improvements you could make. Then edit your text and read it again.

b) Exchange your edited texts. Read them and give feedback on the changes. Make suggestions for any further improvements.

➔ SF 9: Writing an opinion piece / a comment (p. 111)

➔ Workbook 10–12 (pp. 6–8)

1 Identity: A question of choice?

Look at the illustration. Say what you think it shows.
Look at the title of the book the excerpt is taken from. Say who *Eve* might be.

From *The seven daughters of Eve* by Bryan Sykes

Where do I come from?

How often have you asked yourself that question? We may know our parents, even our grandparents; not far beyond that, for most of us the train begins to disappear into the mist. But each of us carries a message from our ancestors in every cell of our body. It is in our DNA, the genetic material that is handed down from generation to generation. Within the DNA is written not only our histories as individuals but the whole history of the human race. With the aid of recent advances in genetic technology, this history is now being revealed. We are at last able to begin to decipher the messages from the past. Our DNA does not fade like an ancient parchment; it does not rust in the ground like the sword of a warrior long dead. It is not eroded by wind or rain, nor reduced to ruin by fire and earthquake. It is the traveller from an antique land who lives within us all.

This book is about the history of the world as revealed by genetics. It shows how the history of our species, *Homo sapiens*, is recorded in the genes that trace our ancestry back into the deep past, way beyond the reach of written records or stone inscriptions. These genes tell a story which begins over a hundred thousand years ago and whose latest chapters are hidden within the cells of every one of us.

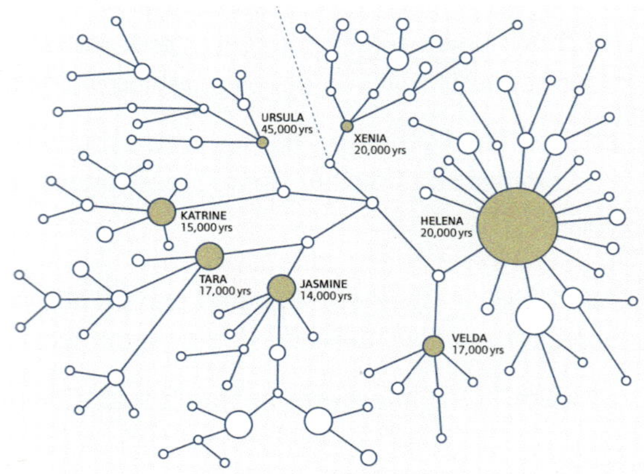

It is also my own story. As a practising scientist, I am very lucky to have been around at the right time and able to take an active part in this wonderful journey into the past that modern genetics now permits. I have found DNA in skeletons thousands of years old and seen exactly the same genes in my own friends. And I have discovered that, to my astonishment, we are all connected through our mothers to only a handful of women living tens of thousands of years ago.

In the pages that follow, I will take you through the excitement and the frustrations of the front-line research that lies behind these discoveries. Here you will see what really happens in a genetics laboratory. Like any walk of life, science has its ups and downs, its heroes and its villains.

2 Comprehension

Read the text and note what you find out about the scientific research the book describes.

3 Discussion

a) Compare your notes.
Explain the link between the title of the book, the text of the prologue and the illustration.

b) Discuss the difference between personal and genetic identity. More help → p. 83

beyond … über … hinaus **advances** Fortschritte **decipher** entschlüsseln **fade** verblassen, ausbleichen **ancient** (ur)alt; antik **parchment** Pergament **rust** (ver)rosten **warrior** Krieger/in **erode** abtragen, erodieren **earthquake** Erdbeben **species** Art, Spezies **trace sth. back** etwas zurückverfolgen; etwas zurückführen **ancestry** Abstammung **records** Aufzeichnungen **inscription** Inschrift **chapter** Kapitel **astonishment** Erstaunen **villain** Schurke, Schurkin

Language help

a) You have already learned how to form passive sentences like these:
... the genetic material that **is handed down** from generation to generation.
It shows how the history of our species ... **is recorded** in the genes.

Find another example of the passive in the text.

b) There is one passive form in the text that you haven't learned before:
Find the sentence in the text and say why the author uses the progressive form.
... this history **is now being revealed**.

→ GAP 9–10: The passive (pp. 158/160)

1 On the radio (The passive: present progressive form)

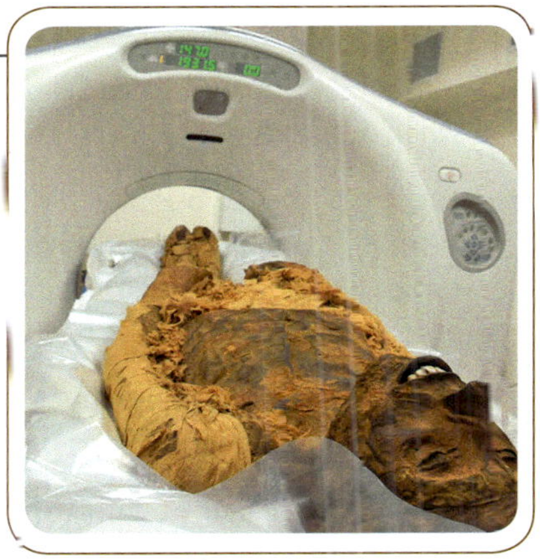

a) Some journalists are watching scientists examining a mummy. Complete their sentences using the present progressive passive.
1 We are being led (lead) into the lab now.
2 And now the mummy ... (weigh).
3 Hundreds of photos ... (take) as I talk to you.
4 A scanner ... (set up) next to the mummy.
5 The mummy ... (scan) now.
6 It ... (carry) into the next room as we watch.
7 An MRI of the body ... (make) in there.
8 The images on the monitors ... (examine) by scientists.

b) Complete a newsreader's sentences in the present progressive. Use the passive form if needed.
1 1,000 homes are still without power after last night's storm as power lines ... (still · repair).
2 The power company ... (hope) to finish the repairs by mid-afternoon.
3 Work is difficult as the area ... (still · hit) by high winds.
4 The new rail link to Dorking has not opened yet as a bridge over the River Mole ... (still · complete).
5 Railway engineers ... (plan) to finish the work by next weekend.
6 New rail links ... (also · plan) to Guildford and Haslemere.

Early finisher → p. 89

2 You are your phone

a) You will hear a radio report on what mobile phones reveal about their owners.
Before listening, explain these German words in English:
chemische Signatur · Indizien · Massenspektrometer · Pharmazeut
Then listen. Take notes on the kind of information a phone reveals.

b) Your British friend has lost her phone. She is worried about security and asks you what could happen.
Tell her about the report you heard and what her phone could reveal about her, even if the password isn't broken.

→ Workbook 13–14 (pp. 8–9)

1 Flying flags

Identify the flags in the photos on the right and describe each situation. Say how you think the flags are being used in each situation.

- In the picture with the … flag, it looks as if …
- The flag is there because it expresses/stands for …

2 What do flags mean?

In groups of four, each student chooses one of the four flags on the right.

a) Make notes on what you know about
   - the flag's history and symbolism (the meaning of the crosses, stars, stripes, colours, …)
   - rules and traditions about flying the flag (e.g. when and where it is flown, who flies it, …)

b) Read more about your group's flag. A → p. 94, B → p. 96, C → p. 98, D → p. 100. Correct and add to the information in your notes if necessary.

c) Share your information with other groups. Comment on any similarities or differences.

d) Discuss your feelings about the flags flown in your country (national, European, regional …)

www Find out about three other flags.

3 Germany and the USA

An American exchange student asks about the German flag. Here are some of the things the student says in the conversation:

- Why do you never see the German flag?
- Of course I've seen it once or twice, but not very often.
- What do the colours stand for?
- So when do you use your flag?
- Back home we fly the flag in our yard every day.

a) Prepare a dialogue comparing German and American traditions about flying the national flag. Include the lines above in your dialogue.

b) Take turns to act out both roles in the dialogue.

A

B

C

D

A

B

C

D

1 The DNA journey

a) Look at the film stills above and speculate on what the film is about.

b) Watch the film. Compare your ideas from a) with what happens in the film.

c) Work in groups of three. Each student chooses one person from the film stills. Watch the film again and take notes on your person's attitudes and statements
- before the test
- after the test

d) Discuss the film's message about our relationship with other human beings.

e) Many people have criticized the film. Here are some typical criticisms.
- "It's not real. These people are actors."
- "It's impossible to link people by DNA tests to individual countries like Britain or Germany."

Discuss whether these criticisms make the film's message less valid.

2 Making the film: Influencing an audience

a) The DNA journey is an advertisement. Watch a short scene again. Discuss who you think the advertisement is aimed at.

b) Watch two scenes again. Describe the different music and sounds in each scene. Then say how such differences can affect a viewer's feelings. The words in the box may help.

applause · climax · crescendo · laughter · quiet · relaxed · single instrument · tension · whistling

More help → p. 83

c) The DNA journey went viral on the internet. Discuss why so many people wanted to share the link.

d) Discuss similarities and differences between this advertisement and others you know.
- Normally, advertisements show where/what/…
- This advertisement is/isn't typical because …

Early finisher → p. 89

1 Background file EXTRA Tech identity

In many countries, people carry ID cards to prove who they are. But new technology is now also able to identify people and their location, and even to assess their feelings. Is this progress?

It's in the DNA

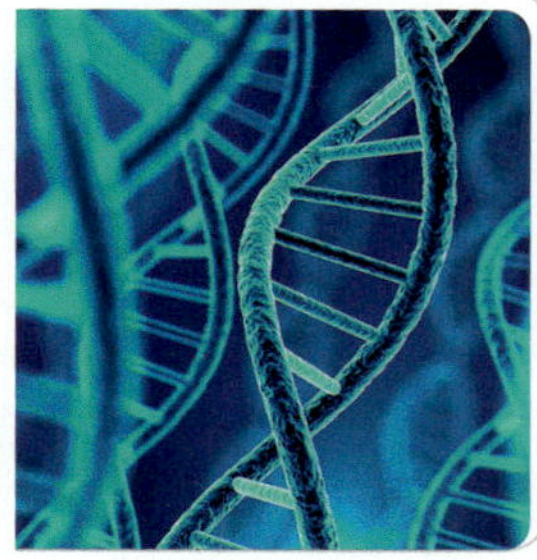

Every cell in your body contains a complete set of your DNA, the molecule that carries your genetic code. 99.9% of your DNA is the same as anyone else's, but, unless you have an identical twin, whose DNA is exactly the same as yours, 0.1% is unique to you. This means DNA testing can be used to prove if someone was involved in a crime or is the father of a child. For example, if you compare a sample of DNA from someone's cells, from their hair or blood or saliva, with DNA from skin cells found under an attack victim's fingernails, this can show if the cells are from the same person.

They recognize faces

Ever noticed how your social media site seems to know the names of people in the photos you upload, even when you haven't tagged them? Facial recognition software, like facebook's DeepFace, uses "deep learning", a field of artificial intelligence, to match photos and identify people with 97% accuracy. Working with the world's biggest photo library, DeepFace is improving all the time. Some people find it creepy that it can recognize your best friend more easily than you can yourself.

Who's tracking what?

What's not to like about a fitness tracker? These little gadgets help you to lead a healthy lifestyle by counting the steps you take, measuring how far you walk or run or bike, and how many calories that burns. They'll measure your heart rate and blood pressure and they work all night too, recording how long and how well you sleep. The trackers store this useful medical information online, but the downside is that maybe it isn't as safe there as you think. Some of your data might get shared with health insurance companies, or stolen. Some might even be found through a public online search. The consequences could be enormous.

It all comes together

You head for the mall, biking to the station with your fitness tracker on your wrist and your smartphone in your pocket. You swipe your smartcard to get on the train and out of the station at your destination. The transport company now knows where your smartcard is, and cameras on the street and in the station, linked to facial recognition software, confirm it's you. The wi-fi sensors in the mall log your movements too when your smartphone and fitness device connect to them. Another app is watching. It captures all this information, combines it with your social media profile and sends an app user nearby a Google map with a photo of you (and any other people the user might find interesting) showing your current location. Scary or not? You decide …

a) Think: List advantages and disadvantages of being able to identify people easily using technology.

b) Pair: Compare your lists and add any other ideas you have.

c) Share: Discuss ideas with another pair. Explain why you **are/are not** worried by this technology.

→ Workbook *17–18 (pp. 10–11)*

On this page you will learn to recognize certain words that are not pronounced clearly in spoken English.

Step 1

a) The captions below are written as spoken in normal speech. Listen and repeat them a few times.

a paira shoes ana bag

Try aneat more fruit!

Wyzee growna beard?

Izza hair blacka brown?

b) Rewrite the sentences in normal spelling. Listen again. Now repeat them in spoken English.

Step 2

a) Listen to each sentence. Focus on the pronunciation of the underlined words. Listen again and repeat the underlined words as you heard them.

1 Jake said you were going to help me.
2 I can help you tonight.

b) You will hear the underlined words spoken individually and in natural speech. Listen and compare.

1 Where does he go to school?
2 If you like, you can give it to us.
3 We'll have to go soon.
4 You can tell him when he gets here.
5 Are you going to eat your breakfast?
6 Everyone says she should have been an actor.
7 Actually, there were over a hundred people there.
8 She's as tall as her brother.

c) Now listen to the sentences in natural speech and repeat them.

Step 3

Listen to these sentences spoken at normal speed and write down the missing words.

1 … much too tired to go out.
2 … late for class.
3 And he was so helpful – … really?
4 I'll …, I promise.
5 … when we left Scotland.
6 … was so upset about it.
7 Are you going … or am I?
8 He's late – he … the bus.

Reflection

a) Collect examples of the words you've heard that are not pronounced clearly in spoken English. What kind of words are they?

b) Now listen and compare your observations with what the speaker says.

→ SF 27: Listening strategies (p. 125)

1 Unit

Your task

A class magazine

Make a magazine using the opinion pieces written by your class in this unit.

STEP 1 Get your text ready

Work with the version of your text from p. 21.

a) Check your text one final time for grammar and spelling or typing mistakes.

b) Find a good photo or illustration (drawing, chart, …) and add it to your text.

c) Prepare a short summary of your text, about two sentences. Add your name.

My Book Keep a copy of your opinion piece.

TIP Inserting images in a text

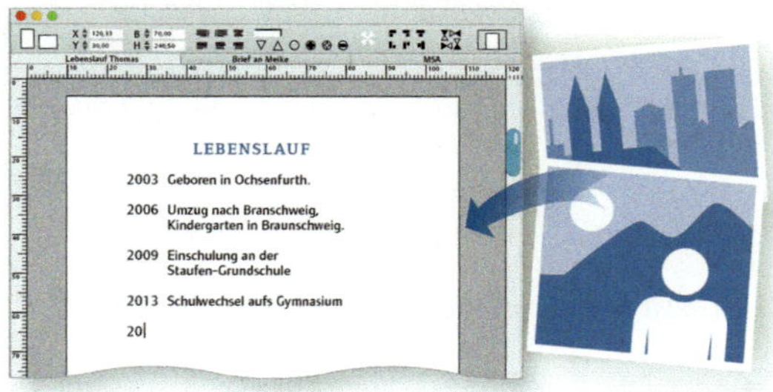

For internet tips on adding images, use a search term like **insert images document** in English or in your language.

STEP 2 Put your magazine together

Divide the class into four groups. Each group will work on a different aspect of the magazine: Read your group task. Decide if you need to pass on your results to another group. If so, agree with them on when to do this.

1 Editors

- Collect and read all the summaries. Decide how to arrange the opinion pieces. Alphabetically? By topic? Some other way? Prepare a table of contents.
- Then choose a title for the magazine and write a short introduction (not more than 200 words) to get people interested in it.

2 Copy editors

- Read the texts and agree on a maximum length. If necessary, suggest shortening the text with the author.
- Review any changes, checking for mistakes or typos. Your group are the final readers!

3 Layout and art directors

- Make one document with all the articles. Choose the font and font size for each opinion piece.
- Lay out the text on each page. Decide on the final size and position of the illustrations.

4 Logistics

- Discuss who you'd like to read your magazine: just your classmates, or other students, teachers, parents, … ?
- Discuss the pros and cons of printing versus publishing online, e.g. amount of paper used, binding, method of distribution (by hand, email, school website, …).
- Decide on your medium and make the magazine available to your readers.

STEP 3 Evaluate your group work

a) In the same groups, work with the evaluation target your teacher gives you. Discuss criteria 1–6 and decide if they are helpful for evaluating your work. Make changes if you consider it necessary.

b) Each group member evaluates the team's work by putting dots in the target circles (inner circle = highest evaluation).

c) Look at each section of your target. Think about the position of the dots and what it says about your teamwork. Make notes for a discussion.

d) Discuss what went well and what you could do better next time.

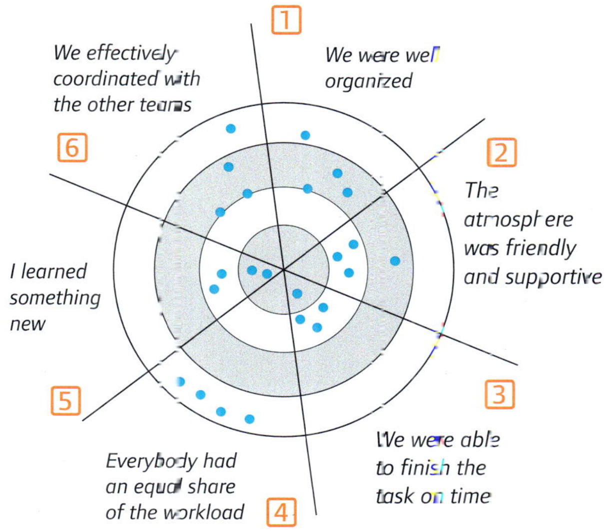

STEP 4 EXTRA Discuss your opinions

a) Form new groups of four or five.
Read your partners' opinion pieces, making notes on your response to each piece.

b) Each partner opens the discussion for their opinion piece and explains briefly why the issue is important to them.

The topic of my opinion piece is …

Before we start our discussion, I'd like to sum up why I think …

So that's why I feel so strongly about this topic.

The other members of the group use their notes to react to each opinion piece. They can also comment on each other's views on each of the topics.

I found all/most/… of your arguments convincing.

One point I agree with is …

You pointed out that …

You didn't mention that …

Jana made a point which I think is …

I agree more with Jasper than with Jana.

2 Unit

What makes a community?

A

B

1

2

1 Coming together

a) Look at photos A–D. Describe the setting, the people, and what they are doing. Say why you think they have come together. Make notes on your ideas for each photo.

b) Match each photo from the bottom row to one in the top row. Discuss the connections and differences you see between the photos you have matched.

More help → p. 84

2 Defining a community

a) Tell your group which photos you matched in 1. Explain why. Then discuss whether each photo depicts a community.

b) Discuss different characteristics that make a community. Agree on a definition of "community" and write it down.
People make up a community when ...

c) Present your group's definition to the class.

C

D

3

4

3 Your communities

a) Make a list or draw a network of the communities you are part of.
Note down things that connect the people in each of your communities.

b) When you have finished, go to a bus stop. Compare and explain your list or network.

Your task

At the end of this unit:
Give an electronic presentation calling for action on an important issue in your local community.

➜ Workbook 1 (p. 16)

1 A meeting of two Americas (excerpts from a novel by Joan Abelove)

a) The novel *Go and come back* is set among a tribe in the Peruvian rainforest. What do you think life in their community might be like?

Joanna and Margarita, two young white anthropologists from New York, arrive in a Peruvian jungle village to study the lifestyle of the Isabo people. To the locals, they are known as 'the old ladies'. The villagers promise to build a house for them, but until it is finished, they live with Chawa, who also prepares their food. Alicia, an Isabo teenager, observes everything and tells the story of how life in the village is affected by the strange behaviour of the 'old ladies'.

1

[...] But nothing was simple with these old ladies. They brought a big bottle of sugarcane liquor, enough to keep the whole village drunk for a day and a half, and they didn't want to open the bottle. They were saving it. What was the matter with them? Did they think it would get better with age? When you have liquor you drink it. When you have food, you eat it. It's only natural. When you have food, you make sure to be generous and give some to all your relatives, so when they have some, they will share it with you. That is how you "save" food. The same with liquor. Where did these people come from? How did they live with such stupid ideas? I was upset. We were all upset. The whole village. Nonti tried to talk to the old ladies.

"I see the village is very sad," he began.

"Sad?" asked Joanna. "What do you mean?"

"They are all sad. Very sad. They want to have a party to welcome you to your new home and now they cannot do so. Therefore I see that they are very sad."

The old ladies looked around at everyone. Then they jabbered at each other in their own language. The tall one was really mad. Joanna kept on turning the fish ring on her hand. Nonti looked up at them sadly. Then he looked at the whole village and sighed again. Finally, they told him yes, they would have a party, but they wanted to save half of the sugarcane liquor for a party when their house was finished. They would only have half a party. Well, that was better than no party. [...]

2

[...] First, they told everyone to come and ask for medicines. They had eyedrops for infected eyes, aspirina for pain, paregorico for diarrhea, a white cream and some blood-red liquid that burned for sores, and antibióticos for very bad sores. They would wait in Chawa's house each morning, and people could come and get medicine. That was good. They started to walk through the village every evening to visit every house. They visited all eighteen houses. They didn't seem to notice that no one else ever did that. No one visits everybody. You visit someone. You don't stroll through the whole village. These women knew nothing about manners. They just burst into someone's house, no matter if it was mealtime. For normal people, if you happen to arrive at someone's house when they were starting to eat, they invited you to join the meal. But if that happened, or if you arrived at mealtime on purpose, you knew you had to pay them back. You expected to see these people who had fed you arrive at your house for a meal. That is the way things are done. But these women! They wandered through the village at a time when everyone was eating, and they said, "No, thank you. We're not hungry." Then why were they walking around when people are eating?

Juanita and her sister decided to teach them a lesson. They found out that Margarita had traded some bullets with Nimeran so when he went hunting the next time he would bring the old ladies a piece of whatever he got. And Nimeran had just returned with a nice big deer. The old ladies got a leg. Chawa cooked it for them, and

anthropologist Anthropologe, Anthropologin **jungle** Dschungel **observe** beobachten **sugarcane liquor** Zuckerrohrschnaps **jabber** schnattern, plappern **sore** Wunde **stroll** schlendern **manners** *(pl)* Manieren **no matter if ...** ganz gleich, ob...

when they were shooing the chickens out of their kitchen so they could sit down and eat, Juanita and her sister arrived to "visit". Chawa, of course, knew what was going on. She also knew that Margarita and Joanna were starving. They hadn't eaten meat for at least a week.

"Hohue," Joanna said to Juanita and Paulita. At least she had learned the appropriate greeting.

"Hoho," they both responded, leaning up against the kitchen posts, looking down at the bowls full of wonderful-smelling deer stew.

"I don't know if they'll invite you to eat or not," said Chawa. "When they're hungry, they are animals. Joanna practically grabbed the last piece of turtle meat from my little one the other day. They have no manners and very little sense. And they give me and my children nothing."

"Well, we'll just see what happens," said Paulita. And they both continued to lean up against the kitchen poles. Joanna started to look uncomfortable and said something to Margarita, who seemed to be thinking it over, whatever it was. Then they both came to some understanding, and Margarita said to Juanita and Paulita, "Sit, eat. Pihue!"

"Maybe they are beginning to learn something," Chawa said to Juanita, as Juanita dipped her fingers into the big stew bowl. Joanna got two more spoons from the kitchen shelf and handed one to each of the visitors. The old ladies never ate with their fingers and seemed not to understand why we did. Some of us had a few spoons, but we hardly ever used them. Fingers are so much easier, and none of us mind the heat of the stew.

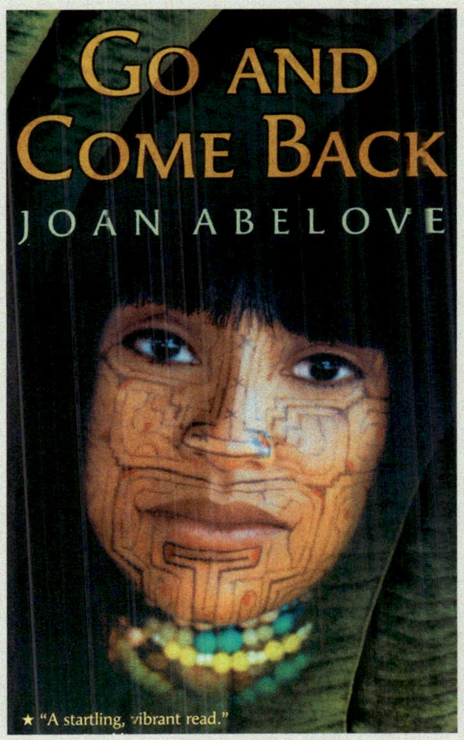

"I guess they're not always as stingy as they are most of the time," my mother said.

"At least they're interesting. And they are fun to watch," said Chawa.

"And the whole village seemed to agree. They were fun to watch. [...]

3

The rains came and went, came and went. It wasn't a bad rainy season for us, although many villages down river were flooded. One morning before the rain began, Papaisi blew the horn and the men moved the old ladies' kitchen.

Later that morning Marco perked up his little jaguar ears.

"Avión," he whispered. "An airplane is coming."

Soon the rest of us heard it too. We all ran down to the river to watch the plane land on its skis on the river, like a big chara bird. We knew it was gringo missionaries. They always fly the same dark green planes. Joanna and Margarita had come down the river to watch too.

"Who is it?" Joanna asked me, turning her ring.

"Your kinsman," I told her "American missionaries."

The missionaries got out of the plane. Two were old ladies like Joanna and Margarita, but they wore dresses with little flowers all over them and sandals with high heels. Their skin was the color of a paiché fish's belly, and their hair was the color of Margarita's, but it was all twisty, like a very old river. Their voices sounded like the squawks of tete birds. They were fat, but that was the only beautiful thing about them.

---

if you happen to … falls du zufällig … **on purpose** absichtlich **bullet** (Gewehr-)Kugel **the appropriate greeting** die angemessene Begrüßung **post** Pfosten **turtle** Schildkröte **the other day** neulich **stingy** knauserig, geizig **gringo missionaries** weiße Missionare/Missionarinnen **kinsman/-woman** Verwandte(r) **high heels** *(pl)* hohe Absätze **belly** Bauch **twisty** kraus

The man who drove the plane went right up to Joanna and put out his hand. They both smiled and talked a bit. Then the man said something to her. Whatever it was, it made Joanna really mad. Really mad. The man kept smiling, but Joanna didn't.

Margarita was shaking the hand of each of the old lady missionaries. They talked and talked at Margarita while the man showed Joanna the plane he had driven. Then all of them stood around in a big group and talked in their language. We all stood back and watched. No one sat down. They just stood there in the middle of the path and talked.

Finally Angel came out to greet and ask them to stay in his house. The two lady missionaries told the man to carry their stuff – boxes and boxes of stuff – into Angel's house.

"What did that old man say to you that made you so mad?" I asked Joanna when the missionaries had gone into Angel's house and Joanna and Margarita were left standing alone.

"He asked me if the women here take care of their children," Joanna said. "What is wrong with these people? Can't they see with their own eyes? Of course the mothers take care of their children. Can't they just look at the children? The children are all cared for, all beautiful, sweet children. These people are crazy, tsindi biris."

"They are your people," I said. "Aren't they? They speak your language, don't they?"

"Yes," said Joanna. "They speak the same language, but they are not my people. Their beliefs are not my beliefs. They are not like us at all. Look at all the stuff they brought. They are only staying for one night and they brought more than we brought for months!" [...]

4

They had brought a lot of stuff. Most of it was food – bacon, a cake called Betty something, bags and bags of candy, mattresses to sleep on, and bread. Joanna and Margarita had brought lots of stuff – but these women brought things that even Joanna and Margarita hadn't seen before, at least not here, in the jungle.

Joanna, Margarita, Elena and I waited until the missionaries got settled in Angel's house and then went over to visit.

"They better give us some of that candy," said Joanna. "They brought so much. And one of those bags is filled with white chocolate bars. Big, thick chocolate candy bars. They better offer us some."

Joanna and Margarita sat on Angel's porch, chatting with the missionary ladies. We sat on the ground nearby. As they talked, the missionary ladies kept on eating the cooked bacon they had brought. Joanna's eyes never left the plate of bacon, and the missionary ladies didn't offer her any. They just kept talking and eating. Joanna was almost drooling.

"So all of your people are stingy," I whispered to Joanna.

She took her eyes off the bacon and looked at me.

"It seems so, doesn't it?" Joanna whispered back.

Then one of the missionaries went looking through one of their boxes and brought out a big bag of chocolate. Each missionary lady took a bar and then they put the bag back in the box. I thought Joanna was going to grab the bag out of the box and run. But she just kept chatting calmly, although her eyes never left the box that the bag of candy was in. Her hands were busy turning her ring. Finally, one of the missionaries reached for the bag again – those women ate constantly – and she finally noticed that Joanna kept staring at the chocolate. She gave Joanna and Margarita each a chocolate bar and ate a few more bars herself.

Joanna and Margarita unwrapped their candy, each took a tiny piece, and Joanna gave me hers and Margarita gave hers to Elena to divide up among all of us who were watching.

"Yohuashi biris," said Joanna to me, indicating the missionary ladies. "They have so much chocolate, and they are so stingy with it."

Joanna looked at me and then looked at everyone sharing that one bar of chocolate, and something happened to her. I could see the thought go through her body – the way she was being with the missionaries was the way we had been with her, wanting everything they had and not understanding why they were so stingy. I just nodded at her.

candy Süßigkeiten **drool** sabbern **unwrap** auspacken, auswickeln **indicate** zeigen, deuten auf

Later that evening, when it was dark, the missionaries called a meeting of the village to tell us, in Spanish, we should not do our pui in the river anymore, but should dig holes in the jungle and make pui there. Nobody laughed out loud, because we didn't want to insult the missionaries, but no one could believe what they were telling us.

"Make pui in a big hole in the jungle?" asked Nimeran. "They did that in Moshi a few years ago. The hole gets filled up with pui – very smelly – and filled with the worms they keep telling us they don't want us to get. And then do you know what comes to those big holes to eat? Snakes! All kinds of snakes. Imagine. We spend hours clearing out all the growth around our houses to keep snakes away from the village, and they come along and tell us build pui holes to attract them! These people are crazy!"

Everyone giggled, as quietly as we could. Angel was supposed to translate what everyone was talking about.

"The village has no shovels to dig such a hole," said Angel with a straight face. "But we will dig one with our machetes. It may take some time, but we will do it. We want to improve ourselves."

The missionaries smiled and clapped their hands together.

"But we don't want to die!" Nimeran said. "Imagine sitting down to make pui and getting bit by a hergon. You would die before your pui hit the bottom of the hole." He loved to go on and on, especially when Angel couldn't translate what he was saying.

"Nimeran says he will begin in the morning," Angel told the missionaries.

They smiled and clapped again.

"The village thanks you," said Angel. "Please come back to our village again soon. But not too soon," he added in Isabo.

b) Compare your ideas from 1a) to what you have found out from reading the novel excerpts.

Early finisher → p. 90

growth Vegetation **giggle** kichern **hergon** ['hɜːgɒn] Giftschlange aus der Familie der Vipern **shovel** Schaufel **with a straight face** ohne eine Miene zu verziehen

2 Comprehension

a) Work in groups of four. Choose a section (1,2, 3 or 4) and write a short summary.

b) Form a writers' conference. Read and give feedback on each summary. Agree on a heading for each one.

3 Analysis

Re-read lines 169–187 and 236–242. Examine how Joanna's behaviour and her understanding of community has changed since she first arrived.

Early finisher Joan Abelove, a US anthropologist and author of *Go and come back*, lived for two years in the Amazon jungle. Explain why you think she wrote the novel from Alicia's perspective.

4 Comment

You choose a) or b).

a) Read lines 3–13 (When you have food…) Find other parts of the text that tell you about the Isabo attitude to possessions.

Now imagine you are staying with the Isabo. Write a report comparing the Isabo attitude to possessions with the attitude of the community you come from.

b) Imagine you are one of the missionaries. Write a report for your organization in the USA on the situation in the Isabo village.

In your report, refer to the two anthropologists' relationship to the villagers and to the villagers' response to your ideas for improving their lives.

www Find out more about Amazonian tribes.

Looking at language

a) Look at what some people said after reading *Go and come back*.
1 Paul: "The book is full of life."
2 Lisa: "I'm going to recommend it to my friends."
3 Lisa: "Actually, I want to find out more about living in the jungle."
4 Alex: "Will tribes like the Isabo survive?"
5 Luke: "Why don't we do a project on the topic?"

b) Look at the statements in indirect speech. Identify the reporting verbs. Then explain the changes to the original statements (verbs, pronouns, etc.).
Paul thought the book was full of life while Lisa said she was going to recommend it to her friends. She added that she wanted to find out more about living in the jungle. Alex asked if tribes like the Isabo would survive and Luke suggested doing a project on the topic.

→ *GAP 17–18: Indirect speech (pp. 174/176)*

1 In another country (Indirect speech)

a) Lauren is a British exchange student in Germany. She spoke on Skype to a friend in the UK. Read these parts of their conversation.

1 *Do you like your German school?* — *It's great not having to wear a school uniform.*

2 *Can you understand everything?* — *I found the local dialect difficult at first.* — *It's not like the German I learned at school.*

3 *Is German food like ours?* — *Breakfast is very different. People eat bread rolls, with different cheeses and salami and so on.*

4 *What are the people like?* — *They're great, but they have some strange habits.* — *Like they're quite formal. Lots of people use my family name instead of calling me Lauren.*

5 *What else is different?* — *Queuing. Germans never queue at bus stops, for example.*

6 *Have you travelled much?* — *Not yet, but my host family will probably take me to the Baltic Sea in the school holidays.* — *Germans call it the "East Sea"!*

b) Lauren's friend tells a classmate about the conversation. Take turns to play Lauren's friend.
· I asked Lauren if … · I asked her what … · She told me/said/added that …

2 Helping a visitor (Indirect speech: *advise, promise, suggest, …*)

Use a verb from the box to report what Lauren's German friends said to her. Use each verb only once.

1 Dirk: "Don't worry about queuing, Lauren. There's always space on the bus."
Dirk told Lauren not to worry …
2 Dilek: "Come and try a healthy, vegetarian breakfast at our house."
3 Dilek: "I'm not going to take no for an answer!"
4 Dirk: "If you like, I'll lend you a guide book about the Baltic."
5 Marc: "If I were you, I'd go to Rügen. It's really nice there."
6 Dilek: "Hey! Why don't we speak German with Lauren? She's here to learn it."
7 Dirk: "Sorry, Lauren. I won't speak English to you again. Oops!"

advise · invite · offer · promise · refuse · suggest · tell

More help → p. 84; Early finisher → p. 90

→ Workbook 3–4 (pp. 17–18)

1 Communication across cultures

Describe how you greet your friends, your parents' friends, or someone you meet for the first time.

a) Divide the class into groups A and B.
A: Government officials: You are at a reception for foreign diplomats. Talk with different diplomats and ask them about their countries. Make them feel as welcome as possible.
B: Foreign diplomats: You are at a government reception in your host country. Talk with the host country officials. Answer all their questions and be as polite as you can.

Before starting, each group should read the information the teacher gives them.

b) In mixed groups, comment on anything that surprised you about the behaviour of the people you spoke to. Say what you learned about
– yourself
– interacting with people from other cultures.

c) • Read the tips below about typical behaviour in the USA.
• You will now hear three short dialogues. Listen and match two of them to the tips.
• Listen to the other dialogue again. Decide what the situation is and write a tip based on the way the people behave.

TIP Meeting and greeting in the USA

1 If you pass someone in an uncrowded area like a park, or on a country road, it is polite to lift your head, catch their eyes, smile and nod hello.
2 People make small talk with the staff in shops. An assistant might ask *How are you today?*
It is enough to reply *Just fine, thanks. And you?* But people often share personal information too.
3 If people like something, or if they share or receive good news, they react enthusiastically, using adjectives that express how they feel, e.g. *great, awesome, incredible, amazing* …

d) Discuss whether the scenes in c) might develop differently where you live.

2 Getting along in Germany

A US exchange student in Germany, Kim, talks about situations she found surprising. Take turns to explain the "problem" in each situation. Give Kim advice for the future.

1 "I wanted to try out my German at the bank so I smiled at the assistant and said 'Hallo, wie geht's dir?' She gave me such a weird look."
– Well, the bank assistant was probably surprised because, in Germany, …

2 "I arrived at a birthday party at 9 pm and said happy birthday. But the birthday girl didn't look pleased at all. She gave me a funny look and said thank you rather coldly."

3 "I asked for tap water at a restaurant. My host parents looked embarrassed and asked the waiter to bring me a bottle of water instead."

4 "I was standing on the sidewalk waiting to cross the road when a cyclist shouted at me and told me I was in the way."

5 "I answered my host parents' phone and said hello. The person at the other end sounded cross and said 'Ja, mit wem spreche ich bitte?'"

More help → p. 84; Early finisher → p. 91

→ SF 25: Dealing with cultural differences (p. 123)

1 *Joe's violin:* A documentary

A

B

a) Describe these two stills from the film. Speculate on how they might be related.

b) Watch an excerpt from the film. Take notes on what Joe says about his life.
Compare your notes. Then describe Joe's relationship with the violin – in the past and now.

c) Watch a second excerpt from the film. Find out what happens to Joe's violin.

d) Watch two more excerpts. Then explain what the stills below are about – and what links them.

C

D

e) In the last excerpt, Brianna's teacher said: "Music has connected everyone here today."
In class, discuss in what way music has created a community.

2 Making the film: Elements of a documentary

a) A documentary uses different kinds of "document" or material, e.g.:
interviews · narration · filmed action · old footage · music · photos · maps or diagrams · text
Watch the extracts from the film again. Note down examples of different "documents".
Compare your results. Discuss the reasons why different documents are used.

b) Watch part of an excerpt again. You will see an example of a match cut.
Then explain what a match cut is and why the film-maker uses it. You can refer to these stills.

A
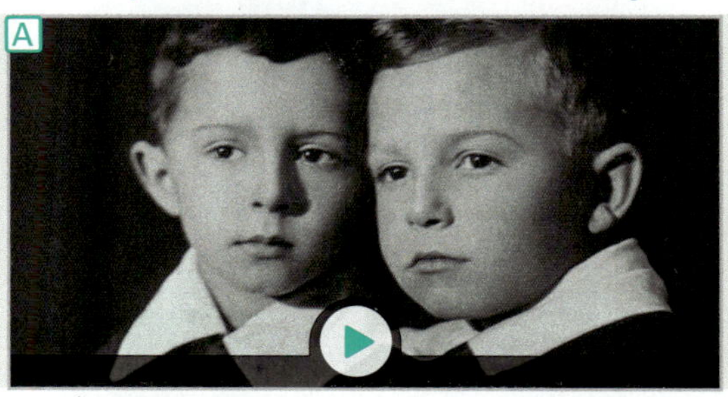

B

EXTRA Discuss ideas for a film about an important event in each of your lives.
Decide which documents you would use. Try to think of a match cut you could make.

On this page you will learn about how the same words sound different in different English accents.

1 Standard British and American English

a) You will hear the sentences below. Listen to the **t** in the words in bold print.

weak **t** (North America)	I **wrote** him a **letter**. Is this dress **cotton**? This is much **better**. **What** a **lot** of **potatoes**!	strong **t** (Britain)	I **wrote** him a **letter** Is this dress **cotton**? We need some more **butter**. **What** a **lot** of **pretty** toys.

b) You will hear the sentences below. Listen to how the **r** is pronounced in the words in bold print.

weak **r** (south of England)	Are the shops **near here**? New **York** has three **airports** You **aren't** being **fair**. What **perfect weather**!	strong **r** (North America)	Are the shops **near here**? New **York** has three **airports** I don't **care where** we go. Did you **hear** the **thunder**?

c) Repeat sentences from a) and b) to show the difference between BE and AE pronunciation.

2 Standard British and American English

a) You will hear six pairs of sentences. One speaker is British and the other is American. In each pair, one word is the same. Write it down.

b) Listen again. Repeat the two pronunciations of the word in common.

c) Say the following words as you think they would be pronounced in BE and AE:
coffee · glass · fast · honest · new · passport · possible · task · top · tune
Listen and check.

3 Different British accents

a) You will hear six sentences spoken twice.
The first speaker has a regional accent. The second speaker uses standard pronunciation.
Listen and focus on the words listed below. The regional accents are given (in brackets).

1 about (London/southeast)
2 phone (Scotland)
3 house (Northern Ireland)
4 writes (Scotland)
5 grass (England: north)
6 farmers (England: west)

b) Listen again. After each sentence pair suggest other words where a similar difference might be heard.
· *A Londoner might pronounce the word* **better** *like …*
· *Someone from Scotland might pronounce* **home** *like …*

4 Listening for detail

a) You will hear three people discussing what colour to paint a community centre recreation room. Listen and identify the accents.

b) Listen again. Note down the colours they discuss and their arguments for or against them

5 Reflection

Discuss your own experience of different accents (films, songs, people you know, …).
Describe the differences you've noticed.
Think of tips you could give to help people to understand different accents better.

→ *SF 27: Listening strategies (p. 125)*

→ Workbook 7–9 *(p. 19)*

1 *Go and come back*: A book review

a) Read the review, collect new information about the novel and identify the writer's opinion about the book.

NEW YORKERS IN THE JUNGLE

In a remote village in the Peruvian jungle, two American women live as guests of the local people, studying their customs and way of life. Joanna and Margarita, anthropologists from New York, are doing research on the Isabo, a (fictional) tribe of Amazonian Indians. The Isabo are just as curious about their unusual guests, the "two old white ladies" as they call them (although they are really just in their twenties).

In her first novel, Go and come back, *Joan Abelove describes the relationship between the tribespeople and their visitors, exploring their many everyday misunderstandings. The story is narrated by Alicia, an Isabo teenage girl, allowing us to see the two white women through the eyes of the village community. To the Isabo, Joanna and Margarita are impossibly stingy. Although they offer the villagers medicines and brightly coloured jewellery, they keep almost everything else they have for themselves. They also seem unclean, bathing in the river only once a day and using the jungle as their toilet instead of the river. To Alicia, the women are also ignorant. They don't even know that washing sand off a turtle in the river will bring rain!*

Alicia also tells her own story, showing us how the Isabo see community relationships. She has been promised as wife to her sister's husband. Wanting to enjoy her teenage years, she hopes to put off the marriage for as long as possible. For now she has adopted the abandoned child of a non-Isabo woman. Hoping to keep it alive, she persuades her mother and other village women to breastfeed it and think of it as their own. Although Isabo families live in separate houses, looking after children is everyone's responsibilty. Growing closer to Joanna over time, Alicia explains these customs to her.

Thanks to Alicia's help, the American women eventually "become caibo, caibo raibirai. Real people, kinsmen, or whatever they would be". And through her explanations, Alicia too achieves a deeper understanding of her own community. She also has the chance, literally, to see her village from a different perspective. Before returning to the States, Joanna takes her up in a small plane. Looking down from above, Alicia sees her village grow smaller and smaller with only the tops of the houses and the kitchens along the river still in view: "And then we could see how far the jungle stretched beyond the village, and it was so big and so beautiful and our village was such a small spot compared to the enormous forest."

Abelove is herself an anthropologist who spent two years among Amazonian Indians. Writing with such rich experience, she tells a very credible story which is not just informative, but also sometimes very funny. I strongly recommend this engaging work of young adult fiction, especially to anyone curious about the cultural differences between distant communities.

b) You have already read some excerpts from this book. Describe how the review has influenced you. Has it made you *more* or *less* interested in reading the whole novel? Why?

c) Give reasons why you read/don't read book or film reviews.
Describe the kind of information about a book or a film that would interest you most.

Writing a book review

*In this unit, the text in focus is a **review** of a novel. In a review, you inform your reader about the content or plot. You can also give a personal opinion. Reviews can appear in print or online.*
Over the next three pages, you will work through the following steps to produce a review of a novel.

1. EXAMINE THE TEXT STRUCTURE
2. FOCUS ON LANGUAGE
3. WRITE A FIRST DRAFT
4. GIVE AND RECEIVE FEEDBACK
5. PRACTISE LANGUAGE STRUCTURES
6. IMPROVE YOUR STYLE
7. EDIT YOUR TEXT

1 EXAMINE THE TEXT STRUCTURE

Read about the structure of a review. Then identify the four main parts of the review on p. 40. Check how far the review follows the tips below.

REVIEW OF A NOVEL: STRUCTURE
- Headline Catch your reader's attention. Hint at the book's content and/or your opinion of it.
- Introduction Give key information on some of these points: setting, theme, author.
- Main body Summarize the novel's plot (using the present tense). Cover the main events, characters and conflicts without going into too much detail or revealing too much about the plot.
- Conclusion Give your opinion of the novel. Explain why you think it is/isn't worth reading and say if you would recommend it, who to, and why.

2 FOCUS ON LANGUAGE

Some of the more advanced grammar structures you have learned are suitable for texts like a review.

a) Read these three sentences. Then find how they are expressed in the text on p. 40.
1 Before she returns to the States, Joanna takes her up in a small plane. *(ll. 43–44)*
2 They also seem unclean because they bathe in the river only once a day. *(ll. 20–22)*
3 Two American women live as guests of the local people and study their customs and way of life. *(ll. 1–3)*
Write down the sentences from the text and underline the structure they have in common. Say why you think the author chose to use this structure.

b) The text on p. 40 contains nine more sentences that use the same structure. Find as many as you can and paraphrase them to show that you understand their meaning.

3 WRITE A FIRST DRAFT

Choose a novel. Make notes on the author, themes, plot, characters, etc. Organize your notes in line with the structure on p. 41. Then write a first draft. ➜ *SF 12: Writing a review (p. 113)*

4 GIVE AND RECEIVE FEEDBACK

Read your partner's first draft. Give feedback on the structure of the review. In addition, consider
- whether the review gives you a good idea of what the book is about
- whether it has helped you to decide if you would like to read the book

Comment on the language. If possible, suggest where your partner could use a participle clause.

5 PRACTISE LANGUAGE STRUCTURES

1 Talking about time (Participle clauses with *after, before, since, …*)

Make one sentence out of two. Use participle clauses with the conjunction given.

1 Joanna returns to the States. Before that, she takes Alicia up in a small plane. (before)
Before returning to the States, Joanna takes Alicia up in a small plane.
2 Joan Abelove returned home. Twenty-five years later, she wrote her first novel. (after)
Twenty-five years after …
3 J. K. Rowling published her first novel in 1997. She has sold over 450 million books. (since)
4 Harry Potter travels to Hogwart's School. He makes friends with Ron Weasley. (while)
5 Jake, the hero, leaves home one morning. He sees a strange box on the steps. (when)
6 Sue invites Alex for a goodbye drink. Then she leaves England for Australia. (before)

More help ➜ *p. 85*

2 Explaining why (Participle clauses meaning *because …*)

Decide which sentence gives a reason: a) or b). Then make them into one sentence. To give the reason, use a participle clause (*-ing …/Not -ing …*) at the beginning of the longer sentence.

1 a) Joan Abelove writes with rich experience. b) She tells a very credible story.
Writing with rich experience, Joan Abelove tells a very credible story.
2 a) Joan Abelove wanted to share her experience. b) She decided to write about her time in Peru.
3 a) J. K. Rowling's novels quickly became bestsellers. b) They appealed to children everywhere.
4 a) Harry Potter loses his parents at the age of one. b) He goes to live with his aunt and uncle.
5 a) Jake decides that he has to escape. b) He realizes that his life is in danger.
6 a) Alex doesn't know that Sue is planning to leave. b) He is shocked when she tells him the news.

3 Talking about connected actions (Participle clauses meaning *and …*)

Using participle clauses, rewrite each sentence in two different ways.

1 The women live with the local people **and** study their way of life.
The women live with the local people, studying their way of life.
Living with the local people, the women study their way of life.
2 The author describes small-town life **and** paints a fun picture of local characters.
3 The plot develops quickly **and** holds the reader's interest.
4 The hero wanders around the town **and** looks for a place to eat.
5 The two girls travel through the jungle **and** sleep in trees as they go.
6 Jake stood at the top of the ladder **and** tried to open the window.

More help ➜ *p. 85* ➜ *GAP 21-23: Participles (pp. 182/184/186)*

6 IMPROVE YOUR STYLE Description techniques

You can use different *persuasion techniques* to help you to make your review as informative as possible.

Name the genre

The terms used to describe novels often refer to
- the type of story: *fantasy novel · (semi-)autobiographical novel · crime fiction · thriller · …*
- the intended audience: *children's book · young adult fiction · gay fiction · …*

Readers who know what genre a book belongs to may find it easier to decide if it interests them.

a) Comment on the reference to genre in the review on p. 40 (ll. 56–59).
Does it come in a good place? Why (not)? Could the review mention other genres? Which?

b) Note down and compare different ways to describe the category of the book you reviewed, e.g.
[Name of book] by [author] is a brilliant/powerful/… work of *young adult fiction*.
[Name of book] by [author] is a must-read for lovers of *crime fiction*.
[Author]'s latest *fantasy novel* is set in the land of …

Use effective phrases

- Try informative adjective-noun collocations: an action-packed thriller, a hilarious page-turner …
- Combine different adjectives: an exciting, fast-moving adventure, a heartbreaking but funny account …
- Use adverbs for emphasis: a highly readable novel, an extremely entertaining read …

c) Using words from the boxes below, try to make collocations that would fit in your review.

readable · enjoyable · engaging · entertaining · slow-moving · fast-moving · action-packed · funny · hilarious · heartbreaking · heart-warming · moving · lifelike · gripping · thought-provoking	book · novel · read · account · story · thriller · page-turner

Refer to the author

- Give <u>relevant</u> background information about the author, e.g. *Abelove is herself an anthropologist …*
- If the author has written other well-known novels, compare them with the novel you're reviewing.

As in Compared with In contrast to	her his	first earlier …	novel, novels,	this book … the author …

Use meaningful quotations

When quoting from a book, choose lines that express a key point you wish to make.

d) Comment on the quotations in the review on p. 40. Explain whether you find them effective.

e) Check your text. Consider whether you could change or add quotations.

TIP Quote exactly. Use quotation marks. Avoid extremely long quotations.

7 EDIT YOUR TEXT

a) Read your first draft. Consider your partner's feedback and any relevant points from steps 5–6.
Then edit your text, making improvements where you can.

b) Read each other's edited texts and comment on the changes.

→ *SF 12: Writing a review (p. 113)*

→ Workbook *13 (p. 21)*

1 Community and diversity

Mt. Rainier student's photos now on display outside Des Moines Theater

The outside of the old Des Moines Theater is now an exhibition space for a photography show titled 'Harmony within Diversity' by Rahel Ambachew, a sophomore at Mount Rainier High School. Rahel is from Ethiopia, and her display is part of a worldwide movement called 'The Inside Out Project,' … The following is a statement by the artist:

Hello, my name is Rahel Ambachew. I am a sophomore at Mount Rainier High School. … People in our community are not often encouraged or given the space to express themselves. Our goal should be to, every day, embrace what makes us different, instead of hiding or shaming others for celebrating who they are. The reason I did this project is because although we may seem harmonized living in a community with such great diversity, we as individuals are not harmonized. We cannot be accepting of each other when there are derogatory stereotypes present. I decided to photograph twenty-seven Mount Rainier High School students holding up a sign with a short statement and/or one word that captures their diversity …

http://waterlandblog.com/2016/05/05/mt-rainier-students-photos-now-on-display-outside-des-moines-theater/

About the Inside Out Project

Started by the French artist JR, INSIDE OUT offers everyone the opportunity to paste their portraits in public places and make a statement about what they stand for. You send your portraits online to the INSIDE OUT team; they print them and send the posters back to you to paste and install.

"I wish for you to stand up for what you care about by participating in a global art project, and together we'll turn the world... INSIDE OUT." **JR**

2 Working for harmony

a) Describe Rahel's view of her community and how she would like to make it a better place. Explain how the *Inside Out* project helped her to spread her ideas.

b) Discuss ideas for improving harmony in your community. Agree on one good idea and share it with the class.

3 Explaining your view

You choose a) or b).

a) Imagine you wrote one of the signs above. Write a short text explaining your statement.

b) Take a photo you'd like to upload to the *Inside Out* project. Write a short text explaining where you would hang the poster, and why.

4 Taking a global stand

Describe the picture and discuss your first reaction to it. Then read the text.

In November 2015, 500 people from all over the world came together in Paris to protest against global warming. Yet they were not in the French capital in real life – theirs was a virtual demonstration in a huge video installation created by French artist JR and US filmmaker Darren Aronofsky. Called "The Standing March", the installation was projected onto six public buildings during the UN climate conference.

How did it work? Aronofsky and JR took 3D scans of the volunteers, connecting them to create a "dynamic, moving audience". Watching the 500 people as they stood silently was an eerie sight – you could see that this was not just a wall of photos. People nodded their heads a little. You saw the movements of their eyes. A mother held a small child who moved around and raised its arms. Then suddenly, the people all turned and stood for a short while with their backs to the audience before turning to face the front again.

These movements and the haunting soundtrack by British band Massive Attack gave the installation a surreal, watchful atmosphere, making JR and Aronofsky's work the perfect instrument for any community wishing to remind politicians that the people are watching them, and that public opinion does matter.

5 A global community?

a) Summarize what the text tells you about The Standing March.

b) Explain why you would <u>or</u> would not have taken part in The Standing March.

EXTRA Discuss this statement: "The Standing March protesters do not form a real community."

6 Youth projects in Germany

a) You're taking part in a youth project and want to post information about it on an international youth-in-action platform. Go to p. 101. Read about the project. Write a short description in English for the internet platform

b) Compare your text with a partner.

➜ Workbook 14 (p. 22)

1 It does matter (Emphatic *do* and other forms of emphasis)

Language help

To emphasize a particular idea when speaking or writing you can use these options:

a Use *do*, *does* or *did* in positive sentences.
People *do* want action on climate change.
Public opinion *does* matter.
Our protest *did* make a difference.

b Use *It's … / It was …* + relative clause.
It's the *people* who want action.
It's *public opinion* that matters.
It was our *protest* that made a difference.

c Use adverbs like *absolutely, definitely, extremely, really, totally, …*
I *totally* agree with you on climate change.
Temperatures are *definitely* rising.
It's *extremely* important to do something.

d Use reflexive pronouns.
JR *himself* took photos for the installation.
We must take action *ourselves*.

➔ GAP 27: Emphasis (p. 194)

a) You will hear the first sentence from each set of examples above.
Listen carefully and read out the other sentences, using the same stress pattern.
Then listen and check.

b) Work in groups of four.
Each student rewrites one of sentences 2–5, using the stress patterns above.
Read the example for sentence 1 before you start.

1 We need to solve this problem
2 We have to save our environment.
3 I want to see more cycle paths.
4 The mayor promised to help with the problem.
5 Bike users need to take action.

a We do need to solve this problem.
b It's this problem that we need to solve.
c We definitely need to solve this problem.
d We need to solve this problem ourselves.

c) Each student reads out their sentences one by one.
After each sentence, comment briefly on the intonation and discuss where the emphasis lies.

2 Instead of using your car … (The gerund after prepositions)

After prepositions (e.g. *as well as, instead of, by, for, …*), we use a gerund, not the infinitive of a verb.

Complete these sentences from a local council brochure on cycling.
Use the gerund of the correct verb.

combine · cycle (2x) · get · improve · make · save · spend · take part · use

1 Instead of … your car, why not go by bike?
2 Just think about all the advantages of …
3 You'll save time by … exercise and transport.
4 You'll reduce the cost of … to work or school.
5 Instead of … money on petrol, you could buy something nice for yourself!
6 As well as … money, you'll help our planet.
7 By … in our project, you'll make a difference.
8 The council has spent a lot on … cycle paths.
9 Check our website for advice on … safely.
10 If you have ideas for … cycling safer and more attractive, get in touch with the council.

➔ GAP 14–15: The gerund (pp. 168/170)

The focus on this page is on words that help you to talk about involvement in political and social issues. Then you will talk about taking a stand on an important issue.

1 Nouns: Social and political involvement (Structuring vocabulary)

a) Structure the words in the box (mind map, table, …). Look up any words you don't know.

+activist · agreement · +campaign · +cause · +citizen · +democracy · civil/human/animal rights · +initiative · law · meeting · +MP · +opinion poll · parliament · +petition · political +party · +policy · pollution · +pressure group · public opinion · racism · +referendum · road +safety · +signature

b) Comment on how your partner has structured the vocabulary.
Then brainstorm other nouns you know that fit the topic and add them.

More help → p. 85 → SF 38: Ordering and structuring vocabulary (p. 134)

2 Verb and noun collocations (Social and political involvement)

a) Make a list of collocations with a verb and a noun from the boxes below, e.g. sign a petition.

attend · become · +demand · defend · +elect · join · oppose · organize · sign · start · support

activist · civil rights · democracy · demonstration · law · movement · MP · petition · referendum · racism

b) Compare and comment on your lists.
Think of other nouns to use with the verbs.

3 Collocations with prepositions (Social and political involvement)

a) Write one sentence with each of the verbs below. Use prepositions to link the verbs and the nouns.
It's important for everyone to take a stand on pollution.

campaign demonstrate discriminate protest take a stand take part	against for in on	· a campaign / protest · a demonstration · discrimination / racism / prejudice · the government · people who … · pollution / road safety / …

b) Tell your partner about an issue you find important.
Explain how you are involved, or would like to be. Use ten words or collocations from this page.
While listening to your partner, note down words or collocations they use. Then give them feedback.

Early finisher → p. 91

Two political systems

Before you read, watch two short clips on the American and British political systems. While you watch, take notes on the main political institutions in both countries and the powers they have.
Use your notes to compare the two systems.

Voting

Elections

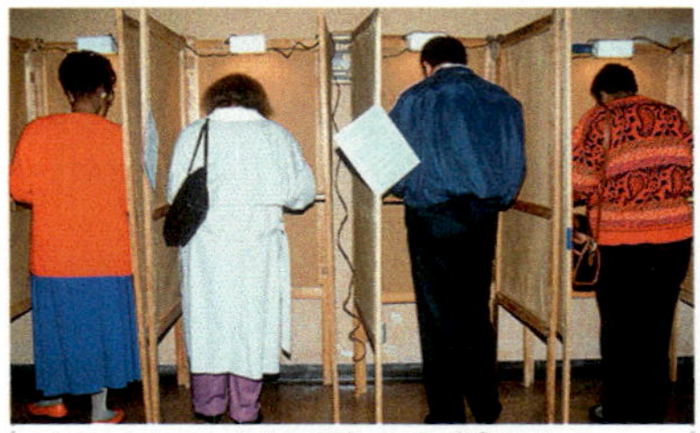
Voting in Los Angeles, California.

In the **US** you can vote from age 18:
- in local elections (e.g. for mayor)
- at state level (Governor, state Senators and Representatives)
- at federal level (President, Senators and Representatives in Congress)

In the **UK**, you can vote from age 18 (in Scottish elections from 16):
- in local elections (e.g. for mayor)
- for regional parliaments (in Northern Ireland, Scotland and Wales)
- in UK-wide elections to the House of Commons

The House of Lords is not elected, most members are appointed.
And, of course, people cannot choose their head of state, the Queen (or King), who is born to the job. Opinion polls show that most Britons would like a more democratic House of Lords. However, the monarchy is very popular, with between 70 and 80 percent of the people wanting to keep it.

Referendums and initiatives

In a referendum, the people are asked by the legislature to vote on a single issue.
In an initiative, citizens who want to change the law collect signatures. If they collect enough, a vote is held.

In the USA, referendums and especially initiatives are very common and are held in about half of the 50 states. Examples of initiatives include votes on cigarette taxes, on the minimum wage, on banning the death penalty and on legalizing marijuana. There are no referendums or initiatives at federal level.

In the UK, there are no initiatives, and referendums are only held on big issues.
In the last 50 years, there have been three nationwide referendums.
- 1975: Britons voted by 67 to 33 percent to join the EEC (later the European Union).
- 2011: The people voted against introducing a proportional system for House of Commons elections.
- 2016: Voters decided by 52 to 48 percent to leave the European Union.

Supporters of Remain in the 2016 EU referendum.

Supporters of Leave in the 2016 EU referendum.

There have also been a small number of special referendums in Scotland, Wales and Northern Ireland. In 2014, for example, the Scots voted against Scotland becoming an independent country.

Compare the right to vote in Germany with that in the UK and the USA.
www Find out more about the British and American voting systems.

Getting involved

Joining a party

If you join a political party, you can shape its policies and help to get its candidates elected. In the USA, there are two big parties: Republicans and Democrats. Smaller parties exist, but their candidates have little chance at federal level. Traditionally, the UK has also had a two-party system. Today, the two big parties, the Conservatives and Labour, hold almost 600 of the 650 seats in the House of Commons. Most of the other seats are held by regional parties from Scotland, Northern Ireland and Wales.

Young members supporting their party's election campaign in the UK.

You can join a UK party from the age of 15 or 16. In the UK, there are about 1 million party members (less than 2 percent of the population). By contrast, the two big parties in the US have over 70 million members (about a quarter of the population). One reason for this is you often need to register with a party to vote in primaries (the first round in an American election).

Standing for election

If you're a party member, you could try to get elected yourself.

Look at the table and say how well young people are represented.*

	House of Commons (UK)	House of Representatives (US)	Senate (US)
Average age	51	57	61
Members under 30	13 (of 650)	0 (of 435)	0 (of 100)
Youngest member	21	32	39
Minimum candidate age	18	25	30

**Figures for August 2016*

Mhairi Black, youngest MP

Fighting for causes

If you prefer to support a particular cause, you can join a pressure group. Unlike political parties, pressure groups do not usually put up candidates in elections. Instead they try to win over public opinion with petitions, demonstrations or other activities. Many of the big pressure groups like Greenpeace or Amnesty International operate in different countries. However, some groups fight for local causes, e.g. saving a historic building.

2015: Demonstrators wait for the Supreme Court decision on same-sex marriage.

Find out
- the names of UK Prime Minister and the Leader of the Opposition and the parties they belong to
- the names of the US President and the Senate and House majority leaders and their parties.

→ Workbook 19 (p. 24), Wordbank 3

2 Study skills — Making slides for an electronic presentation

In a presentation, it is important to keep your audience's attention. Good slides can help you to do this. This page will focus on four basic aspects of slide design: contrast, text, colour and photos.

a) Describe each pair of slides and how the design differs. Take notes on your ideas for each slide Say how well you think the design works.

1 Contrast

A

A green light for cyclists
… moving our city forward

A project by the students
of Hamley High School

B

A green light for cyclists
… moving our city forward

A project by the students
of Hamley High School

2 Text

A

A bike **infrastructure** for all

B

We demand
- a better bike path network
- fewer cars in our city centre
- lower speed limits in the city
- synchronized traffic lights for bikes

3 Colour

A

Cycling is good for health.

Start now.

B

Keep fit cycling!

4 Photos

A

B

b) **Partner A:** Go to p. 95. **Partner B:** Go to p. 97.
You will each find different tips on the four aspects of slide design. Read them and take notes.
Tell your partner about the insights you gained by reading the tips.
Then say whether you have changed your ideas from a) and give reasons.

➜ *SF 34: Making good slides for an electronic presentation (p. 130)*

 ➜ Workbook *20 (p. 25)*

Your task

A call for action

You're attending a European conference on young people's ideas for improving their communities. Prepare a two-minute electronic presentation with a proposal for action in your local community.
Work in small teams. ➜ SF 28: Working in a team (p. 126)

STEP 1 Agree on what action to take
Collect ideas. If necessary, check out your local newspaper or council website.
For example, you could
- support an existing community project or come up with your own
- focus on a local controversy and suggest how to resolve it

Discuss why each idea would be valuable to the community and agree on the best one.

STEP 2 Develop your idea
Work out the content of your presentation and make notes. For example, you could deal with:
- the key points showing what you plan to do
- how much it will cost and how it will be paid for
- whose support you will need, and how to get it
- who you can involve in your action, and how
- who will benefit
- ...

STEP 3 Prepare your slides
- Using your notes, prepare the slides. Check the guidelines for good slides on p. 50.
- Keep the two-minute time limit in mind. If necessary, agree on what to shorten or leave out.
- Then decide how many are going to speak and plan the transitions, e.g.
  And now we'd like to explain how the project will be financed. Alex will tell you something about that.

STEP 4 Practise your presentation
a) Practise giving your presentation out loud. Concentrate on speaking directly to your audience, using your slides just for reference.
b) Perhaps rephrase some sentences to emphasize your points more effectively.
➜ p. 46, exercise 1

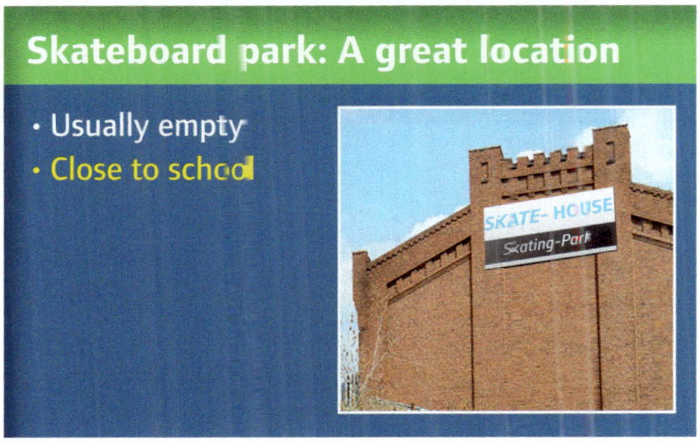

STEP 5 Present and give feedback
Give your presentation to the class.
Then listen carefully to the other presentations.
Take notes to help you give feedback.

STEP 6 Give feedback
- Using your notes, give feedback on each presentation you heard.
  Refer to the guidelines for good slides you discussed on p. 50 and how closely the presenters followed them.
- Say whether you would like to join in the proposed action and explain why.

How is the world changing?

A

B

1 Past, present, future

a) **Think:** Describe each pair of images above using words from the box. You can also look up words in a dictionary if you need them.

> globe · planet · technological progress · delivery · package · interaction · automation · communication · computer chip · digital device · drone · robot · artificial intelligence · bee · insect · pollinate · agriculture · food · production

b) **Pair:** Discuss how the image pairs reflect our world as we have known it and how this could change in the future.
Say what role you expect machines to play.
· The first pair shows ... This suggests that ...
· I can imagine machines replacing ....

c) **Share:** Join up with another pair and compare your ideas.
Imagine each image pair illustrates an article.
Agree on a headline for each article.
Read out your headlines to the class.

 ➔ Workbook 1 (p. 30), Wordbank 4

C

D

2 Your world - your future

a) Think of another pair of images to illustrate the present and the future.

b) Write a description of your idea and read it to your partner.

EXTRA Find images to fit your description. Hang them on the wall with your description. In a gallery walk, discuss what the images suggest about the future of the world.

- I think these images are optimistic/pessimistic about the world's future because ...

Your task

At the end of this unit:
Prepare for and take part in a panel discussion on a global issue.

1 Jigsaw reading: A newspaper article

Work in groups of four. All students will read the introduction to the article.
Then each student will read just one excerpt from the article and tell the others about it.

a) Read the introduction below.
Then discuss what you think the article will be about and think of a possible headline for it.

Like all new technologies, artificial intelligence promises great benefits but also comes with great risks. In the 18th century, James Watt's new steam engines made cotton cloth faster and better, but this innovation also took away the jobs of people who had made the cloth by hand. When nuclear power was first used to produce electricity, scientists had a vision of cheap, clean energy for everyone. But we now face the problem of what to do with huge amounts of radioactive waste. What we make of the opportunities AI gives us will depend on how we control the risks.

b) Read texts A–D on p. 55. Agree on which text each student will continue reading.
Then go to the Partner pages to read your complete excerpt:
A → p. 94, B → p. 96, C → p. 99, D → p. 100.

2 Sharing information

Tell your partners about your excerpt. Then summarize in a few lines what the article is about. Decide if the headline you chose in 1a) really goes with the article. If not, think of a better one.

- *My text deals with ...*
- *The excerpt I read explains/discusses/...*
- *The author considers the question whether ...*
- *The author assesses the effect of/the risk of/ ...*
- *The tone of the article is optimistic/pessimistic/ neither optimistic nor pessimistic/...*

EXTRA Present the results of your discussion to the class.

- *We had an interesting / a lively / ... discussion in our group.*
- *Most/Some/One of us thought that ...*
- *We agreed that ... / We wondered whether ... / We were concerned about ...*

A

Humans have many different forms of intelligence. They are intelligent, for instance, because they learn from their mistakes. If a child tries to touch a candle flame because it looks so pretty, it burns its fingers and won't try again.

B

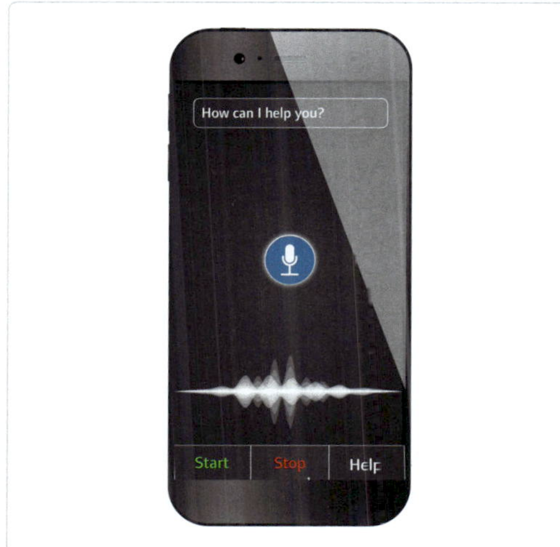

We don't need to wait for the future for examples of artificial intelligence; they are part of our day-to-day lives right now. Our smartphones can understand us when we talk to them and tell us the quickest way to get somewhere.

C

When Hollywood depicts AI, they often seem to come up with end-of-the-world scenarios. In movies like *The Terminator* or *The Matrix*, humans are in a desperate battle against intelligent machines for survival. So does AI really pose a threat to our existence?

D

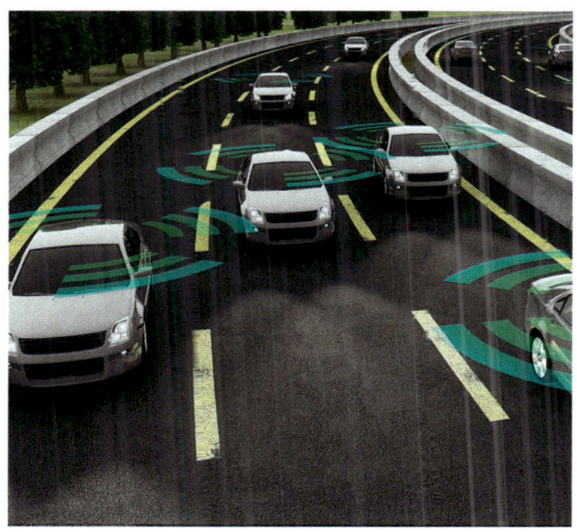

So are there no benefits in developing AI? For most people working in the field, the benefits far outweigh the risks. And these benefits are not vague ideas about superintelligent, conscious computers that might never exist, but very practical applications.

→ Workbook 3 (p. 31)

1 REVISION *People* or *The people* (The definite article)

Decide where you need to add a definite article to the sentences below. Discuss your answers, referring to rules in the Language help box.

1 Will ... people soon be replaced by ... machines?
2 Do you like ... people you work with?
3 It's important for us to protect ... nature.
4 A man has been sent to ... prison for water pollution.
5 Was ... life in the past more difficult than ... life today?
6 ... life of a bee only lasts a few weeks.
7 ... most smartphones are expensive, but ... most expensive ones are not always ... best.
8 ... teachers in Britain have voted to go on strike.
9 Not everyone is interested in ... politics.
10 Our family goes to ... church on Sundays.
11 I love the windows in ... church in Clyde Road.
12 I'm really interested in ... history.

Language help

In English, the definite article ***the*** is left out in certain cases where it is used in German. Do not use *the*

- before uncountable nouns (*history, life, nature*) or plurals (*books, train drivers, ...*) if talking about things or people in general
- before *most* when it is followed by a noun or noun phrase
- before certain buildings (*school, hospital, church, ...*) if talking about their usual function.

→ GAP 26: The definite article (p. 192)

2 REVISION The right position (Sequence of adverbials)

Rewrite the sentences including the adverbials. Compare your answers with a partner.

1 I attend music classes. (twice a week, usually)
2 You should read the label before buying a product. (always, carefully)
3 I have read such nonsense. (in a book, in my whole life, never)
4 You can come if you'd like to. (of course, really, to the party)
5 Tom and Jane have arrived, but we're waiting for Jake. (just, still, unfortunately)
6 We don't have hurricanes. (in the British Isles, luckily, often)

→ GAP 1: Word order (p. 142) More help → p. 86

3 REVISION Building complex sentences (Sequence of adverbials)

a) Arrange the puzzle pieces into meaningful sentences.

1	2	3
always, doesn't	close to the shore	dramatically, usually
he, in the shower	in the summer, swim	fortunately, improves
loudly, luckily	often, dangerously	in late spring
sing, on Sundays	sadly, whales	the weather, in the west

b) Label each puzzle piece using terms from the box.

subject · main verb · auxiliary verb · sentence adverb · adverb of frequency · adverb of manner · adverb of place · adverb of time

→ GAP 1: Word order (p. 142) Early finisher → p. 92

On this page you focus on collocations for talking about information and communication technology. At the end you will describe an app you like to a partner.

1 Managing your device

Make collocations using a verb from box A with words from box B. Structure the collocations (e.g. in a Venn diagram) under *getting connected* and *navigating*.

A

charge · click · connect to · enter · join · open · scroll · swipe · tap

B

the battery · the button · the icon · the internet · a local network · the menu · the search bar · the tab · your username · the web · wifi · down the page · to the right · to the left · on the screen

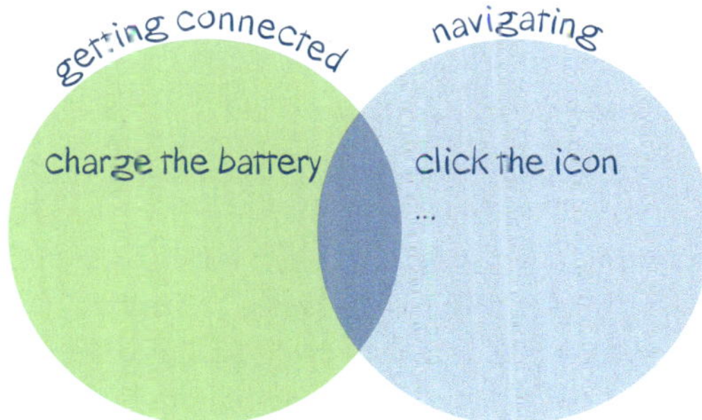

2 Software and data

Say what you can do in the situations below. Use a verb from box A and a noun from box B. More than one answer may be possible.

1 You want to play a game on your phone.
2 You want a friend to read an online article you saw.
3 The memory on your device is full.
4 You don't want to lose data.
5 You want to know what's on at the cinema.
6 You want to send your homework by email.
7 You have a new phone. You want to hear text messages arriving.

A download · install · run · create · make · save · delete · import · export · share · browse · search for · customize · add · take

B app · program · settings · backup · file · photos · selfies · music · attachment · the internet · the web · a link · a page

EXTRA Make six more phrases using boxes A and B. Then make a list of situations, one for each phrase. Give your list of situations to a partner and ask them to guess your phrases.

3 Communication and social media

a) Copy the list of verbs on the left. For each verb, make collocations using nouns from the box.

A

accept · block · choose · create · enter · invite · log in/on to · send

B

account · chat group · contacts · friend · friend request · friends to a conversation · password · text message · username

b) Compare your results. Check your collocations on the internet.

➜ *SF 37: Using the internet to improve your vocabulary (p. 133)*

Describe one of your favourite apps to your partner.
Say what it's for, how you can get it and how you use it. Use five words or collocations from this page.

➜ **Workbook** 6 *(p. 34)*

1 A feature article

a) Name things that would be missing at your meal times if there were no bees.

WHEN THE BEES BUZZ OFF

MEL FERAPIS, APRIL 24, 2017

For over 25 years, scientists have been collecting insects in traps in the same place in Germany. Traps which held 1,400 grams of insects in 1989 contained only 295 grams in 2016. Great, you think, fewer insects to bite or sting me. But without some of those insects, you might go hungry in future.

Imagine the scene. You're walking through the supermarket. You have coffee, tomatoes, fruit and sunflower oil on your shopping list, but you cannot find any of them. What's happened? Is it just a weird dream? No, you're definitely awake. But, of course – all those products you're looking for are pollinated by bees, and the bees are dying. Without bees, harvests of many crops will be much smaller, and some crops won't grow at all.

Since the beginning of the century, bee colonies have been disappearing around the world. Some years are worse than others. In 2015, for example, 42 percent of colonies in the USA collapsed. Although there is no single reason for this colony collapse disorder (CCD), scientists have identified several factors that play a role.

The use of particular kinds of pesticides called neonicotinoids – or neonics – has increased greatly during this century. It seems that neonics are especially good at killing bees.

Just like humans, who do best on a varied diet, bees are healthiest when they get pollen from a variety of sources. This is more difficult in times of industrial farming, which often covers huge areas with a single crop. In addition, cities and suburbs are spreading into the country, which destroys the wild flowers bees also rely on for food.

Parasites like the varroa mite, which weaken the bees' immune system and make them more prone to disease, are another problem.

New research shows that climate change is also affecting bee populations. Flowers bloom earlier in the spring and by the time bees come out of their winter hibernation, the flowers they feed on have already bloomed and died. In addition, in southern Europe and the south of the US, the bees' habitat is shrinking, as higher temperatures make it too warm for them to survive. Unlike other plants and animals, bees are not moving north to compensate, which might seem worrying.

Yet not all experts are so worried. Some say the worst years of CCD are over – global bee populations are no longer falling – and new laws in the US and Europe have limited the use of the pesticides which were contributing to the problem. With queens that lay 1,500 eggs a day, bee populations can also recover very quickly, even after 30–40 percent die off in any year.

What everyone agrees on is that we need to do all we can to ensure the survival of the bees – the world's food supply depends on it. Nearly all fruits and nongrain vegetables are pollinated by bees, so although we might still be able to eat muesli for breakfast, we'd have no fruit to go with it. Who would want to live in a world like that?

b) After reading the article, how would you change what you said in a)?

c) In groups of three, read these lines again:
Partner A: ll. 25–34 **Partner B:** ll. 35–44 **Partner C:** ll. 45–58.
Then: **Partners A and B:** Take notes on why the bee population has been falling.
Partner C: Take notes on why some people are not worried about the fall in the number of bees.

d) Explain what you have found out. Discuss the issues presented in the article.

EXTRA Write a tweet expressing your opinion about the bee population.

Writing a feature article

*In this unit, the text in focus is a **feature article**. Feature articles look at topics that have often been in the news for some time, exploring the background or causes. They appear in newspapers and magazines, in print or online. Over the next three pages, you will take the following steps to write a feature article.*

1 EXAMINE THE TEXT STRUCTURE
2 FOCUS ON LANGUAGE
3 WRITE A FIRST DRAFT
4 GIVE AND RECEIVE FEEDBACK
5 PRACTISE LANGUAGE STRUCTURES
6 IMPROVE YOUR STYLE
7 EDIT YOUR TEXT

1 EXAMINE THE TEXT STRUCTURE

Match the different elements of a feature article to the definitions.

1 headline	presents the topic and shows that it is relevant or interesting
2 summary	announces the topic in a catchy way
3 introduction	finds a strong way to finish
4 main body	sums up what the article will be about
5 conclusion	presents facts in a logical series of paragraphs

Compare your results. Then, on a copy of the article, identify and highlight the different parts.

2 FOCUS ON LANGUAGE

a) In texts like feature articles, the author will often wish to define or describe, explain or comment. Find these words in the text on p. 58:
traps (l. 2) · products (l. 10) · humans (l. 25) · compensate (l. 43)
Identify the structure that follows them and say what it is used for.

b) Find other examples of these structures and say why the author uses them.

➜ GAP 20: Relative clauses (p. 180)

3 WRITE A FIRST DRAFT

a) Choose a topic that interests you, e.g. *climate change, local power generation, pilotless planes, …*

b) Research your topic and take notes.

c) Organize your material in an outline. Find images to go with your text.

d) Write your first draft, using a similar structure to the text on p. 58

➜ SF 30: Finding information online (p. 127); SF 39 Making and taking notes (p. 134); SF 6: Making an outline (p. 103)

4 GIVE AND RECEIVE FEEDBACK

Read your partner's first draft. Give feedback on
- the overall structure of the feature article (e.g. Does it have all the elements described in 1?)
- the effectiveness of different elements (e.g. Is the headline catchy? etc.)

Comment on the use of language in your partner's text.
If possible, suggest where they could improve their text by using relative clauses.

5 PRACTISE LANGUAGE STRUCTURES

1 REVISION Products that depend on bees ... (Defining relative clauses)

Use the information in brackets to add a relative clause where it makes sense in each sentence.
Use relative pronouns (*who*, *which*, *that*) where necessary. Leave them out where possible.

1 Products (...) fill the shelves of our food stores (...). (*They depend on bees.*)
Products that/which depend on bees fill the shelves of our food stores.
2 Bees (...) help to produce the fruit and vegetables (...). (*We eat them.*)
3 The disappearance of bees (...) is a problem (...). (*It needs to be solved.*)
4 The experts (...) have pointed to different causes (...). (*They have investigated the problem.*)
Pesticides (...) are a big threat to bees (...). (*They are made to kill other insects.*)
6 The green spaces (...) are being eaten up by growing cities (...). (*Bees need them to survive.*)
7 One of the many problems (...) are the mites (...). (*They infect bees with disease.*)
8 Scientists (...) say the dangers (...) are not so great. (*They take a different view.*)

➜ *GAP 20.1–20.2: Relative clauses (p. 180)*

2 REVISION Global warming (Non-defining relative clauses)

Using a relative clause, rewrite each pair of sentences as one sentence,

1 Global warming has to be taken seriously. It is a huge threat to our future.
2 The world's oceans are under threat from rising temperatures. They are a source of food for millions.
3 Human beings must try to change their behaviour. They have already damaged our planet so much.
4 We should build a better infrastructure for cyclists. They help to reduce the levels of pollution.
5 Electric cars can also help to reduce air pollution. They are becoming more popular.
6 Wind energy is now being used in millions of homes. It is a clean source of power.

More help ➜ *p. 86* ➜ *GAP 20.3: Relative clauses (p. 180)*

3 ... which is bad news for polar bears (*which* referring to the main clause)

Add a relative clause to comment on each of the sentences.

1 Sea ice is melting.
2 Many people prefer holidays close to home.
3 Quite a few jobs could be done by robots.
4 A lot of younger people are eating less meat.
5 It costs more to produce organic food.
6 Some students volunteer before going to uni.

More help ➜ *p. 86* Early finisher ➜ *p. 92*
➜ *GAP 20.4: Relative clauses (p. 180)*

Sea ice is melting, which is bad news for polar bears.

6 IMPROVE YOUR STYLE Description techniques

A well-written article uses language economically, so try not to be too wordy. Concise sentences are more readable and often have a stronger impact.

a) Read the first five lines of an earlier draft of the article on p. 58. Say how you think the author wants to change the highlighted parts.

b) Read the tips below. Explain which of them refer to the highlighted parts of the text.

> **TIP Concise sentences**
> To write more concise sentences …
> 1 Consider cutting parts of the text that give information that is already known.
> 2 Use contact clauses instead of relative clauses wherever possible.
> 3 If possible, include extra information in a clause instead of adding it in a separate sentence.
> 4 Find a single word with the same meaning to replace a group of words.

c) On a copy of the text, highlight the parts *you* would change. Note down your reasons.

d) Compare your ideas for changing the text.

e) Look at lines 5–20 of the text on p. 58. Compare your ideas for changes to the text with the changes the author made. Discuss whether you wish to revise any of your changes.

Imagine the scene. You're walking through the supermarket. You have coffee, tomatoes, strawberries, oranges, apples and sunflower oil on your shopping list, but you cannot find any of them in the supermarket. What's happened? Is it a weird dream, a nightmare perhaps? You pinch yourself and let out a cry. You're awake. Then you remember: all those products that you are looking for are pollinated by bees, and the bees are dying. Without our friends the bees, harvests of many crops will be so much smaller and some crops that we need won't grow at all

Since the beginning of the century, bee colonies have been disappearing around the world. Some years are worse than others. Quite a good example of a really bad year is 2015, when 42 percent of all the colonies in the USA collapsed. There seems to be no single reason for this colony collapse disorder. Scientists call it CCD for short. They have identified several important factors and say that they all play a role.

7 EDIT YOUR TEXT

a) Read your first draft again and consider
- your partner's feedback on it (step 4)
- relevant points from steps 5–6

Make improvements where possible.

b) Mark two parts of your text you think could still be improved. Ask one or two other students for advice. Then make your final changes.

3 The world behind the picture

1 In the news

A

B

C

D

a) Describe the stills above. Explain who/what you think the news clip is about.

b) Watch the clip. Takes notes on
- the issue the report is about
- the people shown in the report
- why the issue is important to these people

c) Watch the clip again. Take notes on the solutions that the people in the report want.

d) Say whether you think the people in the report will achieve their goals and explain why / why not.
- *Maybe a report like this will influence public opinion.*
- *Don't forget social media.*
- …

www Find out about the history of "The news".

2 Making the film: Elements of a news clip

a) Make a list of the different types of communication that are used in a news report.
- *news reporters explain a situation*
- *music for atmosphere*
- …

More help ➔ p. 87

b) Watch the clip again. Say whether it uses the same types of communication as you listed in a). Add to your list if necessary. Say if you think these different elements are important for understanding a report and explain why.

c) Read the two statements and say if they match the news clip.

"A news clip should always show both sides of an argument without emotion. A news reporter's job is to inform the public, not to comment."

"A news clip should speak to the viewer's emotions. It is acceptable to report only one side of an argument if it is the right side."

d) Discuss your views of the statements in c).

EXTRA Describe the sources you get news from. Are the reports you watch similar to the clip you've just watched. Explain why / why not?

ENERGY FOR THE FUTURE?

Hydraulic fracturing, or fracking, is a technique used to extract oil and gas from shale rock thousands of metres below ground. The well goes down vertically at first and then the well shaft continues horizontally through the shale rock layer. The horizontal part of the shaft is perforated with holes. Once the drilling is completed, fracking fluid – a mixture of water, sand and chemicals – is pumped into the well at very high pressure. The fracking fluid produces countless fractures in the rock. Gas or oil then passes back through these fractures and up the shaft where it is refined and transported to market via pipelines, rail or trucks.

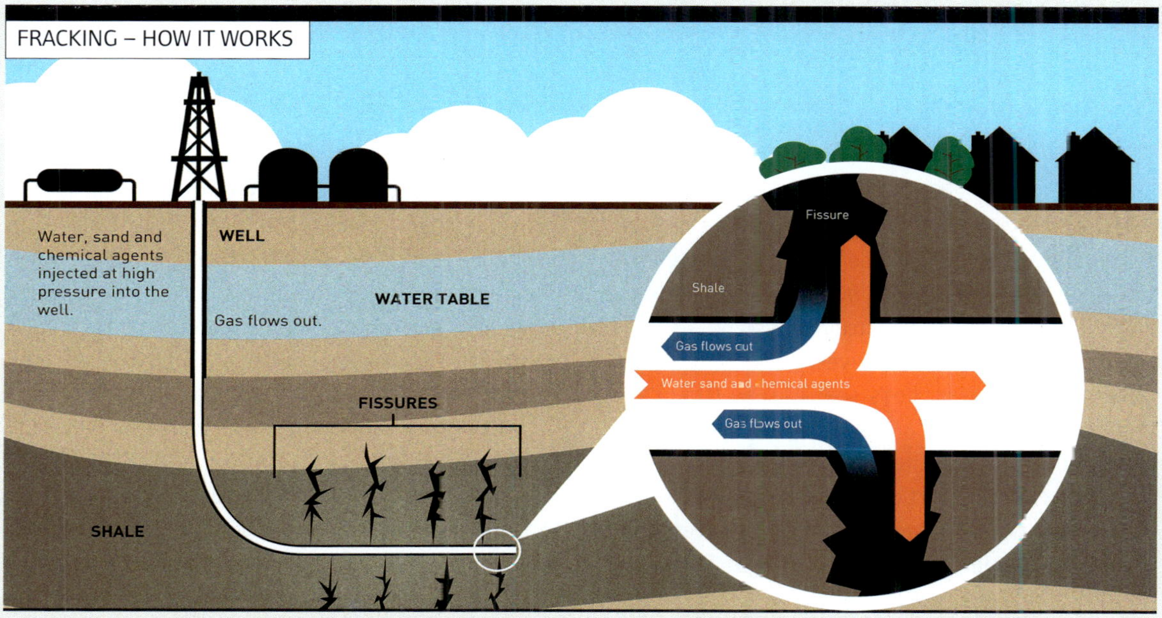

THE RISKS

- Fracking can contaminate our water supply. At the drill site, highly toxic chemicals in the fracking fluid can leak from the well into the water table.
- Gas leaks from the pipelines transporting the fuel can cause huge explosions and fires.
- Oil spills can also pollute large areas, killing wildlife and vegetation. From 2010 to 2016, 9 million gallons spilled from US pipelines.
- Between 68 and 150 billion gallons of water is used yearly in the 35,000 wells in the US, as much as is consumed by 2–4 million people.

THE BENEFITS

- Fracking allows fuel companies to extract gas and oil they could not previously reach.
- Fracking has made the US the world's leading producer of natural gas.
- Natural gas is a cleaner source of energy than coal as it produces fewer harmful particles.
- Fracking has greatly increased oil and gas production in the US, making these fuels much cheaper.
- Thanks to fracking, the US has become less dependent on importing oil and gas.

You choose Research topic a), b) or c). Then report back to your group.

a) Other risks or benefits of fracking (e.g. climate, jobs, …)
b) An oil spill
c) Fracking in a European country

→ Workbook 8 (p. 37), Wordbank 5

1 Maximum happy imagination from *Mr. Penumbra's 24-Hour Bookstore* by Robin Sloan

Clay Jannon loses his job as a web designer when his company goes bankrupt. New jobs in IT are hard to find, so Clay is now working nights as a clerk in Mr. Penumbra's 24-hour bookstore in San Francisco. The strange thing is that the bookstore has few books for sale but many books that members come to borrow at all hours of the night. Clay's job is to record the details of the members' visits in a log book – why, he does not know.
Clay sets up some Google ads to try and attract other customers and in this way meets Kat Potente, who works for Google. Later during the night, after she has left, Clay emails Kat and asks her out to lunch the next day.

a) Say what you think Clay and Kat will talk about on their first date.

"... CALLED SINGULARITY SINGLES," Kat Potente is saying. She's wearing the same red and yellow BAM! T-shirt from before, which means (a) she slept in it, (b) she owns several identical T-shirts, or (c) she's a cartoon character— all of which are appealing alternatives.

Singularity Singles. Let's see. I know (thanks to the internet) that the Singularity is the hypothetical point in the future where technology's growth curve goes vertical and civilization just sort of reboots itself. Computers get smarter than people, so we let them run the show. Or maybe they let themselves ...

Kat nods. "More or less."

"But Singularity Singles...?"

"Speed-dating for nerds," she says. "They have one every month at Google. The male-to-female ratio is really good, or really bad. Depends who—"

"You went to this."

"Yeah. I met a guy who programmed bots for a hedge fund. We dated for a while. He was really into rock-climbing. He had nice shoulders."

Hmm.

"But a cruel heart."

We are in the Gourmet Grotto, part of San Francisco's gleaming six-floor shopping mall. It's downtown, right next to the cable-car terminus, but I don't think tourists realize it's a mall; there's no parking lot. The Gourmet Grotto is its food court, probably the best in the world: all locally grown spinach salads and pork belly tacos and sushi sans mercury. Also, it's below ground, and it connects directly to the train station, so you never have to walk outside. Whenever I come here, I pretend I'm living in the future and the atmosphere is irradiated and wild bands of biodiesel bikers rule the dusty surface. Hey, just like the Singularity, right?

Kat frowns. "That's the twentieth-century future. After the Singularity, we'll be able to solve those problems." She cracks a falafel in two and offers me half. "And we'll live forever."

"Come on," I say. "This is just the old dream of immortality—"

"It is the dream of immortality. So?" She pauses, chews. "Let me put it a different way. This is going to sound strange, especially because we just met. But, I know I'm smart."

That's definitely true—

"And I think you're smart, too. So why does that have to end? We could accomplish so much if we just had more time. You know?"

I chew my falafel and nod. This is an interesting girl. Kat's utter directness suggests homeschooling, yet she is also completely charming. It helps, I guess, that she's beautiful. I glance down at her T-shirt. You know, I think she owns a bunch that are identical.

"You have to be an optimist to believe in the

---

clerk (Büro-)Angestellte(r) **customer** Kunde/Kundin **singularity** *Theorie aus der Zukunftsforschung (Zeitpunkt, zu dem der technologische Fortschritt sich so beschleunigt hat, dass die Zukunft der Menschheit nicht mehr abgeschätzt werden kann)* **growth curve** Wachstumskurve **smart** schlau, intelligent **immortality** Unsterblichkeit **chew** kauen **accomplish sth.** etwas erreichen, vollbringen, bewirken **utter directness** vollkommene Offenheit

Singularity," she says, "and that's harder than it seems. Have you ever played Maximum Happy Imagination?"

"Sounds like a Japanese game show."

Kat straightens her shoulders. "Okay, we're going to play. To start, imagine the future. The good future. No nuclear bombs. Pretend you're a science fiction writer."

Okay: "World government ... no cancer ... hover-boards."

"Go further. What's the good future after that?"

"Spaceships. Party on Mars."

"Further."

"Star Trek. Transporters. You can go anywhere."

"Further."

I pause a moment, then realize: "I can't."

Kat shakes her head. "It's really hard. And that's, what, a thousand years? What comes after that? What could possibly come after that? Imagination runs out. But it makes sense, right? We probably just imagine things based on what we already know, and we run out of analogies in the thirty-first century."

I'm trying hard to imagine an average day in the year 3012. I can't even come up with a half-decent scene. Will people live in buildings? Will they wear clothes? My imagination is almost physically straining. Fingers of thought are raking the space behind the cushions, looking for loose ideas, finding nothing.

"Personally, I think the big change is going to be our brains," Kat says, tapping just above her ear, which is pink and cute. "I think we're going to find different ways to think, thanks to computers. You expect me to say that"— yes—" but it's happened before. It's not like we have the same brains as people a thousand years ago."

Wait: "Yes we do."

"We have the same hardware, but not the same software. Did you know that the concept of privacy is, like, totally recent? And so is the idea of romance, of course."

Yes, as a matter of fact, I think the idea of romance just occurred to me last night. (I don't say that out loud.)

"Each big idea like that is an operating system upgrade," she says, smiling. Comfortable territory. "Writers are responsible for some of it. They say Shakespeare invented the internal monologue."

Oh, I am very familiar with the internal monologue.

"But I think the writers had their turn," she says, "and now it's programmers who get to upgrade the human operating system."

I am definitely talking to a girl from Google. "So what's the next upgrade?"

"It's already happening," she says. "There are all these things you can do, and it's like you're in more than one place at one time, and it's totally normal. I mean, look around."

I swivel my head, and I see what she wants me to see: dozens of people sitting at tiny tables, all leaning into phones showing them places that don't exist and yet are somehow more interesting than the Gourmet Grotto.

"And it's not weird, it's not science fiction at all, it's ..." She slows down a little and her eyes dim. I think she thinks she's getting too intense. (How do I know that? Does my brain have an app for that?) Her cheeks are flushed and she looks great with all her blood right there at the surface of her skin.

---

straighten straffen **cancer** Krebs *(Krankheit)* **physically straining** körperlich anstrengend **rake** absuchen **cushion** Kissen **loose** lose, locker **privacy** Privatsphäre **romance** Romantik, romantische Liebe **occur to sb.** jm. einfallen, in den Sinn kommen **operating system upgrade** Update des Betriebssystems **swivel** drehen **dozen** Dutzend **dim** sich verdunkeln **intense** ernst **flushed** gerötet

"Well," she says finally, "it's just that I think the Singularity is totally reasonable to imagine."

Her sincerity makes me smile, and I feel lucky to have this bright optimistic girl sitting with me here in the irradiated future, deep beneath the surface of the earth.

b) Compare Clay and Kat's conversation to what you imagined they might talk about. Describe your first impression of the two characters.
- *I expected them to talk about ... / I was sure they would discuss ...*
- *My impression of Clay/Kat is ... / To me, Clay/Kat seems to be ...*

2 Comprehension

a) Work in groups of three. Each partner chooses one of the quotations below. Read your quotation carefully and describe its content to your partners in your own words. Then say what connections you see between the different quotations.

1 *(ll.40–44)*
"After the Singularity, we'll be able to solve those problems." She cracks a falafel in two and offers me half. "And we'll live forever."
"Come on," I say. "This is just the old dream of immortality—"

2 *(ll.82–88)*
"Imagination runs out. But it makes sense, right? We probably just imagine things based on what we already know, and we run out of analogies in the thirty-first century."

3 *(ll.107–110)*
"We have the same hardware, but not the same software. Did you know that the concept of privacy is, like, totally recent? And so is the idea of romance, of course."

b) Find some lines from the story that you like. Explain to the class why they appeal to you.

3 Analysis

a) Describe the game *Maximum Happy Imagination*. Then explain
- why it's so hard to play
- why Kat believes computers can help us to play it

b) Explain what Kat means when she says: *But I think the writers had their turn ...* Do you agree with her?

EXTRA Play *Maximum Happy Imagination*.

4 Comment

You choose a), b) or c).

a) Tell the story of Kat and Clay's first date from Kat's perspective.
b) Write a short text describing your world in 20 years from now.
c) Draw a comic strip about your world in 20 years from now. Use speech bubbles and/or captions.

reasonable vernünftig, akzeptabel **sincerity** Ernsthaftigkeit, Aufrichtigkeit **bright** klug, gescheit **beneath** unterhalb (von)

→ Workbook 9 (p. 38)

1 Romantic relationships in the US

a) Read about how a German student in the United States reacts to two incidents. Describe each incident and your reaction to it.

Anika, 16, is spending a year abroad at an American high school in Boulder, Colorado. She has become friends with Shireen, a popular girl in her class. The two girls are sitting together after lunch when Shireen's phone rings: it's Jamal. During their conversation, Shireen agrees to go on a date with Jamal on Friday evening. After she hangs up, she explains to Anika that Jamal is one of those guys who pays for everything: the movie, the popcorn, etc.

A few minutes later, Shireen gets a text from Gavin inviting her to drive with him to 'Strawberry Park' hot springs outside Boulder on Friday. To Anika's surprise, Shireen texts back "Yes!". They text a few times and agree on a time and place to meet. Shireen then starts dialling Jamal, then stops and says to Anika: "Quick, help me think of an excuse!"

Anika is shocked, but Shireen explains: "It's OK. We're only dating – it's nothing serious."
In Anika's second month in Boulder, Shireen takes her to a party at Gavin's house.

At the party Anika starts talking to Steve and finds out that they both share a passion for soccer. She tells him that she is in a soccer team in her hometown of Halle. When Steve tells her about a match at the weekend that she might be interested in, Anika suggests that they could go together. Steve hesitates for a moment and then explains that he is 'seeing someone'. He looks a bit embarrassed and asks Anika not to take it personally, but that he and his girlfriend are in an 'exclusive relationship'. Steve then disappears into the living room and seems to want to avoid Anika. Anika isn't sure why Steve has reacted like this and feels embarrassed.

b) Go to p. 102. Read a blog by another exchange student about dating in the United States. Then compare your country with what you have learned about the United States. In what ways are relationships similar and/or different?

2 Netiquette in Germany

Harrison, a US exchange student, asks these questions about dating etiquette on social media in Germany:

1 What's a good way to start a conversation?
2 Do people usually use emoticons?
3 What does it mean if someone doesn't answer my text?
4 Is it OK to end a relationship by text message?

a) Go to the article on page p. 103.
Partner A: Scan the article for answers to questions 1 and 2.
Partner B: Scan the article for answers to questions 3 and 4.

b) Take turns to answer Harrison's questions in English.

Early finisher → *p. 93*

Prediction and understanding

You can often predict how a sentence someone has started might end.
Similarly, you can guess the direction a conversation is going to take.
This page will focus on how prediction can help you understand spoken English better.

1 Predicting one word

a) Write down which word will go in each of these gaps. Then listen and check.

- Would you like a cup of tea or ... ?
- Stop! It's a red ...
- Be careful! If you drop it, it will ...
- Do you take milk and ... ?
- Hurry, or we'll miss the ...
- If you go out in the sun, wear a ...

b) You will hear two people talking about birthday plans.
The recording will stop nine times before the end of a sentence.
Write down the word you expect the sentence to end with.

c) Listen to the conversation with the missing words spoken. Check your answers.

d) Report which words you were able to predict.
Explain why you found it easy (or difficult) to predict a word.

2 Predicting several words

a) You will hear people talking at a birthday party.
The recording will stop six times. Write down the words you expect to hear next.

b) Listen to the whole conversation with the missing words spoken. Check your answers.

c) Listen to the conversation again.
Each time the recording stops, explain why predicting the missing words is possible.

3 Listening for detail

a) Listen to the first part of the dialogue again. Decide which statements are false and correct them.

1 Beth wants to invite twenty people to her party.
2 Beth decides to invite Jeremy to her party.
3 The neighbours were annoyed about Beth's party last year.
4 The party will be in Beth's garden.

b) Read these sentences about the party.
Put them in the order you think you heard them.

1 Someone in the park threatens to call the police.
2 Beth cuts her birthday cake.
3 They turn up the music.
4 Beth blows out the candles.
5 Someone in the park complains about the noise.
6 The guests thank Beth.
7 Everyone sings Happy Birthday.

c) Then listen again and check.

4 Reflection

Discuss how predicting words can help you to understand better when listening.

Gist and inference

This page focuses on two important skills: listening for **gist** *and listening for* **inference**

1 Gist

Gist is general meaning or "the bigger picture".
Understanding the gist of what somebody says means getting the main idea(s).

a) Read the words below. Then think of a context (one word) in which they could all be used.
airport · bus · flight · hotel · passport · plane · ticket
If you get the gist, it's often easier to predict the kind of words you are likely to hear.

b) Make a list of ten words you might hear in a conversation about a picnic.
Compare your ideas.

2 Inference

To infer is to understand what someone means when they don't say it explicitly.
You have to "read between the lines".
You'll hear four short dialogues.
After each dialogue, decide if the statements are true or false. Give reasons for your answer.
Dialogue 1 The girl is in the mood for a pizza.
Dialogue 2 The girl doesn't trust the boy.
Dialogue 3 Dan is afraid to climb up the ladder.
Dialogue 4 The boy isn't annoyed with the girl.

3 A conversation: Getting the gist

a) You'll hear two boys, Matt and Zach, talking about a party they went to.
Brainstorm the subjects you think could come up in their conversation.

b) Listen to the first part of the boys' conversation.
Say which subjects they discussed.

c) Predict which topic they will talk about in more detail. Then listen and check.

4 A conversation: Reading between the lines

a) Listen to Zach giving advice to Matt. Say what advice he gives.

b) Listen again. Take notes on the boys' attitudes to each other.
· Say if/when/how Zach's attitude changes during the conversation.
· Say whether you think Matt will accept Zach's advice.

c) Decide if Zach and Matt are close friends. Note down reasons and discuss your ideas in class

5 Reflection: Understanding a relationship

a) Listen to the final part of the dialogue. Say if Matt thinks Zach has helped him. Give reasons.

b) Choose words from the box that describe
· Zach's relationship to Matt · Matt's relationship to Zach
Explain your choice.

admiration · affection · harmony · jealousy · patience · impatience · respect · disrespect · trust · understanding

SF 27: Listening strategies (p. 125)

Workbook 11 (p. 38)

Study skills — Preparing for a panel discussion

In a panel discussion, a small group of people discuss a topic of interest in front of an audience.
The discussion is chaired by a moderator.
On this page, you will focus on skills that will help you to hold a good panel discussion.

1 The topic

Choosing a good topic will help to make a panel discussion successful. A good topic is one that
· appeals to the audience (e.g. it is interesting, relevant, controversial, …)
· is practical to research (e.g. it is focused, not too general; facts and arguments are available online; …)

Look at these four topics and discuss how well they meet the critieria above.
Then agree on a topic for a panel discussion.

· *We need to reduce air pollution.*
· *Private cars should be banned.*
· *We should limit families to one child.*
· *Overpopulation should concern us all.*

2 The roles

a) Listen to three excerpts from a panel discussion.
Decide which speaker is the moderator and which are panellists. Explain your answer.

b) Read these twelve tips. Make two lists of tips, one for panellists, one for the moderator.
Some of the tips are good for both roles.

1 When presenting your position, refer to views already expressed.
2 Show respect when referring to the views of others, even if you disagree with them.
3 Introduce the topic and the panellists.
4 React to other panellists during the discussion, e.g. to support or to disagree with them.
5 Present your position in a structured way.
6 Make sure that all important aspects of the topic are discussed.
7 Make sure that everyone stays on topic.
8 State your position briefly in a provocative or catchy sentence.
9 Sum up and maybe comment, but without taking sides, and thank everyone at the end.
10 Make sure that everyone has an equal chance to speak.
11 If you prefer not to be interrupted with a question, say so firmly, but politely.
12 Invite questions from the audience.

3 The language

a) Listen to six short excerpts from a panel discussion. Match each excerpt to a situation in 2b).

b) Listen to each excerpt again. Write down a key phrase or sentence for each situation.
1 I would like to remind you that our topic today is … 2 …

c) In groups of four collect key sentences for the situations in 2b).
Partners A and B: Collect sentences for panellists.
Partners C and D: Collect sentences for the moderator.
TIP You can organize your sentences in a discussion fan.

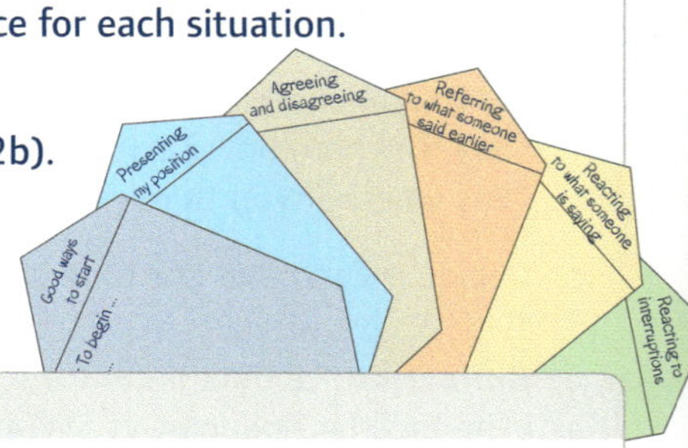

4 The arguments

Discuss these tips. Explain why they might be important for panellists and/or the moderator.
1 Research the topic thoroughly.
2 Find arguments for your position and rank them from strong to weak.
3 Think of how the others may argue and what counter-arguments you could use.
4 During the discussion, take notes while you're listening.

➜ *SF 19: Preparing and taking part in a panel discussion (p. 119)*

 ➜ Workbook 12 (p. 39)

Your task

Let's discuss this!

The whole class will set up, take part in and give feedback on one or more panel discussions.

STEP 1 Advance planning

Make decisions on the following points:

- whether to invite an audience from outside your class (another class, other teachers, parents, …)
- the date, time and venue (classroom, school hall, …)
- furniture and seating (Where will the moderator, panellists and audience sit?)
- equipment (Will you need a microphone? A timer for the moderator? An internet connection?)
- how many topics to discuss; which topic(s)

Plan how to share responsibility for any arrangements you need to make.

STEP 2 Preparing for the discussion

a) Agree on a topic (or topics). Perhaps choose the topic you agreed on in 1 on p. 70.

b) Choose panellists and a moderator for each discussion you have planned.

c) Prepare for your roles on one or more panel discussions.

Panellists	Moderators
• Brainstorm aspects of your topic that might come up, and how best to research them. • Research your topic. • Rank your main arguments and decide how to structure your contribution. • Think about how to answer possible arguments from other panellists or questions from the audience.	• Decide what information you need as the moderator and research your topic. • Form a group with other moderators and discuss how to introduce your topic and the panellists • Then discuss how you could summarize at the end.

d) At the end, you will give feedback on each discussion. Before the event, use a placemat to choose feedback criteria for the moderator <u>or</u> panellists.

- Consider the tips from 2b) on p. 70 when discussing your criteria.

Then compare your ideas in class. For each role, make one final list for the whole class.

STEP 3 On stage

Hold your panel discussion(s).

- During the discussion(s), students in the audience should make notes for giving feedback.
- They can also note down any questions they wish to ask the panellists at the end of the discussion.
- At the end, the moderator questions the panellists before inviting questions from the audience.

STEP 4 Feedback

Using the list of criteria you prepared, give feedback on the discussions you watched.
Reflect on the feedback you receive and suggest anything you could improve next time.

Text challenge

In the Oberstufe, you will often have to work with a variety of challenging texts:

- **literary** texts, like excerpts from novels, short stories, poetry, drama, many autobiographies, …
- **image-based** texts like posters, adverts, graffiti, …
- **non-fiction**, like news articles, comments, reviews, biographies, …

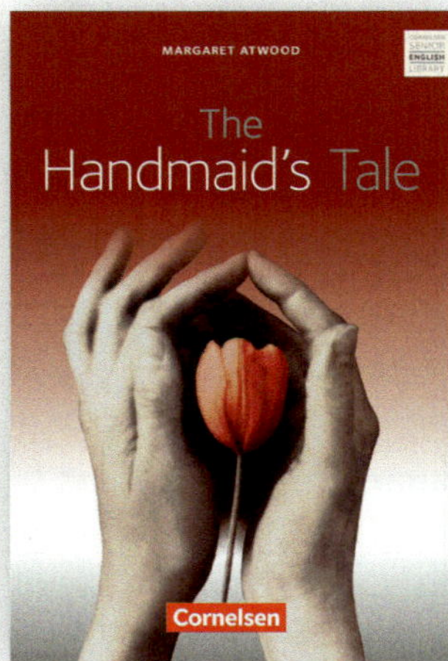

When working with these texts you will be asked to:

- demonstrate that you understand them generally and in detail (**comprehension**)
  - ***State*** *your opinion on the last paragraph of the text.*
  - ***Summarize*** *the short story's plot. /* ***Write a summary*** *of the article.*
- study how they are written and what effects this has on the reader (**analysis**)
  - ***Analyse*** *the main elements of the poster.*
  - ***Explain*** *what effect this advert has on the reader.*
  - ***Show*** *that you understand the meaning of the illustration.*
- give an opinion, reaction, or go beyond the text (**comment**)
  - ***Comment on*** *the use of language in the text.*
  - ***Discuss*** *how the colours in the poster influence you.*

In the following pages you will read three different types of text.
At the end of each text are tasks that will help to prepare you for class tests in the Oberstufe.

---

literary ['lɪtərəri] **biography** [baɪ'ɒɡrəfi] **review** Rezension, Besprechung **summarize; summary** zusammenfassen; Zusammenfassung **plot** Handlung(sverlauf) **outline** skizzieren, erläutern **analysis** [ə'næləsɪs] Analyse, Auswertung **oral** mündlich

What's in a name?

(from Finding Nevo by Nevo Zisin)

When I was born, I was named Liat. Liat is a Hebrew name that my mum felt very strongly about, one that I grew to feel a deep connection with. It translates loosely into English as "You're mine". It was a special message from my mother to me. Those series of letters somehow became defining to who I was as a person.

Some trans people hate their birth names. There is a lot of associated trauma and distress and many refer to it as their "deadname". It is considered an act of transphobia to use someone's birth name without their consent. I have had mine used many times without consultation, in interviews and articles and by people who have decided it is too difficult to adjust to a new name. That name being used as a way of invalidating my identity has caused a bitter rift in my relationship with those people. Though truthfully, I love my birth name. Revealing that name to people is a recognition of closeness. So by choosing to include my birth name at this point in my book, I am allowing you to see a very guarded part of me.

There will always be a part of me that is Liat. I think of her almost as a little sister, and sometimes I miss her. When I refer to my past self, sometimes I use "she" pronouns and sometimes I use my old name. By no means does that give permission to anyone else to do the same. I exclusively use they/them and he/him pronouns now, and that is what I expect people to use when referring to me in the past. I know this sounds confusing, but I think it's okay to have a different set of rules for myself in relation to my gender and past than I do for others.

There is a part of me that wishes I could have kept my birth name. But as time went on, my name felt distant. I started to see it as a "girl's name" rather than my name. Out of the mouths of those I knew would not accept me it felt like a slur, an insult and total invalidation. When people said that I would always remain Liat to them, it felt like they would never see me for who I truly was, just merely the performance I had been. Once my name became my insult, there was no getting it back.

I spent a long time deciding on a name for the new me. It's difficult to choose your own name. I started making lists and searching Hebrew baby-name books. It was important to me that the name would be Hebrew as my Israeli heritage is central to my identity. I thought about Lior – close to my name: maybe too close. It would feel strange correcting people. Also, it's a gender-neutral name and it was very important to me to have a masculine name (whatever that means!). I read my list of new names to Tia. She didn't like any of them. But they were Hebrew and probably sounded very foreign and strange to her. I would have loved my mum to be a part of my name-choosing process, except she was not ready to face the reality of my transition.

I went away for the weekend to a Hebrew camp organised by my school in which Israeli leaders came to teach us about topics relating to Israel. I asked one of them what her favourite Hebrew boy's name was and she said Nevo. And something about it felt right. I also loved that it could be shortened to Nev for those who

Hebrew ['hiːbruː] hebräisch **associated** [ə'səʊʃieːtɪd] verbunden, zugehörig **distress** Leid, Verzweiflung, Schmerz **refer to** sprechen von **consent** Zustimmung, Einverständnis **consultation** Absprache **adjust to** sich einstellen auf, sich anpassen an **invalidate** annullieren, entwerten **rift** Kluft; Krise **by no means** keinesfalls **gender** Geschlecht *(als soziales Merkmal)* **rather than** statt als **slur** Beleidigung **remain** bleiben **truly** wirklich, wahrhaft(ig) **merely** lediglich **once** *(conj)* sobald **heritage** ['herɪtɪdʒ] Erbe **Tia** *an old and very close friend of Nevo's* **transition** Wandel; Übergang *couldn't correctly pronounce it. I told my close friends and Tia and I started living more comfortably with myself.*

But my mother didn't know my name. I left the house and was Nevo, authentically and truthfully, and at home I was Liat, quiet, sad and hidden. Eventually my mum found out my new first name, and I gave her the opportunity to choose my middle name. That is how I became Nevo Amiel Zisin.

***

With the tension with my mum over gender issues, I avoided telling my dad I was trans. Similar to when I came out as a lesbian, I offered myself adjustment time between parent coming outs. We were at lunch when I decided to tell him. I could barely hear the conversation over the sound of my thumping heart. It was time.

Dad and I had always had a relationship that might be described more stereotypically as father-son. We used to wrestle, go fishing and fly kites. Those aren't activities restricted to boys but I told myself becoming his son wouldn't change our relationship very much. At the end of our meal, I quickly blurted out how I had been feeling. He took a moment, looked at me, and said something along the lines of, "I'd be lying if I said I was completely surprised. I will always support you no matter what. I just want my kids to be happy." I couldn't believe the relief that followed. I thought he would understand but I didn't quite expect the degree.

It did however become clear that his initial reaction was perhaps more accommodating than he was feeling. He struggled with the new reality, especially in conversations over medical intervention and he often tried to tell me how supportive he was, in a way that felt to me like he was congratulating himself.

People often tell my parents how incredible they are for supporting me. While this is true, it certainly doesn't make me feel very good about what a "burden" I have been to my parents and how much they've had to "overcome" to accept me. This reinforced the feelings I had that I was consciously bringing this selfish and hugely difficult transition onto my family as a way of being destructive. I had no choice in the matter; this was survival. Believe me, I am grateful for their support, but that doesn't mean I shouldn't have expected it.

Accepting your child for who they are and being there for them, regardless of how difficult it may be, should not be placed on a pedestal.

* * *

authentic(ally) [ɔː'θentɪk] echt, authentisch **eventually** schließlich, letzten Endes **avoid** vermeiden **barely** kaum **wrestle** ['resl] ringen, kämpfen **fly kites** Drachen steigen lassen **blurt sth. out** mit etwas herausplatzen **lie, lied, lied** lügen **relief** Erleichterung **accommodating** entgegenkommend **struggle with** ringen mit, sich abmühen mit **medical intervention** medizinische Eingriffe **congratulate** gratulieren **incredible** unglaublich **burden** Bürde, Last **reinforce** [ˌriːɪn'fɔːs] verstärken **consciously** wissentlich, bewusst **selfish** egoistisch **grateful** dankbar **regardless of** *(prep)* ungeachtet; unabhängig davon **pedestal** Sockel

STEP 1 Comprehension

Task: Outline the process Nevo goes through while transitioning from Liat to Nevo.

- Look at aspects like parents' attitudes, gender pronouns, …
- Describe how Nevo gets his new full name.

STEP 2 Analysis

Task: Explain how the author influences your impression of Nevo in this passage.

- Take account especially of the point of view used.
- Illustrate your findings with quotations from the text.

STEP 3 Comment

You choose a), b) or c).

a) *Nevo says, "It was important to me that the name would be Hebrew as my Israeli heritage is central to my identity."* Reflect on what else can influence a person's identity.

b) Read the quotation from the text. Then discuss the questions that follow. *Accepting your child for who they are and being there for them, regardless of how difficult it may be, should not be placed on a pedestal."* Should we expect parents to support their children no matter what? And should they get special recognition if they do?

c) Comment on how important your own name is to you.
   - Explain why you would or would not want to have a different name. What name might you choose? What would change for you if your name was different?

EXTRA Think about what can define a person's identity, e.g. nationality, fashion, taste in music, etc. Then discuss this question:
If we don't share someone's identity, to what extent should we respect it?
How can we show respect for that identity?

take account of sth. etwas beachten **case** Fall

Text challenge 2

In the *Oberstufe*, you will be asked to interpret texts that combine words and images. There are three important steps:

- *comprehension* You describe the content of the image-based text: What is it about? This is a skill you have often used, for example when describing images like photos or posters.
- *analysis* You study how the content is presented and what effect that has on the viewer.
- *comment* You react with a critical or personal comment in written or spoken form.

STEP 1 Comprehension

Task: Describe one of the posters to your partner.

➜ *SF 31: Describing and interpreting images (p. 128)*

STEP 2 Analysis

Task: Discuss how the two posters convey their message about organ donation.

- Refer to the kind of **image** used, e.g. photo, drawing, etc. Also mention qualities such as colour or size, how realistic or unrealistic the image is, etc.
  - ***The use of a*** *photo/illustration/ …* ***makes the message*** *clearer/more emotional/…*
  - ***The*** *dark/bright/different/…* ***colours*** *make it easier to understand/reinforce/…* ***the message****.*
- Refer to the kind of information the **text** contains, e.g. emotional, humorous, facts, statistics, etc. You can also mention the amount of text, the colour/size of the letters, the use of capital letters, etc.
  - ***By asking*** *a short/an emotional/…* ***question****… /* ***By including statistics, the poster …***
  - ***The use of*** *only a few words/capital letters/larger and smaller letters/…* ***makes the message*** *…*
- Explain how well the **image** and **text** fit together.
  - ***By depicting*** *different organs/… ,* ***the poster*** *focuses on/highlights/…* ***the message of the text****.*
  - ***The*** *image of a face/girl's facial expression/… complements/reinforces/…* ***the text****.*

---

organ donor Organspender/in **convey** übermitteln, vermitteln **donation** Spende **mention** erwähnen **reinforce** verstärken, untermauern **contain** enthalten **capital letter** Großbuchstabe **depict** darstellen, abbilden **complement** ergänzen, komplementieren

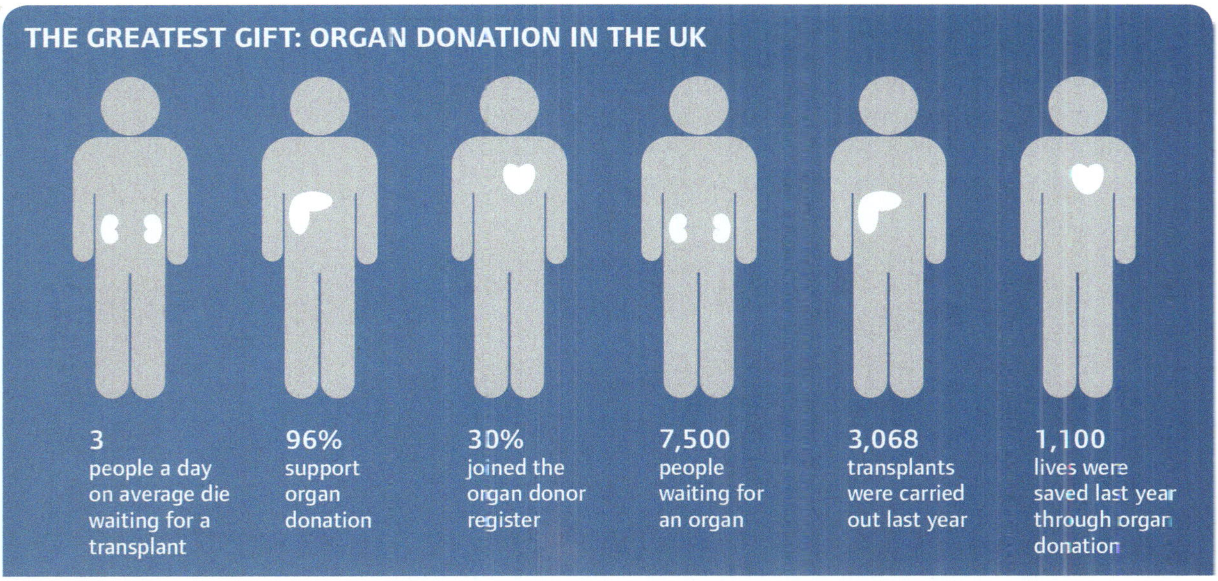

STEP 3 Comment

Task: Compare the two posters and comment on how effective they are.

- Compare the message and goal of the posters.
  - *In my view, the message of the two posters is similar/different/…*
  - *Although … focuses on a single person/on statistics …, it seems to me that they both want to …*
- Refer to points you covered in your analysis.
  - *In general I think a photo/statistics/facts/… move/influence/… people more than …*
  - *In this case, I feel/don't feel that the illustration/photo/colours/… work very well.*
  - *In my opinion a shorter/longer/more detailed/… text is more/less effective because …*
- You may also wish to give your own opinion on the issue.
  - *I feel/don't feel very strongly about transplants because …*

EXTRA FUTURE CHALLENGES

In the *Oberstufe*, you can expect to be given just one single instruction (*Operator*) for a task. In addition, you may be asked to use a specific format (e.g. discussion) or text type.

You choose a), b) or c).

a) Write a story showing the effect that receiving an organ can have on somebody's life.

b) In a short article, comment on the relevance of organ donation to young people.

c) In a discussion of the two posters, assess how effective campaigns of this kind can be.

gift Geschenk **carry out** aus-, durchführen **single** einzelne(r, s) **in general** generell; im Allgemeinen **influence** beeinflussen **in this case** in diesem Fall **instruction** Anweisung; Operator **specific** spezifisch, speziell **receive** erhalten, empfangen

The Crowdfunded Conservationist Who Wants to Save the World

Has a young Dutchman found the solution to all that plastic in our oceans?

Ten miles from the Dutch coast, near the top of a concrete high-rise in downtown Delft, is a palatial glass-walled office better suited to Silicon Valley than a 13th-century city. The building is home to the Ocean Cleanup, a foundation created in 2013 that is hoping to deploy a giant 62-mile-wide filtration device in the Pacific Ocean, the initial step in an effort to rid the seas of plastic. When I visited the Netherlands last June for the launch of a scaled-down prototype, I found the CEO, 22-year-old Boyan Slat, slumped in a cubicle. His shaggy hair gave him the look of either a boy-band star or an eccentric genius, depending on your opinion of him — and these days there are a few.

Slat is a new breed of environmentalist: young, crowdfunded, and tired of waiting around for government solutions. Still, he's less a traditional ocean conservationist than a natural engineer. When he was 12, he set a Guinness World Record for the most water rockets launched simultaneously: 213.

Slat's inner environmentalist didn't come alive until he was 16, when he began scuba diving on a trip to Greece. Expecting to see an array of sea creatures, he instead saw a slew of plastic trash. The experience was life changing. Slat, who would soon drop out of Delft University of Technology to focus on the issue full-time, remembers thinking, *This plastic problem, I want to know more about it.*

The news was grim. About nine million tons of plastic waste makes its way into the oceans each year — by 2050, plastic will outweigh fish. Making matters worse, much of the debris has been broken down by wind, waves, and sun into tiny microplastics, which are extremely difficult to remove.

conservationist Umweltschützer/in **a concrete high-rise** ein Betonhochhaus **palatial** [pəˈleɪʃl] palastartig **suited to** geeignet für, passend zu **foundation** Stiftung **deploy** stationieren, installieren **filtration** Filterung **in an effort to do sth.** in dem Bemühen, etwas zu tun **rid sth. of sth.** etwas von etwas befreien **launch** *(v)* starten; *(n)* Einführung **scaled-down** verkleinert **CEO (chief executive officer)** Hauptgeschäftsführer/in **cubicle** Bürozelle **either … or …** entweder … oder … **genius** Genie **breed** Art, Sorte **rocket** Rakete **scuba diving** Sporttauchen, Gerätetauchen **array** [əˈreɪ] Ansammlung, Anordnung **slew** *(infml)* Menge **grim** düster **debris** [ˈdebriː] Abfall **remove sth.** etwas entfernen

As Slat's obsession grew, he gravitated to the infamous Great Pacific Garbage Patch, a vast area between Hawaii and the North American continent, where it has been estimated that 170,000 tons of plastic rubbish swirl in the currents. He contacted marine engineers, scientists, and experts to talk about cleaning up the Garbage Patch. Everyone told him the problem was unsolvable. Dozens of other entrepreneurs were also searching for a solution, to no avail.

A breakthrough came when he discovered the work of American oceanographers Curtis Ebbesmeyer and Jim Ingraham, who, in the 1990s, tracked the movement of a lost consignment of 29,000 rubber bath toys as they floated across the Pacific, corralled by the current. If ocean flotsam remained grouped together, says Slat, "why can't you just stay put and let the plastic come to you?"

In 2013, Slat developed the Ocean Cleanup Array, a moored, 62-mile V-shaped floating barrier (think of a giant pool noodle with a five-foot fin extending below the water's surface), which will lie across a plastic-laced stretch of Pacific current and funnel the trash to its vertex, where a silo-like receptacle will then catch and store the debris. The barrier, Slat says, will reduce the Garbage Patch by half in less than a decade. Early estimates put the cost of the array at $330 million.

After a TED Talk Slat gave in 2013 went viral, he launched his first crowdfunding campaign, raising $80,000 in 15 days. A second effort, in 2014, brought in $2.1 million from 38,000 donors, including $600,000 from the Dutch government.

At his office in Delft, no one seemed concerned that, apart from the prototype, the barrier remains conceptual (its launch is scheduled for late 2020), nor were they bothered by the Ocean Cleanup's partnership with fossil-fuel giants Boskalis and SBM Offshore, which are contributing materials and engineering expertise. "We're trying to get the point across that we can't just not talk to them," said 31-year-old Bruno Sainte-Rose, the project's lead computation modeler, referring to other big industry players. "If they come with a couple of million dollars, we're interested."

Not surprisingly, the Ocean Cleanup's funding philosophy and lofty goals have met with criticism. Kim Martini, a University of Washington oceanographer who often satirizes what she sees as Slat's boyish naiveté on the blog Deep Sea News, has written the project off as unfeasible, due to concerns about the prototype. Marcus Eriksen goes even further, suggesting that the Ocean Cleanup could do more harm than good, diverting resources from efforts to keep plastics out of the ocean in the first place.

Eriksen cofounded the 5 Gyres Institute, a Culver City, California, nonprofit that focuses on activism, research, and education, to fight plastic pollution at the corporate and government level. He says the problem has been described inaccurately, thanks in part to organizations like the Ocean Cleanup. "It's not a patch, and it's not a soup either," Eriksen told me. "It's a plastic smog. And like the smog in our atmosphere, just cleaning it up is not a viable solution." He believes money and effort should go toward policy instead of what he considers pie-in-the-sky innovation. "When the Clean Air Act came into play, it set high standards for what's tolerable in terms of emission controls. You saw gasguzzlers come off the roads, standards for coal-burning plants, corporations innovate. There was no one saying, 'Let's suck carbon out of the atmosphere.' "

gravitate to sich angezogen fühlen von **infamous** ['ɪnfəməs] berüchtigt **patch** Fleck **estimate** *(v)* schätzen; *(n)* Schätzung
current Strömung **entrepreneur** [ˌɒntrəprə'nɜː] Unternehmer/in **to no avail** vergeblich, erfolglos **track** nachverfolgen
consignment Sendung **float** treiben **corralled** [kə'rɑːld] eingefangen, eingepfercht **flotsam** Treibgut **remain** bleiben
stay put an Ort und Stelle bleiben **moored** vertäut **fin** (Kiel-)Flosse **funnel** *(durch einen Trichter)* leiten **vertex** Scheitelpunkt
receptacle Behältnis **donor** Spender/in **apart from** abgesehen von **be bothered** ['bɒðəd] beunruhigt sein, sich gestört fühlen
fossil fuels fossile Brennstoffe

Slat regards his critics the way a teenager greets parents who just don't get it. "Even if we stopped producing plastics today, ocean-born microplastics will still increase twentyfold or more over the next few decades if we don't do anything," he told me. We were in the galley of the Estrella, a battered fishing boat hired for the day to ferry a scrum of journalists out to witness the 328-foot prototype's mooring in the North Sea, 14 miles from the Dutch coast. It was dawn, and the faint silhouettes of wind turbines were visible on a stormy horizon. Slat apologized for the plastic cup that held my steaming coffee. "It's everywhere," he said, wringing his hands.

"Human history is a list of things that couldn't be done and then were done," he continued. "The way you advance a technological society is to try things—to be controversial and contrarian in your thinking in order to get to something that eventually people say, 'I told you it was a great idea.' "

Three months later, the prototype was pulled from the water for maintenance after engineers detected damage from heavy wind and waves. "When ideas are confronted with reality," Slat wrote on the Ocean Cleanup's website, "there will always be surprises."

computation modeler *jemand, der für Berechnungsmodelle zuständig ist* **referring to** mit Bezug auf **lofty** vornehm, stolz **meet with criticism** auf Kritik stoßen **satirize** satirisch verspotten **write sth. off as unfeasible** etwas als undurchführbar abtun/abschreiben **due to** aufgrund von **harm** Schaden **divert resources** [daɪˈvɜːt] Mittel/Ressourcen umlenken **in the first place** von vornherein **corporate** Unternehmens- **level** Ebene **viable** realisierbar, brauchbar **pie-in-the-sky** Luftschlösser **Clean Air Act** Gesetz zur Luftreinhaltung *(USA)* **in terms of …** was … betrifft **gasguzzler** *(AE, infml)* Benzinfresser **plant** Werk, Fabrik **corporation** Konzern **carbon** Kohlenstoff **regard** betrachten **twentyfold** zwanzigfach **galley** Kombüse, Bordküche **hire** mieten **witness sth.** etwas miterleben, Zeuge bei etwas sein **dawn** Morgengrauen **apologize** sich entschuldigen **advance sth.** etwas vorantreiben, voranbringen **contrarian** nonkonformistisch **in order to** um zu **maintenance** Wartung

STEP 1 Comprehension

Task: Write a profile of Boyan Slat and explain his mission.

- Read the task carefully. You will need to write about two things: Boyan Slat the person and his project.
- Scan the text to identify the relevant content.
- Pay attention to the adjectives and nouns the author uses to describe Slat. These words can help you better understand what kind of person he is. They might also help you describe him.

STEP 2 Analysis

Task: Analyse whether or not the author of the article has presented a balanced view of Boyan Slat's project, its supporters and critics.

- First, identify the place in the article where the author presents criticism of the project.
- Then list the arguments for and against Slat's project and the ways the article's author presents these arguments.
- Support your analysis with quotations.

STEP 3 Comment

You choose a), b) or c)

a) Comment on Slat's Ocean Cleanup project. Explain why you would or wouldn't support his project.

b) Comment on the role the internet and crowdfunding has played in the realization of the Ocean Cleanup project. Discuss the potential advantages and disadvantages of this type of fundraising and consciousness-raising.

c) Not everyone can start a project like Boyan Slat. However, as individuals we constantly make decisions that affect our environment.
Discuss different ways in which, as consumers, people can take on responsibility for the environment.

EXTRA ▶ Watch a video about the Ocean Cleanup.

- Summarize what you see. Say
  - who is speaking and what their message is
  - what audience they want to reach
  - what the aim of the video is.
- Give examples of the film techniques in the video and explain why they are used.
  Describe the effect the video has on you.
- If you were making a video about a cause you support, what techniques would you borrow from this video? What would you do differently?

consciousness-raising Bewusstseinsbildung, Sensibilisierung **consumer** Konsument/-in **doubts surrounding the project** [daʊts] Zweifel, die mit dem Projekt einhergehen **failure** Fehlschlag, Misserfolg

Part A

5 Painting with words

p. 15

b) Read the tip on p. 15. Then look at these images and decide if they are similes or metaphors.

From "Bestiary" *a bird shaped like a question mark*
Lochinver *howls like a dog · a ship spews out whiskery fish · you are crackling over the phone schooner crewed by dead sailors · bubble of yellow light*

Read the poems on p. 14 again. Look for other examples of imagery.
Think about the words and describe the images they create in your mind.

Access to words

2 Collocations

p. 16

Read these sentences about the people in 1. Use an adjective/adverb from the box to make the meaning stronger, and one to make it weaker. The third adjective/adverb doesn't fit.

The man:
- *I'm proud to be Scottish.* ———— extremely · little · quite
- *I'm a fan of Manchester United.* ———— great · large · not particularly
- *People say I'm ambitious.* ———— not really · really · unfortunately

The woman:
- *I am passionate about the environment.* ———— fairly · really · sadly
- *One place that has influenced me is Paris.* ———— carefully · particularly · somewhat
- *I'm hoping to study the violin.* ———— extremely · particularly · really

Part A Practice

1 REVISION Statements and arguments (Simple present, simple past)

p. 20

a) Correct the mistakes. Be careful: one highlighted verb in each paragraph (1–5) is not a mistake.

1 Equal pay for equal work is a basic right. If a woman doesn't earns as much as a man doing the same job, this is discrimination. It exist in many countries.

2 Here in the UK we have a long history of discrimination at the workplace. In 1970, the Equal Pay Act has made it illegal to discriminate on pay. But my grandma has worked in a factory in the 1970s and 80s. And she don't earned as much as men in the same job.

3 Today the situation improves. Men and women in the same jobs earns the same. Sadly, women are still at a disadvantage. The average woman in a full-time job receive 8.6% less than the average man. And the gap is even bigger for a woman who take time off to have children. Twelve years after she is having her first baby, the gap between her and a man can reaches 33 percent!

4 Where do I got these facts? I didn't made them up. I found them in a report from the Office of National Statistics that has come out just last year, half a century after the Equal Pay Act has became law.

5 So the question is: why exists still a pay gap between men and women?
If you're thinking this question is important, you should raise your voice in protest.

Part C

3 Discussion (Adjectives and nouns)

p. 22

b) Discuss the difference between personal and genetic identity. These ideas might help you:

Think of twins (with identical DNA) who are adopted by two different families, in different parts of the world, with a different education, different amounts of money, different religions, …

Are they still identical?

Which of these characteristics are connected to personal identity and which to genetic identity? Group the words on a mind map.

culture · development · education · environment · eye colour · growth · hair colour · health · how you live · language · money · religion · skin · way of life · where you live

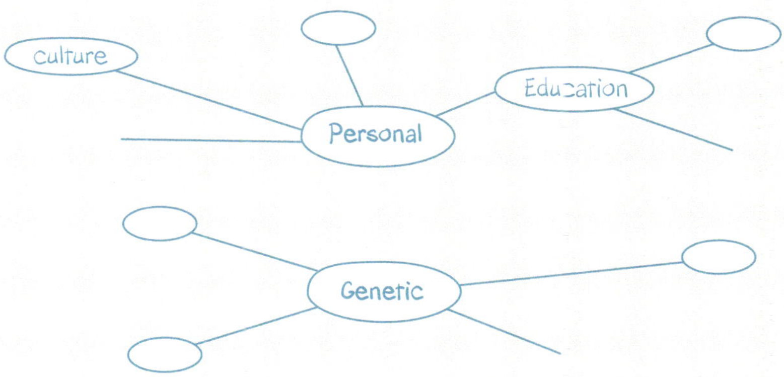

The world behind the picture

3 Collocations (Adjectives and nouns)

p. 22

b) Watch two scenes again. In which scene do these things happen, and in which order?

The music:
creates tension
fades out
grows louder in a crescendo
is relaxed
is quieter again when the people speak
is simple and slow
moves us and perhaps makes us cry
reaches a climax
reflects the mood of the people

What we see and hear:
happy faces
cheering
whistling
applause
laughter
the same slow music, but much louder
a single instrument, perhaps a synthesizer
You don't really notice the background.

2 More help

Lead in

1 Coming together

p. 30

a) These words might help you. Look them up in the Dictionary if you are unsure of their meanings.

A market · buy/sell · +trader · +customer
B hang out · +socialize
C have a debate · +House of Commons (*+lower house in the UK parliament*) ·
D +carols · Christmas · choir

1 +participate · religious · +ritual · +Holi (*the Hindu festival of colours*)
2 protester · march · fight for a +cause · take a +stand
3 buy/sell · +shares · goods · +stock · +stock market · trade · +traders
4 social media · online community

Part A Practice

2 Helping a visitor (Indirect speech: *advise, promise, suggest …*)

p. 36

Report what Lauren's German friends said. Use one of the verbs after the sentence.

1 Dirk: "Don't worry about queuing, Lauren. There's always space on the bus." (tell · promise)
Dirk told Lauren not to worry because there was always space on the bus.
2 Dilek: "Come and try a healthy, vegetarian breakfast at our house. (refuse · invite)
3 Dilek: "I'm not going to take no for an answer!" (refuse · offer)
4 Dirk: "If you like, I'll lend you a guide book to the Baltic." (tell · offer)
5 Marc: "If I were you, I'd go to Rügen. It's really nice there." (advise · promise)
6 Dilek: "Hey! Why don't we speak German with Lauren? She's here to learn it." (tell · suggest)
7 Dirk: "Sorry, Lauren. I won't speak English to you again. Oops!" (promise · advise)

REMEMBER
- change pronouns (e.g. I => she/he)
- most of the verbs take the to-infinitive. But suggest takes the gerund.

Access to cultures

2 Getting along in Germany

p. 37

A US exchange student in Germany, Kim, talks about situations she found surprising. Read the "problems" on p. 37 and these explanations about cultural differences. Give Kim advice for the future.

1 Im Englischen gibt es nur eine Form der 2. Person.
2 Ein verfrühter Geburtstagsglückwunsch soll Unglück bringen.
3 Im Gegensatz zu den USA wird Leitungswasser in deutschen Restaurants selten angeboten/bestellt.
4 In den USA sind Radwege auf bzw. neben dem Gehweg nicht verbreitet.
5 In den USA meldet man sich privat selten namentlich am Festnetztelefon. Stattdessen sagt man nur „Hello".

Part B Practice

1 Talking about time … (Participle clauses with *after, before, since, …*)

p. 42

Fill the gaps with verbs in the right form. Use participle clauses with the given conjunction.

1 Joanna returns to the States. Before that, she takes Alicia up in a small plane.
Before *returning* to the States, Joanna … Alicia up in a small plane. (return, take)

2 Joan Abelove returned home. Twenty-five years later, she wrote her first novel.
Twenty-five years **after** … home, Joan Abelove … her first novel. (return, write)

3 J. K. Rowling published her first novel in 1997. She has sold over 450 million books.
Since … her first novel in 1997, J. K. Rowling … over 450 million books. (publish, sell)

4 Harry Potter travels to Hogwart's School. He makes friends with Ron Weasley.
While … to Hogwart's School, Harry Potter … friends with Ron Weasley. (travel, make)

5 Jake, the hero, leaves home one morning. He sees a strange box on the steps.
When … home one morning, Jake, the hero, … a strange box on the steps. (leave, see)

6 Sue invites Alex for a goodbye drink. Then she leaves England for Australia.
Sue … Alex for a goodbye drink **before** … England for Australia. (invite, leave)

3 Talking about connected actions (Participle clauses meaning *and …*)

p. 42

Using participle clauses and verbs in the correct form, fill the gaps to rewrite the sentences in two different ways. Then go back to p. 42 and try sentences 5 and 6.

1 The women live with the local people **and** study their way of life.
a) The women *live* with the local people, *studying* their way of life.
b) *Living* with the local people, the women … their way of life.

2 The author describes small-town life **and** paints a fun picture of local characters.
a) The author … small-town life, … a fun picture of local characters.
b) … small-town life, the author … a fun picture of local characters.

3 The plot develops quickly **and** holds the reader's interest.
a) The plot … quickly, … the reader's interest.
b) … quickly, the plot … the reader's interest.

4 The hero wanders around the town **and** looks for a place to eat.
a) The hero … around the town, … for a place to eat.
b) … around the town, the hero … for a place to eat.

Access to words

1 Nouns: Social and political involvement (Structuring vocabulary)

p. 47

a) **Structure the words in the box on p. 47 (mind map, table, …). Look up any words you don't know. You could use these categories:**

Form of involvement	Political system Issues	People and groups

Part A Practice

2 REVISION The right position (Sequence of adverbials))

p. 56

Rewrite the sentences including the adverbials in the correct position.
Compare your answers with a partner.

1 I ... attend music classes ... (twice a week, usually)
2 You should ... read the label ... before buying a product (always, carefully)
3 I have ... read such nonsense ... ... (in a book, in my whole life, never)
4 ... You can come ... if you'd ... like to. (of course, really, to the party)
5 Tom and Jane have ... arrived, but ... we're ... waiting for Jake. (just, still, unfortunately)
6 ... We don't ... have hurricanes ... (in the British Isles, luckily, often)

Part B Practice

2 REVISION Global warming (Non-defining relative clauses)

p. 60

Using a relative clause in the gap, rewrite each pair of sentences as one sentence.
Remember: Only use "who" or "which" in a non-defining relative clause. Don't use "that".
Separate the non-defining relative clause from the main clause with commas.

1 Global warming ... has to be taken seriously. — It is a huge threat to our future.
2 The world's oceans ... are under threat from rising temperatures. — They are a source of food for millions.
3 Human beings ... must try to change their behaviour. — They have already damaged our planet so much.
4 We should build a better infrastructure for cyclists ... — They help to reduce the levels of pollution.
5 Electric cars ... can also help to reduce air pollution. — They are becoming more popular.
6 Wind energy ... is now being used in millions of homes. — It is a clean source of power.

3 ..., which is bad news for polar bears (*which* referring to the main clause)

p. 60

Add a relative clause to comment on each of the sentences.
You can choose some of the ideas in brackets.

1 Sea ice is melting.
(bad news for polar bears / water levels are rising / can cause climate change)
2 Many people prefer holidays close to home.
(better for the environment / make travel cheaper / good for local business)
3 Quite a few jobs could be done by robots.
(more free time for people / people lose jobs / fewer mistakes)
4 A lot of younger people are eating less meat.
(positive effect on health / we need less land to produce food / good for the environment)
5 It costs more to produce organic food.
(reason why some farmers haven't changed to organic farming / more expensive for shoppers)
6 Some students volunteer before going to uni.
(useful experience/ older when they start work / benefits lots of people)

The world behind the picture

3 Making the film: Elements of a news clip

p. 62

Look the stills below. For each still, note down the way information was communicated.
Think about

- camera work (long shot, medium shot, close-up, etc.)
- film material (e.g., Does the report use footage of earlier events?)
- the spoken word (the reporter explains a situation, people are interviewed, etc.)
- other sounds (e.g. music, singing, etc.)
- the use of text (captions on screen, shots of text)

A

B

C

D

E

F

G

H

Writing a limerick

← p. 14, A poetry circle

a) A limerick is a traditional form of funny (sometimes rude) rhyme which follows certain rules. Read this example by Edward Lear (1812-1888) to yourself and answer the questions:

There was an Old Man with a beard,
Who said, 'It is just as I feared!
Two Owls and a Hen,
Four Larks and a Wren*,*
Have all built their nests in my beard!

- Lines 1, 2 and 5 must rhyme, how many syllables are there in each line?
- Lines 3 and 4 must rhyme, how many syllables are there in each line?

b) Rewrite the following limerick with the words in order so that they follow the rhyming rules:

was there from a man young Cologne
the called his best on phone who friend:
let's walk for a go,
have talk and a good,
better much alone being than it's.

c) Now compose your own limerick, keeping in mind the stress and rhyming rules. You can choose your own beginning or start with *"There once was a student called …"*

Similes

← p. 15, Create your own images

Create pairs using the expressions in the box to make English similes and match them with their definitions.

Example: This describes someone who has a very high opinion of themselves. as proud as a peacock

1. This describes someone who is extremely worried and nervous
2. Behaving carelessly and clumsily
3. Someone who refuses to change their mind
4. To be so confident that you don't care what others think
5. To be calm even in stressful and difficult situations
6. Describes a task that is very simple to achieve
7. An expression used mainly to describe children who behave very well

~~peacock~~ like a cat pie as cool as a
like a bull as stubborn as a brass
in a china shop ~~as proud as a~~
gold as bold as mule
as good as
as easy as
on a hot tin roof
cucumber like a bull

---

lark Lerche **wren** Zaunkönig **bold** wagemutig **brass** Messing **china** Porzellan **clumsily** tollpatschig **cucumber** Gurke **mule** Maultier **peacock** Pfau **stubborn** stur **tin** Blech

DNA manipulation

p. 23, The passive: present progressive form

a) Choose a verb from the box to complete the sentences.

discover · replace · extract · discuss · examine

b) Match the sentences to the pictures below.

1. New methods of manipulating DNA ... by scientists every day it seems.
2. Here, genetic material ... from a human cell.
3. DNA sequences ... by a scientist looking for damaged genes that can lead to disease.
4. The disease-causing gene ... with a good copy from a healthy cell.
5. Still the question of whether we should change our genetic code ... today

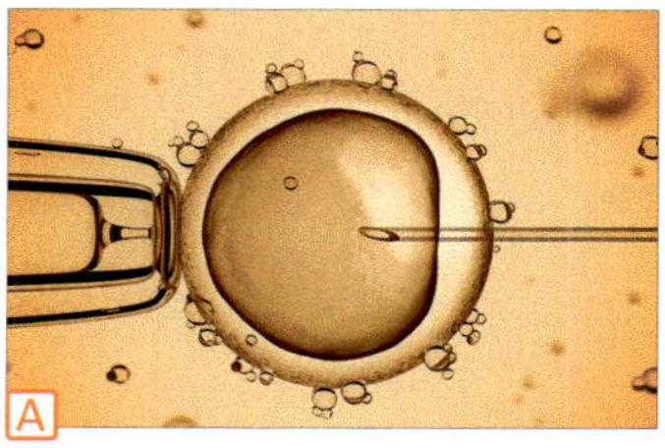
A

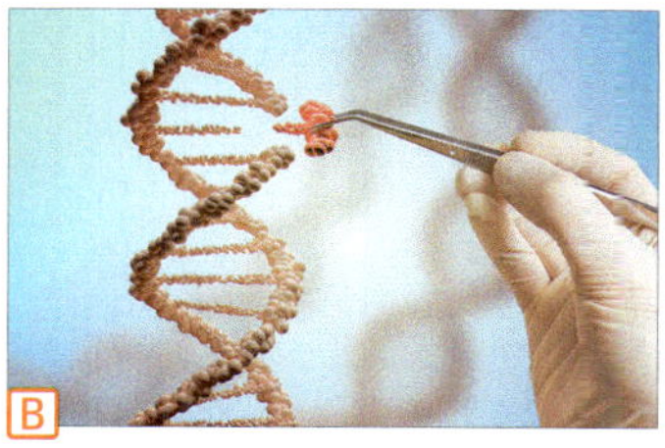
B

C

D

E

Advertising slogans

p. 25, Influencing an audience

a) Write these mixed-up slogans in the order you think best and match them with their product.

1. to fresh success leads breath
2. a journey getting than A is just more from to B
3. pocket life your whole in your keep
4. your healthy way day the start

A

B

C

D

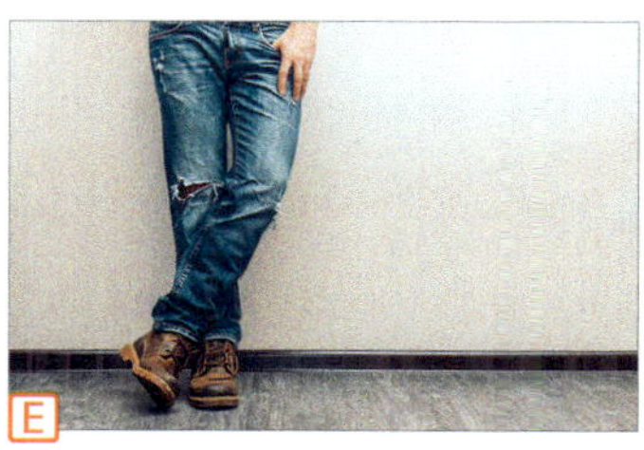
E

F

b) Create your own slogans for the two pictures that don't have one.

Synonyms

p. 35, A meeting of two Americas

a) Find ten pairs of synonyms in the box. There are four words in the box that you won't need. One pair has been made for you:
1. incredible – unbelievable

answer · look after · observe · cry · mad · notice · family · appropriate · respond · stranger · ~~incredible~~ · laugh · question · suitable · spot · watch · care for · mean · giggle · nervous · stingy · ~~unbelievable~~ · relatives · angry

b) Complete these sentences to show you understand the meaning of these words from the box.
1. My old Uncle Alfred is so stingy he …
2. The last time I giggled really hard was when …
3. I usually see my relatives …
4. On my way to school this morning I spotted …
5. I get mad if …

Where was it said?

p 36, Indirect speech

a) Match each statements with the place where it might be said, for example, H9.

A I think Tim needs some extra Maths lessons.	B If you do that again, you'll get a red card!	C Dear passengers, the next service to London will be delayed by ten minutes.
D No, it's my toy – I won't give it to Linda, it's mine.	E Madam, our pasta is homemade and very tasty, I think you'll like it.	F Take this medicine and rest at home for three days.
G Mark and Robert, please concentrate on the task.	H John & Mary, We would be delighted if you could attend our wedding.	I We will give you €50 for your old phone, when you buy a new model.

1 *A football pitch*	2 *A classroom*	3 *A parent-teacher meeting*
4 *A restaurant*	5 *A doctor's clinic*	6 *A kindergarten*
7 *A train platform*	8 *An advertisement*	9 *A formal invitation*

b) Use the following verbs to report the statements in the light blue squares.

0. invite · 1. offer · 2. warn · 3. announce · 4. advise · 5. tell · 6. refuse · 7. suggest · 8. recommend

Example: C. The couple invited John and Mary to their wedding.

What do you mean?

p. 37, Getting along in Germany

Help the British man understand his American friend by matching the mixed-up British English words with the American words in green, the first letter of the mixed-up word is highlighted for you.

1. Man, I'd love some fries!
2. Have you seen my cell phone?
3. I don't like to wait in line.
4. Do you like my new pants?
5. Where is the restroom?
6. My favourite season is fall.
7. London sidewalks are too narrow.
8. Would you like a cookie?
9. I go to work by streetcar.
10. I can't wait for my vacation!

I beg your pardon, do you mean…

a. ayhoid?
b. eequu?
c. steemnapv?
d. nunuta?
e. subticu?
f. steilo?
g. stresoru?
h. mart?
i. ohics?
j. imebo penho?

1 fries = chips
2 …
3

Digital activism

p. 47, Social and political involvement

a) Match the form of digital campaign or protest with the correct description.

A Pictivism B Viral video challenges C Online petitions D Hashtag protests

1. Twitter users post a short slogan written as one word, e.g. #BlackLivesMatter, which went viral in 2013 because of the number of black people in America shot by police.
2. People post videos of themselves doing funny things and then tell their friends to copy them or else give money to charity, e.g. pour a bucket of freezing water over yourself in support of Motor Neurone Disease (ALS).
3. Communities upload the same profile picture on their social networks to show that they all care about a cause, e.g. a rainbow flag to support gay rights.
4. Groups collect signatures on websites such as Change.org to raise support for causes and campaigns. In some countries, such as the UK for example, the parliament will debate topics if they are signed by more than 100,000 people.

b) Choose one kind of digital activism and think of another example. Discuss your example with another early finisher.

3 Early finisher

Adjectives to adverbs

p. 56, Building complex sentences

Rewrite the sentences using adverbs instead of the highlighted adjectives. Make any necessary changes. One example has been done for you.

0. I wish my dog wouldn't be so noisy in the morning, barking at me for her walk.
   I wish my dog wouldn't bark at me so noisily in the morning.
1. We're very lucky to have such good weather on the day of our football match.
2. It's quite normal for us to watch two films in a row on Saturdays.
3. Frank told Sally the bad news in a very gentle way.
4. Ben and Kevin are both allergic to nuts and milk.
5. Try not to use such a glum voice when you're doing your presentations in class.
6. Anish is a popular student and his classmates have a very high opinion of him.
7. He came into the room and gave us an awkward smile.
8. She is always so passionate when playing the piano.
9. Do try to be more respectful when you speak to your parents.
10. The rain was so heavy that it caused serious flooding.

Change one letter

p. 60, ... which is bad news for polar bears

Change one letter of each word to get a word that matches the definition. Write the new words on a piece of paper and underline the changed letters. The underlined letters make up a three-word sentence. What is it?

1	JOG	You do it five days a week.
2	RISK	Move higher.
3	PAT	Don't do this with your hands, use a knife and fork.
4	TEA	This could be a bit salty.
5	MEET	Vegetarians don't like this.
6	GLOW	As you do this, you become taller.
7	HUGS	Extremely large
8	PAUSE	This has an effect.
9	PRINT	Use your finger to show where.
10	SAME	Not all
11	LEVER	If you play well, you'll get to a higher one.

Relationships

p. 67, Access to words

a) Read the statements in the speech bubbles and match them to one of these categories:

Asking somebody out | Being on a date with somebody | Breaking up with somebody

A *You didn't do anything wrong! It's not you, it's me.*

B *Are you a camera? Because as soon as I saw you, I smiled.*

C *I really do love you, but more like a friend.*

D *We're just at very different points in our lives right now.*

E *OK, if you pay for the hamburgers, I'll get us the cinema tickets.*

F *I'm terrible at bowling! Do you want to give me a lesson this weekend?*

G *Pink is your favourite colour? Mine too!*

H *Do you like horror films? Maybe we could see one on Friday?*

I *I just really need to focus on my schoolwork right now.*

J *Umm, you're kinda late. I've been waiting 20 minutes.*

b) Match the messages **A–F** to the gaps so that the two IM chats make sense.

CHAT 1

Hey! What's up?

1 …

You don't feel like hanging out tonight?

2 …

You said that last week. We never hang out anymore!

3 …

A You're right. Maybe we'd be better just as friends

B I guess we do. Do you want to meet at the ice cream café?

C Nothing much really. I'm not feeling so great.

D I had a crazy day! I'm really looking forward to our date.

E Haha. You need to work on your jokes.

F No thanks. I'm going to stay in to wash my hair and study.

CHAT 2

Hey! What's up?

4 …

Wow! I had a busy day too. We have so much in common.

5 …

You really need ice cream? You're sweet enough already.

6 …

2 What do flags mean?

p. 24

United Kingdom: The Union Flag

The Union Flag (or Union Jack) is one of the world's oldest national flags. It combines three different symbols.
England: Red cross on white field
Scotland: White diagonal cross on blue field
Ireland: Red diagonal cross on white field
The flag stands for the unity of the different nations of the United Kingdom.

Original Union Flag (1606–1800)

Irish Flag (1800)

Union Flag (since 1801)

Union Flag travel bag

The Union Flag is over 400 years old, going back to the year 1606. It was created because Scotland and England had united under one king. In 1801, the flag of Ireland was added when the Irish and British parliaments voted to unite, and the United Kingdom was formed.

Originally, the flag was used only by ships. It was only in the 19th century that it became common to fly a national flag from public buildings.
Today there are about 20 "flag days" (e.g. birthdays of members of the Royal Family) when the flag is flown from government buildings. In many places, it is often flown on other public or commercial buildings during the year. In most parts of the UK, however, it is unusual for people to fly the flag from their homes.

In most countries, national flags play a big role in international sport events, but this is not always true of the Union Flag. In football, for example, there is no UK team. Teams from England, Northern Ireland, Wales and Scotland use their own national flags at international matches.

Since the 1960s, the Union Flag has become a fashion icon across the world and can be found on T-shirts, bags, umbrellas and many other products.

unity Einheit **commercial** [kə'mɜːʃl] kommerziell; Geschäfts-

1 Jigsaw reading: A newspaper article

pp. 54–55

A

What is artificial intelligence?

Humans have many different forms of intelligence. They are intelligent, for instance, because they learn from their mistakes. If a child touches a candle flame because it looks so pretty, it burns its fingers and won't try again.

People show *emotional intelligence* when they interact with others and are able to read their emotions. If you can work out how to cook food or build a shelter, you are showing your *practical intelligence*. And then there is the *intellectual intelligence*, the way you use your knowledge to solve problems, make decisions, predict future events and plan ahead.

The term artificial intelligence often makes people think of androids from films, like the conscious android Ava from *Ex machina*, who wants to escape from her imprisonment, or Data the android Starfleet officer in *Star Trek*. But that is not what AI is for experts. If something man made, like a machine, a computer, or software, exhibits any of the types of human intelligence described above, we can indeed call this artificial intelligence.

However, machines that think or act like humans will not be the only form of AI. Superintelligent systems in the future will perform rationally, but that does not mean they will think the same way humans as do. This has already been shown, for example, by IBM's *Deep Blue*, which is a master at chess, but plays the game completely differently from human players.

Study skills

p. 50

1 Contrast

Use strong contrasts for text and background:

A green light for cyclists
A green light for cyclists

These contrasts are strong – and easier to read.

A green light for cyclists
A green light for cyclists

These contrasts are weak – and harder to read.

2 Text

- **How much text?**

In a presentation the speaker should have the main role.
Text on slides has a supporting role.
Using less text helps audiences to concentrate on what the presenter is saying.
A single line can be enough to keep your audience focused.
You explain the details.

A bike **infrastructure** for all

At other times, more text can be helpful. For example, listing your main points at the end of your presentation will help your audience to remember them.

· Use as few lines as possible (maximum: about 6).
· Use as few words as possible.
· Avoid complete sentences.

We demand
· a better bike path network
· fewer cars in our city centre
· lower speed limits in the city
· synchronized traffic lights for bikes

- **Alignment**

Good text alignment makes a slide easier to read.
Only use one alignment per slide (left, right or centre).
Left-aligned text matches our reading habits better.

- **Line spacing**

Consider increasing line spacing a little. It can make a text easier to read without losing the "list effect".

We demand
· a better bike path network
· fewer cars in our city centre
· lower speed limits in the city
· synchronized traffic lights for bikes

3 Colour

Consider the basic rules about how colour affects us: cool colours (blue, green, purple) come across as calm and relaxing. Warm colours (red, yellow, orange, …) come across as emotional or energetic.
In a call for action, red is probably better for emphasizing the word "now".

Cycling is good for health **Start now.**

Cycling is good for health **Start now.**

4 Photos

An image with a slogan can help to get a message across.
Think about

· the general impression the image will make (e.g. does it matter that the cyclist's head is missing?)
· whether the image matches the slogan
· the size and position of the text (here the text is a little bigger than on page 50)

alignment [əˈlaɪnmənt] Ausrichtung **left-aligned** linksbündig **line-spacing** Zeilenabstand **energetic** [ˌenəˈdʒetɪk] aktiv, vital, dynamisch **a call for action** ein Aufruf zum Handeln **get a message across** eine Botschaft rüberbringen

2 What do flags mean?

p. 24

The European Union: The Flag of Europe

The EU flag is made up of a circle of 12 gold stars on a blue field. The number of stars has nothing to do with the number of countries in the EU. Twelve is traditionally a number that stands for something complete or perfect, e.g. twelve months in a year, the twelve apostles, etc. The stars stand for the unity and harmony of people in Europe.

The Flag of Europe was designed in 1955 as a symbol for the whole of Europe. It has been used by different European institutions and, in 1985, the European Union (then known as the European Communities) adopted it as its official symbol.

The European flag is flown at EU institutions and events, usually together with all the national flags. In many EU countries, it is also flown next to the national flag on public buildings.

You also see the twelve stars on little things – on car number plates and on euro notes and coins.

For some people, the Flag of Europe has become a symbol of European identity. It has been carried at demonstrations by supporters of more European integration. During the 2016 British referendum, it was widely used by people who were against the United Kingdom leaving the EU.

The Flag of Europe

The Flag of Europe with European national flags

The EU and French flags outside a public building

number plate Autokennzeichen, Nummernschild **referendum** Volksentscheid

1 Jigsaw reading: A newspaper article

pp. 54–55

B

AI is everywhere

We don't need to wait for the future for examples of artificial intelligence; they are part of our day-to-day lives right now. Our smartphones can understand us when we talk to them and tell us the quickest way to get somewhere.

Personal assistants like Siri or Cortana use AI to make our lives easier by understanding our speech and asking and answering questions, both examples of AI. Our social media sites recognize the people in photos we post to them and tag them with their names. The results you get from your Google searches are also made possible by AI.

Industrial robots, which assemble goods like cars and other complicated machinery faster and more accurately than human workers, are commonplace and another example of AI. Some of the cars they put together can drive themselves and will, in the long run, be safer than human drivers.

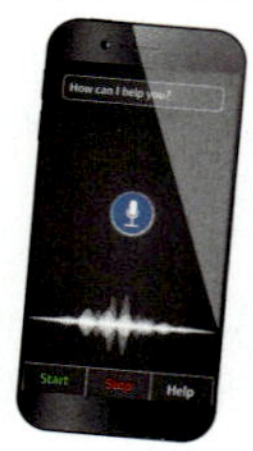

AI systems can already play board games like chess or the Chinese game Go better than humans and can help doctors diagnose and treat patients or recognize which patients might develop infections after an operation.

Other uses of AI are not so clearly beneficial. Many countries, including the USA, the UK, Germany, China and Russia, are developing autonomous weapons systems that will not only kill people but also make the decision to kill without any human in control. Intelligence agencies in the "Five Eyes" network (USA, UK, Canada, Australia, New Zealand) use AI systems to examine the huge amounts of data they collect from fibre optic cables all over the world – that could easily be all your phone calls, text messages, photos, everything you send over the internet.

Study skills

p. 59

1 Contrast

Choose a background colour that will work well in the place you're giving a presentation.

Dark backgrounds work better on a large stage.
A large screen with a light background takes attention away from the speaker.

A green light for cyclists
… moving our city forward

In a smaller setting, light backgrounds work well.
They are better on a small screen, e.g. if you are giving a presentation directly from your laptop.

A green light for cyclists
… moving our city forward

2 Text

- Which fonts to use

The two basic kinds of font are
· serif: a b c d e f … (with little "tails" on the letters)
· sans serif: a b c d e … (without "tails")

Serif fonts are easier to read with a lot of text. Newspapers and magazines normally use them.
Many people find them harder to read on slides.

Sans-serif fonts are more readable on slides.
Many experts advise presenters to use them if they wish to appear modern and dynamic.

We demand
· a better bike path network
· fewer cars in our city centre
· lower speed limits in the city

We demand
· a better bike path network
· fewer cars in our city centre

- When to change styles

There are three basic styles you can choose from:
regular, **bold** and *italic*.
In general, use a regular style.
Change to bold or italic to emphasize key words.

A bike
infrastructure
for all

3 Colour

Consider some basic rules of colour theory.

For example, if you combine colours, use either cool colours (green, blue, purple, …) or warm colours (red, orange, yellow, …) if you want a harmonious effect.

Colour experts say that mixing cool and warm colours produces a less harmonious effect.
Sometimes, you may want that.

Keep fit cycling!

Bike Don't drive!

4 Photos

Images can often say a lot more than words.
A well-chosen photo can touch your audience's emotions and give powerful support for your message.

If you use a photo without a caption or slogan, make sure that it expresses exactly what you're saying to the audience while showing it.

setting Umgebung **tail** Schwanz, Schweif **theory** ['θɪəri] Theorie **either … or …** entweder … oder …
harmonious harmonisch

2 What do flags mean?

p. 24

United States: The Stars and Stripes

The American flag is made up of 13 horizontal stripes and 50 stars. Each stripe stands for one of the thirteen colonies that broke away from Great Britain in 1776. The 50 stars represent the 50 states that today make up the USA.

The US flag today

As well as having 13 stripes, the original US flag also had 13 stars, one for each state in the Union. At that time, there was no fixed way of arranging the stars. Sometimes they were in rows, sometimes in a circle. It depended on the flagmaker.

An early version of the US flag

At first, when a new state joined the USA, a new star and stripe were added. But as more states joined, it became difficult to add more stripes. So in 1818 it was decided to go back to thirteen stripes, and only to increase the number of stars. The 50th star was added in 1960, for Hawaii.

In the United States, the flag plays a very important role in everyday life. It is flown daily on most public buildings and on many other buildings too. Many citizens fly the flag outside their homes. And at school, children face the flag every day and, with their right hand on their heart, swear allegiance to it and to the United States.

The US flag with 35 stars

The flag is widely seen as a symbol of liberty and justice, and for this reason is often seen at political demonstrations. Sometimes, as a form of protest, people fly it upside down. This is a way of saying that something in the country is not in order.

stripe Streifen **be made up of** bestehen aus; sich zusammensetzen aus **depend on** abhängen von **daily** täglich **citizen** Bürger/in **swear allegiance** [ə'liːdʒəns] Treue schwören **justice** Gerechtigkeit **upside down** verkehrt herum

1 Jigsaw reading: A newspaper article

pp. 54–55

C

Do we need to be worried?

When Hollywood depicts AI, they often seem to come up with end-of-the-world scenarios. In movies like *The Terminator* or *The Matrix*, humans are in a desperate battle against intelligent machines for survival. So does AI really pose a threat to our existence?

For that to happen, AI systems would have to become superintelligent, far more intelligent than humans. According to the experts, that is decades away, or even centuries. Some say it will never happen. Despite that, many experts, scientists and technology leaders are worried. Famed physicist Stephen Hawking has said, "Once humans design artificial intelligence, it will take off on its own and develop at an ever-increasing rate. Humans, who are limited by slow biological evolution, couldn't compete and would be superseded."

What are the threats they are talking about?

It's not the evil, homicidal robots of science fiction. Computers think really fast and they might suddenly develop superintelligence so quickly that humans are unable to stop it. The takeover of all the networks might happen not over years or months or even weeks, but in just a few seconds. This hypothesis is called the Singularity or Technological Singularity.

So why would that matter? Perhaps it would not. This superintelligence could just ignore us. Then again it might find us quaint or interesting or worth preserving and keep us in a reserve, the way we keep animals in a zoo. Would that be a good or bad outcome?

Another scenario is that it could destroy us by accident by using up all of our natural resources or shaping the world for its own purposes, the same way humans drive animals extinct today, not because it hates us but because it controls our environment and is indifferent to us.

Other risks of AI are closer to home. One threat is that AI will take over all the jobs that humans do now and cause mass unemployment. Some argue that is nonsense as new technology always creates new jobs – but with AI any new jobs might also be taken by machines.

2 What do flags mean?

p. 24

Germany: Black – Red – Gold

The black, red and gold tricolour became the national flag of the Federal Republic in 1949. The flag is much older, however, and was used by democratic movements in the 19th century.

It was carried by protesters at Hambach Castle in 1832. And during the revolution of 1848 to 1849, the tricolour was used as Germany's national flag.

Although we know that the flag has been used since the 19th century, it is not clear what the colours stand for or where they came from. One of the many theories is that the German tricolour adopted the colours of the flag of the Holy Roman Empire. But this is only a theory.

Compared to other European countries, the national flag isn't very visible in towns and cities. It is flown on about ten days a year from federal buildings (e.g. on 1st May or 3rd October), but on other days, you often walk through the city centre streets without seeing the flag at all. And most people don't normally fly the flag in front of their homes.

There is one exception to this rule, however. During international sporting events, especially football, the German flag can be seen everywhere: hanging out of windows, flying on cars, and carried by fans of the national team on their way to a match.

The German flag today

Flag of the Holy Roman Empire

Black, red and gold in Frankfurt during the 1848 revolution

holy heilig **empire** Imperium, Reich **tricolour** ['trɪkələ] Trikolore **federal** Bundes- **adopt** übernehmen **visible** sichtbar **exception** Ausnahme

1 Jigsaw reading: A newspaper article

pp. 54–55

D

More benefits than risks

So are there no benefits in developing AI? For most people working in the field, the benefits far outweigh the risks. And these benefits are not vague ideas about superintelligent, conscious computers that might never exist but very practical applications.

If intelligent machines do take over all the jobs humans do now, that will give humans the time to pursue a life of creativity and leisure. Imagine if you could spend your days fulfilling your wildest dreams instead of having to work to earn a living.

Robots might very well make better drivers, teachers, translators than humans and they will free people from dangerous jobs like sea and mountain rescue operations or bomb disposal.

In medicine, there are many possibilities. Intelligent robots with unshaking hands, perfect eyesight and every medical textbook in memory, will one day

probably be more competent surgeons than humans. AI could take over the jobs radiologists do, evaluating medical images like X-rays, CT and MRI scans. It's a highly-qualified job but also monotonous and boring. Tired radiologists sometimes make mistakes, whereas computers never get tired.

Most of all, superintelligent AI will be able to solve problems that humans cannot, like how to stop climate change and end war, poverty and hunger. And thinking far ahead, before the sun expands and burns up the earth in a few billion years, AI will find a new, faraway planet for us to live on and give us the means to travel there.

4 Youth projects in Germany

p. 45

CREATE YOUR SKATEPLAZA 2.0

Ergebnisse der Workshops, Skaten am U und Contest

15. Aug 2016 | Kunst im öffentlichen Raum, Upcycling & Do-It-Yourself — 0 Kommentare

Ende Juli starteten 21 TeilnehmerInnen in den Workshops zum Skaterampenbau des Vereins „Die Urbanisten e.V." und kreierten mehrere skatebare Elemente für den Vorplatz des Dortmunder U. An zwei Wochenenden wurden die Rampen geplant, die Materialien gründlich vorbereitet und schlussendlich zusammengebaut. Dafür war jede Menge Fleißarbeit notwendig, doch der Spaß kam auch nicht zu kurz. In lockerer Atmosphäre lernten sich die TeilnehmerInnen kennen und tauschten sich aus, z.B. beim gemeinsamen Grillen. Nebenbei wurden noch T-Shirts mit dem Create your Skateplaza 2.0 Logo bedruckt, alle TeilnehmerInnen durften sich eines der T-Shirts mitnehmen.

Nach Fertigstellung der Rampen wurden die Rampe dann vom Dietrich-Keuning-Haus mit einem Transporter des Jugendamtes zum Dortmunder U gebracht. Hierfür waren aufgrund des hohen Gewichts der Rampen zahlreiche Helfer notwendig, auch die WorkshopteilnehmerInnen packten kräftig mit an. Nachdem die Rampen am Dortmunder U ihren Standort gefunden hatten, wurden sie in den letzten Wochen ausgiebig befahren. Die Rampen laden an allen Wochentagen zum freuen Skaten rein, zudem bietet die Skateboardinitiative bis Ende August an drei Tagen in der Woche eine Skateboardschule an. Pro Termin haben in den letzten Wochen bis zu 20 interessierte SkaterInnen mitgemacht. Die weiteren Daten in diesem Monat findet ihr unter Termine. Den Abschluss der Skateboardschule markiert die Skate-Olympiade am Sonntag, den 21.08.2016 von 12:30 bis 15:00 Uhr. Jeder kann mitmachen, die Anmeldung ist kostenlos und es gibt Sachpreise zu gewinnen.

Der Höhepunkt des Projektes folgt allerdings erst noch, denn am 27.08.2016 geht es richtig rund: Ein Skateboard-Contest mit mehreren Disziplinen und ein Longboardcontest locken ab 12:00 Uhr SkaterInnen und Neugierige zum Dortmunder U. Unsere Contest-Sponsoren Titus Dortmund, S.P.O.T Bochum, und Obtain sorgen für schöne Sachpreise. Das tagesfüllende Programm wird abgerundet vom zeitgleich stattfindenden Oneness Festival im Rahmen des Sommer am U.

1 Romantic relationships in the US

p. 67

X-CHANGE
TEEN BLOG FOR STUDENTS STUDYING ABROAD

HOME | ABOUT US | PROGRAMS | DESTINATIONS | TESTIMONIALS | GALLERY | HOW DO I APPLY | BLOG | CONTACT US

No doubt about it – dating is way different in the US!

It was only when I returned to Germany and went out with a group of friends and my boyfriend that it occurred to me that dating is really different in the States. I mean, German teenagers don't really go out on dates like they do in the US. The word doesn't even exist in German! We usually go out in groups … and it's in a group that you get to know a potential love interest.

So what is a date? Believe it or not, in the US, you can ask people out on a date without even really knowing them. It happened to me when I was ordering a burger and the guy behind the counter asked me out. I was so surprised I said yes without thinking. We went to the movies and he paid for the tickets and everything else. Some guys do that, others don't. This guy was nice enough, but we didn't see each other again. Normally, you can tell pretty quickly if that first date is going to be followed by a second one. I guess that is because a date is sort of like a test or an interview … is the person right for the job?

This all means that teen couples in the US don't last as long as they do in Germany. I met kids in the States who dated a particular person for just a week before they 'broke up'. And they have lots of ways to 'DTR' = 'define the relationship'. First, when you are getting to know someone, you are 'just dating'. If this goes on, you are 'getting serious', or 'seeing someone'. At a certain moment, you might also say your relationship is 'exclusive' which means stay away (!!!) this relationship is serious.

The strange thing is that even though when you go out on a date, it's just the two of you – the next day everyone in your class will know all the details … where you went, what you did … even whether you were just kissing (or much more ;-)). … and of course if and when you 'split up', the relationship is over. But within a couple of days after a break-up, you might already be dating someone else.

—Liebe Grüße, Hannah from Mannheim
XOXO

11 Kommentare

be way different sich grundlegend unterscheiden **a potential love interest** ein potentielles Liebesobjekt **split up** sich trennen

2 Netiquette in Germany

p. 67

ONLINE-DATING **5 einfache Regeln** für stressfreies und sicheres Online Kennenlernen

1. DER EINSTIEG

Grundsätzlich gilt: Begegne einer Person, die du nicht kennst, wie im realen Leben auch – freundlich, aufgeschlossen, neugierig und respektvoll. Finde einen geeigneten Einstieg in das Gespräch, z.B. indem du deinem Date ein Kompliment für die Fotos machst oder über Hobbys sprichst.

*Vermeide, gleich mit der Tür ins Haus zu fallen und offenbare nicht zu viel von dir auf einmal. Das kann schnell aufdringlich wirken. Schicke in der anfänglichen Kennenlernphase nicht permanent neue Nachrichten oder Fragen an deine(n) Gesprächspartner*in.*

2. EMOTICONS

Bei der Verwendung von Emoticons gilt die Faustregel: Weniger ist mehr! Dennoch sind Emoticons wichtig, um unsere Gefühle im geschriebenen Text auszudrücken und Zweideutigkeiten zu vermeiden.

Achte, wie beim persönlichen Kennenlernen auch, auf das Verhalten deines Gegenübers. Wenn er/sie selbst nur selten Emoticons verwendet, dann solltest du euren Chat nicht mit Grins-Smileys überfrachten. Im Verlauf des weiteren Kennenlernens wirst du üblicherweise häufiger und ungezwungener Emoticons verwenden und dich direkter auf die Emoticons deines Dates beziehen.

3. DIE DREI-TAGE-REGEL (IST VON GESTERN)

Zwar sind Funktionen wie Lesebestätigungen und Status-Anzeigen sehr praktisch, aber sie können auch eine harte Geduldsprobe sein. Denn wenn ihr nicht beide genauso eifrig und häufig hin- und herschreibt, entsteht schnell Ungeduld und Frust. Früher galt: Nach dem ersten Date meldet man sich frühestens nach drei Tagen zurück. Heute ist das durch die sozialen Medien überholt. Eine zu lange Wartezeit zwischen erstem Schreiben und einer neuen Nachricht kann zu Missverständnissen führen. Sollte sich jedoch dein Gegenüber gar nicht mehr melden, dann heißt es: Ruhe bewahren und nicht ständig neue Nachrichten schreiben. Vielleicht ist er/sie beschäftigt, hat deine Nachricht zwar gelesen, wollte aber später antworten.

4. BILDER VERSCHICKEN?

Online-Dating in den sozialen Medien und in Dating-Apps setzt stark auf die Wirkung von Bildern: Mit einem Profilbild versuchen wir, uns möglichst vorteilhaft in Szene zu setzen. Dadurch erlangen Fotos im Online-Dating eine ganz neue Bedeutung: Häufig entscheiden wir ausschließlich aufgrund von Fotos, ob wir jemanden kennenlernen möchten, attraktiv finden oder uninteressant.

Dennoch solltest du vor allem beim Verschicken von freizügigen Bildern vorsichtig und sehr zurückhaltend sein. Oft gelangen die Fotos über Umwege auf dubiose Internetseiten oder werden ohne dein Wissen als Fake-Fotos auf anderen Online-Portalen verwendet. Überlege dir deshalb vorher genau, wem du welche Fotos von dir zuschicken möchtest und vermeide, auf freizügigeren Fotos dein Gesicht abzubilden.

5. EINFACH NICHT MEHR ANTWORTEN – EIN NO-GO!

Wie beim Dating im wahren Leben gilt auch im Online-Dating: sich einfach nicht mehr zu melden oder nicht zu antworten ist unhöflich! Auch hier ist ein respektvoller Umgang miteinander Pflicht – beantworte Nachrichten, sag getroffene Verabredungen rechtzeitig ab, wenn du diese nicht einhalten kannst, und gib deinem Date höflich aber bestimmt zu verstehen, wenn du kein Interesse mehr daran hast, weiter mit ihm/ihr zu schreiben. Ob du eine Beziehung über die sozialen Medien oder einen Messenger beenden solltest, hängt stark davon ab, wie intensiv und ernsthaft eure Beziehung war. Eine mehrjährige Partnerschaft mit einer einzigen Messenger-Nachricht zu beenden, ist unfair und verletzend.

Skills File – Inhalt

Im **Skills File** findest du **Lernhilfen und Methoden,** die dir z. B. beim Schreiben von eigenen Texten oder bei der Sprachmittlung helfen oder Tipps zum Vorbereiten von Präsentationen geben. Techniken, die du in den Units gelernt hast, werden hier aufgenommen und erläutert, ebenso wie solche, die du schon aus früheren Bänden kennst.

Du kannst das Skills File auch nutzen, um Methoden nochmal nachzuschlagen, wenn du z. B. einen Text schreiben sollst.

READING SKILLS

SF 1 Skimming and scanning

Media skills

Skimming *(reading for gist)* und Scanning *(reading for specific information)* sind Lesetechniken, die viel Zeit sparen, v. a. beim Lesen von langen Texten.

SKIMMING

Skimming hilft, schnell zu sehen, ob ein Text für deinen Zweck geeignet ist.

Step 1: Sieh dir diese Textteile an, um zu sehen, worum es im Text geht:
- Überschrift und Unterüberschriften
- Bilder und Bildunterschriften
- den ersten Satz jedes Absatzes – dieser Satz ist meist der *topic sentence*, der die Hauptidee des Absatzes beinhaltet
- den letzten Absatz des Textes, der oft eine Zusammenfassung des Textes enthält

Step 2: Fasse für dich selbst den Text in ein paar Worten zusammen. Wenn dir das ohne Probleme gelingt, dann weißt du, um was es in dem Text geht – und dass dein Skimming erfolgreich war.

TIPP
Mach dir um unbekannten Wortschatz erstmal keine Gedanken – dafür ist Zeit, wenn du feststellst, dass der Text für dich geeignet ist.

SCANNING

Scanning hilft, in einem Text schnell nach bestimmten Informationen zu suchen.

Step 1: Überlege dir *keywords*. Suchst du z. B. die Öffnungszeiten eines Museums, könnten das Wörter sein wie *open, hours* oder *days*.

Step 2: Überfliege den Text und suche nach den *keywords*. Du kannst dabei mit dem Finger in einer "S-Form" durch den Text gehen.

Step 3: Lies die Textstelle, die dein *keyword* enthält, um zu sehen, ob sie die gewünschten Informationen enthält. Wenn nicht, scanne weiter.

TIPP
Wenn du mit Texten im Internet arbeitest, kann dein Browser dir viel Arbeit abnehmen.
Mit Strg+F (Cmd+F am Mac) kannst du nach deinen *keywords* suchen und nur die Textstellen lesen, in denen ein *keyword* markiert ist.

SF 2 Marking up a text

Auf Kopien von Texten kannst du Informationen markieren, um sie einfacher wiederzufinden, z. B. wenn du eine Zusammenfassung schreiben sollst.

Step 1: Lies die Aufgabe genau und überlege, welche Informationen du zur Beantwortung brauchst. Behalte dies beim Lesen des Textes im Kopf.

Step 2: Markiere nur Informationen, die wichtig sind (z. B. durch Unterstreichen, Einkreisen oder Markieren mit einem Textmarker). Oft reicht es, nur ein oder zwei Wörter in einem Satz zu markieren.

Step 3: Mach dir kurze Notizen am Rand – z. B. kurze Überschriften oder Stichwörter –, die den Inhalt kurz zusammenfassen. (➔ *SF 39*)

TIPP
1. Verwende unterschiedliche Farben für unterschiedliche Aufgaben/Fragestellungen.
2. Markiere wirklich nur Stichwörter, sonst wird es unübersichtlich.

Fifty years ago today, Rudy Lombard, who is black, and his friend Lanny Goldfinch, who is white, walked into a diner in downtown New Orleans. With two other black friends, they took seats at a whites-only counter. Immediately they were asked to leave. They didn't. Instead they sat

Many of those who took part were students, both white and black. Through their protests, they put themselves in great danger. People were arrested, beaten up and murdered. Some spent time in prison. Some lost their jobs ... up and finally, after two years, th...

WRITING SKILLS

SF 3 The stages of writing

Wenn deine Texte präzise und gut lesbar sind, machst du es deinen Lesern leichter, deinen Gedanken zu folgen. Dabei spielt es keine Rolle, welche Art von Text du schreibst – ob einen Artikel oder eine Geschichte.

Du solltest deine Texte stets gut planen und zuerst einen Entwurf erstellen, den du dann überarbeitest, bis das Ergebnis so ist, wie es sein soll – gut lesbar, leicht zu verstehen und ohne Fehler.

Dieses Vorgehen braucht Zeit, aber es macht deine Texte besser.

PLANUNGSPHASE

Step 1: Plane ausreichend Zeit ein und denke über folgende Fragen nach:
- Über welches Thema willst du schreiben?
- Was sollst du tun (beschreiben, erläutern, zusammenfassen ...)?
- Welche Dinge musst du für den geforderten Text beachten?

Step 2: Dann solltest du
- alle nötigen Informationen für dein Thema recherchieren (➔ *SF 30*),
- Ideen/Argumente sammeln und sortieren
- und eine Gliederung (Outline) für den Text (z. B. einen Bericht) machen. (➔ *SF 6*)

ENTWURFSPHASE

Jetzt schreibe deinen ersten Entwurf:

- Füge deiner Gliederung linking words (➔ *SF 5*) und topic sentences hinzu (➔ *SF 4*).
- Beginne für jede neue Idee einen neuen Absatz.
- Führe deine Ideen aus und gib Beispiele (wenn das die Textsorte erfordert).
- Denk über das Ende deines Textes nach. Wenn du weißt, wie dein Text endet, ist es leichter, eine gute Einleitung zu schreiben, die darauf hinführt. (➔ *SF 4*)

ÜBERARBEITUNGSPHASE

Wenn der Entwurf fertig ist, bist du mit deiner Arbeit am Text leider noch nicht durch – jetzt beginnt die Überarbeitung. Am besten ist es, wenn du oder jemand anderes deinen Text liest. Wenn du die Zeit hast, hilft es den Text mehrmals zu lesen, jedes Mal mit einem anderen Schwerpunkt:

- Liest sich der Text gut? Ist er logisch aufgebaut? Hat er eine gute Struktur? (➔ *SF 4*)
- Prüfe die sprachlichen Aspekte deines Textes: Grammatik, Rechtschreibung, Zeichensetzung, Ausdruck, *linking words, time markers* etc. (➔ *SF 5, SF 14*)
- Schreibe deinen Text noch einmal ab. Verbessere alles, was im ersten Entwurf noch nicht ganz gepasst hat. Wenn du Feedback von jemand anderem bekommen hast, sieh es dir genau an und entscheide dann, was davon du für deinen Text übernehmen möchtest. (➔ *SF 29*)

TIPP

Mehr Informationen zum Verfassen guter Texte findest du auch auf folgenden Seiten:
- SF 4: Structuring texts
- SF 5: Writing good sentences
- SF 6: Making an outline
- SF 7: Writing an argumentative essay
- SF 8: Writing an article
- SF 9: Writing an opinion piece/a comment
- SF 10: Writing a report
- SF 11: Writing a summary
- SF 12: Writing a review
- SF 13: Writing a formal letter or email
- SF 14: Revising texts
- SF 15: Revising and improving electronic tests
- SF 30: Finding information online

SF 4 Structuring texts

STRUKTUR

Ein guter Text besteht in der Regel aus drei Teilen:

- Einleitung *(introduction)*:
  Hier steht, worum es in dem Text geht. An dieser Stelle kann auch ein Problem genannt werden, das in dem Text erörtert werden soll.
- Hauptteil *(main body)*:
  Dieser Teil ist in mehrere Absätze gegliedert und präsentiert die Details (Fakten, Beispiele etc.) zu deinem Thema.
- Schluss *(conclusion)*:
  Hier gibst du deinem Text ein passendes Ende.

My Trip to Wales

Last summer I wanted to go to Wales because I like the mountains.

First I had to find some information on Wales. So I went to the library and looked for books about Wales. I found a book with some interesting information on hiking tours and I also found a camping guide for Wales. I went home with three books under my arm.

At home I started to plan for my trip. I read all the books and took notes on hiking trails, the weather and the equipment I would need for camping and hiking. After a few days I knew where I wanted to go and what I wanted to do there.

I did not want to go to Wales alone, so I had to find someone to go with me. I called most of my friends and told them about my plan. Some of them did not want to go hiking and others had no money for the trip. But my friend Judith agreed to go with me. We decided to go in late August.

Judith and I spent two lovely weeks in Wales. We went to Snowdonia and enjoyed the fantastic mountains. We stayed in a lovely bed and breakfast and met lots of really nice people. Before we went home we spent two very interesting days in Cardiff.

This was one of the best summer holidays I ever had. Go to Wales – it's fantastic!

ABSÄTZE

Längere Texte sind einfacher zu lesen und schneller zu verstehen, wenn sie in Absätze eingeteilt sind. Dabei solltest du folgende Dinge beachten:

- Fange für neue Aspekte einen neuen Absatz an.
- Beginne mit einem interessanten *topic sentence*.
- Beende deinen Text im letzten Absatz mit einer Zusammenfassung oder etwas Persönlichem.

EINLEITUNGSSÄTZE

Jeder Absatz sollte mit einem Einleitungssatz beginnen. Dieser topic sentence beschreibt, worum es in dem Absatz geht. Wichtige Dinge, die du in einem *topic sentence* ansprechen kannst, sind z. B.

- ***Orte:*** *My trip to Berlin was exciting.*
- ***Personen:*** *The Beatles are a famous band.*
- ***Aktivitäten:*** *Lots of people ride their bike every day.*

SF 5 Writing good sentences

Interessante Texte bestehen aus guten, abwechslungsreichen Sätzen. Die folgenden Techniken helfen dir, dich variabel auszudrücken und damit den Stil deiner Texte zu verbessern.

ADJEKTIVE

Verwende Adjektive, wenn du Dinge, Orte und Menschen beschreiben möchtest:

- *a bright face*
- *a fantastic trip*

Stell aber sicher, dass du die Adjektive good, bad and nice nicht zu häufig einsetzt. Ersetze sie durch andere Adjektive mit einer ähnlichen bzw. genaueren Bedeutung:

- *a nice teacher: a friendly teacher, a helpful teacher, …*
- *a good book: an interesting book, a funny book, …*

ADVERBIEN

Verwende Adverbien, um Handlungen näher zu beschreiben:

- *They walked home slowly.*
- *She talked quietly.*

Verwende Ausdrücke wie really, very, a bit etc., um Aussagen zu verdeutlichen oder zu verstärken:

- *It was a really sad story.*
- *The houses are very high.*

KONJUNKTIONEN

Konjunktionen wie and, but oder because geben deinen Sätzen eine klare, gut nachvollziehbare Struktur:

- *We went to the London Eye, but it was very expensive.*

RELATIVSÄTZE

Relativsätze verbinden Sätze oder geben mehr Informationen zu einer Sache oder einer Person:

- *This is the shop which sells the best ice cream in Berlin.*

ZEITANGABEN

Time markers / adverbiale Bestimmungen der Zeit helfen dem Leser, sich in einem Text oder einer Geschichte zeitlich zurechtzufinden. Verwende *time markers*, um …

- die Reihenfolge von Ereignissen zu verdeutlichen:
  at first, next, finally, …
- zu zeigen, wie viel Zeit zwischen einzelnen Ereignissen vergeht:
  for half an hour, just two minutes later, …
- zu verdeutlichen, wie langsam oder schnell etwas passiert:
  immediately, it took hours, faster than I could look, …
- zu sagen, wenn etwas zeitgleich passiert:
  while I was waiting, during the lesson, as we came round the corner, …
- die Ereignisse eines Textes/einer Geschichte zeitlich einzuordnen:
  two summers ago, last Halloween, on my way home from school yesterday, …

SF 6 Making an outline

Jede Art von Text profitiert davon, wenn du dir vorab überlegst, was du in welcher Reihenfolge schreiben willst.

- Wenn du einen Bericht schreiben sollst (➔ *SF 10*), kann es helfen, die wichtigsten Punkte schon in der Gliederung zu berücksichtigen: eine gute Struktur und die Beantwortung der *wh*-Fragen.
- Bei einer Zusammenfassung (➔ *SF 11*) kannst du hier die wichtigsten Punkte festhalten.
- Für eine Erörterung (➔ *SF 7*), einen Kommentar (➔ *SF 9*) oder einen Artikel (➔ *SF 8*) kannst du in deiner Outline schon die Argumente sortieren, die du im Text bringen möchtest.

Damit leistest du schon eine Menge Vorarbeit und erleichterst dir das Schreiben.

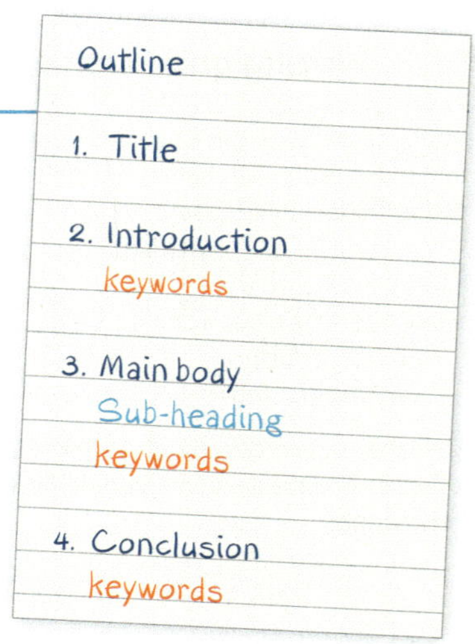

SF 7 Writing an argumentative essay

Wenn du eine Erörterung schreibst – also schriftlich für oder gegen etwas argumentierst – solltest du deinen Text gut strukturieren und deine Argumente klar und schlüssig präsentieren, um deine Leser zu überzeugen.

PLANUNGSPHASE

Step 1: Lies die Aufgabe sorgfältig durch.

Step 2: Sammle Ideen und mache erste Notizen. Schreibe alle Argumente pro *und* contra auf, die dir einfallen.

Step 3: Ordne deine Argumente, z. B in Form einer Outline. (➔ *SF 6*) Hebe das Argument hervor, das deine Position am besten unterstreicht – damit solltest du deinen Hauptteil beenden, denn das merken sich die Leser am ehesten.

SCHREIBPHASE

Step 1: Schreibe deine Einleitung: sage kurz, um welches Thema es geht, ohne deine eigene Meinung dazu zu äußern.

Step 2: Im Hauptteil präsentierst du die Argumente, die du dir überlegt hast. Dabei helfen folgende Redemittel:

- Presenting arguments:
  One of the main reasons why … • It is often said that … • Some people think … • In addition to these points …
- Ordering arguments:
  To start with, … • Firstly,/Secondly,/Thirdly, … • Finally, … • First of all …
- Contrasting arguments:
  On the one hand – on the other hand • Contrary to what most people believe, … • While / Although … • …
- Giving examples:
  For example, … • This is clear because …

Step 3: Am Schluss fasst du deine Argumente nochmal kurz zusammen und erklärst deine Schlussfolgerung:

- Summing up arguments:
  To sum up, … • In conclusion, … • All in all, … • I would like to finish by pointing out again that …
- Explaining your conclusion:
  After looking at both sides of the argument … • Although I understand the other side of the argument, I still think … • Personally, I believe that …

TIPP
Deine Argumente wirken überzeugender, wenn du:
- dich wo möglich auf deine eigenen Erfahrungen berufst, indem du z. B eigene Erlebnisse einbringst: In my experience …,
- Fakten (Quellen, Experten, Statistiken usw.) präsentierst: It can't be denied that …, It's a fact that …, It goes without saying that …

Outline / Notes

1. Introduction
   introduce the topic
2. Main body
   1. paragraph: arguments contra
      - argument 1
      - argument 2 etc
   2./3. paragraph: arguments pro
      - argument 1
      - argument 2 etc
      end with strongest argument!
4. Conclusion
   sum up your arguments
   give your opinion

SF 8 Writing an article (Media skills)

Artikel sind Texte, die in der Regel zur Veröffentlichung in einer Zeitung, Zeitschrift oder einem Blog geschrieben werden. Es gibt verschiedene Arten von Artikeln wie z. B Nachrichten, Berichte (➜ *SF 10*), Kommentare *(opinion pieces)* (➜ *SF 9*), Rezensionen (➜ *SF 12*) oder Kurzbiographien.

Für einen guten Artikel solltest du folgende Punkte beachten:

PUBLIKUM

Für wen schreibst du? Wer ist die Zielgruppe deines Artikels? Wenn du z. B einen Artikel über politische Demonstration in deiner Stadt schreibst, hast du möglicherweise andere Leser als bei einem Artikel über das letzte Spiel des lokalen Fußballvereins. Das Wissen über die Zielgruppe hilft dir, sie richtig anzusprechen und z. B eine Überschrift zu wählen, die das Interesse dieser Leser weckt.

AUFMERKSAMKEIT

Wie erregst du die Aufmerksamkeit möglicher Leser? Dein Artikel kann noch so gut sein – wenn ihn keiner liest, nützt das nichts. Eine gute Überschrift hilft, ebenso wie ein interessanter Einstieg. Beides kann z. B provokant sein oder witzig – wichtig ist, dass es Leser dazu bringt, bei deinem Artikel "hängen zu bleiben". Ein gutes Mittel sind z. B rhetorische Fragen oder ein Zitat zum Thema (ähnlich wie bei Präsentationen, ➜ *SF 21*).

TIPP
Aufmerksamkeit erregende Überschriften heißen im Internet *"clickbait"*, also Klick-Köder. Wenn du das nächste Mal Artikel suchst, achte darauf, *warum* du bestimmte Artikel liest und andere nicht: Was an den Überschriften hat dich gereizt, weiterzulesen oder den Link anzuklicken?

INTERESSE

Ein Artikel funktioniert nur, wenn deine Leser auch bis zum Ende interessiert bleiben und nicht nach ein oder zwei Absätzen aussteigen. Halte das Interesse hoch, indem du deinen Text z. B mit Beispielen, Anekdoten und Zitaten anreicherst. (➜ *SF 9*)

LESBARKEIT

Erleichtere das Lesen des Artikels, indem du ihn mit Zwischenüberschriften in Abschnitte unterteilst und gut strukturierst. (➜ *SF 4*) Wichtig ist eine gute Planung mithilfe einer Outline, mit der du den Artikel schon vorstrukturierst. (➜ *SF 6*) Überlege, wie du in deiner Einleitung das Interesse der Leser wecken kannst, ohne schon vorwegzunehmen, was im Rest des Artikels kommt.

ABSCHLUSS

Ein guter Artikel regt die Leser auch über die Zeit des Lesens hinaus noch zum Nachdenken an. Der letzte Absatz bestimmt entscheidend den Gesamteindruck mit – der Schluss ist das, was deinen Lesern in Erinnerung bleibt und sie im besten Fall weiter beschäftigt.

Dies kannst du erreichen, in dem du z. B nochmal auf ein Zitat in deiner Einleitung zurückkommst oder hier ein weiteres anbringst. Wenn du im ersten Absetz eine rhetorische Frage gestellt hast, kannst du im letzten Absatz diese beantworten oder noch einmal stellen. Oder du stellst eine weiterführende Frage, die sich aus dem Informationen in deinem Artikel ergibt.

TIPP
Ein Artikel ist kein Aufsatz, bei dem du in der Einleitung die Fragestellung wiederholst und andeutest, wie du sie lösen willst. Bei einem Artikel geht es eher darum, in der Einleitung das Interesse der Leser zu wecken und sie zum Weiterlesen oder Nachdenken zu bewegen.

SF 9 Writing an opinion piece/a comment

Im Gegensatz zu einer Erörterung (➜ *SF 7*), in der du beide Seiten eines Themas vorstellst und dann zu einer Schlußfolgerung kommst, geht es bei einem *opinion piece* (Kommentar oder Meinungsartikel) darum, deine persönliche Meinung zu präsentieren und mit Argumenten zu stützen.

PLANUNGSPHASE

Step 1: Sammle Ideen und mache erste Notizen. Was willst du sagen? Was willst du erreichen? Welche Fakten oder Zitate unterstützen deine Meinung? Hast du schon eine Lösungsidee, von der du andere überzeugen möchtest?

Step 2: Überlege dir eine gute Überschrift. Sie sollte die Aufmerksamkeit der Leser wecken und sie neugierig machen.

Step 3: Erstelle eine Outline. (➜ *SF 6*) Überlege, wie du deine Argumentation/Meinung unterstützen kannst (Fakten, Statistiken, Zitate etc.).

Step 4: Recherchiere passendes Material. (➜ *SF 30*)

SCHREIBPHASE

Step 1: Beginne dein *opinion piece* mit einem kurzen Absatz zu dem Thema und deiner Meinung dazu.

Step 2: Präsentiere Argumente für deine Meinung in den folgenden Absätzen und ergänze sie mit weiteren Fakten, Beispielen oder Zitaten. Dabei kannst du viele der Redemittel verwenden, die du auch bei einer Erörterung nutzt. (➜ *SF 7*)

- Benutze das simple present für generelle Aussagen und das simple present oder simple past für die Beispiele, Anekdoten etc., die deine Meinung stützen.
- Verwende Überzeugungstechniken. Das sind z. B.
  – Personalpronomen, um den Text persönlicher zu machen: mit you sprichst du Leser direkt an, mit we stellst du eine Gemeinsamkeit her und mit I unterstreichst du, dass es sich um deine Meinung handelt.
  – Zitate, Anekdoten, Statistiken stützen deine Meinung: Zitate zeigen, dass andere Menschen deine Meinung teilen, Anekdoten bringen deine Punkte den Lesern näher und Statistiken belegen, dass deine Meinung auf Fakten beruht.
  – Ausdrucksstarke Sprache: schreibe abwechlungsreich (➜ *SF 5*) und verwende Wörter, die emotional ansprechen, wie z. B Adjektive und Adverbien, die den Leser wütend oder glücklich, traurig oder fröhlich machen
  – Rhetorische Fragen: mit Fragen, auf die eigentlich keine Antwort erwartet wird, kannst du deine Aussage nochmal unterstreichen: Is climate change real? Is killing wrong? Who can deny this?

Step 3: Im letzten Absatz, der *conclusion*, wiederholst du noch einmal deine Meinung und schlägst entweder eine Lösung vor (wenn es sich z. B um ein Problem handelt) oder forderst deine Leser auf, etwas zu tun.

Outline / Notes

1. Headline
   - catch your readers' attention (clear statement, provocative question etc.)
2. First paragraph
   - state your topic AND your opinion clearly (keep it short!)
   - keep your readers interested
3. Supporting paragraphs
   use statistics, facts, quotes etc. to back up your main statement
4. Final paragraph / Conclusion
   - restate your opinion
   - suggest a solution or call for action

TIPP
Übertreibe es nicht mit den Statistiken, Anekdoten und Zitaten, sondern konzentriere dich auf besonders interessante oder spannende Punkte wie z. B Zahlen, die dich in einer Statistik selber überrascht haben.

SF 10 Writing a report

In einem Bericht geht es darum, dem Leser übersichtlich und gut verständlich Fakten darzustellen, z. B zu einem Ereignis oder einem Vorfall.

STRUKTUR

Wie jeder Text sollte ein Bericht aus einer Überschrift, einer Einleitung, einem Hauptteil und einem Schluss bestehen. (➜ *SF 4*)

In einer Gliederung (➜ *SF 6*) kannst du diese Struktur schon anlegen und für jeden Textteil eine Überschrift notieren sowie Stichwörter dazu ergänzen. Wenn du viele Informationen im Hauptteil unterbringen möchtest, verwende auch Unterüberschriften.

STICHWÖRTER

In der Einleitung eines Berichtes sagst du kurz, was passiert ist. Dabei kannst du schon knapp die wichtigsten *wh*-Fragen beantworten, bevor du im Hauptteil näher darauf eingehst.

In deiner Gliederung (➜ *SF 6*) solltest du deswegen für die Einleitung deine Stichworte auf die Fragen Who?, What?, When?, Where? und Why? konzentrieren.

Im Hauptteil eines Berichtes stehen dann die Details des Ereignisses, meist in chronologischer Reihenfolge. Hier werden also die *wh*-Fragen genauer beantwortet, deswegen solltest du in der Gliederung für den Hauptteil weitere Stichworte zu den einzelnen Fragen sammeln.

Im Schlussabsatz bringst du deinen Bericht zum Abschluss, indem du z. B kurz das Ergebnis oder die Folgen des beschriebenen Ereignisses darstellst.

TIPP

Ein Bericht soll objektiv sein und Fakten darstellen. Konzentriere dich bei deinen *keywords* in der Gliederung darauf, die 5 *wh*-Fragen zu beantworten:

- What happened?
- Who did what?
- When did it happen?
- Where did it happen?
- Why did it happen?

Denk daran, dass ein Bericht im *simple past* geschrieben wird. Du solltest also deine Stichworte auch gleich so notieren.

SF 11 Writing a summary

Wenn du eine Zusammenfassung schreiben sollst, ist es wichtig, den Text gut zu verstehen. Erst dann kannst du entscheiden, welche Aspekte so wichtig sind, dass sie in deiner Zusammenfassung erwähnt werden sollten – und welche nicht. Die folgenden Schritte können beim Schreiben einer Zusammenfassung helfen:

PLANUNGSPHASE

Step 1: Lies den Text genau. Mach dir Notizen (➜ *SF 39*) oder markiere wichtige Stellen im Text (➜ *SF 2*).

Step 2: Beantworte die *wh*-Fragen Who? What? Where? When? Why? zum Text. Du kannst dir dazu Stichworte am Rand machen.

Who?	Who does something? Who is the text about?
What?	What happens? What does person X do?
Where?	Where does it take place?
When?	When does it take place?
Why?	Why does person X act this way? Why does something happen?

Step 3: Entscheide, welche Textteile wichtige Informationen enthalten. Beispiele, Vergleiche, direkte Rede oder Zahlen und Ähnliches gehören nicht in eine Zusammenfassung.

TIPP

Du kannst Teile, die für deine Zusammenfassung überflüssig sind, im Text einklammern.

SCHREIBPHASE

Step 1: Schreibe einen ersten Entwurf.

- Beginne mit der Einleitung, in der wichtige Informationen wie Titel, Autor/in, Thema und Hauptaussage des Textes stehen. Wenn du einen Artikel zusammenfasst, solltest du hier die Quelle nennen.
- Verwende immer das simple present.
- Kopiere nicht den Text, sondern benutze deine eigenen Worte.
- Wichtig: gib nie deine eigene Meinung oder Wertung.

Step 2: Überarbeite deine Zusammenfassung.

- Hast du alle wichtigen Aspekte genannt und unwichtige Details weggelassen?
- Ist der Text durchgängig im *simple present?*
- Vergiss nicht, Rechtschreibung/Grammatik zu prüfen. (➜ *SF 14*)

LANGUAGE HELP

Folgende *phrases* können dir bei der Einleitung helfen:
- The story/text is about …
- The text deals with …
- The topic of the text is …
- The article/text shows …

SF 12 Writing a review

Media skills

In einer Rezension zu einem Buch oder einem Film gibst du dem Leser standardmäßig folgende Informationen: Autor/Regisseur, Darsteller, Charaktere, Handlung etc. Am Ende gibts du deine persönliche Meinung zum Film oder Buch ab.

VORBEREITUNG

Step 1: Lies das Buch bzw. gucke den Film. Notiere dir, was dir besonders auffällt – positiv, negativ oder einfach als bemerkenswert.

Step 2: Ergänze deine Notizen mit Informationen über das Buch bzw. den Film. Am besten strukturierst du die Notizen gleich, z. B in einer Tabelle. Folge dabei schon der Struktur der Rezension (siehe rechts).

SCHREIBPHASE

Step 1: Schreibe einen ersten Entwurf.

- Verwende das simple present.
- Beginne mit der Einleitung, die die grundlegenden Informationen enthält.
- Im Hauptteil schreibe mithilfe deiner Notizen eine kurze Zusammenfassung des Inhalts (ohne zuviel zu verraten – besonders nicht das Ende) und gib mehr Informationen zu den Charakteren.
- Am Schluss gib deine Meinung zum Buch oder Film. Sage, weshalb du glaubst, dass man das Buch lesen/den Film sehen sollte (oder nicht). Eventuell erwähne, für welche Zielgruppe das Buch/der Film gedacht ist.
- Falls du es noch nicht getan hast, überlege dir eine Überschrift, die das Interesse der Leser weckt.

Step 2: Überarbeite deinen Text. (➜ *SF 14, SF 15*)

Headline	• *catch your readers' attention* • *hint at your opinion or the book's/movie's content*
Introduction	• *title, author/director, year, length (pages/minutes), setting* • *basic information: genre/type of movie/book (action, drama, comedy), characters, one-sentence summary of plot*
Main part	• *short summary of the plot (but don't reveal too much!)* • *more information about characters (and cast if you're writing about a movie)*
Conclusion	• *your opinion, e.g. on characters, plot, actors, dialogue, special effects, the message of the book/movie, …* • *recommendation; who is the target group? (e.g. young adults, comedy fans, people who like drama/romance)*

TIPP

Verwende in deiner Beschreibung starke Adjektive und Adverbien, um deine Leser entweder von dem Buch/Film zu überzeugen oder abzuschrecken (an action-packed thriller, a hilarious comedy, a highly entertaining movie, a boring drama with one-dimensional characters …).

SF 13 Writing a formal letter or email

Wenn du einen Brief an eine Organisation, einen potenziellen Arbeitgeber oder eine Universität schreibst, sollte dein Brief gewissen formalen Regeln folgen.

Schreibe deine Adresse (ohne Namen) oben rechts. Verwende keine typisch deutschen Buchstaben wie ä, ö, ü oder ß.

Schreibe die volle Anschrift (mit Namen, wenn du ihn weißt) des Adressaten auf die linke Seite.

Schreibe das Datum auf die rechte Seite.

Sage kurz im Betreff, worum es im Brief geht.

Beginne deinen Brief mit *Dear Sir or Madam* wenn du keinen genauen Ansprechpartner hast. Ansonsten schreibe *Dear Mr/Mrs/Ms* … (ohne Komma danach!). Fange danach immer groß an.

Nenne den Grund des Schreibens im ersten Absatz.

- Ergänze weitere Informationen in den folgenden Absätzen.
- Verwende Langformen *(I am/We are/I would)* statt Kurzformen *(I'm/We're/I'd)* und Abkürzungen.

Wenn du den Adressaten um etwas bittest (z. B Informationen), bedanke dich im Voraus.

Beende den Brief mit *Yours faithfully* wenn du den Namen des Ansprechpartners nicht kennst; ansonsten schreibe *Yours sincerely*. Tippe deinen Namen am Ende des Briefes, aber lasse ausreichend Platz für deine Unterschrift.

Kruemelstrasse 12
12345 Berlin
Germany

John Keats
Donne House
Ipswich IP3 4BA
United Kingdom

3 March 2016

Enquiry about exchange programme

Dear Mr Keats

I am writing to enquire about the exchange programme which I saw advertised in The English Magazine.

I have been studying English at school for six years now and I would like to take part in an exchange programme to improve my English.

Could you please tell me if you offer any exchange programmes for one month in the summer? It would be helpful to know about dates, application procedures and the cost of such an exchange. Any additional information would be very welcome.

Thank you for your help. I look forward to hearing from you soon.

Yours sincerely,

Paul Panther

Paul Panther

TIPP

Bei einer formellen E-Mail brauchst du Datum und Adressaten nicht zu nennen. Ansonsten gelten dieselben Regeln wie bei einem formellen Brief. Liste am Ende der Mail deine Kontaktdaten auf (Name, Adresse, ggf. Telefonnummer). Ganz wichtig: verwende auf keinen Fall Emoticons oder Smileys.

SF 14 Revising texts

Egal, ob du eine Rückmeldung von jemandem zu deinem Text bekommen hast oder nicht – du solltest ihn auf jeden Fall noch einmal selbst gut prüfen, bevor du ihn an den Adressaten übergibst.

TEXTÜBERARBEITUNG

1. **Stimmt die Struktur?** *(➜ SF 4)*
   Jeder Text braucht
   - eine Einleitung, die in das Thema einführt,
   - einen Hauptteil, der das Thema ausführt,
   - einen Schluss, der alles auf den Punkt bringt.

2. **Stimmt der Aufbau der Absätze?** *(➜ SF 4)*
   Jeder Absatz
   - befasst sich mit einem zusammenhängenden Gedanken,
   - beginnt mit einem *topic sentence*, der diesen Gedanken einführt.

3. **Stimmen die Verknüpfungen?** *(➜ SF 5)*
   Gute *linking words*
   - schaffen Verbindungen zwischen Sätzen oder Satzteilen,
   - helfen, Zusammenhänge besser darzustellen und verständlich zu machen.

4. **Sind die Zeitangaben richtig gesetzt?** *(➜ SF 5)*
   Time markers
   - helfen, sich z. B. in einer Geschichte zurechtzufinden,
   - machen das Geschehen anschaulicher.

5. **Enthält der Text Adjektive und Adverbien?** *(➜ SF 5)*
   Adjektive und Adverbien
   - erlauben nähere Beschreibungen von Personen und Dingen,
   - machen Texte anschaulicher.

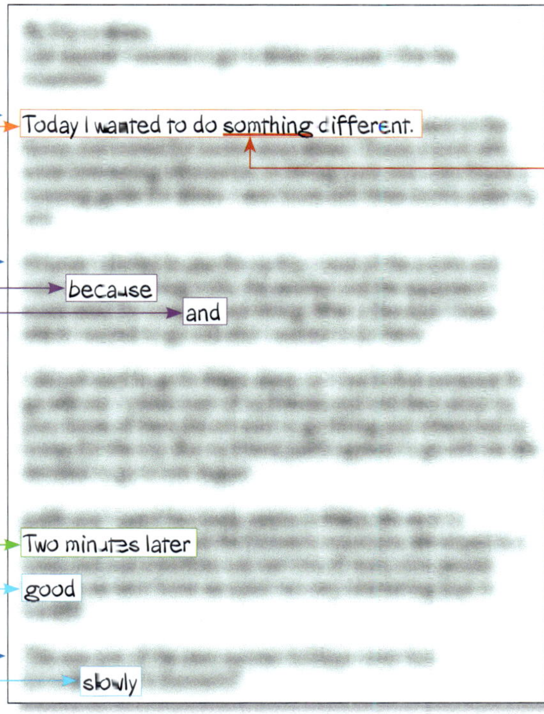

6. **Hat der Text sprachliche/grammatikalische Fehler?**
   Überprüfe deinen Text
   - auf Rechtschreibung,
   - auf grammatische Formen, z. B. Verbformen, Satzbau *(word order)* usw.

FEHLERPROTOKOLL

Deine Fehler in einem Text zu korrigieren ist eine Sache, aber besser wäre es natürlich, dieselben Fehler nicht zu wiederholen.

Dabei hilft ein Fehlerprotokoll. Darin notierst du Fehler, die du immer wieder machst. Dieses Fehlerprotokoll kann ein Heft sein, ein Karteikasten oder auch eine Sammlung von Notizzetteln, die du dir über deinen Schreibtisch hängst.

Hauptsache, es ist etwas, das du immer schnell zur Hand hast, wenn du zu Hause einen Text schreiben oder überarbeiten sollst.

TIPP

Häufige Fehlerquellen sind z. B.
- Groß-/Kleinschreibung
- Wörter, die gleich klingen, aber unterschiedlich geschrieben werden: *your/you're, their/they're/there*
- Verwendung des Apostrophs
- Bildung der Zeitformen der Verben: *stop* ⟶ *stopping, try* ⟶ *tries*
- Wörter mit "stummen" Buchstaben: *walk, talk, know*

SF 15 Revising and improving electronic texts

Media skills

Viele deiner Texte für die Schule schreibst du nicht mit der Hand, sondern am Computer, sei es für eine Hausaufgabe, eine Semesterarbeit, ein Referat oder ein Projekt.

Bei der Überarbeitung dieser Texte gelten dieselben Grundsätze wie beim Überarbeiten aller Texte (➔ *SF 14*), aber es kommen auch noch ein paar Besonderheiten dazu. Diese findest du im Folgenden:

KORREKTUR

- Nutze die Überprüfungsfunktion deines Textverarbeitungsprogramms. Aber: sieh dir alle gemeldeten Fehler genau an, denn nicht alles, was als falsch angezeigt wird, ist auch wirklich falsch.
- Lies deinen Text trotz der Überprüfung durch das Programm noch einmal Korrektur, denn nicht alle Fehler werden auch als solche erkannt (z. B wenn ein Tippfehler zu einem anderen korrekten Wort führt, das aber im Kontext nicht passt wie the win in the trees statt the wind in the trees).

LAYOUT

- Lass genügend Abstand an den Rändern (normalerweise reichen die voreingestellten Ränder in deinem Textverarbeitungsprogramm, also 2,5cm).
- Richte den Text linksbündig aus, denn das ist am besten lesbar (Ausnahme: die Überschrift kann zentriert sein, ebenso wie z. B ein Zitat zum Einstieg).
- Zwischenüberschriften lockern den Text auf und machen das Lesen leichter, weil sie größere Textblöcke unterteilen.
- Überlege dir gut, wo du Bilder einbaust und welche Größe sie haben sollen: Bilder, die einen Inhalt im Text veranschaulichen, sollten auch möglichst nah an dieser Textstelle platziert werden. Die Größe solltest du so wählen, dass die der Inhalt gut zu erkennen ist. Gib immer die Quelle an, wenn du ein Bild verwendest, v.a. wenn möglich auch den Namen des Urhebers/der Urheberin. (➔ *SF 33, SF 34*)

TIPP
Wenn dein Text der Öffentlichkeit zugänglich gemacht wird, z. B auf der Schulwebseite, musst du vor der Verwendung von Bildern die Urheber um Erlaubnis fragen.
(➔ *SF 34*)

FORMATIERUNG

- Wähle eine gut lesbare Schriftart. Benutze diese Schrift für den kompletten Text. Für Überschriften oder Bildunterschriften kannst du auch eine andere Schrift verwenden (aber es sollten auf keinen Fall mehr als drei verscheidene Schriftarten sein).
- Die Schriftgröße sollte so groß sein, dass der Text gut lesbar ist (z. B 12 pt). Das gilt auch für den Zeilenabstand.
- Zur Hervorhebung bestimmter Textstellen, z. B Zitaten, Songtiteln, Buchtiteln, Namen etc., kannst du verschiedene Schriftstile wie **fett**, *kursiv* oder <u>unterstrichen</u> verwenden. Du solltest aber sparsam damit umgehen, damit der Text nicht unübersichtlich wird und auch nicht alles gleichzeitig verwenden.

TIPP
Bei Schriften unterscheidet man zwischen serifen (z. B Times New Roman) und serifenlosen (z. B Arial). Für längere Texte, besonders wenn sie gedruckt sind, nimmt man in der Regel serife Schriften. Kürzere Texte und solche, die vor allem am Bildschirm gelesen werden, wirken durch serifenlose Schriften oft lesbarer.

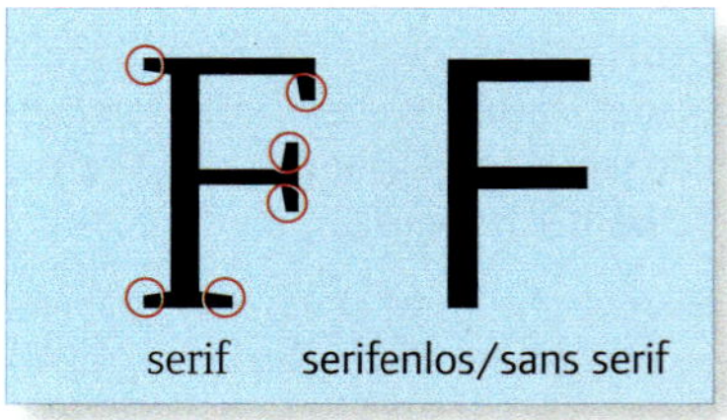

SPEAKING SKILLS

SF 16 Communicating in everyday situations

Es ist nicht immer einfach, sich mit Menschen aus anderen Ländern zu unterhalten. Neben der Sprachbarriere gibt es oft auch kulturelle Unterschiede (➔ *SF 25*), wie das folgende Beispiel zeigt.

Lies dieses Gespräch zwischen Paul, einem deutschen Schüler, und seinem Austauschpartner Jack in den USA:

Jack: How's your school at home?
Paul: It's okay.
Jack: Oh … good. What are your favorite subjects?
Paul: Er, I don't know.
Jack: Oh, well. Maybe you'll enjoy our school too.
Paul: Maybe.
Jack: Er … want to play a game?

Das Gespräch kommt nicht so richtig in Gang, und Jack gibt irgendwann auf. Wenn man aber einige Regeln beachtet, werden Unterhaltungen einfacher und für beide Parteien erfreulicher. Vergleiche das folgende Gespräch mit dem obigen:

Jack: How's your school at home?
Paul: I like it … but of course I don't like all my teachers.
Jack: Yeah, I think that's normal. What are your favorite subjects?
Paul: I'm not sure. I like history and maths, but art and German are okay too.
Jack: Ah, my favorite subject is English. Anyway, I'm sure you'll enjoy our school too. Our history teacher is pretty cool. Have you met any of the teachers yet?
Paul: No, not yet, but I think …

Die folgenden Schritte helfen dir, wenn du dich freundlich und flüssig unterhalten willst:

Step 1: Beginne freundlich, z. B. mit etwas, was beide Gesprächspartner verbindet (der Ort, die Situation usw.).

Step 2: Halte die Unterhaltung am Laufen:
- zeige dein Interesse, indem du Fragen stellst
- vermeide einsilbige Antworten, um nicht desinteressiert oder unfreundlich zu wirken
- wenn du etwas nicht verstehst, frage nach
- wenn du etwas nicht sagen kannst, versuche es zu umschreiben oder bitte deinen Gesprächspartner um Hilfe

Step 3: Beende das Gespräch so freundlich, wie du es angefangen hast:
- bedanke dich, wenn du um Hilfe gebeten hast
- verabschiede dich freundlich

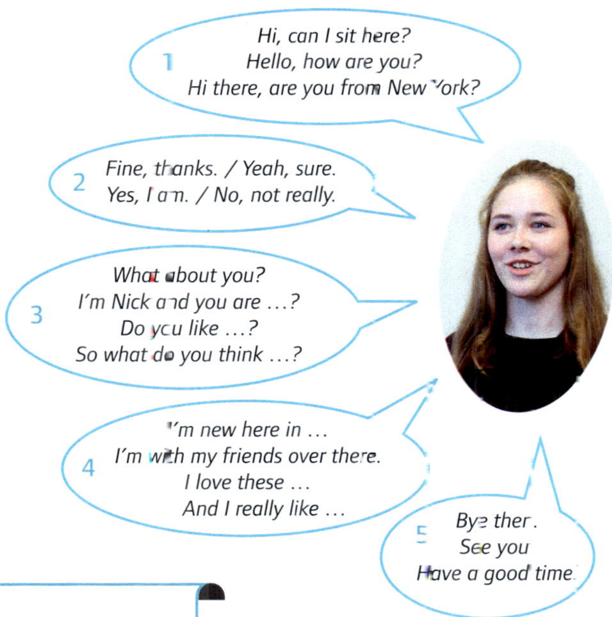

TIPP
Mach dir vor dem Gespräch klar, mit wem du redest. Mit anderen Jugendlichen kannst du häufig viel informeller sprechen als mit älteren Menschen. Überlege auch, ob es kulturelle Unterschiede gibt (➔ *SF 25*) und ob es Dinge gibt, die du deswegen beachten musst.

SF 17 Having a discussion

In einer Diskussion tauscht man Meinungen und Ideen zu einem bestimmten Thema aus.

VORBEREITUNGSPHASE

Step 1: Bereite dich auf das Thema vor: Recherchiere Fakten und Beispiele und überlege, was deine Meinung zu dem Thema ist. Mache dir Notizen.

Step 2: Halte deine Notizen für die Diskussion bereit – z. B auf kleinen Zetteln – damit du darauf zugreifen kannst, falls du sie brauchst.

Step 3: Überlege dir vorher ein Statement, das deine Meinung zum Thema gut ausdrückt; das erleichtert den Einstieg in die Diskussion.

TIPP
Bei Rollenspielen musst du manchmal eine Meinung vertreten, die anders ist als deine eigene. Dann kannst du in deinen Notizen z. B versuchen, Argumente und Gegenargumente einander gegenüberzustellen, um dann in der Diskussion schnell und gut reagieren zu können.

DISKUSSION

Step 1: Starting the discussion: Sage deine Meinung (z. B mithilfe der Eröffnung, die du dir überlegt hast).

Step 2: Continuing the discussion: Tausche deine Meinung mit anderen aus. Bleibe höflich und sachlich. Hör den anderen zu und lass sie ausreden.

- Wenn du sprichst, beziehe dich auf die Anderen und sage, weshalb du ihren Argumenten zustimmst (oder nicht).
- Stütze deine Meinung mit Fakten und Beispielen.

Step 3: Ending the discussion:

- Fasse deinen Standpunkt noch einmal knapp zusammen.
- Versuche, Gemeinsamkeiten festzustellen (v.a. wenn es darum geht, sich auf etwas zu einigen) oder einigt euch darüber, dass es nicht *eine* gemeinsame Lösung gibt *(agree to disagree)*.
- Falls gefordert, einigt euch auf eine Lösung oder einen Kompromiss.

TIPP
Im Englischen ist man häufig weit weniger direkt als im Deutschen. Das bedeutet, dass du bei Diskussionen
- besonders gut zuhören musst, weil du sonst evtl. nicht genau mitbekommst, ob man dir zustimmt oder widerspricht;
- kurze, zu direkte Antworten wie *"No."* vermeiden solltest, weil die unhöflich wirken.

SF 18 Agreeing and disagreeing with people's opinions

Wenn du mit Anderen diskutierst, wirst du anderen Gesprächsteilnehmern zustimmen oder widersprechen. Wie im Deutschen, gibt es dafür auch im Englischen bestimmte Redewendungen, die du dafür gut verwenden kannst.

LANGUAGE HELP

Es ist bei Diskussionen hilfreich, einige Standard-Redewendungen parat zu haben. Wenn du die beherrscht, kannst du dich mehr auf deine Argumente konzentrieren. Folgende Phrasen solltest du dir aufschreiben und sie lernen:

Stating your opinion
- In my opinion ...
- Well, I'd say ...
- It's a fact that ...
- Personally, I think...
- If you ask me ...
- I think/feel/believe ...
- First of all, I'd like to point out...
- I'm certain that ...

Agreeing
- I agree ...
- Exactly./Absolutely./...
- You're quite right.
- I think so too.
- You've got a good point there.
- That's exactly how I see it.
- That's true/right.
- I couldn't agree with you more.

Disagreeing
- I'm afraid I don't quite agree ...
- I'm not sure about that.
- Do you really think so?
- I'm not convinced that ...
- I doubt that (very much).
- I don't agree with you at all.
- I disagree (completely).
- It's not as simple as that.

SF 19 Preparing and taking part in a panel discussion

Eine Podiumsdiskussion ist eine Sonderform der Diskussion, bei der 3–5 Vertreter unterschiedlicher Meinungen/Gruppen vor Zuhörern unter der Leitung eines Moderators ein Thema diskutieren.

VORBEREITUNGSPHASE

Step 1: Bereite dich auf die Diskussion vor wie auf andere Diskussionen auch: Recherchiere Fakten und überlege, was deine Meinung zu dem Thema ist. Mache dir Notizen.

Step 2: Halte deine Notizen für die Diskussion bereit – z. B auf kleinen Zetteln – damit du darauf zugreifen kannst, falls du sie brauchst.

Step 3: Bereite dich auf deine Rolle in der Diskussion vor – Moderator, Diskussionsteilnehmer oder Zuhörer. Jede Rolle hat andere Aufgaben. Nützliche Redemittel (➔ *SF 18*) können auf einem discussion fan notiert werden, damit sie schnell zur Hand sind.

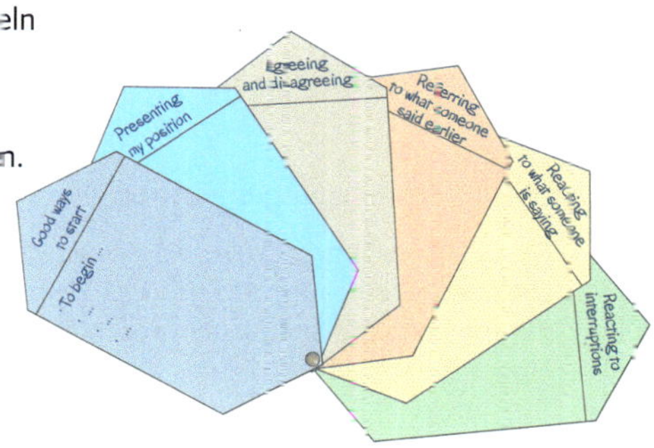

MODERATOR/IN

Die Moderatorin/Der Moderator einer Podiumsdiskussion
- überlegt sich im Vorfeld der Diskussion mögliche Fragen für die Teilnehmer
- stellt kurz die Diskussionsteilnehmer vor
- leitet die Diskussion und stellt Fragen, wenn die Diskussion stockt
- sorgt dafür, dass sich alle Beteiligten an die Regeln halten und dass alle Teilnehmer etwa gleich viel Redezeit haben
- achtet auf die Zeit oder bestimmt einen *timekeeper*, der dies tut
- ermuntert die Zuhörer, Fragen zu stellen und moderiert diese.

DISKUSSIONSTEILNEHMER/IN

Die Teilnehmer einer Podiumsdiskussion
- sind gut vorbereitet: sie haben sich ihre eigenen Argumente notiert und sich Gedanken zu den möglichen Argumenten der anderen Teilnehmer gemacht
- geben zu Beginn der Diskussion ein kurzes Statement, das ihre Meinung knapp zusammenfasst
- folgen der Diskussion aufmerksam und notieren sich Argumente der anderen Teilnehmer, um darauf reagieren zu können.

ZUHÖRER/IN

Die Zuhörer bei einer Podiumsdiskussion
- überlegen sich im Vorfeld, welche Argumente sie zu bestimmten Themen erwarten und überlegen sich entsprechende Fragen/ Kommentare
- können sich im Anschluss an die Diskussion dazu äußern, welche Argumente sie am überzeugendsten fanden
- machen sich während der Diskussion Notizen, um im Anschluss Fragen zu stellen oder die Argumente kommentieren zu können.

DURCHFÜHRUNG

Eine Podiumsdiskussion sollte einen vorher vereinbarten Zeitrahmen nicht überschreiten (z. B 30 Minuten). Im Anschluss daran sollte Zeit für Fragen und Kommentare der Zuhörer eingeplant werden.

Für die Einhaltung der Zeit und der Diskussionsregeln ist der Moderator/die Moderatorin verantwortlich.

SF 20 Taking part in an interview

Interviews sind häufig Bestandteil von Prüfungen oder Bewerbungen. Es ist wichtig, gerade wenn es um Bewerbungsgespräche oder Prüfungen geht, dass du dich gut darauf vorbereitest.

Bei Bewerbungsgesprächen helfen die folgenden 4 Ps:

PREPARE

- Finde so viel wie möglich über den Job und den Arbeitgeber heraus.
- Notiere mögliche Fragen, die du dem Arbeitgeber stellen kannst.
- Überlege dir aber auch, welche Fragen man dir stellen könnte und bereite Antworten darauf vor.

PRACTISE

- Übe das Bewerbungsgespräch mit einem Partner/einer Partnerin.
- Gib deinem Übungspartner die Fragen, die du von deinem Arbeitgeber erwartest und beantworte sie. Sage deinem Übungspartner auch, dass er/sie dir ruhig unerwartete Fragen stellen soll. So übst du, auf unvorbereitete Fragen zu antworten.

PRESENT

- Überlege dir im Vorfeld, was du zu dem Bewerbungsgespräch anziehen möchtest. Besprich das ruhig auch mit einem Freund/einer Freundin oder deinen Eltern. Die Auswahl der Kleidung hängt vom Arbeitgeber ab.
- Stelle sicher, dass du pünktlich bist. Suche dir vorher heraus, wie du zum Ort des Gespräches kommst. Plane Zeit für Unvorhergesehenes ein. Es ist immer besser, zehn Minuten zu früh als zu spät zu sein.

PARTICIPATE

- Stelle dich am Anfang vor, am besten mit einem freundlichen Lächeln.
- Lass dir Zeit, Fragen zu beantworten, besonders wenn es unerwartete Fragen sind. Antworte nicht mit "Yes." oder "No.", sondern versuche, Fragen ausführlich und höflich zu beantworten.
- Wenn du eine Frage nicht verstehst, frag nach.
- Am Ende des Gespräches, verabschiede dich mit einem freundlichen Lächeln und bedanke dich für das Gespräch.

TIPP
Achte auch auf deine non-verbale Kommunikation – wie du stehst, gehst, sitzt – und siehe deinem Gegenüber in die Augen.

LANGUAGE HELP

Folgender Wortschatz hilft dir ...

- bei der Begrüßung: Nice to meet you too. • Thank you for inviting me today. • I'm fine, thank you.
- über dich selbst zu sprechen: Well, I'm 16 years old and ... • Actually, one of my main strengths is ...
- zu erklären, was du meinst: What I mean is ... • What I'm really trying to say is ... • I'm glad you asked that question because ... • ... is very important to me, as is ...
- weitere Punkte anzubringen: Another point I should mention is ... • There's something else I'd like to say. • Let me explain that in some more detail.
- aufmerksam zu wirken: I see. • Right. • Uhuh.
- bei Unklarheiten nachzufragen: Sorry, I don't quite understand. • Sorry, but do you mean ... • I am not sure I have understood your question correctly. • Sorry, could you rephrase that?
- bei der Verabschiedung: Thank you for the chance to speak to you.

SF 21 Giving a presentation

Media skills

Ob in der Schule oder später im Beruf, es ist wichtig, eine gute Präsentation halten zu können, z. B um andere über ein Thema zu informieren oder um sie von einer Idee oder einem Projekt zu überzeugen. Dabei ist die Vorbereitung genauso wichtig wie das eigentliche Halten, denn eine gut vorbereitete Präsentation ist eine gut strukturierte und überzeugende Präsentation.

Die folgenden Schritte helfen dir bei beiden Schritten:

VORBEREITUNG DER PRÄSENTATION

Step 1: Recherchiere dein Thema (➔ *SF 30*) und mach dir Notizen, am besten gleich auf Englisch (➔ *SF 39*).

Step 2: Strukturiere die Informationen, z. B. mit einer Gliederung. (➔ *SF 6*)

Step 3: Wähle eine Form der Präsentation aus, die das Thema gut veranschaulicht (Poster, Folie, …). Gestalte dein Poster/deine Folie und beachte dabei die Grundsätze für ein gutes Poster.

Step 4: Bereite deine Notizen für die Präsentation vor, z. B. auf nummerierten Karteikarten. Verwende keine ganzen Sätze, sondern Stichworte, Symbole oder Halbsätze. Notiere dir z. B auch schwierige Wörter und ihre Aussprache.

Step 5: Überlege dir einen guten Einstieg wie z. B eine rhetorische Frage oder ein Zitat, um die Aufmerksamkeit der Zuhörer zu wecken

Step 6: Wenn ihr in einem Team arbeitet, entscheidet gemeinsam, wer welchen Teil der Präsentation übernimmt. (➔ *SF 28*)

Step 7: Übe deine Präsentation zu Hause vor einem Spiegel oder vor einem kleinen Publikum (Eltern, Großeltern, Freunde).

TIPP
Um ein gutes Poster zu gestalten, solltest du folgendes beachten:
- Wähle eine passende Überschrift.
- Schreibe groß und für alle gut lesbar.
- Ergänze passende Bilder, um den Text/die Inhalte zu veranschaulichen.

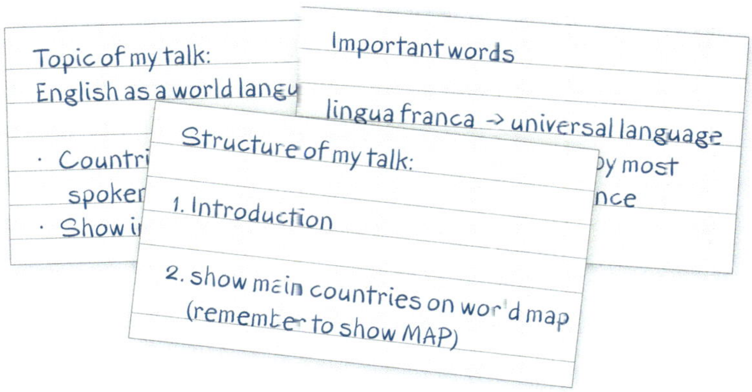

HALTEN DER PRÄSENTATION

Step 1: Warte, bis es ruhig ist. Schau die Zuhörer/innen an. Erkläre, worüber du sprechen wirst und wie deine Präsentation aufgebaut ist.

Step 2: Sprich langsam und deutlich und möglichst frei. Lies nicht von deinen Notizen ab.

Step 3: Beende deine Präsentation mit einer kleinen Zusammenfassung der wichtigsten Punkte. Bedanke dich fürs Zuhören und beantworte Fragen zu deinem Vortrag.

MEDIATION SKILLS

SF 22 Mediating written or spoken information

Nicht jeder spricht und versteht sowohl Deutsch als auch Englisch; daher kann es vorkommen, dass du in bestimmten Situationen für Andere zwischen den Sprachen vermitteln musst – das nennt man dann Mediation.

Wie und was genau du vermitteln musst, hängt von der Situation ab und auch davon, ob du den Inhalt eines geschriebenen Textes wiedergeben oder zwischen zwei Sprechern vermitteln sollst.

Sprachmittlung bedeutet nicht Übersetzen (von Texten) oder Dolmetschen (bei Unterhaltungen), sondern das sinngemäße Übertragen von Inhalten in die andere Sprache.

MEDIATION VON SCHRIFTLICHEN ODER MÜNDLICHEN INFORMATIONEN

Wenn du Informationen in einer anderen Sprache wiedergeben sollst, geht es nicht darum, alles zu übersetzen, sondern es kommt darauf an, die wichtigsten Informationen herauszusuchen. Oft stellt dir die Person, für die du die Informationen wiedergibst, gezielte Fragen – so weißt du, worauf du achten musst.

Schriftliche Informationen

- Scanne den Text gezielt nach den geforderten Informationen. (➔ *SF 1*)
- Mach dir keine Sorgen, wenn du nicht jedes Wort verstehst. Das ist oft nicht nötig, um die wichtigen Punkte zu verstehen und wiederzugeben.
- Wenn der Text länger ist und du viele Informationen im Blick behalten musst, markiere die wichtigsten Textstellen. (➔ *SF 2*)
- Mach dir Notizen in deinen eigenen Worten. (➔ *SF 39*)

Mündliche Informationen

- Achte beim Hören gezielt auf die gesuchten Informationen. (➔ *SF 27*)
- Mach dir Notizen. (➔ *SF 39*)
- Überlege, wie du deine Notizen am besten in der anderen Sprache wiedergeben kannst.

TIPP
Bei Mediation im Unterricht hast du in der Regel eine Aufgabenstellung, die dir sagt, worauf du beim Lesen oder Hören achten musst bzw. welche Stellen du wiedergeben sollst. Konzentriere dich beim Lesen des Textes auf diese Stellen *(scanning)* bzw. mache dir gezielt zu diesen Stellen Notizen.

TIPP
Wenn du den Inhalt eines Texts schriftlich in einer anderen Sprache wiedergeben sollst, achte darauf, dass deine Mediation nicht länger ist als ca. 35-40% des Originaltextes, ähnlich wie bei einer *summary*. (➔ *SF 11*)

SF 23 Selecting relevant information

Manchmal gibt es keine gezielten Fragen oder Aufgabenstellungen, die dir sagen, welche Informationen du aus einem Text heraussuchen und wiedergeben sollst. In der Regel hast du aber trotzdem Anhaltspunkte, die sich aus der Situation ergeben oder aus dem, was dir dein Gegenüber erzählt hat.

Wenn du in einer solchen Situation bist, helfen folgende Hinweise:

- Analysiere die Situation, um abzuschätzen, um welche Informationen es gehen könnte (Restaurant, Bahnhof, Flughafen usw.).
- Wenn du unsicher bist, frage nach.
- Übersetze wichtige Stichworte direkt, wenn du die Wörter kennst.
- Umschreibe Begriffe, die du nicht kennst. (➔ *SF 24*)

TIPP
Wenn du Informationen wiedergibst, kannst du oft Details zu einem Begriff zusammenfassen. Wenn z. B. in einem Text *twitter, Facebook, tumblr* und *Pinterest* vorkommen, kannst du *social media* sagen anstatt alle aufzuzählen.

SF 24 Paraphrasing

Es fällt dir eventuell manchmal schwer, Informationen in Englisch wiederzugeben, z. B. weil

- dein Wortschatz nicht ausreicht
- dir bekannte Wörter in der Situation nicht einfallen
- oder spezielle Fachbegriffe auftauchen.

Wenn dir das passiert, dann solltest du versuchen, diese Wörter zu umschreiben, z. B. mithilfe von Relativsätzen wie:

It's somebody/a person who …
It's something that you use to …
It's an animal that …
It's a place that/where …

LANGUAGE HELP

Oft helfen beim Umschreiben auch Synonyme (gleiche Bedeutung) oder Antonyme (gegenteilige Bedeutung). Wenn du die weißt, kannst du z. B. sagen:

- It's the same as …
- It's the opposite of …

SF 25 Dealing with cultural differences

Wenn du anderen Menschen hilfst, Texte oder Gehörtes zu verstehen, kann es neben Wortschatzproblemen auch noch andere Schwierigkeiten geben. Diese sind häufig in kulturellen Unterschieden begründet. Um hier helfen zu können, musst du dir beim Sprachmitteln bewusst machen, dass dein Gegenüber evtl. bestimmte Dinge nicht weiß, die für dich selbstverständlich sind, oder dass er/sie dich nicht sofort versteht, obwohl du den Inhalt korrekt übertragen hast.

Dinge, die häufig zu Missverständnissen führen, sind z. B.

- Temperaturen: 30 Grad bei uns sind heiß, in den USA eher kalt, weil in den USA Temperaturen in Fahrenheit angegeben werden, nicht in Celsius.
- Längenangaben/Geschwindigkeit: Bei uns wird das metrische System verwendet (Meter, Kilometer usw.), in den USA das *imperial system* mit *inch*, *yard* und *mile*. Das kann auch bei Geschwindigkeitsangaben zu Verwirrung führen, denn 75 *mph* (Meilen pro Stunde) sind z. B. ca. 120 km/h.

Am besten ist es, wenn du immer noch mal höflich nachfragst, ob dein Gegenüber alles verstanden hat. Wenn du dann feststellst, dass es zu einem Missverständnis gekommen ist, dann kannst du folgende Dinge probieren:

- Frage höflich nach, wo das Missverständnis ist. (➜ *SF 16*)
- Versuche, das Missverständnis durch eine neue Erklärung zu beseitigen.
- Ergänze deine Erläuterung evtl. mit Hintergrundinformationen: Es kann sein, dass du bestimmte Dinge, die für dich völlig normal sind, erklären musst (wie z. B. Mülltrennung oder das Benutzen des öffentlichen Nahverkehrs).
- Sei auch offen für die Erklärungen, die du evtl. im Gegenzug bekommst – hier kannst du Dinge über das Land deines Gegenübers lernen.

TIPP

Es hilft, wenn du versuchst, mögliche "Stolperstellen" schon im Vorfeld vorauszusehen. Frage dich, was dein Gegenüber evtl. nicht oder anders verstehen könnte und erkläre diese Stellen besonders genau und evtl. auf unterschiedliche Arten.

VIEWING SKILLS

SF 26 Viewing
Media skills

Wenn du verstehst, welche Techniken eingesetzt werden, um beim Zuschauer Reaktionen und Gefühle auszulösen, bekommst du ein besseres Verständnis dafür, wie Filme funktionieren. Dient der Film oder Clip z. B der Unterhaltung, der Information oder dem Verkauf von etwas? Es gibt verschiedene Elemente, die die Atmosphäre und die Wirkung eines Filmes beeinflussen:

- Genre: Handelt es sich um einen Dokumentarfilm (documentary), einen Spielfilm wie z. B. thriller, science-fiction/sci-fi movie, comedy oder ein drama? Ist es ein Nachrichtenclip, Musikvideo oder Werbung (commercial)?
- Story: Wo und wann spielt der Film (setting)? Besetzung der Rollen (cast), Schauplatz (location), Handlung (plot).
- Camera: Erst durch die Bilder der **Kamera** ist der Zuschauer in der Lage, einen Film wahrzunehmen. Die Kamera stellt das Blickfeld her und begrenzt es gleichzeitig, z. B. hinsichtlich der Beziehung der Charaktere zueinander. Auch die Stimmung oder Spannung in einer Szene wird von der Kameraführung beeinflusst. Dafür gibt es z. B. folgende Mittel:
  - Shots: Die **Kameraeinstellung** beeinflusst, was man sieht und wie man Szenen wahrnimmt, ob z. B. Personen in Nahaufnahme (close-up), der mittleren Distanz (medium shot) oder der Totale (long shot) gefilmt sind.
  - Editing: Filme werden meist nicht chronologisch gedreht und auch nicht nur mit einer Kamera, d. h. am Ende der Dreharbeiten müssen viele einzelne Shots zu einem Film zusammengefügt werden. Der **Filmschnitt** bestimmt die Wirkung einer Szene. Er bestimmt den Rhythmus – Einstellungen mit wenigen Schnitten wirken ruhiger, während schnelle, harte Schnitte actiongeladen wirken. Bei Nachrichten-, Dokumentar- oder Werbeclips kann der Schnitt ganz gezielt die Aussage beeinflussen.
- Soundtrack: **Musik** hat großen Einfluss darauf, wie man eine Szene wahrnimmt. Eine Actionszene wird oft mit schneller, lauter Musik unterlegt, eine romantische Szene eher mit ruhiger, leiser Musik. Dies geschieht, um die Wirkung des Gesehenen zu verstärken. In der Werbung wird Musik gezielt eingesetzt, um ein Produkt damit zu verknüpfen und eine emotionale Reaktion zu erwirken.

➜ Workbook *Wordbank 6*

long shot

medium shot

close-up

FILMTAGEBUCH
Wenn du eine Szene oder einen Film sehr intensiv analysieren möchtest, hilft es, ein Filmtagebuch (viewing log) anzulegen, in dem du die Handlung oder einzelne wichtige Szenen sowie deine Reaktion darauf festhältst.

Das Filmtagebuch kann z. B. eine einfache, zweispaltige Tabelle sein:
Spalte 1: What you noticed – images, sounds, dialogue, lighting, costumes, mood, characterization, plot, etc.
Spalte 2: Your reaction – What did you think? How did the scene make you feel?

LANGUAGE HELP
Wenn du über Filme sprechen möchtest, können dir folgende Redewendungen helfen:

- The film is about … / shows … / tells the story of …
- The music creates/builds/supports tension/suspense/joy …
- The actor's body language helps to create a feeling of happiness/joy/anger/suspense …
- In this scene the music/effects/camera angle … supports the plot /mood of the scene / …
- The camera movement creates a feeling of …
- The camera work/soundtrack helps to …
- The close-ups show his/her feelings.

LISTENING SKILLS

SF 27 Listening strategies

Media skills

Wenn du Englisch hörst, kann es sein, dass du entweder Details heraushören musst (listening for detail), z. B. bei Ansagen am Bahnhof, oder generell verstehen musst, um was es geht (listening for gist) wie z. B. bei einem Film. Dazu kannst du verschiedene Hörverstehenstechniken anwenden.

LISTENING FOR DETAIL

- Überleg dir vorher, auf welche Informationen du achten musst.
  - Bei einem Wetterbericht sind das z. B. Beschreibungen wie sunny, cloudy chance of rain etc., bei Bahnhofsansagen z. B. Wörter wie platform oder Orte und Zeiten.
  - Höre dann gezielt auf solche Wörter und notiere sie. (➡ *SF 39*)
- Manchmal können dir Signalwörter helfen, dem Inhalt zu folgen und dich auf die Details zu konzentrieren:
  - Gründe, Folgen: because, so, so that, …
  - Vergleiche: larger/older/… than, as … as, more, most, …
  - Reihenfolge: before, after, then, next, later, …

LISTENING FOR GIST

- Mache dir keine Sorgen, wenn du nicht jedes Wort verstehst – das brauchst du nicht, um dem Inhalt oberflächlich folgen zu können. Überlege dir anhand der Aufgabe, um was es gehen könnte und konzentriere dich darauf.
- Versuche, von den Sachen, die du verstehst, auf Inhalte zu schließen, die noch kommen könnten.

TIPP
Im Unterricht kannst du Texte oft zweimal hören und hast weitere Hilfen:
- Sieh dir die Aufgabenstellung an: Was sollst du heraushören?
- Sieh dir Titel und Bilder an.
- Vergleiche nach dem Hören mit einem Partner, was ihr verstanden habt.
- Vervollständige deine Notizen sofort.

HÖRVERSTEHENSTECHNIKEN

Es gibt zwei verschiedene Techniken beim Hörverstehen:

- Bei der bottom-up-Technik gehst du vom Gesprochenen an das Hören heran: Konzentriere dich darauf, *was* gerade gesagt wird und beachte dabei z. B die Besonderheiten verschiedener Akzente. Wie gut du das verstehst, was du in der Fremdsprache hörst, ist eine Frage der Übung.

  Du solltest beim Hören folgende Dinge beachten:
  - Chunks/connected speech: Im Englischen spricht man oft mehrere Wörter als Einheit aus, bei der Wortgrenzen verschwinden. Das findet man verstärkt bei
    - Ausdrücken mit Modalverben: she'd've told me · you shouldn't've bought it · you mustabin asleep
    - häufigen Alltagsphrasen: Whatcha think o'that? · Howdju feel? · Dincha see it? · Whatchadoin'?
  - Wörter, die gesprochen gleich klingen, sich in der Bedeutung aber unterscheiden:
    We'd like ice in our drinks. – We like ice in our drinks.
    I can't see them now. – I can see them now. (besonders im AE)
    Hier schafft im Gespräch gezieltes Nachfragen Sicherheit: Sorry, was that *can* or *can't*?

TIPP
Beim Hörverstehen hilft vor allem Übung, v.a. wenn es um Chunks/connected speech oder verschiedene Dialekte und Akzente geht.
Höre dir deshalb so oft du kannst Originaltexte an, z. B Audiobooks oder in Videos online, um ein Gefühl dafür zu entwickeln. (➡ *SF 37*)

Um dich in unterschiedliche Akzente reinzuhören und sich an sie zu "gewöhnen", kannst du z. B Filme und Serien im Original gucken, bei denen du zur Hilfe englische Untertitel einblenden kannst.

- Bei der top-down-Technik gehst du von der Gesprächssituation aus an das Hören heran und versuchst, mögliche Inhalte vorherzusagen:
  - Du kannst Gesprächsinhalte erschließen und das Verstehen erleichtern, wenn du dir Gedanken über die Situation machst:
    - Wer redet in dieser Situation?
    - Über was wird in dieser Situation eventuell gesprochen?
    - Wie sprechen die Personen in dieser Situation miteinander?
    - Werden die Personen eher freundlich, höflich oder verärgert sein?
    - Sprechen sie in der gegeben Situation eher schnell oder langsam, eher formell oder informell?
  - Diese Vorüberlegungen helfen dir vorherzusagen, was im Gespräch gesagt wird (prediction), selbst wenn du nicht jedes Wort verstehst oder durch äußere Umstände wie z. B laute Nebengeräusche nicht hören kannst: It's very warm in here, isn't it? Should I open …? • It's my brother's birthday next week. I don't know what to …
  - Häufig kannst du das Thema eines Gespräches erkennen, auch wenn du nicht hörst, worum es genau geht (inference). Du hörst dabei die Situation sozusagen "zwischen den Zeilen" heraus. Im folgenden Kurzdialog geht es z. B um Essen und sehr wahrscheinlich um Pizza, ohne dass davon direkt gesprochen wird: Hey, do you want one slice or two? – I'll have two. Ham and extra cheese.

PROJECT SKILLS

SF 28 Working in a team

Bei Projekten arbeitet ihr oft im Team. Dabei solltet ihr eure unterschiedlichen Fähigkeiten und Talente einbringen und bestimmte Regeln beachten. Folgende Schritte können helfen, die Arbeit zu organisieren:

Step 1: Legt Regeln für die Arbeit in der Gruppe fest, z. B gegenseitige Unterstützung, pünktliches und zügiges Arbeiten, einander zuhören oder verschiedene Lösungen diskutieren usw.

Step 2: Sammelt Ideen für die Bearbeitung eures Themas (z. B. in einer Mindmap). Wählt gemeinsam Unterthemen aus und legt die Arbeitsschritte fest, die für die Bearbeitung nötig sind.

Step 3: Verteilt Rollen und Aufgaben nach euren Interessen und Fähigkeiten. Wenn ihr euch nicht einigen könnt, hilft Auslosen oder Würfeln. Folgende Rollen solltet ihr auf jeden Fall verteilen:
- coordinator
- writer
- researcher

Step 4: Macht einen Zeitplan für eure Arbeiten, an den sich alle halten.

Step 5: Am Ende der Arbeit sollte ein Rückblick stehen: Besprecht, was gut war und wo ihr Verbesserungsmöglichkeiten seht.

SF 29 Giving feedback

Gegenseitige Rückmeldungen sind wichtig, damit du siehst, was gut gelungen ist und woran du noch arbeiten musst. Wenn du eine Rückmeldung gibst, solltest du grundsätzliche Regeln beachten, die für einen geschriebenen Text genauso gelten wie für eine Präsentation. Diese Dinge solltest du beachten:

- Lies den Text sorgfältig durch oder höre der Präsentation gut zu.
- Bei Feedback zu einer Präsentation mache dir Notizen zu den Punkten, auf die du achten sollst, z. B. Inhalt, Struktur, Sprache, Verständlichkeit des Vortrags. Wenn du einen Feedbackbogen hast, kannst du deine Notizen gleich darauf festhalten.
- Bei Feedback zu einem Text lies den Text genau und achte dabei besonders auf Inhalt, Struktur, Wortwahl, Grammatik und Rechtschreibung. Wenn du einen Feedbackbogen hast, mache dir darauf Notizen (siehe rechts).
- Begründe deine Einschätzungen.
- Gib dein Feedback mit Respekt – niemand soll sich angegriffen fühlen. Nenne erst Gelungenes und mache dann Verbesserungsvorschläge zu Punkten, die aus deiner Sicht nicht so gelungen sind.
- Wenn du Feedback bekommst, überdenke die Vorschläge gut. Korrigiere die Fehler, die andere gefunden haben, und arbeite an den Stellen nach, wo du eventuell Probleme hattest.

PEER FEEDBACK CHECKLIST

	☺☺	☺	😐	☹
Content				
Lena's text is:				
- interesting			✓	
- exciting				✓
- funny				✓
- ______				
- easy to understand.		✓		
Language				
You connected short sentences with linking words.		✓		
You connected short sentences with relative clauses.		✓		
You used different adjectives in your description of places, people and things.			✓	
You used time phrases to show the order of events.		✓		
You chose interesting words.				✓
You used adverbs.			✓	

SF 30 Finding information online

Media skills

Das Internet ist voller Informationen, und es ist nicht einfach, genau das zu finden, was du benötigst.

Step 1: Überlege dir gute Stichwörter für dein Thema. Je besser die Suchbegriffe sind, desto genauer sind die Ergebnisse der Suchmaschine. Die Infografik rechts hilft dir, wenn du sehr spezielle Informationen suchst.

Step 2: Nutze die Erweiterte Suche. Dort kannst du nicht nur festlegen, in welcher Sprache deine Ergebnisse sein sollen, sondern auch das Land eingrenzen (z. B nur Ergebnisse aus den USA) oder die Domäne (z. B .edu, .gov, .org).

Step 3: Sieh dir mehrere Suchergebnisse an, um zu sehen, ob sie passen (➜ *SF 1*).

Step 4: Achte darauf, wer die Webseite erstellt hat, um die Qualität der Suchergebnisse einzuschätzen.

Step 5: Speichere die besten Ergebnisse als Lesezeichen ab, damit du schnell darauf zugreifen kannst. Ordne deine Lesezeichen thematisch zur besseren Übersichtlichkeit.

Step 6: Setz dir ein Zeitlimit für deine Recherche und ordne dann dein Material. Prüfe, ob etwas fehlt, und suche dann ggf. gezielt nach diesen Informationen.

Step 7: Wenn du einen Text oder eine Präsentation vorbereitest, kopiere nicht einfach Inhalte von Webseiten. Mach dir Notizen und verwende deine eigenen Worte, um die Inhalte wiederzugeben. (➜ *SF 39*)

Internet research
Tipps und Tricks

Wenn du ganz spezifische Informationen suchst, helfen diese Tricks:

Was du suchst: Artikel aus dem *Guardian* von 2017–2018 über Präsident Trump und den Klimawandel.

Wie du danach suchst:

site:theguardian.com "trump" "climate change" 2017..2018

site:	**" "**	**..**
sucht nur auf der genannten Seite	sucht den exakten Begriff	zeigt nur Ergebnisse aus diesem Zeitraum

Was du suchst: Einen englischsprachigen Bericht, am liebsten als PDF, über den Lebensraum von Füchsen.

Wie du danach suchst:

filetype:pdf intitle:habitat of *fox

filetype:	**intitle:**	*****
sucht nur diesen Dateityp (pdf, doc, jpg usw.)	zeigt nur Ergebnisse, in denen dieses Wort im Titel auftaucht	sucht auch Worte wie Red Fox, Black Fox, Desert Fox usw.

STUDY SKILLS

SF 31 Describing and interpreting images

Media skills

Manchmal sollst du im Unterricht ein Bild (Fotos, Cartoons etc.) beschreiben und interpretieren. Hier sind einige Hilfen dazu:

BESCHREIBUNG

Step 1: Stelle das Bild vor und sage, woher es kommt.

Step 2: Beschreibe das Bild:

- Sage, was wo zu sehen ist: at the top/bottom · in the foreground/background · in the middle · on the left/right
- Gehe bei der Beschreibung in einer bestimmten Reihenfolge vor, z. B. von links nach rechts oder von oben nach unten.
- Diese Präpositionen sind hilfreich zur Beschreibung von Positionen von Personen/Gegenständen: behind · between · in front of · next to · under · above
- Beziehe dich – v.a. bei Cartoons – auch auf Bildunterschriften, Sprechblasen etc.:
  The caption reads …
  One of the characters says/thinks …

1 *I'd like to talk about this photo of …/cartoon … I found it online/in a magazine/…*

2 *In the foreground you can see … I think the people in the photo/cartoon are talking about …*

3 *I really like/don't like the photo/cartoon because … It's interesting/boring/ … because …*

4 *Thank you for listening. Do you have any questions?*

ANALYSE/INTERPRETATION

Step 1: Sage, was deiner Meinung nach die Botschaft des Bildes/Cartoons ist:
This is a political/environmental/educational/… photo/cartoon.
I think the message is …
It's about …
… shows that …
The fact that there is … means …
The picture/cartoon may be meant to show …

Step 2: Sage, weshalb du das Bild/den Cartoon wirksam/witzig findest (oder nicht):
The picture/cartoon clearly shows …
The message is made clear by showing/saying …
I really laughed at the cartoon because it …
I don't find the cartoon funny because …
The picture/cartoon speaks to us directly by …

Wenn du das Bild/den Cartoon in einer Präsentation vorstellst, musst du evtl. genauer erklären, weshalb du es ausgewählt hast oder was daran witzig ist:
I chose this picture because …
The joke is that …
It's funny because …
The picture/cartoon is criticizing/making fun of …

"Now don't forget to go on social media and rate today's lesson plan."

SF 32 Talking about statistics (Media skills)

Statistiken können auf unterschiedliche Weise dargestellt werden: Tortendiagramm (pie chart), Säulendiagramm (bar chart), Kurvendiagramm (line graph) oder in einer Tabelle (table). Wenn du Statistiken analysieren und vorstellen sollst, gehst du am besten wie folgt vor:

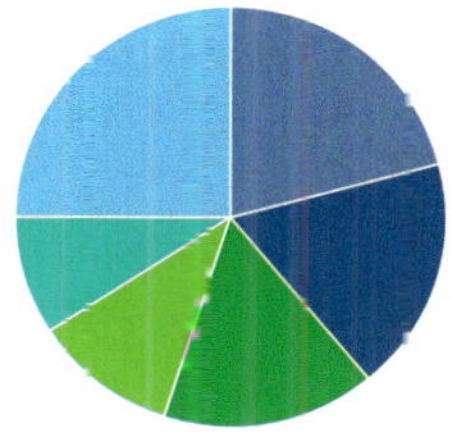
pie chart

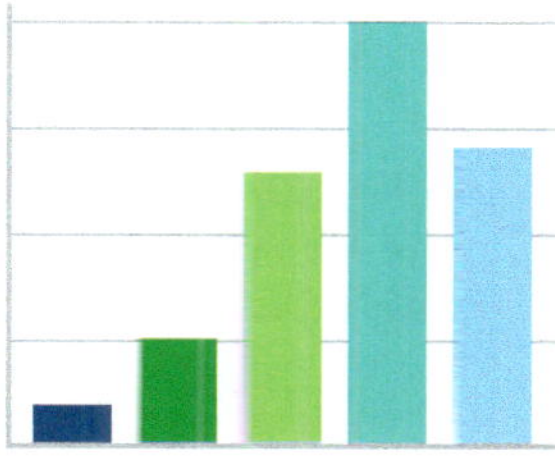
bar chart

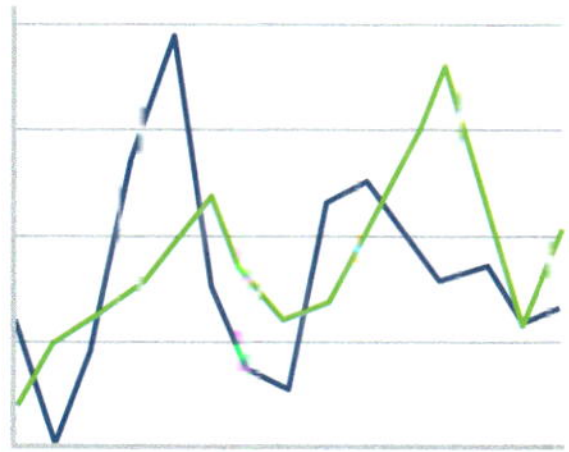
line graph

Step 1: Identifiziere, welche Art von Diagramm du vor dir hast – pie chart, bar chart, line graph oder Tabelle – und sieh dir die Quelle an:

- Ist die Quelle verlässlich?
  Ist der Herausgeber z. B ein Ministerium/eine Behörde oder eine Organisation wie *Amnesty International*?
- Sind die Angaben/Zahlen im Diagramm aktuell?
  Wenn du z. B eine Statistik zu Kinderarmut in Großbritannien vor dir hast, ist es ein wichtiger Unterschied, ob die Zahlen von 1973 oder 2013 sind.

Step 2: Beschreibe das Diagramm/die Tabelle:

- Worum geht es? Welche Informationen gibt das Diagramm?
  The bar chart / pie chart / line graph / table … shows the different … / compares the size/number of … / is about … / contrasts … with …
- Zeigen die Daten eine Entwicklung oder werden verschiedene Zeitpunkte miteinander verglichen?
  It shows … in contrast to …
  The chart gives us information about who/what/how many/…
- Werden absolute Zahlen oder Prozentangaben verwendet?
  The chart/table shows us the number of/percentage of …
  It shows which percentage of …

Step 3: Ziehe deine Schlussfolgerungen aus dem Diagramm/der Tabelle:
My main conclusion is that …
The most important thing I've learned is that …
One thing that I hadn't realized before is …

LANGUAGE HELP

Wenn du über Diagramme sprichst, können dir folgende Redewendungen helfen:

Pie chart
- The pie chart is divided into … segments, which show/represent …
- The smallest/biggest segment …
- The segments representing … and … constitute the majority …
- A huge majority/minority is …

Bar chart
- The bars are arranged horizontally/vertically.
- There are big/vast/surprising differences between …
- At the top/bottom of the ranking comes…
- … is first/last in rank
- … has the largest / second largest …

Line graph
- The graph shows the relationship between … and …
- … is twice/three times as high as …
- There are more than / nearly twice as many … as there are …
- … increase/decrease / reach a high point / rise/fall/drop/ grow steadily

SF 33 Creating a good layout for a page or poster

Media skills

Wenn du einen Text gestalten möchtest, z. B. für einen Vortrag, einen Blog oder als Poster für eine Präsentation, können dir folgende Hinweise helfen:

- Sortiere die Informationen, die du vermitteln willst: Was ist wichtig? Was ist ein Unterpunkt? Hast du Beispiele für Thesen/Argumente?
- Gib deinem Produkt eine klare Struktur: Texte haben meist drei Teile (Einleitung, Hauptteil, Schluss), während Poster häufig aus Aufzählungen wichtiger Punkte bestehen. Beginne für jeden neuen Gedanken einen neuen Absatz bzw. einen neuen Stichpunkt.
- Eine Überschrift verdeutlicht, worum es in deinem Text geht. Sie soll Leser auch neugierig machen auf das, was kommt. Wenn es in deinem Produkt um mehrere Themen/Aspekte eines Themas geht, dann kannst Du für einzelne Abschnitte auch Zwischenüberschriften verwenden. Das gibt dem Ganzen eine klare Struktur und hilft dem Leser, sich schnell zu orientieren.
- Ergänze dein Produkt mit passenden Fotos, Videos, Audios, Statistiken etc. Vergiss nicht anzugeben, woher die Medien stammen (➔ *SF 34*).
- Wenn nicht auf den ersten Blick erkennbar ist, was z. B ein Bild zeigt, füge Bildunterschriften ein.
- Formatiere dein Produkt so, dass es gut lesbar ist. Dabei ist das Medium wichtig – für einen ausgedruckten Handzettel kannst du andere Schriftarten wählen als für einen Text, der am Bildschirm gelesen wird. (➔ *SF 15*) Für ein Poster (z. B für einen *gallery walk)* muss die Schriftgröße größer sein als für einen Ausdruck. Eine große Schriftgröße hilft dir auch, nicht zu viele Punkte auf dem Poster unterzubringen – hier ist weniger mehr.

SF 34 Making good slides for an electronic presentation

Media skills

Vieles, was für das Layout von Texten/Postern gilt, kannst du auch auf Folien für Präsentation anwenden. Es gibt aber einige Besonderheiten zu beachten. Generell gilt: gut ist, was deine Folien übersichtlich und leicht zu lesen macht.

TEXT

- Verwende möglichst wenige Folien.
- Nutze Aufzählungen mit *keywords*, keine ganzen Sätze und schreibe nicht mehr als sechs Zeilen auf eine Folie.
- Wähle eine ausreichende Schriftgröße (mindestens 30pt, gerne mehr) und eine gut lesbare Schrift und gehe sparsam mit Texthervorhebungen wie fett, kursiv, Unterstreichung um; lass einen ausreichend großen Abstand zwischen den Zeilen.
- Richte den Text linksbündig aus, außer du verfolgst ein ganz besonderes Ziel damit (z. B zentriert zum Herausheben eines Zitats), aber mische die Ausrichtung nicht auf einer Folie. Zitate z. B wirken oft am besten, wenn sie zentriert alleine auf einer Folie stehen.

TIPP

- Eine gute Faustregel lautet 6 x 6: pro Folie maximal 6 Zeilen mit je maximal 6 Wörtern
- Bedenke: Folien sind eine visuelle Unterstützung für eine Präsentation, keine Zusammenfassung. Die Zuhörer sollen hören, nicht lesen – die Texte sollten daher auf das Wichtigste reduziert sein.
- Vermeide Spezialeffekte wie verspielte Übergänge, tanzende Buchstaben etc. Sie kosten viel Zeit und helfen den Zuhörern nicht.

FARBE UND KONTRAST

- Du kannst einzelne Wörter in einer anderen Farbe setzen, um sie hervorzuheben. Aber auch hier gilt: weniger ist mehr – mehrere Wörter in unterschiedlichen Farben zu setzen, kann beim Lesen eher hinderlich sein.
- Wenn du mit farbigem Untergrund oder Fotos als Hintergrund arbeitest, solltest du darauf achten, dass dein Text in einer Farbe ist, die ausreichend Kontrast zum Hintergrund bietet – je stärker der Kontrast, desto besser die Lesbarkeit.

ABBILDUNGEN

- Ein Bild sagt mehr als tausend Worte – das gilt auch für Folien: manche Inhalte kannst du ebenso mit einem passenden Bild oder einer Grafik ausdrücken.
- Suche ein Bild, dass die Aussage deines Vortrages unterstreicht: z. B ein Foto, das eine Fragestellung gut illustriert oder eines, das das Problem gut darstellt. Es muss auch kein Foto sein – manchmal ist eine passende Grafik genauso gut, um z. B statistische Aussagen auf den Punkt zu bringen.
- Wichtig: bei allen Bildern, die du verwendest, musst du die Quelle angeben, d.h. der Fotograf/die Fotografin, Illustrator/Illustratorin etc. sowie der Ort, wo du das Bild gefunden hast (eine Suchmaschine im Internet ist keine Quellenangabe!).

TIPP

Wenn du deine Folien/Poster nur vor der Klasse zeigst, darfst du Bilder verwenden, ohne die Urheber um Erlaubnis zu fragen, weil es sich um eine begrenzte Öffentlichkeit handelt. Wenn die Folien aber öffentlich zugänglich sind (z. B auf einer Webseite oder der Schulzeitung), musst du die Urheber unbedingt um Erlaubnis fragen.
Als Faustregel gilt: veröffentliche kein Bild ohne Erlaubnis, das du nicht selbst gemacht hast.

SF 35 Dealing with unknown words

Nachschlagen beim Lesen kostet Zeit und ist nicht immer nötig. Diese Tipps können dir helfen, unbekannte Wörter auch ohne ein Wörterbuch zu erschließen:

- Sieh dir die Überschrift, die Zwischenüberschriften und Bilder sowie den Kontext an. Beispiel: *Let's hurry. The train* ***departs*** *in ten minutes.*
- Wenn du einen Teil des Wortes kennst, kannst du oft die Bedeutung erschließen, z. B.
  knowledge = things someone knows
  bottle opener = something you use to open bottles
- Viele englische Wörter haben eine Ähnlichkeit zu deutschen Wörtern (z. B. *brochure, statue, insect)* oder Wörtern aus anderen Sprachen, z. B. *voice (French: voix; Latin: vox).*

TIPP

Nicht alle Wörter, die im Deutschen und Englischen ähnlich sind, haben auch dieselbe Bedeutung.
Achte daher auf false friends:
handy = praktisch, *nicht* Handy

SF 36 Using a dictionary

Es gibt unterschiedliche Wörterbücher, in denen du nachschlagen kannst. Wenn du die Bedeutung eines unbekannten Wortes nachschlagen willst, dann benutzt du am besten ein zweisprachiges Wörterbuch (Englisch-Deutsch bzw. Deutsch-Englisch). Wenn du mehr Informationen zu englischen Wörtern haben möchtest, etwa Beispielsätze, Definitionen oder Alternativen, dann bietet sich ein einsprachiges Wörterbuch an.

ZWEISPRACHIGE WÖRTERBÜCHER

Die Leitwörter *(running heads)* oben auf der Seite helfen dir, schnell zu finden, was du suchst. Auf der linken Seite steht das erste Stichwort, auf der rechten Seite das letzte Stichwort der Doppelseite.

- *resign* ist das Stichwort *(headword)*. Stichwörter sind alphabetisch geordnet: *r* vor *s*, *ra* vor *re*, *rhe* vor *rhi* usw.
- Die kursiv gedruckten Hinweise helfen dir, die für deinen Text passende Bedeutung zu finden.
- Die Ziffern 1, 2 usw. zeigen, dass ein Stichwort unterschiedliche Bedeutungen haben oder unterschiedlichen Wortarten angehören kann (z. B. Adjektiv, Nomen, Verb).
- Beispielsätze und Redewendungen sind dem Stichwort zugeordnet.
- Unregelmäßige Verbformen, besondere Pluralformen, die Steigerungsformen der Adjektive und ähnliche Hinweise stehen oft in Klammern oder sind kursiv gedruckt.
- Die Lautschrift gibt Auskunft darüber, wie das Wort ausgesprochen und betont wird.

resort

resign /rɪˈzaɪn/
1 BERUF • *als Vorsitzender usw* zurücktreten: ***He resigned from the company.*** Er verließ das Unternehmen.
2 (*job, post*) aufgeben (*Stelle, Posten*)
3 **resign oneself to something** sich mit etwas abfinden
resignation /ˌrezɪgˈneɪʃn/
1 BERUF • *bei Unternehmen* Kündigung; *von Minister usw* Rücktritt
2 **hand in one's resignation** *von Angestelltem* kündigen; *von Minister usw* sein Amt niederlegen
3 *Gemütszustand* Resignation
resigned /rɪˈzaɪnd/ (*look, sigh*) resigniert

resit[1] /ˌriːˈsɪt/ *Verb* (→ *sit*) *BE* (*exam*) wiederholen (*Prüfung*)
resit[2] /ˈriːsɪt/ *Substantiv* • *BE* Wiederholungsprüfung
resolution /ˌrezəˈluːʃn/
1 POLITIK Beschluss, Resolution
2 *bei Problem, Streit* Lösung
3 ≈ *Entschiedenheit* Entschlossenheit

Media skills

TIPP

Wenn du ein Online-Wörterbuch verwenden möchtest, erkundige dich vorher bei deinem Lehrer/deiner Lehrerin, welche zu empfehlen sind, denn nicht alle sind gleich gut. Fast alle funktionieren aber nach den gleichen Prinzipien wie gedruckte Wörterbücher.

EINSPRACHIGE WÖRTERBÜCHER

Wenn du selbst einen englischen Text schreibst, kannst du ein einsprachiges englisches Wörterbuch zu Hilfe nehmen. Hier findest du mehr über ein englisches Wort heraus als in einem zweisprachigen Wörterbuch:

- Ein einsprachiges Wörterbuch erklärt die Bedeutung eines englischen Wortes auf Englisch. Da manche Wörter mehrere Bedeutungen haben, ist es wichtig, alle Einträge und Beispielsätze zu einem Wort zu lesen und mit deinem englischen Text zu vergleichen, um die korrekte Bedeutung herauszufinden.
- Das Wörterbuch hilft dir, die passende Verbindung mit anderen Wörtern zu finden, z. B. zu Verben, Präpositionen oder in bestimmten feststehenden Wendungen. Das ist nützlich, wenn du selbst einen englischen Text schreiben willst und nach den richtigen Wörtern suchst.

deadly [ˈdedli] *adj*
1 *able or likely to kill people* {= lethal}: This is no longer a deadly disease.
deadly to The HSN virus is deadly to chickens.
a deadly weapon The new generation of biological weapons is more deadly than ever.
2 *(only before noun)* {= complete}:
deadly silence There was deadly silence after his speech.
a deadly secret Don't tell anyone – this is a deadly secret.
deadly serious *completely serious:* Don't laugh – I am deadly serious!
3 *(informal) very boring*: Many TV programmes are pretty deadly!

SF 37 Using the internet to improve your vocabulary

Media skills

Das Internet bietet dir neben allen erdenklichen Informationen auch die Möglichkeit, dein Englisch zu verbessern und deinen Wortschatz zu erweitern.

LESEN UND SCHREIBEN

Englisch ist die am weitesten verbreitete Sprache im Internet, d.h. wo immer du auch hinsurfst, du wirst englischen Texten begegnen. Das ist grundsätzlich schon hilfreich, aber du kannst noch gezielter vorgehen:

- Lies regelmäßig Blogs/Webseiten zu Themen, die dich interessieren. Damit erweiterst du deinen Wortschatz, weil du darin idiomatischen Ausdrücken, Vokabeln, Kollokationen etc. begegnest, und du bekommst ein Verständnis vom Aufbau von z. B Artikeln, was dir beim Schreiben eigener Texte hilft.
- Lies Nachrichten online, z. B auf den Seiten von Zeitungen wie dem *Guardian (GB)* oder der *New York Times (USA)*.
- Lade dir freie Ebooks herunter. Das *Project Gutenberg* z. B hat eine große Auswahl an Büchern, die man umsonst herunterladen kann.
- Starte einen eigenen Blog und/oder kommentiere Artikel in anderen Blogs und tausche dich auf diese Weise mit anderen Nutzern aus.

HÖREN UND SEHEN

Internetradio, Podcasts und Videos schulen dein Verständnis von gesprochenem Englisch in unterschiedlichsten Akzenten und Dialekten.

- Finde Radiostationen online (mit gesprochenen Reportagen und Interviews) wie z. B *NPR, BBC World Service* oder *Voice of America*. Oder suche Podcasts zu Themen, die dich interessieren.
- Seiten wie *YouTube* bieten jede Menge Clips aus Nachrichtensendungen oder auch komplette Dokumentationen. Sieh dir regelmäßig Clips und Filme an
- Webseiten wie die des *British Council* oder der *BBC* bieten gute Podcasts zum Thema Englisch und Englisch lernen.
- Auf Seiten wie z. B *LibriVox* kannst du kostenlose Audiobücher herunterladen und anhören.

WORTSCHATZ

Suchmaschinen sind eine gute Hilfe, wenn du deinen Wortschatz erweitern willst oder überprüfen möchtest, ob z. B die Redewendung, die du in einem Text verwendet hast, korrekt ist.

- Verwende Suchmaschinen als Ergänzung zum Rechtschreibcheck deines Schreibprogramms: gib ein, was du geschrieben hast und suche danach. Wenn du kaum Ergebnisse bekommst, solltest du deine Kollokation nochmal checken. Bekommst du viele Ergebnisse, sieh dir einige davon an, um zu sehen, ob der Zusammenhang auch zu deiner Verwendung passt.
- Wenn du online nach Wörtern und Redemitteln suchst, ist eines der ersten Ergebnisse häufig ein Online-Wörterbuch, bei dem du dann weitere Bedeutungen und häufige Kollokationen nachlesen kannst.
- Suchmaschinen versuchen, deine Suche vorherzusagen (siehe Beispiel rechts). Dies kannst du nutzen, um gängige Kollokationen und Wortkorrelationen zu finden. Notiere dir solche, die du interessant oder hilfreich findest, dann kannst du sie nutzen, wenn sich die Gelegenheit ergibt. Stelle aber sicher, dass du auch genau weißt, was sie bedeuten und in welchem Zusammenhang sie verwendet werden.

TIPP
Gib die Kollokationen oder idiomatischen Ausdrücke in Anführungszeichen ein, damit die Suchmaschine auch nach genau diesem Ausdruck sucht, z. B "between a rock and a hard place".

shower

shower
shower **curtains**
shower **heads**
shower **thoughts**

SF 38 Ordering and structuring vocabulary

Wenn du einen Text schreiben sollst, ist es nützlich, vorab Vokabeln zu sammeln und zu ordnen, damit dein Text einen abwechslungsreichen Wortschatz hat. Oft wird auch schon beim Sammeln eine Gliederung des Themas erkennbar und du merkst schnell, welche Wörter du ggf. noch nachschlagen musst.

Das Strukturieren hilft dir auch Vokabeln zu lernen oder zu wiederholen und sie zu vernetzen, damit sie dir besser im Gedächtnis bleiben.

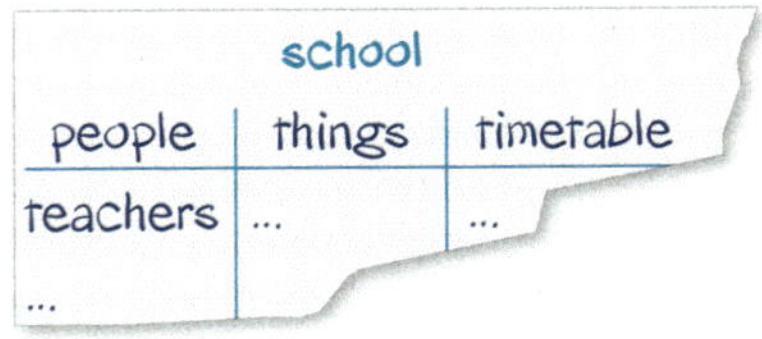

WORTSCHATZ STRUKTURIEREN

Für das Ordnen von Wortschatz gibt es verschiedene Möglichkeiten. Du solltest unterschiedliche Formen ausprobieren und dann diejenige verwenden, die am besten zu dir passt. Es gibt z. B.:

- Tabellen (tables)
- Diagramme (z. B. tree diagrams)
- Mindmaps

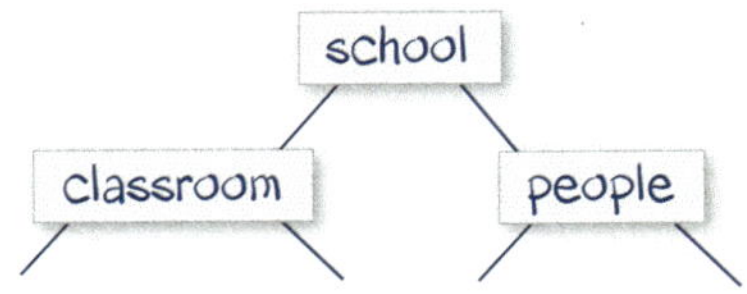

Wenn du Wortschatz zusammenstellst, solltest du daran denken, dass du für einen guten Text auch Varianten für Ausdrücke brauchst, die häufig vorkommen.

WORTSCHATZ LERNEN UND ERWEITERN

Strukturierung eignet sich auch gut, um neue Wörter eines Wortfeldes zu lernen, da sich thematisch zusammenhängende Vokabeln leichter merken lassen. Damit kannst du deinen Wortschatz erweitern.

Eine gute Möglichkeit, thematisch zusammenhängenden Wortschatz zu lernen, ist, aus den Wörtern eines Wortfeldes eine Geschichte zu entwickeln und sie aufzuschreiben und evtl. passend zu illustrieren.

SF 39 Making and taking notes

Wenn du Informationen oder Gedanken kurz notierst – z. B als Vorbereitung auf einen eigenen Vortrag oder eine Präsentation –, heißt das im Englischen making notes. Wenn du dir Notizen beim Lesen oder Zuhören machst, heißt das taking notes. Für beide Varianten gelten aber die gleichen Grundsätze.

Step 1: Achte auf keywords, die wichtige Informationen enthalten, um deine Frage zu beantworten oder den Inhalt eines Textes grob zu verstehen.

Step 2: Notiere nur die wichtigsten Informationen. Verwende Abkürzungen und Symbole, aber achte darauf, dass du ein System hast, damit du deine Notizen auch später noch verstehst. Markiere offene Fragen.

Step 3: Geh im Anschluss an das Lesen oder Hören nochmal durch deine Notizen und ergänze evtl. noch fehlende Informationen.

TIPP

Wenn du kein eigenes System von Abkürzungen hast, kannst du diese verwenden:

• the same as	=	• for example	*e.g.*
• not the same as	≠	• important	*!*
• about the same as	≈	• not	*x*
• and	+	• with	*w/*
• becomes/will be	->	• without	*w/o*
• between	*b/w*	• open question	*??*

EXAM SKILLS

SF 40 Preparing for a written exam

Aufgaben in schriftlichen Tests lassen sich in geschlossene *(closed)* und offene *(open)* Testformate unterteilen. Es ist bei Klassenarbeiten oder Prüfungen auch möglich, dass es eine Mischung aus geschlossenen und offenen Formaten gibt.

GESCHLOSSENE AUFGABEN

VORBEREITUNG

Step 1: Als erstes solltest du deine Lehrer fragen, welche Testformate möglicherweise vorkommen werden. Gängige geschlossene Aufgaben sind multiple-choice tasks, true/false statements, matching tasks und gapped texts (Lückentexte). Es kann sein, dass deine Prüfung nur ein Format enthält oder eine Mischung aus mehreren.

Step 2: Übe die unterschiedlichen Formate, z. B mit dem Klassenarbeitstrainer oder frage deine Lehrerin/deinen Lehrer, ob sie/er Material hat. Mache dich mit den verschiedenen Formaten vertraut.

DURCHFÜHRUNG

Step 1: Lies die Arbeitsanweisungen gut durch. Stelle sicher, dass du genau verstanden hast, was du tun sollst.

Step 2: Konzentriere dich auf die Informationen, die du benötigst, um die Aufgaben zu bearbeiten und mache dir Notizen dazu (➔ *SF 39*).
- Bei Höraufgaben versuche so viel wie möglich beim ersten Hören zu verstehen und nutze das zweite Hören, um die Informationen zu vervollständigen. (➔ *SF 27*)
- Bei Textaufgaben lies den Text gründlich (wenn es um Details gehen soll) bzw. skimme/scanne ihn (wenn es um den groben Inhalt geht oder um bestimmte Informationen, ➔ *SF 1*). Beantworte dann zuerst die Fragen, bei denen du dir sicher bist, und dann die, bei denen du länger nachdenken musst.
- Beantworte immer alle Aufgaben. Wenn du die Antwort nicht weißt, versuche die Antwort zu erschließen.

Hier sind noch einige Tipps, worauf du bei den einzelnen Testformaten besonders achten solltest:

Multiple-choice tasks

Bei *multiple-choice*-Aufgaben sollst du aus mehreren Antwortmöglichkeiten die korrekte auswählen.
- Lies die gegebenen Optionen sehr genau, denn manchmal sind Fallen darin versteckt: sie können z. B Stichwörter aus dem Text enthalten, aber das genaue Gegenteil vom Textinhalt aussagen.
- Wenn du unsicher bist, was die richtige Antwort ist, gehe alle Antwortoptionen durch und überlege, warum sie falsch sein könnten.

True/false statements

Bei *true/false*-Aussagen geht es darum, jede gegebene Aussage hinsichtlich ihres Wahrheitsgehaltes zu überprüfen.
- Um falsche oder wahre Aussagen zu identifizieren, gehe durch den Text und finde Belege dafür. In der Regel kannst du Textstellen finden, die den Inhalt der Aussage widerspiegeln bzw. genau das Gegenteil sagen.
- Manchmal sollst du belegen, weshalb du eine Aussage für wahr oder falsch hältst. Nenne dann Textstellen, die du gefunden hast.

Matching tasks

Bei *matching*-Aufgaben werden Dinge einander zugeordnet, also z. B Absätze und Überschriften oder Satzhälften.

- Ordne Dinge nicht einander zu, nur weil sie sich ähneln oder weil sie Wörter mit ähnlicher Bedeutung enthalten. Zur Sicherheit solltest du den Inhalt für dich umschreiben und nur Dinge mit passendem Inhalt einander zuordnen.

Gapped texts

Bei *gapped texts* müssen Lücken im Text sinnvoll befüllt werden.

- Achte besonders auf Wörter, die Sätze oder Gedanken verbinden wie z. B *linking words* oder Pronomen sowie den Zeitablauf im Text. Diese Stellen können dir gute Hinweise geben, wie Lücken sinnvoll gefüllt werden sollten.
- Wenn du den Text vervollständigt hast, lies ihn nochmal gut durch, um sicher zu stellen, dass die Grammatik passt (Zeiten, Aktiv/Passiv etc.) und dass der Text logisch ist (kausale Zusammenhänge).

OFFENE AUFGABEN

In den meisten Prüfungen wirst du mit Texten konfrontiert – dies können gedruckte Texte verschiedener Textsorten sein, aber auch visuelle Impulse wie Bilder, Cartoons oder Filmclips – oder mit Kombinationen von Texten wie z. B ein Text und ein Bild, zu denen du Aufgaben bearbeiten sollst.

TIPP
Für die Bearbeitung dieser Aufgaben brauchst du unterschiedliche Techniken wie z. B
- *skimming/scanning* (➜ *SF 1*)
- Texte markieren (➜ *SF 2*)
- Notizen machen (➜ *SF 39*)
- Texte schreiben (➜ *SF 3 ff*).

VORBEREITUNG

Step 1: Erkundige dich, ob Hilfsmittel erlaubt sind (wie z. B Wörterbücher).

Step 2: Übe mit alten Prüfungen, um zu sehen, was auf dich zukommen könnte.

Step 3: Lerne die wichtigsten Arbeitsanweisungen und was von dir dabei erwartet wird (siehe unten).

DURCHFÜHRUNG

In der Regel werden die Aufgaben zum Text drei Anforderungsbereiche abdecken, zu denen du dich äußern musst. Diese Anforderungsbereiche sind:

- Anforderungsbereich I: Textverständnis
- Anforderungsbereich II: Analyse und Interpretation
- Anforderungsbereich III: Transfer

Die unterschiedlichen Anforderungsbereiche haben verschiedene Arbeitsanweisungen, an denen du sie erkennen kannst.

Im Folgenden kannst du sehen, was sie bedeuten und was von dir verlangt wird.

Anforderungsbereich I: Textverständnis

Diese Aufgaben befassen sich mit dem Inhalt des Textes. Hier sollst du zeigen, dass du den Text verstanden hast. Textverständnisaufgaben können entweder geschlossene Aufgaben sein (S. 135–136) oder offene Aufgaben.

Im Folgenden findest du Beispiele für typische Aufgaben zur Überprüfung des Textverständnisses. Wichtige Signalwörter für diesen Aufgabenbereich sind outline, state sowie summarize/sum up/write a summary of.

- Nenne die wichtigsten Punkte oder grundsätzliche Aspekte eines Themas:
  Outline the writer's views on … • Outline/Say why this topic is important.
- Erläutere einen bestimmten Punkt oder ein bestimmtes Thema im Text:
  State the authors opinion on … •

TIPP
Auf diese Dinge solltest du bei den einzelnen Arbeitsaufträgen achten:
- outline: Strukturiere deine Antwort in Haupt- und Unterpunkte (➜ *SF 6*)
- state: Sei präzise und finde Textstellen, die deine Meinung belegen
- summarize: Fasse dich kurz und gehe nicht ins Detail (➜ *SF 11*)

- Gib eine knappe Darstellung eines Ereignisses oder Themas im Text oder fasse Inhalte des Textes knapp zusammen: Summarize the event described in the text in no more than four sentences. • Sum up the role of person X in this scene. • Write a summary of …
- Es kann auch Kombinationen geben: Summarize the first scene and state why it is important for the rest of the text.

Anforderungsbereich II: Analyse/Interpretation

Bei diesen Aufgaben geht es um ein tieferes Verständnis des Textes, Hier sollst du zeigen, dass du nicht nur den Inhalt, sondern auch die Intention des Autors verstehst. Fragen, die du dir stellen solltest, sind z. B: Warum hat der Autor etwas genau so beschrieben? Was will er/sie damit erreichen? An wen richtet sich der Text? Was sagt die Beschreibung eines Charakters über ihn/sie aus?

Es ist wichtig, die Arbeitsanweisungen genau zu lesen, damit du auch weißt, was von dir verlangt wird. Wichtige Signalwörter für diesen Aufgabenbereich sind analyse, examine oder explain:

- Beschreibe und erkläre bestimmte Aspekte eines Textes im Detail: Analyse the main elements of the poster/scene/text.
- Erläutere einen bestimmten Punkt oder ein bestimmtes Thema im Text: Examine the author's opinion of the main character.
- Beschreibe und definiere ein Ereignis/Thema oder einen bestimmten Punkt im Detail: Explain the main character's reaction to …

> **TIPP**
> Auf diese Dinge solltest du bei den einzelnen Arbeitsaufträgen achten:
> - analyse: Stelle immer eine Verbindung zwischen verwendeten Stilmitteln und ihrer Wirkung her
> - examine: Achte auf das, was im Text konkret steht ebenso wie auf Dinge, die sich "zwischen den Zeilen" befinden.
> - explain: Beschreibe nicht nur, sondern begründe anhand des Textes, weshalb Dinge deiner Meinung nach so dargestellt sind, wie sie sind.

Anforderungsbereich III: Über den Text hinaus

Bei diesem dritten Teil bist du aufgefordert, selbst einen Text zu produzieren. Manchmal ist dir dabei die Textsorte freigestellt, manchmal ist eine bestimmte Textsorte vorgeschrieben.

Die Aufgabe kann auch darin bestehen, dich kreativ mit einem Text oder einem Thema auseinanderzusetzen, z. B indem du ein Ende für einen Text oder eine Szene aus der Perspektive eines anderen Charakters schreiben sollst. Hier solltest du darauf achten, dass dein Stil zum Ausgangstext bzw. zu dem Charakter passt.

Beachte auf jeden Fall immer die Grundsätze für das Schreiben guter Texte (➡ *SF 3ff.*).

Im Folgenden findest du Beispiele für typische Aufgaben in diesem Anforderungsbereich. Wichtige Signalwörter in den Arbeitsaufträgen sind z. B comment on, discuss oder justify.

- Gib deine Meinung zu einem Thema und begründe sie mit Belegen aus dem Text: Comment on the author's belief that … Comment on the question of …
- Erörtere ein Thema. Bringe dabei Argumente pro und contra ein: Discuss why it is important for minorities to be represented in films/on TV.
- Finde Gründe und Belege für deine Meinung/Entscheidung/Schlussfolgerung: Justify your answer. • Justify why …

> **TIPP**
> Die Textsorten, die du in diesem Anforderungsbereich produzieren sollst, können z. B sein:
> - Artikel (➡ *SF 8*)
> - Bericht (➡ *SF 10*)
> - Kommentar (➡ *SF 9*)
> - Erörterung (➡ *SF 7*)
> - Brief/E-Mail (➡ *SF 13*)
> - Review (➡ *SF 12*)

> **TIPP**
> Auf diese Dinge solltest du bei den einzelnen Arbeitsaufträgen achten:
> - comment on: Bevor du schreibst, sammle Textbelege und strukturiere sie.
> - discuss: Wäge beide Seiten des Themas ab und komme zu einer begründeten Schlussfolgerung.
> - justify: Wenn möglich, unterstütze deine Position mit Textstellen.

SF 41 Preparing for a speaking exam

Auf Sprechprüfungen/Kommunikationsprüfungen kannst du dich ebenso vorbereiten wie auf schriftliche Prüfungen.

WIE SIEHT DIE PRÜFUNG AUS?

Step 1: Als erstes solltest du herausfinden, um welche Art von Prüfung es sich handelt. Es gibt zwei Formen: monologisches Sprechen oder dialogisches Sprechen (oder eine Kombination von beidem, z. B zuerst ein Monolog, gefolgt von einem Dialog zu einem bestimmten Thema).

Monologisches Sprechen (p. 138)

- Präsentation/Mündlicher Vortrag als Reaktion auf einen Impuls
- Präsentation/Mündlicher Vortrag zu einem Thema (spontan oder vorbereitet)

Dialogisches Sprechen (p. 139)

- Gespräch mit einem Lehrer oder der Prüfungskommission
- Gespräch mit einer/m oder mehreren Partnern/Partnerinnen

Step 2: Informiere dich über weitere Aspekte:

- Partner: Kannst du eine/n Partner selbst wählen oder wird er/sie zugeteilt? Könnt ihr vor der Prüfung gemeinsam üben?
- Format: Welche Form hat die Prüfung? Freies Sprechen zu einem Thema oder bekommst du einen Impuls (Text, Bild etc.)?
- Dauer: Wie lange dauert die Prüfung/die einzelnen Teile?
- Vorbereitung: Wann erfährst du das Thema? Kannst du dich zu Hause vorbereiten oder erst direkt vor dem Test?
- Medien: Sollst du Medien (Computer, Folien etc) verwenden? Wieviel Zeit hast du, diese vorzubereiten?
- Benotung: Wie wird die Prüfung benotet? In der Regel setzt sich die Note aus Inhalt und sprachlicher Kompetenz zusammen.

Step 3: Sammle alle Informationen wie z. B auch Musterprüfungen und Informationen zur Benotung in einem Ordner, so dass du schnell darauf Zugriff hast.

MONOLOGISCHES SPRECHEN
PRÄSENTATION/MÜNDLICHER VORTRAG ZU EINEM IMPULS

Wenn du in deinem mündlichen Vortrag auf einen Impuls reagieren sollst, kann das z. B ein Bild oder Text sein, aber auch ein Zitat, eine Statistik, ein Cartoon oder eine oder mehrere Fragen. Oft erfährst du das erst kurz vor oder in der Prüfung selbst.

Aber auch wenn du nicht genau weißt, mit welcher Art von Impuls du konfrontierst wird, kannst du dich vorbereiten:

- Erstelle eine Mindmap oder Liste für jede Art von möglichem Impuls.
- Sammle darin Wörter oder ganze Sätze, um über die verschiedenen Impulse zu sprechen. Dies hilft dir, deinen Vortrag zu strukturieren, und deinem Gegenüber, ihm zu folgen. Lerne diese Redewendungen – wenn du sie sicher beherrschst, kannst du dich in der Prüfungssituation auf die Inhalte konzentrieren. (➜ *SF 18, SF 20, SF 31, SF 32*)

PRÄSENTATION/MÜNDLICHER VORTRAG ZU EINEM THEMA

Wenn du für deine Prüfung eine Präsentation/einen mündlichen Vortrag zu einem Thema vorbereiten sollst, gehe dabei vor wie bei anderen Präsentationen auch (➜ *SF 21*). Einige Punkte solltest du aber besonders beachten:

- Struktur: Stelle sicher, dass die Zuhörer deiner Präsentation gut folgen können. Lerne und verwende Redewendungen wie *first of all, finally, next, I would like to finish by saying …*
- Medien: Bereite alle Medien (Bilder, Präsentationen etc.) gut vor. Dazu gehören z. B auch deine Notizen, am besten auf Karteikarten.
- Zeitmanagement: Halte dich an die vorgegebene Zeit. Das schaffst du am besten, wenn du deine Präsentation ein paar Mal laut übst, z. B vor einem Partner/einer Partnerin oder deiner Familie.
- Vortrag: Sieh die Prüfer an, wenn du sprichst, nicht deine Notizen. Sprich langsam, deutlich und lass dir ruhig Zeit, zwischendurch mal tief Luft zu holen, besonders wenn du nervös bist. Mach das auch schon beim Üben.

DIALOGE – AN GESPRÄCHEN TEILNEHMEN

Oft beinhaltet eine mündliche Prüfung auch einen dialogischen Teil, in dem du mit einem Partner oder den Prüfern kommunizierst.

Dies kann z. B ein Gespräch zu einem Thema sein, aber auch eine Diskussion, ein Interview oder ein Rollenspiel. Auch wenn du nicht genau weißt, mit was du in der Prüfung konfrontierst wird, kannst du dich auf die Situation vorbereiten.

Step 1: Überlege dir, evtl. mit einem Partner/einer Partnerin, im Vorfeld für jede der möglichen Formen – Gespräch, Diskussion, Interview, Rollenspiel – worauf du dabei achten musst.

Step 2: Notiere dir, was du an Phrasen und Redewendungen für die einzelnen Phasen eines Dialoges brauchst und lerne sie.
(➜ *SF 18, SF 20*)

- Anfang einer Diskussion: Today we're talking about … • Let me start with … • …
- Zustimmen/widersprechen: What a great/… idea. • My point exactly. • … / That's not how I see it. • I don't agree with …
- Nachfragen: Can you give an example of that? • Do you mean …?
- Eine/n Partner/in einbeziehen: How about you? • What do you think/How do you feel about that?
- Unterbrechen: May I interrupt? • Excuse me, can I just say that …?
- Zeit zum Überlegen gewinnen: Can I repeat what we said before? • Well, now let me see … • Let me think about that for a second.
- Zusammenfassen: We've seen that … • To come to a conclusion …

TIPP
Beachte auch diese allgemeinen Tipps für die Prüfungssituation:

- Erstelle deine Notizen so, dass du sie schnell finden und auf einen Blick entziffern kannst.
- Sei gut ausgeschlafen. Trage angemessene Kleidung, in der du dich auch wohlfühlst. Sei pünktlich.
- Sei höflich und freundlich. Bedenke auch, dass du in einer dialogischen Prüfungssituation nicht für deine eigene Note arbeitest, sondern auch für deine/n Partner/in.

Grammar and practice

Der ***Grammar and practice***-Teil dieses Buches (S. 140 – 195) fasst die wichtigsten grammatischen Themen der Sekundarstufe I zusammen.

Grammar and practice ist nach folgendem Prinzip aufgebaut:
- Auf der **linken Seite** stehen **Regeln**, **Erklärungen** und **Beispielsätze**, ergänzt um eine Kurzzusammenfassung der Regeln auf Deutsch (*German summary*).
- Auf der **rechten Seite** stehen Übungen zu den behandelten grammatischen Themen. Die Lösungen sowie die Übungen zum Ausdrucken findest du unter www.cornelsen.de/webcodes, Webcode *niviha*.

In den **Units** findest du **Verweise** in den ***Grammar and practice***-Teil, und zwar immer dort, wo Grammatik vorgestellt oder wiederholt wird.
Aber ***Grammar and practice*** enthält auch Kapitel zu grammatischen Themen, die nicht in den Units angesprochen werden – so findest du in diesem Teil hoffentlich Antworten auf alle deine grammatischen Fragen.

Wir empfehlen dir folgende Vorgehensweise:
- Nutze das folgende **Inhaltsverzeichnis**, um die Themen zu finden, bei denen du Schwierigkeiten hast.
- Lies die Regelerklärungen und die Beispiele auf der linken Seite.
- Bearbeite die dazugehörigen Übungen auf der rechten Seite.
- Überprüfe deine Lösungen unter www.cornelsen.de/webcodes, Webcode *niviha*.
- Wenn deine Antworten nicht richtig waren, lies noch einmal die linke Seite, um zu verstehen, woran es gelegen haben könnte.

Du kannst ***Grammar and practice*** natürlich auch zum Nachschlagen nutzen, ohne die Übungen zu bearbeiten.

Inhalt

1 Word order

1.1 S – V – O

The S – V – O rule is the most important rule in **positive** and **negative** statements, and in **questions**.

		Subject	Verb	Object	
positive		*Emily* *The Martins*	*likes* *have bought*	*popcorn.* *a house*	 *in France.*
negative		*Jacob* *My parents*	*didn't like* *can't speak*	*the film.* *English*	 *very well.*
question	*Can* *Do*	*you* *the Martins*	*play* *speak*	*chess?* *French?*	

The S – V – O rule means that English word order is often different from German word order:

1 An object cannot go between the parts of a verb.
- *We're going to have **a big party**. Wir werden **eine große Party** veranstalten.*

2 Adverbs or time phrases cannot go between verb and object.
- *We **often** have fish **on Fridays**. Wir essen **freitags oft** Fisch.*

3 The order subject – verb stays the same when a sentence begins with a time phrase or a subordinate clause.
- *Today **we're visiting** our grandparents. Heute **besuchen wir** unsere Großeltern.*
- *When Jake arrived, **he opened** the door. Als Jake ankam, **öffnete er** die Tür.*

4 Subordinate clauses also follow the subject – verb (– object) rule.
- *Why don't you go to bed if **you're** tired? Warum gehst du nicht ins Bett, wenn **du** müde **bist**?*
- *Sue told me that **she likes Jake**. Sue sagte mir, dass **sie Jake mag**.*

1.2 Adverbs / Adverbials of place and time

Different kinds of adverbials have different positions in a sentence or clause:

1 **Sentence adverbs**	**front position**
(luckily, unfortunately, maybe, of course, at first, suddenly, at last, finally, …)	***Unfortunately** it started to rain, but **luckily** I had an umbrella.* ***At first** the rain was light, but **suddenly** it got very heavy.*
2 **Adverbs of**	**mid-position**
· **frequency** *(always, often, sometimes, …)* · **indefinite time** *(already, ever, just, still, …)*	*I don't **often get up** early on Sundays. I **usually stay** in bed till 10.* *I've **just come** downstairs. Mum and Dad are **still having** breakfast.*
3 **Adverbs of**	**end position**
· **manner** *(quickly, well, politely, …)* · **place** *(outside, in the garden, to Bristol)* · **time** *(tomorrow, a year ago, in 2008)*	*Try to **speak slowly** and **clearly** – then you'll **do well**.* *They **went outside** and **played in the park**.* *We're **leaving tomorrow** and we hope to **arrive the following day**.*
! The word order at the end of the sentence is usually place – time: *We were **in Italy last summer**.*	
4 **Adverbs of degree**	**before the word they refer to**
(very, quite, too, really, nearly, almost, …)	*That phone looks **very/quite expensive**. I'd **really love** one of those.*

If an adverb does not come in its usual position, this is often because it is given special emphasis:
- ***Sometimes** I see foxes in the garden. **In cities,** you didn't use to see foxes, but **now** this is beginning to change.*

German summary

Die wichtigste Wortstellungsregel lautet **S – V – O** *(subject – verb – object)*. Diese Wortstellungsregel hat zur Folge, dass die englische Wortstellung oft anders ist als die deutsche (siehe oben Abschnitt 1.1, Beispiele 1–4).

Bei Adverbien und adverbialen Bestimmungen unterscheidet man zwischen ***front position*** (Satzadverbien wie *luckily, at first*), ***mid-position*** (Adverbien der unbestimmten Zeit/Häufigkeit wie *always, ever*) und ***end position*** (Adverbien der Art und Weise – Ortsangaben – Zeitangaben).
Gradadverbien wie *very, quite, extremely, really* stehen gewöhnlich direkt vor dem Wort, auf das sie sich beziehen.

1 Exercises

1.1 S – V – O

These aliens' vocabulary is perfect, but they need help with their sentence structures. Rewrite their conversation with the correct word order. Use all of the words.

Example: Budi: Hello Bobo! How are you?

Alien Budi: Bobo hello! Are you how?
Alien Bobo: Thanks, fine. Yesterday visited I the Earthlings.
Alien Budi: The Earthlings like you did?
Alien Bobo: Yes did I. Going to them see tomorrow I'm. With me to come want you do?
Alien Budi: Know I don't. When their television watch I, often see I that each other eat they.
Alien Bobo: Worry don't. Sure I'm that in 7 series Rick them all save will.
Alien Budi: Sure you are?
Alien Bobo: Must he. The last series of The Zombies Walking it's.

1.2 Adverbs / Adverbials of place and time

a) Rewrite the sentences, including the adverbs in brackets. Sometimes different word order is possible.

Example: 1. We recently moved to a new flat.

1. We moved (to a new flat / recently).
2. We said goodbye to our ground-floor flat and hello to a bigger one (on the third floor / sadly).
3. I liked our old place because we went and played (in the garden / quite / often).
4. Our cat, Felix, liked being able to go and hunt (any time /outside / really).
5. We can't go (now / as easily as before / outside).
6. It was busy (pretty / on the moving day).
7. Poor Felix was confused and getting in the way (all the time / very / not surprisingly).
8. Dad broke his neck when he fell over Felix and shouted at him (really / loudly / nearly).
9. Felix ran and disappeared. (away)
10. Felix hadn't come back and we searched for him. (everywhere / after a few hours / still)
11. I went and looked. (below / on the balcony)
12. There he was! I ran to get him. (downstairs / at last)
13. He ran to me, and he wasn't hurt. (amazingly / straight)
14. He didn't know how high our new flat was. (obviously)
15. Cats have nine lives and Felix has eight left. (still / fortunately)
16. I leave the balcony doors open after what happened. (never / of course)

b) Copy and complete the table below with the words and phrases from the box.

really · often · obviously · quite · straight · still · loudly · now · recently · downstairs · pretty · there · any time · everywhere · ~~fortunately~~ on the moving day · as easily as before · of course

sentence adverbs	adverbs of frequency / indefinite time	adverbs of manner	adverbs of place	adverbs of time	adverbs of degree
fortunately					

2 Talking about the present

2.1 The simple present

We use the **simple present** to say that something happens **regularly, often, always** or **never**.
We often use it with phrases of time like *always, never, often, sometimes, usually, every week, on Fridays, after school*, etc.

- *Jack **usually gets** the bus to school.* *Jack **nimmt** meistens den Bus zur Schule.*
- ***On Fridays** his mother **takes** him in the car.* *Freitags **bringt** ihn seine Mutter mit dem Auto.*
- *He **never cycles** because it's too far.* *Er **fährt** nie mit dem Fahrrad, weil es zu weit ist.*

We also use the **simple present** to make **general statements**.

- *Olivia **lives** in Chester.* *Oliva **wohnt** in Chester.*
- *She **plays** tennis and **collects** old computer games.* *Sie **spielt** Tennis und **sammelt** alte Computerspiele.*
- *Her mother is Polish, so she **speaks** two languages.* *Ihre Mutter ist Polin, daher **spricht** sie zwei Sprachen.*
- *Her parents **work** for a computer company.* *Ihre Eltern **arbeiten** für eine Computerfirma.*

2.2 The present progressive

We use the **present progressive** to say that someone is **doing something now** or that something is **happening now**. The action or event is **not finished yet**. Common phrases of time are *at the moment, now, just* and *still*.

- *What**'s** Dan **doing**? He**'s cleaning** his bike.*
  *Was **macht** Dan? Er **putzt** sein Rad.*
- *Dan (on the phone): "I**'m** busy, Oliver. I**'m** still **cleaning** my bike."*
  *„Ich bin beschäftigt, Oliver. Ich **bin** noch **dabei**, mein Rad **zu putzen**."*

We also use the **present progressive** for actions that are repeated over a limited period of time.
Olivia has a holiday job.

- *She**'s working** as a waitress in a small café in Devon.* *Sie **arbeitet** als Kellnerin in einem kleinem Café in Devon.*
- *She**'s living** with her aunt while she's there.* *Während sie sich dort aufhält, **wohnt** sie bei ihrer Tante.*

2.3 Simple present or present progressive?

In German, ***Harry und Ben spielen Hockey*** can mean two things:

a) Playing hockey is Harry and Ben's hobby.
b) They are in the middle of a hockey match.

In English, we use the **simple present** for meaning **a)**:

- *Harry and Ben **play** hockey every Friday.*

We use the **present progressive** for meaning **b)**:

- *Harry and Ben **are playing** hockey at the moment.*

German summary

Simple present

- wenn etwas **regelmäßig, oft, immer** oder **nie** geschieht (oft mit *always, never, often, sometimes, usually, every week, on Fridays, after school* u.Ä.)
- wenn man über Dauerzustände spricht (Wohnorte, Hobbys, Berufe, …)

Present progressive

- wenn etwas **gerade im Gange** – also noch **nicht abgeschlossen** – ist (oft mit *at the moment, now, just, still*)
- wenn man über vorübergehende Zustände spricht (Zustände, die nur für einen begrenzten Zeitraum gelten)

2 Exercises

2.1 The simple present

a) Copy and complete the sentences with the words and phrases given in brackets. Sometimes there is more than one correct solution.

Example: 1. I usually take the bus ... / Usually I take the bus ... .

1. I take the bus to school during winter (usually).
2. I have handball practice on Wednesday evenings (normally).
3. She forgets her mobile phone and leaves it on her bedside table (sometimes).
4. Do your parents let you play computer games (on school day evenings)?
5. I have a TV in my bedroom but I watch it – I watch Webflix on my mobile (never).
6. My sister doesn't say yes, so I don't ask her when I borrow her clothes (often).

b) The sentences below have language and factual mistakes. Correct them. Look at the pie chart for help.
1. How much time spends an average American teenager watching TV?
2. A typical American 15-19-year-old watchs over 2 hours TV.
3. Unfortunately, American teenagers read enough – an average of only 10 minutes per day.
4. American teenagers spend as much time communicating as playing computer games.
5. The chart shows the time spent doing homework.

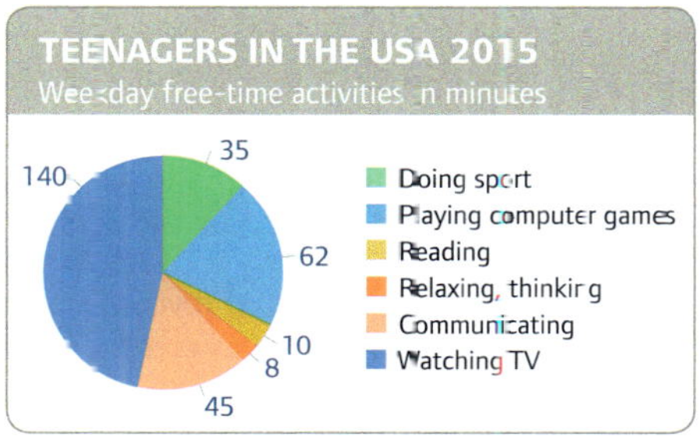

2.2 The present progressive

Rewrite the sentences with the correct verb from the box. Use the present progressive.

improve · use · cut · get · study

1. More and more young people ... for the *Abitur* through English.
2. Dad: 67%, 72%, 76% – your grades ..., Juliana. That's wonderful.
3. Today, an increasing number of people ... 'du' instead of 'Sie'.
4. Mum: Why ... your jeans?
   Son: It's cheaper to put your own holes in them.
5. Teacher: Students' handwriting ... worse and worse. If you ask me, it's all thanks to technology.

2.3 Simple present or present progressive?

Complete the dialogue with the correct form of the verb in brackets – simple present or present progressive.

Mother: Maria, why ... (you/lie) on the sofa? It's a beautiful day, the sun ... (shine), you should be out enjoying it.
Maria: I ... (not have) anybody to do anything with.
Mother: What about Celine? Why don't you call her and see what ... (she/do)?
Maria: It's Saturday, Mum – Celine ... (always / go) horse-riding on Saturdays.
Mother: You could go out with Leo, like you did last weekend ...
Maria: No – he ... (stay) with his father this weekend. Every second weekend he ... (go) to his father's place.
Mother: Well, Maria – I ... (not do) anything right now. Let's go for a walk, or we could take the bikes for a ride. What ... (you think)?
Maria: Mm ... Okay! I ... (feel) like walking – then we can talk.

3 Talking about the past (I)

3.1 The simple past

We use the **simple past** to say that something happened **in the past** (it is now over).

- *Olivia's mother **moved** to England **ten years ago**.*
  *Vor zehn Jahren **ist** Olivias Mutter nach England **gezogen / zog** Olivias Mutter nach England.*
- ***Last Friday** Olivia's family **flew** to Italy.* *Letzten Freitag ist Olivias Familie nach Italien geflogen.*

Time phrases like *last Friday, yesterday, last week, in 2012, ten years ago* and *an hour ago* are often used.

We use the simple past in **reports** about past events and in **stories** (often with *first …, then …, after that …*).

- *Yesterday Olivia **went** to town with her friend Sue. First they **looked** round the shops, and Sue **bought** a CD. Then they **tried** on shoes in four shops, but they **didn't buy** any. After that they **had** an ice cream.*

! In **German**, you can report past actions in the *Perfekt* and in the *Imperfekt*.
In **English**, you cannot use the present perfect instead of the simple past.

3.2 *used to* + infinitive / *would* + infinitive (German "früher")

With ***used to* + infinitive** we can talk about things that were true in the past but are not true any more.

- *We **used to live** in Manchester.* *Wir **wohnten früher** in Manchester.*
- *Manchester United **used to be** my favourite team.* ***Früher war** Manchester United meine Lieblingsmannschaft.*
- *I **used to spend** lots of money on sweets.* *Ich **habe früher** immer viel Geld für Süßigkeiten **ausgegeben**.*

We can also use ***would* + infinitive** (without *to*) to talk about **regular actions** in the past.

- *Grandpa **would visit** us every Sunday after church.*
  *Opa **besuchte** uns jeden Sonntag nach der Kirche. / Opa **pflegte** uns jeden Sonntag nach der Kirche **zu besuchen**.*
- *We **would** often **go** for long walks in the woods.*
  *Wir **haben** oft lange Spaziergänge im Wald **gemacht**. / Wir **pflegten** lange Spaziergänge im Wald **zu machen**.*

3.3 The past progressive

We use the **past progressive** to talk about actions that were **not yet finished** at a particular time in the past.

- *Yesterday at 3.30 Olivia **was waiting** for her bus.* *Gestern um 15.30 **wartete** Olivia noch auf ihren Bus.*
- *It **was raining**, so people **were carrying** umbrellas.* *Es **regnete (gerade)**, daher **trugen** die Leute Regenschirme.*

The **simple past** is used with the **past progressive** when a **short action** interrupts a **longer action**.

- *Sally **was cycling** home when a dog **ran out** in front of her bike.*
  *Sally **radelte (gerade)** nach Hause, als ihr ein Hund vors Fahrrad **lief**.*

! Note the difference in meaning:

1. *Jan **was making** tea when his dad came home.*
   (First Jan started making tea. Then his dad came home.)
2. *Jan **made** tea when his dad came home.*
   (First Jan's dad came home. Then Jan started making tea.)

German summary

Simple past	• wenn etwas **in der Vergangenheit** stattfand (oft mit genauen Zeitangaben wie *last Friday, yesterday, last week, in 2012, ten years ago, an hour ago* u. Ä.) • wenn man über **vergangene Ereignisse** berichtet oder eine **Geschichte** erzählt (oft mit *first …, then …, after that …*)
Past progressive	• wenn etwas zu einem bestimmten Zeitpunkt in der Vergangenheit noch im Gange (noch nicht abgeschlossen) war • wenn man beschreiben will, was gerade vor sich ging *(past progressive)*, als ein bestimmtes Ereignis eintrat *(simple past)*

3 Exercises

3.1 The simple past

Rewrite the sentences with the correct word order. The first word is correct.
In each sentence, there is one word you don't need.

Example: 1. My parents didn't have any pets when they were young. (~~had~~)

1. My parents were pets when they young any had have didn't.
2. My rabbit first pet two years a white ago but he was died for.
3. When you your guinea pig did got get?
4. We our dog got when we did moved into summer our new house last.
5. We allergic to didn't I was cats until aunt my me one know knew gave.

3.2 *used to* and *would*

Which is correct – *used to* or *would*? Or are *both correct*?

Example: 1. Both are correct because 'hunt' is an activity verb, not a state verb.

1. Our old cat used to / would hunt mice in the garden and bring them to us.
2. My first rabbit used to / would like sleeping on my bed, but Bugs – my new rabbit – doesn't.
3. We didn't use to / wouldn't have a dog – until last summer when we moved into our house.
4. I used to / would take Rex for long walks in the park at the weekends. I miss that.
5. My cousin used to / would have a pony that used to / would eat strawberries.

3.3 The past progressive

Rewrite the sentences with the correct verb. Use the past progressive.

Example: 1. I don't know why the cat bit me – I was just trying to be friendly.

1. I don't know why the cat bit me – I … just … to be friendly.
2. I … for a big aquarium but only got a goldfish for my birthday.
3. The cat … on the sofa but Grandma didn't see him and sat on him – what a shock!
4. We had to get off the underground because Rex … at a blind man's guide dog.
5. My little brother … about not having a pet when Dad walked in with two hamsters.

bark · lie · complain · ~~try~~ · hope

3.1 & 3.3 The simple past and the past progressive

Match the sentence beginnings (1–5) with the right endings (a–e).
Put the verbs into the correct tense – simple past or past progressive.

Example: 1. + c As we were driving to the shopping centre, a dog ran out in front of the car.

1. As we … (drive) to the shopping centre,
2. I … (try) to take a photo
3. Mum … (call) the doctor because
4. It was lucky Jonas … (wear) a life jacket
5. The car that … (crash)

a) … (drive) too fast.
b) when the boat … (hit) a rock.
c) a dog … (run) out in front of the car.
d) my little brother … (sneeze) all the time.
e) when the monkey … (throw) a banana at me.

4 Talking about the past (II)

4.1 The past perfect (simple)

To talk about a past action, we use the simple past, e.g.
- *Emily got home.*
- *It started to rain.*

To say what happened *before* a past action, we use the **past perfect**.
- *When Emily got home, her parents **had already eaten.***
  *Als Emily nach Hause kam, **hatten** ihre Eltern **schon gegessen**.*
- *We **had already arrived** home when it started to rain.*
  *Wir **waren schon** zu Hause **angekommen**, als es anfing zu regnen.*

! Note the difference in meaning:
1 *Jason **had made** tea when his father came home.* *Jason **hatte** (bereits) Tee **gekocht**, als sein Vater heimkam.*
2 *Jason **made** tea when his father came home.* *Jason **kochte** Tee, als sein Vater heimkam.*

► In **1** *(past perfect)*, the tea **was ready** when Jason's father came home.
► In **2** *(simple past)*, the tea **wasn't ready** when his father came home. Jason only started making it then.

4.2 The past perfect progressive

We use the past perfect (simple) to say what happened before a past action.
- *We **had** already **arrived** home when it started to rain.*

We use the **past perfect progressive** for *continuous* actions that ended at (or just before) a past point of time.
- *We **had been playing** tennis for half an hour when it started to rain.*
  *Wir **hatten** eine halbe Stunde Tennis **gespielt**, als es anfing zu regnen.*
- *Olivia was very tired when she arrived home. She **had been studying** for a test all day.*
  *Olivia war sehr müde, als sie nach Hause kam. Sie **hatte** den ganzen Tag für einen Test **gelernt**.*

We had been waiting for over an hour when the bus finally appeared.

German summary

Past perfect	• wenn etwas noch vor etwas anderem in der Vergangenheit stattgefunden hatte
Past perfect progressive	• wenn eine Handlung vor einem Zeitpunkt in der Vergangenheit begonnen hatte und bis (oder fast bis) zu jenem Zeitpunkt andauerte

4 Exercises

4.1 The past perfect (simple)

a) The students of Class 7A were on a trip to London last month. They did a lot of things for the first time. Rewrite the sentences about their trip. Use the past perfect.

Example: 1. Until the trip, most of the group had never been to London.

1. Most of the group were in London for the first time. (Until the trip, / most of the group / never be / to London)
2. Ada travelled by underground. (Before this trip, / Ada / never travel / by underground)
3. Joshua and Friederike spoke English to native speakers. (Until the trip, / they / never speak English to native speakers)
4. Helena used a different currency. (Helena / never use / a different currency / before)
5. Matilda visited Madame Tussaud's. (Matilda / never visit / Madame Tussaud's)
6. Jillis flew in a plane. (Jillis / never fly in a plane / until the trip to London)
7. Max ate an English breakfast. (Max / never eat / an English breakfast)

b) Three students and one teacher of Class 7A didn't participate in the trip. Rewrite the reasons using the past perfect of the highlighted verbs.

Example: 1. Till didn't go because he had been to London with his family at Christmas.
2. Luka couldn't ...

1. Till was in London with his family at Christmas.
2. Luka was injured in a car crash.
3. Maria broke her leg in a football match.
4. Miss Seifert forgot to get a new passport.

4.2 The past perfect progressive

Read these sentences about Class 7A's trip.
Rewrite them as one sentence, using the past perfect progressive for the earlier action.

Example: 1. The class had been queuing at the National Gallery for 45 minutes when they finally got to the ticket office.

1. The class queued at the National Gallery for 45 minutes.
   They finally got to the ticket office.
   The class ... when they finally ...
2. At the British Museum, Max and Emil were taking selfies with Roman statues.
   They were asked to leave.
   At the British Museum, Max and Emil ... leave because ...
3. Ada and Theo weren't listening to the teacher giving directions.
   They took the wrong bus to Hyde Park Corner.
   Ada and Theo ... the wrong bus ... because ...
4. The rest of the class waited for them for over an hour.
   Ada and Theo arrived at Hyde Park Corner.
   The rest of the class ... when Ada and Theo ...
5. Max was feeling sick all afternoon.
   He didn't go out with the class on their last evening.
   Max ... on the last evening because ...

5 Linking the past and the present

5.1 The present perfect (simple)

We use the **present perfect (simple)** when a **past** action has a connection with *now*.

1 *Mel **has lost** her mobile. She can't phone anyone.* *Mel **hat** ihr Handy **verloren**. Sie kann niemanden anrufen.*
2 *I think Matt Damon is great. **I've seen** all his films.* *Ich finde Matt Damon toll. Ich **habe** alle seine Filme **gesehen**.*
3 *Luke must be hungry. He **hasn't eaten** **yet** today.* *Luke muss hungrig sein. Er **hat** heute noch **nichts gegessen**.*
4 ***Have** you **ever** **been** to Paris? – No, **I've never been** there, but I'd like to go.*
Warst du schon (mal) in Paris? – Nein, ich war noch nie dort, aber ich würde gern hinfahren.

! If we use time phrases, they have a **present meaning** *(today, this week, always, often, never, just, so far, not … yet)*. We never use past time phrases *(yesterday, last week,* etc.) with the present perfect.

5.2 The present perfect progressive

We use the **present perfect progressive** for actions that **began in the past** and have continued till **now**.

1 *Ella **has been writing** letters **all afternoon**.* *Ella schreibt (schon) den ganzen Nachmittag Briefe.*
2 *My brother **has been playing** the piano **since** 2013.* *Mein Bruder spielt seit 2013 Klavier.*
3 ***How long have** you **been learning** French now?* *Wie lange lernst du jetzt (schon) Französisch?*

The **present perfect progressive** in these sentences corresponds to the German *Präsens*:
· *He**'s been playing** … since/for …* *Er **spielt** seit …*
Some common time phrases are *all afternoon, all day, the whole morning, since …, for …*

! You cannot use the present perfect progressive with **state verbs** (e.g. *be, have, know, like, hate, …*).
*Leon **has been** a member of the chess club **for** ten years.* *Leon **ist** seit zehn Jahren Mitglied im Schachklub.*
*How long **have** you two **known** each other?* *Wie lange **kennt** ihr zwei euch schon?*
***I've had** a dog since my childhood.* *Ich **habe** seit meiner Kindheit einen Hund.*

➔ *State verbs: 8.2*

5.3 *since* and *for*: German "seit"

***since* + Zeitpunkt** (wann etwas begann)	***for* + Zeitraum** (wie lange etwas andauert)
*I've been playing the drums **since 2015**.* *… seit 2015*	*I've been playing the piano **for three years**.* *… seit drei Jahren*

5.4 Present perfect or present perfect progressive?

When we say *how long* something has been happening: ***present perfect progressive***.

When we talk about the *result* of an action: ***present perfect*** (***simple***).

· *Ella **has been writing** letters **all afternoon**.* *Ella **schreibt** (schon) den ganzen Nachmittag Briefe.*
· *Ella **has written** three letters since lunch.* *Ella **hat** seit dem Mittagessen drei Briefe **geschrieben**.*

German summary

Present perfect (simple)	· wenn es eine Verbindung gibt zwischen einem vergangenen Ereignis und der Gegenwart (das Geschehen hat Auswirkungen auf Gegenwart oder Zukunft, oder es liegt ein Ergebnis vor)
Present perfect progressive	· wenn eine Handlung in der Vergangenheit begonnen hat und jetzt noch andauert **!** Zustandsverben *(be, have, know, like, hate, …)* können nicht in der Verlaufsform verwendet werden.

5 Exercises

5.1 The present perfect (simple)

Use two of the words given in brackets and write correct sentences into your exercise book.
Use the present perfect.

Example: 1. I've been a fan of Manchester United for years, but I've never seen them play in real life. (~~since~~)

1. I – am – a fan of Manchester United – years, but I – see – them play in real life. (since / for / never)
2. Our band – is – together – last year, but we – not play – in public. (for / since / yet)
3. I – am – a member of the drama club – only three months, but I – play two big roles. (already / yet / for)
4. Susie – love – horses, but she – ride – a real one for the first time in her life. (just / always / never)
5. You – see – the new *Space Trek* film? It's brilliant, I – see – it three times! (so far / just / yet)
6. I – compete – in gymnastics competitions, but this is the first time I – win – a medal. (often / ever / just)

5.2 The present perfect progressive

Choose the right phrase from the box and complete the responses. Use the present perfect progressive.

not practise enough recently · study really hard since January
~~jog around the block~~ · stare at James the whole time ·
only collect them for a few weeks · have rehearsals every evening

Example: 1. Julia: I've been jogging around the block.

1. Mother: Julia, why is your face so red?
   Julia: I …
2. Thomas: You don't have as many player cards as I do.
   Toby: Yes, well, that's because …
3. Teacher: Jennifer's results have really improved.
   Father: I'm glad to hear that. She …
4. Father: I'm surprised the orchestra sounds so good.
   Mother: I'm not – they …
5. Piano player: This is difficult. I'll never be able to play this piece.
   Drummer: That's because …
6. Julia: Sorry, Henriette, I didn't hear you.
   Henriette: It's no wonder – you …

5.3 Present perfect or present perfect progressive?

Complete the sentences with the correct form of the verbs (present perfect or present perfect progressive).

Example: 1. Frank has only run 8 ½ kilometres though he's been running for an hour and twelve minutes.

1. Frank … (only run) 8 ½ kilometres though he … (run) for an hour and twelve minutes.
2. Thomas … (write) all afternoon but still … (not find) a good way to start his report.
3. Jeremy … (try on) shoes for over 30 minutes. He … (try on) four pairs but can't decide which he likes.
4. They … (catch) four fish. That seems like a lot but they … (fish) the whole morning.
5. She has a gift for music. She … (only have) six lessons, but it sounds as if she … (learn) for years.
6. Are you sure you know the way? This is the second time we … (see) that sign – we … (go) around in circles!

6 Talking about the future (I)

6.1 The *going to*-future

We use the ***going to*-future** to talk about **intentions** or **plans** for the future.

- *After school I'm **going to study** architecture.*
  *Nach der Schule **werde** ich Architektur **studieren** / **habe** ich **vor**, Architektur **zu studieren**.*
- *The Millers **are going to move** to New Zealand.*
  *Die Millers **werden** nach Neuseeland **ziehen** / **wollen** nach Neuseeland **ziehen**.*

We use the ***going to*-future** to make predictions about the future, especially when you can already see the signs.

- *Look at those clouds. There**'s going to be** a storm.*
  *Schau dir die Wolken an. Es **wird** ein Gewitter **geben**.*
- *Oops! It looks like I**'m going to be** in trouble.*
  *Huch! Ich glaube, das **wird** Ärger **geben**.*

6.2 The *will*-future

We use the ***will*-future** to make statements or predictions about the future.

We often use it when talking about things that we **cannot control** (e.g. our age, the weather).

- *I**'ll be** 16 next October.* *Nächsten Oktober **werde** ich 16.*
- *It **will be** cool tomorrow.* *Morgen **wird** es kühl **sein/werden**.*
- *There **will be** showers in the west.* *Im Westen **wird** es Schauer **geben**.*

When we make predictions, we often use these expressions: *I think, I'm sure, I suppose, I expect, I hope, maybe, probably*.

- ***I suppose** Ella **will arrive** late again as usual.* ***Ich nehme an**, Ella kommt wie üblich wieder zu spät.*
- *Dan **will probably feel** tired when he gets in.* *Dan wird **wahrscheinlich** müde sein, wenn er nach Hause kommt.*

We use the ***will*-future** when we decide something in the moment we speak, e.g. when we make a **promise** or an **offer**.

- *I **won't tell** anyone what's happened.* *Ich **sage** niemandem / **werde** niemandem **sagen**, was passiert ist.*
- *One moment – I**'ll open** the door for you.* *Moment. Ich **mache** Ihnen die Tür **auf**.*

6.3 The future perfect (*will* + *have* + past participle)

We use the **future perfect** to say something will be **complete at a future point of time** (e.g. next Friday, by the end of the month, etc.).

- ***Next Friday** we **will have finished** the exams.* *Nächsten Freitag **werden** wir die Prüfungen **geschafft haben.***
- *By **the end of the week** we**'ll have got** the results.* *Bis Ende der Woche **werden** wir die Ergebnisse **erhalten haben.***

German summary

***Going to*-future**	• wenn man über Vorhaben und Pläne für die Zukunft spricht • wenn man sicher ist, dass etwas gleich geschehen wird (es gibt bereits deutliche Anzeichen)
***Will*-future**	• wenn man Vorhersagen über die Zukunft machen will (oft geht es um Dinge, die man nicht beeinflussen kann, z. B. das Alter oder das Wetter) • wenn man Vermutungen zum Ausdruck bringen will (oft mit *I think, I suppose, maybe,* u.Ä.) • wenn man sich spontan – also ohne es im Voraus geplant zu haben – zu etwas entschließt (oft geht es dabei um Hilfsangebote oder Versprechen)
Future perfect	• wenn etwas zu einem zukünftigen Zeitpunkt geschehen oder getan sein wird

6 Exercises

6.1 & 6.2 The *going to*-future and the *will*-future

The people in the dialogues use 'will' too often.
Change the *will*-future to the *going to*-future if you think it makes their conversations sound more natural.

Example: 1. Sorry Julia, I can't come this evening - I am going to babysit for our neighbours.

1. Julia: Hi Alice, do you want to come over to my place this evening to watch a movie?
   Alice: Sorry Julia, I can't come this evening– I will babysit for our neighbours. What about tomorrow?
2. Father: Alex, why did you print these pages in colour – it's much more expensive than black and white.
   Alex: I know, Dad, but I will give a presentation in Art class tomorrow and it looks better in colour.
3. Ada: Have you heard that Miss Seifert won't come with us on the class trip?
   Helena: What?! Why not? She planned the trip – she's our English teacher.
   Ada: She didn't realize her passport was out of date and her new one probably won't arrive in time
4. David: Hi Brian, will you go to Julia's party?
   Brian: Yeah, of course. You?
   David: I wanted to until I heard that Alex was invited too. Now, I don't think I will.
   Brian: That's a pity. I'm sure Julia will be disappointed.
5. Kevin: So, did you talk to your parents about getting a phone?
   Brian: Yes, they finally agreed. I will get an Orange MyPhone 8 on Saturday.
6. Matilda: Oh no, I forgot my bus ticket. I will have to go home and get it.
   Henriette: There's no time, I will pay for you.
   Matilda: Thanks, I will give it back to you tomorrow.
7. (*On the bus*) Matilda: Look at that traffic!
   Henriette: Uh oh, we will be late for the first lesson.
   Matilda: I will take a photo so Mr Roberts knows it wasn't our fault.

6.3 The future perfect

Complete the sentences using an appropriate verb from the box in the future perfect form.

calm down · read · miss · repair · ~~finish~~ · not finish · come down

Example: 1. If you start your homework now, you'll have finished by the time the TV...

1. If you start your homework now, you ... by the time the TV programme starts.
2. It's too late to go to the cinema now. By the time we get there, we ... too much of the movie.
3. I can't present this report to the class tomorrow. I ... it by then.
4. Don't call Linda yet – she's still angry with you. Wait until tomorrow – she ... after a night's sleep.
5. Just 50 pages left! When I finish *The Return of the King*, I ... every book Tolkien ever wrote.
6. You should wait until after Christmas to get a new phone. The prices ... by then.
7. If I come back next Monday, ... you ... my bike by then? I can't ride a strange bike in the race.

7 Talking about the future (II)

7.1 The future progressive (*will* + *be* + *-ing* form)

We use the **future progressive** for actions that will be **in progress at a point of time in the future**.
We often use it with phrases of time like *a week today* („heute in einer Woche") and *this time next week*.
- *A week today Jana will be in Spain – and I'**ll be doing** my maths exam.*
  Heute in einer Woche wird Jana in Spanien sein – und ich ***werde dabei sein****, meine Mathe-Prüfung* ***zu machen****.*

We often use the **future progressive** when we **expect** something to happen or **know** that it will happen.
- *We'**ll be playing** football again next Friday.* *Nächsten Freitag* ***spielen*** *wir* ***(wie immer)*** *Fußball.*
- *I'**ll be going** shopping later. Do you need anything?* *Ich* ***gehe (ohnehin)*** *nachher einkaufen. Brauchst du etwas?*

We also use the **future progressive** to ask politely about somebody's plans.
- *What* ***will*** *you* ***be doing*** *over the next couple of days?* *Was* ***werden*** *Sie die nächsten Tage* ***unternehmen****?*
- *How long* ***will*** *you* ***be staying*** *in Washington?* *Wie lange* ***werden*** *Sie (denn) in Washington* ***bleiben****?*
- ***Will*** *you* ***be travelling*** *alone?* ***Werden / Wollen*** *Sie allein reisen?*

7.2 The present progressive

We use the **present progressive** to say that something is **definitely planned or arranged** for the future. (This use of the present progressive is sometimes called the **diary future**, because arrangements are often written down in a diary.)
- *I'**m meeting** a friend in town* ***tomorrow*** *at 12.*
- *All my friends* ***are coming*** *to my party* ***on Friday****.*

We need a future time phrase *(tomorrow, on Friday)* unless the context shows that a sentence is about the future.
- *Can we meet up at the weekend? – Sorry, but we'**re driving** to Scotland to see my mum.*

7.3 Overview: *going to*-future, future progressive and present progressive

There are many situations in which the differences between these verb forms do not matter.
However, there are small differences in meaning, and these may be important sometimes. Compare:
- *I feel a bit tired so I'**m going to stay** at home this evening.* ► *(You want to stress that you've decided.)*
- *I'**ll be staying** at home this evening – my favourite TV series is on.* ► *(You're talking about a routine.)*
- *I can't meet you this evening. We've invited some friends to dinner, so I'**m staying** at home.* ► *(You want to stress you have an arrangement.)*

7.4 The simple present

We use the **simple present** when a future event is part of a **timetable**, **schedule** or **programme**.
Verbs like *arrive, leave, go, open, close, start, stop* are often used in this way.
- *When* ***does*** *the next train to Liverpool* ***leave****?* *Wann* ***fährt*** *der nächste Zug nach Liverpool?*
- *The film* ***begins*** *at 8 o'clock.* *Der Film* ***beginnt*** *um 8 Uhr.*
- *Our cookery course* ***starts*** *on 2 September.* *Unser Kochkurs* ***startet*** *am 2. September.*

German summary

Future progressive	• wenn etwas in der Zukunft im Gange (noch nicht abgeschlossen) sein wird • wenn man erwartet oder weiß, dass etwas geschehen wird (Routinen) • wenn man sich höflich nach den Plänen anderer erkundigen will
Present progressive	• wenn etwas für die Zukunft fest verabredet ist *(diary future)*
Simple present	• wenn ein zukünftiges Geschehen durch einen Fahrplan, ein Programm oder Ähnliches festgelegt ist *(timetable future)*

7 Exercises

7.1 The future progressive

Ada and her father (who is English) are discussing when her parents can call during a class trip to London next week. Choose the correct future form for each sentence: *will*-future or future progressive.

Example: 1. You'll be unpacking or relaxing in the hotel then.

1. Dad: We could call you on Wednesday evening at 9pm. You will be unpacking or relaxing / will unpack or relax in the hotel then.
2. Ada: No, don't call me then – I will send / will be sending a text instead to let you know I'm okay.
3. Dad: Thursday morning isn't so good. You will enjoy / will be enjoying your ride on the London Eye.
4. Ada: And in the afternoon we will be doing / will do something in the West End.
5. Dad: *H.P and U.C.* sounds like a play at a theatre – that will be taking / will take a whole afternoon.
6. Dad: What about Friday morning? I will be calling / will call at 7am before you go shopping.
7. Ada: Okay, Friday morning. But not at 7am – that's 6am British time, I will still be sleeping / will still sleep at that time.

WOLKENSTEIN GYMNASIUM

Klassenfahrt Klasse 7A nach London
Mittwoch 15. April – Montag 20. April

REISEABLAUF / ITINERARY

Wednesday 15th
Flight GB142 17:15 – 18:25
Heathrow London
20:00 Check-in Britannia Hotel, Notting Hill

Thursday 16th
Morning – London Eye
Afternoon – West End (H.P. & U.C.)

Friday 17th
Morning – Trocadero Shopping Centre
Afternoon – H.o.P.

Saturday 18th
Morning – Madame Tussauds / H.M.S. Belfast
Afternoon – National Museum

Sunday 19th
Morning – Tower of London
Afternoon – Walking tour City of London

Monday 20th
Morning – Check-out & Flight DE871 10:30 – 13:45

7.2 & 7.4 The present progressive and the simple present

Put the highlighted verbs into the correct future form – simple present or present progressive.

Example: 1. ... in two days we're going on ...

Miss Zobel: Well children, in two days we [1]go on our class trip. Does anyone have any questions about our itinerary?
Max: The flight only takes an hour and ten minutes – that's fast!
Miss Zobel: No Max – the plane [2]land at twenty-five past six but that is British time. We actually [3]arrive at twenty-five past seven German time. The flight lasts two hours and ten minutes in real time.
Frederika: Yes Miss, is the hotel where we [4]stay nice? Is it 5-star?
Miss Zobel: 5-star?! No, I'm afraid not. It's a 2-star, but very nice.
Joshua: Maria [5]come with us, Miss?
Miss Zobel: I'm sorry Joshua but she can't – her parents told me she [6]spend the next three weeks at home because of her broken leg. Ada, do you want to ask something?
Ada: What we [7]do in the West End on Thursday?
Miss Zobel: Well, on Thursday morning, we [8]go on the London Eye and in the afternoon, we [9]attend the A. K. Grayling play 'Harriet Popper and The Unlucky Child' in the West End. The play [10]start at 4pm.
Matilda: Miss, on Friday it says 'HoP'. What is that?
Miss Zobel: That means 'Houses of Parliament'. The public gallery [11]open at two o'clock each afternoon – next Friday they [12]debate on the European Union – it should be interesting.

8 Aspect: The simple form and the progressive form

8.1 Simple and progressive form compared

In contrast to German, English verbs have **simple forms** and **progressive forms**.

Tense	Simple form	Progressive form
Present tense	**sing(s)**	**am/are/is singing**
Past tense	**sang**	**was/were singing**
Present perfect	**have/has sung**	**have/has been singing**
Past perfect	**had sung**	**had been singing**
***will*-future**	**will sing**	**will be singing**

We use the **simple form** to say that
- someone does something regularly or repeatedly ▶ *Tom **plays** basketball on Saturdays.* ▶ (it's his hobby)
- an action is long-lasting or permanent ▶ *Mr Clark **works** as an editor.* ▶ (it's his job)
- an action is complete. ▶ *Sue **has written** four letters today.* ▶ (she has finished)

We use the **progressive form** to say that
- an action is in progress at the moment of speaking ▶ *Tom isn't in. He**'s playing** basketball.* ▶ (right now)
- an action is going on for a temporary period of time ▶ *This week Mr Clark **is working** in London.* ▶ (just this week)
- an action is not yet complete. ▶ *Sue **has been writing** letters all day.* ▶ (she's still writing)

8.2 Activity verbs and state verbs

Activity verbs refer to **activities** *(do, go, make, read, …)* or **events** *(become, happen, rain, …)*.
They can be used both in the **simple form** and in the **progressive form**.
- *(in a shop window) We **make** the best pizza in town!*
- *It **gets** dark very early here in winter.*
- (on the phone) *I**'m making** pizza. I'll call you back.*
- *At 5 o'clock it **was** already **getting** dark.*

State verbs do <u>not</u> refer to **activities.** They refer to **states**.
State verbs are used <u>only</u> in the **simple form**. They can refer to

1 **characteristics and ownership:** *be, exist, include, seem, sound, mean* ("bedeuten"), *cost, need, own, belong, …*
- *Emily **seems** happy at her new school now.* not … ~~is seeming~~ …
- *The price **doesn't include** breakfast.* not … ~~isn't including~~ …
- *Jake's uncle **owns** a house in the country.* not … ~~is owning~~ …

2 **thinking and knowing:** *believe, know, mean* ("meinen"), *remember, imagine, realize, recognize, understand, …*
- ***Do** you **believe** their story?* not … ~~Are you believing~~ …
- *I **don't know** the answer to question 5.* not … ~~I'm not knowing~~ …
- *Anna **didn't understand** what Julie **meant**.* not … ~~wasn't understanding~~ … ~~was meaning~~

3 **liking, disliking** and **wishing:** *like, love, dislike, hate, mind, prefer, want, wish, …*
- *Lucy **doesn't like** people who talk a lot.* not … ~~isn't liking~~ …
- *I **don't mind** waiting for you here.* not … ~~I'm not minding~~ …
- *We **prefer** brown bread to white bread.* not … ~~are preferring~~

German summary

Simple form: für regelmäßige/wiederholte Handlungen
für Dauerzustände
für abgeschlossene Handlungen

Progressive form: für Handlungen, die im Verlauf sind
für vorübergehende Zustände
für nicht abgeschlossene Handlungen

- **Tätigkeitsverben** *(activity verbs)* bezeichnen **Tätigkeiten** oder **Vorgänge** und können sowohl in der *simple form* als auch in der *progressive form* verwendet werden.
- **Zustandsverben** *(state verbs)* bezeichnen **Zustände**. Sie werden in der Regel nur in der *simple form* verwendet.
Zu den Zustandsverben gehören
1 Verben, die Eigenschaften, Besitz oder Zugehörigkeit ausdrücken *(be, exist, include, mean* („bedeuten"), *own, …)*
2 Verben des Meinens und des Wissens *(believe, know, mean* („meinen"), *remember, imagine, understand, …)*
3 Verben des Mögens und Wollens *(like, love, dislike, hate, mind, prefer, want, …)*.

8 Exercises

8.1 Simple and progressive form compared

Complete the sentences below using a past, present or future form of the verb *'think'* – five in the simple form and four in the progressive form.

Example: 1. I always think of Grandpa when I see someone smoking a pipe.

1. I always ... of Grandpa when I see someone smoking a pipe.
2. Best of luck in your exam. We ... of you tomorrow – send us a text when you finish.
3. Brian: "I asked my parents if I can have a smartphone, everyone has one except me."
   Joey: "What did they say?"
   Brian: "Nothing yet. They ... about it for a week and still no answer."
4. Alice: "What do you mean he can't drive us?! How are we going to get out to the party then?!"
   Mary: "Don't worry, I ... of some other way, I promise".
5. I ... about who could play the guitar in our band when Jason walked into the classroom – so I asked him and he said he'd love to join.
6. Everyone ... Robert is very macho, but actually he is quite sensitive – he even writes poetry.
7. Ben: "What ... about? You're smiling."
   John: "Oh, just about something funny I heard yesterday."
8. It was so funny yesterday in the park – Kevin jumped on a man's back because he ... it was his dad, but it wasn't. He was just wearing similar clothes.
9. "... about what you'd like to do when you finish school?" – "Yes actually I want to study architecture."

8.2 Activity and state verbs

a) Decide whether the verbs in brackets should be present progressive or simple present.

Example: 1. Jane is taking part ... She ...

1. Jane (take part) in the mini-marathon again this year. She (think) she'll finish quicker than last year.
2. I (not understand) the speaker. She (not answer) our question very well.
3. You see – it (not rain)! I (not know) why you always (believe) the weather report!
4. Who (own) that car. It (block) the gate and we can't drive out.
5. Jack (laugh) again. He (seem) to be in a really good mood.

b) Put the verbs below into their correct form: simple present or present progressive.

Example: 1. Do you have any plans next Saturday?

Julia: [1](you have) any plans next Saturday? Because I [2](have) a party – [3](you want) to come?
David: Where [4](you have) the party? Not in your place I [5](guess).
Julia: No, our flat is too small. At my grandparents' – they [6](have) a big house and a garden. Everybody [7](come).
David: 'everybody' [8](include) Alex?
Julia: Yes. I [9](want) both of you to be there.
David: Well, I [10](not want) to see you and Alex together.
Julia: What [11](you mean) 'together'? You [12](know) Alex and I are just good friends.
David: I [13](not believe) that. I've seen the two of you together. You [14](seem) to be very good friends.
Julia: You [15](imagine) things, David. Alex and I are just friends. We [16](not go out) together. Honestly.
David: Even if that's true, I [17](not like) him and I [18](not think) it's a good idea for me and him to be in the same place.
Julia: OK, but I [19](hope) you change your mind. Can you think about it?
David: Maybe. Er ... sorry if I [20](be) difficult.

9 The passive (I)

9.1 Active and passive

Verbs can be **active** or **passive**. Which one you use depends on the focus of your sentence.

- **Active:** *In 1971, **John Lennon** wrote "Imagine".* *Im Jahr 1971 schrieb John Lennon „Imagine".*
- **Passive:** ***"Imagine"** was written in 1971.* *„Imagine" wurde im Jahr 1971 geschrieben.*

► The **active** sentence is about **John Lennon**. It tells us what he did in 1971.

► The **passive** sentence is about **"Imagine"**. It tells us when the song was written.

! The **subject** of an English passive sentence is sometimes a **dative object** in German.
- ***She** was paid £12 an hour.* ***Ihr** wurden £12 die Stunde bezahlt. / Sie erhielt £12 die Stunde.*

➜ *10.2, The passive of verbs with two objects, p. 160*

9.2 The passive: use

We use the passive to say what is done or what happens to something or someone.
Who does the action is often unknown or unimportant (1 and 2) or obvious (3 and 4).

1 *The match **was cancelled** because of rain.* *Das Spiel **wurde** wegen Regen **abgesagt**.*
2 *A new sports centre **has been opened** in Chelsea.* *In Chelsea **ist** ein neues Sportzentrum **eröffnet worden**.*
3 *Breakfast **is served** from 7 to 10.30 am.* *Frühstück **wird** von 7 bis 10.30 **serviert**.*
4 *The thieves **have been sentenced** to two years.* *Die Diebe **sind** zu zwei Jahren Haft **verurteilt worden**.*

The passive is often found in reports of accidents, crimes or natural disasters and in technical or scientific writing.

Yesterday a drunk driver hit a 15-year-old boy in Lichfield Road. The boy was taken to hospital, where he was treated for shock. He is now recovering. The driver was taken to Horton Road police station. He is answering police questions.

! Often, we change between **active** and **passive** so that we can focus on one person or thing over several sentences (here: the 15-year-old boy).

Yesterday a drunk driver **hit** a 15-year-old boy .... The boy **was taken** to hospital, where he **was treated** ... He **is** now **recovering**.

If you want to say who or what does the action, you can use the preposition **by**.
- *The driver **was questioned by the police**.* *Der Fahrer wurde von der Polizei verhört/befragt.*
- *The house **was damaged by a falling tree**.* *Das Haus wurde von einem umstürzenden Baum beschädigt.*

German summary

Das Passiv (I)

- Vorgänge können (je nach Blickwinkel) mit Aktiv- oder mit Passivsätzen beschrieben werden. Das Subjekt des Passivsatzes entspricht dem Objekt des Aktivsatzes.
- Mit einem Passivsatz kann man eine Handlung beschreiben, ohne zu sagen, wer die Handlung ausführt.
- Das Subjekt des englischen Passivsatzes kann auch einem deutschen Dativobjekt entsprechen: ***She** was paid £12.* – ***Ihr** wurden £12 bezahlt.*
- Das Passiv wird oft in Nachrichten und Zeitungsartikeln (z.B. über Unfälle, Verbrechen, Naturkatastrophen) sowie in technischen und wissenschaftlichen Schriften verwendet.
- Wenn man in einem Passivsatz „Täter" oder „Verursacher" nennen will, kann man die Präposition ***by*** verwenden.

9 Exercises

9.1 Active and passive

Active or passive form: which response is more natural or correct, a) or b)? Give a reason for your choice.

Example: 1. Response a) is natural because the material is more relevant than the factory.

1. Your bag looks quite expensive.
   a) Yes, it's made of real leather.
   b) The factory makes it from real leather.
2. Why does your phone screen look different from mine?
   a) The telecom provider has just updated the software to the latest version.
   b) The software has just been updated to the latest version.
3. Trains have been running late on the underground recently.
   a) I know, that's because Smith Construction is building a new station on the line.
   b) I know, that's because a new station is being built on the line.
4. Did anyone see yesterday's match?
   a) I saw it!
   b) It was seen by me!
5. I can't sleep.
   a) You shouldn't have drunk that Red Cow – it contains caffeine.
   b) You shouldn't have drunk that Red Cow – caffeine is contained in it.
6. I really liked that book. Do you know any other books by that author?
   a) Yes actually, *The Warrior Princess* was written by him too.
   b) Yes actually, Sebastian Smith wrote *The Warrior Princess* too.
7. Are you going to driving school when you're 17?
   a) No, I'm going to be taught by my dad.
   b) No, my dad is going to teach me.
8. What is button 'X' for?
   a) The 'X' button is used to open the menu.
   b) Players use the 'X' button to open the menu.

9.2 The passive: use

Choose words from the boxes to make eight passive sentences. Be careful to use the correct tenses.

Example: 1. The winning singer will be chosen at the end of tomorrow's show.

1. The winning singer	collect	by Liverpool at yesterday's match.
2. Our exam results	send	by six hours of rain.
3. Manchester United	arrest	in the park next June.
4. Yesterday's flooding	speak to	by the police last night.
5. 10,000 names	beat	by the head teacher right now
6. The thieves	cause	for our petition so far.
7. An outdoor concert	hold	at the end of tomorrow's show.
8. The students	choose	by post next week.

10 The passive (II)

10.1 The passive: form

In German, the passive is a form of "werden" + past participle. In English, it is a **form of *be* + past participle**.

Simple present	*English **is spoken** in many countries.*
Simple past	*The match **was talked about** all over Britain.*
Present perfect	*All the biscuits **have been eaten**.*
Past perfect	*I didn't go to the party because I **hadn't been invited**.*
***going to*-future**	*Look, the lions **are going to be fed** soon.*
***will*-future and modal auxiliaries**	*The last match of the season **will be played** next Friday.* *Mobile phones **should be turned off** during lessons.* *Concert tickets **can be bought** online.*
Future perfect	*I'm sure lots of new planets **will have been discovered** by 2050.*

The **passive progressive** is formed with ***being***.

Present progressive	*Three new blocks of flats **are being built** in King Street.*
Past progressive	*The museum was closed. The rooms **were being painted**.*

10.2 The passive of verbs with two objects

Some verbs can have **two objects**, e.g.
- *give/promise/send/show **somebody** **something*** ***jemandem etwas*** *geben/versprechen/schicken/zeigen*

In English, **passive sentences** with verbs like these usually begin with the **person** (*She* …).
This structure is called **personal passive** ("persönliches Passiv").

	object object	object object
Active	*The manager promised **her** **a job**.*	*Der Manager versprach **ihr** **eine Stelle**.*
Passive	*She* (subject) *was promised **a job*** (object).	*Ihr* (indirect object, dative) *wurde **eine Stelle*** (subject) *versprochen.*

Personal passive sentences are very common in English. In German, you have to use other constructions.
- *She **was paid** a lot of money for her book.*
  Ihr wurde eine Menge Geld gezahlt für ihr Buch. / Sie bekam eine Menge Geld für ihr Buch.
- *He **was given** the key and went up to his room.* *Ihm wurde der Schlüssel gegeben … / Er bekam den Schlüssel …*
- ***I've been told** she has lost her job.* *Mir wurde erzählt, dass sie ihre Stelle verloren hat.*

German summary

Das Passiv (II)
- Das Passiv bildet man mit einer Form von ***be*** und der 3. Form des Verbs (Partizip Perfekt). Bei den *progressive forms* wird das Passiv mit ***being*** gebildet.
- Passivsätze von **Verben mit zwei Objekten** beginnen im Englischen meist mit der Person. Diese Art des Passivs wird ***personal passive*** („persönliches Passiv") genannt. (Im Deutschen kann dagegen nur das direkte Objekt (das Sachobjekt) zum Subjekt des Passivsatzes werden. Die Dativform des Personenobjekts bleibt im deutschen Passivsatz erhalten.)

10 Exercises

10.1 The passive: form

Julia and Robert are discussing the organization of their garden party on Saturday.
Use the passive to complete the sentences in blue. Think carefully about which tense you need.

Example: 1. So what still has to be done?

Julia: 1 So what / still have to / do?

Robert: 2 Well, the decorations / already hang up.

Julia: Yes, they look nice, don't they? What about the chairs and tables?

Robert: 3 They / still have to / arrange. Maybe we could ask Jake and Paula to do that?

Julia: Good idea. What about the drinks?

Robert: 4 They / order / last Monday.

Julia: 5 And when / they / deliver?

Robert: Tomorrow afternoon, I think.

Julia: And the food?

Robert: 6 It / deliver / on the day of the party.

Julia: Of course, that makes sense. And the karaoke machine?

Robert: 7 It / should deliver / yesterday. But it didn't arrive, unfortunately.

Julia: We'd better phone up about it. And talking about music: 8 the neighbours / have to / tell.

Robert: I know. I don't feel like telling them. Do you?

Julia: OK. How loud do you think it will be? How many guests are we actually expecting?

Robert: 9 Well / the invitations / send out / three weeks ago. So far 50 people have said they're coming.

10.2 The passive of verbs with two objects

Alice and Mike are talking about some problems Mike had when he went on holiday.
Read their conversation. In your exercise books, rewrite 1–7 in the passive.

Alice: Your flight was seven hours late? How awful!
Mike: Yes, it was a long wait. (1) But the ground staff gave us a £10 voucher for food and drink.
Alice: That's not much for seven hours. (2) Didn't they offer you anything else?
Mike: (3) Well, they promised us a 20 percent reduction on our next flight.
Alice: I don't think that's very generous. (4) They should have offered you a free flight!
Mike: That would have been nice.
Alice: Well, I hope the rest of your holiday was OK.
Mike: Actually, it wasn't. When we finally arrived (5) someone handed a note to our tour guide. It seems our hotel was overbooked and we had to stay somewhere else.
Alice: You must have been disappointed about that.
Mike: I certainly was. I couldn't believe my eyes (6) when they showed me my room. It was small and dirty and it smelled awful.
Alice: You poor thing.
Mike: Yes, I won't use that travel agent again – (7) not if they paid me a million pounds.

1. But we were given … 2. Weren't … 3. Well, we … 4. You … 5. our tour guide … 6. when I … 7. not if I …

11 Modal auxiliaries

11.1 Use

The modal auxiliaries are *can, could, may*, etc.

can	***could***	***may***	***might***	***must***	***mustn't***
needn't	***ought to***	***shall***	***should***	***will***	***would***

We use modals to talk about whether something is allowed, possible or necessary.
- *You **can** take the car. I **can** go by bike.* *Du **darfst** das Auto nehmen. Ich **kann** mit dem Rad fahren.*
- *Do you think we **should** invite Jake to the party?* *Meinst du, dass wir Jake zur Party einladen **sollten**?*
- *I **must** go shopping. The fridge is nearly empty.* *Ich **muss** einkaufen gehen. Der Kühlschrank ist fast leer.*

! Note the difference between ***needn't*** and ***mustn't***.

mustn't = it is not allowed

needn't = it is not necessary

We also use modals to say if we think something may happen, or that something is likely or certain to happen.

1 *There's somebody at the door.*
- *It **could** be the postman.* *Es **könnte** der Briefträger sein.*
- *It **must** be the postman.* *Es **muss** der Briefträger sein.*
- *It **will** be the postman.* *Es **wird** der Briefträger sein.*
- *It **can't** be the postman.* *Es **kann nicht** der Briefträger sein.*

2 *Julie **should** be here by now.* *Julie **sollte** jetzt (eigentlich) hier sein.*

3 *I **must** have fallen asleep.* *Ich **muss** eingeschlafen sein.*

11.2 Form

1 There is **one form of modal for all persons** (no -*s*-forms, no-*ing*-forms). It is used with an **infinitive**.
- ***I/We can/could /… help** you with those bags now.*
- ***He/She/They can/could /… help** you …*

2 We do not use *do/does/did* to make negative sentences or questions. In short answers, modals can stand on their own.
- ***Jack can't help** you today. – **Can** he **help** me tomorrow? – Yes, he **can**. / No, he **can't**.*

3 Modals cannot form most of the verb tenses. There is no -*ed*-form. That is why we have to use **substitute forms**.

➜ *12, Modals and their substitutes (I), p. 164*

German summary

Modale Hilfsverben drücken aus, was jemand tun **kann, darf, muss, soll** usw.

Mit **modalen Hilfsverben** kann man auch zum Ausdruck bringen, für wie **gewiss, wahrscheinlich** oder **möglich** man etwas hält (z.B. wenn man Annahmen oder Schlussfolgerungen formuliert).

Modale Hilfsverben
- werden zusammen mit dem Infinitiv eines Vollverbs verwendet; nur in Kurzantworten können sie allein stehen;
- haben nur eine Form, es gibt also keine Endungen auf *-s, -ing* oder *-ed;*
- bilden Frage und Verneinung ohne *do/does/did;*
- können nicht alle Zeitformen bilden; daher gibt es zu bestimmten modalen Hilfsverben Ersatzverben.

11 Exercises

11.1 Modal auxiliaries – use

a) **Before Brian can have his first mobile phone, his parents want him to agree to some rules. Look at the rules and complete the sentences with the right modal verb**

1. He ... let his parents have the password.
   (should / must / could)
2. He ... turn the phone off at 8 pm on school nights.
   (must / can / might)
3. At weekends, he ... turn the phone off at 8 pm. He ... use it until 10 pm.
   (mustn't / ought to / needn't) – (might / needn't / may)
4. During family time, he ... use his phone.
   (needn't / can't / may)
5. He ... answer messages or calls from unknown numbers.
   (needn't / must / mustn't)

> **Brian's phone rules**
>
> - Let Mum & Dad have the password
> - Phone off at 8 pm school nights / 10 pm weekends
> - No phone during family time – meals etc.
> - Messages or calls from strangers – NO!!!

b) **Brian has had his phone for a week now. Rewrite the sentences below using a modal verb from the box. Careful: there is one modal in the box that you don't need!**

must · must · needn't · might · ought to · can't

Example: 1. That must be Mark – he said he would call me around now.

1. *(Phone ringing)* "That ... be Mark – he said he would call me around now."
2. *(Phone ringing)* "That ... be my phone – I have a different ringtone."
3. "My phone says I only have 66 cents credit left! That's strange - there ... be at least €5 left."
4. "I have a missed call from my mother. I'm going to call her back, she ... worry about me if I don't."
5. Brian: "Whose phone is this?" - Mark: "That's an Orange. It's David's – he ... have forgotten it."

11.2 Modal auxiliaries – form

a) **The sentences below are school rules about personal electronic devices (P.E.D.s) such as mobile phones and tablets. Find the mistakes and rewrite the sentences correctly.**

Example: 1. Students may bring electronic devices ...

1. Students may bringing electronic devices as long as they respect the rules around them.
2. Parents and students must a 'P.E.D. School Rules' document read and sign at the beginning of the school year.
3. As with all personal property, students ought take good care of their P.E.D. – the school is not responsible if it is lost or damaged.
4. P.E.D.s must to be turned off and packed away during lesson times.
5. Video and audio recordings must be not made in or around the school.
6. A teacher mays take an electronic device away from a student who breaks the rules.
7. If an electronic device is taken away from a student, only his/her parents can the device collect from the head teacher's office.

b) **A new student has some questions about the rules. Find and correct the mistakes.**

1. Student: Do we can charge our phones in school?
   Teacher: No, you don't.
2. Student: Can I use the phone during break times?
   Teacher: Yes, can you.
3. Student: Should I tell the school my mobile number?
   Teacher: No, you need do that.

12 Modals and their substitutes (I)

Some modals have **substitute forms**, which we need to form the **infinitive**, the **-*ing*-form** and **other tenses.**

- *I'd love **to be able to** play the piano.* *Ich würde liebend gern Klavier spielen **können**.*
- ***Being able to** play the piano must be great.* *Es muss großartig sein, Klavier spielen **zu können**.*
- *We **weren't allowed to** play the piano after 9 pm.* *Wir **durften** nach 21 Uhr **nicht** Klavier spielen.*
- *You **won't be allowed to** play the piano after 9 pm.* *Nach 21 Uhr **wirst** du **nicht** Klavier spielen **dürfen**.*

Here is an overview of modals and their substitutes in different tenses.

German "können": modal auxiliary *can* – modal substitute *(to) be able to*

Present	*My little brother **can** / **is able to** swim. My cousins **can't** / **aren't able to** swim.*
Past	***Were** you **able to** visit the British Museum when you were in London?* *I **could** smell fire, but I **couldn't** see any smoke.* ❗ We use the past form ***could*** mainly with verbs of perception (*smell, see, hear*) and in negative sentences.
Present perfect	*I **haven't been able to** contact Jack yet. Do you think he **has been able to** check his mails?*
will-future	*I'm taking driving lessons, so next year I**'ll be able to** drive.*

German "dürfen": modal auxiliary *can* / *may* – modal substitute *(to) be allowed to*

Present	***Can** / **May** I have a sleepover on Friday, Mum?* *Jake **is allowed to** stay up late in the week, but we **aren't (allowed to)**.*
Past	*Under-12s **couldn't** / **weren't allowed to** see the film without an adult.*
Present perfect	*I**'ve** always **been allowed to** have pets.*
will-future	***Will** you **be allowed to** go to the party?* ❗ When something is **forbidden**, we use ***must not*** (*mustn't*) or ***(to) be not allowed to***. • *Jeans **must not** be worn at this school.* • *At my school we**'re not allowed to** wear jeans.*

German "müssen": modal auxiliary *must* – modal substitute *(to) have to*

Present	Teacher: *You **must** work harder, Noah.* *Noah's teacher says he **has to** work harder.* *I **needn't** get up at 6 tomorrow. / I **don't have to** get up at 6 tomorrow.* ❗ The negation of ***must*** is ***needn't***, not *mustn't*.
Past	*I **had to** rewrite my essay, but we **didn't have to** do any maths homework.*
Present perfect	*Lauren **has had to** go to the dentist's a lot recently.*
will-future	*You **will have to** go to the dentist's too if you don't look after your teeth better.* ❗ We also use the full verb ***(to) need to*** to say that it is necessary for someone to do something. • *Everyone **needs to** take a break from time to time. But I **don't need to** take a break right now.* • *I **didn't need to** tell her. She already knew it. **Do** we **need to** tell anyone else?*

German summary

Modale Hilfsverben können nicht alle Zeitformen bilden – daher gibt es zu bestimmten modalen Hilfsverben Ersatzverben mit ähnlicher Bedeutung, von denen man den Infinitiv, die *-ing*-Form und alle Zeitformen bilden kann.

„können" Modalverb ***can*** – Ersatzverb ***(to) be able to***
Die Vergangenheitsform ***could*** steht vor allem in verneinten Sätzen und mit Verben der Wahrnehmung wie *smell, see, hear*.

„dürfen" Modalverb ***can / may*** – Ersatzverb ***(to) be allowed to***
Für ausdrückliche **Verbote** wird ***must not (mustn't)*** oder ***(to) be not allowed to*** verwendet.

„müssen" Modalverb ***must*** (Verneinung: ***needn't***) – Ersatzverb ***(to) have to***
Auch das Vollverb ***(to) need to*** drückt aus, dass jemand etwas tun muss oder nicht zu tun braucht.

12 Exercises

12 Modals and their substitutes (I)

a) Replace ***can/can't/couldn't*** with a past, present or future form of ***(to) be able to*** or ***(to) be allowed to***. Be careful to use the correct tense.

Example: 1. My mother is French so I can understand French easily, but I'm not able to write it very well.

1. My mother is French so I can understand French easily, but I **can't** write it very well.
2. I **can** stay out later this Friday, but normally I can't because of my parents – they're so strict
3. It was a beautiful statue but I don't have a picture because we **couldn't** take photos.
4. The problem isn't that my English is bad – it's just that I **can't** read this handwriting.
5. I **can** play computer games for an hour every evening as long as my homework is finished.
6. We **can't** play the two-player game because I only have one controller.
7. David's older brother **can't** go to work for weeks – not until he has recovered from his operation.
8. **Can** anyone have parties when their parents are away?
9. **Can** you meet me before you go away on holiday – will you have time?
10. I **can't** do sport since I broke my leg.

b) ***(to) have to*** – Find and correct the mistakes.

Example: 1. On our class trip to London, we saw that you don't have to pay to go into museums ...

1. On our class trip to London, we saw that you have to pay to go into museums – they're free.
2. In many English-speaking countries, children has to wear school uniforms.
3. I think school uniforms are a good idea – then you haven't to worry about what clothes to wear.
4. In the past, British girls must wear skirts as part of their school uniform but today, in more and more schools they can wear trousers instead.
5. In Britain, if the parents are able to and want to teach their children at home, then they mustn't send them to school.
6. My dad thinks if I have children, they will probably must learn Chinese, not English, as a foreign language at school.
7. Our classmate Patrick don't has to study English very hard because his mum is from Scotland.

c) ***(to) need to*** – Greta (16) is going to spend a year at a school in Wales. Look at the table. Then write down in your exercise book what Greta will and won't need to do.

Example: 1. She'll need to speak English to the host family.

MY YEAR IN WALES

WHAT I NEED TO DO

1 speak English to the host family ✓
2 learn Welsh at school X
3 take exams at school X
4 take a bus to school ✓
5 buy a uniform X
6 get a British SIM card ✓
7 change euros into pounds ✓
8 share a bedroom in the host family X

13 Modals and their substitutes (II)

German "sollen"

Here is an overview of how to express the different meanings of German "sollen" in English.

should and *ought to*

We use the modals ***should*** and ***ought to*** to talk about an **obligation** or to give **advice**.
- *Dogs **should** be left outside.* *Hunde **sollten** draußen gelassen werden / draußen bleiben.*
- *You **should** tell him / You **ought to** tell him the truth.* *Du **solltest** ihm die Wahrheit sagen.*
- *We **should** have asked our parents.* *Wir hätten unsere Eltern fragen **sollen**.*

We also use ***should*** and ***ought to*** to say that we expect something to be true.
- *They **should** / They **ought to** be here by 8 pm.* *Sie **sollten** (eigentlich) bis 20 Uhr hier sein.*

be supposed to and *had better*

We use ***be supposed to*** to say that you should do something because **others expect** it (because it is a **rule** or **tradition**, or because you **agreed to do it**).
- *You**'re not supposed to** use mobiles in the theatre.* *Man **soll** im Theater keine Handys benutzen.*
- *Men **are supposed to** take off their hats in church.* *Männer **sollen** in der Kirche den Hut abnehmen.*
- *We **were supposed to** be back at six .* *Wir **sollten** um 6 Uhr zurück sein.*

We use ***had better*** (short form: ***'d better***) to say what **somebody should do in a specific situation**.
- *I**'d better** go now. It's late.* *Ich **sollte** jetzt (lieber) gehen. Es ist spät.*
- *It's cold. You**'d better** stay at home.* *Es ist kalt. Du **solltest** lieber zu Hause bleiben.*

Compare:

A *You**'re not supposed to** use mobiles here.*
(general rule)

B *Yes, I**'d better** turn it off now.*
(specific situation)

be supposed to and *be said to*

We can use ***be supposed to*** or ***be said to*** to say that people believe something is true.
- *They **are supposed to** be very rich.* *Sie **sollen** sehr reich sein. / **Man sagt**, sie seien sehr reich.*
- *They**'re said to** have six houses.* *Sie **sollen** sechs Häuser haben. / **Man sagt**, sie hätten sechs Häuser.*
- *Carrots **are supposed to** be good for your eyes.* *Mohrrüben **sollen** gut für die Augen sein.*

German summary

„sollen":

should und ***ought to***	• zum Ausdruck von **Verpflichtungen** und **Ratschlägen** • wenn etwas **wahrscheinlich der Fall ist** oder **eigentlich der Fall sein sollte**
be supposed to	• wenn etwas von jemandem erwartet wird, z.B. weil etwas **vereinbart** ist, oder weil **Regeln**, **Traditionen** oder **Gesetze** es verlangen
had better	• um zu sagen, was jemand **in einer bestimmten Situation** tun sollte
be supposed to und ***be said to***	• wenn etwas **angeblich der Fall** ist („die Leute sagen", „man sagt")

13 Exercises

13 Modals and their substitutes (II)

a) Correct any mistakes that you find. (Not every sentence contains a mistake!)

Example: 1. He ought to be here by now.

1. Robert texted 20 minutes ago that he was on the bus. Normally it takes 15 minutes. He ought be here by now.
2. If that guy in Year 10 is bullying you, I don't think you shouldn't ignore it – tell someone.
3. I really ought to stop playing this game and do my homework, but I'm nearly at the end of the level!
4. Oh no! I have no power left in my tablet – I should charged it before I left.
5. Mary was screaming at Jill. I don't think she should have react like that. It was a misunderstanding.
6. Tomorrow's weather looks bad. We will ought to pack some rain clothes before we go.

b) Look at the example. Then complete the sentences using the correct option: *be supposed to* or *had better*. Be careful with the tenses. And sometimes you need a negative form.

Example: 1. People often cycle on the pavement even though they're not supposed to. (general situation)
2. We'd better not cycle in the pedestrian zone. We could get a fine of £ 75. (specific situation)

1. People often cycle on the pavement even though they … .
2. We … cycle in the pedestrian zone. We could get a fine of £ 75.
3. You … tidy your room if you want to watch that movie this evening.
4. We … look at the answers in the back of the book, but I always do.
5. We … clean up before your parents come home or they'll never let us have a party again!
6. You … clean up the kitchen before you started watching TV – turn off the TV and do it now please.
7. Students … leave the school grounds during break.
8. We … get back to school – somebody might notice that we're gone.

c) Rewrite the sentences. Use *should* or *be said to* instead of *be supposed to*.

Example: 1. You shouldn't be playing computer games now.

1. You aren't supposed to be playing computer games now.
2. Jake is supposed to be really good at computer games.
3. You're supposed to be doing your homework now.
4. What are you doing here? You're supposed to be in bed.
5. Try milk with honey! It's supposed to be good for a cold.
6. Lily is supposed to be very good at acting.
7. I'm supposed to be at a meeting, but I didn't feel like going.
8. I wouldn't go into that house. It's supposed to have a ghost.
9. He's supposed to be a distant cousin of the Royal Family.
10. When you meet the Queen, you're only supposed to say "Your Majesty" once.
11. You aren't supposed to swim here. The water isn't very clean.
12. There's a little lake not far from here which is supposed to be good for swimming.

14 The gerund (I)

You can use the *-ing* form of a verb like a noun.
- *I love* ***holidays****.* ▶ (= *I love* + noun) · *I love* ***travelling****.* ▶ (= *I love* + *-ing* form of the verb *travel*)

This *-ing* form is called a **gerund**. It can be the **subject** or the **object** of a sentence.
- ***Travelling*** *is fun.* *Reisen macht Spaß.*
- *I love* ***travelling****.* *Ich liebe das Reisen. / Ich reise gern.*

The gerund can be **followed by an object** or **by an adverbial phrase**. In this way, it is like a verb.

gerund + object	*I love* ***playing*** ***board games****.*	*Ich spiele sehr gern Brettspiele.*
gerund + adverbial phrase	***Cycling*** ***in the rain*** *can be fun too.*	*Radfahren im Regen kann auch Spaß machen.*

14.1 Verbs followed by a gerund

In contrast to German, some verbs **cannot be followed by an infinitive**. We use a **gerund** instead, e.g.
- ***Nobody enjoys ~~to go~~ going to the dentist.*** *Niemand geht gern zum Zahnarzt.*
- ***I can't imagine ~~to live~~ living in the country.*** *Ich kann mir nicht vorstellen, auf dem Land zu leben.*

These are some of the verbs that take a gerund:
admit, consider, deny, discuss, dislike, fancy, finish, give up, keep, mind, miss, practise, regret, risk, suggest

14.2 Verbs followed by a gerund or infinitive

The verbs ***begin/start, continue, hate, like, love, prefer*** can be followed by a gerund or a *to*-infinitive:

- *When it* ***started*** ***raining*** / ***to rain*** *we all went home.*
- *I* ***hate*** */ I* ***don't like*** ***getting up*** / ***to get up*** *when it's still dark.*

After ***would like, would love, would hate*** (short form: *'d like*, etc.) we usually use the *to*-infinitive, not the gerund.
- *My mother* ***would like to move*** *to a small village, but I* ***would hate to leave*** *London.*

14.3 Verbs that change their meaning

Some verbs have **different meanings**, depending on whether they are followed by a **gerund** or a ***to*-infinitive**:

forget *doing sth.*	· *I'll never* ***forget meeting*** *the Queen.*	*vergessen, dass/wie man etwas getan hat*
forget *to do sth.*	· *I* ***forgot to phone*** *Grandpa. I'm sorry.*	*vergessen, etwas zu tun*
remember *doing sth.*	· *I* ***remember meeting*** *her.*	*sich daran erinnern, dass/wie man etwas getan hat*
remember *to do sth.*	· *I must* ***remember to phone*** *Grandpa.*	*daran denken (nicht vergessen), etwas zu tun*
stop *doing sth.*	· *I've* ***stopped eating*** *hamburgers.*	*aufhören, etwas zu tun*
stop *to do sth.*	· *I* ***stopped to buy*** *a hamburger.*	*anhalten, um etwas zu tun*
try *doing sth.*	· *It's very sour. –* ***Try using*** *more sugar.*	*etwas (aus)probieren*
try *to do sth.*	· *I* ***tried to open*** *the door, but I couldn't.*	*versuchen, etwas zu tun*

German summary

- Wenn die **-ing-Form** eines Verbs die **Funktion eines Nomens** hat, wird sie **Gerundium *(gerund)*** genannt. Das Gerundium kann Subjekt oder Objekt eines Satzes sein.
- Wie ein Verb kann das Gerundium durch ein Objekt oder eine Orts- oder Zeitangabe erweitert werden.
- Nach einigen englischen Verben darf kein *to*-Infinitiv stehen. Stattdessen muss man ein Gerundium verwenden.
- Auf *begin/start, continue, hate, like, love, prefer* kann – bei gleicher Bedeutung – ein Gerundium oder ein *to*-Infinitiv folgen.
- Bei *forget, remember, stop, try* verändert sich die Bedeutung, je nachdem, ob ein Gerundium oder ein *to*-Infinitiv folgt.

14 Exercises

14 The gerund (I)

a) The subjects and objects in the sentences below are not complete. Make plausible sentences using the words and phrases from the boxes.

For the subjects

I · listen to · ~~father~~ · little brother · walk · wear

For the objects

Brian · parents · sister · ~~smoke~~ · take · throw

Example: 1. *My father wants to give up smoking.*

1. My ... wants to give up ...
2. My ... loves ... snowballs.
3. ... shoes in the flat really annoys my ...
4. ... music helps ... to concentrate on his homework.
5. ... the dog gives my ... a chance to meet her boyfriend.
6. ... hate ... the bus to school, especially on Mondays.

b) The Student Council met yesterday. Complete the text with the correct forms of the verbs in brackets – infinitive or gerund.

Example: 1. *The Student Council met yesterday to discuss organizing a money-raising event ...*

The Student Council met yesterday to discuss [1](organize) a money-raising event for refugees. Alex suggested [2](have) a funny costume day – students could dress in costumes when they came to school and pay £5 each. David said it was because Alex enjoys [3](dress) up and it was a stupid idea. Alex asked David what he would like [4](do) instead. Alex and David started [5](argue). Peter then said we should consider [6](organize) a student concert. Everyone agreed this was a good idea. Alice said her father wouldn't mind [7](print) the tickets in his shop – for free of course. Daniel said he'd like [8](ask) the local music shop to lend them the sound equipment. There were a lot of ideas but some members disliked [9](plan) too much too soon and said they'd prefer [10](wait) and get permission from the school management first. Peter asked who would talk to the head teacher because he didn't fancy [11](do) it. David offered [12](do) it. The Student Council is going to meet again in two days after we know what the school management think.

c) Complete these short dialogues with the correct forms of the verbs from the box – infinitive or gerund.

have · shout · take (2x) · change (2x)

1. Lucy: Did you remember [1]... photos at Uncle Pete's birthday party?
   Mum: Of course – you can see them on my mobile.
   Lucy: Oh look Mum – the last photo is a selfie of you and Dad.
   Mum: Oh God, I look terrible. I don't remember [2]... it. It must have been very late.

2. Son: What are you doing, Dad?
   Dad: I'm trying [3]... the channel on the TV. The TV isn't working or the remote control isn't.
   Son: Maybe the batteries are low. Have you tried [4]... them?
   Dad: Good idea. I'll try that.

3. Child 1: Daddy, can we stop [5]... a burger or something? I'm so hungry.
   Child 2: Yes, Daddy – I'm hungry too, I want a cheeseburger, pleeeease!
   Dad: Girls! Stop [6]... – I'm trying to drive. We'll stop at the next café, OK?

15 The gerund (II)

15.1 The gerund after prepositions

Verbs take the **gerund** form after a **preposition** *(about, at, by, for, in, instead of, of, without, …)*.
- *The man left the shop **without paying**.* *Der Mann verließ den Laden, ohne zu bezahlen.*
- *You can save petrol **by driving** more slowly.* *Man spart Benzin, wenn/indem man langsamer fährt.*

The prepositions are often linked to an adjective, a noun or a verb.
- *My little brother is **afraid of sleeping** in the dark.* *Mein kleiner Bruder hat Angst davor, im Dunkeln zu schlafen.*
- *What were his **reasons for leaving** school?* *Was waren die Gründe dafür, dass er die Schule verlassen hat?*
- *They **decided against moving** to Italy.* *Sie entschieden sich dagegen, nach Italien zu ziehen.*

The following box has an overview of some of the most common combinations.

Adjective + preposition + gerund:

(to) be	***afraid of***	***doing** sth.*	Angst haben vor
	excited about		gespannt sein auf; aufgeregt sein wegen
	good/bad at		gut/schlecht sein in; etwas gut/schlecht können
	interested in		interessiert sein an, sich interessieren für
	keen on		begeistert sein von; interessiert sein an
	tired of		genug haben von; etwas über/satt haben

Noun + preposition + gerund:

the	***chance of***	***doing** sth.*	Chance, (günstige) Gelegenheit (zu)
	danger of		Gefahr (zu)
	hope of		Hoffnung (zu/auf)
	idea of		Idee, Gedanke (zu)
	reason for		Grund (für)
	way of		Art und Weise, Weg (zu)

Verb + preposition + gerund:

(to)	***believe in***	***doing** sth.*	glauben an
	decide against		sich entscheiden gegen
	dream of/about		träumen von
	look forward to		sich freuen auf
	talk about/of		reden von
	think about/of		denken an; in Betracht ziehen
	worry about		sich Sorgen machen wegen/um

15.2 The gerund with its own subject

Compare these sentences:
1 *Ava can't imagine **moving** to Wales.* *Ava kann sich nicht vorstellen, nach Wales zu ziehen.*
2 *Ava can't **imagine her family moving** to Wales.* *Ava kann sich nicht vorstellen, dass ihre Familie nach Wales zieht.*

! In the second sentence, the gerund (*moving*) has its own subject (*her family*). *Ava* is the subject of the whole sentence.

If the gerund's own subject is a **personal pronoun**, it takes the **object form** (e.g. ***me*** instead of ***I***).
- *Do you **mind me leaving** early today?* *Macht es Ihnen etwas aus, wenn ich heute früher gehe?*

German summary

- Wenn auf eine **Präposition** *(about, at, for, in, instead of, of, without, …)* **ein Verb folgt**, dann steht dieses Verb als **Gerundium**.
  Die Präposition kann allein stehen oder mit einem anderen Wort (einem Adjektiv, Nomen oder Verb) verbunden sein.
- Das Gerundium kann ein **eigenes Subjekt** haben.
  Wenn das Subjekt des Gerundiums ein **Personalpronomen** ist, dann steht es in der **Objektform** (z.B. *me* statt *I*).

15 Exercises

15.1 The gerund after prepositions

Complete the blue sentences. Use the highlighted verb from the original sentence plus a preposition from the box. (Look at the example sentence for help.)

about · against · at · ~~by~~ · for · in · of · on · to · without

Example: 1. *Open the door by pressing the X button.*

1. Press the X button. This will open the door.
   Open the door …
2. I asked John to taste the crab meat. He didn't really want to.
   John wasn't keen …
3. I have a ticket to go to the Bad Uncles concert and Elaine wants to go too.
   Elaine is interested …
4. Peter said we should organize a student concert to raise money for refugees.
   Peter had the idea …
5. David said it was my fault Julia broke up with him. I don't know why.
   I can't explain David's reason …
6. We're going to the seaside next weekend. I can't wait to relax on the beach.
   I'm looking forward …
7. Mum doesn't want us to have fireworks because she thinks they'll scare our dog.
   Mum is worried …
8. I was going to buy a Gamestation 5 but changed my mind.
   I decided …
9. Alice cooked spaghetti again. As usual, it was much too soft.
   Alice is really bad …
10. Wash your face first, then you can go.
    My mother told me not to go …

15.2 The gerund with its own subject

Complete the sentences using the gerund of the highlighted verb.
Remember: If there is a personal pronoun before a gerund, it takes the object form.

Example: 1. *My little brother and sister hate me telling them what to do all the time.*

1. *I* tell my little brother and sister what to do all the time.
   My little brother and sister hate …
2. *My older sister* tells me what to do all the time.
   I don't like …
3. *My father* used to take me out on Saturday mornings but he doesn't have the time any more.
   I miss …
4. *My brother and I* eat too much chocolate, so Mum often hides it.
   Mum often hides the chocolate to stop …
5. My uncle visited us on his brand-new mountain bike. I asked if *I* could cycle it but he said no.
   My uncle didn't fancy …
6. My mother said that *Grandma* was really angry, but Grandma is always so quiet and calm.
   I can't imagine …
7. My teacher was sure that *he* had said my presentation was for Wednesday, but I forgot about it.
   I didn't remember …

16 The *to*-infinitive

In English, we sometimes use infinitive structures where German *does not* use the infinitive

16.1 Verb + object + *to*-infinitive

We can use an object + *to*-infinitive after *cause, expect, tell, want, would like, would love*.
- *His parents **expect** him **to be** home by ten.* *Seine Eltern erwarten, **dass** er bis zehn Uhr zu Hause ist.*
- *The police officer **told** us **to wait** outside.* *Die Polizeibeamtin sagte, **dass** wir draußen warten sollten.*
- ***I'd like** you **to sit** down in a circle now.* *Ich möchte, **dass** ihr euch jetzt im Kreis hinsetzt.*

! After the German verbs, there is usually a clause with "**dass**". In English, a ***that*-clause** is **not possible.**

Other verbs that can take an object + *to*-infinitive include *allow, ask, help, invite, teach*.
(After the German verbs, you use "**zu**" + infinitive.)
- *Our teacher **allows** us **to use** mobiles.* *Unser Lehrer erlaubt uns, Handys **zu benutzen**.*
- *My sister **asked** me **not to wear** her T-shirts.* *Meine Schwester bat mich, nicht ihre T-Shirts **zu tragen**.*
- *Pictures can **help** you **to learn** new words.* *Bilder können dir helfen, neue Wörter **zu lernen**.*

16.2 Question word + *to*-infinitive

After question words (*what, who, …*), we can use subordinate clauses with modal auxiliaries *(can, must, …)*.

• *I don't know*	***what I can do***	***who I must ask***	***where I should go**.*
Ich weiß nicht,	*was ich tun kann*	*wen ich fragen muss*	*wohin ich gehen soll.*

! However, a ***to*-infinitive is the more usual structure in English. (It is not possible in German.)**
- *I don't know what **to do** | who **to ask** | where **to go**.*

16.3 The *to*-infinitive instead of a relative clause

We often use a *to*-infinitive instead of a relative clause.
It can come after a **superlative** (1) and after ***the first, the last, the next, the only*** (2–4).

1 ***Sophie was the youngest (girl) to take** part.* ► *(… the youngest (girl) who took part.)*
2 *The **first/last person to arrive** was Jonathan.* ► *(The first/last person who arrived …)*
3 *We're the **only shop to offer** this service.* ► *(… the only shop that offers this service.)*
4 *I was **the only person/the only one to win** a prize.* ► *(… the only person/the only one who won a prize.)*

! ***the only*** must be followed by a noun (*shop, person, …*) or *one/ones*.

The *to*-infinitive can also come after a **noun** (especially ***person, place, way***). It replaces a relative clause with a modal.
- *Luigi's is **the place to go** for a good pizza.* ► *(… the place that you must/should go to …)*
- *I'm looking for **someone to share** a flat with.* ► *(… someone who I can share a flat with.)*

It can also replace a relative clause after ***someone, anybody, something, anything, nothing, nowhere***, etc.
- *There's **nothing to do** and **nowhere to go**.* ► *(There's nothing that I can do and nowhere that I can go.)*

German summary

- Nach bestimmten Verben kann ein **Objekt + *to*-Infinitiv** stehen. Im Deutschen steht meist „zu" + Infinitiv.
- Auch nach *cause, expect, tell, want, would like, would love* kann ein Objekt + *to*-Infinitiv stehen. Nach den entsprechenden deutschen Verben steht meist ein Nebensatz mit „dass", aber auf die englischen Verben darf kein *that*-Satz folgen.
- Der *to*-Infinitiv steht oft nach einem Fragewort (*what, who, how, when, where* usw.). Er entspricht in der Regel einem Nebensatz mit modalem Hilfsverb (*can, could, should* usw.).
- Der *to*-Infinitiv wird oft anstelle eines Relativsatzes verwendet, und zwar nach Superlativen und nach *the first, the last, the next, the only* sowie nach Nomen *(person, place, way)* und *someone, anything, nowhere* usw.

16 Exercises

16.1 Verb + object + *to*-infinitive

Choose the right verb from the box and complete sentences 2–5 in your exercise book. (Look at sentence 1 for help.)

allow · ask · help · ~~invite~~ · teach

1. Lucy: Rosie, we're going to a Robin Hood Festival at the weekend, can you come with us?
2. Rosie: Lucy! Mum and Dad said I can go!
3. Festival worker 1: Girls, can you help me with this tent?
4. Rosie & Lucy: Of course!
5. Festival worker 2: So, Rosie, this is how you light a campfire.

1. *Lucy invited Rosie to go to a festival with her family.*
2. *Rosie's parents ... go with Lucy.*
3. *A festival worker ... help him.*
4. *Rosie and Lucy ... put up the tent.*
5. *Another festival worker ... light a campfire.*

16.2 Question word + *to*-infinitive

Look at the signs below. Then rewrite sentences 1–5 using a question word plus *to*-infinitive.

Example: *1. This sign tells you what to do if you think there is a fire.*

1. This sign tells you what you should do if you think there is a fire.
2. This tells you who you can call if you have a question.
3. This is how you can get to the baby-changing room.
4. This shows where you should leave in an emergency.
5. This tells you whether you can collect your meal.

16.3 The *to*-infinitive instead of a relative clause

Rewrite the following sentences using a *to*-infinitive.

Example: *1. Neil Armstrong was the first person to walk on the moon.*

1. Neil Armstrong was the first person who walked on the moon.
2. Eugene Cernan was the last person who left the moon in 1972.
3. The next train which leaves from Platform 9¾ will stop at the School for Witches and Wizards.
4. I was the only one who remembered Kevin's birthday – that's sad.
5. The internet is the place where you can find the cutest cat pictures.
6. Excuse me, is there anywhere where I can get a wifi signal?
7. They didn't tell me if there was anything extra I should bring for the summer camp.
8. It was late and there was nobody I could ask for directions.
9. This catalogue doesn't have anything nice that I can buy for my mother's birthday.
10. That history book didn't have anything that I can use in my project.

17 Indirect speech (I)

17.1 Direct and indirect speech

To tell somebody else what Norah has said you can use her exact words (**direct speech**):
- *Norah says, "I **love** music. I **go** dancing every Saturday."*

You can also use **indirect speech**:
- *Norah says that she **loves** music and that she **goes** dancing every Saturday.*

! In English there is no comma before indirect speech.
We often leave out the word ***that*** (especially after *say, tell sb.* and *think*):
*Norah **says she loves** music and **goes** dancing every Saturday.*

17.2 Indirect speech: backshift of tenses and other changes

If a **reporting verb** is in the **simple past** (e.g. *said* and *told*), the verb in indirect speech usually moves back a step in the past (= **backshift of tenses**): *Norah **said** she **loved** music and she **went** dancing every Saturday.*

Backshift of tenses	direct speech	indirect speech
present → past	*"I **don't like** musicals."* *"We'**re** just **having** dinner."*	*She **told** us she **didn't like** musicals.* *He **said** they **were** just **having** dinner.*
past → past perfect [1]	*"I **arrived** on Friday evening."* *"Alex **was waiting** for Olivia."*	*She **said** she **had arrived** on Friday evening.* *Bobby **said** Alex **had been waiting** for Olivia.*
present perfect → past perfect	*"I'**ve seen** that film before."*	*I **told** her that I **had seen** the film before.*
***will*-future → *would* + infinitive**	*"I'm sure you'**ll qualify**."*	*Mr Jones **said** he **was** sure I **would qualify**.*
***going to*-future → *was/were going to* + infinitive**	*"We'**re going to** fly to Italy in July."*	*They **said** they **were going to** fly to Italy in July.*
can* → *could	*"You **can** use my laptop."*	*Her dad **said** she **could** use his laptop.*

[1] Past tense forms in direct speech often stay the same in indirect speech (i.e. are not changed to the past perfect):
*I **arrived** on Friday evening.* → *She told us she **arrived** on Friday evening.*

As in German, other words also change to show the point of view of the person who is reporting:

pronouns *(I, you, …)* **possessive determiners** *(my, your, …)*	Norah Norah reports Ava reports	*"**I** can lend **you my** bike, Ava."* *I told Ava **I** could lend **her my** bike.* *Norah said **she** could lend **me her** bike.*
time phrases *(tomorrow, yesterday, last week, …)* **phrases of place** *(here, there, …)*	On a postcard from Alex Alex's mother (to a friend, a week later)	*I like it a lot **here** in France. I'm flying to Paris **tomorrow**.* *He wrote that he liked it a lot **there**, and that he was flying to Paris **the next day**.*

German summary

- Wenn das die indirekte Rede **einleitende Verb im *simple past*** steht *(said, told, …)*, dann werden die Zeitformen der direkten Rede meist um eine Zeitstufe in die Vergangenheit „zurückverschoben" ***(backshift of tenses)***.
- Wie im Deutschen werden in der indirekten Rede die Pronomen und Possessivbegleiter sowie die Orts- und Zeitangaben so angepasst, dass sie der Sicht des Berichtenden entsprechen.
- Im Englischen steht vor der indirekten Rede kein Komma, und die Konjunktion *that* wird oft weggelassen.

17 Exercises

17.1 Direct and indirect speech

Write complete sentences into your exercise book. There is only one correct ending for each sentence beginning.

Example: 1. + j Every night Mum tells me to sleep well.
2. + c Every night Mum says, "Good night, my little princess."

1. Every night Mum tells
2. Every night Mum says,
3. My teacher told
4. My teacher said
5. "That's not right, Mr Roberts,"
6. "That's not right," Mr Roberts
7. "What did she say
8. "What did she tell
9. Dad says
10. Dad says,

a) I should ask Mum.
b) to you?" asked Martha.
c) "Goodnight, my little princess."
d) told the student.
e) you?" asked Martha.
f) I was making progress.
g) "Ask your mum."
h) me I was making progress.
i) said the student.
j) me to sleep well.

17.2 Indirect speech: backshift of tenses and other changes

Read the phone conversation. Then write sentences 1–9 in your exercise book to report what Mary and Julia said. Be careful to make any necessary changes.

Example: 1. Julia told Mary that the karaoke machine hadn't arrived yet.

Mary: Hi Julia, where are you?
Julia: Mary! Hi! I'm in the garden preparing for the party.
Mary: Cool. Has the karaoke machine arrived yet?
Julia: (1) No, it hasn't.
Mary: Oh, dear. Do you think it will arrive in time?
Julia: (2) I'm expecting it soon.
Mary: Have you told your neighbours about the party yet?
Julia: (3) Robert is going to do it.
Mary: Knowing Robert, he'll probably forget. You should do it yourself.
Julia: OK. Later.
Mary: Can I help with anything?
Julia: Yes, actually, you can. One of the spotlights is broken.
Mary: That's annoying.
Julia: (4) I need to replace it. Do you know where you can get one?
Mary: Well, (5) I would order one online. If you order from Jungle Instant, they deliver the same day.
Julia: That would be fantastic, thanks, Mary … There's just one more thing. It's about David.
Mary: What's the problem with David?
Julia: (6) I don't know if he's coming to the party.
Mary: Did you invite him?
Julia: Of course, but … (7) he seemed angry when I spoke to him a few days ago.
Mary: So what do you want me to do?
Julia: Could you speak to him, please?
Mary: Of course. And don't worry about David, Julia. (8) I'm sure he doesn't want to miss your big party.
Julia: I hope you're right.
Mary: (9) I'll call him right away.
Julia: I think it would be better if you didn't mention Alex. It's a very sensitive topic. …

1. Julia told Mary that …
2. She said that …
3. Mary: Julia told me …
4. Mary: Julia told me …
5. Mary: I said …
6. Julia told Mary …
7. Julia explained that …
8. Mary said that …
9. Julia: Mary said that …

18 Indirect speech (II)

18.1 Indirect speech: questions

If the reporting verb is in the simple past (e.g. *asked, wanted to know, wondered*), you backshift the verb in the question.

direct	*"Why **don't** you **like** musicals?"* *"What**'s going** on?"*	**indirect**	*I asked her why she **didn't like** musicals.* *Miss Hall wanted to know what **was going** on.*

If the direct question is a **yes/no question**, we use ***whether*** or ***if*** (= "ob") in the indirect question.

direct	*"**Do** you **want** to join us?"* *"**Are** you **going to** stay long?"*	**indirect**	*She asked **whether** I **wanted** to join them.* *Jake asked me **if** I **was going to** stay long.*

The word order in indirect questions is the same as in statements: **S – V – …**

			S	V	
statement			**"We**	**live**	in Hamburg."
direct questions		**"Do** **"Where do**	**you** **you**	**live** **live?"**	in Hamburg?"
indirect questions	I asked I asked	**if** **where**	**they** **they**	**lived** **lived.**	in Hamburg.

! We do not use ***do/does/did*** before the subject in indirect questions.

Note the **position of the preposition** in direct and indirect questions in English.

direct	*"What are you waiting **for**?"*	**indirect**	*He asked me what I was waiting **for**.* (…, *worauf* ich wartete.)

18.2 Indirect speech: requests, commands, advice, suggestions

We usually use **infinitive constructions** to report **requests, commands** and **advice.**

- **requests**: ***ask sb. to do sth.*** (or ***ask sb. not to do sth.***)
- **commands**: ***tell sb. to do sth.*** (or ***tell sb. not to do sth.***)
- **advice**: ***advise sb. to do sth.*** (or ***advise sb. not to do sth.***)

direct	*"Can you lend me your pen?"* *"Don't touch the paintings."* *"I'd get a holiday job if I were you."*	**indirect**	*A man **asked** me **to lend** him my pen.* *The guide **told** us **not to touch** the paintings.* *Mr Williams **advised** Grace **to get** a holiday job.*
			*Grace **was advised to get** a holiday job.*

We often use **passive constructions.**

➜ *Passive: 9 and 10, pp. 158–161*

Never use an infinitive after ***suggest*** – you can use the following structures to report **suggestions:**

direct	*"Let's go for a pizza."*	**indirect**	*He **suggested going** for a pizza.* *He **suggested that we go** for a pizza.* *He **suggested we should go** for a pizza.*

German summary

Indirekte Rede: Fragen

- *backshift of tenses* bei einleitendem Verb im *simple past*
- direkte Frage ohne Fragewort --> ***whether/if*** in der indirekten Frage
- **kein** *do/does/did* in indirekten Fragen

Bitten, Aufforderungen, Ratschläge, Vorschläge

- Bitten: ***ask*** *sb. (not) to do sth.*
- Aufforderungen: ***tell*** *sb. (not) to do sth.*
- Ratschläge: ***advise*** *sb. (not) to do sth.*
- Vorschläge: ***suggest*** *doing sth.*
  suggest *that we/you/… do sth.*
  suggest *we/you/… should do sth.*

18 Exercises

18.1 Indirect speech: questions

Read Mary and Julia's phone conversation.
Then write sentences 1–7 in your exercise book to report the questions.

Mary: Hi Julia, where are you?
Julia: Mary! Hi! I'm in the garden preparing for the party.
Mary: Cool. (1) Has the karaoke machine arrived yet?
Julia: No, it hasn't.
Mary: Oh, dear. (2) Do you think it will arrive in time?
Julia: I'm expecting it soon.
Mary: (3) Have you told your neighbours about the party yet?
Julia: Robert is going to do it.
Mary: Knowing Robert, he'll probably forget. (8) You should do it yourself.
Julia: OK. Later.
Mary: (4) Can I help with anything?
Julia: Yes, actually, you can. One of the spotlights is broken.
Mary: That's annoying.
Julia: I need to replace it. (5) Do you know where you can get one?
Mary: Well, (9) I would order one online. If you order from Jungle Instant, they deliver the same day.
Julia: That would be fantastic, thanks Mary … There's just one more thing. It's about David.
Mary: What's the problem with David?
Julia: I don't know if he's coming to the party.
Mary: (6) Did you invite him?
Julia: Of course, but … he seemed angry when I spoke to him a few days ago.
Mary: (7) So what do you want me to do?
Julia: (10) Could you speak to him, please?
Mary: Of course. (11) And don't worry about David, Julia. I'm sure he doesn't want to miss your big party.
Julia: I hope you're right.
Mary: I'll call him right away.
Julia: (12) I think it would be better if you didn't mention Alex. It's a very sensitive topic …

Example: 1. *Mary wanted to know if the karaoke machine had arrived yet.*

1. Mary wanted to know if …
2. Mary asked Julia if …
3. Mary asked Julia whether …
4. Mary asked Julia …
5. Julia asked Mary …
6. Mary wanted to know …
7. Mary asked Julia …

18.2 Indirect speech: requests, commands, advice, suggestions

Read the phone conversation again and complete sentences 8–12 in your exercise book.

Example: 8. *Mary advised Julia to tell her neighbours about the party herself.*

8. Mary advised Julia …
9. Mary suggested …
10. Julia asked Mary …
11. Mary told Julia …
12. Julia advised Mary …

19 Conditional sentences

A conditional sentence tells us what must happen so that something else can happen too.
***If you give me your number*, *I'll call you*.** *Wenn du mir deine Nummer gibst, rufe ich dich an.*

Conditional sentences have a subordinate clause with *if* and a **main clause**. There are three common types of sentence.

19.1 Conditional 1: *if* + simple present

In the main clause we can use

the ***will*-future**	If I **miss** the bus, I'**ll take** a taxi. *Wenn ich den Bus verpasse, nehme ich ein Taxi.*
a **modal**	If Dan **misses** the bus, he **can**/**should**/**must take** a taxi.
an **imperative**	If you **miss** the bus, **take** a taxi.

19.2 Conditional 2: *if* + simple past

We use *if* + simple past when we imagine what **might or might not** happen now or in the future.

In the main clause we can use

would + infinitive	If I **missed** the bus, I'**d take** a taxi. *Wenn ich den Bus verpasste/verpassen würde, würde ich ein Taxi nehmen.*
could/might + infinitive	If Dan **missed** the bus, he **could**/**might take** a taxi.

19.3 Conditional 3: *if* + past perfect

We use *if* + past perfect when we imagine situations that did not happen in the past.
You say *If I had missed the bus ...* only when you did not miss it.

In the main clause we can use

would have + past participle	If I **had missed** the bus, I **would have taken** a taxi. *Wenn ich den Bus verpasst hätte, hätte ich ein Taxi genommen.*
could have / ***might have*** + past participle	If Dan **had missed** the bus, he **could have taken** a taxi. / he **might have taken** a taxi.

19.4 Other conditional sentences

As in German, there can be situations where we use **other combinations of verb forms** in conditional sentences.

- *If we **had gone** by car, we **would be** there now.*
  Wenn wir mit dem Auto gefahren wären, wären wir schon da.
- *If I **knew** her better, I **would have asked** her.*
  Wenn ich sie besser kennen würde, hätte ich sie gefragt.
- *If you'**ve been** here before, you'**ll know** the rules.*
  Wenn du schon mal hier warst, dann kennst du (ja) die Regeln.
- *If they **left** at seven, they **won't be** here until twelve.*
  Wenn sie um 7 Uhr losgefahren sind, werden sie erst um 12 hier sein.

German summary

- Bedingungssatz **Typ 1 (*if* + simple present):** „Was ist, wenn …"; im Hauptsatz steht das *will-future* oder ein Modalverb oder ein Imperativ
- Bedingungssatz **Typ 2 (*if* + simple past):** „Was wäre, wenn …"; im Hauptsatz steht *would/could/might* + Infinitiv
- Bedingungssatz **Typ 3 (*if* + past perfect):** „Was wäre gewesen, wenn …"; im Hauptsatz steht *would have/could have/might have* + Partizip Perfekt

Beachte, dass – wie im Deutschen – je nach Situation auch andere Kombinationen von Zeitformen in Bedingungssätzen vorkommen können.

19 Exercises

19.1 Conditional 1

Marianne is helping Paula to play *Legend of Xena*. Change the blue phrases into type 1 conditionals.

Example: 1. If I go through that gate, I'll complete the level.

Paula: Yes! This is the Gate of Hope. [1]I – go through that gate / I – complete the level.
Marianne: You have to be careful here. [2]you – walk towards the left / you – be able to hide under the orange globe.
Paula: Yeah okay, but look at that box next to it – there might be gold inside …
Marianne: No! Don't go near that! [3]you – open that / you – wake up the Guardian Robot.
Paula: Okay … Right, I'm under the orange globe – now what?
Marianne: [4]you – press 'A' under the orange globe / you – get the Golden Key of Fionn. You need that to go through the gate.
Paula: Got it. Now I just have to go around the blue hole and run up the steps to the gate.
Marianne: No, no, no. [5]everything – collapse / you – walk around the hole. You have to run and jump over the centre of the blue hole.
Paula: Can I jump that far?! [6]What – happen / I – fall into the hole?
Marianne: Well, maybe you should save your game now. [7]you – fall into the hole / you – have to start from the beginning again.

19.2 Conditional 2

Look at the situations below and write type 2 conditional sentences (1 to 4) or questions (5 and 6). You can use *would* or *could* in some answers.

Example: 1. If I had the latest smartphone, I would be able to play / I could play Pacman Go! …

1. Brian: I don't have the latest smartphone. I can't play Pacman Go! like my friends.
2. Miss Seifert: I'm not in London with my class because I don't have a passport.
3. Julia: My grandparents have a big house. We can have my party there.
4. David: I won't go to the party because Alex is going.
5. Kate to Olivia: Kevin is thinking about asking you out but he doesn't know what you'll say.
   What would you …?
6. Kevin to John: I might ask Olivia out, but I don't know any good places to go.
   Where could we …?

19.3 Conditional 3

a) Julia's party was a success and everyone had a good time. Read 1–5 and write type 3 conditionals. You can use *could*, *might* or *would*.

Example: 1. If David had come to the party, there might have been trouble between him and Alex.

1. David didn't come to the party, so there was no trouble between him and Alex.
2. The karaoke machine arrived in time, so they were able to have a talent show.
3. It didn't rain, so the guests could spend the whole time in the garden.
4. There was lots of food, so there was enough for everyone.
5. The neighbours all came to the party, so they could play the karaoke machine till late at night.

b) A class went on a trip to London. Read 1–5 and write type 3 conditionals.

Example: 1. If Maria hadn't broken her leg, she would have gone on the class trip.

1. Maria broke her leg. She didn't go on the class trip.
2. Helena lost her phone. She couldn't take any photographs of the trip.
3. Ada and Theo took the wrong bus to Hyde Park Corner. The rest of the class had to wait for them.
4. Max and Emil took selfies with Roman statues. They were asked to leave the museum.
5. Max felt sick on the last day. He didn't go out with the class in the evening.

20 Relative clauses

20.1 Defining relative clauses

A **defining relative clause** gives **important information** about a noun. (It *defines* the noun.)
In these examples, the relative clauses tell us which girl and which shop we are talking about.

- *Do you know the girl who works at the Oxfam shop?* … *das Mädchen, das im Oxfam-Shop arbeitet?*
- *It's the shop which sells old clothes and books.* …*der Laden, der alte Kleidung und Bücher verkauft.*

We use the relative pronoun *who* for people and *which* for things. We can also use *that* for people and things.
… *the girl who works* / … *the girl that works* … … *the shop which sells* … / … *the shop that sells* …

In English there is **no comma** between the main clause and a defining relative clause.

20.2 Contact clauses

When the **relative pronoun** is the **object** of the relative clause, we often **leave it out**. This is called a **contact clause**.
You cannot make contact clauses when the relative pronoun is the **subject** of the relative clause.

	Relative clause		Contact clause
Mr Jones is the teacher	***who I like the most.***	*Mr Jones is the teacher*	***I like the most.***
These are the photos	***that Dad took in Wales.***	*These are the photos*	***Dad took in Wales.***
Do you know the girl	***who works at the Oxfam shop?***		

The **relative pronoun** is the subject when the next word is a **verb**, e.g., *the girl **who works*** … / *the shop **which sells*** …

20.3 Non-defining relative clauses

Non-defining relative clauses give **additional information** about a noun. They are used mainly in written English.

- *Agatha Christie, **who died in 1976,** wrote about 70 detective novels.*
- *John Lennon, **whose mother taught him to play the banjo,** later became famous as a member of the Beatles.*
- *At 11.35 we landed at Atlanta International, **which is one of the world's busiest airports**.*

Without a non-defining relative clause, the main clause still makes sense: *At 11.35 we landed at Atlanta International.*

! In non-defining relative clauses:
- you **must** use commas between the relative clause and the main clause
- you **cannot** leave out the relative pronoun
- you **cannot** use the relative pronoun ***that***.

20.4 Relative clauses with *which* to refer to a whole clause

We can use relative clauses with ***which*** to **comment on** the statement in the main clause.
These are like German relative clauses with "was". There is a comma between the main clause and the relative clause.

- *Jane helped us to tidy up, **which was very good of her**.* ***…, was ich sehr nett von ihr fand.***
- *I'm late, **which means I'm going to miss the train**.* ***…, was bedeutet, dass ich den Zug verpassen werde.***
- *In 1980 John Lennon was murdered, **which shocked the world**.* ***…, was die Welt schockierte.***

German summary

- **Bestimmende Relativsätze** bestimmen das Nomen näher, auf das sie sich beziehen, und geben damit Informationen, die zum Verständnis des Hauptsatzes notwendig sind. Sie werden nicht durch Kommas abgetrennt.
Bei **Personen** verwendet man die Relativpronomen ***who*** oder ***that***; bei **Dingen *which*** oder ***that***.
- Wenn das Relativpronomen **Objekt des Relativsatzes** ist, wird es oft weggelassen ***(contact clause)***.
Beachte: Wenn das Relativpronomen direkt vor dem Verb steht, ist es Subjekt und darf nicht weggelassen werden.
- **Nicht bestimmende Relativsätze** geben Zusatzinformationen, die zum Verständnis des Hauptsatzes nicht zwingend notwendig sind. Sie kommen vorwiegend in geschriebenem Englisch vor und werden durch Kommas abgetrennt.
- **Satzbezogene Relativsätze** kommentieren die Aussage des Hauptsatzes. Sie entsprechen deutschen Relativsätzen mit „was" und werden durch Kommas abgetrennt.

20 Exercises

20.1 Defining relative clauses

Choose a phrase from the right and make clues to describe the person or thing on the left. Use *This is someone who … / This is something which …* .

Example: 1. This is someone who you can borrow clothes from. (an older sister)

1. an older sister
2. a suitcase
3. a memory card
4. a police officer
5. a surfing instructor
6. a watch
7. a karaoke machine

- tells you the time
- helps you to learn how to surf
- you can borrow clothes from
- is good to have at parties
- you can carry clothes in
- you can store files on
- protects you and your family

20.2 Contact clauses

Rewrite 1–6. In each sentence, take out one *that* and replace the other with *which* or *who*.

Example: The boy I like most is Henry, but the boy who likes me most is Robert.

1. The boy that I like most is Henry, but the boy that likes me most is Robert.
2. Some of the apps that I use are free, but most apps that are free are full of advertisements.
3. Some people that I know think I am confident, but people that know me very well know I am shy.
4. We used to live in a house that had lots of character, but the house that we live in now is nothing special.
5. This isn't the book that I wanted. This is the book that doesn't have the answers.
6. I need to see the woman that sells the tickets. The ticket that she sold me was for the wrong concert.

20.3 Non-defining relative clauses

Rewrite the sentences on the left including the correct extra information from the right. Don't forget to use commas.

Example: 1. E-readers, which I don't often use, can never replace real books.

1. E-readers can never replace real books.
2. *The Little Hero* was the last book I read.
3. The main character is a young girl from Scotland.
4. I went to the library to take back the books.
5. My mother is writing her own detective story.
6. I was sad that Old Mr Bumblebore died in the end.

- who loves crime novels
- who reminded me of my grandfather
- which is around the corner from my house
- who has the same first name as me
- which I don't often use
- which is the first part of a series

20.4 Relative clauses with *which* to refer to a whole clause

Read sentences 1–5. Choose a suitable comment from a) to e) and rewrite the sentences as in the example.

Example: 1. We're moving to Leeds in the summer, which means I'll have to change school.

1 We're moving to Leeds in the summer.
2 Emily won the 100 metres.
3 Jonathan offered to help with the dishes.
4 In 1968, Martin Luther King was killed.
5 I'm going to get a pay rise next month.

a) It means I'll be able to buy a new computer soon.
b) It shocked people all over the world.
c) It means I'll have to change school.
d) That was very nice of him.
e) It surprised everybody.

21 Participles (I)

21.1 Participle forms

There are two main participle forms:

1 **Present participles** (-*ing*-ending)	*work* → ***working*** *dance* → ***dancing***	*try* → ***trying*** *plan* → ***planning***
2 **Past participles** (-*ed*-ending with regular verbs)	*work* → ***worked*** *dance* → ***danced***	*try* → ***tried*** *plan* → ***planned***

Irregular verbs have special past participle forms. ➜ *Unregelmäßige Verben: S. 264–265*	*build* → ***built*** *make* → ***made*** *teach* → ***taught***	*grow* → ***grown*** *see* → ***seen*** *write* → ***written***

21.2 Participle clauses instead of relative clauses

To make sentences shorter, you can often use **participle clauses** instead of **relative clauses**.

Present participle (for active verbs)	*The city is always full of people* ***looking for a parking space****.* *(The city is always full of people* ***who are looking for a parking space****.)* *The man* ***driving the red car*** *waved at us.* *(The man* ***who was driving the red car*** *waved at us.)*
Past participles (for passive verbs)	*The Eurovision Song Contest is an international event* ***watched by millions of people****.* *(The Eurovision Song Contest is an international event* ***which is watched by millions of people****.)*

21.3 Verb of perception + object + present participle

After verbs like ***feel, hear, listen to, notice, see, smell, spot*** and ***watch*** we can use an **object** + **present participle**.

1 *We* ***heard a baby crying****.* *Wir hörten ein Baby weinen.*
2 *He* ***watched the band practising****.* *Er beobachtete, wie die Band übte. / Er beobachtete die Band beim Üben.*
3 *She* ***saw someone climbing*** *on the roof.*
Sie sah jemanden auf das Dach klettern. / Sie sah, wie/dass jemand auf das Dach kletterte.
4 *I* ***noticed two women arguing*** *outside.*
Ich bemerkte, dass sich zwei Frauen draußen stritten. / Ich bemerkte zwei Frauen, die sich draußen stritten.

! This structure is used in English for a number of different German structures, e.g. the infinitive (1), a subordinate clause with "wie" or "dass" (2, 3, 4) or sometimes a relative clause (4).

We can also use an **infinitive** after these verbs. The infinitive expresses the idea that **the complete action is perceived from beginning to end**.
- *We* ***saw him grab*** *the money and* ***run*** *away.* *Wir sahen, wie er sich das Geld schnappte und davonlief.*

German summary

- Das **Partizip Präsens** *(present participle)* endet auf **-*ing***: *working, trying, dancing, planning*.
  Das **Partizip Perfekt** *(past participle)* endet bei regelmäßigen Verben auf **-*ed***: *worked, tried, danced, planned*; unregelmäßige Verben haben eigene *past participle*-Formen.
- Relativsätze werden oft zu **Partizipialsätzen** verkürzt. Das *present participle* entspricht dabei einem Relativpronomen + Verb im Aktiv, das *past participle* entspricht einem Relativpronomen + Verb im Passiv.
- Auf **Verben der Wahrnehmung** wie *feel, hear, listen to, notice, see, smell, spot, watch* kann ein Objekt + Partizip Präsens folgen. Mit solchen Sätzen sagt man, dass man etwas wahrnimmt, das gerade im Gang ist (bzw. war).

21 Exercises

21.1 Participle forms

a) Copy the table and arrange the verbs from the box into four groups by their present participles.

regular	double consonant	no '-e-'	others
playing			

dance · hope · lie · play · run · shop · stop · study · taste · think

b) Copy the table and arrange the verbs from the box into six groups by their (irregular!) past participles.

'-t'	'-ght'	'-d'	vowel change	no change	'-(e)n'
built					

break · build · buy · drink · eat · feel · hang · hit · know · pay · put · say · sell · set · spend · teach · think · win

21.2 Participle clauses instead of relative clauses

Use participle clauses to shorten the relative clauses.

Example: 1. The line of fans waiting to buy the latest book in the Harriet Popper series ...

1. The line of fans who are waiting to buy the latest book in the Harriet Popper series stretches for a mile.
2. *Harriet Popper and the Alchemist* – the first in the series which was published in 2012 – was an unexpected success.
3. It is one of those books that are loved by people of different age groups.
4. One of the young fans shouts out, "Who is that woman who is standing at the door?!"
5. It's a woman who is wearing a purple coat and who is carrying a magic lamp. Could it be the author, A. K. Grayling?
6. Every single fan would love to get a copy of the book which is signed by the author herself.

21.3 Verbs of perception + object + present participle

Put one of the verbs from the box into each pair of sentences.
Use the present participle form if the action is in progress or the infinitive form if it is complete.

~~walk~~ · come · drop · lock · play · tell

Example: 1. Do you know where Julia is going? I saw her walking down the road.
I saw Trevor walk into the bookshop five minutes ago ...

1 a) Do you know where Julia is going? I saw her ... down the road.
b) I saw Trevor ... into the bookshop five minutes ago – if you go now, he should still be there.

2 a) Brian, I heard you ... Suzy a joke – what was the last part? I missed it.
b) Oh Dad, not that story about the huge fish that got away, we've heard you ... that a million times!

3 a) I saw you ... football and wanted to ask if I can join in?
b) Dad and I saw Manchester United ... against Chelsea last year.

4 a) Mum: "Oh hi darling! I didn't hear you ... in." Son: "Hi mum!"
b) Quick kids, hide your father's present, I can hear him ...!

5 a) On the bus, I noticed a girl ... at me. I asked her if she knew me – it was Molly, our ex-neighbour!
b) Alice: "Did you notice David ... at Julia when someone mentioned Alex?" Mary: "Yeah! What a look!"

6 a) While I was talking to Molly, I spotted a lady ... her mobile. I shouted to her and she picked it up.
b) My mother didn't spot my 5-year-old brother ... little stones behind him on our walk – like Hansel.

22 Participles (II)

22.1 Participle clauses to describe connected actions

We often use **present participle clauses** to talk about different actions which are connected to each other.
In German sentences like these, we use a main clause with ***und*** or a subordinate clause with ***wobei*** or ***indem***.

- *It rains a lot here, **sometimes flooding the roads**.*
  *Hier regnet es viel, **und** manchmal überschwemmt es (dabei) die Straßen.*
- *Last Sunday morning, we stayed in bed, **reading and listening to the radio**.*
  *Letzten Sonntagmorgen sind wir im Bett geblieben **und** haben gelesen und Radio gehört.*
- *Charlotte ran down the stairs, **losing a shoe**.*
  *Charlotte rannte die Treppe hinunter, **wobei** sie einen Schuh verlor.*
- ***Using a knife**, she was able to open the door.*
  ***Indem** sie ein Messer benutzte, konnte sie die Tür öffnen.*

22.2 Participle clauses instead of adverbial clauses of time

After the conjunctions ***after***, ***before***, ***until***, ***when***, ***while*** you can use **participle clauses** instead of **adverbial clauses of time**.

Present participle (for active verbs)
*Jack decided to go on a world tour **after winning the lottery**.* *(Jack decided to go on a world tour **after he (had) won the lottery**.)* *Jack beschloss, eine Weltreise zu machen, nachdem er im Lotto gewonnen hatte.* ***While walking down the street**, Emily saw a huge dog.* *(**While she was walking down the street**, Emily saw a huge dog.)* *Während Emily die Straße hinunterging, sah sie einen riesigen Hund.*
The conjunctions *while* and *when* can be left out if you put the participle clause at the beginning of a sentence. ***Walking down the street**, Emily saw a huge dog.*
! If you start with the main clause, do not leave out the conjunction. Compare: 1 *Emily saw a huge dog **while walking down the street**.* ▶ Emily was walking down the street. 2 *Emily saw a huge dog **walking down the street**.* ▶ The dog was walking down the street.
Past participles (for passive verbs)
***When asked why he left school so early**, he said he had wanted to earn money.* *(**When he was asked why he left school so early**, he said he had wanted to earn money.)* *Als er gefragt wurde, warum er so früh die Schule verlassen hat, …*
The participle clause normally comes before the main clause. The conjunction (*when, while*) can be left out. ***Asked why he left school so early**, he said he had wanted to earn money.*
These past participle structures are typical of written English.

German summary

- ***Present participle clauses*** werden oft verwendet, wenn man über miteinander verbundene Vorgänge spricht (z.B., um Begleitumstände oder Konsequenzen einer Handlung /eines Vorgangs zu beschreiben).
  Im Deutschen steht meist ein Hauptsatz mit „und", manchmal auch ein Nebensatz mit „wobei" oder „indem".
- ***Participle clauses***, die mit ***when*** oder ***while*** eingeleitet sind, entsprechen Nebensätzen der Zeit.
  Das *present participle* entspricht dabei einem Verb im Aktiv, das *past participle* einem Verb im Passiv.
  Solche Partizipialsätze können auf den Hauptsatz folgen oder vor dem Hauptsatz stehen.
  Wenn sie vor dem Hauptsatz stehen, kann die Konjunktion *(while, when)* weggelassen werden.
  (Vorsicht: Wenn der Partizipialsatz auf den Hauptsatz folgt, führt das Weglassen der Konjunktion zu einer Bedeutungsveränderung!)

22 Exercises

22.1 Participle clauses to describe connected actions

Add the information given in brackets to sentences 1–9. Use present or past participle clauses.

Example: 1. Thomas walked through the school gate, saying he had something cool.

1. Thomas walked through the school gate. (He said he had something cool.)
2. The boys came over to Thomas. (They were trying to see what he had.)
3. He took out a firework and lit it. (The other boys encouraged him.)
4. The firework exploded sooner than he expected. (The firework burned his hand badly.)
5. One boy ran towards the school. (He was looking for help.)
6. Thomas was driven to hospital. (The emergency services helped him.)
7. The teachers calmed down the other students. (They told them Thomas would be well taken care of.)
8. The next day, the head teacher spoke to the students. (He reminded them about the safety risks of fireworks.)
9. When Thomas returned to school, he said sorry to everyone. (He promised to be more responsible in future.)

22.2 Participle clauses instead of adverbial clauses of time

Complete the sentences with a participle clause. Use *after*, *before* or *while* with one of the ideas from the box.

arrive in London · enter the restaurant · cycle over 40 miles · fly over the Alps · move to another country · eat his salad · climb up the ladder · finish her book

Examples: 1. Before entering the restaurant, he checked he had enough money to pay for the meal.

1. ... he checked he had enough money to pay for the meal.
2. ... he noticed an insect under one of the leaves.
3. ... she put it back in its place on the shelf.
4. ... we looked down at the mountains below us .
5. ... you should find out something about its customs and way of life.
6. ... they decided it was time for a break.
7. ... we headed straight for Buckingham Palace.
8. ... I fell off and broke my leg.

22.3 Participle clauses instead of adverbial clauses of time

a) Decide which conjunction to use in each sentence: *when* or *while*.

Examples: 1. When Julia told him Alex was invited to the party, David said he didn't want to go.
2. While he was doing his homework, Jack fell asleep.

1. ... Julia told him Alex was invited to the party, David said he didn't want to go.
2. ... he was doing his homework, Jack fell asleep.
3. ... I was running to catch the bus, I fell and hurt my leg.
4. ... he was asked to help, David immediately agreed.
5. ... Dad was preparing breakfast, he dropped all the eggs on the floor.
6. The 'Where's my phone?' function uses GPS to record its location ... you turn it on.
7. ... I was cleaning my teeth, I suddenly remembered the homework I hadn't done.
8. ... you learn a foreign language, it is important to practise a little every day.
9. I didn't notice the bus come and go ... I was texting my friend.
10. ... he was informed that he hadn't passed the exam, Jo felt very disappointed.

b) Rewrite your sentences and replace the adverbial of time (*while* ... / *when* ...) with a participle clause.

Examples: 1. When told Alex was invited to the party, David said he didn't want to go.
2. While doing his homework, Jack fell asleep.

23 Participles (III)

23.1 Participle clauses instead of adverbial clauses of reason

You can use participle clauses as an alternative to **adverbial clauses of reason** (clauses with *because*).
This is more usual in written English than in everyday spoken English.

Present participle (for active verbs)

- ***Feeling tired***, *I decided to go to bed early.*
  (I decided to go to bed early because I was feeling tired.)
  Weil/Da ich müde war, beschloss ich, früh schlafen zu gehen.
- ***Being a doctor***, *she knew exactly what to do.*
  (She knew exactly what to do because she's a doctor.)
  Weil/Da sie Ärztin ist, wusste sie genau, was zu tun ist.
- ***Not knowing what to do***, *she asked for advice.*
  (She asked for advice because she didn't know what to do.)
  Weil/Da sie nicht wusste, was sie tun sollte, bat sie um Rat.

Not being able to swim, he almost drowned.

! You cannot use the conjunction *because* in participle clauses.
~~*Because feeling very tired*~~, … ~~*Because being a doctor*~~, … ~~*Because not knowing what to do*~~ …,

Past participles (for passive verbs)

Warned by his wife, *the man was able to escape.*
(The man was able to escape because he had been warned by his wife.)
Von seiner Frau gewarnt, konnte der Mann entkommen. / Weil er von seiner Frau gewarnt wurde/worden war, …

23.2 Other participle clauses

Participle clauses can begin with other conjunctions, e.g. ***although***, ***if***, ***unless***, ***whether***.

- *It is forbidden to enter the building site* ***unless wearing*** *a hard hat.*
  (It is forbidden to enter the building site unless you are wearing a hard hat.)
  …, außer, man trägt einen Schutzhelm.
- ***Although asked to stop by the police***, *he drove on.*
  (Although he was asked to stop by the police, he drove on.)
  Obwohl er von der Polizei aufgefordert wurde, …
- ***If posted before 12 o'clock***, *the letter should arrive tomorrow.*
  (The letter should arrive tomorrow if it is posted before 12 o'clock.)
  Wenn der Brief vor 12 Uhr eingeworfen wird, …
- *Everyone should have access to a garden,* ***whether living*** *in the city or the countryside.*
  (Everyone should have access to a garden, whether they live in the city or the countryside.)
  …, egal, ob er oder sie in der Stadt oder auf dem Land lebt.

German summary

- **Partizipialsätze** können auch anstelle von Nebensätzen des Grundes stehen.
  (Beachte, dass die Konjunktion *because* nicht in Partizipialsätzen verwendet werden kann.)
- **Partizipialsätze** können auch durch andere Konjunktionen eingeleitet werden,
  z. B. durch *although, if, unless, whether*.

23 Exercises

23.1 Participle clauses instead of adverbial clauses of reason

a) Match the main clauses on the left to a reason on the right.

Example: 1 + e John didn't ask Mary out on a date because he was too shy.

1. John didn't ask Mary out on a date
2. I sat next to the new student
3. Joe easily got a job as a tour guide
4. Cilla decided to explore the city
5. He jumped on the man's back
6. Peter put on a second pair of socks
7. Jane had to walk home from school

because

a) she didn't have the money for the bus ticket.
b) he thought the man was his father.
c) he noticed that it had got colder.
d) I saw how sad and lonely she looked.
e) he was too shy.
f) she had plenty of time before her train left.
g) he knew a lot about the town's history.

b) Rewrite the sentences you matched in a), using a present participle clause. Start your sentences with the participle clause.

Examples: 1 + e Being too shy, John didn't ask Mary out on a date.

23.2 Other participle clauses

Make participle clauses from the phrases in the box to complete the sentences.
You will need present and past participle clauses.

eat raw or cooked · expect a phone call · offer a lot of money · sign by a parent · stay in central London · use a hands-free device · use carefully · work or not

Example: 1. It's illegal for drivers to make phone calls unless using a hands-free device.

1. It's illegal for drivers to make phone calls **unless** ...
2. Applications for the exchange programme will not be accepted **unless** ...
3. **Although** still ... he felt tired and went to bed.
4. **Although** ... she decided not to accept the job.
5. This product is safe **if** ...
6. **If** ... why not start your visit with a trip on the London Eye?
7. Many vegetables are tasty, **whether** ...
8. You can sell your old computer in this shop, **whether** ...

23.3 Other participle clauses

Choose the correct conjunction to complete each sentence.
Then rewrite the sentences using participle clauses.

Example: 1. If opened, the product cannot be returned to the store.

1. ... it has been opened, the product cannot be returned to the store. (although/if)
2. ... it is made of robust material, the phone should be looked after carefully. (although/whether)
3. You should take out the batteries ... you are not using this product for a long period. (if/whether)
4. ... you are using your mobile abroad, your costs may be higher. (although/if)
5. Unfortunately, this app will not work ... it is connected to wifi. (although/unless)
6. Your device needs security software ... it is connected to the internet or not. (although/whether)
7. ... they are protected with a PIN, the Bluetooth headphones can be used by anyone. (if/unless)

24 The comparison of adjectives

24.1 Forms

We can compare people and things by using the **comparative** and **superlative** forms of adjectives.
- **Comparative** *Emily is 13 years old. Her sister Sophie is* ***younger*** *– she's ten.*
- **Superlative** *Ava is the* ***youngest****, and Lily is the* ***oldest****.*

We use ***-er/-est*** for adjectives with		comparative	superlative
one syllable	*small* *big*	***smaller*** ***bigger***	*(the)* ***smallest*** *(the)* ***biggest***
two syllables <u>with</u> a ***y***-ending	*busy* *easy*	***busier*** ***easier***	*(the)* ***busiest*** *(the)* ***easiest***

We use ***more/most*** for adjectives with			
two syllables (without a *y*-ending)	*boring* *careful*	***more boring*** ***more careful***	*(the)* ***most boring*** *(the)* ***most careful***
three (or more) syllables	*exciting* *difficult*	***more exciting*** ***more difficult***	*(the)* ***most exciting*** *(the)* ***most difficult***

! With some adjectives we can use ***-er/-est*** or ***more/most***, e.g. *clear, clever, polite, safe, simple, stupid, sure*.	*simple*	***simpler*** ***more simple***	*(the)* ***simplest*** *(the)* ***most simple***

There are also some **irregular** forms.	*good* *bad* *much/many* *(a) little*	***better*** ***worse*** ***more*** ***less***	*(the)* ***best*** *(the)* ***worst*** *(the)* ***most*** *(the)* ***least***

24.2 The adjective in comparisons

When people or things **differ** in size/age/speed/..., we use the **comparative +** ***than*** (German "als"):
- *The Millers' dog is* ***bigger than*** *their youngest son.* *Der Hund der Millers ist* ***größer als*** *ihr jüngster Sohn.*
- *Do you think that English is* ***harder than*** *French?* *Findest du, dass Englisch* ***schwieriger als*** *Französisch ist?*

When saying whether size/age/speed/... are the **same**, we use ***as ... as***:
- *I'm almost* ***as tall as*** *my mother now.* *Ich bin jetzt fast* ***so groß wie*** *meine Mutter.*
- *Jake isn't* ***as old as*** *Sarah.* *Jake is nicht* ***so alt wie*** *Sarah.*
- *My cat is* ***as fast as*** *your rabbit.* *Meine Katze is* ***so schnell wie*** *dein Kaninchen.*

! In comparisons we normally use the **object form** of personal pronouns: ***me/him/her/us*** etc. (<u>not</u> *I/he/she/we* etc.).
- *My sister is 10. I'm* ***older than her****.* *Meine Schwester ist 10. Ich bin* ***älter als sie****.*

German summary

- Man kann Dinge und Personen **vergleichen**, indem man Adjektive steigert:
  Man verwendet einen **Komparativ** *(bigger; more careful)* oder einen **Superlativ** *(biggest; most careful)*.

  Mit ***-er/-est*** werden gesteigert: **einsilbige** Adjektive;
  zweisilbige Adjektive, die auf **-*y*** enden.

  Mit ***more/most*** werden gesteigert: **zweisilbige** Adjektive, die <u>nicht</u> auf **-*y*** enden;
  Adjektive mit **mehr als zwei Silben**.

- Wenn Dinge und Personen **unterschiedlich** groß/alt/schnell/... sind, verwendet man den **Komparativ +** ***than***.
  Wenn man sagen will, ob Dinge und Personen **gleich** groß/alt/schnell/... sind, verwendet man ***as ... as***.

24 Exercises

24.1 The comparison of adjectives – forms

Brian (14) and his father are looking at information about three mobile phone service providers. Rewrite the sentences with the correct forms of the adjectives.

Example: *Calls with Cell UK are cheaper than with Oxygen, but with Portaphone they are the cheapest.*

	Portaphone	Cell UK	Oxygen
Customers	15.5m	22m	13m
Calls (pence/min)	14	15	25
Text messages (pence/text)	10	12	16
Monthly data (GB)	1.5	1.5	3
4G LTE network	85%	97%	75%
Customer experience	★★★☆☆	★★★★☆	★★★★★

1. Calls with Cell UK are (cheap) than with Oxygen, but with Portaphone they are (cheap).
2. Getting a good signal is important – Cell UK's coverage is (wide).
3. Texting with Oxygen is (expensive) than with Portaphone and Cell UK.
4. Cell UK's customers are (happy) with their service than Portaphone's customers.
5. Oxygen's data allowance is 3GB – that's (big) and (good) than the other two networks.
6. Oxygen's signal network is (bad) out of the three networks.
7. Of the three providers, Portaphone is (good) for people who prefer calling to texting.

24.2 The adjective in comparisons

Brian and his father are deciding which mobile network they should choose for Brian. Change the adjectives given in brackets into their correct comparative or superlative forms. Add *than* or *as … as* where necessary.

Examples: *1. cheaper than – 2. older than me*

Dad: Let's compare the pay-as-you-go providers. Calls and text messages with Portaphone are (1. cheap) the other two.
Brian: You're (2. old – I). And you call people (3. often – I do). My apps use a lot of data and Cell UK's data allowance is (4. not – big – Oxygen's) – they offer 3 gigabytes. Oxygen would be (5. good) Cell UK for me.
Dad: Yes, but look at the prices! Calls and texts with Oxygen are (6. expensive)! Plus, their network is (7. small – the other two). Maybe you won't get a good signal.
Brian: Oxygen is (8. new – Portaphone and Cell UK) and I'm sure they'll grow (9. large). Anyway, look at their customer experience results – their customers are (10. happy). Though that's probably because they give (11. late) phone to new customers.
Dad: You don't need a new phone, you can have my old one …
Brian: DAD! No way! That phone is nearly (12. old – you)!
Dad: Brian, don't forget who's paying for this. Can you be a little (13. polite), please?
Brian: Sorry, Dad.

25 Countable and uncountable nouns

25.1 Characteristics

Most nouns are **countable**. That means that we can use them in the **singular** and in the **plural**.
· ***a** boy* ► ***two** boys* *ein Junge – zwei Jungen* · ***a** book* ► ***lots of** books* *ein Buch – viele Bücher*
· ***one** hour* ► ***many** hours* *eine Stunde – viele Stunden*

Some nouns are **uncountable**. We cannot form a plural. Many food words and many abstract nouns are uncountable.
· ***bread** Brot* · ***butter** Butter* · ***luck** Glück* · ***milk** Milch* · ***money** Geld* · ***music** Musik* · ***plastic** Plastik* · ***time** Zeit*
We **cannot use *a/an*** or ***one/two/three*** etc. with uncountable nouns: ***not***: ~~a bread, two breads~~; ~~a butter, two butters~~.

To talk about a quantity or number, we use phrases like ***a glass of** …*, ***a kilo of** …*, ***a piece of**…*, ***two packets of** …*
· *Would you like **a glass of milk**?* *Möchtest du **ein Glas Milch**?*
· ***Two pounds of butter**, please.* ***Zwei Pfund Butter**, bitte.*
· *There's **a piece of plastic** in my cornflakes.* *Da ist **ein Stück Plastik** in meinen Cornflakes.*

In contrast to German, the following nouns are **uncountable**.

advice	Rat; Ratschläge	***furniture***	Möbel	***knowledge***	Kenntnis(se)
equipment	Ausrüstung(en)	***homework***	Hausaufgabe(n)	***news***	Nachricht(en)
experience	Erfahrung(en)	***information***	Information(en)	***progress***	Fortschritt(e)

The determiners, verbs and pronouns they combine with are **singular**.
· *Where did you get **this information**? **It's** very helpful.* ► Not: *… ~~these informations. They're~~ very helpful.*
· *Can you be quiet, please? The **news is** on.* ► Not: *The news ~~are on~~.*
· *Let me give you **a piece of advice/some advice.*** ► Not: *Let me give you ~~an advice~~.*

25.2 Quantifiers: *some, a lot of, many, much, a few, a little*

We use ***some*** and ***a lot of*** (or ***lots of***) with the **plural of countable nouns** and with **uncountable nouns.**

Countable (plural)		**Uncountable**	
some students	***einige** Schüler*	*some cheese*	***etwas** Käse*
some books	***einige** Bücher*	*some information*	***einige** Informationen*
a lot of students	***viele** Schüler*	*a lot of cheese*	***viel** Käse*
a lot of books	***viele** Bücher*	*a lot of information*	***viele** Informationen*

! We use *many* and *a few* with the **plural of countable nouns, but** *much* and *a little* with **uncountable nouns.**

Countable (plural)		**Uncountable**	
how many students?	*wie **viele** Schüler?*	*how much cheese?*	*wie **viel** Käse?*
not many books	*nicht **viele** Bücher*	*not much information*	*nicht **viel(e)** Information(en)*
a few students	***einige** Schüler*	*a little cheese*	***etwas/ein bisschen** Käse*
a few books	***einige** Bücher*	*a little money*	***ein bisschen/etwas** Geld*

! We usually use *a lot of* in **positive** statements. In **negative** statements and **questions** *much / many* are more common.
· *There were **a lot of** pedestrians in town this morning, but there wasn't too **much** traffic.*
· *Do **many** people travel by bike where you live?*

German summary

· Die meisten Nomen sind **zählbar**: Sie bezeichnen etwas, das wir zählen können, und werden im Singular und Plural verwendet.
Nicht zählbare Nomen haben keinen Plural und werden nicht mit *a/an* oder *one/two/…* verwendet.
Sie stehen oft mit Wendungen wie *a glass of …, a kilo of …, a piece of …, two packets of …*
· Mit dem **Plural von zählbaren Nomen** stehen die Mengenbezeichnungen *some, a lot of* (oder *lots of*), *many, a few*.
Mit **nicht zählbaren Nomen** stehen *some, a lot of* (oder *lots of*), *much, a little*.
· In bejahten Aussagesätzen wird in der Regel *a lot of* verwendet, in verneinten Aussagesätzen eher *many* bzw. *much*.

25 Exercises

25.1 Countable and uncountable nouns - characteristics

a) Write two headings – countable and uncountable – into your exercise book.
Then write the nouns from the box under the correct heading.

~~advice~~ · ~~bar~~ · beer · bottle · butter · chocolate · cup · glass · milk · packet · piece · spoonful · sugar · tea

Example:

countable	uncountable
bar	advice

b) Now combine the countable nouns with a suitable uncountable noun – like this: a bottle of beer.

c) Choose the correct words to complete the two dialogues.

Example: 1. Have you made any progress on our presentation?

1. Student 1: There you are. Have you made any progresses / progress on our presentation?
2. Student 2: I was in the school library – there isn't / aren't a lot of information about Germany there.
3. Student 1: Not in the books maybe, but we can do research / a research about the *Kulturkampf* on the PCs.
4. Student 2: Those computers are too slow. Anyway, this homework is / these homeworks are very difficult – we didn't do anything in our history class about Bismarck. And now Mr Roberts wants a presentation?!

---

5. Teacher 1: The school IT equipment is / are being replaced.
6. Teacher 2: Those are / That's good news.
7. Teacher 1: I hope they replace the furniture too. It's / They're so old and uncomfortable.
8. Teacher 2: In my experiences / experience the school never thinks about our comfort.

25.2 Quantifiers: *some, a lot of, many, much, a few, a little*

Oliver and Brian are shopping for food and drinks for Julia's party.
Choose the correct place for these quantifiers:
many* – *much* – *some* – *a little* – *a few* – *lots of (or ***a lot of***)
(Note: In some cases, there is more than one correct solution.)

Example: 1. ... how many things ...

Oliver: Okay, let's see how (1) ... things we have to buy – Linda got (2) ... snackfood and drinks yesterday but she didn't think of the fruit smoothies. So, we need (3) ... ingredients – (4) ... kiwis, for example, and bananas.
Brian: How (5) ... do we need? What does the recipe say?
Oliver: One and a half kiwis and one banana per smoothie.
Brian: And we also need to get (6) ... orange juice.
Oliver: How (7) ... orange juice do we need? Or should I say how (8) ... bottles?
Brian: One bottle is enough for four smoothies.
Oliver: What about (9) ... beer?
Brian: Hey! How (10) ... times did Julia tell you?! We're not supposed to get alcohol.
Oliver: Not for us – I know that but if (11) ... adults come – they might like (12) ... beer, don't you think?
Brian: Okay, okay. Now, come on – for 30 people we need to get (13) ... meat for the barbecue. We'd better hurry up, we don't have (14) ... time.
Oliver: Don't forget Theresa and Alice – they're vegetarians. We should get (15) ... veggie burgers for the vegetarians.

26 The definite article

26.1 Things in general – specific things

In English, the definite article (***the***) is used differently from German.

When we talk about things or people **in general**, we do **not** use ***the***.		However, we **do** use ***the*** when we talk about **specific** things or people.
· ***Life*** *in London is extremely expensive.* ***Das Leben*** *in London …* · *What will happen if we run out of* ***oil****?* *…, wenn uns* ***das Öl*** *ausgeht?* · ***People*** *are worried about climate change.* ***Die Menschen*** *machen sich Sorgen…* · *Fruit* ***prices*** *have gone up again.* ***Die Preise*** *für Obst sind wieder gestiegen.*	Compare ◄ ►	· *It's a film about* ***the life of teenagers*** *in London.* *… das Leben von Jugendlichen in London.* · ***The oil they found there*** *made them rich.* *Das Öl, das sie dort gefunden haben, …* · ***The people who live here*** *all help each other.* *Die Menschen, die hier leben, …* · ***The prices you pay in this shop*** *are shocking.* *Die Preise, die man … bezahlt, …*

Here are some more common examples of where we do **not** use the definite article ***the*** when talking **in general**.

- *The title is "Woman's role in modern* ***society****".* *… in* ***der*** *modernen* ***Gesellschaft***
- *We discussed* ***American politics*** *in school today.* *…* ***die*** *amerikanische* ***Politik***
- *Do you think* ***world peace*** *is in danger?* *…* ***der Weltfrieden***
- ***Medical progress*** *helped to save millions of lives.* ***Der medizinische Fortschritt*** *…*
- ***Space travel*** *is a chance and a challenge.* ***Die Raumfahrt*** *…*
- *I'm very interested in* ***nature*** *and* ***wildlife****.* *…* ***die Natur*** *…* ***die Tierwelt***
- *You need money to fight* ***unemployment****.* *…* ***die Arbeitslosigkeit***

! Note that we also use ***most*** ("die meisten") without ***the***.
- ***Most boys*** *had long hair in the 1970s.* ***Die meisten*** *Jungen …*
- ***Most of us*** *went home after the match.* ***Die meisten*** *von uns …*

26.2 Buildings and institutions

In British English we do **not** use ***the*** with *church, hospital, prison, school, college, university* when we are thinking of the normal use of the building.
In American English, ***the*** is used with *university* and *hospital*.

- *We go to* ***church*** *every Sunday.* *… in* ***die Kirche*** (zum Gottesdienst)
- *He spent two years in* ***prison****.* *…* ***im Gefängnis*** (um eine Strafe zu verbüßen)
- *I know her from* ***school****.* *… aus* ***der Schule*** (vom gemeinsamen Unterricht)
- *My sister studies at* ***university****.* (AE: *at* ***the university****)* *… an* ***der Universität*** (zu Ausbildungszwecken)
- *Dad's ill. He's in* ***hospital****.* (AE: *in* ***the hospital****)* *…* ***im Krankenhaus*** (zur Behandlung)

We **do** use ***the*** when we are thinking of the **place** / the **building**. Here, there is no difference between English and German.

- *There's a concert in* ***the church/the university*** *on Friday.*
- *He works in one of the shops behind* ***the prison****.*
- *Go straight on till you get to* ***the school****, then turn left.*

German summary

Bei der Verwendung des **bestimmten Artikels** gibt es Unterschiede zwischen dem Englischen und dem Deutschen:

1) Wenn über Dinge oder Personen **im Allgemeinen** gesprochen wird, steht im Englischen **kein Artikel**.
Wenn über **bestimmte** Dinge oder Personen gesprochen wird, steht im Englischen **der Artikel *the***.

2) Im britischen Englisch werden die Nomen *church, hospital, prison, school, college, university*
   - **ohne bestimmten Artikel** verwendet, wenn es um die **Funktion** / den **Zweck** des Gebäudes geht
   - **mit *the*** verwendet, wenn es um den **Ort** / das **Bauwerk** geht.

26 Exercises

26.1 Things in general – specific things

a) Rewrite the incorrect sentences. Add or take away *the* where necessary. Three of the sentences are correct.

Examples: 1. Incorrect – The school day in Ireland begins at 9am. 2. Correct

1. School day in Ireland begins at 9am.
2. There should be more modern technology in German schools.
3. The education is important in improving your chances in the life.
4. At my friend's school, they have latest technology.
5. British students have to wear school uniforms.
6. Menus in school canteens should give students healthy but tasty choices
7. At our school, menu in canteen is always same.
8. The stress doesn't help you to learn.
9. The stress of exams can really affect the students' health.

b) John Harries, a writer, has just celebrated his 97th birthday, and is in the best of health. Read this interview in which he talks about how the world has changed since he was born. Decide where it is necessary to add *the*.

Example: 1. Correct – "the" is not necessary 2. What would you say is the biggest change?

Interviewer: You must have seen a lot of change since you were born.
Harries: Yes, (1) ... life has changed a lot in the last 100 years.
Interviewer: What would you say is (2) ... biggest change?
Harries: Well, one of (3) ... the biggest changes is in life expectancy. When I was born, (4) ... life expectancy of a male was about 55 years. Today it is over 75 years. And I've been very lucky – I have lived over 20 years longer than (5) ... average male.
Interviewer: Obviously (6) ... health has improved a lot over the years.
Harries: And not just (7) ... health: (8) ... education has improved too. When I was a boy, most children left (9) ... school when they were 14. Today 85 percent of 16-year-olds still attend (10) ... lessons.
Interviewer: Would you say that (11) ... technological progress has made (12) ... things easier for (13) ... people?
Harries: Oh yes, take (14) ... travel, for example. When I was a boy, (15) ... journey from New York to London took five days. Today you do it in five hours – well, almost.
Interviewer: Anything else?
Harries: Well, there's (16) ... telephone. When I was young, not even 10 percent of (17) ... population had a telephone. Now everyone has one. And you can carry it around with you, and do so much with it.
Interviewer: What is the most important change for you?
Harries: Well, I think it's (18) ... peace. Since (19) ... war ended in 1945, we've had (20) ... peace here in the UK. Although, of course, it's sad that there is still (21) ... war in so many other parts of the world.

26.2 Buildings and institutions

Are the following sentences correct or incorrect? Rewrite the wrong sentences correctly.

Example: 1. Excuse me, do you know where the church is?

1. Excuse me, do you know where church is?
2. College in our district is closing down.
3. Hurry up, Michael, or you'll be late for school!
4. I heard his older brother was sent to prison for stealing a car.
5. I want to go to university when I am older.
6. Dad: Where are you going? Mum: I have to go to school for the parent/teacher meeting.
7. My mum's a doctor – today she went to prison in Birmingham to examine a prisoner.
8. What time do you go to church on Sundays?
9. How long do you have to stay in hospital?
10. My sister told me President Smith spoke at university yesterday.

27 Emphasis

27.1 Word stress

Any word in an English sentence can be emphasized if you stress it when speaking.
- *__I__ think he'll help you.* · *I __think__ he'll help you.* · *I think __he__'ll help you.* etc.

! We use the long form of auxiliaries (e.g. *is, have, will, would*) if we stress them: *I think he __will__ help you.*

27.2 Emphatic *do/does/did*

In simple present and simple past sentences we can use stressed **do**, **does** or **did** to add emphasis.

without emphasis	with emphasis	
I think you should talk to your dad. *You promised to help me.*	*I __do think__ you should talk to your dad.* *You __did promise__ to help me.*	*Ich denke wirklich …* *Du hast doch versprochen …*

27.3 Emphasizing pronouns

The **-*self/-selves* pronouns** can be used to emphasize nouns or pronouns that come earlier in the sentence.

without emphasis	with emphasis	
The work isn't difficult. *I can repair this.*	*The work __itself__ isn't difficult if you have the tools.* *I can repair this __myself__. I don't need help.*	*Die Arbeit selbst …* *Ich kann es selbst …*

27.4 Adverbs

We often use certain **adverbs** to add emphasis, e.g. *really, fairly, pretty, completely, absolutely, extremely, particularly, somewhat, so, such, never, ever*:
- *I couldn't answer the interviewer's questions – I felt __pretty/really/so/extremely__ stupid.*
- *I was __such__ a mistake not to prepare – I won't __ever__ do that again.*

27.5 *It's … / It was …* + relative clause

We can emphasize a **noun**, a **pronoun** or an **adverbial** using ***It's … / It was … + that/who …***
We use this structure to express a contrast.
- ***It was my grandparents who/that** gave me the money.* ► (not my parents or somebody else)
- ***It's me who/that** doesn't eat meat.* ► (not somebody else)
- ***It was in the shopping mall that** I first met my boyfriend.* ► (in that place, not somewhere else)

27.6 'Negative' adverbials + inversion

Some **adverbials** with a **negative** or **restrictive** meaning can go at the beginning of the sentence for special emphasis.
Examples: *never, rarely (selten), hardly (kaum), only later, under no circumstances (unter keinen Umständen).*
- ***Never had we seen** so many people.* *Noch nie hatten wir so viele Leute gesehen.*
- ***Only much later did they realize** who the woman was.* *Erst viel später haben sie realisiert, wer die Frau war.*

! Note the **change** in word order (inversion): · *Never __had__ __we__ seen …* · *Only much later __did__ __they__ realize …*

German summary

- Man kann beim Sprechen einzelne Wörter oder Satzteile **stark betonen**, um sie hervorzuheben.
- Im *simple present* und *simple past* kann man **betontes *do/does/did*** vor das Vollverb stellen, um der Aussage des Satzes Nachdruck zu verleihen.
- Mit den **Pronomen auf *-self/-selves*** kann man Nomen oder Pronomen besonders hervorheben.
- Mit **Adverbien** wie *really, pretty, absolutely, so, ever* u.Ä. kann man einzelne Wörter oder Satzteile hervorheben.
- Mit ***It's … / It was …* + Relativsatz** kann man Nomen, Pronomen und adverbiale Bestimmungen hervorheben.
- Einige adverbiale Bestimmungen mit **verneinender oder einschränkender** Bedeutung *(never, hardly, only later, …)* können zu Betonungszwecken an den Satzanfang rücken. In diesem Fall ändert sich die Wortstellung (Inversion).

27 Exercises

27.1 Word stress

Look at this sentence: *She said it was a great idea.*
Decide which word should be stressed strongly to express the meanings below.
Example: 1. She said it was a great idea. ('She' is stressed to show that I have a different opinion.)

1. My sister's opinion was that it was a very good idea, but I don't agree.
2. She thinks it was a very good idea before, but it's not such a good idea now.
3. She doesn't think it's just a good idea, but a fantastic idea!
4. I heard her say that it was a great idea, but I'm not sure that's what she really thinks.
5. She thinks that the idea is very good in theory, but it's not very practical.

27.2 Emphatic *do/does/did*

There is only one emphatic auxiliary in each sentence. Decide which verb the speaker wants to emphasize and write the sentences correctly.
Example: 1. ... I did do the homework but I forgot to bring it today.

1. I promise, Mr Roberts, I did / did do the homework but I forgot / did forget to bring it today.
2. I can't understand why the plant died / did die. I remembered / did remember to water it, honestly.
3. I like / do like you, Jake, really – it's just that I think / do think we're too young for a serious relationship.
4. You needn't worry, Mum – you packed / did pack the sunscreen. I saw / did see you pack it.
5. The last time you did buy / bought a skirt without trying it on, it was the wrong size. So please, do try / try this one on.

27.3 Emphasizing pronouns

Write the sentences below into your exercise book, adding the correct *-self/-selves* pronoun.

1. I want to do it ... .
2. She wants to do it ... .
3. He wants to do it ... .
4. You can do it ... – it's not very difficult.
5. Mr Roberts, the teacher, said we didn't have to do it ... .
6. The teacher said they could do it ... .

27.4 Adverbs

Rewrite the sentences using two of the three adverbs.

1. The weather was bad – it was a disappointing holiday. (completely / so / such)
2. The film was terrible. We were disappointed. (absolutely / really / such)
3. The charity concert was a success. It went well. (completely / such /so)
4. Never let your baby brother do that again – it's dangerous! (ever / such / really)
5. I forgot about your birthday. I am embarrassed. (so / absolutely / completely)

27.5 *It's ... / It was ...* + relative clause

Rewrite the sentences in this way: *It's ... / It was ...* + relative clause

1. They stole Brian's bike, not mine.
2. She doesn't like pork, but she eats beef or chicken.
3. I don't like his friends – I think he is OK.
4. I didn't suggest it, Peter did.
5. The wifi connection was the problem, not the website.
6. I prefer the blue blouse, not the red one.

27.6 'Negative' adverbials + inversion

Rewrite these sentences. Begin with the negative adverbials in blue. Be careful with the word order. Change the verb forms when needed.
Example: 1. Never in all my years as a teacher have I taught ...

1. In all my years as a teacher, I have never taught such good students.
2. We had hardly begun to eat our meal when Inspector Lastrade burst into the restaurant.
3. Godfrey understood only then that he loved her. But it was too late – she had left forever.
4. You can find better prices nowhere than at MediaMagic – sale now on!

Das Vocabulary (S. 196 – 222) enthält alle Wörter und Wendungen deines Englischbuches, die du lernen musst. Sie stehen in der Reihenfolge, in der sie im Buch zum ersten Mal vorkommen.

Hier siehst du, wie das **Vocabulary** aufgebaut ist:

Diese Zahl gibt die **Seite** an, auf der die Wörter zum ersten Mal vorkommen. pp. 10/11 = Seiten 10 und 11

Die **Lautschrift** zeigt dir, wie ein Wort ausgesprochen wird. Eine Übersicht über alle **Lautschriftzeichen** findest du auf S. 260. Die Lautschriftzeichen stehen auch unten auf den **Vocabulary**-Seiten.

pp. 10/11	**in their (late) teens**	im (späten) Teenageralter	
	curly [ˈkɜːli]	lockig	She has **curly** hair.
	curl [kɜːl]	Locke	**curls**
	unlike [ˌʌnˈlaɪk]	im Gegensatz zu	I'm not a good swimmer, ~ my sister. She swims like a fish. **like ◄► unlike**

Eingerückte Wörter lernst du am besten zusammen mit dem vorausgehenden Wort, weil die beiden zusammengehören.

Part A

p. 12	**poet** [ˈpəʊɪt]	Dichter/in, Poet/in	! stress: **poet** [ˈ
p. 13	(to) **make** sb. **do** sth.	jn. dazu bringen, etwas zu tun; jn. veranlassen, etwas zu tun	Sad films alwa

Die Tilde in den Beispielsätzen steht für das neue Wort.
unlike –
I'm not a good swimmer, ~ my sister.
(= …, **unlike** my sister.)

(to) make sb. do sth. – (to) let sb. do sth.

(to) **make** sb. do sth. = jn. dazu bringen/jn. veranlassen, etwas zu tun — Mum tried

(to) **let** sb. do sth. = jn. etwas tun lassen; jm. erlauben, etwas zu tun; zulassen, dass jemand etwas tut — Our teach

Das **rote Ausrufezeichen** bedeutet: Vorsicht, hier macht man leicht Fehler!

	yet [jet]	trotzdem, dennoch	

yet

1. Have you packed your bags **yet**? — **schon**
   – No, I haven't. I **haven't** decided what to take with me **yet**. — **noch nicht**
2. We live in the country and **yet** we are quite close to the city. — **trotzdem, dennoch**

p. 16	**weak** [wiːk]	schwach	**weak ◄► strong**

Diese **Kästen** solltest du dir immer besonders gut ansehen: Hier sind Vokabeln zu einem bestimmten Thema zusammengestellt. Oder du erfährst mehr über ein Wort und wie es verwendet wird.

Dies ist das *„opposite"*-Zeichen („Gegenteil"-Zeichen): **weak** und **strong** sind *opposites*.

Im **Vocabulary** werden folgende **Abkürzungen** verwendet:

p. = page • pp. = pages

sth. = something • sb. = somebody

jn. = jemanden • jm. = jemandem

pl = plural • *adj = adjective* • *adv = adverb* • *conj = conjunction* • *prep = preposition*

BE = British English • *AE = American English*

infml = informal (umgangssprachlich) • *fml = formal* (formell, förmlich)

Ⓕ *= verwandtes Wort im Französischen* • Ⓛ *= verwandtes Wort im Lateinischen*

Wenn du **nachschlagen** möchtest, was ein englisches Wort bedeutet oder wie man es ausspricht, dann verwende das **English – German Dictionary** auf den Seiten 223 – 260.

[iː] green • [i] happy • [ɪ] big • [e] red • [æ] cat • [ɑː] class • [ɒ] song •
[ɔː] door • [uː] blue • [ʊ] book • [ʌ] mum • [ɜː] girl • [ə] a partner

Unit 1 Who are you?

10/11 **in their (late) teens**	im (späten) Teenageralter	
dreadlocks *(pl)* ['dredlɒks]	Rasta-Locken	
curly ['kɜːli]	lockig	
curl [kɜːl]	Locke	
kinky ['kɪŋki] *(AE)*	kraus, gekräuselt *(Haare)*	
(to) **be dressed** [drest]	angezogen sein	(to) **be dressed** angezogen sein (to) **get dressed** sich anziehen
casually ['kæʒuəli]	leger, lässig *(gekleidet)*	 **casually** dressed  **formally** dressed
blazer ['bleɪzə]	Sakko, Blazer *(sportliches Jackett)*	
denim ['denɪm]	Jeansstoff	
paint [peɪnt]	Farbe, Lack	verb: (to) **paint** – noun: **paint** Ⓕ la peinture
headscarf, *pl* **headscarves** ['hedskɑːf, 'hedskɑːvz]	Kopftuch	
tie [taɪ]	Krawatte, Schlips	
unlike [ˌʌn'laɪk]	im Gegensatz zu	I'm not a good swimmer, ~ my sister. She swims like a fish. **like** ◄► **unlike**
mysterious [mɪ'stɪəriəs]	mysteriös, geheimnisvoll	❗ stress: **mysterious** [mɪ'stɪəriəs] Ⓕ mystérieux, se Ⓛ mysterium
patriotic [ˌpeɪtri'ɒtɪk]	patriotisch, vaterlandsliebend	Ⓕ patriotique Ⓛ patria *(Vaterland, Heimat)*
hairstyle ['heəstaɪl]	Frisur	
(to) **suggest** sth. [sə'dʒest]	auf etwas hindeuten, etwas nahelegen	New research ~s that students learn better if they are in a good mood. ❗ (to) **suggest** sth. = **1.** etwas vorschlagen; **2.** auf etwas hindeuten, etwas nahelegen
thoughtful ['θɔːtfl]	nachdenklich	He looked ~ for a moment, and then began to explain.
conservative [kən'sɜːvətɪv]	konservativ; Konservative(r)	❗ stress: **conservative** [kən'sɜːvətɪv] Ⓛ conservare *(bewahren)*
original [ə'rɪdʒənl]	originell	❗ **original** = **1.** Original-, ursprüngliche(r, s); **2.** originell Ⓕ original, e Ⓛ origo, inis *f (Ursprung)*
(to) **prefer** sb. **to do** sth. [prɪ'fɜː]	(es) vorziehen, wenn jd. etwas täte/tun würde	*English:* **I'd prefer you to pay cash.** Ⓛ praeferre *German:* **Ich würde es vorziehen, wenn Sie bar bezahlen würden.**

[eɪ] name · [aɪ] time · [ɔɪ] boy · [əʊ] old ·
[aʊ] town · [ɪə] here · [eə] where · [ʊə] tour

Part A

p. 12	**poet** ['pəʊɪt]	Dichter/in, Poet/in	! stress: **poet** ['pəʊɪt] (F) le poète, la poétesse (L) poeta *m*
	(to) **picture** sb./sth. ['pɪktʃə]	sich jn./etwas vorstellen	Her photo surprised me – I had **~d** her as much older.
	routine [ruː'tiːn]	Routine	(F) la routine
	desire [dɪ'zaɪə]	Wunsch, Verlangen	After reading Robinson Crusoe, he felt a strong ~ to explore the world. (F) le désir (L) desiderium
	painfully ['peɪnfəli]	furchtbar, äußerst, schmerzlich	~ slow/hard/clear/... This new software is ~ slow.
	pain [peɪn]	Schmerz(en)	noun: **pain** Schmerz(en) adj: **painful** schmerzhaft, qualvoll adv: **painfully** furchtbar, äußerst, schmerzlich
	(to) **cope** [kəʊp]	zurechtkommen, klarkommen	It's a bit of a problem, but don't worry – we'll ~.
	alarm [ə'lɑːm] (*kurz für:* **alarm clock**)	Wecker	
	(to) **wink (at** sb.**)** [wɪŋk]	(jm. zu)zwinkern	My face turned red when I noticed he was **~ing at** me.
	headphones *(pl)* ['hedfəʊnz]	Kopfhörer	*English:* a **pair of headphones** *German:* ein **Kopfhörer** 
	(to) **ignore** [ɪg'nɔː]	ignorieren, nicht beachten	She completely **~d** me. It was as if I wasn't there. (L) ignorare
	hood [hʊd]	Kapuze	
p. 13	**instructor** [ɪn'strʌktə]	Lehrer/in, Ausbilder/in	(F) l'instructeur *(m)* (L) instruere *(ausrüsten; unterrichten)*
	simple ['sɪmpl]	einfach, unkompliziert	Anyone can make this cake – it's a really ~ recipe. (L) simplex
	branch [brɑːntʃ]	Ast, Zweig; Zweigstelle, Filiale	After the storm, the road was covered with fallen **~es**. As more and more people bank online, banks have closed **~es** all over the country.
	record ['rekɔːd]	Schallplatte	(L) recordari *(sich erinnern)*
	(to) **make** sb. **do** sth.	jn. dazu bringen, etwas zu tun; jn. veranlassen, etwas zu tun	Sad films always ~ **me cry**.

(to) make sb. do sth. – (to) let sb. do sth.

(to) **make sb. do sth.** = jn. dazu bringen/jn. veranlassen, etwas zu tun — Mum tried to **make me talk** about my feelings.

(to) **let sb. do sth.** = jn. etwas tun lassen; jm. erlauben, etwas zu tun; zulassen, dass jemand etwas tut — Our teacher **lets us talk** to our neighbours in class.

yet [jet]	trotzdem, dennoch	

yet

1. Have you packed your bags **yet**? — **schon**
   – No, I haven't. I have**n't** decided what to take with me **yet**. — **noch nicht**
2. We live in the country and **yet** we are quite close to the city. — **trotzdem, dennoch**

[b] boat · [p] pool · [d] dad · [t] ten · [g] good · [k] cat ·
[m] mum · [n] no · [ŋ] song · [l] hello · [r] red · [w] we · [j] you

	nor do I want to … [nɔː]	und ich will auch nicht …	Jack doesn't want to sit next to me, ~ **do I want to** sit next to him.

English "nor" – German "auch nicht"

She doesn't like pop music, and nor do I. (… ich auch nicht.) Vergleiche **Sue likes jazz, and so do I.** (… ich auch.)

Mit **nor + Hilfsverb + (Pro-)Nomen** kann man zum Ausdruck bringen, dass etwas **auch nicht** für jemand anders gilt. Weitere Beispiele:

John **isn't** interested in jazz.	**Nor is** Joanna.	He **hasn't been** abroad.	**Nor has** Joanna.
He **can't** dance very well.	**Nor can** Joanna.	He **didn't** leave school last year.	**Nor did** Joanna.
He **hasn't got** a CD player.	**Nor has** Joanna.	He **wouldn't want** to live in Spain.	**Nor would** Joanna.
He **doesn't** earn a lot of money.	**Nor does** Joanna.		

Mit **not … either** kann man dasselbe ausdrücken: John **isn't** interested in jazz. – Joanna **isn't either**.
He **can't** dance very well. – Joanna **can't either**. usw.

	somewhat *(adv)* ['sʌmwɒt]	etwas, ein wenig	He felt ~ uncomfortable wearing a suit.
p. 14	**identity** [aɪ'dentəti]	Identität	! stress: **identity** [aɪ'dentəti] (F) l'identité *(f)* (L) idem *(derselbe)*
	perspective [pə'spektɪv]	Perspektive, Blickwinkel	! stress: **perspective** [pə'spektɪv] (F) la perspective (L) perspicere
	circa (c) ['sɜːkə]	zirka (ca.)	I'm not sure of the exact year, but it was ~ 2007. (L) circa
	obvious ['ɒbviəs]	offensichtlich; naheliegend	His eyes were red. It was ~ that he had been crying. She loves the sea, so joining the navy seemed like the ~ thing to do. (L) obvius, a, um *(begegnend, entgegenkommend)*
	(to) **appeal to** sb. [ə'piːl]	jn. ansprechen *(jemandes Verstand, Gefühl)*	I know you like jazz, but it doesn't ~ **to** everyone. (L) appellare
	(to) **reflect** [rɪ'flekt]	reflektieren, (wider)spiegeln	A poem can ~ emotions like a mirror **~s** images. (F) refléter
p. 15	**imagery** ['ɪmɪdʒəri]	bildhafte Sprache; Sprachbilder	(L) imago, -inis *f*
	type (of) [taɪp]	Art, Sorte, Typ (von)	
	simile ['sɪməli]	Vergleich	**Similes** compare things, usually with *as* or *like*: *She was as white as a ghost.* (L) simile, is *n*
	metaphor ['metəfɔː]	Metapher	**Metaphors** compare things without *as* or *like*: *He had eyes of fire.* (F) la métaphore ! stress: **metaphor** ['metəfɔː] (L) metaphora
	device [dɪ'vaɪs]	Mittel; Gerät, Apparat	Similes and metaphors are **stylistic ~s**. (Stilmittel) A thermometer is a ~ that tells you the temperature.
	gentle ['dʒentl]	sanft(mütig)	The dog looks dangerous, but he's really very ~.
	dove [dʌv]	Taube	! • pronunciation: **dove** [dʌv] • There is no biological difference between **doves** and **pigeons**. However, when people hear the word **pigeon** they picture the grey bird found everywhere in cities. When they hear the word **dove** they picture the white bird that is often used as a symbol of peace.
	(to) **be considered** sth. [kən'sɪdəd]	als etwas betrachtet werden; für etwas gehalten werden	They're ~ (to be) one of the best new bands around.

[f] father · [v] river · [s] sister · [z] please · [ʃ] shop · [ʒ] television · [tʃ] teacher · [dʒ] Germany · [θ] thanks · [ð] this · [h] here

	(to) **consider** [kən'sɪdə]	etwas bedenken, berücksichtigen; sich mit etwas befassen	Before you start, ~ the following questions: … Ⓛ considerare *(überlegen)*
	hawk [hɔːk]	Habicht; *(im übertragenen Sinn:)* Falke	 
	owl [aʊl]	Eule	a **hawk** — an **owl**
p. 16	**space** [speɪs]	Weltraum	
	(to) **influence** ['ɪnfluəns]	beeinflussen	Even today, the Beatles still ~ musicians all over the world.
	(to) **value** sth. ['væljuː]	etwas schätzen, wertschätzen; auf etwas Wert legen	Use a light when cycling at night if you ~ your life. verb: (to) **value** – noun: **value**
	athletic [æθ'letɪk]	athletisch, sportlich	! stress: noun: **athlete** ['æθliːt] – adj: **athletic** [æθ'letɪk]
	gay [geɪ]	schwul, lesbisch	
	straight [streɪt]	hetero	
	aggressive [ə'gresɪv]	aggressiv	! stress: **aggressive** [ə'gresɪv]
	ambitious [æm'bɪʃəs]	ehrgeizig	He's an ~ guy who is determined to achieve something in life.
	reliable [rɪ'laɪəbl]	zuverlässig, verlässlich	She's a very ~ person. If she says she'll do it, then she'll really do it.
	musical ['mjuːzɪkl]	musikalisch	! **musical** = **1.** *(noun)* Musical; **2.** *(adj)* musikalisch
	passionate ['pæʃənət]	leidenschaftlich	noun: **passion** – adj: **passionate**
	conventional [kən'venʃənl]	konventionell	! stress: **conventional** [kən'venʃənl]
	liberal ['lɪbərəl]	liberal	! stress: **liberal** ['lɪbərəl]
	African-American [ˌæfrɪkən‿ə'merɪkən]	Afroamerikaner/in; afroamerikanisch	
	upbringing ['ʌpbrɪŋɪŋ]	Erziehung	My ~ has influenced the way I view the world.
	dialect ['daɪəlekt]	Dialekt	! stress: **dialect** ['daɪəlekt]
	particularly [pə'tɪkjələli]	besonders; vor allem	She loves history. She's ~ interested in Roman Britain. I'm ~ looking forward to seeing John again.

Intensifying adverbs [ɪn'tensɪfaɪɪŋ] **(Verstärkende Adverbien)**

absolutely thrilled	völlig begeistert	**particularly** beautiful	besonders schön
completely normal	völlig normal, ganz normal	**terribly** tired	schrecklich müde
especially helpful	besonders hilfreich	**totally** wrong	völlig falsch
extremely hot	äußerst heiß	**very** confused	sehr verwirrt

	(to) **modify** ['mɒdɪfaɪ]	näher bestimmen	You can use adverbs to ~ adjectives.
	weak [wiːk]	schwach	**weak** ◄► **strong**
	search engine ['sɜːtʃ‿ˌendʒɪn]	(Internet-)Suchmaschine	
p. 17	**basic** ['beɪsɪk]	elementar, Grund-	The ~ idea is quite simple really.
	(to) **format** ['fɔːmæt]	formatieren *(Text am Computer)*	! stress: **format** ['fɔːmæt]

[iː] green · [i] happy · [ɪ] big · [e] red · [æ] cat · [ɑː] class · [ɒ] song · [ɔː] door · [uː] blue · [ʊ] book · [ʌ] mum · [ɜː] girl · [ə] a partner

visual ['vɪʒuəl]	optisch, visuell	! stress: **visual** ['vɪʒuəl] (F) visuel, le adj: **visual** – adv: **visually** (L) videre (*sehen*)
proper ['prɒpə]	richtige(r, s), angemessene(r, s), ordentliche(r, s)	It's important to have a ~ breakfast, not just a cup of tea or coffee.
margin ['mɑːdʒɪn]	Rand	You can write any comments in the ~ on the right. (F) la marge (L) margo, inis *m/f*
(to) **indent** [ɪn'dent]	*(eine Zeile)* einrücken	
in relation to [rɪ'leɪʃn]	im Verhältnis zu	I think my ears are too big **in ~ to** my head. ! stress: **relation** [rɪ'leɪʃn]
font [fɒnt]	Schrift(art)	Arial, *Corsetta* and **STENCIL** are different **~s**.
italics [ɪ'tælɪks]	Kursivschrift	I usually print book or song titles in *italics*.
bold (type) [bəʊld]	Fettdruck	And if a word is really important, I print it in **bold**.
clarity ['klærəti]	Klarheit	adj: **clear** – noun: **clarity** (L) claritas, atis *f*
untidy [ʌn'taɪdi]	unordentlich, unsauber	**tidy** ◄► **untidy**
legible ['ledʒəbl]	lesbar, leserlich	**legible** ◄► **illegible** (unleserlich) (L) legere (*lesen*)
pt (*Abkürzung für* **point**)	Punkt *(Maßeinheit f. Schriftgrad, Zeilenabstände u.Ä.)*	
function ['fʌŋkʃn]	Funktion	Can you explain the ~ of the Bundesrat to me?
(to) **type** [taɪp]	tippen, Maschine schreiben	It's time I learned to ~ with ten fingers.

Part B

p. 18 **gender** ['dʒendə]	Geschlecht *(als soziales Merkmal)*	There are ~ differences, of course, but men and women should still be equal. (L) genus, eris *n (Geschlecht)*
opinion piece [ə'pɪnjən piːs]	Stellungnahme, Meinungsartikel	an article in which the writer expresses a personal opinion (L) opinio, onis *f (Meinung)*
(to) **recognize** ['rekəgnaɪz]	anerkennen	You need to ~ the fact that the world is changing. ! (to) **recognize** = **1.** erkennen; **2.** anerkennen
(to) **make** sth. **up**	etwas bilden	Girls ~ **up** 53 percent of the students at our school. This book is **made up** of three units.
nonexistent [ˌnɒnɪg'zɪstənt] (*BE meist:* **non-existent**)	nicht vorhanden, nicht existierend	**existent** ◄► **non-existent**
(to) **exist** [ɪg'zɪst]	existieren	Some people believe that life **~s** on Mars. (L) exstere
(to) **differ** ['dɪfə]	sich unterscheiden, verschieden sein	verb: (to) **differ** – adj: **different** – noun: **difference** (L) differre
biologically [ˌbaɪə'lɒdʒɪkli]	biologisch	noun: **biology** – adj: **biological** – adv: **biologically**
when it comes to ...	was … betrifft/anbelangt, …	I understand a lot of grammar, but I'm not so good **when it ~ to** everyday conversation.
representation [ˌreprɪzen'teɪʃn]	Vertretung, Repräsentanz	! verb: (to) **represent** [ˌreprɪ'zent] It's an honour to ~ your country in the Olympic Games. (vertreten, repräsentieren) noun: **representation** [ˌreprɪzen'teɪʃn] We want to improve the ~ of minorities in parliament. (Vertretung, Repräsentanz)

(to) **have** sb. **do** sth.	jn. etwas tun lassen; veranlassen, dass jemand etwas tut	

(to) have sb. do sth. – (to) have sth. done

(to) **have** sb. **do sth.** =	jn. etwas tun lassen; veranlassen, dass jemand etwas tut	We **had** a friend **check** our car. Wir haben einen Freund unser Auto checken lassen.
(to) **have** sth. **done** =	etwas machen/erledigen lassen	We **had** our car **checked** last Friday. Wir haben letzten Freitag unser Auto checken lassen.

recently ['riːsntli]	kürzlich, vor Kurzem; in letzter Zeit	(F) récemment (L) recens *(adv)*

recent *(adj)* – **recently** *(adv)*

Recent research shows that …	**Jüngste Forschungen** zeigen, dass …
In the light of **recent events** it has been decided …	Im Licht der **aktuellen Ereignisse** wurde entschieden, …
I've done a lot of sport **in recent weeks**.	**In den letzten Wochen** habe ich viel Sport gemacht.
I talked to them just **recently**.	Ich habe erst **vor Kurzem** mit ihnen gesprochen.
There've been a lot of accidents in our street **recently**.	Es hat **in letzter Zeit** viele Unfälle … gegeben.

	(to) **show up** *(infml)*	auftauchen, erscheinen	He said he'd come and help us, but he didn't ~ **up**.
	counselor ['kaʊnsələ] (*BE:* **counsellor**)	Berater/in; Betreuer/in	If you need advice you can make an appointment with a ~. (L) consilium *(Rat, Vorschlag)*
	ridiculous [rɪ'dɪkjələs]	lächerlich	What a silly hat! It makes you look ~. (F) ridicule (L) ridiculosus
	contribution [ˌkɒntrɪ'bjuːʃn]	Beitrag	(F) la contribution (L) contribure *(beitragen)*
	entire [ɪn'taɪə]	ganze(r, s)	the ~ world = the whole world (F) entier, entière
	after all [ˌɑːftər_'ɔːl]	(schließlich) doch	I know him very well. **After** ~, we've been friends for more than ten years.
	constantly ['kɒnstəntli]	ständig, dauernd	**!** stress: **constant(ly)** ['kɒnstənt(li)] • adj: **constant** – the **constant** noise of cars • adv: **constantly** – **constantly** changing prices (F) constamment (L) constanter *(adv)*
	(to) **eliminate** [ɪ'lɪmɪneɪt]	abschaffen, beseitigen, eliminieren	Do you think we will ever be able to ~ disease? (F) éliminer
	in the meantime ['miːntaɪm]	in der Zwischenzeit; inzwischen	The food is in the oven. **In the** ~, we could wash the dishes. Have you repaired your bike **in the** ~?
	importance [ɪm'pɔːtəns]	Wichtigkeit, Bedeutung	These photos are of great ~ to me. adj: **important** – noun: **importance** (F) important, e – l'importance *(f)*
p. 19	**focus** ['fəʊkəs]	Mittelpunkt, Schwerpunkt	The ~ of tomorrow's lesson will be grammar. The author in ~ in today's programme is Paul Auster.
	(to) **examine** [ɪg'zæmɪn]	untersuchen	I had a pain in my stomach, so the doctor ~**d** me. (F) examiner (L) examinare
	(to) **receive** [rɪ'siːv]	erhalten, empfangen	a more formal word for **get** **receive a letter** ◄► **send a letter** (F) recevoir (L) recipere
	headline ['hedlaɪn]	Schlagzeile, Überschrift	

[b] **boat** · [p] **pool** · [d] **dad** · [t] **ten** · [g] **good** · [k] **cat** · [m] **mum** · [n] **no** · [ŋ] **song** · [l] **hello** · [r] **red** · [w] **we** · [j] **you**

	attention [ə'tenʃn]	Aufmerksamkeit	(F) l'attention (f) (L) attentus, a, um (aufmerksam)

attention

(to) **attract/catch/grab sb.'s attention**	It was his smile that first **attracted my attention**. He shouted to **grab/catch her attention.**	jemandes Aufmerksamkeit erregen; jemandes Aufmerksamkeit gewinnen
(to) **draw attention to** sth.	How can we **draw attention to** those issues? May I **draw your attention to** a few mistakes?	auf etwas aufmerksam machen; die Aufmerksamkeit auf etwas lenken
(to) **pay attention (to)**	Stop talking now and **pay attention.** You never **pay attention to** what I'm saying.	aufmerksam sein, aufpassen; zuhören, Beachtung schenken

	provocative [prə'vɒkətɪv]	provozierend, provokativ	! stress: **provocative** [prə'vɒkətɪv] (F) provocant,e
	solution (to) [sə'lu:ʃn]	Lösung (für) *(Problem; Aufgabe)*	*English:* **the solution to** this problem *German:* **die Lösung für** dieses Problem / **die** Lösung dieses Problems (F) la solution (L) solvere *(lösen)*
	(to) **back** sth. **up**	etwas untermauern *(Argument)*	Have you got any facts to ~ **up** this statement?
	(to) **restate** sth. [ˌri:'steɪt]	etwas wiederholen, etwas noch einmal formulieren	I would like to ~ my support for this suggestion.
	(to) **call for** sth.	etwas verlangen, etwas fordern; zu etwas auffordern	Many people are **~ing for** a change in the law.
	sex [seks]	Geschlecht	What ~ is their new baby? (F) le sexe
	marriage ['mærɪdʒ]	Ehe; Heirat	verb: (to) **marry** – adj: **married** – noun: **marriage** (F) le mariage
p. 20	**paragraph break** ['pærəgrɑ:f breɪk]	Absatzumbruch	
	general ['dʒenrəl]	allgemeine(r, s)	(F) général, e
	pay [peɪ]	Bezahlung, Lohn	verb: (to) **pay (for)** – noun: **pay**
	workplace ['wɜ:kpleɪs]	Arbeitsplatz	
	(to) **discriminate against** sb. [dɪ'skrɪmɪneɪt]	jn. diskriminieren, jn. benachteiligen	*English:* (to) **discriminate against sb.** *German:* **jn. diskriminieren** *English:* (to) **discriminate on pay** *German:* **beim Lohn diskriminieren** (F) discriminer (L) discriminare *(unterscheiden)*
	sadly ['sædli]	leider, bedauerlicherweise	**Sadly**, I never knew my grandmother. adj: **sad** (traurig) – adv: **sadly**
	(to) **take time off**	sich frei nehmen	We **took** ~ **off** and went to Devon for a few days.
	(to) **raise your voice** [reɪz]	seine Stimme erheben	
	fine [faɪn]	Geldstrafe	My mother got a ~ for driving through a red light.
	(to) **take** sth./sb. **seriously** ['sɪəriəsli]	etwas/jn. ernst nehmen	You should fly less if you ~ climate change **seriously**. ! *not:* … take climate change ~~serious~~)
	unequal [ʌn'i:kwəl]	ungleich	**equal** ◄► **unequal**
p. 21	**persuasion** [pə'sweɪʒn]	Überredung, Überzeugung	(F) la persuasion
	(to) **persuade** [pə'sweɪd]	überreden	I didn't want to go at first, but Paul **~d** me that it would be fun. (F) persuader (L) persuadere
	anecdote ['ænɪkdəʊt]	Anekdote	! stress: **anecdote** ['ænɪkdəʊt] (F) l'anecdote (f)

factual ['fæktʃʊəl]	sachlich; faktisch; den Tatsachen entsprechend	You need more ~ information to back up your argument.
expressive [ɪk'spresɪv]	ausdrucksstark, aussagekräftig	The book is written in a very ~ style. Ⓛ expressus, a, um *(anschaulich)*
rhetorical [rɪ'tɒrɪkl]	rhetorisch	When someone asks a ~ question, they usually want to stress a point, not get an answer. Ⓕ rhétorique Ⓛ rhetoricus, a, um
(to) **deny** [dɪ'naɪ]	bestreiten, abstreiten; leugnen	He **denied** stealing the money. *or:* He **denied** that he had stolen the money.
emphatic [ɪm'fætɪk]	nachdrücklich, eindringlich, emphatisch	She answered with an ~ "yes" when we invited her to be on the team.

Part C

p. 22 **beyond ...** [bɪ'jɒnd]	über ... hinaus	I can tell you his name, but ~ that I don't know much about him.
cell [sel]	Zelle	blood **cells** 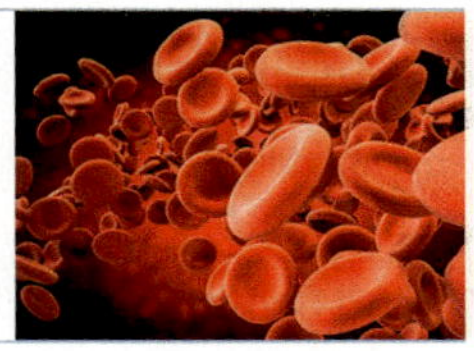
genetics [dʒə'netɪks]	Genetik	Ⓕ la génétique Ⓛ genus, eris *n (Abstammung)*
gene [dʒi:n]	Gen	
genetic [dʒə'netɪk]	genetisch	
individual [ˌɪndɪ'vɪdʒuəl]	Individuum, Einzelperson; einzelne(r, s), individuelle(r, s)	! stress: **indi<u>vi</u>dual** [ˌɪndɪ'vɪdʒuəl]
human race [ˌhju:mən 'reɪs]	Menschheit, menschliche Rasse	Ⓛ humanus, i *m*
technology [tek'nɒlədʒi]	Technik, Technologie	! stress: **tech<u>no</u>logy** [tek'nɒlədʒi] Ⓕ la technologie
ancient ['eɪnʃənt]	(ur)alt; antik	Look at this coin I found in the garden! It must be ~. Ⓕ ancien, ne
(to) **rust** [rʌst]	rosten, verrosten	The old pipe has **rusted** through. 
(to) **erode** [ɪ'rəʊd]	abtragen, erodieren, auswaschen *(Boden)*	The cliff has been ~**d** by the sea and could collapse.
(to) **reduce (to)** [rɪ'dju:s]	reduzieren (auf)	Oh look, they have **reduced** the price. Ⓕ réduire 
earthquake ['ɜ:θkweɪk]	Erdbeben	destroyed by an **earthquake** 

	species ['spiːʃiːz], *pl* **species**	Art, Spezies	(L) species, ei *f*
	record ['rekɔːd]	Aufzeichnung(en)	! noun: **record** ['rekɔːd] 1. Schallplatte; 2. Rekord; 3. Aufzeichnung(en) verb: (to) **record** [rɪ'kɔːd] aufzeichnen *(Musik, Daten)*; dokumentieren *(Daten)* (L) recordari *(sich erinnern)*
	(to) **be around** [ə'raʊnd]	da sein, dabei sein; in der Nähe sein	A friend is someone who **is** always ~ when you need them.
	skeleton ['skelɪtn]	Skelett	a **skeleton** 
	astonishment [ə'stɒnɪʃmənt]	Erstaunen	adj: **astonished** [ə'stɒnɪʃt] (erstaunt) – noun: **astonishment**
	excitement [ɪk'saɪtmənt]	Aufregung, Begeisterung	adj: **excited; exciting** – noun: **excitement** (L) excitare *(begeistern)*
	the ups and downs	die Höhen und Tiefen	You have to learn to live with the ~ **and downs** of life.
	comprehension [ˌkɒmprɪ'henʃn]	Verständnis	To check your ~ you can answer these questions. (F) la compréhension (L) comprehendere *(verstehen)*
p. 23	**power line** ['paʊə laɪn]	Überlandleitung	**power lines** 
	repair [rɪ'peə]	Reparatur	verb: (to) **repair** – noun: **repair** (L) reparare *(erneuern)*
	high winds *(pl)*	starker Wind, starke Winde	
	(to) **complete** [kəm'pliːt]	abschließen, vollenden; vervollständigen	verb: (to) **complete** – adj: **complete** – adv: **completely** (L) complere
p. 24	**yard** [jɑːd] *(AE)*	Garten	
p. 25	**applause** [ə'plɔːz]	Beifall, Applaus	The audience burst into wild/warm/loud/spontaneous ~. There was only a little polite ~ from the audience. (F) les applaudissements *(m; pl)* (L) applaudere *(Beifall klatschen)*
	climax ['klaɪmæks]	Höhepunkt	The ~ of the show was Adele's performance of her latest hit.
	single ['sɪŋgl]	einzige(r, s)	There was not a ~ biscuit left. ! **single** = 1. einzige(r, s); 2. ledig, alleinstehend (L) singulus, a, um
	advertisement [əd'vɜːtɪsmənt] *(in BE auch kurz:* **advert**)	Werbespot, Werbung; Anzeige, Inserat	

[eɪ] name · [aɪ] time · [ɔɪ] boy · [əʊ] old ·
[aʊ] town · [ɪə] here · [eə] where · [ʊə] tour

Unit 2 What makes a community?

pp. 30/31	**pay rise** ['peɪ raɪz]	Lohnerhöhung, Gehaltserhöhung	
	(to) **rise** [raɪz], **rose** [rəʊz], **risen** ['rɪzən]	(an-, auf)steigen	Prices for food haven't **risen** much lately. Clouds of smoke **rose** from the building.
	(to) **define** [dɪ'faɪn]	definieren; charakterisieren, ausmachen	How would you ~ "tolerance"? Liberty, democracy and equal rights ~ us as a society. (F) définir (L) definire

Part A

p. 32	**meeting** ['miːtɪŋ]	Treffen; Besprechung, Versammlung	verb: (to) **meet** – noun: **meeting**
	jungle ['dʒʌŋgl]	Dschungel	(F) la jungle
	the locals *(pl)* ['ləʊklz]	die Einheimischen	(L) locus *(Ort, Platz)*
	villager ['vɪlɪdʒə]	Dorfbewohner/in	(L) villa *(Landhaus)*
	(to) **observe** [əb'zɜːv] *(fml)*	beobachten	The patient should stay in hospital and be **~d** for a week. (F) observer (L) observare
	(to) **affect** [ə'fekt]	betreffen, sich auswirken auf; beeinflussen	Climate change will ~ all of us. (L) afficere (= Climate change will have an effect on all of us.)
	behaviour [bɪ'heɪvjə] (*AE:* **behavior**)	Verhalten; Benehmen	The whole class was affected by the twins' strange ~. verb: (to) **behave** – noun: **behavio(u)r**
	drunk [drʌŋk]	betrunken	If you drink too much beer, you'll get ~.
	relative ['relətɪv]	Verwandte(r)	aunts, uncles, cousins and other **~s**
	therefore ['ðeəfɔː]	daher, deshalb	The village is remote and is ~ difficult to reach.
	(to) **infect** [ɪn'fekt]	infizieren; anstecken	verb: (to) **infect** – adj: **infected** (infiziert; entzündet) (L) inficere *(vergiften)*
	cream [kriːm]	Creme; Salbe	
	liquid ['lɪkwɪd]	Flüssigkeit	 a red **liquid** (F) le liquide (L) liquidum
	(to) **stroll** [strəʊl]	schlendern, bummeln	My parents love **~ing** through England's old villages and market towns.
	manners *(pl)* ['mænəz]	Manieren	Don't forget your ~. Take your feet off the seat.
	no matter if/whether; **no matter** what/who/how/… ['mætə]	ganz gleich, ob; ganz gleich, was/wer/wie/…	The boss often bursts into my office, **no ~ whether** I'm busy or on the phone or anything. I don't want to see him again, **no ~ how** often he tells me he loves me.
	(to) **happen to do** sth. ['hæpn]	zufällig(erweise) etwas tun	Do you **~ to** know the way to the post office? I met my class teacher last week. She **~ed to** be in Paris at the same time as me.
	on purpose ['pɜːpəs]	absichtlich, mit Absicht	I think Dad lost our last chess match **on ~**.
	(to) **teach** sb. **a lesson**	jm. eine Lektion erteilen	I made a mistake, but it **taught me an** important ~.

[b] **boat** · [p] **pool** · [d] **dad** · [t] **ten** · [g] **good** · [k] **cat** · [m] **mum** · [n] **no** · [ŋ] **song** · [l] **hello** · [r] **red** · [w] **we** · [j] **you**

(to) **trade** [treɪd]	(ein)tauschen; Handel treiben	He ~d his sweets for a toy car. Germany **~s** a lot with China. verb: (to) **trade** – noun: **trade** (L) tradere (übergeben)
bullet ['bʊlɪt]	(Gewehr-)Kugel	**bullets** 
p. 33 **appropriate** [ə'prəʊpriət]	angemessen, passend	It's important to wear ~ clothes for a job interview.
greeting ['gri:tɪŋ]	Begrüßung	noun: **greeting** – verb: (to) **greet** (begrüßen) When we arrived, we were **~ed** by the head teacher.
(to) **respond** [rɪ'spɒnd]	antworten, erwidern; reagieren	I said hi, but she didn't ~. (= she didn't answer) He **~s** very quickly if you need help. (= he reacts) (F) répondre (L) respondere
post [pəʊst]	Pfosten	a **fence post** 
turtle ['tɜ:tl]	Wasserschildkröte	! **turtle** = Wasserschildkröte **tortoise** = Landschildkröte (In den USA wird **turtle** umgangssprachlich für alle Arten von Schildkröten verwendet.)
the other day	neulich	I met my old class teacher **the ~ day**.
sense [sens]	Vernunft, Verstand	Why did you do that? Don't you have any ~ at all? (L) sensus
pole [pəʊl]	Stange, Pfahl, Mast	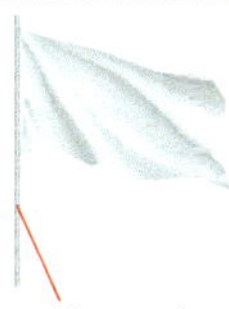 **flagpole** (Flaggenmast, Fahnenmast)  **tent poles** (Zeltstangen) 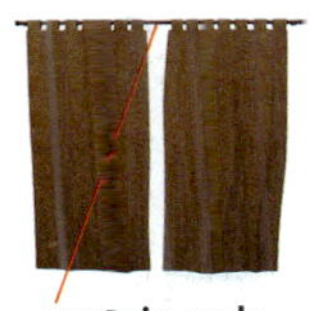 **curtain pole** (Gardinenstange)  **telegraph pole** (Telegrafenmast)  **totem pole** (Totempfahl)  **ski poles** (Skistöcke)
(to) **come to an understanding**	sich einigen; zu einer Übereinkunft kommen	They **came to an ~** that she would work and he would stay at home.
stingy ['stɪndʒi] *(infml)*	knauserig, geizig	**generous ◀▶ stingy**
sandal ['sændl]	Sandale	(F) la sandale (L) sandalium
high heels *(pl)* [ˌhaɪ 'hi:lz]	hohe Absätze; hochhackige Schuhe, Stöckelschuhe	**a pair of sandals with high heels**  **a pair of high heels** 

[f] father · [v] river · [s] sister · [z] please · [ʃ] shop · [ʒ] television ·
[tʃ] teacher · [dʒ] Germany · [θ] thanks · [ð] this · [h] here

	belly ['beli] *(infml)*	Bauch	**belly** **belly button** (Bauchnabel) 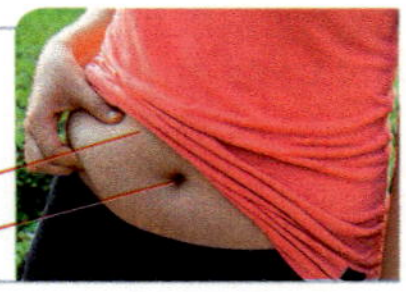
p. 34	(to) **care for** sb. [keə]	sich um jn. kümmern; jn. betreuen	= (to) **take care of** sb. (L) carus, a, um *(lieb, teuer)*
	belief [bɪ'li:f]	Glaube; Überzeugung	verb: (to) **believe** – noun: **belief**
	candy ['kændi] *(AE)*	Süßigkeiten	= *BE* **sweets**
	mattress ['mætrəs]	Matratze	! stress: **mattress** ['mætrəs] some **mattresses** 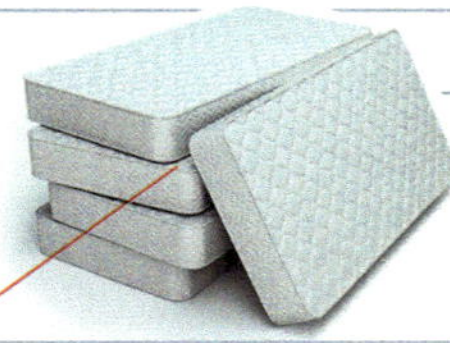
	(to) **reach for** sth.	nach etwas greifen	Remember your manners. Don't just ~ **for** the butter.
	(to) **unwrap** [ʌn'ræp]	auspacken, auswickeln	I just love **~ping** my presents at Christmas.
	(to) **indicate** sth./sb. ['ɪndɪkeɪt] *(fml)*	auf etwas/jn. zeigen, deuten, hinweisen	Pointing to the left, the police officer **~d** the direction we should take. With a small movement of his hand, he **~d** that we should sit down. (F) indiquer (L) indicare
p. 35	(to) **insult** [ɪn'sʌlt]	beleidigen	! verb: (to) **insult** [ɪn'sʌlt] – noun: **insult** ['ɪnsʌlt] (F) insulter – l'insulte *(f)* (L) insultare
	smelly ['smeli]	stinkend, übelriechend	verb: (to) **smell** – adj: **smelly**
	growth [grəʊθ]	Vegetation; Wachstum	Millions of insects live in the ~ of the jungle. Too much water will stop the plant's ~. verb: (to) **grow, grew, grown** – noun: **growth**
	(to) **giggle** ['gɪgl]	kichern	The photo of Grandpa as a boy was so funny that we couldn't stop **giggling** (at it).
	shovel ['ʃʌvl]	Schaufel	a **shovel** 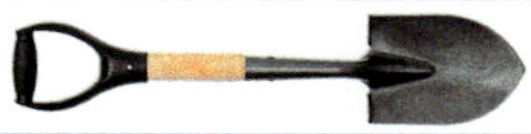
	with a straight face	ohne eine Miene zu verziehen	Dad always tells jokes **with a straight** ~. This makes them even funnier.
	analysis [ə'næləsɪs], *pl* **analyses** [ə'næləsi:z]	Analyse, Auswertung	! stress: **analysis** [ə'næləsɪs] (F) l'analyse *(f)*
p. 36	**bread roll** [bred 'rəʊl] *(oft auch kurz:* **roll**)	Brötchen	some German **(bread) rolls** 
	and so on	und so weiter	= etc.
	the Baltic Sea [ˌbɔ:ltɪk 'si:]	die Ostsee	
p. 37	(to) **lift** [lɪft]	(an-, hoch)heben	I can't ~ this rock. It's too heavy.
	(to) **catch** sb.'s **eye**	Blickkontakt mit jm. herstellen	I tried to ~ **her eye**, but she didn't look at me.
	staff [stɑ:f]	Personal; Belegschaft	the people who work at a company/school/shop …
	enthusiastic [ɪnˌθju:zi'æstɪk]	begeistert	adj: **enthusiastic** – adv: **enthusiastically** [ɪnˌθju:zi'æstɪkli]
	incredible [ɪn'kredəbl]	unglaublich	I've just read an ~ story about how a fisherman survived after being swallowed by a whale. (L) incredibilis, e
	bank assistant ['bæŋk‿əˌsɪstənt]	Bankangestellte(r)	

[i:] green · [i] happy · [ɪ] big · [e] red · [æ] cat · [ɑ:] class · [ɒ] song ·
[ɔ:] door · [u:] blue · [ʊ] book · [ʌ] mum · [ɜ:] girl · [ə] a partner

	cyclist ['saɪklɪst]	Radfahrer/in	verb: (to) **cycle** – noun: **cyclist** (F) le/la cycliste
	tap water ['tæp wɔːtə]	Leitungswasser	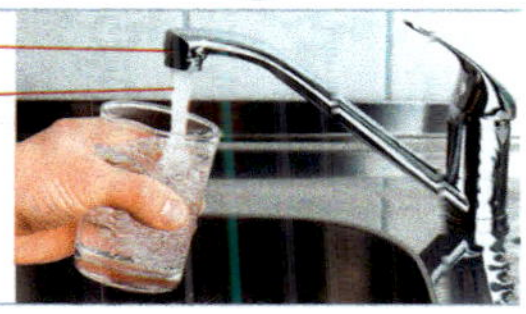
	embarrassed [ɪm'bærəst]	verlegen; peinlich berührt	verb: (to) **embarrass** sb. (jn. in Verlegenheit bringen) adj: **1.** sth. is **embarrassing** (peinlich) **2.** sb. is/feels **embarrassed** (verlegen)
p. 38	**violin** [ˌvaɪə'lɪn]	Violine, Geige	! stress: vio**lin** [ˌvaɪə'lɪn]
	narration [nə'reɪʃn]	Schilderung, Erzählung	
	footage ['fʊtɪdʒ]	Bildmaterial, Film(material)	
p. 39	**reflection** [rɪ'flekʃn] (*in BE auch:* **reflexion**)	Betrachtung, Reflexion	! stress: re**flection** [rɪ'flekʃn]

Part B

p. 40	**review** [rɪ'vjuː]	Rezension, Besprechung, Kritik	Before I buy a book, I try to read a few **~s** of it.
	(to) **review** [rɪ'vjuː]	besprechen, rezensieren	That new play was **~ed** in the paper this morning.
	fictional ['fɪkʃənl]	fiktiv, erfunden	! stress: **fic**tional ['fɪkʃənl] (L) fingere, fictum *(sich ausdenken)*
	fiction ['fɪkʃn]	Prosaliteratur, Belletristik; Fiktion	Do you only read history and science books? – No, I like ~ too, like the *Harry Potter* series. Don't believe him … everything he says is ~.
	just as good/bad/…	genauso gut/schlecht/…	Does margarine really taste **just** ~ good as butter?
	misunderstanding [ˌmɪsʌndə'stændɪŋ]	Missverständnis	There was a ~ about my meal. I had ordered chicken but the waiter brought me a hamburger.
	(to) **narrate** [nə'reɪt]	schildern, erzählen	The story is **~d** by a teenage girl. (L) narrare verb: (to) **narrate** – noun: **narration**
	(to) **bathe** [beɪð] *(bes. AE)*	baden	I ~ once a week but take a shower every day.
	ignorant ['ɪgnərənt]	unwissend, nicht informiert, schlecht informiert	He is not stupid, just ~. (L) ignorare *(nicht wissen)*
	(to) **put** sth. **off**	etwas aufschieben	We have to do something now. We can't ~ it **off** any longer.
	for now	einstweilen, vorerst, fürs Erste	Let's stop **for** ~ and continue at 2 o'clock.
	(to) **abandon** sb. [ə'bændən]	jn. verlassen, im Stich lassen; aussetzen	I think it's terrible how people ~ dogs on busy roads. (F) abandonner
	(to) **breastfeed** ['brestfiːd], **-fed, -fed**	stillen	
	eventually [ɪ'ventʃuəli]	schließlich, letzten Endes	We had to wait a long time, but ~ we saw them getting off the train. ! false friends: *English* **eventually** = *German* **schließlich** *English* **perhaps** = *German* **eventuell**
	literally ['lɪtərəli]	im wahrsten Sinne des Wortes; buchstäblich	There was so much noise that it was ~ impossible to concentrate. (F) littéralement (L) littera *(Buchstabe)*

[eɪ] **name** · [aɪ] **time** · [ɔɪ] **boy** · [əʊ] **old** ·
[aʊ] **town** · [ɪə] **here** · [eə] **where** · [ʊə] **tour**

	(to) **grow** smaller/old/…, **grew, grown**	(allmählich) kleiner/alt/… werden	I love you. I want to ~ old with you.

(to) grow

1. Orange trees don't **grow** in cold countries. — wachsen
   I **grew up** in a small village in Cornwall. — aufwachsen
   She wants to be a doctor when she **grows up**. — erwachsen werden
2. You can't **grow** orange trees in cold countries. — anbauen, anpflanzen
3. The sun went down and it **grew** colder. — (allmählich) werden
   Over time, Alicia **grew closer to** Joanna. — jm. näherkommen

	enormous [ɪ'nɔːməs]	riesig, gewaltig, enorm	My uncle lives in an ~ house with six bathrooms. (F) énorme
	informative [ɪn'fɔːmətɪv]	informativ, lehrreich	! stress: **in<u>for</u>mative** [ɪn'fɔːmətɪv] (F) informatif, ve (L) informare *(unterrichten)*
	strongly ['strɒŋli]	nachdrücklich, entschieden, eindringlich	I'm ~ against the new plan. We appeal ~ to everyone to give us their support.
	engaging [ɪn'ɡeɪdʒɪŋ]	fesselnd *(Literatur, Film u.Ä.)*	I found the book so ~ that I read it in one night.
p. 41	(to) **inform** sb. [ɪn'fɔːm]	jn. informieren	(F) informer (L) informare
	plot [plɒt]	Handlung(sverlauf) *(eines Films/einer Geschichte)*	the story that a book/film/play tells us
	(to) **hint (at** sth.**)** [hɪnt]	(etwas) andeuten, durchblicken lassen	She didn't actually say she wanted more money, but she **~ed at** it. "Oh, it's almost midnight." – "Are you **~ing** that you'd like to go home now?"
	(to) **summarize** ['sʌməraɪz]	zusammenfassen	Can you ~ the main points of the book?
	summary ['sʌməri]	Zusammenfassung	What's the plot? Can you give me a quick ~? (L) summatim *(der Hauptsache nach)*
	(to) **cover** ['kʌvə]	behandeln, abdecken	In history last term, we **~ed** the 18th century. Any more questions? – No, you've **~ed** them all. ! (to) **cover** = **1.** bedecken, zudecken; **2.** behandeln, abdecken (F) couvrir
	advanced [əd'vɑːnst]	fortgeschritten; für Fortgeschrittene	Are you attending the beginners' or the ~ course? (F) avancé, e
	suitable ['suːtəbl]	geeignet, passend	I don't have any ~ clothes for the job interview.
p. 42	**ladder** ['lædə]	Leiter	 a **ladder**
p. 43	**genre** ['ʒɑːnrə]	Gattung, Genre	(F) le genre (L) genus, eris *n (Gattung, Art)*
	semi- ['semi]	halb-; Halb-	**semi**-professional; **semi**-official; **semi**-circle; **semi**-final
	autobiographical [ˌɔːtəˌbaɪə'ɡræfɪkl]	autobiografisch	
	crime [kraɪm]	Verbrechen; Kriminalität	The worst ~ is murder, I think. (F) le crime In most cities, ~ is a big problem. (L) crimen, inis n **crime fiction** (Kriminalromane)

(to) **be set in** [set]	spielen in	The film **is ~ in** Mexico but filmed in Spain.
effective [ɪ'fektɪv]	effektiv, wirkungsvoll	! stress: **effective** [ɪ'fektɪv] noun: **effect** ((Aus-)Wirkung) – adj: **effective** (L) efficere (bewirken)
hilarious [hɪ'leəriəs]	urkomisch, unheimlich witzig	It wasn't just funny, it was absolutely ~. (L) hilarus, a, um
moving ['mu:vɪŋ]	bewegend	It's a ~ film that will bring tears to your eyes. a **fast-moving** thriller; a **slow-moving** drama (L) movere (bewegen)
account [ə'kaʊnt]	Bericht, Schilderung, Darstellung	! **account** = 1. Konto; 2. Bericht, Schilderung, Darstellung
emphasis ['emfəsɪs]	Betonung, Hervorhebung	
(to) **emphasize** ['emfəsaɪz]	betonen, hervorheben	Why did you highlight that word? – I wanted to ~ it.
highly ['haɪli]	höchst, äußerst, ausgesprochen	**highly** interesting/recommended/ridiculous/surprising/…; **highly** likely/unlikely
readable ['ri:dəbl]	lesenswert, lesbar	
entertaining [ˌentə'teɪnɪŋ]	unterhaltsam, amüsant, kurzweilig	
read [ri:d]	Lektüre	Her latest novel is a highly entertaining ~.
enjoyable [ɪn'dʒɔɪəbl]	angenehm, unterhaltsam	verb: (to) **enjoy** – adj: **enjoyable**
lifelike ['laɪflaɪk]	lebensecht, realistisch	a ~ painting/portrait/statue/account/description
gripping ['grɪpɪŋ]	spannend, fesselnd	
meaningful ['mi:nɪŋfl]	aussagekräftig	a ~ example/message/statement; ~ statistics
(to) **avoid** sth./doing sth. [ə'vɔɪd]	etwas vermeiden / vermeiden, etwas zu tun	This area is dangerous and should be **~ed**. Keeping active in winter helps you to ~ getting a cold.

Part C

p. 44 **diversity** [daɪ'vɜ:səti]	Vielfalt, Verschiedenartigkeit	Our lively discussion has produced a great ~ of ideas. (F) la diversité (L) diversitas, atis f
display [dɪ'spleɪ]	Ausstellung, Vorführung, Schau	! stress: **display** [dɪ'spleɪ] His latest paintings are now **on** ~ in our art gallery. (… sind jetzt ausgestellt …)
exhibition [ˌeksɪ'bɪʃn]	Ausstellung; Messe	I want to see the *Chagall* ~ at the museum. This new device was presented at last month's technology ~. (F) l'exhibition (f) (L) exhibere (vorführen)
harmony ['hɑ:məni]	Harmonie, Eintracht	Why can't we live in ~ with nature? ! stress: **harmony** ['hɑ:məni] (F) l'harmonie (f) (L) harmonia
(to) **embrace** [ɪm'breɪs]	annehmen, mit offenen Armen begrüßen; (sich) umarmen	For some people it's not easy to ~ new ideas. They said goodbye and **~d**. (F) s'embrasser
derogatory [dɪ'rɒgətri] *(fml)*	abfällig, abwertend	I consider that a very ~ comment. (L) derogare (jm. etwas absprechen)
stereotype ['steriətaɪp]	Klischee(vorstellung), Stereotyp	The film's main character doesn't seem real to me. She's just the ~ of a schoolgirl in love. (F) le stéréotype

[f] father · [v] river · [s] sister · [z] please · [ʃ] shop · [ʒ] television · [tʃ] teacher · [dʒ] Germany · [θ] thanks · [ð] this · [h] here

	(to) **be present** ['preznt]	vorhanden sein; anwesend sein	The 17th century furniture **is** still ~ in this castle. **Was** your dad ~ at your birth? (F) être présent, e (L) praesens
	(to) **capture** ['kæptʃə]	(ein)fangen *(auch im übertragenen Sinne)*	The animals were **~d** about 15 km from the zoo. The first sentence of the book immediately **~d** my interest. (L) capere, captum
	(to) **paste** [peɪst]	(an)kleben; *(Computer)* einfügen	He was caught **pasting** posters on public buildings.
	(to) **install** [ɪn'stɔːl]	installieren, einrichten	(F) installer
	(to) **participate (in)** [pɑː'tɪsɪpeɪt]	teilnehmen (an)	*English:* (to) **take part in** sth. **/ participate in** sth. *German:* **an** etwas **teilnehmen** (F) participer (L) participare
p. 45	(to) **take a stand (on** sth. **/ against** sth.**)**	Stellung beziehen (zu etwas); ein Zeichen setzen	I'm **taking a ~ on** pollution by using cotton bags. I think it's important to **take a ~ against** bullying. (= to make it very clear that you are against bullying)
	capital ['kæpɪtl]	Hauptstadt	(F) la capitale (L) caput, itis *n*
	virtual ['vɜːtʃuəl]	virtuell	! stress: **<u>vir</u>tual** ['vɜːtʃuəl] (F) virtuel, le
	march [mɑːtʃ]	Marsch, Demonstration	(F) la marche
	(to) **project** sth. **(on, onto)** [prə'dʒekt]	etwas projizieren (auf/an)	 She's about to **project** something **onto** the classroom wall. ! verb: (to) **pro<u>ject</u>** [prə'dʒekt] – (F) projeter noun: **<u>pro</u>ject** ['prɒdʒekt] (L) proicere *(vorwerfen)*
	conference ['kɒnfrəns]	Konferenz, Kongress	! stress: **<u>con</u>ference** ['kɒnfrəns] (F) la conférence (L) conferre *(zusammentragen)*
	dynamic [daɪ'næmɪk]	dynamisch, aktiv, lebendig	Stephen is a young and ~ manager. (F) dynamique
	eerie ['ɪəri]	unheimlich, gespenstisch	There was an ~ sound coming from the forest.
	sight [saɪt]	Anblick	Look at those mountains! What a ~!
	haunting ['hɔːntɪŋ]	ergreifend, tief bewegend	The best thing about the film was the ~ soundtrack. Refugees often have ~ memories of hunger and war.
	soundtrack ['saʊndtræk]	Filmmusik, Soundtrack; Tonspur	
	surreal [sə'riːəl]	surreal, unwirklich	
	politician [ˌpɒlə'tɪʃn]	Politiker/in	(F) le politicien, la politicienne (L) politicus, a, um *(politisch)*
p. 46	**option** ['ɒpʃn]	Option, (Wahl-)Möglichkeit	You have two **~s**: you can wash the dishes or clean the bathroom. ! stress: **<u>op</u>tion** ['ɒpʃn] (F) l'option *(f)* (L) optio, onis *f (Wunsch, Belieben)*
	definitely ['defɪnətli]	auf jeden Fall; (ganz) bestimmt	We ~ need to do something about global warming. (F) définitivement (L) definire
	by + *-ing* form	indem man/du/...	**By driving** more slowly, you can save petrol . I managed to open the door ~ **using** my credit card.
	exercise *(no pl)* ['eksəsaɪz]	Bewegung, *(körperliches)* Training	! **1. exercise** *(no pl)* = Bewegung – My parents say I need more exercise. **2. exercise(s)** = Übung(en) – I couldn't do **exercises** 4 and 5. (L) exercitium *(milit. Übung)*

[iː] green · [i] happy · [ɪ] big · [e] red · [æ] cat · [ɑː] class · [ɒ] song · [ɔː] door · [uː] blue · [ʊ] book · [ʌ] mum · [ɜː] girl · [ə] a partner

petrol ['petrəl] *(BE)* / **gas** [gæs] *(AE)*	Benzin	a **petrol station** *(BE)* / **gas station** *(AE)*
attractive [ə'træktɪv]	attraktiv, verlockend	I like this idea – it's very ~. Ⓛ attrahere (anziehen)
p. 47 **political** [pə'lɪtɪkl]	politisch	noun: **politics** ['pɒlətɪks] – adj: **political** [pə'lɪtɪkl] Ⓕ politique
involvement (in) [ɪn'vɒlvmənt]	Engagement (für); Beteiligung (an)	Ⓛ involvere *(hineinwickeln)*

involvement

involvement	His **involvement** in the peace movement made him famous.	Engagement (für); Beteiligung (an)
(to) **get involved (in)**	At university, she **got involved in** a theatre group.	sich engagieren (für, bei); sich beteiligen (an)
(to) **be involved (in)**	We **have been involved in** our local church for 7 years.	beteiligt sein (an); etwas zu tun haben (mit)

activist ['æktɪvɪst]	Aktivist/in	❗ stress: **activist** ['æktɪvɪst] Ⓕ l'activiste *(m, f)* Ⓛ agere, actum *(tun, bewegen, handeln)*
campaign [kæm'peɪn]	Kampagne	noun: **a campaign for/against sth.** verb: (to) **campaign for/against sth.** (sich einsetzen, kämpfen für/gegen)
cause [kɔːz]	Anliegen, Sache, Zweck	We're trying to raise money for a good ~. Ⓛ causa ❗ **cause** = **1.** Ursache; **2.** Anliegen, Sache, Zweck
citizen ['sɪtɪzn]	(Staats-)Bürger/in	Mr Evans has applied to become a German ~. Ⓕ le citoyen, la citoyenne Ⓛ civis, is *m/f*
democracy [dɪ'mɒkrəsi]	Demokratie	❗ stress: **democracy** [dɪ'mɒkrəsi] Ⓕ la démocratie
initiative [ɪ'nɪʃətɪv]	Initiative, Aktion	❗ stress: **initiative** [ɪ'nɪʃətɪv] Ⓕ l'initiative *(f)* Ⓛ initium *(Beginn)*
MP [ˌem'piː] **(= Member of Parliament)**	Parlamentsmitglied, Abgeordnete(r)	*in Britain:* **MP** (Member of Parliament) *in Germany:* **MdB** (Mitglied des Deutschen Bundestags)
opinion poll [ə'pɪnjən pəʊl]	Meinungsumfrage	Ⓛ opinio, onis *f (Meinung)*
party ['pɑːti]	Partei	Ⓕ le parti
petition [pə'tɪʃn]	Petition, Eingabe, Unterschriftensammlung	❗ stress: **petition** [pə'tɪʃn] Ⓕ la pétition Ⓛ petere *(zu erreichen suchen)*
policy ['pɒləsi]	Politik *(politische Linie)*, Richtlinie(n)	

German "Politik"

1. *(politisches Leben, Geschehen)* **politics** *(no pl.)* – Are you interested in **politics**?
2. *(politische Linie)* **policy** – What is your party's **policy** on education? – What is the company **policy** on working from home?

pressure group ['preʃə gruːp]	Pressuregroup, Lobby	Ⓛ premere, pressum *(drücken)*
referendum [ˌrefə'rendəm]	Volksentscheid	
safety ['seɪfti]	Sicherheit	adj: **safe** – noun: **safety**

[eɪ] **name** · [aɪ] **time** · [ɔɪ] **boy** · [əʊ] **old** · [aʊ] **town** · [ɪə] **here** · [eə] **where** · [ʊə] **tour**

	signature ['sɪɡnətʃə]	Unterschrift	 He's **signing** a letter. (F) la signature – signer (L) signare *(versiegeln, mit einem Zeichen versehen)*
	(to) **sign** [saɪn]	unterschreiben	
	(to) **demand** [dɪ'mɑːnd]	fordern, verlangen	The workers **~ed** more money. (F) demander
	(to) **elect** sb. [ɪ'lekt]	jn. wählen	We're going to ~ a new government in autumn. *English:* She **was elected** president. *German:* Sie **wurde <u>zur</u>** Präsidentin **gewählt.** (L) eligere, electum *(auswählen)*
	(to) **demonstrate (for/against sth.)** ['demənstreɪt]	(für/gegen etwas) demonstrieren	verb: (to) **demonstrate** ['demənstreɪt] – noun: **demonstration** [ˌdemən'streɪʃn] (L) demonstrare *(zeigen)*
p. 50	**slide** [slaɪd]	Dia, Dia-; Folie *(bei Präsentationen mit Computerprogramm)*	
	aspect ['æspekt]	Aspekt	**!** stress: **<u>a</u>spect** ['æspekt]
	forward(s) ['fɔːwəd, 'fɔːwədz]	vorwärts, nach vorn, voran	It's time we stopped arguing and tried to move ~. We hope the new president can move the country ~.
	infrastructure ['ɪnfrəstrʌktʃə]	Infrastruktur	We need to spend a lot more money on our education ~.
	fewer ['fjuːə]	weniger	Only three mistakes? That's ~ than I expected.

German "wenig, weniger, am wenigsten"

1. *mit dem Plural von zählbaren Nomen:*	**a few cars/coins**	**fewer cars/coins**	**the fewest cars/coins**
2. *mit nicht zählbaren Nomen:*	**a little traffic/money**	**less traffic/money**	**the least traffic/money**

	low [ləʊ]	niedrig	**low ◄► high**
	(to) **synchronize** ['sɪŋkrənaɪz]	synchronisieren, aufeinander abstimmen	Let's ~ our watches. It's 7:18 now. Los Angeles was the first city to use fully **~d** traffic lights (= "Grüne Welle").

Unit 3 How is the world changing?

pp. 52/53	**globe** [ɡləʊb]	Globus	(F) le globe (L) globus
	technological [ˌteknə'lɒdʒɪkl]	technologisch	noun: **technology** [tek'nɒlədʒi] – adj: **technological** [ˌteknə'lɒdʒɪkl] (F) la technologie – technologique
	progress *(no pl)* ['prəʊɡres]	Fortschritt(e)	I've made good ~ since I started learning the piano. (F) le progrès (L) progredi *(voranschreiten)*
	delivery [dɪ'lɪvəri]	Lieferung	**Delivery** is free on orders worth ten pounds or more.
	(to) **deliver** [dɪ'lɪvə]	liefern, ausliefern	Hungry? We ~ pizzas to your door.
	package ['pækɪdʒ]	Paket	
	automation [ˌɔːtə'meɪʃn]	Automatisierung	
	digital ['dɪdʒɪtl]	digital	**!** stress: **<u>di</u>gital** ['dɪdʒɪtl] (F) digital,e
	drone [drəʊn]	Drohne	
	robot ['rəʊbɒt]	Roboter	

[b] boat · [p] pool · [d] dad · [t] ten · [ɡ] good · [k] cat ·
[m] mum · [n] no · [ŋ] song · [l] hello · [r] red · [w] we · [j] you

artificial [ˌɑːtɪ'fɪʃl]	künstlich, Kunst-	**real ◄► artificial** **~ intelligence (AI)** = künstliche Intelligenz (F) artificiel,le (L) artificium *(Kunstwerk)*
bee [biː]	Biene	a **bee** 
(to) **pollinate** ['pɒləneɪt]	bestäuben	Insects that ~ plants include bees and butterflies.
pollen ['pɒlən]	Blütenstaub	He's sneezing because he's allergic to ~. (L) pollen, inis *n (Staubmehl)*
agriculture ['ægrɪkʌltʃə]	Landwirtschaft	(F) l'agriculture *f* (L) agricultura
production [prə'dʌkʃn]	Produktion, Herstellung	verb: (to) **produce** [prə'djuːs] – nouns: **producer** [prə'djuːsə], **product** ['prɒdʌkt], **production** [prə'dʌkʃn] (F) la production (L) producere *(herstellen)*
machine [mə'ʃiːn]	Maschine, Gerät	(L) machina
(to) **replace** sth. **(with)** [rɪ'pleɪs]	etwas ersetzen (durch); austauschen	In this exercise, you have to ~ all the nouns **with** pronouns. (F) remplacer
panel discussion ['pænl dɪˌskʌʃn]	Podiumsdiskussion	

Part A

p. 54 **benefit** ['benɪfɪt]	Vorteil, Nutzen	(F) le bénéfice (L) beneficium *(Wohltat)*
(to) **benefit from** sth. ['benɪfɪt]	von etwas profitieren	Your English will ~ from a year in Britain.
risk [rɪsk]	Risiko	She's much too nervous to take any ~s. (F) le risque *English:* (to) **take a risk** *German:* **ein Risiko eingehen**
steam [stiːm]	Dampf	
cloth, *pl* **cloths** [klɒθ]	Tuch, Stoff	 a piece of **cloth**  **tablecloth**  **dishcloth**
innovation [ˌɪnə'veɪʃn]	Neuerung, Innovation	**Innovation** is the key to the success of our business. (F) l'innovation *f* (L) innovare *(erneuern)*
nuclear ['njuːkliə]	Kern-, Atom-, Nuklear-	**~ power** = Atomenergie, Kernenergie (F) nucléaire (L) nucleus *(Kern)*
electricity [ɪˌlek'trɪsəti]	Elektrizität, Strom	! stress: **electricity** [ɪˌlek'trɪsəti] (F) l'électricité *f*
electric [ɪ'lektrɪk]	elektrisch, Elektro-	
vision ['vɪʒn]	Vision; Vorstellung	Is the driverless car just a ~ of the future? ! stress: **vision** ['vɪʒn] (F) la vision (L) videre, visum *(sehen)*
radioactive [ˌreɪdiəʊ'æktɪv]	radioaktiv	! stress: **radioactive** [ˌreɪdiəʊ'æktɪv] (F) radioactif, ve
waste [weɪst]	Abfall	! **waste** = **1.** Verschwendung; verschwenden; **2.** Abfall
(to) **depend on** [dɪ'pend]	angewiesen sein auf; abhängen von	As we live in a village, we ~ **on** the car to get around. We use our bikes sometimes – it **~s on** the weather. (F) dépendre (L) dependere

(to) **control** [kən'trəʊl]	kontrollieren, beherrschen; unter Kontrolle halten/bekommen	The world needs to ~ population growth. He has to learn to ~ his anger better. (F) contrôler
(to) **deal with** sth. [diːl], **dealt, dealt** [delt]	sich mit etwas beschäftigen; von etwas handeln	The film **~s with** the life of John Lennon.
tone [təʊn]	Ton	You could tell he was nervous from the ~ of his voice. (L) tonus
(to) **be concerned about** sb./sth. [kən'sɜːnd]	um jn./etwas besorgt sein	The villagers **are** ~ **about** plans to close their local station. We**'re** very ~ **about** Grandma. She's very weak.
p. 55 **for instance** [fər_'ɪnstəns]	zum Beispiel	= for example
(to) **depict** [dɪ'pɪkt] *(fml)*	darstellen; abbilden	The painting **~s** an 18th century English landscape. (L) depingere
desperate ['despərət]	verzweifelt	The questions were so difficult that I began to feel ~. (F) désespéré,e (L) desperare *(verzweifeln)*
survival [sə'vaɪvl]	Überleben	verb: (to) **survive** – noun: **survival** (F) survivre – la survie
(to) **pose a threat (to)** [ˌpəʊz_ə 'θret]	eine Bedrohung darstellen (für)	Global warming **~s a threat** to the future of our planet.
(to) **threaten** ['θretn]	drohen; bedrohen	She **~ed** to tell the head teacher what Sue had done. He **~ed** me with a knife and took my mobile.
outweigh [ˌaʊt'weɪ]	überwiegen; schwerer wiegen als	The advantages far ~ the risks. (= … wiegen weitaus schwerer als die Risiken.)
vague [veɪg]	vage, unbestimmt	I have only a ~ idea about how a computer works. (F) vague
conscious ['kɒnʃəs]	bewusst; bei Bewusstsein	The prime minister was ~ of the importance of her decision. (L) conscientia *(Bewusstsein)* **~ computers** = Computer im Besitz eines Bewusstseins
application [ˌæplɪ'keɪʃn]	Anwendung, Einsatzmöglichkeit; Programm, App	This flexible software has several different **~s**. **!** To refer to a program, the word **"app"** is more common than the longer word **"application"**.
p. 56 **nature** ['neɪtʃə]	Natur	**!** *No article:* (to) protect **nature** / (to) live in harmony with **nature** noun: **nature** ['neɪtʃə] – adj: **natural** ['nætʃrəl] (F) la nature – naturel,le (L) natura
(to) **last** [lɑːst]	(an)dauern; halten	**(to) take – (to) last** **1.** *(Zeit benötigen)* **take** – It usually **takes** 15 minutes to get home, but this evening it **took** (us) an hour. **2.** *(andauern; halten)* **last** – A football match **lasts** 90 minutes. Cheap toys often don't **last** very long.
strike [straɪk]	Streik	*English:* (to) **go on strike** *German:* **streiken, in den Streik treten** *English:* (to) **be on strike** *German:* **streiken, sich im Streik befinden**
case [keɪs]	Fall	In **case** of fire do not use elevator!  (L) casus, us *m*

[iː] green · [i] happy · [ɪ] big · [e] red · [æ] cat · [ɑː] class · [ɒ] song · [ɔː] door · [uː] blue · [ʊ] book · [ʌ] mum · [ɜː] girl · [ə] a partner

	sequence ['siːkwəns]	Abfolge, Reihenfolge	Police are investigating the ~ of events on the night of the crime. (L) sequentia
	complex ['kɒmpleks]	komplex	a **complex** sentence (= Satzgefüge aus Haupt- und Nebensatz) ! stress: **complex** ['kɒmpleks]
	frequency ['friːkwənsi]	Häufigkeit	Scientists believe that climate change is behind the growing ~ of autumn storms. (F) la fréquence (L) frequentia
	manner ['mænə]	Weise; Art und Weise	He was very friendly and spoke to us in a relaxed ~.
p. 57	(to) **manage** sth. ['mænɪdʒ]	etwas handhaben, bedienen; mit etwas umgehen	You need to ~ your money better. ! (to) **manage** sth. = **1.** etwas schaffen; etwas zustande bringen; **2.** etwas handhaben, etwas bedienen
	(to) **charge** [tʃɑːdʒ]	(auf)laden	I can't make any calls right now – I have to ~ my mobile first. (F) charger
	(to) **swipe** [swaɪp]	*(am Touchscreen)* wischen, *(mit dem Finger)* streichen/fahren; *(Kreditkarte u.Ä.)* durchziehen	To view the next picture, ~ left. We had to ~ a card at the door to get into our hotel room.
	battery ['bætəri]	Batterie, Akku	! stress: **battery** ['bætəri] (F) la batterie 
	button ['bʌtn]	Knopf; Taste	 some **buttons** (F) le bouton
	icon ['aɪkən]	Symbol, Icon	some **icons** 
	menu ['menjuː]	*(Computer)* Menü	! **menu** = **1.** Speisekarte; **2.** *(Computer)* Menü
	search bar ['sɜːtʃ bɑː]	*(Computer)* Suchfeld, Suchleiste	Enter the word or phrase in the **search** ~.
	tab [tæb]	Tab, Reiter *(Karteikarte, Browser)*	Click here to open a new ~.
	(to) **navigate** ['nævɪgeɪt]	navigieren, steuern	It's an interesting website, but it's difficult to ~. (F) naviguer (L) navigare *(ein Schiff steuern)*
	data ['deɪtə]	Daten	! *English:* The **data shows** that … / The **data was** collected in … *German:* Die **Daten zeigen**, dass … / Die **Daten wurden** in … gesammelt.
	memory ['meməri]	*(Computer)* Speicher	! **memory** = **1.** Erinnerung; Gedächtnis; **2.** *(Computer)* Speicher (F) la mémoire (L) memoria *(Erinnerung)*
	(to) **run**	ausführen *(Computerprogramm)*	
	(to) **delete** [dɪ'liːt]	löschen; streichen	(to) **delete** a paragraph / a link / a file / a program (L) delere *(zerstören)*
	(to) **import** [ɪm'pɔːt]	einführen, importieren	! stress: **import** [ɪm'pɔːt] (F) importer (L) importare
	(to) **export** [ɪk'spɔːt]	ausführen, exportieren	! stress: **export** [ɪk'spɔːt] (F) exporter (L) exportare

[eɪ] name · [aɪ] time · [ɔɪ] boy · [əʊ] old ·
[aʊ] town · [ɪə] here · [eə] where · [ʊə] tour

(to) **browse** [braʊz]	(durch)stöbern; (durch)blättern; browsen, *(im Internet)* surfen	(to) **browse** around a shop/museum (to) **browse** through a magazine/book (to) **browse** the internet/a website
(to) **customize** ['kʌstəmaɪz]	anpassen, individuell einrichten	You can ~ the app by clicking on "Options".
settings *(pl)* ['setɪŋz]	Einstellungen	
attachment [ə'tætʃmənt]	Anhang *(einer E-Mail)*	(to) add/send/download/delete an **attachment**
(to) **block** [blɒk]	blockieren, sperren	(to) **block** emails, (to) **block** someone from texting you, (to) **block** a phone number, (to) **block** unwanted callers
friend request ['frend rɪˌkwest]	Freundschaftsanfrage	When someone accepts your **friend** ~, their name appears in your list of friends.

Part B

p. 58 (to) **buzz off** [ˌbʌz‿'ɒf] *(infml)*	abschwirren, einen Abflug machen	
feature article ['fiːtʃər‿ˌɑːtɪkl]	Sonderbericht, Sonderbeitrag	
trap [træp]	Falle	a **trap** 
(to) **sting** [stɪŋ], **stung, stung** [stʌŋ]	stechen; brennen	Some insects can ~. These eyedrops will ~ a little, but not for long.
harvest ['hɑːvɪst]	Ernte	
crop [krɒp]	(Feld-)Frucht	What kinds of **~s** do you grow on your farm?
factor ['fæktə]	Faktor	
use [juːs]	Gebrauch, Verwendung	! pronunciation: (to) **use** *(verb)* [juːz] **use** *(noun)* [juːs] (L) usus, us *m*
pesticide ['pestɪsaɪd]	Schädlingsbekämpfungsmittel, Pestizid	(F) le pesticide
varied ['veərid]	abwechslungsreich; verschiedenartig, vielfältig	Doctors say it's important to have a ~ diet. Public opinion on the issue was ~.
variety [və'raɪəti]	Vielzahl, Auswahl	Germany is known for the ~ of its bread. (F) la variété (L) varietas, atis *f (Verschiedenheit)*
parasite ['pærəsaɪt]	Parasit	! stress: **<u>pa</u>rasite** ['pærəsaɪt] (F) le parasite
(to) **weaken** ['wiːkən]	schwächen	adj: **weak** – verb: (to) **weaken**
immune system [ɪ'mjuːn ˌsɪstəm]	Immunsystem	(L) immunis, e *(befreit, verschont)*
(to) **be prone to** sth. [prəʊn]	anfällig sein für etwas; zu etwas neigen	Human beings **are** ~ **to** make mistakes.
hibernation [ˌhaɪbə'neɪʃn]	Winterschlaf	In winter, bears go into ~. (L) hibernare *(überwintern)*
In addition, ... [ə'dɪʃn]	Außerdem ...	This mobile is very expensive. **In** ~, it's made of plastic and will break easily. (L) addere *(hinzufügen)*
(to) **shrink** [ʃrɪŋk], **shrank** [ʃræŋk], **shrunk** [ʃrʌŋk]	schrumpfen	If you wash this pullover too hot, it will ~. The population of eastern Germany **shrank** from 17 million in 1990 to 14 million in the 2010s.
(to) **compensate** ['kɒmpenseɪt]	kompensieren, ausgleichen; entschädigen	How do vegetarians ~ for not eating meat? The company will ~ customers for poor service. ! stress: **<u>com</u>pensate** ['kɒmpenseɪt] (F) compenser (L) compensare

[b] boat · [p] pool · [d] dad · [t] ten · [g] good · [k] cat · [m] mum · [n] no · [ŋ] song · [l] hello · [r] red · [w] we · [j] you

	worrying ['wʌriɪŋ]	beunruhigend	verb: (to) **worry** – adj: **worrying**
	(to) **contribute** sth. **(to)** [kən'trɪbjuːt]	etwas beitragen, beisteuern (zu)	He's too shy and doesn't ~ much to class discussions. (F) contribuer (L) contribuere
	(to) **lay** [leɪ], **laid, laid** [leɪd]	legen	❗ (to) **lie, lay, lain** = **liegen** – Our dog is not allowed to **lie** on the sofa. (to) **lay, laid, laid** = **legen** – You can **lay** your jacket on the sofa.
	(to) **recover (from)** [rɪ'kʌvə]	sich erholen (von)	It usually takes between 3 and 7 days to ~ from a cold. (L) recuperare *(wiedererlangen)*
	(to) **ensure** [ɪn'ʃʊə, ɪn'ʃɔː]	gewährleisten, sicherstellen	= (to) make sure
	supply [sə'plaɪ]	Vorrat; Versorgung, Lieferung	We ran out of food **supplies** and had to go hunting. War is making the ~ of food to the population more difficult. (L) supplere *(nachfüllen)*
	muesli ['mjuːzli]	Müsli	
p. 59	**logical** ['lɒdʒɪkl]	logisch	**logical** ◄► **illogical** [ɪ'lɒdʒɪkl] (unlogisch) (F) logique – illogique (L) logicus, a, um
	generation [ˌdʒenə'reɪʃn]	Erzeugung	Innovation will lead to the ~ of new jobs. ❗ **generation** = **1.** Generation; **2.** Erzeugung (F) la génération (L) generare *(erzeugen)*
	pilot ['paɪlət]	Pilot/in	❗ stress / pronunciation: **pilot** ['paɪlət] (F) le/la pilote
p. 60	**overall** [ˌəʊvə'rɔl]	Gesamt-; allgemeine(r, s)	What is the ~ cost of buying a house?
	effectiveness [ɪ'fektɪvnəs]	Wirksamkeit, Effektivität	adj: **effective** – noun: **effectiveness** (L) efficere *(etwas bewirken)*
	disappearance [ˌdɪsə'pɪərəns]	Verschwinden; Aussterben	verb: (to) **disappear** – noun: **disappearance**
	level ['levl]	Grad, Niveau; (Lern-)Stand	Lower speed limits might reduce the ~ of noise. What ~ is this course, beginners' or advanced?
	polar bear ['pəʊlə beə]	Eisbär	
	organic [ɔː'gænɪk]	biodynamisch, Bio-	
p. 61	**economically** [ˌiːkə'nɒmɪkli]	ökonomisch, sparsam	Farmers are trying to use water more ~.
	wordy ['wɜːdi]	langatmig, wortreich	The instructions are so ~ that they're difficult to understand.
	concise [kən'saɪs]	knapp, kurz, prägnant	Give a ~ explanation without going into too much detail. (L) concisus, a, um
	impact ['ɪmpækt]	(Aus-)Wirkung, Effekt	
p. 62	**the public** ['pʌblɪk]	die Öffentlichkeit	The castle is open to the ~.
	viewer ['vjuːə]	Zuschauer/in	

Part C

p. 64	**imagination** [ɪˌmædʒɪ'neɪʃn]	Fantasie, Vorstellung(skraft)	verb: (to) **imagine** – noun: **imagination** (F) imaginer – l'imagination *f* (L) imaginatio, onis *f*
	bankrupt ['bæŋkrʌpt]	bankrott	❗ stress: **bankrupt** ['bæŋkrʌpt]
	clerk [klɑːk]	(Büro-)Angestellte(r)	

[f] father · [v] river · [s] sister · [z] please · [ʃ] shop · [ʒ] television ·
[tʃ] teacher · [dʒ] Germany · [θ] thanks · [ð] this · [h] here

customer ['kʌstəmə]	Kunde/Kundin	
alternative [ɔːl'tɜːnətɪv]	Alternative	! stress: **alternative** [ɔːl'tɜːnətɪv] (F) l'alternative *f* (L) alternare *(abwechseln)*
hypothetical [ˌhaɪpə'θetɪkl]	hypothetisch	a **hypothetical** question
curve [kɜːv]	Kurve, Bogen	Slow down – there's a ~ in the road. (L) curvus, a, um *(krumm, gebogen)*
vertical ['vɜːtɪkl]	vertikal, senkrecht	**vertical** ◄► **horizontal** [ˌhɒrɪ'zɒntl] (horizontal, waagerecht)
civilization [ˌsɪvəlaɪ'zeɪʃn]	Zivilisation	(F) la civilisation (L) civis, is *m/f (Bürger/in, Stadtbewohner/in)*
smart [smɑːt]	schlau, intelligent	= clever
ratio ['reɪʃiəʊ]	(Größen-, Zahlen-)Verhältnis	The ~ of boys to girls in class 10 is 3 : 4. (L) ratio, onis *f*
band [bænd]	Gruppe, Bande, Gang	A ~ of youths threatened us in the city centre last night.
(to) **rule** [ruːl]	herrschen, beherrschen	
immortality [ˌɪmɔː'tæləti]	Unsterblichkeit, Unvergänglichkeit	**immortality** ◄► **mortality** [ˌmɔː'tæləti] (F) la mortalité – l'immortalité *f* (L) immortalitas, atis *f*
(to) **chew** [tʃuː]	kauen	After going to the dentist's I couldn't ~ for a day.
(to) **put** sth. *(+ Adverb)*	etwas *(auf eine bestimmte Art)* ausdrücken, formulieren	

(to) put sth. politely/simply/... (etwas höflich/einfach/... ausdrücken)

I don't understand. Can you **put it more simply**?	... Kannst du es einfacher ausdrücken?
Let me **put it (in) a different way**: ...	Lass es mich anders sagen/formulieren: ...
The food was ... **how shall I put it?** ... a bit disappointing.	Das Essen war ... wie soll ich sagen? ...
As my brother put it, "You can't have everything."	Wie mein Bruder es ausdrückte, ...
I often find it difficult to **put my feelings into words**.	... meine Gefühle in Worte zu fassen.

	(to) **accomplish** sth. [ə'kʌmplɪʃ]	etwas erreichen, vollbringen, bewirken	You'll have to work hard to ~ your goals. (F) accomplir
	charming ['tʃɑːmɪŋ]	charmant, bezaubernd	
	(to) **glance (at)** [glɑːns]	einen (kurzen) Blick werfen (auf)	He **~d** shyly **at** the girl, and then looked away again.
p. 65	(to) **straighten** sth. ['streɪtn]	etwas gerade rücken, biegen; etwas strecken, straffen	(to) **straighten** one's body/legs/shoulders (aufrichten / ausstrecken / straffen) (to) **straighten** the chairs (gerade rücken)
	bomb [bɒm]	Bombe	! silent "**b**": **bomb** [bɒm]
	science fiction [ˌsaɪəns 'fɪkʃn]	Sciencefiction	
	cancer ['kænsə]	Krebs *(Krankheit)*	(F) le cancer
	possibly ['pɒsəbli]	möglicherweise, vielleicht	Could you ~ help me with this suitcase? *English:* You **can't possibly** mean that! *German:* Das **kann doch unmöglich** Ihr Ernst sein!
	analogy [ə'nælədʒi]	Analogie, Vergleich	! stress: **analogy** [ə'nælədʒi] (F) l'analogie *f*
	physically ['fɪzɪkli]	physisch, körperlich	Grandpa was ~ weak, but his mind was still active.

[b] **boat** · [p] **pool** · [d] **dad** · [t] **ten** · [g] **good** · [k] **cat** · [m] **mum** · [n] **no** · [ŋ] **song** · [l] **hello** · [r] **red** · [w] **we** · [j] **you**

	cushion ['kʊʃn]	Kissen	 some **cushions**
	loose [luːs]	lose, locker	She went to the dentist about her ~ tooth.
	privacy ['prɪvəsi]	Privatsphäre	It's important to respect other people's ~. (L) privatus, a, um *(persönlich, nicht öffentlich)*
	romance [rəʊ'mæns]	Romantik, romantische Liebe	
	romantic [rəʊ'mæntɪk]	romantisch; Liebes-	
	(to) **occur to** sb. [ə'kɜː]	jm. einfallen, in den Sinn kommen	The idea **~red to** me in a dream. (L) occurrere
	internal monologue [ɪn,tɜːnl 'mɒnəlɒg]	innerer Monolog	
	dozen ['dʌzn]	Dutzend	! • two **dozen** eggs (zwei Dutzend Eier) • **dozens** of people *(infml)* (Dutzende von Leuten)
p. 66	**reasonable** ['riːznəbl]	vernünftig, akzeptabel	Most people find it hard to refuse a ~ request. (F) raisonnable
	sincerity [sɪn'serəti]	Ernsthaftigkeit, Aufrichtigkeit	(F) la sincérité
	sincere [sɪn'sɪə]	aufrichtig, ehrlich	It is my ~ hope that we'll reach an agreement. (F) sincerus, a, um
	bright [braɪt]	klug, gescheit, „hell"	! **bright** = 1. strahlend, leuchtend, hell; 2. klug, gescheit, „hell"
	beneath [bɪ'niːθ]	unterhalb (von)	= under
p. 67	(to) **hang up** [,hæŋ‿'ʌp], **hung up, hung up** [,hʌŋ‿'ʌp]	auflegen *(Telefonhörer)*; das Gespräch beenden	It's impolite to ~ **up** without saying goodbye.
	spring [sprɪŋ]	Quelle	! **spring** = 1. Frühling; 2. Quelle
	(to) **dial** ['daɪəl]	wählen *(Telefonnummer)*	
	excuse [ɪk'skjuːs]	Ausrede; Entschuldigung	verb: (to) **excuse** [ɪk'skjuːz] – noun: **excuse** [ɪk'skjuːs] (F) excuser – l'excuse *f* (L) excusare *(sich entschuldigen)* – excusatio, onis *f*
	(to) **hesitate** ['hezɪteɪt]	zögern	Don't ~ to get in touch if there is anything I can do. (F) hésiter
	exclusive [ɪk'skluːsɪv]	exklusiv; ausschließlich	Today's paper has an ~ interview with the prime minister. ! stress: **exclusive** [ɪk'skluːsɪv] (F) exclusif, ve (L) excludere *(ausschließen)*
	netiquette ['netɪket] *(infml)*	Netzetikette	
p. 68	(to) **predict** [prɪ'dɪkt]	vorhersagen, voraussagen	verb: (to) **predict** – noun: **prediction** (L) praedicere
	similarly ['sɪmələli]	auf ähnliche Weise, ebenso	You can use either app. They both work ~. adj: **similar** – adv: **similarly** (L) similis, e *(ähnlich)*
	direction [də'rekʃn]	Richtung	That's the wrong way. Let's go in the opposite ~. (L) directio, onis *f*

[f] **father** · [v] **river** · [s] **sister** · [z] **please** · [ʃ] **shop** · [ʒ] **television** ·
[tʃ] **teacher** · [dʒ] **Germany** · [θ] **thanks** · [ð] **this** · [h] **here**

	(to) **complain** [kəm'pleɪn]	sich beschweren, sich beklagen	There is a disco right next to the hotel, and a lot of guests ~ about the noise. (F) se plaindre
p. 69	**the gist** *(no pl)* [dʒɪst]	das Wesentliche; die Kernaussage(n)	He spoke so quickly that it was hard to get **the** ~ of what he was saying.
	inference ['ɪnfərəns]	(Schluss-)Folgerung	Our data allows us to make a number of **~s**. (L) inferre *(folgern, schließen)*
	(to) **infer** sth. **(from)** [ɪn'fɜː]	etwas folgern, schließen (aus)	We could ~ **from** his tone of voice that he didn't like the idea.
	(to) **be likely to do** sth. ['laɪkli]	wahrscheinlich etwas tun (werden)	I would take an umbrella. It**'s** ~ **to** rain at this time of the year.
	explicitly [ɪk'splɪsɪtli]	ausdrücklich, explizit	(L) explicatus *(deutlich, klar)*

explicit *(adj)* – **explicitly** *(adv)*

It was her **explicit wish** never to marry.	**ausdrücklicher Wunsch**
We got **explicit instructions** on how to cook the meal.	**explizite Anweisungen**
She didn't say so **explicitly**.	Sie hat es nicht **ausdrücklich/explizit** gesagt.
He **explicitly** pointed out that photography was not allowed.	Er hat **ausdrücklich** darauf hingewiesen, dass …

	(to) **trust** [trʌst]	trauen, vertrauen	She's a friend of mine. You can ~ her.
	admiration [ˌædmə'reɪʃn]	Bewunderung	I'd like to express my ~ for all your achievements. (F) l'admiration *f* (L) admiratio, onis *f*
	(to) **admire** [əd'maɪə]	bewundern	She's a great artist. I ~ her paintings and sculptures. (F) admirer (L) admirari
	disrespect [ˌdɪsrɪ'spekt]	Respektlosigkeit, Missachtung	Is arriving late for class a sign of ~? **respect ◄► disrespect**
	affection [ə'fekʃn]	Zuneigung	The members of the club have great ~ for its traditions. (F) l'affection *f* (L) affectio, onis *f*
p. 70	(to) **chair** [tʃeə]	den Vorsitz führen, innehaben	Who's going to ~ our team meeting today?
	moderator ['mɒdəreɪtə]	Moderator/in	! stress: **moderator** ['mɒdəreɪtə]
	controversial [ˌkɒntrə'vɜːʃl]	kontrovers, umstritten	! stress: **controversial** [ˌkɒntrə'vɜːʃl]
	(to) **research** [rɪ'sɜːtʃ]	recherchieren	verb: (to) **research** [rɪ'sɜːtʃ] – noun: **research** ['riːsɜːtʃ, rɪ'sɜːtʃ]
	(to) **ban** sth. [bæn]	verbieten; für unzulässig erklären	Eating in class is **~ned** at my school. You can only eat in the break.
	(to) **concern** sb. [kən'sɜːn]	jn. betreffen, angehen; jn. beunruhigen	Climate change is an issue that **~s** all of us. Her father's health **~s** her a lot.
	(to) **take sides**	Partei ergreifen	As a moderator, you shouldn't ~ **sides** in a discussion.
	firmly ['fɜːmli]	bestimmt, entschieden, nachdrücklich	"I'm not going to accept that," she said ~.
	thorough ['θʌrə]	gründlich, sorgfältig	• adj: **thorough** – We were give a **thorough** lesson in how to use the new equipment. • adv: **thoroughly** – You should wash fruit **thoroughly** before eating it.
	counter-argument ['kaʊntər‿ˌɑːgjumənt]	Gegenargument	

[b] boat · [p] pool · [d] dad · [t] ten · [g] good · [k] cat · [m] mum · [n] no · [ŋ] song · [l] hello · [r] red · [w] we · [j] you

Im **English – German Dictionary** kannst du nachschlagen, wenn du wissen möchtest, was ein englisches Wort bedeutet, wie man es ausspricht oder wie es geschrieben wird.

Im **Dictionary** werden folgende **Abkürzungen und Symbole** verwendet:

sth. = something (etwas) sb. = somebody (jemand) jn. = jemanden jm. = jemandem
pl = *plural* (Mehrzahl) *infml* = *informal* (umgangssprachlich)
BE = British English *AE* = American English
° Mit diesem Kringel sind Wörter markiert, die nicht zum Lernwortschatz gehören.

► Der Pfeil weist auf Kästen im **Vocabulary** (S. 196–222) hin, in denen du weitere Informationen zu diesem Wort findest.

Die **Fundstellenangaben** zeigen, wo ein Wort zum ersten Mal vorkommt.
I = Band 1; II = Band 2; III = Band 3; IV = Band 4; V = Band 5; VI 1 (15) = Band 6, Unit 1, Seite 15

Tipps zur Arbeit mit einem Wörterbuch findest du im Skills File auf Seite 132.

1

1960s [ˌnaɪntiːn'sɪkstiz]: **in the 1960s** in den 60er-Jahren (des 20. Jahrhunderts) IV
°**3D scan** [ˌθriːˌdiː'skæn] dreidimensionales Bild, 3D-Scan

A

a [ə]:
1. ein, eine I
2. once a week einmal pro Woche II
abandon sb. [ə'bændən] jn. verlassen, im Stich lassen; aussetzen VI 2 (40)
abbreviation [əˌbriːvi'eɪʃn] Abkürzung II
able ['eɪbl]: **be able to do sth.** etwas tun können; fähig sein / in der Lage sein, etwas zu tun III
Aboriginal [ˌæbə'rɪdʒənl] Aborigine- *(die Ureinwohner/- innen Australiens betreffend)* V
about [ə'baʊt]:
1. about you/... über dich/... I **about yourself** über dich selbst I **It's about ...** Es geht um ... / Es handelt von ... **know about sth.** sich mit etwas auskennen; über etwas Bescheid wissen II **the best thing about ...** das Beste an ... III **What about you?** Und du? / Und was ist mit dir? I **What is the story about?** Wovon handelt die Geschichte? / Worum geht es in der Geschichte? I
2. about 300 ungefähr 300 II
3. be about to do sth. im Begriff sein, etwas zu tun; kurz davor sein, etwas zu tun V
above [ə'bʌv] oben, darüber; über, oberhalb (von) III °**above all** vor allem
abroad [ə'brɔːd] im/ins Ausland V
absolutely ['æbsəluːtli] völlig, absolut V
► S. 200 Intensifying adverbs
°**academia** [ˌækə'diːmiə] die akademische Welt
accent ['æksənt] Akzent III
accept [ək'sept] akzeptieren, annehmen V
acceptable [ək'septəbl] akzeptabel VI 3 (62)
access ['ækses] Zugang, Zutritt I
°**acclaim** [ə'kleɪm] Anerkennung
accommodation [əˌkɒmə'deɪʃn] Unterkunft V
accomplish sth. [ə'kʌmplɪʃ] etwas erreichen, vollbringen, bewirken VI 3 (64)
account [ə'kaʊnt]:
1. Account, Konto V
2. Bericht, Schilderung, Darstellung VI 2 (43)
°**accuracy** *(no pl)* ['ækjərəsi] Genauigkeit
achieve [ə'tʃiːv] erreichen *(Ziel)*, erzielen *(Resultat)*; zustande bringen V
achievement [ə'tʃiːvmənt] Errungenschaft, Leistung V
°**acknowledge** [ək'nɒlɪdʒ] anerkennen
across [ə'krɒs]: **across the street** (quer) über die Straße II
act [ækt]:
1. schauspielern II **act out** vorspielen I
2. handeln, sich verhalten V
°**3.** Gesetz
action ['ækʃn] Action; Handlung, Tat I
activist ['æktɪvɪst] Aktivist/in VI 2 (47)
activity [æk'tɪvəti] Aktivität I **free-time activities** Freizeitaktivitäten I
actor ['æktə] Schauspieler/in I
actually ['æktʃuəli] eigentlich; übrigens; tatsächlich III
adapt (to sth.) [ə'dæpt] sich (einer Sache) anpassen V
add (to) [æd] hinzufügen, ergänzen, addieren (zu) III
adder ['ædə] Kreuzotter II
addition [ə'dɪʃn]: **in addition to** neben ...; außer ...; zusätzlich zu ... V **In addition, ...** Außerdem ... VI 3 (58)
address [ə'dres] Adresse, Anschrift I
adjective ['ædʒɪktɪv] Adjektiv II
admiration [ˌædmə'reɪʃn] Bewunderung VI 3 (69)
admire [əd'maɪə] bewundern V 3 (69)
adopt sb. [ə'dɒpt] jn. adoptieren VI 2 (40)
adopted [ə'dɒptɪd] adoptiert, Adoptiv- II
adult ['ædʌlt]:
1. Erwachsene(r) II
2. erwachsen V
°**advance** [əd'vɑːns]:
1. Fortschritt
2. *(Adj.)* Vor-
advanced [əd'vɑːnst] fortgeschritten; für Fortgeschrittene VI 2 (41)
advantage [əd'vɑːntɪdʒ] Vorteil V
adventure [əd'ventʃə] Abenteuer II
adverb ['ædvɜːb] Adverb I
advert ['ædvɜːt] Werbespot, Werbung III
advertisement [əd'vɜːtɪsmənt] *(in BE auch kurz:* **ad, advert***)* Werbespot, Werbung; Anzeige, Inserat VI 1 (25)
advice *(no pl)* [əd'vaɪs] Rat, Ratschlag, Ratschläge IV **Take my advice** Hör auf meinen Rat. IV
advise sb. to do sth. [əd'vaɪz] jn. raten, etwas zu tun IV
advisor [əd'vaɪzə] *(auch* **adviser***)* Berater/in V
°**advocate (for)** ['ædvəkeɪt] sich einsetzen für
affect [ə'fekt] betreffen, sich auswirken auf; beeinflussen VI 2 (32)
affection [ə'fekʃn] Zuneigung VI 3 (69)
afraid [ə'freɪd]: **be afraid (of sth./sb.)** Angst haben (vor etwas/jm.) IV **I'm afraid** Leider ... V
African-American [ˌæfrɪkən_ə'merɪkən] Afroamerikaner/in; afroamerikanisch VI 1 (16)
after ['ɑːftə]:
1. after breakfast nach dem Frühstück I **right after you** gleich nach dir

II **after that** danach III
2. nachdem II **just after …** gleich nachdem …; kurz nachdem … II **after all** (schließlich) doch VI 1 (18)
3. run after sb. hinter jm. herrennen I
afternoon [ˌɑːftə'nuːn] Nachmittag I **in the afternoon** nachmittags, am Nachmittag I **on Saturday afternoon** am Samstagnachmittag I **this afternoon** heute Nachmittag II
again [ə'gen] wieder; noch einmal I **again and again** immer wieder II
against [ə'genst] gegen I
age [eɪdʒ] Alter I **… is your age** … ist in deinem Alter; … ist so alt wie du II
°**agent** ['eɪdʒənt] Wirkstoff, Mittel
aggressive [ə'gresɪv] aggressiv VI 1 (16)
ago [ə'gəʊ]: **two days ago** vor zwei Tagen II
agree [ə'griː] sich einig sein V **agree to differ** sich darauf einigen, dass man verschiedener Ansicht ist; einsehen, dass man sich nicht einigen kann V **agree with sb.** jm. zustimmen I **agree on sth.** sich auf etwas einigen I
agreement [ə'griːmənt] Einigung; Vereinbarung V
agriculture ['ægrɪkʌltʃə] Landwirtschaft VI 3 (52)
aid [eɪd]: **First Aid** Erste Hilfe V
air [eə] Luft II
airless ['eələs] stickig IV
airport ['eəpɔːt] Flughafen III
alarm (clock) [ə'lɑːm] Wecker VI 1 (12)
°**alien** ['eɪliən] Außerirdische(r)
alive [ə'laɪv]: **be alive** leben, am Leben sein III
all [ɔːl] alles; alle I **all around her** überall um sie herum III **all of Plymouth** ganz Plymouth, das ganze Plymouth I **all alone** ganz allein II **all day** den ganzen Tag II **all over the city/the world** in der ganzen Stadt / auf der ganzen Welt IV **all the time** die ganze Zeit II **one all** eins zu eins; eins beide III **not … at all** überhaupt nicht(s), gar nicht(s); überhaupt kein/e, gar kein/e IV
allergic (to sth.) [ə'lɜːdʒɪk] allergisch (gegen etwas) IV
alley ['æli] Gasse V **a blind alley** Sackgasse, Irrweg V
alligator ['ælɪgeɪtə] Alligator IV
allow [ə'laʊ] erlauben, zulassen III **be allowed to do sth.** etwas tun dürfen II
all right [ɔːl 'raɪt] okay; in Ordnung I
almost ['ɔːlməʊst] fast, beinahe I
alone [ə'ləʊn] allein II **all alone** ganz allein II
along [ə'lɒŋ]: **along the street / …** die Straße / … entlang I **sing along (with sb.)** (mit jm.) mitsingen III
aloud [ə'laʊd]: **read aloud** laut (vor)lesen II
alphabet ['ælfəbet] Alphabet V
already [ɔːl'redi] schon, bereits II
also ['ɔːlsəʊ] auch I
alternative [ɔːl'tɜːnətɪv] Alternative VI 3 (64)
although [ɔːl'ðəʊ] obwohl IV
altogether [ˌɔːltə'geðə] insgesamt, alles in allem III
always ['ɔːlweɪz] immer I
am [ˌeɪ‿'em]: **4 am** 4 Uhr morgens I
amazing [ə'meɪzɪŋ] erstaunlich, unglaublich III
°**Amazonian Indian** [æməˌzəʊniən 'ɪndiən] Eingeborene(r) aus dem Amazonasgebiet
ambitious [æm'bɪʃəs] ehrgeizig VI 1 (16)
among [ə'mʌŋ] zwischen, unter *(mehreren Personen, Tieren, Dingen)* IV
amount (of) [ə'maʊnt] Betrag, Menge, Höhe *(von Gehalt, Taschengeld)* V
an [æn], [ən] ein, eine I
analogy [ə'nælədʒi] Analogie, Vergleich VI 3 (65)
analyse ['ænəlaɪz] analysieren V
analysis [ə'næləsɪs], *pl* **analyses** [ə'næləsiːz] Analyse, Auswertung VI 2 (35)
ancestor ['ænsestə] Vorfahr/in III
°**ancestry** ['ænsestri] Abstammung
ancient ['eɪnʃənt] (ur)alt; antik VI 1 (22)
° **ancients** *(pl)* Alten
and [ænd], [ənd] und I
anecdote ['ænɪkdəʊt] Anekdote VI 1 (21)
angel ['eɪndʒl] Engel III
angry ['æŋgri] wütend I **angry with sb.** wütend, böse auf jn. II
animal ['ænɪml] Tier I **my favourite animal** mein Lieblingstier I
°**animated film** ['ænɪmeitɪd] Zeichentrickfilm
°**annals** *(pl)* ['ænlz] Annalen
announce [ə'naʊns] bekanntgeben, verkünden V
announcement [ə'naʊnsmənt] Durchsage, Ansage III
annoyed (with sb./about sth.) [ə'nɔɪd] verärgert (über jn./etwas), irritiert V
another [ə'nʌðə]:
1. ein(e) andere(r, s) I
2. noch ein(e) I
answer ['ɑːnsə]:
1. antworten; beantworten I **answer the phone** ans Telefon gehen II
2. Antwort I
ant [ænt] Ameise I
anthem ['ænθəm]: **national anthem** Nationalhymne IV
°**anthropologist** [ˌænθrə'pɒlədʒɪst] Anthropologe/Anthropologin
any ['eni]: **Are there any …?** Gibt es (irgendwelche) …? I **at any time** jederzeit, zu jeder Zeit IV **more than in any other place** mehr als an jedem anderen Ort IV **not … any more** nicht mehr II **There aren't any …** Es gibt keine / Es sind keine … I
anybody ['enibɒdi]: **anybody?** (irgend)jemand? II **not … anybody** niemand II
anyone ['eniwʌn]: **anyone?** (irgend)jemand? II **not … anyone** niemand II
anything ['eniθɪŋ]: **anything?** (irgend)etwas? II **not … anything** nichts II
anyway ['eniweɪ]:
1. sowieso IV **Anyway, …** Jedenfalls, … / Aber egal, … II **And anyway, …** Und überhaupt, … III
2. trotzdem V
anywhere ['eniweə]: **not … anywhere** nirgendwo; nirgendwohin V
apartment [ə'pɑːtmənt] Wohnung II
ape [eɪp] Menschenaffe V
appeal to sb. [ə'piːl] jn. ansprechen (jemandes Verstand, Gefühl) VI 1 (14)
appear [ə'pɪə] erscheinen, auftauchen II
appearance [ə'pɪərəns] Erscheinung(sbild), Aussehen V
°**appendix** [ə'pendɪks] Anhang
applause [ə'plɔːz] Beifall, Applaus VI 1 (25)
apple ['æpl] Apfel II
applicant ['æplɪkənt] Bewerber/in V
application [ˌæplɪ'keɪʃn]
1. Bewerbung V **letter of application** Bewerbungsschreiben V
2. Anwendung, Einsatzmöglichkeit; *(auch:* **app**) Programm, App VI 3 (55)
apply (for sth.) [ə'plaɪ] sich (um/für etwas) bewerben V **apply for sth.** etwas beantragen V
°**appoint sb.** [ə'pɔɪnt] jn. berufen, ernennen
appointment [ə'pɔɪntmənt] Verabredung, Termin I
appropriate [ə'prəʊpriət] angemessen, passend VI 2 (33)
April ['eɪprəl] April I
apron ['eɪprən] Schürze V
aquarium [ə'kweəriəm] Aquarium; Aquarienhaus I
architect ['ɑːkɪtekt] Architekt/in III
are ['ɑː] bist; sind; seid I **The DVDs are …** Die DVDs kosten … I
area ['eəriə] Bereich; Gebiet, Gegend I
aren't [ɑːnt]: **you aren't …** du bist nicht …; du bist kein/e …; ihr seid nicht …; ihr seid kein/e … I
argue ['ɑːgjuː]:
1. streiten; sich streiten III
2. argumentieren, behaupten V
argument ['ɑːgjumənt]:
1. Streit, Auseinandersetzung III
2. Argument V
argumentative [ˌɑːgju'mentətɪv] argumentativ; streitsüchtig V **argumentative writing** Erörterung, Argumentation V
arm [ɑːm] Arm II **take sb. by the arm** jn. am Arm nehmen II
armchair ['ɑːmtʃeə] Sessel I

army ['ɑːmi] Armee V
around [ə'raʊnd]:
1. around the library / … in der Bücherei / … umher I **all around her** überall um sie herum III **look around (the farm)** sich (auf der Farm) umsehen II **walk/run/… around** herumlaufen, umherspazieren / herumrennen, umherrennen II
2. um … herum II **around 6 pm** um 18 Uhr herum, gegen 18 Uhr II
3. be around da sein, dabei sein; in der Nähe sein VI 1 (22)
arrange [ə'reɪndʒ] anordnen I
°**arrangement** [ə'reɪndʒmənt] Verabredung
arrest [ə'rest] verhaften, festnehmen IV
arrival [ə'raɪvl] Ankunft III
arrive [ə'raɪv] ankommen, eintreffen I
art [ɑːt] Kunst I
article ['ɑːtɪkl] Artikel II
artificial [ˌɑːtɪ'fɪʃl] künstlich, Kunst- VI 3 (52) **artificial intelligence (AI)** künstliche Intelligenz VI 3 (52)
artist ['ɑːtɪst] Künstler/in II **street artist** Straßenkünstler/in II
as [æz], [əz]:
1. als, während II
2. (not) as big as (nicht) so groß wie II
3. as a child als Kind II **She works as a teacher.** Sie arbeitet als Lehrerin. II
4. as he said … Wie er (einmal) sagte … III
5. as soon as sobald, sowie III
6. as if als ob III
°**7.** da, weil
ash [æʃ] Asche III **ashes** *(pl)* Asche *(sterbliche Überreste)* III
ask [ɑːsk] fragen I **ask a question** eine Frage stellen I **ask for sth.** um etwas bitten II **ask for directions** nach dem Weg fragen IV **ask sb. the way** jn. nach dem Weg fragen II **ask sb. to do sth.** jemanden bitten, etwas zu tun I
asleep [ə'sliːp]: **be asleep** schlafen II **fall asleep** einschlafen I
aspect ['æspekt] Aspekt VI 2 (50)
assess [ə'ses] einschätzen, beurteilen IV
assignment [ə'saɪnmənt] *(AE)* Hausaufgabe, Hausarbeit IV
assistant [ə'sɪstənt] *(auch* **shop assistant***)* Verkäufer/in II **bank assistant** Bankangestellte(r) VI 2 (37)
astonished [ə'stɒnɪʃt] überrascht VI 1 (22)
astonishment [ə'stɒnɪʃmənt] Erstaunen VI 1 (22)
astronaut ['æstrənɔːt] Astronaut/in III
as well [əz 'wel] auch, ebenso III
at [æt], [ət] an, bei, in I **at 14 Dean Street** in der Deanstraße 14 I **at any time** jederzeit, zu jeder Zeit IV **at first** zuerst, anfangs, am Anfang II **at Grandma's (house/flat)** bei Oma II **at home** daheim, zu Hause I **at last** endlich, schließlich I **at least** zumindest, wenigstens II **at lunchtime** mittags I **at night** nachts, in der Nacht **at no time** zu keiner Zeit IV **at school** in der Schule I **at the moment** gerade, im Moment I **at the top (of)** oben, am oberen Ende, an der Spitze (von) II **at the weekend** am Wochenende I
ate [et], [eɪt] *siehe* **eat**
athlete ['æθliːt] Athlet/in, Sportler/in V
athletic [æθ'letɪk] athletisch, sportlich VI 1 (16)
Atlantic [ət'læntɪk]: **the Atlantic (Ocean)** der Atlantik, der Atlantische Ozean III
atmosphere ['ætməsfɪə] Atmosphäre, Stimmung IV
attachment [ə'tætʃmənt] Anhang *(einer E-Mail)* VI 3 (57)
attack [ə'tæk] angreifen II
attend [ə'tend]: **attend a course** einen Kurs besuchen, an einem Kurs teilnehmen IV
attendant [ə'tendənt]: **flight attendant** Flugbegleiter/in V
attention [ə'tenʃn] Aufmerksamkeit VI 1 (19) **attract/catch/grab sb.'s attention** jemandes Aufmerksamkeit erregen/gewinnen VI 1 (19)
► S. 203 attention
attic ['ætɪk] Dachboden I **in the attic** auf dem Dachboden I
°**attitude** ['ætɪtjuːd] Haltung
attract [ə'trækt] anziehen, anlocken IV **be attracted to sb.** sich zu jm. hingezogen fühlen V **attract sb.'s attention** jemandes Aufmerksamkeit erregen/gewinnen VI 1 (19)
► S. 203 attention
attraction [ə'trækʃn] Attraktion; Anziehungspunkt III
attractive [ə'træktɪv] attraktiv, verlockend VI 2 (46)
audience ['ɔːdiəns] Publikum, Zuschauer/innen, Zuhörer/innen II
audition [ɔː'dɪʃn] Vorsprechen, Vorsingen, Vorspielen II
August ['ɔːgəst] August I
aunt [ɑːnt] Tante I
Aussie ['ɒzi] *(infml)* Australier/in; australisch V
author ['ɔːθə] Autor/in I
autobiographical [ˌɔːtəˌbaɪə'græfɪkl] autobiografisch VI 2 (43)
automation [ˌɔːtə'meɪʃn] Automatisierung VI 3 (52)
autumn ['ɔːtəm] Herbst I
available [ə'veɪləbl] erhältlich, verfügbar, erreichbar *(Telefon)* III
avenue ['ævənjuː] Allee, Boulevard IV
average ['ævərɪdʒ] durchschnittlich; Durchschnitt V
aviation [ˌeɪvi'eɪʃn] Luftfahrt V
avoid sth. [ə'vɔɪd] etwas vermeiden VI 2 (43)
awake [ə'weɪk] wach II
award [ə'wɔːd] Preis, Auszeichnung V
away [ə'weɪ] weg, fort I
awesome ['ɔːsəm] *(AE, infml)* klasse, großartig IV
awful ['ɔːfl] schrecklich, fürchterlich II
awkward ['ɔːkwəd] peinlich, unangenehm, schwierig V

B

back [bæk]:
1. zurück I **back then** damals V
2. Rücken II
3. from the back of the bus aus dem hinteren Teil des Busses II
4. back sth. up etwas untermauern *(Argument)* VI 1 (19)
background ['bækgraʊnd] Hintergrund II **background file** *Hintergrundinformation(en)* I
backpack ['bækpæk] Rucksack IV
backpacker ['bækpækə] Rucksacktourist/in V
backstage [ˌbæk'steɪdʒ] hinter der Bühne III
backup file ['bækʌp faɪl] Sicherungskopie VI 3 (57)
bacon ['beɪkən] Schinkenspeck II
bad [bæd] schlecht, schlimm I **go bad** *(fish, cheese, eggs)* schlecht werden II
Badlands ['bædlændz] Ödland IV
badminton ['bædmɪntən] Badminton, Federball V
bag [bæg] Tasche, Beutel, Tüte I **school bag** Schultasche I
baggage ['bægɪdʒ] *(bes. AE)* Gepäck V
bagpipes *(pl)* ['bægpaɪps] Dudelsack II
bake [beɪk] backen IV
bald [bɔːld] kahl, glatzköpfig V
ball [bɔːl] Ball I
Baltic: the Baltic Sea [ˌbɔːltɪk 'siː] die Ostsee VI 2 (36)
ban [bæn] verbieten; für unzulässig erklären VI 3 (70)
banana [bə'nɑːnə] Banane III
band [bænd]:
1. Band, (Musik-)Gruppe II
2. Gruppe, Bande, Gang VI 3 (64)
bang [bæŋ] Knall III
bank [bæŋk] Bank II **bank assistant** Bankangestellte(r) VI 2 (37)
bankrupt ['bæŋkrʌpt] bankrott VI 3 (64)
bar [bɑː]:
1. Riegel *(Schokolade, Müsli)*, Tafel *(Schokolade)* III
2. Bar IV
bar chart ['bɑː tʃɑːt] Balkendiagramm V
barbecue ['bɑːbɪkjuː] *(BE und AusE infml auch:* **barbie***)* Grill; Grillfest, Grillparty V
bare [beə] nackt, bloß *(Hände, Arme, Füße)* III

bark [bɑːk]:
1. bellen I
2. Bellen III
barman ['bɑːmən], *pl* **barmen** ['bɑːmən] Barkeeper III
barn [bɑːn] Scheune II
based on [beɪst] basierend auf; auf der Grundlage von V
basic ['beɪsɪk] elementar, Grund- VI 1 (17)
basket ['bɑːskɪt] Korb I
basketball ['bɑːskɪtbɔːl] Basketball I
bath [bɑːθ] Bad II
bathe [beɪð] *(bes. AE)* baden VI 2 (40)
bathroom ['bɑːθruːm] Badezimmer I
battery ['bætəri] Batterie, Akku VI 3 (57)
battle ['bætl] Schlacht; Kampf II
bay [beɪ] Bucht V
be [bi], **was/were, been:** sein I **be about to do sth.** im Begriff sein, etwas zu tun; kurz davor sein, etwas zu tun V
beach [biːtʃ] Strand I
bean [biːn] Bohne IV
bear [beə] Bär I
beard [bɪəd] Bart II
beat [biːt], **beat, beaten** schlagen; besiegen III **beat sb. up** jn. zusammenschlagen IV
beaten ['biːtn] *siehe* **beat**
beautiful ['bjuːtɪfl] schön II
became [bɪ'keɪm] *siehe* **become**
because [bɪ'kɒz] weil I **because of** wegen V
become [bɪ'kʌm], **became, become** werden II
bed [bed] Bett I **bed and breakfast** Frühstückspension; Zimmer mit Frühstück III
bedroom ['bedruːm] Schlafzimmer I
bee [biː] Biene VI 3 (52)
beef [biːf] Rindfleisch IV **roast beef** Rinderbraten I
been [biːn]:
1. *siehe* **be**
2. Have you ever been to …? … Bist du schon in … gewesen? II
beep [biːp] piepen II
beer [bɪə] Bier V
before [bɪ'fɔː]:
1. bevor I
2. vor I **before school/lessons** vor der Schule *(vor Schulbeginn)* / vorm Unterricht I **before long** schon bald III **before that** davor III
3. (vorher) schon mal II **not/never before** (vorher) noch nie II
4. the week before die Woche zuvor; in der Woche davor IV
began [bɪ'gæn] *siehe* **begin**
begin [bɪ'gɪn], **began, begun** beginnen, anfangen II **To begin with, …** Erstens …; Zunächst (einmal) … V
beginning [bɪ'gɪnɪŋ] Anfang, Beginn III **in the beginning** anfangs, zuerst III
begun [bɪ'gʌn] *siehe* **begun**
behave [bɪ'heɪv] sich verhalten, sich benehmen III
behaviour [bɪ'heɪvjə] Verhalten; Benehmen VI 2 (32)
behind [bɪ'haɪnd] hinter I **from behind** von hinten II **right behind you** direkt hinter dir, genau hinter dir II
belief [bɪ'liːf] Glaube; Überzeugung VI 2 (34)
believe [bɪ'liːv] glauben II
bell [bel] Klingel, Glocke I
belly ['beli] *(infml)* Bauch VI 2 (33)
belly button *(infml)* Bauchnabel VI 2 (33)
belong to sb. [bɪ'lɒŋ] jm. gehören; zu jm. gehören IV
below [bɪ'ləʊ] unten, darunter; unter, unterhalb (von) III
beneath [bɪ'niːθ] unterhalb (von) VI 3 (66)
benefit ['benɪfɪt] von etwas profitieren VI 3 (54)
bend down [bend], **bent, bent** sich hinunterbeugen, sich bücken III
benefit ['benɪfɪt] Vorteil, Nutzen VI 3 (54)
bent [bent] *siehe* **bend**
best [best]: **the best** der/die/das beste; die besten; am besten I **the best thing about …** das Beste an … III
°**bestiary** ['bestɪəri] Bestiarium *(mittelalterliches Tierbuch)*
better ['betə] besser I **better than ever** besser als je zuvor II **I'd better … (= I had better …)** Ich sollte lieber … IV
between [bɪ'twiːn] zwischen I
beyond [bɪ'jɒnd] über … hinaus VI 1 (22)
Bible ['baɪbl]: **the Bible** die Bibel V
big [bɪg] groß I **big wheel** Riesenrad I **the biggest** der/die/das größte; am größten I
bike [baɪk]:
1. Fahrrad I **ride a bike** Fahrrad fahren I
°**2.** Rad fahren, mit dem Rad fahren
°**biker** ['baɪkə] Motorradfahrer/in
bilingual [baɪ'lɪŋgwəl] zweisprachig IV
°**billion** ['bɪljən] Milliarde *(tausend Millionen)*
biological [ˌbaɪə'lɒdʒɪkl] biologisch VI 1 (18)
biology [baɪ'ɒlədʒi] Biologie V
bird [bɜːd] Vogel I
birthday ['bɜːθdeɪ] Geburtstag I **My birthday is in May.** Ich habe im Mai Geburtstag. I **My birthday is on 5th May.** Ich habe am 5. May Geburtstag. I **When's your birthday?** Wann hast du Geburtstag? I
biscuit ['bɪskɪt] Keks, Plätzchen I
bit [bɪt]:
1. *siehe* **bite**
2. a bit ein bisschen, etwas II
°**3.** Teil
bite [baɪt]:
1. (bit, bitten) beißen I
2. Biss, Bissen III
bitten ['bɪtn] *siehe* **bite**
bitter ['bɪtə] bitter IV
black [blæk] schwarz I
blame [bleɪm]: **put the blame (for sth.) on sb.** jm. (an etwas) die Schuld geben V
blazer ['bleɪzə] Sakko; Blazer *(sportliches Jackett)* VI 1 (11)
blew [bluː] *siehe* **blow**
blind [blaɪnd] blind V **blind alley** Sackgasse, Irrweg V
block [blɒk]
1. (Häuser-, Wohn-)Block IV
2. blockieren, sperren VI 3 (57)
blog [blɒg] Blog *(Weblog, digitales Tagebuch)* II
blogger ['blɒgə] Blogger/in III
blond *(bei Frauen oft:* **blonde***)* [blɒnd] blond I
blood [blʌd] Blut III
bloom [bluːm] blühen IV
blow [bləʊ], **blew, blown: blow sth. out** etwas auspusten, ausblasen II **blow (a whistle)** pfeifen *(auf der Trillerpfeife)* III
blown [bləʊn] *siehe* **blow**
blue [bluː] blau I **out of the blue** aus heiterem Himmel; völlig unerwartet V
board [bɔːd]:
1. (Wand-)Tafel I
2. on board an Bord III **on board the ship** an Bord des Schiffes III
3. *(kurz für:* **surfboard***)* Surfbrett V
°**4.** Unterhalt, Verpflegung
boarding school ['bɔːdɪŋ skuːl] Internat II
boat [bəʊt] Boot, Schiff I
°**bodily-kinesthetic** [ˌbɒdɪli kɪnəs'θetɪk] körperlich-kinästhetisch
body ['bɒdi]:
1. Körper I **part of the body** Körperteil II
2. Leiche III
3. Hauptteil *(eines Textes)* III
boil [bɔɪl] kochen; zum Kochen bringen IV
bold (type) [bəʊld] Fettdruck VI 1 (17)
bomb [bɒm] Bombe VI 3 (65)
°**borne** [bɔːn]: **borne of …** geboren aus …
boo [buː] buhen; ausbuhen V
book [bʊk]:
1. Buch I
2. buchen, reservieren V
bookshop ['bʊkʃɒp] Buchladen, Buchhandlung I
boot [buːt] Stiefel II
°**bop** [bɒp] Bop *(Jazzstil)*
border ['bɔːdə] Grenze III
bored [bɔːd]: **be/feel bored** gelangweilt sein, sich langweilen II
boring ['bɔːrɪŋ] langweilig I
born [bɔːn]: **be born** geboren sein/werden III **I was born in 1998.** Ich bin 1998 geboren. III °**be born to sth.** in etwas hineingeboren werden
borough ['bʌrə], *AE:* ['bɜːrəʊ] (Stadt-)Bezirk IV

borrow sth. (from sb.) ['bɒrəʊ] sich etwas (aus)leihen (vom jm.), etwas entleihen IV
°**bot** [bɒt] Bot *(Computerprogramm, das automatisch sich wiederholende Aufgaben abarbeitet)*
both [bəʊθ] beide II **both ... and ...** sowohl ... als auch ... IV
bottle ['bɒtl] Flasche I
bottom ['bɒtəm]: **at the bottom** unten, am unteren Ende (von) II
bought [bɔːt] *siehe* **buy**
boutique [buː'tiːk] Boutique IV
bow [baʊ] sich verneigen, sich verbeugen II
bowl [bəʊl] Schüssel II
box [bɒks] Kasten, Kiste, Kästchen I **telephone box** Telefonzelle III
boy [bɔɪ] Junge I
boyfriend ['bɔɪfrend] Freund III
°**bracket** ['brækɪt] Klammer *(in Texten)*
brain [breɪn] Gehirn V
brainstorm ['breɪnstɔːm] brainstormen *(so viele Ideen wie möglich sammeln)* V
branch [brɑːntʃ] Ast, Zweig; Zweigstelle, Filiale VI 1 (13)
°**brand** [brænd]: **brand new** nagelneu
brass band [ˌbrɑːs 'bænd] Blaskapelle IV
brave [breɪv] mutig, tapfer V
bread [bred] Brot I
bread roll [bred 'rəʊl] Brötchen VI 2 (36)
break [breɪk]:
1. Pause I **spring break** Frühjahrsferien V
2. (broke, broken) zerbrechen, kaputt machen I; brechen, kaputt gehen I **break up (with sb.)** Schluss machen (mit jm.), sich trennen (von jm.) V
breakfast ['brekfəst] Frühstück I **have breakfast** frühstücken I **bed and breakfast** Frühstückspension; Zimmer mit Frühstück III
breastfeed ['brestfiːd], **-fed** [fed], **-fed** stillen VI 2 (40)
breath [breθ] Atem, Atemzug II **he said ... under his breath** ..., sagte er flüsternd / murmelte er. III
breathe [briːð] atmen V
breeze [briːz] Brise III
°**brick** [brɪk] Ziegel-, Backstein
bridge [brɪdʒ] Brücke II
briefly ['briːfli] in Kürze, in wenigen Worten IV
bright [braɪt]:
1. strahlend, leuchtend, hell I
2. klug, gescheit, „hell" VI 3 (66)
brilliant ['brɪliənt] glänzend, großartig, genial II
bring [brɪŋ], **brought, brought** (mit-, her)bringen II **bring in** *(hay)* einbringen *(Heu)* II
British ['brɪtɪʃ] britisch I
°**Briton** *(fml)* ['brɪtn] Brite/Britin
brochure ['brəʊʃə] Broschüre, Prospekt III
broke [brəʊk] *siehe* **break**

broken [brəʊkən]:
1. *siehe* **break**
2. zerbrochen, kaputt; gebrochen II
brother ['brʌðə] Bruder I
brought [brɔːt] *siehe* **bring**
brown [braʊn] braun I
browse [braʊz] (durch)stöbern; (durch)blättern; browsen, *(im Internet)* surfen V 3 (57)
°**bubble** ['bʌbl] Blase
buck [bʌk] *(infml)* Dollar IV
bucket ['bʌkɪt] Eimer II
buffalo ['bʌfələʊ] *pl* **buffalo, buffaloes** Büffel; Bison IV
build [bɪld], **built, built** bauen II
building ['bɪldɪŋ] Gebäude II
built [bɪlt] *siehe* **build**
bullet ['bʊlɪt] (Gewehr-)Kugel VI 2 (32)
bully ['bʊli] (Schul-)Tyrann III
bully sb. ['bʊli] jn. tyrannisieren, mobben V
bump into [bʌmp] jn. zufällig treffen, jm zufällig begegnen V
°**bunch** [bʌntʃ] Anzahl
burger ['bɜːgə] Hamburger II
burn [bɜːn] brennen; verbrennen III
burnt [bɜːnt] verbrannt IV
burst [bɜːst], **burst, burst** platzen V **burst into tears** in Tränen ausbrechen III **burst out laughing** in schallendes Gelächter ausbrechen V
bury ['beri] begraben, beerdigen III
bus [bʌs] Bus I **go by bus** mit dem Bus fahren I **get on a bus** (in einen Bus) einsteigen II
bush [bʊʃ] Busch, Strauch *(auch: unerschlossenes, „wildes" Land in Australien u. Afrika)* V
business ['bɪznəs] Geschäft, Geschäfts-; Unternehmen, Betrieb V **Business was good.** Die Geschäfte liefen gut. V
busy ['bɪzi] belebt, geschäftig, hektisch II **be busy** beschäftigt sein; viel zu tun haben I **busy season** Hauptsaison IV
but [bʌt], [bət] aber I
butter ['bʌtə] Butter IV
butterfly ['bʌtəflaɪ] Schmetterling I
button ['bʌtn] Knopf; Taste VI 3 (57)
buy [baɪ], **bought, bought** kaufen I
buzz off [ˌbʌz_'ɒf] *(infml)* abschwirren, einen Abflug machen VI 3 (58)
by [baɪ]:
1. by the sea am Meer I **take sb. by the arm** jn. am Arm nehmen II
2. go by car/bus/... mit dem Auto/Bus/... fahren I **walk/drive by** vorbeigehen/-fahren, vorübergehen/-fahren V
3. by ... von ... II
4. by 8 pm bis (spätestens) 20 Uhr III
5. by the time als; wenn, bis V
6. by the way übrigens III
7. by using ... indem du/man ... verwendest VI 1 (15)
Bye. [baɪ] Tschüs. I

C

°**cable car** ['keɪbl kɑː] mit Kabel gezogene Straßenbahn *(in San Francisco)*
café ['kæfeɪ] Café I
cage [keɪdʒ] Käfig I
cake [keɪk] Kuchen I
call [kɔːl]:
1. rufen; anrufen; nennen I **call out the names** die Namen aufrufen II **call sb. names** jn. beschimpfen, jm. Schimpfwörter nachrufen IV **call for sth.** etwas verlangen, etwas fordern; zu etwas auffordern VI 1 (19)
2. *(auch:* **phone call***)* Anruf, Telefonat II
called [kɔːld]: **be called** heißen, genannt werden I
caller ['kɔːlə] Anrufer/in II
calm [kɑːm]:
1. ruhig III
2. calm down sich beruhigen II **calm sb. down** jn beruhigen III
°**calorie** ['kæləri] Kalorie
came [keɪm] *siehe* **come**
camel ['kæml] Kamel V
camera ['kæmərə] Kamera, Fotoapparat I
cameraman ['kæmrəmæn], *pl* **cameramen** ['kæmrəmen] Kameramann I
campaign [kæm'peɪn] Kampagne VI 2 (47)
campfire ['kæmpfaɪə] Lagerfeuer IV
camping ['kæmpɪŋ] Camping, Zelten II **go camping** zelten gehen II
campsite ['kæmpsaɪt] Zeltplatz I
can [kæn]:
1. können I **we cannot** ['kænɒt], **we can't** [kɑːnt] ... wir können nicht ... I
2. Dose V
canal [kə'næl] Kanal III
cancer ['kænsə] Krebs *(Krankheit)* VI 3 (65)
candidate ['kændɪdət] Bewerber/in, Kandidat/in V
candle ['kændl] Kerze II
candy ['kændi] *(AE)* Süßigkeiten VI 2 (34)
canoe [kə'nuː] Kanu V
canoeing [kə'nuːɪŋ] Kanufahren; Kanusport V
canteen [kæn'tiːn] Kantine, (Schul-)Mensa I
canyon ['kænjən] Cañon IV
cap [kæp] Mütze, Kappe II
capital ['kæpɪtl] Hauptstadt VI 2 (45)
captain ['kæptɪn] Kapitän/in I
caption ['kæpʃn] Bildunterschrift I
captive ['kæptɪv] Gefangene(r) III
capture ['kæptʃə] (ein)fangen *(auch im übertragenen Sinne)* VI 2 (44)
car [kɑː] Auto I **go by car** mit dem Auto fahren I **get in(to) a car** (in ein Auto) einsteigen II
car park ['kɑː pɑːk] Parkplatz IV
caravan ['kærəvæn] Wohnwagen II
card (to) [kɑːd] Karte (an) I

care [keə]: **care about sth.** etwas wichtig nehmen III **care for sb.** sich um jn. kümmern; jn. betreuen VI 2 (34) **I don't care about money.** Geld ist mir egal. III **I really care about animals.** Tiere liegen mir sehr am Herzen. / Tiere sind mir sehr wichtig. III **Who cares?** Na und? / Wen interessiert das? III
career [kə'rɪə] Karriere III
careful ['keəfl]:
1. vorsichtig I
2. sorgfältig, aufmerksam V
carer ['keərə] Betreuer/in V
carnival ['kɑːnɪvl] Karneval, Fasching III
°**carol** ['kærəl] Weihnachtslied
carpenter ['kɑːpəntə] Tischler/in, Zimmerer/Zimmerin III
carrot ['kærət] Möhre, Karotte III
carry ['kæri] tragen; befördern III
cart [kɑːt] Karren I
cartoon [kɑː'tuːn] Cartoon, Witzzeichnung V
carve [kɑːv] meißeln; schnitzen IV
case [keɪs] Fall VI 3 (56)
cash [kæʃ] Bargeld; *(infml auch:)* Geld V
cash desk ['kæʃ desk] Kasse *(in Geschäften)* II
cast [kɑːst] Besetzung; Mitwirkende *(Theaterstück, Film)* II
casting ['kɑːstɪŋ] Casting *(Auswahlverfahren zur Rollenbesetzung bei Filmen/ Theaterstücken)* IV
castle ['kɑːsl] Burg, Schloss I
casually ['kæʒuəli] leger, lässig *(gekleidet)* VI 1 (11)
cat [kæt] Katze I **big cat** Großkatze III
catch [kætʃ], **caught, caught** fangen I **catch a bus/ferry** einen Bus nehmen; einen Bus (noch) erwischen V **catch sb.'s attention** jemandes Aufmerksamkeit erregen/gewinnen VI 1 (19)
► S. 203 attention
catch sb.'s eye Blickkontakt mit jm. herstellen VI 2 (37)
catchy ['kætʃi] eingängig *(Melodie, Slogan)* IV
category ['kætəgəri] Kategorie V
cathedral [kə'θiːdrəl] Kathedrale, Dom III
caught [kɔːt] *siehe* **catch**
cause [kɔːz]:
1. Ursache IV
2. verursachen IV
cause [kɔːz] Anliegen, Sache, Zweck VI 2 (47)
°**cause: fight for a cause**
cave [keɪv] Höhle II
celebrate ['selɪbreɪt] feiern II
celebration [ˌselɪ'breɪʃn] Feier II
celebrity [sə'lebrəti] Berühmtheit *(berühmte Person)* IV
cell [sel]:
1. Zelle VI 1 (22)
2. *(auch* **cell phone**, *bes. AE)* Mobiltelefon, Handy IV
Celsius (C) ['selsiəs] Celsius IV
cemetery ['semətri], *AE:* ['seməteri] Friedhof IV
cent [sent] Cent III
centimetre (cm) ['sentɪmiːtə] Zentimeter IV
central ['sentrəl] zentral, Zentral-, Mittel- IV
centre ['sentə] Zentrum; Mitte I **shopping centre** Einkaufszentrum II
century ['sentʃəri] Jahrhundert I
ceremony ['serəməni] Zeremonie IV
certain ['sɜːtn] bestimmte(r, s), gewisse(r, s) V
chain [tʃeɪn] Kette I
chair [tʃeə]:
1. Stuhl I
2. **chair a meeting** den Vorsitz führen, innehaben VI 3 (70)
challenge ['tʃælɪndʒ]:
1. Herausforderung III
2. **challenge sb. (to sth.)** jn. herausfordern (zu etwas) III
champion ['tʃæmpiən] Meister/in, Champion II
chance [tʃɑːns] Gelegenheit, Möglichkeit, Chance III
change [tʃeɪndʒ]:
1. (ver)ändern; sich (ver)ändern II
2. wechseln, umtauschen *(Geld)* III
3. umsteigen III
4. Wechselgeld II
5. Änderung, Veränderung IV
channel ['tʃænl] Kanal, Sender IV
chaos ['keɪɒs] Chaos I
°**chapter** ['tʃæptə] Kapitel
character ['kærəktə]:
1. Figur, Person *(in Roman, Film, Theaterstück)* I
2. Charakter V
°**characteristic** [ˌkærəktə'rɪstɪk] charakteristisches Merkmal
charge ['tʃɑːdʒ] (auf)laden VI 3 (57)
charity ['tʃærəti] Wohlfahrtsorganisation; Wohltätigkeit, wohltätige Zwecke II
°**charm** [tʃɑːm]: **do charm** auf Charme machen
charming ['tʃɑːmɪŋ] charmant, bezaubernd VI 3 (64)
chart [tʃɑːt] Tabelle, Schaubild V
chat [tʃæt]:
1. chatten III; plaudern III
2. Chat III
cheap [tʃiːp] billig, preiswert I
cheat [tʃiːt] schummeln, mogeln; betrügen V
check [tʃek]:
1. Überprüfung, Kontrolle I
2. (über)prüfen, kontrollieren I **check sth. out** *(infml)* sich etwas anschauen, anhören; etwas ausprobieren III
checklist ['tʃeklɪst] Checkliste III
cheek [tʃiːk] Wange V
cheer [tʃɪə] jubeln II
cheese [tʃiːz] Käse I
chemical ['kemɪkl] Chemikalie V
chess [tʃes] Schach I
chest [tʃest] Brust, Brustkorb II
chew [tʃuː] kauen VI 3 (64)
chicken ['tʃɪkɪn] Huhn; (Brat-)Hähnchen IV
child [tʃaɪld], *pl* **children** ['tʃɪldrən] Kind I
chin [tʃɪn] Kinn V
chip [tʃɪp]:
1. Chip VI 3 (52)
2. **chips** *(pl)* Pommes frites II
chocolate ['tʃɒklət]:
1. Schokolade I
2. Praline II
choice [tʃɔɪs] Wahl; Auswahl IV
choir ['kwaɪə] Chor II
choose [tʃuːz], **chose, chosen** aussuchen, (aus)wählen; sich aussuchen I
chore [tʃɔː] (Haus-)Arbeit; (lästige) Pflicht V
chorus ['kɔːrəs] Refrain II
chose [tʃəʊz] *siehe* **choose**
chosen [tʃəʊzn] *siehe* **choose**
Christmas ['krɪsməs] Weihnachten III **Christmas Day** 1. Weihnachtstag *(25. Dezember)* III
Christmas Eve [ˌkrɪsməs‿'iːv] Heiligabend V
church [tʃɜːtʃ] Kirche II
°**cigarette** [ˌsɪgə'ret] Zigarette
cinema ['sɪnəmə] Kino I
circa ['sɜːkə] zirka (ca.) VI 1 (14)
circle ['sɜːkl]:
1. Kreis II
°2. kreisen
citizen ['sɪtɪzn] (Staats-)Bürger/in VI 2 (47)
city ['sɪti] Stadt, Großstadt II
civil [ˌsɪvl]: **civil rights** *(pl)* Bürgerrechte IV
civilization [ˌsɪvəlaɪ'zeɪʃn] Zivilisation VI 3 (64)
clap [klæp] (Beifall) klatschen II **Clap your hands.** Klatscht in die Hände. II
clarity ['klærəti] Klarheit VI 1 (17)
class [klɑːs]:
1. (Schul-)Klasse I °**in class** im Unterricht
2. Kurs VI 3 (56)
classmate ['klɑːsmeɪt] Mitschüler/in, Klassenkamerad/in I
classroom ['klɑːsruːm] Klassenzimmer I
clause [klɔːz]: **main clause** Hauptsatz III
clay [kleɪ] Ton, Lehm III
clean [kliːn]:
1. sauber machen, putzen I
2. sauber II
cleaner ['kliːnə] Reinigungskraft V
clean-up ['kliːnʌp] Säuberung V
clear [klɪə]:
1. klar, deutlich II
2. räumen; abräumen III
clerk [klɑːk] (Büro-)Angestellte(r) VI 3 (64)
clever ['klevə] klug, schlau I
click [klɪk] klicken IV

cliff [klɪf] Klippe II
climate ['klaɪmət] Klima IV **climate change** Klimawandel VI 2 (46)
climax ['klaɪmæks] Höhepunkt VI 1 (25)
climb [klaɪm]:
1. klettern; hinaufklettern (auf) II
2. Aufstieg, Anstieg III
clinic ['klɪnɪk] Klinik V
°**clip** [klɪp] (Video-)Clip
clock [klɒk] (Wand-, Stand-, Turm-)Uhr I
close [kləʊz] schließen II
close (to) [kləʊs] nah, dicht (bei, an) IV
closely ['kləʊsli]: **look closely** genau hinschauen II
closet ['klɒzɪt] Wandschrank IV
close-up ['kləʊs_ʌp] Nahaufnahme IV
cloth [klɒθ], *pl* **cloths** Tuch, Stoff VI 3 (54)
clothes *(pl)* [kləʊðz] Kleidung, Kleidungsstücke I
cloud [klaʊd] Wolke II
cloudless ['klaʊdləs] wolkenlos IV
cloudy ['klaʊdi] bewölkt II
clown [klaʊn] Clown II
clownish ['klaʊnɪʃ] albern V
club [klʌb] Klub I **join a club** in einen Klub eintreten; sich einem Klub anschließen I
clue [klu:] (Lösungs-)Hinweis; Anhaltspunkt III
coach [kəʊtʃ] Trainer/in IV
coal [kəʊl] Kohle III **coal mine** Kohlebergwerk III
coast [kəʊst] Küste I
coastal ['kəʊstl] Küsten- V
coastline ['kəʊstlaɪn] Küste, Küstenlinie V
coat [kəʊt]:
1. Mantel II
2. Fell III
cocoa ['kəʊkəʊ] Kakao II
°**code** [kəʊd] Code, Kode
coffee ['kɒfi] Kaffee III **make coffee** Kaffee kochen IV
coin [kɔɪn] Münze I
cola ['kəʊlə] Cola I
cold [kəʊld]:
1. kalt I **be cold** frieren I
2. **have a cold** eine Erkältung haben, erkältet sein II:
3. Kälte V
collapse [kə'læps] einstürzen; zusammenbrechen IV
collect [kə'lekt] sammeln I
°**collection** [kə'lekʃn] Sammlung
college ['kɒlɪdʒ] Hochschule IV
collocation [ˌkɒlə'keɪʃn] Kollokation *(Wörter, die oft zusammen vorkommen)* V
colon ['kəʊlən] Doppelpunkt II
colony ['kɒləni] Kolonie IV
['kʌlə] Farbe I
coloured ['kʌləd] farbig IV
colourful ['kʌləfl] bunt, farbenfroh IV
column ['kɒləm] Säule III
combine [kəm'baɪn] kombinieren, verbinden IV
come [kʌm], **came, come** kommen I **come across** verstanden werden; ankommen, „rüberkommen" *(Botschaft)* V **come across sth.** stoßen auf etwas, etwas *(zufällig)* treffen III **come down with sth.** etwas bekommen *(Krankheit)*, erkranken an etwas III **come in** hereinkommen I **Come on.** Na los! / Komm! I **come over** herüberkommen (zu/nach), vorbeikommen (bei) III **come up to sb** auf jn. zukommen IV **come up with sth.** etwas haben, kommen auf etwas *(Idee, Vorschlag)* III
comedian [kə'mi:diən] Komiker/in, Komödiant/in III
comedy ['kɒmədi] Comedyshow, Komödie II
comfortable ['kʌmftəbl] bequem; angenehm IV
°**comic strip** ['kɒmɪk strɪp] Comicstrip
comma ['kɒmə] Komma II
comment ['kɒment]:
1. Bemerkung, Kommentar V °**make a comment** sich äußern, einen Kommentar abgeben
2. **comment (on sth.)** sich äußern (über/zu etwas); einen Kommentar abgeben (zu etwas) V
common ['kɒmən]:
1. häufig; weit verbreitet IV
2. gemeinsame(r, s) V **have sth. in common** etwas miteinander gemein haben IV
°**Commons** ['kɒmənz]: **the House of Commons** das Unterhaus *(des Parlaments im Vereinigten Königreich)*
communication [kəˌmju:nɪ'keɪʃn] Kommunikation, Verständigung V
community [kə'mju:nəti] Gemeinde; Gemeinschaft III
company ['kʌmpəni]:
1. Firma V
°2. Gesellschaft
compare [kəm'peə] vergleichen IV
comparison [kəm'pærɪsn] Vergleich V **make comparisons** Vergleiche anstellen; vergleichen V
compensate ['kɒmpenseɪt] kompensieren, ausgleichen; entschädigen VI 3 (58)
compete in sth. [kəm'pi:t] an etwas teilnehmen *(Wettkampf)* III
competition [ˌkɒmpə'tɪʃn] Wettbewerb II
competitive [kəm'petətɪv] leistungsorientiert, ehrgeizig; Wettkampf-, Leistungs- V
complain [kəm'pleɪn] sich beschweren, sich beklagen VI 3 (68)
complete [kəm'pli:t]:
1. komplett, vollständig IV
2. abschließen, vollenden; vervollständigen VI 1 (23)
completely [kəm'pli:tli] völlig, vollkommen IV
► S. 200 Intensifying adverbs
completion [kəm'pli:ʃn] Abschluss; Fertigstellung V
complex ['kɒmpleks] komplex VI 3 (56)
complex sentence Satzgefüge *(aus Haupt- und Nebensatz)* VI 3 (56)
comprehension [ˌkɒmprɪ'henʃn] Verständnis VI 1 (22)
computer [kəm'pju:tə] Computer I
concentrate (on sth.) ['kɒnsntreɪt] sich konzentrieren (auf etwas) III
concern sb. [kən'sɜ:n] jn. betreffen, angehen; jn. beunruhigen VI 3 (70) **be concerned about sth.** um jn./etwas besorgt sein VI 3 (54)
concert ['kɒnsət] Konzert II
concise [kən'saɪs] knapp, kurz, prägnant VI 3 (61)
conclusion [kən'klu:ʒn] Schluss(folgerung) III
conditions *(pl)* [kən'dɪʃnz] Verhältnisse, Bedingungen III
conference ['kɒnfrəns] Konferenz, Kongress VI 2 (45)
confident ['kɒnfɪdənt] selbstbewusst, (selbst)sicher V
°**confirm** [kən'fɜ:m] bestätigen
conflict ['kɒnflɪkt] Konflikt, Auseinandersetzung IV
confused [kən'fju:zd] verwirrt V
°**Congress** ['kɒŋgres] Kongress
connect [kə'nekt] verbinden, verknüpfen III **be connected** verbunden sein III
°**connection** [kə'nekʃn] Verbindung
conscious ['kɒnʃəs] bewusst; bei Bewusstsein VI 3 (55)
°**consequence** ['kɒnsɪkwəns] Folge, Konsequenz
conservative [kən'sɜ:vətɪv] konservativ; Konservative(r) VI 1 (11)
consider [kən'sɪdə] etwas bedenken, berücksichtigen; sich mit etwas befassen VI 1 (15) **be considered sth.** als etwas betrachtet werden; für etwas gehalten werden VI 1 (15)
consonant ['kɒnsənənt] Konsonant, Mitlaut II
constant(ly) ['kɒnstəntli] ständig, dauernd VI 1 (18)
°**Constitutional Convention** [kɒnstɪˌtju:ʃənl kən'venʃn] verfassungsgebende Versammlung
°**consume** [kən'sju:m] verbrauchen
contact ['kɒntækt]
1. Kontakt IV **make eye contact** Blickkontakt herstellen IV
2. **contact sb.** Kontakt zu jm. aufnehmen, sich bei jm. melden V
contain [kən'teɪn] enthalten, beeinhalten V
°**contaminate** [kən'tæmɪneɪt] verunreinigen
content ['kɒntent] Inhalt III

contest ['kɒntest] Wettbewerb III
context ['kɒntekst] (Satz-, Text-) Zusammenhang, Kontext II
continent ['kɒntɪnənt] Kontinent IV
continue [kən'tɪnjuː]:
1. **continue sth.** etwas fortsetzen III
2. sich fortsetzen, weitergehen III
contrast ['kɒntrɑːst] Kontrast, Gegensatz IV **° by contrast** im Vergleich; im Gegenteil
contribute [kən'trɪbjuːt] etwas beitragen, beisteuern (zu) VI 3 (58)
contribution [ˌkɒntrɪ'bjuːʃn] Beitrag VI 1 (18)
control [kən'trəʊl] kontrollieren, beherrschen; unter Kontrolle halten/bekommen VI 3 (54)
controversial [ˌkɒntrə'vɜːʃl] kontrovers, umstritten VI 3 (70)
°**convention** [kən'venʃn] Versammlung
conventional [kən'venʃənl] konventionell VI 1 (16)
conversation [ˌkɒnvə'seɪʃn] Gespräch, Unterhaltung II
convict ['kɒnvɪkt] Sträfling, Strafgefangene(r) V
cook [kʊk]:
1. kochen; zubereiten III
2. Koch, Köchin IV
cookie ['kʊki] *(AE)* Keks IV
cool [kuːl]:
1. cool I
2. kühl II
3. **cool off** sich abkühlen III
coordinator [kəʊ'ɔːdɪneɪtə] Koordinator/in III
cope [kəʊp] zurechtkommen, klarkommen VI 1 (12)
copy ['kɒpi]:
1. kopieren, abschreiben I
2. Kopie; Exemplar II
coral ['kɒrəl] Koralle; Korallen- V
corner ['kɔːnə] Ecke I **corner shop** Laden an der Ecke; Tante-Emma-Laden I **on the corner of Church Road and London Road** Church Road, Ecke London Road II
cornflakes ['kɔːnfleɪks] Cornflakes I
correct [kə'rekt]:
1. richtig, korrekt II
2. korrigieren, verbessern II
°**correction** [kə'rekʃn] Korrektur, Berichtigung
corridor ['kɒrɪdɔː] Gang, Korridor III
cost [kɒst] **(cost, cost)** kosten II
cost [kɒst] Kosten VI 2 (46)
costume ['kɒstjuːm] Kostüm, Verkleidung II
cottage ['kɒtɪdʒ] Häuschen, Cottage II
cotton ['kɒtn] Baumwolle IV
cough [kɒf]: **have a cough** Husten haben II
could [kʊd], [kəd]:
1. **he could ...** er konnte ... I **we couldn't ...** ['kʊdnt] wir konnten nicht ... I
2. **What could be better?** Was könnte besser sein? II
3. **You could have asked me.** Du hättest mich fragen können. IV
council ['kaʊnsl] Ausschuss; Rat *(Stadtrat, Gemeinderat u.Ä.)* IV
counselor *(AE; BE:* **counsellor***)* ['kaʊnsələ] Berater/in; Betreuer/in VI 1 (18)
count [kaʊnt] zählen I **count to ten** bis zehn zählen I
counter ['kaʊntə]:
1. Theke; Ladentisch IV
2. *(AE, kurz für* **countertop***)* Arbeitsplatte; Küchentheke IV
counter-argument [ˌkaʊntər‿'ɑːgjumənt] Gegenargument VI 3 (70)
°**countless** ['kaʊntləs] unzählbar, zahllos
country ['kʌntri] Land *(Staat)* II
countryside ['kʌntrisaɪd] Landschaft, *(ländliche)* Gegend II
county ['kaʊnti] Grafschaft *(in Großbritannien)* I
couple ['kʌpl]: **a couple** ein Paar; ein paar III
courage ['kʌrɪdʒ] Mut, Courage IV
course [kɔːs] Kurs, Lehrgang I **attend a course** einen Kurs besuchen, an einem Kurs teilnehmen IV
court [kɔːt] Spielfeld V
courtyard ['kɔːtjɑːd] Innenhof II
cousin ['kʌzn] Cousin, Cousine I
cover ['kʌvə]:
1. bedecken, zudecken III
2. behandeln, abdecken VI 2 (41)
cow [kaʊ] Kuh II
crab [kræb] Krebs I
°**crack** [kræk]: **crack sth. open** etwas öffnen **crack sth. in two** etwas in zwei Hälften brechen
°**crackle** ['krækl] knistern; krächzen
cranberry ['krænbəri] Preiselbeere IV
crash [kræʃ]:
1. crashen II
2. **crash into sth.** *(Flugzeug)* in etwas stürzen; *(Auto)* gegen etwas fahren IV
3. abstürzen *(Flugzeug; Computer)* IV
crazy ['kreɪzi] verrückt IV **be crazy about sb./sth.** verrückt nach etwas/jm. sein V
cream [kriːm]:
1. Sahne I
2. Creme; Salbe VI 2 (32)
create [kri'eɪt] (er)schaffen, kreieren V
creative [kri'eɪtɪv] kreativ V
°**credible** ['kredəbl] glaubhaft
°**creepy** ['kriːpi] *(infml)* unheimlich
°**crescendo** [krə'ʃendəʊ] Crescendo *(Anwachsen der Lautstärke)*
°**crewed** [kruːd]: **be crewed by** *(Schiff)* als Besatzung haben
crib sheet ['krɪb ʃiːt] *(infml)* Spickzettel, Merkzettel II
cricket ['krɪkɪt] Cricket I
crime [kraɪm] Verbrechen; Kriminalität VI 2 (43)
°**criterion** [kraɪ'tɪəriən], *pl* **criteria** [kraɪ'tɪəriə] Kriterium
°**criticism** ['krɪtɪsɪzəm] Kritik
criticize sb. (for) ['krɪtɪsaɪz] jn. kritisieren (wegen) V
crocodile ['krɒkədaɪl] Krokodil V
crop [krɒp] (Feld-)Frucht VI 3 (58)
cross [krɒs]:
1. überqueren; sich kreuzen II
2. **cross (with sb.)** böse, sauer (auf jn.) V
crossword ['krɒswɜːd] Kreuzworträtsel III
crowd [kraʊd] (Menschen-)Menge II
crowded ['kraʊdɪd] voller Menschen; überfüllt III
crown [kraʊn]:
1. Krone II
2. krönen IV
cruel ['kruːl] grausam III
cruise [kruːz] Kreuzfahrt, Schiffsreise, Bootsfahrt III
crush [krʌʃ] zerquetschen, zerdrücken IV
cry [kraɪ] schreien; weinen II
cue [kjuː] Stichwort, Signal *(Theater)* III
cultural ['kʌltʃərəl] kulturell V
culture ['kʌltʃə] Kultur III
cup [kʌp]: **a cup of tea** eine Tasse Tee I **World Cup** Weltmeisterschaft III
cupboard ['kʌbəd] Schrank I
curious ['kjʊəriəs] wissbegierig, neugierig III
curl [kɜːl] Locke VI 1 (11)
curly ['kɜːli] lockig VI 1 (11)
currency ['kʌrənsi] Währung III
current ['kʌrənt] aktuelle(r, s), gegenwärtige(r, s) V
curry ['kʌri] Curry(gericht) III
curtain pole ['kɜːtn pəʊl] Gardinenstange VI 2 (33)
curve [kɜːv] Kurve, Bogen VI 3 (64) **°growth curve** Wachstumskurve
customs *(pl)* ['kʌstəmz] Bräuche, Gebräuche, Sitten V
cushion ['kʊʃn] Kissen VI 3 (65)
customer ['kʌstəmə] Kunde/Kundin VI 3 (64)
customize ['kʌstəmaɪz] anpassen, individuell einrichten VI 3 (57)
cut [kʌt], **cut, cut** schneiden II **Cut!** Schnitt! *(beim Filmen)* II **be cut off from sth.** von etwas abgeschnitten/abgetrennt sein IV
cute [kjuːt] niedlich, süß IV
CV (curriculum vitae) [ˌsiː 'viː], [kəˌrɪkjələm 'viːtaɪ] Lebenslauf V
cycle ['saɪkl] Rad fahren, mit dem Rad fahren V **go cycling** Rad fahren V
cyclist ['saɪklɪst] Radfahrer/in VI 2 (37)

D

dad [dæd] Papa, Vati I

dairy products *(pl)* ['deəri prɒdʌkts] Milchprodukte, Molkereiprodukte IV

dam [dæm] Damm, Staudamm IV

damage ['dæmɪdʒ] (be)schädigen, schaden V

dance [dɑːns]:
1. tanzen I
2. Tanz II

dance floor ['dɑːns flɔː] Tanzfläche I

dancer ['dɑːnsə] Tänzer/in II

danger ['deɪndʒə] Gefahr II

dangerous ['deɪndʒərəs] gefährlich I

dark [dɑːk]:
1. dunkel I
2. Dunkelheit III

darkness ['dɑːknəs] Dunkelheit, Finsternis III

darling ['dɑːlɪŋ] Schatz, Liebling III

data ['deɪtə] Daten VI 3 (57)

date [deɪt]:
1. Datum V **to date** bis heute, bis jetzt V
2. date sb. mit jm. gehen, mit jm. zusammen sein V

daughter ['dɔːtə] Tochter II

day [deɪ] Tag I **all day** den ganzen Tag II **day of the week** Wochentag I **get/have a day off** einen Tag frei bekommen/haben III **go on day trips** Tagesausflüge machen II

dead [ded] tot I

deadline ['dedlaɪn] (letzter) Termin V

deal with sth. [diːl], **dealt** [delt], **dealt** sich mit etwas beschäftigen; von etwas handeln VI 3 (54)

dear [dɪə]:
1. Oh dear! Oje! II
2. dear liebe(r, s) II

death [deθ] Tod III °**death penalty** Todesstrafe

debate [dɪ'beɪt]:
1. Debatte, Diskussion V
2. debate sth. über etwas debattieren V

December [dɪ'sembə] Dezember I

decent ['diːsnt] anständig V

decide [dɪ'saɪd] beschließen, sich entscheiden II

°**decipher** [dɪ'saɪfə] entschlüsseln

decision [dɪ'sɪʒn] Entscheidung III

deck [dek] Deck, Terrasse I

declare sth. [dɪ'kleə] etwas erklären, verkünden V

dedicated ['dedɪkeɪtɪd]: **be dedicated to** gewidmet sein *(einer Sache/Person)* IV

deep [diːp] tief II °**deep learning** *etwa: tiefgehendes (maschinelles) Lernen (zur Erzeugung künstlicher Intelligenz)*

deer [dɪə], *pl* **deer** Reh, Hirsch II

defend [dɪ'fend]: **defend sb./sth. (against sb./sth.)** jn./etwas verteidigen (gegen jn./etwas) II

define [dɪ'faɪn] definieren; charakterisieren, ausmachen VI 2 (30)

definitely ['defɪnətli] auf jeden Fall; (ganz) bestimmt VI 2 (46)

°**definition** [ˌdefɪ'nɪʃn] Definition, Begriffserklärung

degree [dɪ'griː] Grad IV

delete [dɪ'liːt] löschen; streichen VI 3 (57)

delicious [dɪ'lɪʃəs] köstlich, lecker II

deliver [dɪ'lɪvə] liefern, ausliefern VI 3 (52)

delivery [dɪ'lɪvəri]:
1. Vortragsweise IV:
2. Lieferung VI 3 (52)

demand [dɪ'mɑːnd] fordern, verlangen VI 2 (47)

democracy [dɪ'mɒkrəsi] Demokratie VI 2 (47)

°**democrat** ['deməkræt]: **the Democrats** *(pl)* die Demokraten *(amerik. Partei)*

°**democratic** [ˌdemə'krætɪk] demokratisch

demonstrate (for/against) ['demənstreɪt] (für/gegen etwas) demonstrieren VI 2 (47)

demonstration [ˌdemən'streɪʃn] Demonstration, Vorführung II

denim ['denɪm] Jeansstoff VI 1 (11)

dentist ['dentɪst] Zahnarzt/-ärztin II

deny [dɪ'naɪ] bestreiten, abstreiten; leugnen VI 1 (21)

deodorant [di'əʊdərənt] Deodorant V

depend on [dɪ'pend] abhängen von; angewiesen sein auf VI 3 (54)

dependent [dɪ'pendənt]: **be dependent on sb./sth.** von jm./etwas abhängig sein, auf jn./etwas angewiesen sein V

depict [dɪ'pɪkt] darstellen; abbilden VI 3 (55)

derogatory [dɪ'rɒgətri] *(fml)* abfällig, abwertend VI 2 (44)

describe sth. (to sb.) [dɪ'skraɪb] (jm.) etwas beschreiben II

description [dɪ'skrɪpʃn] Beschreibung III

descriptive [dɪ'skrɪptɪv] beschreibend V

desert ['dezət] Wüste IV

design [dɪ'zaɪn]:
1. entwerfen, konstruieren, entwickeln III
2. Design; Gestaltung; Konstruktion III **design and technology** Design und Technik I

designer [dɪ'zaɪnə] Designer/in II

desire [dɪ'zaɪə] Wunsch, Verlangen VI 1 (12)

desk [desk] Schreibtisch I

desperate ['despərət] verzweifelt VI 3 (55)

dessert [dɪ'zɜːt] Nachtisch, Nachspeise I

°**destination** [ˌdestɪ'neɪʃn] Reiseziel

destroy [dɪ'strɔɪ] zerstören II

detail ['diːteɪl] Detail, Einzelheit III °**go into detail** ins Detail gehen, auf Einzelheiten eingehen

determined [dɪ'tɜːmɪnd]: **be determined to do sth.** (fest) entschlossen sein, etwas zu tun V

develop [dɪ'veləp] entwickeln; sich entwickeln V

device [dɪ'vaɪs] Mittel; Gerät, Apparat VI 1 (15)

diagnose ['daɪəgnəʊz] diagnostizieren V

diagram ['daɪəgræm] Diagramm IV

dial ['daɪəl] wählen *(Telefonnummer)* VI 3 (67)

dialect ['daɪəlekt] Dialekt VI 1 (16)

dialogue ['daɪəlɒg] Dialog II

°**diarrhea** [ˌdaɪə'rɪə] *(AE; BE:* **diarrhoea***)* Durchfall

diary ['daɪəri] Tagebuch, Kalender I

dictionary ['dɪkʃənri] alphabetisches Wörterverzeichnis, Wörterbuch I

did [dɪd]:
1. *siehe* **do**
2. They did say eight o'clock. Sie haben wirklich acht Uhr gesagt. V **You did promise.** Du hast es doch versprochen. V

die [daɪ] sterben I **die off** aussterben VI 3 (58)

diet ['daɪət] Ernährung(sweise), Speiseplan; Diät V

differ ['dɪfə] sich unterscheiden, verschieden sein VI 1 (13)

difference ['dɪfrəns] Unterschied IV **make a difference** etwas bewirken, etwas bewegen V

different ['dɪfrənt] verschieden; anders I **it was no different** es war nicht anders III

difficult ['dɪfɪkəlt] schwierig, schwer III

difficulty ['dɪfɪkəlti] Schwierigkeit(en) V

dig (for sth.) [dɪg], **dug, dug** (nach etwas) graben V

digital ['dɪdʒɪtl] digital VI 3 (52)

dignified ['dɪgnɪfaɪd] würdevoll, würdig IV

°**dim** [dɪm] sich verdunkeln

diner ['daɪnə] *(AE)* *(kleines, preiswertes)* Restaurant IV

dining room ['daɪnɪŋ ruːm] Esszimmer I

dinner ['dɪnə] Abendessen, Abendbrot I **have dinner** zu Abend essen I

°**dip sth. into something** [dɪp] etwas in etwas stecken/eintauchen

diplomacy [dɪ'pləʊməsi] Diplomatie V

°**diplomat** ['dɪpləmæt] Diplomat/in

direct [də'rekt], [daɪ'rekt] direkt II

direction [də'rekʃn]:
1. Richtung VI 3 (68)
2. directions *(pl)* Wegbeschreibung(en) IV **ask for directions** nach dem Weg fragen IV **give sb. directions (to)** jm. den Weg beschreiben (zu/nach) IV

director [də'rektə]:
1. Leiter/in III
2. Regisseur/in II

dirty ['dɜːti] schmutzig II

disadvantage [ˌdɪsəd'vɑːntɪdʒ] Nachteil V

disagree (with) [ˌdɪsəˈgriː] anderer Meinung sein (als); nicht übereinstimmen (mit); nicht zustimmen V
disappear [ˌdɪsəˈpɪə] verschwinden II
disappearance [ˌdɪsəˈpɪərəns] Verschwinden; Aussterben VI 3 (60)
disappointed (with) [ˌdɪsəˈpɔɪntɪd] enttäuscht (von) IV
disco [ˈdɪskəʊ] Disko II
discover [dɪˈskʌvə] entdecken; herausfinden IV
discovery [dɪˈskʌvəri] Entdeckung IV
discriminate (against sb. / on sth.) [dɪˈskrɪmɪneɪt] jn. diskriminieren, jn. benachteiligen VI 1 (20)
discrimination (against) [dɪˌskrɪmɪˈneɪʃn] Diskriminierung (von) IV
discuss sth. [dɪˈskʌs] über etwas diskutieren, etwas besprechen V
discussion [dɪˈskʌʃn] Diskussion III
disease [dɪˈziːz] *(ansteckende)* Krankheit III
disgusting [dɪsˈgʌstɪŋ] ekelhaft, widerlich IV
dish [dɪʃ]:
1. Gericht (Speise) IV
2. **dishes** *(pl)*: **clear the dishes** das Geschirr abräumen III **wash the dishes** das Geschirr abwaschen, spülen II
dishcloth [ˈdɪʃklɒθ] Abwaschlappen, Spültuch VI 3 (54)
dishonest [dɪsˈɒnɪst] unehrlich V
dislike [dɪsˈlaɪk] nicht mögen, nicht leiden können III
dislikes [dɪsˈlaɪks]: **likes and dislikes** *(pl)* Vorlieben und Abneigungen I
°**disorder** [dɪsˈɔːdə] Unordnung; Störung, Krankheit
display [dɪˈspleɪ] Ausstellung, Vorführung, Schau VI 2 (44) **be on display** ausgestellt sein VI 2 (44)
disrespect [ˌdɪsrɪˈspekt] Respektlosigkeit, Missachtung VI 3 (69)
disrespectful [ˌdɪsrɪˈspektfl] respektlos V
distance [ˈdɪstəns] Distanz, Entfernung V
distant [ˈdɪstənt] (weit) entfernt, fern V
district [ˈdɪstrɪkt] Gegend, Bezirk, Viertel V
ditch [dɪtʃ] Graben III
dive in [daɪv‿ˈɪn] *(mit dem Kopf voran)* hineinspringen III
diversity [daɪˈvɜːsəti] Vielfalt, Verschiedenartigkeit VI 2 (44)
divide (into) [dɪˈvaɪd] (sich) teilen (in), (sich) aufteilen (in) IV
divorced [dɪˈvɔːst] geschieden I
dizzy [ˈdɪzi] schwindlig III
do [duː], **did, done** machen, tun I **do sport** Sport treiben I **Don't go.** Geh nicht. I **he doesn't have time** er hat keine Zeit I **It does look good on you.** Es steht dir echt gut. V **they do eat more** sie essen wirklich mehr V

doctor [ˈdɒktə] Arzt/Ärztin, Doktor II
°**document** [ˈdɒkjumənt] Dokument
documentary [ˌdɒkjuˈmentri] Dokumentarfilm IV
dog [dɒg] Hund I **walk the dog** mit dem Hund rausgehen, den Hund ausführen III
dollar [ˈdɒlə] Dollar IV
dolphin [ˈdɒlfɪn] Delfin III
dominant [ˈdɒmɪnənt] vorherrschend, dominant V
done [dʌn] *siehe* **do**
door [dɔː] Tür I
doorbell [ˈdɔːbel] Türklingel II
dorsal fin [ˌdɔːsl ˈfɪn] Rückenflosse III
°**dot** [dɒt] Pünktchen
dove [dʌv] Taube VI 1 (15)
down [daʊn] hinunter, herunter; nach unten I **down there** dort unten II **up and down** auf und ab; rauf und runter I
downhill [ˌdaʊnˈhɪl] bergab III
download [ˌdaʊnˈləʊd] herunterladen VI 3 (57)
downside [ˈdaʊnsaɪd] Kehrseite, Nachteil V
downstairs [ˌdaʊnˈsteəz] unten; nach unten *(im Haus)* I
downstream [ˌdaʊnˈstriːm] flussabwärts III
downtown [ˈdaʊntaʊn]: **in downtown New Orleans** *(AE)* im Zentrum von New Orleans IV
dozen [ˈdʌzn] Dutzend VI 3 (65)
draft [drɑːft] Entwurf II
drama [ˈdrɑːmə] Schauspiel; darstellende Kunst II
dramatic [drəˈmætɪk] dramatisch V
drank [dræŋk] *siehe* **drink**
draw [drɔː], **drew, drawn:**
1. zeichnen I
2. **draw attention to sth.** auf etwas aufmerksam machen; die Aufmerksamkeit auf etwas lenken VI 1 (19)
► S. 203 attention
drawing [ˈdrɔːɪŋ] Zeichnung I
drawn [drɔːn] *siehe* **draw**
dreadlocks *(pl)* [ˈdredlɒks] Rasta-Locken VI 1 (11)
dream [driːm]:
1. Traum I
2. träumen V
dreamy [ˈdriːmi] verträumt V
dress [dres]:
1. Kleid I
2. **be dressed** angezogen sein VI 1 (11) **dress up** sich verkleiden II; sich schick anziehen II
drew [druː] *siehe* **draw**
°**drill** [drɪl] bohren
drink [drɪŋk]:
1. **(drank, drunk)** trinken I **drinking fountain** *(bes. BE)* Trinkbrunnen
2. Getränk I
drive [draɪv], **drove, driven** *(mit dem Auto)* fahren II **driver's license** *(AE)*; **driving licence** *(BE)* Führerschein, Fahrerlaubnis IV
driven [ˈdrɪvn] *siehe* **drive**
drone [drəʊn] Drohne VI 3 (52)
°**drool** [druːl] sabbern
drop [drɒp] fallen III **drop sth.** etwas fallen lassen II
drought [draʊt] Dürre, Trockenheit IV
drove [drəʊv] *siehe* **drive**
drown [draʊn] ertrinken III
drum [drʌm] Trommel I **drums** *(pl)* Schlagzeug I **play the drums** Schlagzeug spielen I
drummer [ˈdrʌmə] Trommler/in; Schlagzeuger/in III
drunk [drʌŋk]:
1. *siehe* **drink**
2. betrunken VI 2 (32)
dry [draɪ] trocken III
dub [dʌb] synchronisieren *(Film)* V
dug [dʌg] *siehe* **dig**
°**dullness** [ˈdʌlnəs] Mattigkeit
during [ˈdjʊərɪŋ] während III
dust [dʌst] Staub IV
dusty [ˈdʌsti] staubig IV
DVD [ˌdiːviːˈdiː] DVD I
dynamic [daɪˈnæmɪk] dynamisch, aktiv, lebendig VI 2 (45)

E

each [iːtʃ] jeder, jede, jedes (einzelne) II
each other [iːtʃ‿ˈʌðə] sich (gegenseitig), einander III
ear [ɪə] Ohr I
early [ˈɜːli] früh I
earn [ɜːn] verdienen *(Geld)* III
earphones *(pl)* [ˈɪəfəʊnz] Ohrhörer, Kopfhörer II
earring [ˈɪərɪŋ] Ohrring IV
earth [ɜːθ] Erde *(der Planet)* II **on earth** auf der Erde II
earthquake [ˈɜːθkweɪk] Erdbeben VI 1 (22)
east [iːst] Osten; nach Osten; östlich III **eastbound** [ˈiːstbaʊnd] Richtung Osten III
Easter [ˈiːstə] Ostern III
eastern [ˈiːstən] östlich, Ost- III
easy [ˈiːzi] leicht, einfach I
easy-going [ˌiːziˈgəʊɪŋ] locker, unbeschwert, gelassen V
eat [iːt], **ate, eaten** essen I
eaten [ˈiːtn] *siehe* **eat**
ecology [iˈkɒlədʒi] Ökologie IV
economically [ˌiːkəˈnɒmɪkli] ökonomisch, sparsam VI 3 (61)
edge [edʒ] Rand, Kante III
edit [ˈedɪt] bearbeiten; schneiden *(Film, Video)* I

editor ['edɪtə] Redakteur/in; Herausgeber/in III
education [ˌedʒu'keɪʃn] (Schul-, Aus-)Bildung; Erziehung III
°**EEC (European Economic Community)** EWG (Europäische Wirtschaftsgemeinschaft)
eerie ['ɪəri] unheimlich, gespenstisch VI 2 (45)
effect [ɪ'fekt] (Aus-)Wirkung (auf) IV
effective [ɪ'fektɪv] effektiv, wirkungsvoll VI 2 (43)
effectiveness [ɪ'fektɪvnəs] Wirksamkeit, Effektivität VI 3 (60)
e.g. [ˌiː 'dʒiː] z.B. (zum Beispiel) II
egg [eg] Ei II
eight [eɪt] acht I
either ['aɪðə], ['iːðə]: **not ... either** auch nicht II
► S. 199 English "nor" – German "auch nicht"
elect sb. [ɪ'lekt] jn. wählen VI 2 (47)
elections *(pl)* [ɪ'lekʃnz] Wahlen V
electric [ɪ'lektrɪk] elektrisch, Elektro- VI 3 (54)
electricity [ɪˌlek'trɪsəti] Elektrizität, Strom VI 3 (54)
electronic [ɪˌlek'trɒnɪk] elektronisch III
element ['elɪmənt] Element III
elephant ['elɪfənt] Elefant I
elevator ['elɪveɪtə] *(bes. AE)* Fahrstuhl, Aufzug, Lift IV
eleven [ɪ'levn] elf I
eliminate [ɪ'lɪmɪneɪt] abschaffen, beseitigen, eliminieren VI 1 (18)
else [els]: **anything else** sonst noch etwas III **everybody else** alle anderen; sonst jeder III **no one else** niemand anders; niemand sonst III **someone else** jemand anders III °**somewhere else** anderswo **what else?** was (sonst) noch? III **who else?** wer (sonst) noch? III
email ['iːmeɪl] E-Mail I
embarrass sb. [ɪm'bærəs] jn. in Verlegenheit bringen V
embarrassed [ɪm'bærəst] verlegen; peinlich berührt VI 2 (37)
embarrassing [ɪm'bærəsɪŋ] peinlich V
embrace [ɪm'breɪs] annehmen, mit offenen Armen begrüßen; (sich) umarmen VI 2 (44)
emergency [ɪ'mɜːdʒənsi] Notfall, Not- IV
emigrate ['emɪgreɪt] auswandern, emigrieren III
°**emoticon** [ɪ'məʊtɪkɒn] Emoticon
emotion [ɪ'məʊʃn] Gefühl, Emotion V
emotional [ɪ'məʊʃənl] emotional; gefühlsbetont IV
emphasis ['emfəsɪs] Betonung, Hervorhebung VI 2 (43)
emphasize ['emfəsaɪz] betonen, hervorheben VI 2 (43)
emphatic [ɪm'fætɪk] nachdrücklich, eindringlich, emphatisch VI 1 (21)
°**emptiness** ['emptinəs] Leere

empty ['empti] leer III
encore ['ɒŋkɔː] Zugabe II
encourage [ɪn'kʌrɪdʒ] ermutigen V
end [end]:
1. Ende, Schluss I **in the end** schließlich, am Ende, zum Schluss V
2. enden; beenden III **end up doing sth.** schließlich etwas tun V
ending ['endɪŋ] Ende, (Ab-)Schluss I
endless ['endləs] endlos IV
enemy ['enəmi] Feind/in II
energy ['enədʒi] Energie, Kraft III
engaging [ɪn'geɪdʒɪŋ] fesselnd *(Literatur, Film u.Ä.)* VI 2 (40)
engine ['endʒɪn] Motor, Maschine IV
engineer [ˌendʒɪ'nɪə] Ingenieur/in III
English ['ɪŋglɪʃ] Englisch; englisch I
in English auf Englisch I
enjoy [ɪn'dʒɔɪ] genießen III **Enjoy yourself.** Viel Spaß! / Amüsiere dich gut! III
enjoyable [ɪn'dʒɔɪəbl] angenehm, unterhaltsam VI 2 (43)
enormous [ɪ'nɔːməs] riesig, gewaltig, enorm VI 2 (40)
enough [ɪ'nʌf] genug I
ensure [ɪn'ʃʊə, ɪn'ʃɔː] gewährleisten, sicherstellen VI 3 (58)
enter ['entə]:
1. betreten, hineingehen in II
2. **enter sth.** etwas eingeben, eintragen V
entertaining [ˌentə'teɪnɪŋ] unterhaltsam, amüsant, kurzweilig VI 2 (43)
entertainment [ˌentə'teɪnmənt] Unterhaltung III
enthusiastic [ɪnˌθjuːzi'æstɪk] begeistert VI 2 (37)
entire [ɪn'taɪə] ganze(r, s) VI 1 (18)
entry ['entri]:
1. Eintrag, Eintragung *(im Tagebuch, Wörterbuch)* II
2. Eintritt, Zutritt III
environment [ɪn'vaɪrənmənt] Umwelt IV
equal ['iːkwəl] gleich(gestellt) V
equipment *(no pl)* [ɪ'kwɪpmənt] Ausrüstung III
erode [ɪ'rəʊd] abtragen, erodieren, auswaschen *(Boden)* VI 1 (22)
escape [ɪ'skeɪp]:
1. fliehen III
2. Flucht III
especially [ɪ'speʃli] besonders, vor allem II
► S. 200 Intensifying adverbs
etc. (et cetera) [et'setərə] usw. (und so weiter) II
EU, the [ˌiː 'juː] die Europäische Union II
euro ['jʊərəʊ] Euro III
Europe ['jʊərəp] Europa III
European Union, the [ˌjʊərəpiːən 'juːniən] die Europäische Union III
eurozone ['jʊərəʊzəʊn] Eurozone III
evacuate [ɪ'vækjueɪt] evakuieren IV

°**evaluate** [ɪ'væljueɪt] bewerten, einschätzen
°**evaluation** [ɪˌvælju'eɪʃn] Bewertung, Beurteilung
even ['iːvn] sogar II **not even** (noch) nicht einmal II **even if** selbst wenn II **even though** auch wenn; obwohl IV
evening ['iːvnɪŋ] Abend I **in the evening** abends, am Abend I **this evening** heute Abend II
event [ɪ'vent] Ereignis II
eventful [ɪ'ventfl] ereignisreich IV
eventually [ɪ'ventʃuəli] schließlich, letzten Endes VI 2 (40)
ever ['evə] jemals II **better than ever** besser als je zuvor II **for ever** (für) immer; ewig II
every day/colour/boat ['evri] jeder Tag / jede Farbe / jedes Boot I
everybody ['evribɒdi] jeder; alle I
everyday ['evrideɪ] Alltags- I
everyone ['evriwʌn] jeder; alle I
everything ['evriθɪŋ] alles II
everywhere ['evriweə] überall II
evolution [ˌiːvə'luːʃn] Evolution V
ex- [eks] Ex-; ehemalige(r, s) V
exact [ɪg'zækt] genau III
exactly [ɪg'zæktli] genau III
exam [ɪg'zæm] Prüfung V **take an exam** eine Prüfung machen/ablegen
examine [ɪg'zæmɪn] untersuchen VI 1 (19)
example [ɪg'zɑːmpl] Beispiel II
excellent ['eksələnt] ausgezeichnet, hervorragend IV
except [ɪk'sept] außer, bis auf II
excerpt (from) ['eksɜːpt] Auszug (aus) V
exchange [ɪks'tʃeɪndʒ] Austausch, Austausch- V
excited [ɪk'saɪtɪd] aufgeregt, gespannt I
excitement [ɪk'saɪtmənt] Aufregung, Begeisterung VI 1 (22)
exciting [ɪk'saɪtɪŋ] aufregend, spannend I
exclamation mark [ˌekskləˈmeɪʃn mɑːk] Ausrufezeichen II
exclusive [ɪk'skluːsɪv] exklusiv; ausschließlich VI 3 (67)
excuse [ɪk'skjuːs] Ausrede; Entschuldigung VI 3 (67)
Excuse me, ... [ɪk'skjuːz miː] Entschuldigung, ... / Entschuldigen Sie, ... II
excused [ɪk'skjuːzd] entschuldigt IV
exercise ['eksəsaɪz]:
1. Aufgabe, Übung I
2. *(no pl)* Bewegung, (körperliches) Training VI 2 (46)
exercise book ['eksəsaɪz bʊk] Schulheft, Übungsheft I
exhibition [ˌeksɪ'bɪʃn] Ausstellung; Messe VI 2 (44)
exist [ɪg'zɪst] existieren VI 1 (18)
°**existential** [ˌegzɪ'stenʃəl] existenzielle(r, s)
exotic [ɪg'zɒtɪk] exotisch V
expect [ɪk'spekt] erwarten III

expensive [ɪk'spensɪv] teuer I
experience [ɪk'spɪəriəns]:
1. Erfahrung(en) III
2. erfahren, erleben IV
experienced [ɪk'spɪəriənst] erfahren V
experiment [ɪk'sperɪmənt] Experiment V
expert ['ekspɜːt] Experte/Expertin IV
explain sth. to sb. [ɪk'spleɪn] jm. etwas erklären, erläutern I
explanation [ˌeksplə'neɪʃn] Erklärung IV
explicit [ɪk'splɪsɪt] ausdrücklich, explizit, deutlich VI 3 (69)
► S. 222 explicit – explicitly
°**explosion** [ɪk'spləʊʒn] Explosion
explore [ɪk'splɔː] erkunden, erforschen III
export ['ekspɔːt] Export, Ausfuhr III
export [ɪk'spɔːt] ausführen, exportieren VI 3 (57)
express [ɪk'spres] ausdrücken, zum Ausdruck bringen V
expression [ɪk'spreʃn] Ausdruck III
expressive [ɪk'spresɪv] ausdrucksstark, aussagekräftig VI 1 (21)
extra ['ekstrə] zusätzlich IV
°**extract** ['ekstrækt] Auszug
°**extract** [ɪk'strækt] extrahieren, gewinnen
extraordinary [ɪk'strɔːdnri] außergewöhnlich III
extremely [ɪk'striːmli] äußerst, höchst IV
► S. 200 Intensifying adverbs
eye [aɪ] Auge I
eyedrops *(pl)* ['aɪdrɒps] Augentropfen VI 2 (32)

F

face [feɪs]:
1. Gesicht I °**face paint** Gesichtsbemalung **with a straight face** ohne eine Miene zu verziehen VI 2 (35)
2. face sth. vor etwas stehen; mit etwas konfrontiert werden *(Problem)* V
facial ['feɪʃl]: **facial expression** Gesichtsausdruck, Mimik III °**facial recognition** Gesichtserkennung
facilities *(pl)* [fə'sɪlətiz] Einrichtungen, Ausstattung, Anlage(n), Angebot(e) V
fact [fækt] Tatsache, Fakt III **in fact** eigentlich, in Wirklichkeit III °**as a matter of fact** in der Tat
factor ['fæktə] Faktor VI 3 (58)
factory ['fæktri] Fabrik IV
factual ['fæktʃʊəl] sachlich; faktisch; den Tatsachen entsprechend VI 1 (21)
°**fade** [feɪd] verblassen, ausbleichen
Fahrenheit (F) ['færənhaɪt] Fahrenheit IV
fail [feɪl]: **fail (to do sth.)** versagen, scheitern (beim Versuch, etwas zu tun) V **fail (a test)** nicht bestehen *(Test, Prüfung)*; durchfallen IV
faint [feɪnt]: **I'm feeling faint.** Mir ist schwindelig. IV
fair [feə]:
1. fair, gerecht I
2. Ausstellung, Messe V
fairly ['feəli] ziemlich IV
fall [fɔːl], **fell, fallen** fallen, stürzen; hinfallen I **fall asleep** einschlafen I **fall in love (with sb.)** sich (in jn.) verlieben V
fallen ['fɔːlən] *siehe* **fall**
false [fɔːls] falsch III
familiar [fə'mɪliə] vertraut V
family ['fæməli] Familie I **a family of four** eine vierköpfige Familie III **the Bell family** (die) Familie Bell I **family tree** (Familien-)Stammbaum I **host family** Gastfamilie II
famine ['fæmɪn] Hungersnot III
famous (for) ['feɪməs] berühmt (für, wegen) II
fan [fæn] Fan, Anhänger/in I
fancy sth. ['fænsi] *(infml)* Lust auf / zu etwas haben IV
fantastic [fæn'tæstɪk] fantastisch I
fantasy ['fæntəsi] fantastische Literatur VI 2 (43)
far [fɑː] weit (entfernt) I **so far** bis jetzt; bis hierher II
farm [fɑːm] Bauernhof, Farm I
farmer ['fɑːmə] Bauer/Bäuerin, Landwirt/in I
farmhouse ['fɑːmhaʊs] Bauernhaus III
fashion ['fæʃn] Mode II
fast [fɑːst] schnell I **be fast** vorgehen *(Uhr)* III
fat [fæt] dick, fett I
father ['fɑːðə] Vater I
fault [fɔːlt] Schuld, Fehler III
favourite ['feɪvərɪt]: **my favourite animal** mein Lieblingstier I
feature article ['fiːtʃər‿ˌɑːtɪkl] Sonderbericht, Sonderbeitrag VI 3 (58)
February ['februəri] Februar I
fed [fed] *siehe* **feed**
°**federal** ['fedərəl] Bundes-
feed [fiːd], **fed, fed** füttern I **feeding time** Fütterungszeit I **feed on sth.** sich von etwas ernähren V
feedback *(no pl)* ['fiːdbæk] Rückmeldung, Feedback III
feel [fiːl], **felt, felt** fühlen; sich fühlen I; sich anfühlen III **I feel sick.** Mir ist schlecht. II **I don't feel well** Ich fühle mich nicht gut. / Mir geht's nicht gut. II
feeling ['fiːlɪŋ] Gefühl I
feet [fiːt] *Plural von* **foot** II
fell [fel] *siehe* **fall**
felt [felt] *siehe* **feel**
felt craft ['felt krɑːft] Filzen V
felt pen [felt 'pen] Filzstift II
female ['fiːmeɪl] weiblich; weibliche Person; Weibchen V
fence [fens] Zaun II
ferry ['feri] Fähre I
festival ['festɪvl] Fest, Festival II
few [fjuː]: **a few** ein paar, einige II
► S. 214 German "wenig, weniger, am wenigsten"
fewer ['fjuːə] weniger VI 2 (50)
fewest ['fjuːɪst] am wenigsten VI 2 (50)
fiction ['fɪkʃn] Prosaliteratur, Belletristik; Fiktion VI 2 (40)
fictional ['fɪkʃənl] fiktiv, erfunden VI 2 (40)
field [fiːld] Feld, Acker, Weide II
fight [faɪt]:
1. (fought, fought) kämpfen I **fight sb.** jn. bekämpfen II
2. Kampf, Schlägerei III
fighter ['faɪtə] Kämpfer/in II
figure ['fɪɡə]:
1. Zahl, Ziffer III
2. Figur, Gestalt III
file [faɪl]: **background file** *Hintergrundinformation(en)* I **grammar file** *Zusammenfassung der Grammatik jeder Unit* I **skills file** *Übersicht über Lern- und Arbeitstechniken* I
fill [fɪl] füllen III **fill in a form** ein Formular ausfüllen V
film [fɪlm]:
1. filmen I
2. Film I
°**film-maker** ['fɪlmˌmeɪkə] Filmemacher/in
filthy ['fɪlθi] schmutzig, dreckig IV
fin [fɪn] Flosse III **dorsal fin** Rückenflosse III
final ['faɪnl]:
1. Finale, Endspiel I
2. letzte(r, s), End- III
finally ['faɪnəli] endlich, schließlich III
find [faɪnd], **found, found** finden I **Find someone who ...** Finde jemanden, der ... I **find sth. out** etwas herausfinden II
fine [faɪn]:
1. fein II **Fine, thanks.** Gut, danke. I **That's fine by me.** Das soll mir recht sein. / Von mir aus gern. V
2. Geldstrafe VI 1 (20)
finger ['fɪŋɡə] Finger II
°**fingernail** ['fɪŋɡəneɪl] Fingernagel
finish ['fɪnɪʃ]:
1. enden I
2. finish sth. etwas beenden; mit etwas fertig werden/sein I **We're finished.** Wir sind fertig. I
fire ['faɪə] Feuer II
fire department ['faɪə dɪˌpɑːtmənt] *(AE)* Feuerwehr IV
firefighter ['faɪəfaɪtə] Feuerwehrmann/-frau IV
fireplace ['faɪəpleɪs] Kamin II
firework ['faɪəwɜːk] Feuerwerkskörper II **fireworks** *(pl)* Feuerwerk II
firmly ['fɜːmli] bestimmt, entschieden, nachdrücklich VI 3 (70)
first [fɜːst] zuerst, als Erstes I **at first** zuerst, anfangs, am Anfang II **first name** Vorname IV **the first day** der

erste Tag I **First Aid** Erste Hilfe V **first-person narrative** Ich-Erzählung V
Firstly, … ['fɜːstli] Erstens … V
fish [fɪʃ]:
1. *pl* **fish** Fisch I
2. fischen, angeln V **fish sth. out** etwas herausfischen III
fishing ['fɪʃɪŋ]:
1. Fischerei III
2. **go fishing** angeln; angeln gehen IV
°**fissure** ['fɪʃə] Spalt, Riss
fit in [ˌfɪt_'ɪn] sich einfügen, seinen Platz finden; hineinpassen V
five [faɪv] fünf I
flag [flæg] Fahne, Flagge II °**fly a flag** flaggen
flagpole ['flægpəʊl] Flaggenmast, Fahnenmast VI 2 (33)
flame [fleɪm] Flamme IV
flash [flæʃ]:
1. Lichtblitz II **a flash of lightning** ein Blitz II
2. **flash through sb.'s mind** jm. durch den Kopf schießen IV
flat [flæt]:
1. Wohnung I
2. flach, eben V
flew [fluː] *siehe* **fly**
flight [flaɪt] Flug V **flight attendant** Flugbegleiter/in V
flood [flʌd]:
1. überfluten, überschwemmen V
2. Flut, Überschwemmung V
floodlight ['flʌdlaɪt] Flutlicht(lampe) IV
floor [flɔː]:
1. Fußboden I
2. Stock(werk) II
flour ['flaʊə] Mehl IV
flow [fləʊ] fließen IV
flower ['flaʊə] Blume; Blüte II
flown [fləʊn] *siehe* **fly**
°**fluid** ['fluːɪd] Flüssigkeit
°**flushed** [flʌʃt] gerötet
fly [flaɪ]:
1. Fliege V
2. **(flew, flown)** fliegen II °**fly a flag** flaggen
flying fox [ˌflaɪɪŋ 'fɒks] Flughund V
focus ['fəʊkəs]:
1. **focus (on sth.)** sich (auf etwas) konzentrieren V
2. **out of focus** unscharf *(Foto)* V
3. Mittelpunkt, Schwerpunkt VI 1 (19)
°**fog** [fɒg] Nebel
fold [fəʊld] falten V
folk [fəʊk] *(pl, infml)* Leute III
follow ['fɒləʊ] folgen I **Follow me.** Folg(t) mir. I
font [fɒnt] Schrift(art) VI 1 (17)
food [fuːd] Essen; Lebensmittel; Futter I °**food court** Food-Court *(Sammlung von Restaurants und Imbissen innerhalb eines Gebäudes)*
foot [fʊt], *pl* **feet** [fiːt]:
1. Fuß II
2. Fuß *(Längenmaß; ca. 30 cm)* IV
football ['fʊtbɔːl] Fußball I
footprint ['fʊtprɪnt] Fußabdruck II
footstep ['fʊtstep] Schritt IV
for [fɔː], [fə] für I **for ever** (für) immer; ewig II **for example** zum Beispiel II **for hours/weeks/…** seit Stunden/Wochen/… III **for miles** meilenweit II **for now** einstweilen, vorerst, fürs Erste VI 2 (40) **for the first time** zum ersten Mal III **What's for lunch?** Was gibt es zum Mittagessen? I **What's for homework?** Was haben wir als Hausaufgabe auf? I
force sb. to do sth. [fɔːs] jn. zwingen, etwas zu tun; jn. dazu bringen, etwas zu tun IV
foreground ['fɔːgraʊnd] Vordergrund I
foreign ['fɒrən] fremd, ausländisch IV **foreign language** Fremdsprache IV
foreigner ['fɒrənə] Ausländer/in; Fremde(r) V
forest ['fɒrɪst] Wald II
forever [fər'evə] (für) immer; ewig IV
forget [fə'get], **forgot, forgotten** vergessen I
forgot [fə'gɒt] *siehe* **forget**
forgotten [fə'gɒtn] *siehe* **forget**
for instance [fər_'ɪnstəns] zum Beispiel VI 3 (55)
fork [fɔːk] Gabel II
form [fɔːm]:
1. Form I
2. bilden, formen III
3. Formular V
formal ['fɔːml] formell, förmlich V
format ['fɔːmæt] formatieren *(Text am Computer)* VI 1 (17)
former ['fɔːmə] ehemalige(r, s), frühere(r, s) V
fortunately ['fɔːtʃənətli] glücklicherweise V
forward(s) ['fɔːwəd], ['fɔːwədz] vorwärts, nach vorn, voran VI 2 (50) **look forward to sth.** sich auf etwas freuen II
fought [fɔːt] *siehe* **fight**
foul [faʊl] Foul III
found [faʊnd]:
1. *siehe* **find**
2. gründen III
fountain ['faʊntən]: **water fountain** *(bes. AE)*; **drinking fountain** *(bes. BE)* Trinkbrunnen IV
four [fɔː] vier I **a family of four** eine vierköpfige Familie III
fox [fɒks] Fuchs V
°**fracking** ['frækɪŋ] hydraulische Frakturierung
°**fracture** ['fræktʃə] Bruch
°**fracturing** ['fræktʃərɪŋ] hydraulische Frakturierung
free [friː]:
1. frei I **free time** Freizeit, freie Zeit I **free-time activities** Freizeitaktivitäten I **free kick** Freistoß III
2. kostenlos II
freeze [friːz], **froze, frozen** (ge)frieren, zufrieren; einfrieren IV **It's freezing.** Es ist sehr kalt. V
French [frentʃ] Französisch I
frequency ['friːkwənsi] Häufigkeit VI 3 (56)
fresh [freʃ] frisch II
Friday ['fraɪdeɪ] Freitag I
fridge [frɪdʒ] Kühlschrank V
friend ['frend] Freund/in I **friend request** Freundschaftsanfrage VI 3 (57)
friendly ['frendli] freundlich
friendship ['frendʃɪp] Freundschaft V
fries *(pl)* [fraɪz] Pommes frites II
frightened ['fraɪtnd] verängstigt V
frog [frɒg] Frosch I
from [frɒm], [frəm] aus, von I **from … to …** von … bis … I
front [frʌnt]:
1. Vorderseite I
2. **in front of** vor *(räumlich)*
3. **to the front** nach vorne II
4. Front V
frown [fraʊn] die Stirn runzeln II
froze [frəʊz] *siehe* **freeze**
frozen ['frəʊzn]:
1. *siehe* **freeze**
2. tiefgekühlt IV
fruit [fruːt] Obst, Früchte; Frucht I **fruit salad** Obstsalat I
°**frustration** [frʌ'streɪʃn] Frustration
fry [fraɪ] braten *(in der Pfanne)* IV
frying pan ['fraɪɪŋ pæn] Bratpfanne IV
°**fuel** ['fjuːəl] Treibstoff
full (of) [fʊl] voll I **full sentence** ganzer Satz II
full stop [ˌfʊl 'stɒp] Punkt II
fumes *(pl)* [fjuːmz] Dämpfe, Abgase, Schwaden IV
fun [fʌn] Spaß I **have fun** Spaß haben, sich amüsieren I **make fun of sb./sth.** sich über jn./etwas lustig machen III **That sounds fun.** Das klingt nach Spaß. I **Was it fun?** Hat es Spaß gemacht? I
function ['fʌŋkʃn] Funktion VI 1 (17)
funeral ['fjuːnərəl] Trauerfeier III
funny ['fʌni] witzig, komisch I
fun park ['fʌn pɑːk] Vergnügungspark II
fur [fɜː] Fell; Pelz V
furious (with/at sb.) ['fjʊəriəs] wütend, zornig (auf jn.); wutentbrannt V
furniture *(no pl)* ['fɜːnɪtʃə] Möbel III **The furniture is new.** Die Möbel sind neu. III **a piece of furniture** ein Möbel(stück) III
further ['fɜːðə] weiter II
furthermore [ˌfɜːðə'mɔː] außerdem, ferner; des Weiteren V
furthest ['fɜːðɪst] am weitesten II
future ['fjuːtʃə]:
1. Zukunft II
2. zukünftige(r, s) II

G

°**gadget** ['gædʒɪt] Apparat, Gerät
°**gain** [geɪn] gewinnen
°**gait** [geɪt] Gang(art)
gallery ['gæləri] Galerie III
°**gallon** ['gælən] 3,785 Liter (US); 4,546 Liter (UK)
gallop ['gæləp]:
1. Galopp IV
2. galoppieren IV
game [geɪm] Spiel I
gap [gæp] Lücke V **gap year** Brückenjahr *(zwischen Schule und Studium)* V
garage ['gærɑːʒ], ['gærɪdʒ] Garage I
garbage ['gɑːbɪdʒ] *(AE)* Müll, Abfall IV
garden ['gɑːdn] Garten I
gardener ['gɑːdnə] Gärtner/in IV
gardening ['gɑːdnɪŋ] Gärtnern, Gartenarbeit I
garlic ['gɑːlɪk] Knoblauch IV
gas [gæs]:
1. *(AE)* Benzin VI 2 (46) **gas station** Tankstelle VI 2 (46)
°2. Gas
gate [geɪt] Tor, Pforte, Gatter II
gave [geɪv] *siehe* **give**
gay [geɪ] schwul, lesbisch VI 1 (16)
gaze [geɪz] blicken, starren IV
gel [dʒel] Gel II
gender ['dʒendə] Geschlechtsidentität des Menschen als soziale Kategorie VI 1 (18)
gene [dʒiːn] Gen VI 1 (22)
general ['dʒenrəl] allgemeine(r, s) VI 1 (20) **in general** im Allgemeinen VI 3 (56)
generation [ˌdʒenəˈreɪʃn]:
1. Generation IV
2. Erzeugung VI 3 (59)
generous ['dʒenərəs] großzügig V
genetic [dʒəˈnetɪk] genetisch VI 1 (22)
genetics [dʒəˈnetɪks] Genetik VI 1 (22)
genre ['ʒɑːnrə] Gattung, Genre VI 2 (43)
gentle ['dʒentl] sanft(mütig) VI 1 (15)
gently ['dʒentli] behutsam, sanft III
geography [dʒiˈɒgrəfi] Geografie I
German ['dʒɜːmən] Deutsch; deutsch I **in German** auf Deutsch I
gesture ['dʒestʃə] Geste, Handbewegung V
get [get], **got, got:**
1. bekommen I **Did you get it?** *(infml)* Hast du es mitbekommen/verstanden? I **get paid** Geld bekommen III **get sth.** (sich) etwas besorgen, (sich) etwas holen II
2. gelangen, (hin)kommen I **get in touch (with sb.)** (mit jm.) Kontakt aufnehmen; sich (mit jm.) in Verbindung setzen II **get in(to) a car** in ein Auto einsteigen II **get into trouble** in Schwierigkeiten geraten, Ärger kriegen III **get on a bus/train/plane** in einen Bus/Zug, in ein Flugzeug einsteigen II **get off a bus/boat** aus einem Bus/Boot aussteigen I **get out of a car** aus einem Auto aussteigen II **get to know sb.** jn. kennenlernen V
3. **get on** vorankommen, zurechtkommen II
4. **get up** aufstehen I
5. **get angry/cold/...** wütend/kalt/... werden I **get ready (for)** sich fertig machen (für), sich vorbereiten (auf) II
ghost [gəʊst] Geist, Gespenst I
giant ['dʒaɪənt]:
1. Riese III
2. riesig, Riesen- IV
gift [gɪft] Geschenk; Gabe V **gift voucher** Geschenkgutschein V
giggle ['gɪgl] kichern VI 2 (35)
giraffe [dʒəˈrɑːf] Giraffe I
girl [gɜːl] Mädchen I
girlfriend ['gɜːlfrend] Freundin III
gist [dʒɪst]: **the gist** das Wesentliche; die Kernaussage(n) VI 3 (69)
give [gɪv], **gave, given:** geben I **give a talk (about)** einen Vortrag / eine Rede halten (über) I **give sb. a lift** jn. mitnehmen II **give sb. a hug** jn. umarmen II **give up** aufgeben III **give sb. a hard time** jn. fertig machen, jm. einheizen III **give sb. directions (to)** jm. den Weg beschreiben (zu/nach) IV
given ['gɪvn] *siehe* **give**
glad [glæd] froh, dankbar III
glance (at) [glɑːns] einen (kurzen) Blick werfen (auf) VI 3 (64)
glass [glɑːs] Glas II **a glass of water** ein Glas Wasser II
glasses *(pl)* ['glɑːsɪz] (eine) Brille II
°**gleaming** ['gliːmɪŋ] schimmernd, glänzend
global ['gləʊbl] global V **global warming** Erderwärmung, Erwärmung der Erdatmosphäre V
globe [gləʊb] Globus VI 3 (52)
glove [glʌv] Handschuh II
glue [gluː] Klebstoff I
glue stick ['gluː stɪk] Klebestift I
glum [glʌm] niedergeschlagen IV
go [gəʊ]:
1. **(went, gone)** gehen; fahren I **go by** *(time)* vergehen, vorübergehen *(Zeit)* III **go down** untergehen *(Sonne)* I **go for a walk** spazieren gehen, einen Spaziergang machen I **go green/hard/...** grün/hart/... werden II **go in** hineingehen II **go on 1.** weiterreden, fortfahren; weitermachen I **2.** im Gang sein; andauern III **go on day trips** Tagesausflüge machen II **go red** rot werden, erröten II **go together** zusammenpassen, zueinander passen III **go with sth.** zu etwas gehören, zu etwas passen I **Here we go.** Los geht's. / Jetzt geht's los. I **I'm going to sing a song.** Ich werde ein Lied singen. / Ich habe vor ein Lied zu singen. II
2. **Have a go.** Versuch's mal. I
goal [gəʊl]:
1. Tor *(Sport)* III **goal net** Tornetz III **goalkeeper** ['gəʊlkiːpə] Torwart, Torfrau III
2. Ziel V
goat [gəʊt] Ziege II
God [gɒd] Gott III
go-kart ['gəʊ kɑːt] Gokart II
gold [gəʊld]:
1. Gold I
2. golden, Gold- II
golden ['gəʊldən] golden IV
gone [gɒn] *siehe* **go** **be gone** weg sein, nicht (mehr) da sein III
good [gʊd]:
1. gut I **be good at kung fu** gut sein in Kung-Fu; gut Kung-Fu können I **Good luck!** Viel Glück! I **Good morning.** Guten Morgen. I
2. brav II
Goodbye. [ˌgʊdˈbaɪ] Auf Wiedersehen. I
good-looking [ˌgʊdˈlʊkɪŋ] gutaussehend II
goods *(pl)* [gʊdz] Waren, Güter I
got [gɒt]:
1. *siehe* **get**
2. **Have you got ...?** Haben Sie ...? / Hast du ...? / Habt ihr ...? II
govern ['gʌvən] regieren IV
government ['gʌvənmənt] Regierung III
°**governor** ['gʌvənə] Gouverneur/in
grab [græb] schnappen, packen III **grab sb.'s attention** jemandes Aufmerksamkeit erregen/gewinnen VI 1 (19) ▶ S. 203 attention
grade [greɪd]:
1. *(AE)* Jahrgangsstufe, Klasse IV
2. *(bes. AE)* (Schul-)Note, Zensur IV
graffiti [grəˈfiːti] Graffiti IV
°**grain** [greɪn] Korn, Getreide
gram (g) [græm] Gramm II
grammar file ['græmə ˌfaɪl] *Zusammenfassung der Grammatik* I
grandfather ['grænfɑːðə] Großvater I
grandma ['grænmɑː] Oma I **at Grandma's (house/flat)** bei Oma II
grandmother ['grænmʌðə] Großmutter I
grandpa ['grænpɑː] Opa I
grandparents *(pl)* ['grænpeərənts] Großeltern I
granite ['grænɪt] Granit IV
graphics *(pl)* ['græfɪks] Grafiken IV
grass [grɑːs] Gras; Rasen II
grave [greɪv] Grab II
gravestone ['greɪvstəʊn] Grabstein III
great [greɪt] großartig I
great-grandfather [ˌgreɪtˈgrænfɑːðə] Urgroßvater IV
great-grandmother [ˌgreɪtˈgrænmʌðə] Urgroßmutter IV
green [griːn] grün I
greenhouse ['griːnhaʊs] Gewächshaus, Treibhaus V
greet sb. [griːt] jn. begrüßen VI 2 (33)
greeting ['griːtɪŋ] Begrüßung VI 2 (33)

grew [gruː] *siehe* **grow**

grey *(BE)*; **gray** *(AE)* [greɪ] grau I

°**gringo** ['grɪŋgəʊ] Gringo *(in Südamerika: Ausländer, bes. Weißer)*

gripping ['grɪpɪŋ] spannend, fesselnd VI 2 (43)

groan [grəʊn]:
1. Stöhnen II
2. stöhnen II

ground [graʊnd]:
1. (Erd-)Boden II
2. **ground sb.** jm. Hausarrest/Ausgehverbot erteilen III

grounds *(pl)* [graʊndz] Gelände IV

group (of) [gruːp] Gruppe I

grow [grəʊ], **grew, grown**:
1. anbauen, anpflanzen I
2. wachsen II **grow closer to sb.** jm. näherkommen VI 2 (40) **grow smaller/old/...** (allmählich) kleiner/alt/... werden VI 2 (40) **grow up** erwachsen werden; aufwachsen III
▶ S. 210 (to) grow

grown [grəʊn] *siehe* **grow**

grown up [ˌgrəʊn_'ʌp] erwachsen V

growth [grəʊθ] Vegetation; Wachstum VI 2 (35) °**growth curve** Wachstumskurve

guard [gɑːd]:
1. Wachposten, Wache II
2. bewachen III

guess [ges] raten, erraten, schätzen I **Guess what, Dad ...** Stell dir vor, Papa .../Weißt du was, Papa ... I **I guess ...** Ich nehme an, .../Ich denke, ... IV

guest [gest] Gast III

guide [gaɪd]:
1. Fremdenführer/in; Reiseleiter/in II
2. Reiseführer V
3. führen V **guided tour** Führung V

guidebook ['gaɪdbʊk] Reiseführer III

°**guideline** ['gaɪdlaɪn] Richtlinie

guinea pig ['gɪni pɪg] Meerschweinchen I

guitar [gɪ'tɑː] Gitarre I **play the guitar** Gitarre spielen I

guy [gaɪ] Typ, Kerl IV **guys** *(pl)* Leute IV

gym [dʒɪm]:
1. Turnhalle I
2. Fitnessstudio IV

gymnastics [dʒɪm'næstɪks] Gymnastik, Turnen I

H

habit ['hæbɪt] (An-)Gewohnheit V

hack [hæk] hacken V

habitat ['hæbɪtæt] Lebensraum III

had [hæd] *siehe* **have**

hair [heə] Haar, Haare I

haircut ['heəkʌt] Haarschnitt V

hairdresser ['heədresə] Friseur/in III

hairstyle ['heəstaɪl] Frisur VI 1 (11)

half [hɑːf], *pl* **halves** [hɑːvz]:
1. Hälfte IV **half past ten** halb elf (10.30/22.30) I **one and a half** eineinhalb IV
2. Halbzeit I **at half-time** zur Halbzeit III
3. **a half-hour ride** eine halbstündige Fahrt V

hall [hɔːl]: **town hall** Rathaus II

hamburger ['hæmbɜːgə] Hamburger II

hammer ['hæmə]:
1. Hammer III
2. hämmern III

hamster ['hæmstə] Hamster II

hand [hænd]:
1. Hand I **Clap your hands.** Klatscht in die Hände. II **on the one hand, on the other hand** Einerseits ... Andererseits ... V **put your hand up** sich melden III
2. **hand sth. in** etwas abgeben; etwas einreichen II **hand sth. over** etwas übergeben, aushändigen V °**hand sth. down** etwas vererben
3. Uhrzeiger V

handmade [ˌhænd'meɪd] handgemacht V

handout ['hændaʊt] Handout, Handzettel III

hang [hæŋ], **hung, hung**: hängen II **hang out** *(infml)* hängen, abhängen, rumhängen IV **hang up** auflegen *(Telefonhörer)*; das Gespräch beenden VI 3 (67)

happen ['hæpən]:
1. **happen (to)** geschehen, passieren (mit) II
2. **happen to do sth.** zufällig(erweise) etwas tun VI 2 (32)

happy ['hæpi] glücklich, froh I

harbour ['hɑːbə] Hafen I

hard [hɑːd] schwer, schwierig; hart I **give sb. a hard time** jn. fertig machen, jm. einheizen; III **go hard** *(bread)* hart werden II

hardly ['hɑːdli] kaum IV

hard-working [ˌhɑːd'wɜːkɪŋ] fleißig V

harmonica [hɑː'mɒnɪkə] Mundharmonika IV

°**harmful** ['hɑːmfl] schädlich

°**harmonized** ['hɑːmənaɪzd] in Einklang

harmony ['hɑːməni] Harmonie, Eintracht VI 2 (44)

harvest ['hɑːvɪst] Ernte VI 3 (58)

has [hæz]: **he/she has** er/sie hat I

hat [hæt] Hut II

hate [heɪt] hassen III

haunting ['hɔːntɪŋ] ergreifend, tief bewegend VI 2 (45)

have [hæv], [həv], **had, had** haben I **Have a go.** Versuch's mal. I **have breakfast** frühstücken I **have lunch/dinner** zu Mittag/Abend essen I **have fun** Spaß haben, sich amüsieren I **have sth. done** etwas machen (erledigen) lassen V **have to do** tun müssen I **I'll have a tea/...** Ich nehme einen Tee/... *(beim Essen, im Restaurant)* II **May I have a word with you?** Kann ich Sie kurz sprechen? II **have sb. do sth.** jn. etwas tun lassen; veranlassen, dass jemand etwas tut VI 1 (18)
▶ S. 202 (to) have sb. do sth. – (to) have sth. done

have got [hæv 'gɒt], [həv 'gɒt], **had, had** haben II **Have you got ...?** Hast du ...? II

hawk [hɔːk] Habicht; *(im übertragenen Sinn:)* Falke VI 1 (15)

hay [heɪ] Heu II

he [hiː] er I

head [hed]
1. Kopf I °**head of state** Staatsoberhaupt
2. **head for sth** auf etwas zusteuern/zugehen/zufahren III **head to ...** Richtung ... gehen/fahren; sich nach ... aufmachen

headache ['hedeɪk]: **have a headache** Kopfschmerzen haben II

heading ['hedɪŋ] Überschrift IV

headline ['hedlaɪn] Schlagzeile, Überschrift VI 1 (19)

headphones *(pl)* ['hedfəʊnz] Kopfhörer VI 1 (12)

headscarf ['hedskɑːf], *pl* **headscarves** ['hedskɑːvz] Kopftuch VI 1 (11)

head teacher [ˌhed 'tiːtʃə] Schulleiter/in III

headword ['hedwɜːd] Stichwort *(im Wörterbuch)* III

health [helθ] Gesundheit V

healthy ['helθi] gesund V

hear [hɪə], **heard, heard** hören I

heard [hɜːd] *siehe* **hear**

heart [hɑːt] Herz II **My heart goes out to ...** Ich fühle mit .../Mein Mitgefühl gilt ... IV

heartbroken ['hɑːtbrəʊkən] todunglücklich, untröstlich V

heartless ['hɑːtləs] herzlos IV

heat [hiːt] Hitze, Wärme V

heather ['heðə] Heide(kraut) III

heaven ['hevn] Himmel *(im religiösen Sinn)* III

heavy ['hevi] schwer *(von Gewicht)* II **heavy rain** starker Regen, heftiger Regen II

heel [hiːl]: **high heels** *(pl)* hohe Absätze; hochhackige Schuhe, Stöckelschuhe VI 2 (33)

°**hedge fund** ['hedʒ fʌnd] stark spekulierender Investmentfonds

held [held] *siehe* **hold**

helicopter ['helɪkɒptə] Hubschrauber, Helikopter IV

hell [hel] Hölle III

Hello. [hə'ləʊ] Hallo./Guten Tag. I

help [help]:
1. Hilfe I
2. helfen I **Help yourself.** Greif zu!/Bedien dich! III

helper ['helpə] Helfer/in II

helpful ['helpfl] hilfreich IV
hen [hen] Huhn, Henne V
her [hɜː], [hə]:
1. ihr, ihre I **her best friend** ihr bester Freund / ihre beste Freundin I
2. sie; ihr I
herb [hɜːb] (Gewürz-)Kraut IV
here [hɪə] hier; hierher I **Here we go.** Los geht's. / Jetzt geht's los. I **Here you are.** Bitte sehr. / Hier bitte. II **near here** (hier) in der Nähe I **over here** hier herüber II **up here** hier oben; nach hier oben II
hero ['hɪərəʊ], *pl* **heroes** Held/in III
hers [hɜːz] ihrer, ihre, ihrs II
herself [hɜː'self] sich III
hesitate ['hezɪteɪt] zögern VI 3 (67)
hibernation [ˌhaɪbə'neɪʃn] Winterschlaf VI 3 (58)
hid [hɪd] *siehe* **hide**
hidden ['hɪdn] *siehe* **hide**
hide [haɪd], **hid, hidden** (sich) verstecken I
high [haɪ] hoch I **high winds** *(pl)* starker Wind, starke Winde VI 1 (23)
highly ['haɪli] höchst, äußerst, ausgesprochen VI 2 (43)
► S. 200 Intensifying adverbs
highland ['haɪlənd]: **the Highlands** *(pl)* das schottische Hochland III
highlight ['haɪlaɪt] hervorheben, markieren *(mit Textmarker)* II
high school ['haɪ skuːl] *(USA)* Schule für 14- bis 18-Jährige IV
hike [haɪk] wandern V **go hiking** wandern (gehen) V
hilarious [hɪ'leəriəs] urkomisch, unheimlich witzig VI 2 (43)
hill [hɪl] Hügel I
him [hɪm] ihn; ihm I
himself [hɪm'self] sich III **He did it himself.** Er hat es selbst gemacht. IV
hint at sth. [hɪnt] etwas andeuten, etwas durchblicken lassen VI 2 (41)
hip [hɪp] Hüfte III
his [hɪz]:
1. **his father** sein Vater I
2. seiner, seine, seins II
hiss [hɪs] zischen II
°**historic** [hɪ'stɒrɪk] historisch *(geschichtlich bedeutsam)*
historical [hɪ'stɒrɪkl] historisch, geschichtlich V
history ['hɪstri] Geschichte I **natural history** Naturkunde III
hit [hɪt], **hit, hit:**
1. prallen, stoßen gegen I
2. schlagen II
3. treffen II
hobby ['hɒbi] Hobby I
hold [həʊld], **held, held** halten I **Hold on a minute.** Bleib / Bleiben Sie am Apparat. *(am Telefon)* II **hold onto sth.** sich an etwas festhalten III ° **hold a vote** eine Abstimmung durchführen
° **hold one's own** sich behaupten; seine Stellung behaupten
hole [həʊl] Loch II
holiday ['hɒlədeɪ] Urlaub II **be on holiday** in Urlaub sein II **go on holiday** in Urlaub fahren II
holidays *(pl)* ['hɒlədeɪz] Ferien I
home [həʊm] Heim, Zuhause I **at home** daheim, zu Hause I **be home to ...** Heimat sein für etwas; etwas beheimaten III **come/go home** nach Hause kommen/gehen I
homeless ['həʊmləs] obdachlos IV
homesick ['həʊmsɪk]: **be/get homesick** Heimweh haben/bekommen V
hometown [ˌhəʊm'taʊn] Heimatstadt I
homework ['həʊmwɜːk] Hausaufgabe(n) I **Do your homework.** Mach deine Hausaufgaben. I **What's for homework?** Was haben wir als Hausaufgabe auf? I
honest ['ɒnɪst] ehrlich V
honesty ['ɒnəsti] Ehrlichkeit V
honey ['hʌni] Honig; *(infml, als Anrede:)* Schatz, Schätzchen IV
honk [hɒŋk] hupen IV
honour ['ɒnə] Ehre II
hood [hʊd] Kapuze VI 1 (12)
hook [hʊk]:
1. Haken IV
2. an den Haken / an die Angel bekommen IV
hope [həʊp]:
1. Hoffnung IV
2. hoffen I
hopeful ['həʊpfl] zuversichtlich, hoffnungsvoll V
hopefully ['həʊpfəli] hoffnungsvoll, voller Hoffnung; hoffentlich V
°**horizontal** [ˌhɒrɪ'zɒntl] horizontal, waagerecht
horn [hɔːn] Horn III
horror ['hɒrə]: **in horror** entsetzt III
horse [hɔːs] Pferd I **on horseback** ['hɔːsbæk] zu Pferd IV
hospital ['hɒspɪtl] Krankenhaus II
host family [həʊst] Gastfamilie II
hostel ['hɒstl] Herberge, Wohnheim III
hostess ['həʊstəs] Gastgeberin *(in USA auch: Frau, die in einem Restaurant die Gäste in Empfang nimmt)* IV
hot [hɒt]:
1. heiß I
2. scharf (gewürzt) IV
hotel [həʊ'tel] Hotel II
hour ['aʊə] Stunde I **a half-hour ride** eine halbstündige Fahrt V **an hour** pro Stunde III **a one-hour concert** ein einstündiges Konzert III
house [haʊs] Haus I ° **lower house** Unterhaus *(Parlament)* ° **the House** das Unterhaus *(USA)*
household ['haʊshəʊld] Haushalt; Haushalts… V
how [haʊ] wie I **How are you?** Wie geht's? / Wie geht es dir/euch? I **How do you know (about ...)?** Woher weißt/kennst du ...? III **How do you like it?** Wie findest du es (sie/ihn)? / Wie gefällt es (sie/er) dir? I **How many?** Wie viele? I **How much?** Wie viel? I **How much are / is ...?** Was kosten / kostet ...? I **How old are you?** Wie alt bist du? I **how to do sth.** wie man etwas macht / machen kann / machen soll III
however [haʊ'evə] aber; allerdings; jedoch IV
°**howl** [haʊl] heulen, brüllen
hub [hʌb] Mittelpunkt, (Verkehrs-)Knotenpunkt V
hug [hʌg]:
1. jn. umarmen II
2. **give sb. a hug** jn. umarmen II
huge [hjuːdʒ] riesig, sehr groß III
human ['hjuːmən] Mensch; menschlich V **human being** Mensch V
humid ['hjuːmɪd] feucht, feuchtwarm V
humour ['hjuːmə]: **sense of humour** (Sinn für) Humor V
hundred ['hʌndrəd]: **a/one hundred** einhundert I
hung [hʌŋ] *siehe* **hang**
hungry ['hʌŋgri]: **be hungry** hungrig sein, Hunger haben I
hunt [hʌnt] jagen IV
hurricane ['hʌrɪkən] Hurrikan, Orkan IV
hurry ['hʌri]:
1. eilen; sich beeilen II **hurry up** sich beeilen I
2. **be in a hurry** in Eile sein, es eilig haben V
hurt [hɜːt], **hurt, hurt:** schmerzen, wehtun; verletzen II
hurtful ['hɜːtfl] verletzend V
husband ['hʌzbənd] Ehemann V
°**hydraulic** [haɪ'drɔːlɪk] hydraulisch
hyphen ['haɪfən] Bindestrich II
hypothetical [ˌhaɪpə'θetɪkl] hypothetisch VI 3 (64)

I

I [aɪ] ich I **I'm from Plymouth.** Ich bin/komme aus Plymouth. I **I'm two years old.** Ich bin zwei Jahre alt. I
ice [aɪs] Eis II
ice cream [ˌaɪs 'kriːm] (Speise-)Eis I
iced tea [ˌaɪst 'tiː] Eistee II
icon ['aɪkən] Symbol, Icon VI 3 (57)
ICT [ˌaɪ siː 'tiː] Informations- und Kommunikationstechnologie I
ID [ˌaɪ 'diː] Ausweis IV **ID card** Personalausweis III
idea [aɪ'dɪə] Idee; Vorstellung I
identical [aɪ'dentɪkl] identisch V
identify [aɪ'dentɪfaɪ]: **identify sb./sth. (by sth.)** jn./etwas identifizieren (anhand von etwas) III
identity [aɪ'dentəti] Identität VI 1 (14)

if [ɪf]:
1. wenn, falls II **even if** selbst wenn II **if-clause** Nebensatz mit *if* III
2. ob III
3. as if als ob III

ignorant ['ɪgnərənt] unwissend, nicht informiert, schlecht informiert VI 2 (40)
ignore [ɪg'nɔː] ignorieren, nicht beachten VI 1 (12)
ill [ɪl] krank II
illegal [ɪ'liːgl] illegal, ungesetzlich IV
illegible [ɪ'ledʒəbl] unleserlich VI 1 (17)
illness ['ɪlnəs] Krankheit III
illogical [ɪ'lɒdʒɪkl] unlogisch VI 3 (59)
°**illustrate** ['ɪləstreɪt] erläutern
°**illustration** [ˌɪlə'streɪʃn] Illustration
image ['ɪmɪdʒ] Bild, Abbild; Vorstellung IV
imagery ['ɪmɪdʒəri] bildhafte Sprache; Sprachbilder VI 1 (15)
imagination [ɪˌmædʒɪ'neɪʃn] Fantasie, Vorstellung(skraft) VI 3 (64)
imagine sth. [ɪ'mædʒɪn] sich etwas vorstellen I
immediately [ɪ'miːdiətli] sofort III
immigrant ['ɪmɪgrənt] Einwanderer/Einwanderin V
immortality [ˌɪmɔː'tæləti] Unsterblichkeit, Unvergänglichkeit VI 3 (64)
immune system [ɪ'mjuːn ˌsɪstəm] Immunsystem VI 3 (58)
impact ['ɪmpækt] (Aus-)Wirkung, Effekt VI 3 (61)
impatience [ɪm'peɪʃns] Ungeduld V
impatient [ɪm'peɪʃnt] ungeduldig IV
imperfect [ɪm'pɜːfɪkt] unvollkommen, mangelhaft IV
impolite [ˌɪmpə'laɪt] unhöflich III
import [ɪm'pɔːt] einführen, importieren VI 3 (57)
importance [ɪm'pɔːtəns] Wichtigkeit, Bedeutung VI 1 (18)
important [ɪm'pɔːtnt] wichtig I
im[**possible**] [ɪm'pɒsəbl] unmöglich II
impractical [ɪm'præktɪkl] unpraktisch IV
impression [ɪm'preʃn] Eindruck III
improbable [ɪm'prɒbəbl] unwahrscheinlich IV
improve [ɪm'pruːv] verbessern; sich verbessern III
°**improvement** [ɪm'pruːvmənt] Verbesserung
in [ɪn] in I **be in** zu Hause sein II **come in** hereinkommen I **in 1580** im Jahr 1580 I **in a loud voice** mit lauter Stimme II **in front of** vor *(räumlich)* I **in German** auf Deutsch I **in the afternoon** nachmittags, am Nachmittag I **in the attic** auf dem Dachboden I **in the evening** abends, am Abend I **in the photo** auf dem Foto I **in the world** auf der Welt II
inch [ɪntʃ] Zoll *(Längenmaß; 2,54 cm)* IV
incident ['ɪnsɪdənt] Vorfall, Zwischenfall V

include [ɪn'kluːd] einschließen; beinhalten V **Our group included three children.** Zu unserer Gruppe gehörten drei Kinder. V
including [ɪn'kluːdɪŋ] einschließlich; darunter (auch) V
°**incomparable** [ɪn'kɒmprəbl] unvergleichbar, unvergleichlich
incorrect [ˌɪnkə'rekt] falsch, fehlerhaft IV
increase [ɪn'kriːs] erhöhen, steigern, vergrößern; (an)steigen, zunehmen V
incredible [ɪn'kredəbl] unglaublich VI 2 (37)
indent [ɪn'dent] *(eine Zeile)* einrücken VI 1 (17)
°**independent** [ˌɪndɪ'pendənt] unabhängig
Indian ['ɪndiən] Inder/in; indisch II
indicate sth./sb. ['ɪndɪkeɪt] *(fml)* auf etwas/jn. zeigen, deuten, hinweisen VI 2 (34)
indirect [ˌɪndə'rekt], [ˌɪndaɪ'rekt] indirekt III
individual [ˌɪndɪ'vɪdʒuəl]:
1. Individuum, Einzelperson VI 1 (22)
2. einzelne(r, s), individuelle(r, s) VI 1 (22)
indoor ['ɪndɔː] Innen-; Hallen- IV
°**industrial farming** [ɪn'dʌstriəl] industrielle Landwirtschaft
industry ['ɪndəstri] Industrie V
inexpensive [ˌɪnɪk'spensɪv] preiswert, günstig IV
infect [ɪn'fekt] infizieren; anstecken VI 2 (32) **infected** entzündet, infiziert VI 2 (32)
infer [ɪn'fɜː] etwas folgern, schließen (aus) VI 3 (69)
inference ['ɪnfərəns] (Schluss-)Folgerung VI 3 (69)
infinitive [ɪn'fɪnətɪv] Infinitiv III
in-flight magazine/meal ['ɪnˌflaɪt] Bordmagazin/-mahlzeit V
influence ['ɪnfluəns] beeinflussen VI 1 (16)
inform [ɪn'fɔːm] jn. informieren VI 2 (41)
informal [ɪn'fɔːml] informell; umgangssprachlich V
information (about/on) *(no pl)* [ˌɪnfə'meɪʃn] Information(en) (über) I
Information and Communications Technology Informations- und Kommunikationstechnologie I
informative [ɪn'fɔːmətɪv] informativ, lehrreich VI 2 (40)
infrastructure ['ɪnfrəstrʌktʃə] Infrastruktur VI 2 (50)
ingredient [ɪn'griːdiənt] Zutat IV
°**initial** [ɪ'nɪʃl] anfänglich
initiative [ɪ'nɪʃətɪv] Initiative, Aktion VI 2 (47)
°**inject** [ɪn'dʒekt] einspritzen
injure ['ɪndʒə] jn. verletzen V
inland ['ɪnlænd] Binnen-; im Landesinneren V
°**inner** ['ɪnə] Innen-

innocent ['ɪnəsnt] unschuldig V
innovation [ˌɪnə'veɪʃn] Neuerung, Innovation VI 3 (54)
°**inscription** [ɪn'skrɪpʃn] Inschrift
insect ['ɪnsekt] Insekt V
inside [ˌɪn'saɪd]:
1. drinnen; nach drinnen I
2. die Innenseite; das Innere III
3. inside sth. innerhalb von etwas II
°**insight** ['ɪnsaɪt] Einblick, Erkenntnis
insist on sth. [ɪn'sɪst] auf etwas bestehen V
install [ɪn'stɔːl] installieren, einrichten VI 2 (44)
installation [ˌɪnstə'leɪʃn] Installation; Einrichtung VI 2 (45)
instead [ɪn'sted] stattdessen II **instead of** anstelle von, statt III
°**institution** [ˌɪnstɪ'tjuːʃn] Einrichtung
instructor [ɪn'strʌktə] Lehrer/in, Ausbilder/in VI 1 (13)
instrument ['ɪnstrəmənt] Instrument I
insult (to) ['ɪnsʌlt] Beleidigung (für) IV
insult [ɪn'sʌlt] beleidigen VI 2 (35) **insulted** beleidigt IV
°**insurance** [ɪn'ʃʊərəns] Versicherung
intelligence [ɪn'telɪdʒəns] Intelligenz V
intelligent [ɪn'telɪdʒənt] intelligent V
°**intended** [ɪn'tendɪd] beabsichtigt, gemeint, intendiert
°**intense** [ɪn'tens] intensiv, ernst(haft)
interaction [ˌɪntər'ækʃn] Interaktion, Umgang III
interest ['ɪntrəst]:
1. Interesse V
2. interessieren III
interested ['ɪntrəstɪd]: **be interested (in)** sich interessieren (für), interessiert sein (an) II
interesting ['ɪntrəstɪŋ] interessant I
internal monologue [ɪnˌtɜːnl 'mɒnəlɒg] innerer Monolog VI 3 (65)
internship ['ɪntɜːnʃɪp] Praktikum V
international [ˌɪntə'næʃnəl] international III
°**interpersonal** [ˌɪntə'pɜːsənl] interpersonal *(zwischen zwei oder mehreren Personen ablaufend)*
interpret [ɪn'tɜːprɪt] deuten, interpretieren V
interrupt [ˌɪntə'rʌpt] unterbrechen I
interview ['ɪntəvjuː]:
1. Interview II; Vorstellungsgespräch V
2. interviewen, befragen I
interviewer ['ɪntəvjuːə] Leiter/in des Vorstellungsgesprächs V
into ['ɪntʊ]:
1. into the kitchen in die Küche (hinein) I
2. be into sth. *(infml)* etwas mögen, auf etwas stehen III
intolerant [ɪn'tɒlərənt] intolerant V
°**intonation** [ˌɪntə'neɪʃn] Satzmelodie
°**intrapersonal** [ˌɪntrə'pɜːsənl] intrapersonal *(innerhalb einer Person ablaufend)*

introduce [ˌɪntrəˈdjuːs]:
1. (etwas Neues) einführen IV
2. introduce sth./sb. (to sb.) etwas/jn. (jm.) vorstellen II
introduction [ˌɪntrəˈdʌkʃn] Einleitung, Einführung III
invade (a country) [ɪnˈveɪd] (in ein Land) einmarschieren II
invent [ɪnˈvent] erfinden III
investigate [ɪnˈvestɪgeɪt] *(polizeilich)* untersuchen; ermitteln IV
invitation (to) [ˌɪnvɪˈteɪʃn] Einladung (zu, nach) I
invite sb. (to) [ɪnˈvaɪt] jn. einladen (zu, nach) II
inviting [ɪnˈvaɪtɪŋ] einladend, verlockend VI 1 (17)
involved [ɪnˈvɒlvd]: **get involved in sth.** sich engagieren (für, bei etwas); sich beteiligen (an etwas) VI 2 (47) **be involved in sth. 1.** beteiligt sein (an etwas); etwas zu tun haben (mit etwas) VI 2 (47) °**2.** in etwas verwickelt sein
involvement (in) [ɪnˈvɒlvmənt] Engagement (für); Beteiligung (an) VI 2 (47)
► S. 213 involvement
°**irradiated** [ɪˈreɪdieɪtɪd] bestrahlt
irregular [ɪˈregjələ] unregelmäßig II
irrelevant [ɪˈreləvənt] nicht zur Sache gehörig, belanglos VI 1 (18)
irresponsible [ˌɪrɪˈspɒnsəbl] unverantwortlich; verantwortungslos IV
is [ɪz]: **Is it Monday?** Ist es Montag? I **Is that you?** Bist du's? / Bist du das? I **The book is …** Das Buch kostet … I
island [ˈaɪlənd] Insel I
isle [aɪl] (kleine) Insel, Eiland III
isn't [ˈɪznt]: **he/she/it isn't (= is not)** er/sie/es ist nicht … I
issue [ˈɪʃuː], [ˈɪsjuː]:
1. Thema, (Streit-)Frage, Angelegenheit V
2. Ausgabe, Nummer *(einer Zeitschrift)* V
it [ɪt] er, sie, es I
IT (information technology) [ˌaɪ ˈtiː] IT (Informationstechnologie) V
italics [ɪˈtælɪks] Kursivschrift VI 1 (17)
itinerary [aɪˈtɪnərəri] Reiseroute V
it's … (= it is) [ɪts] er/sie/es ist … I
itself [ɪtˈself] sich III **The room itself was OK.** Das Zimmer selbst war in Ordnung. IV
its name [ɪts] sein Name / ihr Name I

J

°**jabber** [ˈdʒæbə] schnattern, plappern
jacket [ˈdʒækɪt] Jacke II
°**jaguar** [ˈdʒægjuə] Jaguar
jam [dʒæm] Marmelade I
January [ˈdʒænjuəri] Januar I
jazz [dʒæz] Jazz IV
jealous [ˈdʒeləs] neidisch (auf); eifersüchtig (auf) III
jealousy [ˈdʒeləsi] Eifersucht, Neid V
jeans *(pl)* [dʒiːnz] Jeans I
jeep [dʒiːp] Jeep III
jewellery *(BE)* **/ jewelry** *(AE) (no pl)* [ˈdʒuːəlri] Schmuck IV
jewels *(pl)* [ˈdʒuːəlz] Juwelen III
jigsaw [ˈdʒɪgsɔː] Puzzle II **jigsaw reading** Gruppenpuzzle; Puzzle-Methode VI 3 (54)
job [dʒɒb]:
1. Job, (Arbeits-)Stelle I
2. Aufgabe II
join [dʒɔɪn]:
1. join a club in einen Klub eintreten; sich einem Klub anschließen I
2. join in (sth.) (bei etwas) mitmachen III
joke [dʒəʊk] Witz I
journey [ˈdʒɜːni] Reise, Fahrt II
judo [ˈdʒuːdəʊ] Judo I
juggle sth. [ˈdʒʌgl] mit etwas jonglieren II
juggler [ˈdʒʌglə] Jongleur/in II
juice [dʒuːs] Saft II
July [dʒuˈlaɪ] Juli I
jump [dʒʌmp]:
1. springen I **jump up** aufspringen, hochspringen II
2. Sprung I
junction [ˈdʒʌŋkʃn] (Straßen-)Kreuzung III
June [dʒuːn] Juni I
jungle [ˈdʒʌŋgl] Dschungel VI 2 (32)
just [dʒʌst]:
1. (einfach) nur, bloß I
2. gerade (eben), soeben II **just after …** gleich nachdem …; kurz nachdem … II **just as good/bad/…** genauso gut/schlecht/… VI 2 (40) **just then** genau in dem Moment; gerade dann II
3. just like genau wie … II

K

kangaroo *(infml* **roo***)* [ˌkæŋgəˈruː] Känguru V
kayak [ˈkaɪæk] Kajak III
keen [kiːn]: **be keen on doing sth.** wild darauf sein, etwas zu tun IV **be keen on sth.** wild auf etwas sein IV
keep [kiːp], **kept, kept:**
1. aufheben; aufsparen; aufbewahren III
2. keep doing sth. etwas immer wieder / weiter tun; etwas ständig tun III
3. halten; erhalten IV **keep to sth.** sich an etwas halten *(Plan, Zeitlimit)* IV **keep sth. up** etwas aufrechterhalten, etwas fortsetzen IV **keep sth. warm/alive** etwas warm halten; etwas am Leben (er)halten IV
kept [kept] *siehe* **keep**
key [kiː]:
1. Schlüssel II
2. Taste V
3. Schlüssel- II
keyword [ˈkiːwɜːd] Schlüsselwort I
kick [kɪk]:
1. treten III
2. free kick Freistoß III
kid [kɪd] Kind I
kill [kɪl] töten II
kilogram, kilo (kg) [ˈkɪləgræm], [ˈkiːləʊ] Kilogramm, Kilo I
kilometre (km) [ˈkɪləmiːtə], [kɪˈlɒmɪtə] Kilometer I **square kilometre** Quadratkilometer II
kind [kaɪnd]:
1. a kind of … eine Art (von) … I
2. freundlich, nett II
kinda [ˈkaɪndə] *(infml, =* **kind of***)* irgendwie IV
kindness [ˈkaɪndnəs] Freundlichkeit, Güte V
king [kɪŋ] König II
kingdom [ˈkɪŋdəm] Königreich III
kinky [ˈkɪŋki] kraus, gekräuselt *(Haare)* VI 1 (11)
°**kinsman, kinswoman** [ˈkɪnzmən], [ˈkɪnzwʊmən] *(veraltet)* Verwandte(r)
kiss [kɪs] küssen; sich küssen II
kit [kɪt] Ausrüstung I
kitchen [ˈkɪtʃɪn] Küche I **kitchen island** Koch-, Kücheninsel V
knee [niː] Knie II
kneel [niːl], **knelt, knelt** knien II
knelt [nelt] *siehe* **kneel**
knew [njuː] *siehe* **know**
knife [naɪf], *pl* **knives** [naɪvz] Messer II
knight [naɪt] Ritter II
knock (on sth.) [nɒk] (an)klopfen (an etwas) III
know [nəʊ], **knew, known** wissen; kennen I **get to know sb.** jn. kennenlernen V **know about sth.** sich mit etwas auskennen; über etwas Bescheid wissen II **…, you know.** …, weißt du. I
knowledge *(no pl)* [ˈnɒlɪdʒ] Wissen; Kenntnis(se) V
known [nəʊn] *siehe* **know**
koala [kəʊˈɑːlə] Koala V
kung fu [ˌkʌŋ ˈfuː] Kung Fu I

L

lab [læb] *(kurz für* **laboratory** [ləˈbɒrətri]*)* Labor V
label [ˈleɪbl]:
1. beschriften; etikettieren II
2. Beschriftung; Schild, Etikett II
°**Labour** [ˈleɪbə] die Labour-Partei
ladder [ˈlædə] Leiter VI 2 (42)
Ladies and gentlemen [ˌleɪdiz‿ən ˈdʒentlmən] Meine Damen und Herren / Sehr geehrte Damen und Herren IV
lain [leɪn] *siehe* **lie**
lake [leɪk] (Binnen-)See I

lamb [læm] Lamm II

lamp [læmp] Lampe I

land [lænd]:
1. landen, an Land gehen II
2. Land II

landmark ['lændmɑːk] Wahrzeichen V

landscape ['lændskeɪp] Landschaft IV

language ['læŋgwɪdʒ] Sprache I

laptop ['læptɒp] Laptop III

large [lɑːdʒ] groß II

last [lɑːst]:
1. last Friday letzten Freitag I **last year's …** das … vom letzten Jahr II
2. at last endlich, schließlich I

last [lɑːst] (an)dauern; halten VI 3 (56)
▶ S. 216 German "dauern"

late [leɪt] spät I **You're late.** Du bist spät dran. / Du bist zu spät. I **stay up late** lang aufbleiben II **the latest** das Neueste IV

later ['leɪtə] später I

laugh [lɑːf] lachen I **laugh at sb./sth.** über jn./etwas lachen; jn. auslachen III

laughter ['lɑːftə] Gelächter III

law [lɔː] Gesetz IV

lawn [lɔːn] Rasen IV

lay [leɪ]:
1. *siehe* **lie**
2. legen **(laid, laid)** VI 3 (58)

°**layer** ['leɪə] Schicht

layout ['leɪaʊt] Layout, Gestaltung III

laziness ['leɪzinəs] Faulheit V

lazy ['leɪzi] faul V

lead [liːd], **led, led** führen, leiten III

leader ['liːdə] Leiter/in III

°**leak:**
1. sickern, (aus)laufen
2. Leck

lean [liːn] sich lehnen; sich beugen IV

learn [lɜːn]:
1. lernen I °**deep learning** *etwa: tiefgehendes (maschinelles) Lernen (zur Erzeugung künstlicher Intelligenz)*
2. erfahren IV

least ['liːst]: **the least money** das wenigste Geld VI 2 (50) **at least** zumindest, wenigstens II
▶ S. 214 German "wenig, weniger, am wenigsten"

leather ['leðə] Leder IV

leave [liːv], **left, left:**
1. verlassen; zurücklassen I
2. lassen II **leave a message** eine Nachricht hinterlassen II **leave sth.** etwas übrig lassen II **leave sth. out** etwas weglassen, auslassen V
3. (weg)gehen; abfahren II **leave for** abreisen nach, aufbrechen nach V

led [led] *siehe* **lead**

left [left]:
1. *siehe* **leave**
2. linke(r, s); (nach) links II **on the left** links/auf der linken Seite II
3. be left übrig sein III

leg [leg] Bein I

legal ['liːgl] legal IV

°**legalize** ['liːgəlaɪz] legalisieren

legend ['ledʒənd] Legende, Sage I

legendary ['ledʒəndri] legendär, berühmt IV

legible ['ledʒəbl] lesbar, leserlich VI 1 (17)

°**legislature** ['ledʒɪsleɪtʃə] Legislative

lemon ['lemən] Zitrone IV

lend [lend], **lent, lent** jm. etwas leihen V

length [leŋθ] Länge; Dauer V

lent [lent] *siehe* **leave**

lentil ['lentl] Linse *(Gemüse)* IV

less (than) [les] weniger (als) III
▶ S. 214 German "wenig, weniger, am wenigsten"

lesson ['lesn] (Unterrichts-)Stunde I **before lessons** vorm Unterricht I **teach sb. a lesson** jm. eine Lektion erteilen VI 2 (32)

let [let], **let, let** lassen I **Let me show you …** Lass mich dir … zeigen. I **Let's …** Lass uns … I **let sb. do sth.** jn. etwas tun lassen; jm. erlauben, etwas zu tun; zulassen, dass jemand etwas tut
▶ S. 198 (to) make sb. do sth. – (to) let sb. do sth.

letter ['letə]:
1. Brief I **letter of application** Bewerbungsschreiben V
2. Buchstabe I

level ['levl]:
1. Grad, Niveau; (Lern-)Stand VI 3 (60)
°**2.** Niveau, Ebene

°**level** [levl] Niveau, Ebene

liberal ['lɪbərəl] liberal VI 1 (16)

liberty ['lɪbəti] Freiheit IV

library ['laɪbrəri] Bibliothek, Bücherei I

lie [laɪ], **lay, lain** liegen II **lie down** sich hinlegen III

life [laɪf], *pl* **lives** [laɪvz] Leben I

life jacket ['laɪf dʒækɪt] Schwimmweste I

lifelike ['laɪflaɪk] lebensecht, realistisch VI 2 (43)

°**lifestyle** ['laɪfstaɪl] Lebensstil

lift [lɪft]:
1. *(bes. BE)* Mitfahrgelegenheit II **give sb. a lift** jn. mitnehmen II
2. Fahrstuhl, Aufzug III

lift [lɪft] (an-, hoch)heben VI 2 (37)

light [laɪt]:
1. Licht I **traffic light** (Verkehrs-)Ampel *(oft auch:* **traffic lights** *(pl))* III
2. (lit, lit) anzünden II **light up** aufleuchten IV **light sth. up** etwas erhellen *(aufleuchten lassen)* II
3. light green/blue/… hellgrün/-blau/… IV

lightning *(no pl)* ['laɪtnɪŋ] Blitz II **a flash of lightning** ein Blitz II

like [laɪk]:
1. mögen, gernhaben I **I like …** Ich mag … I **I'd like …** Ich hätte gern … / Ich möchte … I **I'd like to go** Ich möchte gehen / Ich würde gern gehen I **I'd like you to be/do …** Ich möchte, dass du … bist/tust. IV
2. like boys wie Jungen I **just like** genau wie … II **like that** so *(auf diese Weise)* I **like this** so II **What's she like?** Wie ist sie (so)? I **What was it like?** Wie war es? II
3. *(infml)* als ob III
4. He was like: "Stop!" *(infml)* Und er so: „Stop!" II

likely ['laɪkli]: **be likely to do sth.** wahrscheinlich etwas tun (werden) VI 3 (69)

likes and dislikes *(pl)* [ˌlaɪks‿ən 'dɪslaɪks] Vorlieben und Abneigungen I

°**limb** [lɪm] Glied

limit ['lɪmɪt]:
1. Begrenzung, Beschränkung, Limit IV
2. limit sth. (to) etwas beschränken, begrenzen (auf); etwas einschränken V

limited ['lɪmɪtɪd] beschränkt, begrenzt IV

limousine [ˌlɪmə'ziːn], ['lɪməziːn] Luxuslimousine, Straßenkreuzer IV

line [laɪn]:
1. Zeile I
2. (U-Bahn-)Linie III
3. Reihe III *(AE)* Schlange, Reihe *(wartender Menschen)* IV **stand/wait in line** *(AE)* Schlange stehen, sich anstellen IV
4. Leine, (Angel-)Schnur IV

°**linguistic** [lɪŋ'gwɪstɪk] sprachlich

link ['lɪŋk]:
1. verbinden, verknüpfen III **linking word** Bindewort II
2. Link VI 3 (57)
°**3.** Verbindung

lion ['laɪən] Löwe I

lip [lɪp] Lippe II

°**liquid** ['lɪkwɪd] Flüssigkeit

°**liquor** ['lɪkə] Schnaps

list [lɪst]:
1. Liste I
2. auflisten III

listen ['lɪsn] zuhören, horchen I **listen to sb.** jm. zuhören I **listen to sth.** sich etwas anhören I

listener ['lɪsənə] Zuhörer/in II

lit [lɪt] *siehe* **light**

literally ['lɪtərəli] im wahrsten Sinne des Wortes; buchstäblich VI 2 (4[illegible])

literature ['lɪtrətʃə] Literatur IV

litter bin ['lɪtə bɪn] Abfalleimer I

little ['lɪtl]:
1. klein I
2. a little ein bisschen, ein wenig, etwas IV
▶ S. 214 German "wenig, weniger, am wenigsten"

live [lɪv] leben; wohnen I

liveliness ['laɪvlinəs] Lebhaftigkeit, Munterkeit V

lively ['laɪvli] lebendig, lebhaft V

living room ['lɪvɪŋ ruːm] Wohnzimmer I

local ['ləʊkl] örtlich, Lokal-; am/vom Ort; einheimisch III **the locals** *(pl)* die Einheimischen VI 2 (32)

location [ləʊˈkeɪʃn] Position, Standort III
locker [ˈlɒkə] Schließfach, Spind IV **overhead locker** Gepäckfach *(im Flugzeug)* V
log in/out [lɒɡ] sich ein-/ausloggen V
logical [ˈlɒdʒɪkl] logisch VI 3 (59)
lonely [ˈləʊnli] einsam I
long [lɒŋ] lang I **(the) longest …** der/die/das längste …; am längsten II **not (…) any longer** nicht länger; nicht mehr IV
long shot [ˈlɒŋ ʃɒt] Totale, Totalaufnahme IV
look [lʊk]:
1. schauen I **Look, …** Sieh / Schau mal, … **look after sb.** auf jn. aufpassen; sich um jn. kümmern II **look at** anschauen, ansehen I **look for sth.** etwas suchen I **look forward to sth.** sich auf etwas freuen II **look happy** glücklich aussehen I **look into sth.** etwas untersuchen, prüfen III **Look out!** Achtung! Aufgepasst! III **look out for sb./sth.** nach jm./etwas Ausschau halten IV **look sth. up** etwas nachschlagen III **look up** hochsehen, aufschauen II
2. have a look nachschauen **have a look at sth.** einen Blick auf etwas werfen III
loose [luːs] lose, locker VI 3 (65)
lorry [ˈlɒri] Lastwagen, LKW IV
lose [luːz], **lost, lost** verlieren II
loser [ˈluːzə] Verlierer/in IV
lost [lɒst] *siehe* **lose**
lot [lɒt]: **a lot** viel I **That helped us a lot.** Das hat uns sehr geholfen. I **lots of …** viel …, viele … I
loud [laʊd] laut I **in a loud voice** mit lauter Stimme II
loudspeaker [ˌlaʊdˈspiːkə] Lautsprecher; Megaphon III
love [lʌv]:
1. lieben, sehr mögen I **I'd love to …** Ich würde sehr gern … II
2. Love, … Alles Liebe, … *(Briefschluss)* II
3. be in love verliebt sein VI 1 (13)
lover [ˈlʌvə] Liebhaber/in VI 2 (43)
lovely [ˈlʌvli] schön, hübsch, herrlich, entzückend II
low [ləʊ] niedrig VI 2 (50)
loyal [ˈlɔɪəl] loyal, treu ergeben V
luck [lʌk]: **Good luck!** Viel Glück! I
luckily [ˈlʌkɪli] glücklicherweise; zum Glück V
lucky [ˈlʌki]: **be lucky** Glück haben II **Lucky you.** Du Glückspilz. II
luggage [ˈlʌɡɪdʒ] *(bes. BE)* Gepäck V
°**lunacy** [ˈluːnəsi] Wahnsinn
lunch [lʌntʃ] Mittagessen I **have lunch** zu Mittag essen I **What's for lunch?** Was gibt es zum Mittagessen? I
lunchtime [ˈlʌntʃtaɪm] Mittagszeit I **at lunchtime** mittags I
lynx [lɪŋks], *pl* **lynx** *or* **lynxes** Luchs III
°**lyrics** *(pl)* [ˈlɪrɪks] (Song-)Text

M

°**machete** [məˈʃeti] Machete
machine [məˈʃiːn] Maschine, Gerät VI 3 (52)
mad [mæd] verrückt I **go mad** verrückt werden
made [meɪd]:
1. *siehe* **make**
2. be made of sth. aus etwas (gemacht) sein II
magazine [ˌmæɡəˈziːn] Zeitschrift I
magic [ˈmædʒɪk] magisch, Zauber- II
magical [ˈmædʒɪkl] zauberhaft, wundervoll; magisch III
mail [meɪl] E-Mail II
main [meɪn] Haupt- II **main clause** Hauptsatz III
mainly [ˈmeɪnli] hauptsächlich, vorwiegend V
°**majority** [məˈdʒɒrəti] Mehrheit
make [meɪk], **made, made:** machen; herstellen I °**make a comment** sich äußern, einen Kommentar abgeben **make a wish** sich etwas wünschen I **make friends** Freunde finden I **make fun of sb./sth.** sich über jn./etwas lustig machen III **make sb. do sth.** jn. dazu bringen, etwas zu tun; jn. veranlassen, etwas zu tun VI 1 (13)
► S. 198 (to) make sb. do sth. – (to) let sb. do sth.
make sb. sth. jn. zu etwas machen II **make sth. into sth.** etwas in etwas umwandeln IV **make sth. up 1.** sich etwas ausdenken III **2.** etwas bilden VI 1 (18) **make sure that …** sich vergewissern, dass …; darauf achten, dass …; dafür sorgen, dass … II
make-up [ˈmeɪk‿ʌp] Make-up II
malaria [məˈleəriə] Malaria III
male [meɪl] männlich; männliche Person; Männchen V
mall [mɔːl] (großes) Einkaufszentrum I
mammal [ˈmæml] Säugetier III
man [mæn], *pl* **men** [men] Mann I
manage sth. [ˈmænɪdʒ]
1. etwas schaffen; etwas zustande bringen III
2. etwas handhaben, bedienen; mit etwas umgehen VI 3 (57)
management [ˈmænɪdʒmənt]: **time management** Zeitmanagement, Zeiteinteilung V
manager [ˈmænɪdʒə] Trainer/in *(von Sportmannschaften)* III
man-made [ˌmænˈmeɪd] künstlich, Kunst- IV
manner [ˈmænə] Weise; Art und Weise VI 3 (56)
manners *(pl)* [ˈmænəz] Manieren VI 2 (32)
many [ˈmeni] viele I **How many?** Wie viele? I
map [mæp] Landkarte; Stadtplan I **on the map** auf der Landkarte; auf dem Stadtplan I
marathon [ˈmærəθən] Marathon V
March [mɑːtʃ] März I
march [mɑːtʃ] Marsch, Demonstration VI 2 (45)
Mardi Gras [ˌmɑːdi ˈɡrɑː] Faschingsdienstag *(auch: die Karnevalsfeiern in New Orleans)* IV
margin [ˈmɑːdʒɪn] Rand VI 1 (17)
°**marijuana** [ˌmærəˈwɑːnə] Marihuana
marine [məˈriːn] Meeres- IV
mark [mɑːk]:
1. markieren II **mark sth. up** etwas markieren, kennzeichnen II
2. stress mark Betonungszeichen III
3. *(BE)* (Schul-)Note, Zensur IV
market [ˈmɑːkɪt] Markt I
marriage [ˈmærɪdʒ] Ehe VI 1 (19)
married (to) [ˈmærɪd] verheiratet (mit) I
marry sb. [ˈmæri] jn. heiraten III
mascot [ˈmæskət] Maskottchen V
mask [mɑːsk] Maske III
master [ˈmɑːstə] Meister/in I
match [mætʃ]:
1. Spiel, Wettkampf, Match I
°**2. match sth. (to sth.)** etwas (zu etwas) zuordnen
3. zusammenpassen V
matching [ˈmætʃɪŋ] passende(r, s) V
mate [meɪt] Kumpel, Freund/in V
material [məˈtɪəriəl] Material, Stoff III
maths [mæθs] Mathematik I
matter [ˈmætə] von Bedeutung sein, wichtig sein V
matter [ˈmætə]: **What's the matter?** Was ist denn? / Was ist los? I **no matter if/whether** ganz gleich, ob VI 2 (32) **no matter what/who/when** ganz gleich, was/wer/wann VI 2 (32) °**as a matter of fact** in der Tat
mattress [ˈmætrəs] Matratze VI 2 (34)
May [meɪ] Mai I
may [meɪ] dürfen II **May I have a word with you?** Kann ich Sie kurz sprechen? II **they may be …** sie sind vielleicht … III
maybe [ˈmeɪbi] vielleicht I
mayor [meə] Bürgermeister/in II
me [miː] mich; mir I **Me too.** Ich auch. I
meal [miːl] Mahlzeit, Essen III
°**mealtime** [ˈmiːltaɪm] Essenszeit
mean [miːn]:
1. meant, meant bedeuten II
2. meant, meant meinen II **mean to do sth.** etwas tun wollen; die Absicht haben, etwas zu tun V
3. gemein V
meaning [ˈmiːnɪŋ] Bedeutung II
meaningful [ˈmiːnɪŋfl] aussagekräftig VI 2 (43)
meanness [ˈmiːnnəs] Gemeinheit V

meant [ment] *siehe* **mean**
meantime ['mi:ntaɪm]**: in the meantime** in der Zwischenzeit; inzwischen VI 1 (18)
°**measure** ['meʒə] messen
meat [mi:t] Fleisch I
medal ['medl] Medaille V
media *(pl)* ['mi:diə]**: social media** soziale Medien III
mediation [ˌmi:di'eɪʃn] Sprachmittlung, Mediation I
°**medical** ['medɪkl] medizinisch
medicine ['medsn, 'medɪsn] Medizin; Arznei V
medium ['mi:diəm] mittelgroß; mittel- IV **medium shot** Halbtotale IV
meet [mi:t]**, met, met:**
1. treffen; kennenlernen I **Nice to meet you.** Freut mich, dich/euch/Sie kennenzulernen. I
2. sich treffen I
meeting ['mi:tɪŋ] Treffen; Besprechung, Versammlung VI 2 (32)
melt [melt] schmelzen II
member ['membə] Mitglied III
memorial [mə'mɔ:riəl] Denkmal; Gedenk- III
memory ['meməri]**:**
1. Erinnerung II
2. Gedächtnis IV
3. Speicher *(Computer)* VI 3 (57)
men [men] *Plural von* **man** I
°**mention** ['menʃn] erwähnen
menu ['menju:]
1. Speisekarte IV
2. Menü *(Computer)* VI 3 (57)
°**mercury** ['mɜ:kjəri] Quecksilber
message ['mesɪdʒ]**:**
1. Nachricht II **text message** SMS II
2. Botschaft, Aussage III
messenger ['mesɪndʒə] Bote/Botin IV
met [met] *siehe* **meet**
metal ['metl] Metall; Metall- IV
metaphor ['metəfɔ:] Metapher, bildlicher Ausdruck VI 1 (15)
metre ['mi:tə] Meter I
metro ['metrəʊ] U-Bahn V
microphone ['maɪkrəfəʊn] Mikrofon IV
middle ['mɪdl] Mitte I **in the middle** in der Mitte I
midnight ['mɪdnaɪt] Mitternacht I
might [maɪt]**: it might be the other side** es könnte die andere Seite sein III
mild [maɪld] mild V
mile [maɪl] Meile *(ca. 1,6 km)* II **for miles** meilenweit II
milk [mɪlk] Milch I
million ['mɪljən] Million II
mind [maɪnd]**:**
1. Verstand, Sinn, Geist IV **change your mind** seine Meinung ändern IV **read sb.'s mind** jemandes Gedanken lesen III
2. etwas dagegen haben III **I don't mind helping.** Es macht mir nichts aus zu helfen.

°**mind map** ['maɪnd mæp] Mindmap
mine [maɪn]**:**
1. meiner, meine, meins II
2. Bergwerk, Mine III **coal mine** Kohlebergwerk III
3. Mine III
4. abbauen III
minibus ['mɪnibʌs] Kleinbus I
°**minimum wage** [ˌmɪnɪməm 'weɪdʒ] Mindestlohn
minute ['mɪnɪt] Minute I **a five-minute walk** ein fünfminütiger Spaziergang V **a 30-minute ride** eine 30-minütige Fahrt III **wait a minute** Warte einen Moment. / Moment mal. I
miracle ['mɪrəkl] Wunder IV
mirror ['mɪrə] Spiegel II
miss [mɪs]**:**
1. verpassen I
2. vermissen III
Miss [mɪs]**: Miss Bell** Frau Bell *(übliche Anrede von Lehrerinnen)* I
missing ['mɪsɪŋ] verschollen, vermisst II **the missing words** die fehlenden Wörter I **be missing** fehlen II
°**missionary** ['mɪʃənri] Missionar/in
mist [mɪst] (leichter) Nebel, Dunst(schleier) II
mistake [mɪ'steɪk] Fehler II **make a mistake** einen Fehler machen II
misunderstanding [ˌmɪsʌndə'stændɪŋ] Missverständnis VI 2 (40)
°**mixed** [mɪkst] gemischt
°**mixture** ['mɪkstʃə] Mischung
mobile (phone) [ˌməʊbaɪl 'fəʊn] Mobiltelefon, Handy I
model ['mɒdl]**:**
1. Model II
2. Modell III
moderator ['mɒdəreɪtə] Moderator/in VI 3 (70)
modern ['mɒdən] modern III
°**modifier** ['mɒdɪfaɪə] näher bestimmendes Wort
modify ['mɒdɪfaɪ] näher bestimmen VI 1 (16)
°**molecule** ['mɒlɪkju:l] Molekül
moment ['məʊmənt] Moment I **at the moment** gerade, im Moment I
°**monarchy** ['mɒnəki] Monarchie
Monday ['mʌndeɪ] Montag I
money ['mʌni] Geld I
monitor ['mɒnɪtə] nachverfolgen; überwachen III
monitor ['mɒnɪtə] Monitor VI 1 (23)
monkey ['mʌŋki] Affe I
monster ['mɒnstə] Monster I
month [mʌnθ] Monat I **a six-month stay** ein sechsmonatiger Aufenthalt V
monument (to) ['mɒnjumənt] Denkmal, Monument (für / zum Gedenken an) II
mood [mu:d] Laune, Stimmung IV **be in a bad/good mood** schlechte/gute Laune haben IV

moon [mu:n] Mond I **at full moon** bei Vollmond I
moonless ['mu:nləs] mondlos IV
moonlight ['mu:nlaɪt] Mondlicht III
moor [mɔ:], [mʊə] Hochmoor II
mop [mɒp]**:**
1. Wischmopp II
2. wischen *(Fußboden)* III
moral ['mɒrəl] Lehre, Moral IV
more [mɔ:] mehr I **more beautiful (than)** schöner (als) II **one more photo** noch ein Foto; ein weiteres Foto II
morning ['mɔ:nɪŋ] Morgen, Vormittag I **Good morning.** Guten Morgen. I **in the morning** morgens, vormittags, am Morgen/Vormittag I **tomorrow morning** morgen früh, morgen Vormittag II
mosque [mɒsk] Moschee III
most [məʊst]**: most people** die meisten Menschen II **most of them** die meisten von ihnen II **(the) most beautiful** der/die/das schönste …; am schönsten II
motel [məʊ'tel] Motel *(Hotel mit Zimmern u. Garagen an einer Autostraße)* IV
moth [mɒθ] Nachtfalter, Motte V
mother ['mʌðə] Mutter
motion ['məʊʃn]**: slow motion** Zeitlupe III
motivation [ˌməʊtɪ'veɪʃn] Motivation, Beweggrund V
motorbike ['məʊtəbaɪk] Motorrad II
°**motto** ['mɒtəʊ] Motto
mountain ['maʊntən] Berg II
mountainous ['maʊntənəs] bergig, gebirgig V
mouse [maʊs]**,** *pl* **mice** [maɪs] Maus V
mouth [maʊθ] Mund; Maul I
move [mu:v]**:**
1. bewegen; sich bewegen I
2. move (to) umziehen (nach) II **move house/flat** umziehen IV **move in** einziehen II **move into a house** einziehen in ein Haus… II **move on to sth.** zu etwas übergehen V
3. Zug *(bei Brettspielen)* IV
movement ['mu:vmənt] Bewegung III
movie ['mu:vi] Film III
movie theater ['mu:vi θɪətə] *(AE)* Kino IV
moving ['mu:vɪŋ] bewegend VI 2 (43)
mph (miles per hour) [ˌem pi: 'eɪtʃ] Meilen pro Stunde IV
MP [ˌem'pi:] *(Member of Parliament)* Parlamentsmitglied, Abgeordnete(r) VI 2 (47)
MP3 player [ˌem pi: 'θri: ˌpleɪə] MP3-Spieler I
Mr Schwarz ['mɪstə] Herr Schwarz I *(AE:* **Mr.***)* IV
°**MRI** [ˌemˌɑ:r'aɪ] *(magnetic resonance imaging)* Magnetresonanztomografie, Kernspintomografie
Mrs Schwarz ['mɪsɪz] Frau Schwarz I *(AE:* **Mrs.***)* IV

Ms Miller [mɪz], [məz] Frau Miller *(AE:* **Ms.**) IV

much [mʌtʃ] viel I **How much ...?** Wie viel ...? I **How much are ...?** Was kosten ...? I **How much is ...?** Was kostet ...? I

mud [mʌd] Schlamm, Matsch II

muesli ['mju:zli] Müsli VI 3 (58)

mug [mʌg]: **a mug (of)** ein Becher II

mum [mʌm] Mama, Mutti I

°**mummy** ['mʌmi] Mumie

murder ['mɜ:də] morden, ermorden IV

murder ['mɜ:də] Mord V

murderer ['mɜ:dərə] Mörder/in V

muscle ['mʌsl] Muskel V

museum [mju'zi:əm] Museum I

mushroom ['mʌʃru:m] Pilz IV

music ['mju:zɪk] Musik I

musical ['mju:zɪkl] Musical II

musical ['mju:zɪkl] musikalisch VI 1 (16)

musician [mju'zɪʃn] Musiker/in III

must [mʌst] müssen II **you mustn't do it** ['mʌsnt] du darfst es nicht tun II **He must have been asleep.** Er muss geschlafen haben. IV °**... is a must-read** ... sollte man unbedingt lesen

my [maɪ] mein/e I **My birthday is in May.** Ich habe im Mai Geburtstag. I **My birthday is on 5th August.** Ich habe am 5. August Geburtstag. I **My name is ...** Ich heiße ... I

myself [maɪ'self] mich, mir III

mysterious [mɪ'stɪəriəs] mysteriös, geheimnisvoll VI 1 (11)

°**mythology** [mɪ'θɒlədʒi] Mythologie

N

name [neɪm]:

1. Name I **My name is ...** Ich heiße ... I **What's your name?** Wie heißt du? / Wie heißt ihr? I **call sb. names** jn. beschimpfen, jm. Schimpfwörter nachrufen IV **first name** Vorname IV
2. (be)nennen III **be named sth.** zu etwas ernannt werden V

narrate [nə'reɪt] schildern, erzählen VI 2 (40)

narrow ['nærəʊ] schmal, eng II

nation ['neɪʃn] Nation, Volk III

national ['næʃnəl] national, National- III **national anthem** Nationalhymne IV

native ['neɪtɪv]: **Native American** amerikanischer Ureinwohner/in IV **native language** Muttersprache V **native speaker** Muttersprachler/in IV

natural ['nætʃrəl] natürlich III **natural history** Naturkunde III **natural world** (Welt der) Natur III

°**naturalistic** [ˌnætʃrə'lɪstɪk] naturalistisch

nature ['neɪtʃə] Natur VI 3 (56)

navigate ['nævɪgeɪt] navigieren, steuern VI 3 (57)

navigation [ˌnævɪ'geɪʃn] Navigation V

navy ['neɪvi] Marine I

near [nɪə] in der Nähe von, nahe (bei) I **near here** (hier) in der Nähe I

nearby ['nɪəbaɪ] in der Nähe IV **a nearby town** eine nahegelegene Stadt II

nearly ['nɪəli] fast, beinahe III

necessary ['nesəsəri] notwendig III

neck [nek] Hals II

need [ni:d] brauchen, benötigen I **need to do sth.** etwas tun müssen II **you needn't do it** ['ni:dnt] du musst es nicht tun II **You needn't have made a cake.** Du hättest keinen Kuchen zu machen brauchen. IV

negative ['negətɪv] negativ IV

neighbour ['neɪbə] Nachbar/in II

neighbourhood ['neɪbəhʊd] Viertel, Gegend, Umgebung; Nachbarschaft V

neither ['naɪðə], ['ni:ðə] **me neither** Ich auch nicht. III **neither ... nor ...** weder ... noch ... V

°**neonicotinoids** *(pl)* [ˌni:əʊ'nɪkəʊti:nɔɪdz] Neonikotinoide

°**neonics** *(pl, infml)* ['ni:əʊnɪks] Neonikotinoide

°**nerd** [nɜ:d] Computerfreak

nervous ['nɜ:vəs] nervös, aufgeregt II

net [net] Netz III **goal net** Tornetz III

netiquette ['netɪket] *(infml)* Netzetikette VI 3 (67)

°**network** ['netwɜ:k] Netzwerk

neutral ['nju:trəl] neutral IV

never ['nevə] nie, niemals I

new [nju:] neu I

news *(no pl)* [nju:z]:

1. Nachrichten I
2. Neuigkeiten II

newspaper ['nju:zpeɪpə] Zeitung; *(kurz auch:* **paper**) IV

°**newsreader** ['nju:zri:də] Nachrichtensprecher/in

New Year's Eve [ˌnju: jɪəz_'i:v] Silvester II

next [nekst]:

1. **next year's ...** das ... vom nächsten Jahr II **the next question** die nächste Frage I
2. als Nächstes III
3. **next to** ['nekst tʊ] neben II **next door** nebenan V

nice [naɪs] nett, schön I **Nice to meet you.** Freut mich, dich/euch/Sie kennenzulernen. I

night [naɪt] Nacht I **at night** nachts, in der Nacht I

°**nightmare** ['naɪtmeə] Albtraum

nil [nɪl] null, Null III

nine [naɪn] neun I

no [nəʊ]:

1. nein I **No, that's wrong.** Nein, das ist falsch. / Nein, das stimmt nicht. I
2. kein, keine I **at no time** zu keiner Zeit IV **it was no different** es war nicht anders III **No way!** Auf keinen Fall! / Kommt nicht in Frage! III

nobody ['nəʊbədi] niemand I

nod [nɒd] nicken II

noise [nɔɪz] Geräusch; Lärm III

noisy ['nɔɪzi] laut, lärmend, voller Lärm II

non- [nɒn] nicht-; Nicht- V

none (of) [nʌn] keine(r, s) (von ...) III

nonexistent, non-existent [ˌnɒnɪg'zɪstənt] nicht vorhanden, nicht existierend VI 1 (18)

nonsense ['nɒnsns] Unsinn, dummes Zeug V

noon [nu:n] Mittag IV

no one ['nəʊ wʌn] niemand I

nor [nɔ:]: **nor do I want to ...** und ich will auch nicht ... VI 1 (13)

▶ S. 199 English "nor" – German "auch nicht"

normal ['nɔ:məl] normal III

normally ['nɔ:məli] normalerweise V

north [nɔ:θ] Norden; nach Norden; nördlich III **northbound** ['nɔ:θbaʊnd] Richtung Norden III **north-east** Nordosten; nach Nordosten; nordöstlich III **northern** ['nɔ:ðən] nördlich, Nord- III **north-west** Nordwesten; nach Nordwesten; nordwestlich III

nose [nəʊz] Nase I

not [nɒt] nicht I **he/she/it is not** er/sie/es ist nicht ... I **not till three** erst um drei, nicht vor drei II **not ... yet** noch nicht I **not ... at all** überhaupt nicht(s), gar nicht(s); überhaupt kein/e, gar kein/e IV

note [nəʊt]:

1. Notiz, Mitteilung I **make notes (on/about sth.)** (sich) Notizen machen (über/zu etwas) *(zur Vorbereitung)* II **take notes (on/about sth.)** (sich) Notizen machen (über/zu etwas) *(beim Lesen oder Zuhören)* II
2. Note *(Musik)* III

nothing ['nʌθɪŋ] (gar) nichts I

notice ['nəʊtɪs] merken, bemerken IV

noun [naʊn] Nomen, Substantiv III

novel ['nɒvl] Roman V

°**novelist** ['nɒvəlɪst] Romanautor/in

November [nəʊ'vembə] November I

now [naʊ] nun, jetzt I **Now that ...** Jetzt, wo ... / Nun, da ... III **right now** jetzt gerade II

nowhere ['nəʊweə] nirgendwo; nirgendwohin III **out of nowhere** (wie) aus dem Nichts III

nuclear ['nju:kliə] Kern-, Atom-, Nuklear- VI 3 (54) **nuclear power** Atomkraft VI 3 (54)

number ['nʌmbə] Zahl, Nummer, Ziffer I; Anzahl III

nut [nʌt] Nuss IV

O

o [əʊ] Null *(in Telefonnummern)* I

object ['ɒbdʒɪkt], ['ɒbdʒekt] Objekt II; Gegenstand IV

observation deck [,ɒbzə'veɪʃn dek] Aussichtsplattform IV

observe [əb'zɜːv] *(fml)* beobachten VI 2 (32)

obvious ['ɒbviəs] offensichtlich; naheliegend VI 1 (14)

occasion [ə'keɪʒn] Anlass, Ereignis IV

occasionally [ə'keɪʒnəli] gelegentlich, ab und zu V

°**occur (to sb.)** [ə'kɜː] (jm.) einfallen

ocean ['əʊʃn] Ozean I

o'clock [ə'klɒk]: **at 1 o'clock** um 1 Uhr / um 13 Uhr I

October [ɒk'təʊbə] Oktober I

of [ɒv], [əv] von I

of course [əv 'kɔːs] natürlich, selbstverständlich I

off [ɒf]: **Off you go now.** Ab mit euch jetzt! / Los mit euch jetzt! III **be off** aus(geschaltet) sein *(Radio, Licht usw.)* III **fall off a bike** vom Fahrrad herunterfallen III **get/have a day off** einen Tag frei bekommen/haben III **run off** wegrennen III

offensive [ə'fensɪv] beleidigend, Anstoß erregend IV

offer ['ɒfə] anbieten II

office ['ɒfɪs] Büro III **ticket office** Fahrkartenschalter; Kasse *(für den Verkauf von Eintrittskarten)* III

official [ə'fɪʃl]
1. amtlich, Amts- III
2. Beamte(r), Beamtin III

often ['ɒfn], ['ɒftən] oft I

oh [əʊ]: **Oh, it's you.** Ach, du bist es. I

oil [ɔɪl] Öl III °**an oil spill** auslaufendes Öl

old [əʊld] alt I **in the old days** früher (einmal) III

old-fashioned [,əʊld'fæʃənd] altmodisch V

on [ɒn] auf I **be on** eingeschaltet sein, an sein *(Radio, Licht usw.)*; laufen, übertragen werden *(Programm, Sendung)* III **on earth** auf der Erde II **on Monday** am Montag I **on Monday afternoon** am Montagnachmittag I **on the phone** am Telefon II **on the plane** im Flugzeug II **on the radio** im Radio I **on top of each other** übereinander, aufeinander III **on TV** im Fernsehen III **walk/run/... on** weitergehen/-laufen/... II

once [wʌns]:
1. einmal II **once a week/year** einmal pro Woche/Jahr II
°2. einst, früher einmal

once [wʌns] sobald, sowie, wenn V

one [wʌn] eins I **a one-hour concert** ein einstündiges Konzert III **one all** eins zu eins; eins beide III **one by one** einzeln; einer nach dem anderen II **one night/day** eines Nachts/Tages II **one-syllable** einsilbige(r, s) II **a white one** ein weißer / eine weiße / ein weißes II **the blue one** der/die/das blaue IV **the ones in Bourbon Street** die in Bourbon Street IV **this one** diese(r, s) II **two black ones** zwei schwarze II **Which one?** Welche(r, s)? II **You know which one.** Du weißt, welche(r, s). IV

onion ['ʌnjənz] Zwiebel IV

online [,ɒn'laɪn] online II

only ['əʊnli]:
1. nur, bloß I **the only ...** der/die/das einzige ...; die einzigen... II
2. erst I

onto ['ɒntʊ] auf (... hinauf) I

open ['əʊpən]:
1. öffnen, aufmachen I; sich öffnen I **opening times** *(pl)* Öffnungszeiten II
2. geöffnet, offen I

opera ['ɒprə] Oper V

°**operate** ['ɒpəreɪt] agieren, operieren, tätig sein °**operating system upgrade** Update des Betriebssystems

opinion [ə'pɪnjən] Meinung III **in my opinion** meiner Meinung nach III **opinion piece** Stellungnahme, Meinungsartikel VI 1 (18) **opinion poll** Meinungsumfrage VI 2 (47)

opportunity [,ɒpə'tjuːnəti] Gelegenheit, Möglichkeit, Chance V

oppose sth. [ə'pəʊz] etwas ablehnen, gegen etwas sein V

opposing [ə'pəʊzɪŋ] gegnerisch V

opposite ['ɒpəzɪt]:
1. gegenüber (von) II
2. Gegenteil IV
3. entgegengesetzt V

°**Opposition** [,ɒpə'zɪʃn] Opposition

optimistic [,ɒptɪ'mɪstɪk] optimistisch IV

option ['ɒpʃn] Option, (Wahl-)Möglichkeit VI 2 (46)

or [ɔː] oder I

orange ['ɒrɪndʒ]:
1. orange I
2. Orange, Apfelsine I

order ['ɔːdə]:
1. Reihenfolge I
2. bestellen II
3. ordnen III

organic [ɔː'gænɪk] biodynamisch, Bio- VI 3 (60) **organic farm** Bio-Bauernhof V

organization [,ɔːgənaɪ'zeɪʃn] Organisation V

organize ['ɔːgənaɪz] organisieren; ordnen II

original [ə'rɪdʒənl]:
1. Original-, ursprüngliche(r, s) V
2. originell VI 1 (11)

other ['ʌðə] andere(r, s) I **the other day** neulich VI 2 (33)

otter ['ɒtə] Otter II

ought [ɔːt]: **you ought to stop** du solltest aufhören V

our ['aʊə] unser/e I

ours ['aʊəz] unserer, unsere, unseres II

ourselves [ɑː'selvz], [aʊə'selvz] uns III **We painted the room ourselves.** Wir haben das Zimmer selbst gestrichen. IV

out ['aʊt]:
1. heraus, hinaus, nach draußen II **out and about** unterwegs I
2. **be out** nicht zu Hause sein, nicht da sein II
3. **out of ...** ['aʊt_əv] aus ... (heraus/hinaus) I

outback, the ['aʊtbæk] das Hinterland Australiens V

°**outcrop** ['aʊtkrɒp] Felsvorsprung

outdoor ['aʊtdɔː] Außen-, im Freien II

outline ['aʊtlaɪn] Gliederung IV

outside [,aʊt'saɪd]:
1. draußen; nach draußen I **outside the house** vor dem Haus, außerhalb vom Haus II
2. die Außenseite; das Äußere III

outweigh [,aʊt'weɪ] überwiegen; schwerer wiegen als VI 3 (55)

oval ['əʊvl] oval IV

oven ['ʌvn] Backofen IV

over ['əʊvə]:
1. über I **run over (to)** hinüberrennen (zu/nach) II **over to ...** hinüber zu/nach ... I **over here** hier herüber II **over there** da drüben, dort drüben II
2. **over 4 years** über 4 Jahre; mehr als 4 Jahre I
3. **be over** vorbei / zu Ende sein I

overall [,əʊvə'rɔːl] Gesamt-; allgemeine(r, s) VI 3 (60)

overcrowded [,əʊvə'kraʊdɪd] überfüllt V

overhead locker [,əʊvəhed 'lɒkə] Gepäckfach *(im Flugzeug)* V

overpopulation [,əʊvə,pɒpju'leɪʃn] Überbevölkerung VI 3 (70)

°**overshadow sth.** [,əʊvə'ʃædəʊ] etwas überschatten, in den Schatten stellen

°**overuse sth.** [,əʊvə'juːz] etwas zu häufig gebrauchen

owl [aʊl] Eule VI 1 (15)

own [əʊn]:
1. besitzen II
2. **my own room** mein eigenes Zimmer II
3. **on my/your/their/... own** allein II

oxygen ['ɒksɪdʒən] Sauerstoff V

P

p [piː] *Abkürzung für „pence", „penny"*

pack [pæk] packen II

package ['pækɪdʒ] Paket VI 3 (52)

packet ['pækɪt] Packung, Päckchen II

page [peɪdʒ] Seite I **What page are we on?** Auf welcher Seite sind wir? I °**page-turner** fesselndes Buch
paid [peɪd]:
1. *siehe* **pay**
2. **get paid** Geld bekommen III
pain [peɪn] Schmerz(en) VI 1 (12)
painfully ['peɪnfəli] furchtbar, äußerst, schmerzlich VI 1 (12)
paint [peɪnt] (an)streichen; (an)malen II
paint [peɪnt] Farbe, Lack VI 1 (11) °**face paint** Gesichtsbemalung
painted ['peɪntɪd] bemalt, angemalt II
painter ['peɪntə] Maler/in III
painting ['peɪntɪŋ] Gemälde, Malerei V
pair [peə]: **a pair (of)** ein Paar II
palace ['pæləs] Palast, Schloss III
palm tree ['pɑːm triː] Palme IV
pancake ['pænkeɪk] Pfannkuchen II
panel discussion ['pænl dɪˌskʌʃn] Podiumsdiskussion VI 3 (52)
°**panellist** ['pænəlɪst] Diskussionsteilnehmer/in
panic ['pænɪk], **panicked, panicked** in Panik geraten III
panorama [ˌpænə'rɑːmə] Panorama V
pants *(pl)* [pænts] *(AE)* Hose IV
paper ['peɪpə]:
1. Zeitung I
2. Papier I
parade [pə'reɪd] Parade, Umzug II
paradise ['pærədaɪs] Paradies V
paragraph ['pærəgrɑːf] Absatz *(in einem Text)* I **paragraph break** Absatzumbruch VI 1 (20)
paraphrase ['pærəfreɪz]:
1. umschreiben, anders ausdrücken IV
2. Umschreibung V
parasite ['pærəsaɪt] Parasit VI 3 (58)
°**parchment** ['pɑːtʃmənt] Pergament
parents *(pl)* ['peərənts] Eltern I
park [pɑːk]:
1. Park I
2. parken III **parking lot** *(AE)* Parkplatz IV **parking space** Parkplatz, Parklücke IV
parliament ['pɑːləmənt] Parlament III
parsley ['pɑːsli] Petersilie IV
part [pɑːt]:
1. Teil I **part of speech** Wortart III **part of the body** Körperteil II **take part in sth.** an etwas teilnehmen II
2. Rolle IV
participate (in) [pɑː'tɪsɪpeɪt] teilnehmen (an) VI 2 (44)
°**particle** ['pɑːtɪkl] Teilchen
particular [pə'tɪkjələ] bestimmte(r, s), spezielle(r, s) V
particularly [pə'tɪkjələli] besonders; vor allem VI 1 (16)
► S. 200 Intensifying adverbs
partner ['pɑːtnə] Partner/in I
party ['pɑːti]:
1. Party I
2. feiern, Party machen IV
3. Partei VI 2 (47)

pass [pɑːs]:
1. vergehen, vorübergehen *(Zeit)* III
2. **pass sth./sb.** an etwas/jm. vorbeigehen/vorbeifahren II
3. **pass sth. around** etwas herumgeben, herumreichen II
4. bestehen *(Test, Prüfung)* IV
5. abspielen, passen *(Ball)* V
passion ['pæʃn] Leidenschaft V
passionate ['pæʃənət] leidenschaftlich VI 1 (16)
passport ['pɑːspɔːt] (Reise-)Pass III
password ['pɑːswɜːd] Passwort V
past [pɑːst]:
1. Vergangenheit I
2. **half past ten** halb elf (10.30 / 22.30) I **quarter past ten** Viertel nach zehn (10.15 / 22.15) I
3. vorbei (an), vorüber (an) II
pasta *(no pl)* ['pæstə] Nudeln V
paste [peɪst] (an)kleben; einfügen *(Computer)* VI 2 (44)
pat [pæt] tätscheln IV **pat sb. on the head** jm. den Kopf tätscheln IV
path [pɑːθ] Pfad, Weg II
patience ['peɪʃns] Geduld V
patient ['peɪʃnt]:
1. geduldig IV
2. Patient/in V
patriotic [ˌpeɪtri'ɒtɪk] patriotisch, vaterlandsliebend VI 1 (11)
patriotism ['peɪtriətɪzəm] Patriotismus IV
pattern ['pætn] Muster IV
pause [pɔːz] innehalten, pausieren; eine Pause einlegen II
pavement ['peɪvmənt] Gehweg, Bürgersteig III
paw [pɔː] Pfote, Tatze II
pay [peɪ], **paid, paid** bezahlen **pay for sth.** etwas bezahlen II **get paid** Geld bekommen III **pay attention to sth.** etwas beachten VI 1 (19)
► S. 203 attention
pay [peɪ] Bezahlung, Lohn VI 1 (20) **pay rise** Lohn-, Gehaltserhöhung VI 2 (30)
PE [ˌpiː‿'iː] Sportunterricht, Turnen I
peace [piːs] Friede, Frieden III
peaceful ['piːsfl] friedlich; friedfertig II
pedestrian [pə'destriən] Fußgänger/in III **pedestrian zone** Fußgängerzone II
pen [pen] Kugelschreiber, Stift, Füller I
°**penalty** ['penəlti] Strafe **death penalty** Todesstrafe
pence [pens] Pence *(Plural von* **penny***)* I
pencil ['pensl] Bleistift I
pencil case ['pensl keɪs] Federmäppchen I
people ['piːpl]:
1. *(Singular)* Volk III
2. *(Plural)* Leute, Menschen I
pepper ['pepə]:
1. Pfeffer I
2. Paprika(schote) IV
per [pə, pɜː] pro IV
percent, per cent [pə'sent] Prozent IV

percentage [pə'sentɪdʒ] Prozentsatz; prozentualer Anteil V
perfect ['pɜːfɪkt] perfekt, ideal I
°**perforated** ['pɜːfəreɪtɪd] perforiert; durchlöchert
perform [pə'fɔːm] auftreten *(Künstler/in)* III
performance [pə'fɔːməns] Aufführung, Vorstellung, Auftritt IV
performer [pə'fɔːmə] Künstler/in III
perhaps [pə'hæps] vielleicht V
period ['pɪəriəd] *(bes. AE)* Unterrichtsstunde, Schulstunde IV
°**perk one's ears up** [pɜːk] die Ohren spitzen
permission [pə'mɪʃn] Erlaubnis IV
permit ['pɜːmɪt] Genehmigung, Erlaubnis(schein) IV
°**permit** [pə'mɪt] *(fml)* erlauben
person ['pɜːsn] Person I **personal** ['pɜːsənl] persönlich V **personal statement** Motivationsschreiben V
personally ['pɜːsənəli] persönlich V
perspective [pə'spektɪv] Perspektive, Blickwinkel VI 1 (14)
persuade [pə'sweɪd] überreden VI 1 (21)
persuasion [pə'sweɪʒn] Überredung, Überzeugung VI 1 (21)
pessimistic [ˌpesɪ'mɪstɪk] pessimistisch V
pesticide ['pestɪsaɪd] Schädlingsbekämpfungsmittel, Pestizid VI 3 (58)
pet [pet] Haustier III
petition [pə'tɪʃn] Petition, Eingabe, Unterschriftensammlung VI 2 (47)
petrol ['petrəl] Benzin VI 2 (46) **petrol station** Tankstelle VI 2 (46)
phone [fəʊn]:
1. Telefon I **answer the phone** ans Telefon gehen II **on the phone** am Telefon II **phone call** *(kurz auch:* **call***)* Anruf; Telefongespräch II
2. **phone sb.** jn. anrufen II
°**phonebox** ['fəʊnbɒ] Telefonzelle
photo ['fəʊtəʊ] Foto I **in the photo** auf dem Foto I **take photos** fotografieren, Fotos machen I
photograph ['fəʊtəgrɑːf]:
1. fotografieren III
2. Foto(grafie) V
photographer [fə'tɒgrəfə] Fotograf/in V
photography [fə'tɒgrəfi] Fotografie V
phrase [freɪz] Ausdruck, (Rede-)Wendung I
physical ['fɪzɪkl] physisch, körperlich VI 3 (65) **Physical Education** Sportunterricht, Turnen I
piano [pi'ænəʊ] Klavier, Piano I **play the piano** Klavier spielen I
pick [pɪk] wählen, auswählen, aussuchen V **pick on sb.** auf jm. herumhacken III **pick sb. up** jn. abholen II **pick sth. up** etwas aufheben *(vom Boden)*, etwas hochheben II °**pick at sth.** an etwas herumnagen, in etwas herumstochern

picnic ['pɪknɪk] Picknick I
picture ['pɪktʃə]:
1. Bild I **in the picture** auf dem Bild I
2. sich jn./etwas vorstellen VI 1 (12)
pie ['paɪ] Obstkuchen; Pastete IV
pie chart ['paɪ tʃɑːt] Tortendiagramm V
piece (of) [piːs] ein Stück … III
pig [pɪg] Schwein I
pigeon ['pɪdʒɪn] (Stadt-)Taube IV
pile [paɪl] Stapel, Haufen IV
pilot ['paɪlət] Pilot/in VI 3 (59)
°**pinch** [pɪntʃ] kneifen
pink [pɪŋk] pink, rosa I
°**pineal gland** [ˌpɪniəl 'glɑːnd] Zirbeldrüse
pipe [paɪp]:
1. Pfeife III
2. water pipe Wasserleitung, Wasserrohr V
°**pipeline** ['paɪplaɪn] Rohrleitung
pirate ['paɪrət] Pirat/in V
pitch [pɪtʃ] (Sport-)Platz, Spielfeld III
pity ['pɪti]: **It was a pity that …** Es war schade, dass … III **take pity on sb.** Mitleid mit jm. haben ; sich jemandes erbarmen IV
pizza ['piːtsə] Pizza I
place [pleɪs] Ort, Platz, Stelle I **be in place** im Einsatz sein; vor Ort sein IV **in second place** auf dem zweiten Platz; an zweiter Stelle III **take place** stattfinden III
plan [plæn]:
1. Plan I
2. planen II
plane [pleɪn] Flugzeug II **get on a plane** in ein Flugzeug einsteigen II **on the plane** im Flugzeug II
planet ['plænɪt] Planet I
plant [plɑːnt]:
1. Pflanze II
2. pflanzen II
plantation [plɑːn'teɪʃn] Plantage III
plaster ['plɑːstə] (Heft-)Pflaster II
plastic ['plæstɪk] Plastik, Kunststoff II
plate [pleɪt] Teller I
platform ['plætfɔːm]:
1. Plattform III
2. Bahnsteig, Gleis III
play [pleɪ]:
1. spielen I **play the drums / the guitar / the piano** Schlagzeug/Gitarre/Klavier spielen I
2. abspielen *(CD, DVD)* I
3. Theaterstück I
player ['pleɪə] Spieler/in I
°**playwright** ['pleɪraɪt] Dramatiker/in
please [pliːz] bitte I
pleased [pliːzd] froh, erfreut, zufrieden V **Pleased to meet you.** Freut mich, Sie kennenzulernen. V
plenty (of) ['plenti] viel(e); eine Menge; reichlich V
plot [plɒt] Handlung(sverlauf) *(eines Films/einer Geschichte)* VI 2 (41)
pm: 4 pm [ˌpiː‿'em] 4 Uhr nachmittags / 16 Uhr I

pocket ['pɒkɪt] Tasche *(Manteltasche, Hosentasche usw.)* II **pocket money** Taschengeld V
poem ['pəʊɪm] Gedicht II
poet ['pəʊɪt] Dichter/in, Poet/in VI 1 (12)
poetry ['pəʊətri] Lyrik, Dichtung, Poesie V
point [pɔɪnt]:
1. Punkt I *(auch* **pt.***) Maßeinheit f. Schriftgrad, Zeilenabstände u.Ä.)* **1.6 (one point six)** 1,6 (eins Komma sechs) III
point of view (on sth.) Standpunkt (in/über/zu etwas) III **from my point of view** aus meiner Sicht III **have a point** nicht ganz Unrecht haben V
2. point to sth. auf etwas zeigen, deuten I **point sth. at sb.** etwas auf jn. richten I **point sth. out (to sb.)** (jn.) auf etwas hinweisen III
poisonous ['pɔɪzənəs] giftig V
polar bear ['pəʊlə beə] Eisbär VI 3 (60)
pole [pəʊl] Stange, Pfahl, Mast VI 2 (33)
tent poles *(pl)* Zeltstangen VI 2 (33)
curtain pole Gardinenstange VI 2 (33)
telegraph pole Telegrafenmast VI 2 (33)
totem pole Totempfahl VI 2 (33) **ski poles** *(pl)* Skistöcke VI 2 (33)
police *(pl)* [pə'liːs] Polizei III **police officer** Polizist/in I **police station** Polizeiwache, -revier III **The police are on their way.** Die Polizei ist auf dem Weg. III
policeman [pə'liːsmən] Polizist I
policewoman [pə'liːswʊmən] Polizistin III
policy ['pɒləsi] Politik *(politische Linie)*, Richtlinie(n) VI 2 (47)
► S. 213 German "Politik"
polite [pə'laɪt] höflich III
politeness [pə'laɪtnəs] Höflichkeit V
political [pə'lɪtɪkl] politisch VI 2 (47)
politician [ˌpɒlə'tɪʃn] Politiker/in VI 2 (45)
politics ['pɒlətɪks] Politik V
► S. 213 German "Politik"
poll [pəʊl]: **opinion poll** Meinungsumfrage VI 2 (47)
pollen ['pɒlən] Blütenstaub VI 3 (52)
pollinate ['pɒləneɪt] bestäuben VI 3 (52)
°**pollute** [pə'luːt] verschmutzen
pollution [pə'luːʃn] (Umwelt-)Verschmutzung III
pony ['pəʊni] Pony II
pool [puːl] Schwimmbad, -becken I
poor [pɔː], [pʊə] arm I
popular (with) ['pɒpjələ] populär, beliebt (bei) III
population [ˌpɒpju'leɪʃn] Bevölkerung, Einwohner(zahl) III
porch [pɔːtʃ] *(AE)* Veranda; *(BE)* Vorbau, Vordach IV
pork [pɔːk] Schweinefleisch IV
portrait ['pɔːtreɪt], [pɔːtrət] Porträt V
pose [pəʊz]:
1. pose a threat eine Bedrohung darstellen VI 3 (55)
°**2.** posieren
position [pə'zɪʃn] Platz, Position III
positive ['pɒzətɪv] positiv IV
°**possession** [pə'zeʃn] Besitz(tum)
possibility [ˌpɒsə'bɪləti] Möglichkeit V
possible ['pɒsəbl] möglich IV
possibly ['pɒsəbli] möglicherweise, vielleicht VI 3 (65) **You can't possibly mean that!** Das kann doch unmöglich Ihr Ernst sein! VI 3 (65)
post [pəʊst]:
1. Posting *(auf Blog)*, Blog-Eintrag III
2. posten, bekanntgeben V **post sth.** etwas posten V
3. Pfosten VI 2 (33)
postcard ['pəʊstkɑːd] Postkarte II
posted ['pəʊstɪd]: **Stay posted!** Bleib(t) auf dem Laufenden! IV
poster ['pəʊstə] Poster I
post office ['pəʊst‿ɒfɪs] Postamt II
pot [pɒt] Gefäß; Topf III
potato [pə'teɪtəʊ], *pl* **potatoes** Kartoffel I
pound [paʊnd] Pfund *(britische Währung)* I
pour [pɔː] gießen II
powder ['paʊdə] Pulver IV
power ['paʊə] Energie, Strom; Kraft, Stärke; Macht IV
power line ['paʊə laɪn] Überlandleitung VI 1 (23)
powerful ['paʊəfl] mächtig, kräftig, stark IV
practical ['præktɪkl] praktisch III
practice ['præktɪs]:
1. Übung I **it takes practice** es erfordert Übung IV
2. *(AE)* üben, trainieren *(= BE* **practise***)* IV
practise ['præktɪs] üben, trainieren I
prairie ['preəri] Prärie, Grasland IV
pray [preɪ] beten IV
prayer [preə] Gebet IV
predator ['predətə] Raubtier III
predict [prɪ'dɪkt] vorhersagen, voraussagen VI 3 (68)
prediction [prɪ'dɪkʃn] Vorhersage, Voraussage V
prefer [prɪ'fɜː]: **prefer sth. (to sth.)** etwas (etwas anderem) vorziehen V **prefer sb. to do sth.** (es) vorziehen, wenn jd. etwas täte/tun würde VI 1 (11)
prefix ['priːfɪks] Präfix, Vorsilbe IV
prejudice (against) ['predʒudɪs] Vorurteil (gegen), Voreingenommenheit (gegenüber) IV
prepare [prɪ'peə]:
1. prepare sth. etwas vorbereiten I **prepare (for)** sich vorbereiten (auf) VI 3 (52)
2. prepare sth. etwas zubereiten IV
present ['preznt]:
1. Geschenk I
2. Gegenwart II

3. be present vorhanden sein; anwesend sein VI 2 (44)
present sth. (to sb.) [prɪ'zent] (jm.) etwas präsentieren, vorstellen II
presentation [ˌprezn'teɪʃn] Präsentation, Vorstellung II
president ['prezɪdənt] Präsident/in III
press [pres] drücken III
pressure ['preʃə] Druck IV **pressure group** Pressuregroup, Lobby VI 2 (47)
pretend [prɪ'tend] so tun, als ob III
pretty ['prɪti]:
1. hübsch II
2. *(adv)* ziemlich V
prevent [prɪ'vent] etwas verhindern IV
°**previously** ['pri:viəsli] vorher
price [praɪs] (Kauf-)Preis I
pride (in sth.) [praɪd] Stolz (auf etwas) IV
°**primary (election)** ['praɪməri] Vorwahlen *(USA)*
primary school ['praɪməri] Grundschule V
°**Prime Minister** [ˌpraɪm 'mɪnɪstə] Premierminister/in
prince [prɪns] Prinz II
princess [ˌprɪn'ses], ['prɪnses] Prinzessin II
principal ['prɪnsəpl] *(bes. AE)* Schulleiter/in IV
principle ['prɪnsəpl] Prinzip V
print [prɪnt]:
1. Druck; Print- IV
2. ausdrucken VI 2 (44)
prison ['prɪzn] Gefängnis I
privacy ['prɪvəsi] Privatsphäre VI 3 (65)
private ['praɪvət] privat V
prize [praɪz] Preis, Gewinn II
probable ['prɒbəbl] wahrscheinlich III
probably ['prɒbəbli] wahrscheinlich II
problem ['prɒbləm] Problem I
process ['prəʊses] Prozess, Vorgang IV
produce [prə'dju:s] produzieren, erzeugen, herstellen V
producer [prə'dju:sə] Erzeuger/in, Hersteller/in VI 3 (52)
product ['prɒdʌkt] Produkt, Erzeugnis VI 3 (52) **dairy products** Milchprodukte, Molkereiprodukte IV
production [prə'dʌkʃn] Produktion, Herstellung VI 3 (52)
professional [prə'feʃənl] professionell, Profi- V
profile ['prəʊfaɪl] Profil; Beschreibung, Porträt I
program ['prəʊgræm]:
1. *(AE)* Programm; (Fernseh-/Radio-)Sendung IV
2. (Computer-)Programm IV
3. programmieren IV
programme ['prəʊgræm] Programm *(auch im Theater usw.)*; (Radio-, Fernseh-)Sendung I
progress ['prəʊgres] Fortschritt(e) VI 3 (52)
project ['prɒdʒekt] Projekt II
project sth. (on, onto) [prə'dʒekt] etwas projizieren (auf/an) VI 2 (45)
projector [prə'dʒektə] Projektionsgerät, Beamer VI 2 (45)
°**prologue** ['prəʊlɒg] Einleitung
promise ['prɒmɪs]:
1. versprechen II
2. Versprechen; Verheißung V
promote sth. [prə'məʊt] Werbung machen für etwas III
prone [prəʊn]: **be prone to sth.** anfällig sein für etwas; zu etwas neigen VI 3 (58)
pronounce [prə'naʊns] aussprechen IV
pronunciation [prəˌnʌnsi'eɪʃn] Aussprache I
proofread sth. ['pru:fri:d], **proofread** ['pru:fred], **proofread** ['pru:fred] etwas Korrektur lesen V
proper ['prɒpə] richtige(r, s), angemessene(r, s), ordentliche(r, s) VI 1 (17)
property ['prɒpəti] Eigentum IV
°**prophet** ['prɒfɪt] Prophet/in
°**proportional** [prə'pɔ:ʃənl] proportional; (Wahlsystem) Verhältnis-
°**proposal** [prə'pəʊzl] Vorschlag
°**propose** [prə'pəʊz] vorschlagen
°**protagonist** [prə'tægənɪst] *(fml)* Protagonist/in
protect sb./sth. (from sb./sth.) [prə'tekt] jn./etwas (be)schützen (vor jm./etwas) III
protein ['prəʊti:n] Protein, Eiweiß V
protest ['prəʊtest] Protest III
protest [prə'test] protestieren III
protester [prə'testə] Demonstrant/in IV
proud (of) [praʊd] stolz (auf) III
°**prove** [pru:v] beweisen, nachweisen
provocative [prə'vɒkətɪv] provozierend, provokativ VI 1 (19)
provoke [prə'vəʊk] provozieren V
pt. *siehe* **point (1.)**
pub [pʌb] Kneipe, Lokal III
public ['pʌblɪk]:
1. öffentliche(r, s) IV
2. **the public** die Öffentlichkeit VI 3 (62)
publish ['pʌblɪʃ] veröffentlichen V
pull [pʊl] ziehen I **pull sth. out** etwas herausziehen II
pullover ['pʊləʊvə] Pullover II
pulse [pʌls] Puls, Pulsschlag V
°**pump** [pʌmp] pumpen
pumpkin ['pʌmpkɪn] Kürbis IV
punctuation [ˌpʌŋktʃu'eɪʃn] Zeichensetzung II
punishment ['pʌnɪʃmənt] Bestrafung, Strafe III
puppet ['pʌpɪt] Marionette, Handpuppe II
purple ['pɜ:pl] violett, lila I
purpose ['pɜ:pəs]: **on purpose** absichtlich, mit Absicht VI 2 (32)
push [pʊʃ] drücken, schieben, stoßen I
put [pʊt], **put, put** legen, stellen, *(etwas wohin)* tun I **put out (a fire)** (ein Feuer) löschen IV **put sth. down** etwas hinlegen III **put sth. off** etwas aufschieben VI 2 (40) **put sth. on** etwas anziehen *(Kleidung)*; etwas aufsetzen *(Hut, Helm)* II **put your hand up** sich melden III **put sth. politely** etwas höflich ausdrücken, formulieren VI 3 (64)
► S. 220 put sth. politely/simply …
python ['paɪθən] Python V

Q

qualification [ˌkwɒlɪfɪ'keɪʃn] Qualifikation V
qualify ['kwɒlɪfaɪ] sich qualifizieren IV
quality ['kwɒləti] Eigenschaft, Qualität V
quarter ['kwɔ:tə] Viertel *(auch:* Stadtviertel*)* V **quarter past ten** Viertel nach zehn (10.15 / 22.15) I **quarter to eleven** Viertel vor elf (10.45 / 22.45) I
quay [ki:] Kai V
queen [kwi:n] Königin II
question ['kwestʃən] Frage I **question mark** Fragezeichen II
queue [kju:]:
1. Schlange stehen, sich anstellen II
2. Schlange, Reihe *(wartender Menschen)* III
quick [kwɪk] schnell II
quiet ['kwaɪət] ruhig, still, leise I
quite [kwaɪt] ziemlich; völlig, ganz III
quiz [kwɪz] Quiz, Ratespiel I
quotation [kwəʊ'teɪʃn] Zitat IV **quotation marks** *(pl)* Anführungszeichen, -striche V
quote [kwəʊt]:
1. zitieren V
2. *(infml)* Zitat IV

R

rabbit ['ræbɪt] Kaninchen I
race [reɪs]:
1. Rennen, (Wett-)Lauf II
2. rasen III
3. **human race** Menschheit, menschliche Rasse VI 1 (22) °**race** Rasse
racism ['reɪsɪzm] Rassismus V
racist ['reɪsɪst] Rassist/in; rassistisch V
radio ['reɪdiəʊ] Radio I **on the radio** im Radio I
radioactive [ˌreɪdiəʊ'æktɪv] radioaktiv VI 3 (54)
°**rail** [reɪl]: **by rail** mit der Eisenbahn
railing ['reɪlɪŋ] Geländer IV
railroad ['reɪlrəʊd] *(AE)* Eisenbahn IV
railway ['reɪlweɪ] Eisenbahn IV
rain [reɪn]:
1. Regen II **heavy rain** starker Regen,

heftiger Regen II
2. regnen II
rainbow ['reɪnbəʊ] Regenbogen III
raincoat ['reɪnkəʊt] Regenmantel II
rainforest ['reɪnfɒrɪst] Regenwald II
rainless ['reɪnləs] regenfrei, niederschlagsfrei IV
rainy ['reɪni] regnerisch II
raise [reɪz]: **raise money (for sth.)** Geld sammeln (für etwas) II **raise one's arms** die Arme hochheben VI 2 (45) **raise one's voice** seine Stimme erheben VI 1 (20)
°**rake** [reɪk] absuchen
rally ['ræli] Rallye II
ran [ræn] *siehe* **run**
rang [ræŋ] *siehe* **ring**
rank sth. [ræŋk] etwas einstufen, etwas anordnen V
rat [ræt] Ratte I
°**rate** [reɪt] Frequenz, Rate
ratio ['reɪʃiəʊ] (Größen-, Zahlen-)Verhältnis VI 3 (64)
raven ['reɪvn] Rabe III
reach [riːtʃ] erreichen III **reach over** die Hand ausstrecken III **reach for sth.** nach etwas greifen VI 2 (34)
react (to) [ri'ækt] reagieren (auf) III
reaction (to) [ri'ækʃn] Reaktion (auf) IV
read [riːd]:
1. (read [red], **read** [red]**)** lesen I **read sb.'s mind** jemandes Gedanken lesen III
2. Lektüre VI 2 (43)
readable ['riːdəbl] lesenswert, lesbar VI 2 (43)
reader ['riːdə] Leser/in II
ready ['redi] bereit, fertig I
real ['riːəl] echt, wirklich II **real fast** *(AE, infml)* echt schnell IV
realize sth. ['riːəlaɪz] etwas erkennen; sich einer Sache bewusst werden V
really ['rɪəli] echt, wirklich I
reason ['riːzn] Grund, Begründung II **for this reason** aus diesem Grund IV
reasonable ['riːznəbl] vernünftig, akzeptabel VI 3 (66)
°**reboot** [ˌriː'buːt] neu starten
rebuild [ˌriː'bɪld] wiederaufbauen IV
rebuilt [ˌriː'bɪlt] *siehe* **rebuild**
receive [rɪ'siːv] erhalten, empfangen VI 1 (19)
recent ['riːsnt]: **in recent years** in den letzten Jahren IV
recently ['riːsntli] kürzlich, vor Kurzem; in letzter Zeit VI 1 (18)
► S. 199 recent – recently
°**reception** [rɪ'sepʃn] Rezeption, Empfang
receptionist [rɪ'sepʃənɪst] Empfangschef/in IV
recipe ['resəpi] (Koch-)Rezept II
reckon ['rekən]: **I reckon** Ich schätze …, Ich nehme an … V
recognition [ˌrekəg'nɪʃn] Anerkennung V °**facial recognition** Gesichtserkennung

recognize ['rekəgnaɪz]:
1. erkennen V
2. anerkennen VI 1 (18)
recommend sth. (to sb.) [ˌrekə'mend] (jm.) etwas empfehlen IV
record ['rekɔːd]:
1. Aufzeichnung VI 1 (22)
2. Schallplatte VI 1 (13)
record [rɪ'kɔːd] aufzeichnen *(Musik, Daten)*; dokumentieren *(Daten)* III
recorder [rɪ'kɔːdə] Blockflöte II
recover [rɪ'kʌvə] sich erholen VI 3 (53)
red [red] rot I **go red** rot werden, erröten II
°**reference** ['refrəns] Verweis
°**refine** [rɪ'faɪn] raffinieren
°**register** ['redʒɪstə] sich registrieren
reduce (to) [rɪ'djuːs] reduzieren (auf) V 1 (22)
reef [riːf] Riff V
refer to sth. [rɪ'fɜː] auf etwas verweisen, etwas erwähnen; sich auf etwas beziehen IV
referee [ˌrefə'riː] Schiedsrichter/in II
referendum [ˌrefə'rendəm] Volksentscheid VI 2 (47)
reflect [rɪ'flekt] reflektieren, (wider)spiegeln VI 1 (14)
reflection [rɪ'flekʃn] Betrachtung, Reflexion VI 1 (39)
refrigeration [rɪˌfrɪdʒə'reɪʃn] Kühlung V
refugee [ˌrefju'dʒiː] Flüchtling V
refuse (to do sth.) [rɪ'fjuːz] sich weigern (, etwas zu tun); ablehnen V
region ['riːdʒən] Region V
regional ['riːdʒənl] regional III
register ['redʒɪstə] Klassenbuch; Register, Verzeichnis IV
regular ['regjələ] regelmäßig II
rehearsal [rɪ'hɜːsl] Probe *(Theater)* III
°**related** [rɪ'leɪtɪd] verwandt
relation [rɪ'leɪʃn]: **in relation to** im Verhältnis zu VI 1 (17) **relations** *(pl)* Beziehungen IV
relationship [rɪ'leɪʃnʃɪp] Beziehung, Verhältnis IV
relative ['relətɪv] Verwandte(r) VI 2 (32)
relax [rɪ'læks] sich entspannen, sich ausruhen III
relaxed [rɪ'lækst] entspannt IV
relaxing [rɪ'læksɪŋ] erholsam, entspannend V
relevant (to sth.) ['reləvənt] relevant, wichtig (für etwas) IV
reliable [rɪ'laɪəbl] zuverlässig, verlässlich VI 1 (16)
religion [rɪ'lɪdʒən] Religion I
religious [rɪ'lɪdʒəs] religiös V
rely on sb./sth. [rɪ'laɪ] sich auf jn./etwas verlassen V
°**remain** [rɪ'meɪn] bleiben, verbleiben
remember sth. [rɪ'membə]:
1. sich an etwas erinnern I
2. an etwas denken; sich etwas merken III

remind sb. [rɪ'maɪnd] jn. erinnern V
remote [rɪ'məʊt] abgelegen, abgeschieden V
remote (control) [rɪˌməʊt kən'trəʊl] Fernbedienung II
repair [rɪ'peə]:
1. reparieren V
2. Reparatur VI 1 (23)
repeat [rɪ'piːt] wiederholen I
°**rephrase** [ˌriː'freɪz] neu formulieren
replace sth. (with) [rɪ'pleɪs] etwas ersetzen (durch), austauschen VI 3 (52)
reply (to) [rɪ'plaɪ] antworten (auf), erwidern, entgegnen III
report [rɪ'pɔːt]:
1. Bericht, Reportage II
2. berichten IV
reporter [rɪ'pɔːtə] Reporter/in IV
represent [ˌrepri'zent] vertreten, repräsentieren VI 1 (18)
representation [ˌreprɪzen'teɪʃn] Vertretung, Repräsentanz VI 1 (18)
°**Representative** [ˌreprɪ'zentətɪv] *(USA)* Abgeordnete(r) im Repräsentantenhaus
republic [rɪ'pʌblɪk] Republik II
°**Republican** [rɪ'pʌblɪkən]: **the Republicans** *(pl)* die Republikaner *(US-Partei)*
request [rɪ'kwest] Bitte, Wunsch V
°**re-read** [ˌriː'riːd] wieder lesen
rescue ['reskjuː] retten I
research ['riːsɜːtʃ]:
1. Recherche, Forschung(en) II
2. recherchieren VI 3 (70)
reservation [ˌrezə'veɪʃn] Reservat, Reservation IV
reserve [rɪ'zɜːv]:
1. reservieren, buchen III
2. Schutzgebiet, Reservat IV
resident ['rezɪdənt] Bewohner/in, Anwohner/in IV
respect [rɪ'spekt] Respekt, Achtung II
respectful [rɪ'spektfl] respektvoll IV
respond [rɪ'spɒnd] antworten, erwidern; reagieren VI 2 (33)
°**response** [rɪ'spɒns] Antwort, Reaktion
responsibility [rɪˌspɒnsə'bɪləti] Verantwortung V
responsible [rɪ'spɒnsəbl] verantwortlich II
rest [rest]:
1. ruhen, sich ausruhen III
2. Rest III
restate sth. [ˌriː'steɪt] etwas wiederholen, etwas noch einmal formulieren VI 1 (19)
restaurant ['restrɒnt] Restaurant III
restful ['restfl] ruhig, erholsam V
restore [rɪ'stɔː] restaurieren, wiederherstellen V
restroom ['restruːm] *(AE)* (öffentliche) Toilette, WC IV
result [rɪ'zʌlt] Ergebnis, Resultat III
°**retell** [ˌriː'tel] nacherzählen
return [rɪ'tɜːn] zurückkehren IV
reveal [rɪ'viːl] offenbaren, preisgeben, verraten IV

reverse [rɪ'vɜːs] umgekehrte(r, s), entgegengesetzte(r, s) V
review [rɪ'vjuː]:
1. Rezension, Besprechung, Kritik VI 2 (40)
2. besprechen, rezensieren VI 2 (40)
revise [rɪ'vaɪz] überarbeiten; *(Lernstoff)* wiederholen III
revision [rɪ'vɪʒn] Wiederholung *(des Lernstoffs)* II
°**rewrite** [ˌriː'raɪt] neu schreiben, umarbeiten
rhetorical [rɪ'tɒrɪkl] rhetorisch VI 1 (21)
rhyme [raɪm] Reim; Vers I
rhythm ['rɪðəm] Rhythmus III
rice [raɪs] Reis IV
rich [rɪtʃ] reich I
ridden ['rɪdn] *siehe* **ride**
ride [raɪd]:
1. Fahrt I; Ritt, Ausritt III; *(bes. AE)* Mitfahrgelegenheit IV
2. **(rode, ridden)** reiten; (Rad) fahren II **ride a bike** Fahrrad fahren I
rider ['raɪdə] Reiter/in IV
ridiculous [rɪ'dɪkjələs] lächerlich VI 1 (18)
riding ['raɪdɪŋ] Reiten I
right [raɪt]:
1. Recht IV **civil rights** *(pl)* Bürgerrechte IV
2. richtig I **sb. is right** jemand hat Recht I **… right?** …, nicht wahr? II
3. rechte(r, s); (nach) rechts II **on the right** rechts/auf der rechten Seite II
4. **right after you** gleich nach dir II **right behind you** direkt hinter dir, genau hinter dir II
ring [rɪŋ]:
1. **(rang, rung)** klingeln, läuten II
2. Ring II
rise [raɪz], **rose, risen** (an-, auf)steigen VI 2 (30) **rise up** aufragen, emporragen *(Berge, Säulen, Türme, …)* III
risen ['rɪzn] *siehe* **rise**
risk [rɪsk] Risiko VI 3 (54) **take a risk** ein Risiko eingehen VI 3 (54)
°**ritual** ['rɪtʃuəl] Ritual
river ['rɪvə] Fluss I
road [rəʊd] Straße I **at 8 Beach Road** in der Beach Road 8 I **in Beach Road** in der Beach Road I
roar [rɔː] brüllen III
roar [rɔː] tosen, dröhnen IV
roast [rəʊst] braten *(im Backofen)* IV **roast beef** Rinderbraten I **roast potatoes** *(pl) im Backofen in Fett gebackene Kartoffeln* I
robot ['rəʊbɒt] Roboter VI 3 (52)
rock [rɒk]:
1. Fels, Felsen I
2. **rock (music)** Rockmusik II
rocky ['rɒki] felsig, steinig II
rode [rəʊd] *siehe* **ride**
rodeo ['rəʊdiəʊ] Rodeo IV
role [rəʊl] Rolle *(in einem Theaterstück, Film)* II
role-play ['rəʊlpleɪ] Rollenspiel IV
roll [rəʊl]:
1. rollen II
2. Brötchen VI 2 (36)
roller coaster ['rəʊlə kəʊstə] Achterbahn IV
Roman ['rəʊmən] römisch V
romance [rəʊ'mæns] Romantik, romantische Liebe VI 3 (65)
romantic [rəʊ'mæntɪk] romantisch; Liebes- VI 3 (65)
roof [ruːf] Dach II
room [ruːm]:
1. Zimmer, Raum I
2. Platz III
rope [rəʊp] Seil III
rose [rəʊz]:
1. Rose IV
2. *siehe* **rise**
rough [rʌf] stürmisch, rau *(See)* III
round [raʊnd]:
1. rund IV
2. **round the world** um die Welt II **round here** hier in der Gegend III
roundabout ['raʊndəbaʊt] Kreisverkehr II
°**round** [raʊnd] Runde
route [ruːt] Strecke, Route III
routine [ruː'tiːn] Routine VI 1 (12)
row [rəʊ] Reihe V
royal ['rɔɪəl] königlich II
rubber ['rʌbə] Radiergummi I
rubbish ['rʌbɪʃ] Müll, Abfall II **rubbish bin** Mülltonne, Abfalleimer IV
rucksack ['rʌksæk] Rucksack I
rude [ruːd] unhöflich; unverschämt V
rudeness ['ruːdnəs] (grobe) Unhöflichkeit V
rugby ['rʌgbi] Rugby V
ruin ['ruːɪn] Ruine II
rule [ruːl]:
1. Regel, Vorschrift II
2. herrschen, beherrschen VI 3 (64)
ruler ['ruːlə] Lineal I
°**rum** [rʌm] Rum
run [rʌn], **ran, run:**
1. rennen, laufen I **run after sb.** hinter jm. herrennen I **run around** herumrennen, umherrennen II **run into sb.** *(infml)* jn. zufällig treffen IV **run off** wegrennen III **run on** weiterlaufen II **run over (to)** (zu/nach …) hinüberrennen II
2. **run an organization / a hotel** eine Organisation / ein Hotel leiten, führen V
3. **they run out of money** ihnen geht das Geld aus V
4. ausführen *(Computerprogramm)* VI 3 (57)
rung [rʌŋ] *siehe* **ring** II
runner ['rʌnə] Läufer/in II
rural ['rʊərəl] ländlich, Land- V
rust [rʌst] rosten, verrosten VI 1 (22)

S

sacred ['seɪkrɪd] heilig IV
sad [sæd] traurig I
sadly ['sædli] leider, bedauerlicherweise VI 1 (20)
safari [sə'fɑːri] Safari IV
safe [seɪf] sicher, in Sicherheit IV
safety ['seɪfti] Sicherheit VI 2 (47)
said [sed] *siehe* **say**
sail [seɪl] segeln II **go sailing** segeln; segeln gehen I **sailing boat** Segelboot I
sailor ['seɪlə] Seemann, Matrose, Matrosin III
salad ['sæləd] Salat *(als Gericht oder Beilage)* I **fruit salad** Obstsalat I
salami [sə'lɑːmi] Salami VI 2 (36)
°**saliva** *(no pl)* [sə'laɪvə] Speichel
salt [sɔːlt] Salz IV
salty ['sɔːlti] salzig V
samba ['sæmbə] Samba I
same [seɪm]: **the same as …** der-/die-/dasselbe wie … I
°**sample** ['sɑːmpl] Probe
sand [sænd] Sand I
sandal ['sændl] Sandale VI 2 (33)
sandcastle ['sændkɑːsl] Sandburg V
sandwich ['sænwɪtʃ], ['sænwɪdʒ] Sandwich, (zusammengeklapptes) belegtes Brot I
sandy ['sændi] sandig V
sang [sæŋ] *siehe* **sing**
sank *siehe* **sink**
°**sans** *(lit, hum)* [sænz] ohne
Santa (Claus) ['sæntə klɔːz] der Weihnachtsmann V
sat [sæt] *siehe* **sit**
Saturday ['sætədeɪ] Samstag, Sonnabend I
sauce [sɔːs] Soße IV
saucepan ['sɔːspən] Kochtopf, Stieltopf IV
sausage ['sɒsɪdʒ] Wurst, Würstchen IV
save [seɪv]:
1. retten I
2. sichern; speichern V
3. sparen V
saw [sɔː] *siehe* **see**
say [seɪ], **said, said** sagen I **Say hello to … for me.** Grüß … von mir. II
saying ['seɪɪŋ] Sprichwort, Redensart IV
scan sth. (for sth.) [skæn] etwas (nach etwas) absuchen III **scan a text** einen Text schnell nach bestimmten Wörtern/Informationen absuchen II
°**scan** [skæn] *(med)* per Ultraschall/Computertomografie untersuchen
°**scanner** ['skænə] *(med)* Scanner
scare sb. [skeə] jn. erschrecken; jm. Angst machen III
scared [skeəd] verängstigt II
scarf [skɑːf], *pl* **scarves** [skɑːvz] Schal III
scary ['skeəri] unheimlich, gruselig I

scene [siːn] Szene I
scenario [sə'nɑːriəʊ] Szenario VI 3 (55)
scenic ['siːnɪk] (landschaftlich) schön V
schedule ['ʃedjuːl], ['skedjuːl,] (Zeit-) Plan, Programm III
scholarship ['skɒləʃɪp] Stipendium V
school [skuːl] Schule I **at school** in der Schule I **before school** vor der Schule *(vor Schulbeginn)* I **in front of the school** vor der Schule *(vor dem Schulgebäude)* I **school bag** Schultasche I
°**schooner** ['skuːnə] Schoner
science ['saɪəns] Naturwissenschaft I **science fiction** Sciencefiction VI 3 (65)
scientific [ˌsaɪən'tɪfɪk] (natur)wissenschaftlich V
scientist ['saɪəntɪst] Naturwissenschaftler/in III
scone [skɒn], [skəʊn] *kleines rundes Milchbrötchen, leicht süß* I
score [skɔː]:
1. Treffer erzielen, Tor schießen I
2. Spielstand; Punktestand III **What's the score?** Wie steht es? III
scream [skriːm]:
1. schreien II
2. Schrei III
°**scree** [skriː] Geröll
screen [skriːn] Bildschirm II
script [skrɪpt] Drehbuch; Manuskript IV
scroll [skrəʊl] scrollen VI 3 (57)
°**scuff** [skʌf] abnutzen; schlurfen
sculpture ['skʌlptʃə] Skulptur IV
sea [siː] Meer I
seagull ['siːgʌl] Möwe I
seal [siːl] Robbe I
search [sɜːtʃ]:
1. Durchsuchung; Suche (nach) IV **search bar** *(Computer)* Suchfeld, Suchleiste VI 3 (57) **search engine** (Internet-)Suchmaschine VI 1 (16)
2. **search sth. for sth.** etwas nach etwas durchsuchen V
seasick ['siːsɪk] seekrank III
season ['siːzn]:
1. Jahreszeit; Saison IV **busy season** Hauptsaison IV
2. *(bes. AE)* Staffel *(einer TV-Serie)* IV
seat [siːt] Sitz, Platz II
second ['sekənd]:
1. zweite(r, s) I **second biggest** zweitgrößte(r, s) II
2. Sekunde II
Secondly, ... ['sekəndli] Zweitens ... V
secondary school ['sekəndri] weiterführende Schule V
security [sɪ'kjʊərəti] Sicherheit, Sicherheits- IV
see [siː], **saw, seen** sehen; besuchen I; *(Arzt)* aufsuchen II **I see.** Aha! / Verstehe. III **See you.** Bis gleich. / Bis bald. I **..., you see.** ..., weißt du. II **be seeing sb.** mit jm. zusammen sein V
seed [siːd] Samen IV
seem (to be/do) [siːm] (zu sein/zu tun) scheinen III
seen [siːn]:
1. *siehe* **see**
°2. **be widely seen as ...** weithin als ... gelten
segregation [ˌsegrɪ'geɪʃn] Trennung *(nach Hautfarbe, Religion oder Geschlecht)* IV
°**select** [sɪ'lekt] (aus)wählen
self-confidence [ˌself'kɒnfɪdəns] Selbstbewusstsein V
self-confident [ˌself'kɒnfɪdənt] *(kurz auch:* **confident***)* selbstbewusst, (selbst)sicher V
selfie ['selfi] Selfie VI 3 (57)
sell [sel], **sold, sold** verkaufen I
semester [sɪ'mestə] Semester VI 1 (18)
semi- ['semi] halb-; Halb- VI 2 (43)
°**Senate** ['senət] Senat
°**senator** ['senətə] Senator/in
send [send], **sent, sent** schicken, senden I
sense [sens]:
1. Vernunft, Verstand VI 2 (33)
2. **sense of humour** (Sinn für) Humor V °**make sense** plausibel klingen; Sinn haben
sensitive ['sensətɪv] empfindlich, sensibel; heikel; einfühlsam, empfindsam V
°**sensor** ['sensə] Sensor
sent [sent] *siehe* **send**
sentence ['sentəns] Satz I **full sentence** ganzer Satz II **topic sentence** Satz, der in das Thema eines Absatzes einführt III
separate ['seprət] getrennt, separat, eigen IV
separately ['seprətli] einzeln, separat IV
September [sep'tembə] September
sequence ['siːkwəns] Abfolge, Reihenfolge VI 3 (56)
series ['sɪəriːz], *pl* **series**:
1. (Sende-)Reihe, Serie V
2. Abfolge VI 3 (59)
serious ['sɪəriəs] ernst; ernsthaft V
seriously ['sɪəriəsli] ernsthaft, ernstlich V
service ['sɜːvɪs]:
1. Dienst, Service IV
2. Gottesdienst III
session ['seʃn] Sitzung, Einheit IV
set [set]:
1. Satz, Set II
2. **set sth. up (set, set)** etwas errichten, aufbauen; etwas arrangieren IV **be set in** spielen in VI 2 (43)
setting ['setɪŋ] Schauplatz (Film/ Geschichte) V **settings** *(pl)* Einstellungen VI 3 (57)
settle ['setl] sich niederlassen, sich ansiedeln V
settler ['setlə] Siedler/in IV
seven ['sevn] sieben I
several ['sevrəl] mehrere, verschiedene III
sew [səʊ], **sewed, sewn** nähen V
sewed [səʊd] *siehe* **sew**
sewn [səʊn] *siehe* **sew**
sex [seks] Geschlecht VI 1 (19)
shadow ['ʃædəʊ] Schatten II
°**shaft** [ʃɑːft] Schacht
shake [ʃeɪk], **shook, shaken**:
1. schütteln II
2. zittern V
shaken [ʃeɪkn] *siehe* **shake**
°**shale** [ʃeɪl] Schiefer
shall [ʃæl]: **Shall I ...?** Soll ich ...? III
°**shame sb.** [ʃeɪm] jn. beschämen
shape [ʃeɪp]:
1. Form, Gestalt III **Those glasses are an interesting shape.** Die Brille hat eine interessante Form. III
°2. gestalten, formen **shaped** geformt
share [ʃeə]:
1. (sich) etwas teilen V
°2. Aktie
shark [ʃɑːk] Hai I
sharp [ʃɑːp] scharf IV
sharpener ['ʃɑːpnə] Anspitzer I
shave [ʃeɪv] (sich) rasieren V
she [ʃiː] sie I
sheep [ʃiːp], *pl* **sheep** Schaf II
sheepdog ['ʃiːpdɒg] Hütehund III
sheet [ʃiːt] Blatt, Bogen (Papier) IV
shelf [ʃelf], *pl* **shelves** [ʃelvz] Regal I
shell [ʃel] Muschel(schale) IV
shepherd ['ʃepəd] Schäfer/in, Schafhirte/-hirtin III
shine [ʃaɪn], **shone, shone** scheinen *(Sonne)* III
shiny ['ʃaɪni] glänzend IV
ship [ʃɪp] Schiff I
shirt [ʃɜːt] Hemd II; Trikot III
shocked [ʃɒkt] schockiert, entsetzt II
shoe [ʃuː] Schuh I
shone [ʃɒn], *AE* [ʃəʊn] *siehe* **shine**
°**shoo** [ʃuː] verscheuchen
shook [ʃʊk] *siehe* **shake**
shoot [ʃuːt], **shot, shot** schießen; erschießen IV
shop [ʃɒp]:
1. Laden I **corner shop** Laden an der Ecke; Tante-Emma-Laden I **shop assistant** Verkäufer/in I **shop window** Schaufenster V
2. einkaufen II
shopper ['ʃɒpə] (Ein-)Käufer/in II
shopping ['ʃɒpɪŋ]: **do the/some shopping** einkaufen gehen; Einkäufe erledigen II **go shopping** einkaufen gehen I **shopping centre** Einkaufszentrum II **shopping mall** (großes) Einkaufszentrum I
shore [ʃɔː] Ufer, Strand I
short [ʃɔːt] kurz I
°**shorten** ['ʃɔːtn] (ver)kürzen
°**shortlist sb./sth.** ['ʃɔːtlɪst] jn./etwas in die engere Wahl nehmen
shorts *(pl)* [ʃɔːts] Shorts, kurze Hose I

shot [ʃɒt]:
1. Aufnahme, Foto; (Film) Einstellung, Szene IV **medium shot** Halbtotale IV
2. *siehe* **shoot**
should [ʃʊd], [ʃəd]: **You should ...** Du solltest ... / Ihr solltet ... / Sie sollten ... II **You shouldn't have swum there.** Du hättest dort nicht schwimmen sollen. IV
shoulder ['ʃəʊldə] Schulter II
shout [ʃaʊt] schreien, rufen I
shovel ['ʃʌvl] Schaufel VI 2 (35)
show [ʃəʊ]:
1. (showed, shown) zeigen I **show up** *(infml)* auftauchen, erscheinen VI 1 (18)
2. Show, Vorstellung II
shower ['ʃaʊə] Dusche III **have a shower** (sich) duschen III
shown [ʃəʊn] *siehe* **show**
shrank [ʃræŋk] *siehe* **shrink**
shrimp [ʃrɪmp] Garnele IV
shrink [ʃrɪŋk], **shrank, shrunk** schrumpfen VI 3 (58)
shrub [ʃrʌb] Strauch, Busch IV
shrug [ʃrʌg] mit den Achseln/Schultern zucken V
shrunk [ʃrʌŋk] *siehe* **shrink**
shy [ʃaɪ] schüchtern, scheu II
sick [sɪk] krank I **be sick** sich übergeben II **I feel sick.** Mir ist schlecht. II **I'm going to be sick.** Ich muss mich übergeben. II
side [saɪd] Seite II **take sides** Partei ergreifen VI 3 (70)
sidewalk ['saɪdwɔːk] *(AE)* Gehweg, Bürgersteig IV
sigh [saɪ] seufzen III
sighting ['saɪtɪŋ] Sichtung III
sight [saɪt] Anblick VI 2 (45)
sights *(pl)* [saɪts] Sehenswürdigkeiten I
sightseeing ['saɪtsiːɪŋ] Sightseeing; das Besichtigen von Sehenswürdigkeiten IV
sign [saɪn]:
1. Schild; Zeichen I **no sign of ...** keine Spur von ... III
2. unterschreiben VI 2 (47)
signature ['sɪgnətʃə] Unterschrift VI 2 (47)
silence ['saɪləns] Stille; Schweigen IV
silent ['saɪlənt] still, leise III
silently ['saɪləntli] lautlos; schweigend III
silky ['sɪlki] seidig I
silly ['sɪli]:
1. albern; blöd I
2. Dummerchen I
similar (to sth./sb.) ['sɪmələ] (etwas/jm.) ähnlich II
similarly ['sɪmələli] auf ähnliche Weise, ebenso VI 3 (68)
simile ['sɪməli] Vergleich VI 1 (15)
simple ['sɪmpl] einfach, unkompliziert VI 1 (13)
simply ['sɪmpli] einfach V

since [sɪns]:
1. since 10 o'clock seit 10 Uhr III
2. da, weil V
°**3.** seitdem
sincere [sɪn'sɪə] aufrichtig, ehrlich VI 3 (66)
sincerity [sɪn'serəti] Ernsthaftigkeit, Aufrichtigkeit VI 3 (66)
sing [sɪŋ], **sang, sung** singen I **sing along (with sb.)** (mit jm.) mitsingen III
singer ['sɪŋə] Sänger/in II
single ['sɪŋgl]:
1. ledig, alleinstehend I
2. einzige(r, s) VI 1 (25)
°**singularity** [ˌsɪŋgju'lærəti] Singularität *(Theorie aus der Zukunftsforschung: Zeitpunkt, zu dem der technologische Fortschritt sich so beschleunigt hat, dass die Zukunft der Menschheit nicht mehr abgeschätzt werden kann)*
sink [sɪŋk, sæŋk, sʌŋk], **sank, sunk** sinken V
siren ['saɪrən] Sirene III
sister ['sɪstə] Schwester I
sit [sɪt], **sat, sat** sitzen; sich setzen I **sit down** sich hinsetzen I **sit up** sich aufsetzen III
sitcom ['sɪtkɒm] Situationskomödie IV
°**site** [saɪt] Platz, Stelle, Stätte
situation [ˌsɪtʃu'eɪʃn] Situation III
six [sɪks] sechs I
size [saɪz] Größe II **What size tea would you like?** Wie groß soll der/dein Tee sein? II
skates [skeɪts] Inlineskates I
skating ['skeɪtɪŋ] Inlineskaten, Rollschuhlaufen I
skeleton ['skelɪtn] Skelett VI 1 (22)
°**ski** ['skiː] *(Wasserflugzeug)* Kufe
ski pole ['skiː pəʊl] Skistock VI 2 (33)
skill [skɪl] Fertigkeit II **skills file** *Übersicht über Lern- und Arbeitstechniken* I **study skills** *Lern- und Arbeitstechniken* I
skim [skɪm]: **skim a text** einen Text überfliegen *(um den Inhalt grob zu erfassen)* IV
skin [skɪn] Haut V
skirt [skɜːt] Rock II
sky [skaɪ] Himmel II
skydiving ['skaɪdaɪvɪŋ] Fallschirmspringen V
skyline ['skaɪlaɪn] Skyline; Horizont III
skyscraper ['skaɪskreɪpə] Wolkenkratzer IV
°**slang** [slæŋ] Slang, Umgangssprache
slap [slæp] knallen, klatschen IV
slave [sleɪv] Sklave, Sklavin III
slavery ['sleɪvəri] Sklaverei III
sleep [sliːp]:
1. (slept, slept) schlafen I
2. Schlaf III **sleeping bag** Schlafsack V
sleepless ['sliːpləs] schlaflos IV
sleepover ['sliːpəʊvə] Schlafparty I
slept [slept] *siehe* **sleep**

slide [slaɪd] Dia, Dia-; Folie *(bei Präsentationen mit Computerprogramm)* VI 2 (50)
slippery ['slɪpəri] rutschig, glatt III
slogan ['sləʊgn] Slogan, Werbespruch V
slow [sləʊ]:
1. langsam I **be slow** nachgehen *(Uhr)* III **slow motion** Zeitlupe III
2. slow down langsamer werden; (sich) verlangsamen V
°**slump** [slʌmp] zusammensacken
small [smɔːl] klein I **small talk** Smalltalk *(spontan geführtes Gespräch in umgangssprachlichem Ton)* III
smart [smɑːt] schlau, intelligent VI 3 (64)
smartphone ['smɑːtfəʊn] Smartphone V
smell [smel] riechen I **smell sth.** an etwas riechen I **smell good** gut riechen II
smelly ['smeli] stinkend, übelriechend VI 2 (35)
smile [smaɪl]:
1. lächeln I **smile at sb.** jn. anlächeln I
2. Lächeln III
smiley ['smaɪli] Smiley I
smoke [sməʊk] rauchen III
smuggle ['smʌgl] schmuggeln I
smuggler ['smʌglə] Schmuggler/in I
smuggling ['smʌglɪŋ] der Schmuggel, das Schmuggeln I
snack [snæk] Snack, Imbiss I
snake [sneɪk] Schlange I
sneeze [sniːz] niesen I
snorkel ['snɔːkl] schnorcheln V
snow [snəʊ] Schnee II
so [səʊ]:
1. also; deshalb, daher I
2. so cool/nice so cool/nett I **so far** bis jetzt; bis hierher II
3. So? Und? / Na und? I
4. so that / so sodass, damit II
5. auch V
6. and so on und so weiter VI 2 (36)
soap [səʊp] Seife V
soccer ['sɒkə] Fußball V
social ['səʊʃl] sozial, Sozial-, gesellschaftlich IV **social media** *(pl)* soziale Medien III **social studies** Gemeinschaftskunde, Sozialkunde, Politische Bildung IV
°**socialize** ['səʊʃəlaɪz] Kontakte knüpfen
society [sə'saɪəti] (die) Gesellschaft V
sock [sɒk] Socke II
sofa ['səʊfə] Sofa I
soft [sɒft] weich I **in a soft voice** sanft II
softly ['sɒftli] sanft III **she sang softly** sie sang leise II
sold [səʊld] *siehe* **sell**
soldier ['səʊldʒə] Soldat/in III
solo ['səʊləʊ] Solo- II
solution (to) [sə'luːʃn] Lösung (für) *(Problem; Aufgabe)* VI 1 (19)
solve [sɒlv] lösen III
some [sʌm] einige, ein paar; etwas I

somebody ['sʌmbədi] jemand I
someone ['sʌmwʌn] jemand I
something ['sʌmθɪŋ] etwas I
sometimes ['sʌmtaɪmz] manchmal I
somewhat ['sʌmwɒt] etwas, ein wenig VI 1 (13)
somewhere ['sʌmweə] irgendwo, irgendwohin IV
son [sʌn] Sohn II
song [sɒŋ] Lied, Song I
soon [su:n] bald I
°**sophomore** ['sɒfəmɔ:] *(AE)* Student/in im 2. Studienjahr
sore [sɔ:]:
1. wund II **have a sore throat** Halsschmerzen haben II
°2. Wunde
sorry ['sɒri]: **(I'm) sorry.** Tut mir leid. / Entschuldigung. I **I'm sorry about …** Es tut mir leid wegen … I **Sorry?** Wie bitte? IV
sort [sɔ:t]:
1. **sort (of)** Art, Sorte V
2. **sort of** *(infml)* irgendwie V
sound [saʊnd]:
1. klingen, sich anhören I
2. Geräusch; Klang I
soundtrack ['saʊndtræk] Filmmusik; Tonspur VI 2 (45)
soup [su:p] Suppe I **make soup** Suppe kochen IV
sour ['saʊə] sauer, säuerlich IV
source [sɔ:s] Quelle V
south [saʊθ] Süden; nach Süden; südlich III **southbound** ['saʊθbaʊnd] Richtung Süden III **south-east** Südosten; nach Südosten; südöstlich III **southern** ['sʌðən] südlich, Süd- III **south-west** Südwesten; nach Südwesten; südwestlich III
souvenir [ˌsu:və'nɪə] Andenken, Souvenir II
space [speɪs] Platz, Raum V; Weltraum VI 1 (16)
°**spaceship** ['speɪsʃɪp] Raumschiff
spaghetti [spə'geti] Spagetti I
Spanish ['spænɪʃ] spanisch II
speak [spi:k], **spoke, spoken** sprechen I; reden II **speak to sb.** mit jm. sprechen II **speak out** den Mund aufmachen; sich (kritisch) äußern IV
speaker ['spi:kə] Sprecher/in I; Redner/in II
special ['speʃl] besondere(r, s) II **What's special about it?** Was ist das Besondere daran? IV
species ['spi:ʃi:z], *pl* **species** Art, Spezies VI 1 (22)
°**speculate** ['spekjuleɪt] spekulieren
speech [spi:tʃ] *(offizielle)* Rede II **part of speech** Wortart III °**speech bubble** Sprechblase
speed [spi:d] Geschwindigkeit III
speed up [ˌspi:d_'ʌp] beschleunigen, schneller werden IV
spell [spel] buchstabieren I
spelling ['spelɪŋ] Rechtschreibung; Schreibweise III
spend [spend], **spent, spent: spend time (on)** Zeit verbringen (mit) **spend money (on)** Geld ausgeben (für) II
spent [spent] *siehe* **spend**
°**spew out** [ˌspju:_'aʊt] ausspucken
spice [spaɪs] Gewürz IV
spicy ['spaɪsi] würzig, pikant IV
spider ['spaɪdə] Spinne V
°**spill** [spɪl]:
1. (aus)strömen, sich ergießen
2. **an oil spill** auslaufendes Öl
spin around [ˌspɪn_ə'raʊnd], **spun, spun** sich (im Kreis) drehen; herumwirbeln III
spinach ['spɪnɪtʃ] Spinat IV
splash sb. [splæʃ] jn. nass spritzen III
split screen [splɪt 'skri:n] geteilter Bildschirm; Bildschirm(auf)teilung III
spoke [spəʊk] *siehe* **speak**
spoken ['spəʊkn] *siehe* **speak**
spontaneous [spɒn'teɪniəs] spontan V
spoon [spu:n] Löffel II
sport [spɔ:t] Sport; Sportart I **do sport** Sport treiben I
sportsperson ['spɔ:tspɜ:sn] Sportler/in III
spot [spɒt]:
1. Fleck, Punkt I
2. **spot sb./sth.** jn./etwas entdecken, erblicken IV
spray [spreɪ] (be)sprühen, sprayen IV
spread [spred], **spread, spread** (sich) ausbreiten, verbreiten III
spring [sprɪŋ]:
1. Frühling I **spring break** Frühjahrsferien V
2. Quelle VI 3 (67)
spun [spʌn] *siehe* **spin**
square [skweə]:
1. Platz (in der Stadt) IV
2. quadratisch; Quadrat- IV **square kilometre, sq km** Quadratkilometer II
°**squawk** [skwɔ:k] Kreischen
squeeze [skwi:z] drücken IV
stadium ['steɪdiəm] Stadion III
staff [stɑ:f] Personal; Belegschaft VI 2 (37)
stage [steɪdʒ] Bühne II
stairs *(pl)* [steəz] Treppe; Treppenstufen II
stall [stɔ:l] (Markt-)Stand II
stamp [stæmp] Stempel II
stand [stænd]:
1. **(stood, stood)** stehen; sich (hin)stellen II **stand up** aufstehen III **I can't stand …** Ich kann … nicht ausstehen/ertragen. IV **stand against sth.** Haltung gegenüber etwas, Widerstand gegen etwas V **stand up (for sth./sb.)** eintreten/sich einsetzen (für etwas/jn.) V °**stand for an election** sich zur Wahl stellen; kandidieren
2. **take a stand (on/against)** Stellung beziehen (zu etwas); ein Zeichen setzen VI 2 (45)
standard ['stændəd] Standard; Standard- III
star [stɑ:]:
1. (Film-, Pop-)Star
2. Stern III
stare (at sb./sth.) [steə] (jn./etwas an)starren III
start [stɑ:t] anfangen, beginnen **To start with, …** Erstens …; Zunächst (einmal) … V
starving ['stɑ:vɪŋ]: **be starving** einen Riesenhunger haben II
state [steɪt]:
1. Staat III
°2. Bundesstaat
3. **state sth.** etwas äußern, etwas angeben V
statement ['steɪtmənt] Aussage, Erklärung V
station ['steɪʃn] Bahnhof II
statistics *(pl)* [stə'tɪstɪks] Statistik V
statue ['stætʃu:] Statue IV
status ['steɪtəs] Status V
stay [steɪ]:
1. bleiben I; *(vorübergehend)* wohnen, übernachten III **stay in touch (with sb.)** (mit jm.) Kontakt halten; (mit jm.) in Verbindung bleiben I **stay up late** lang aufbleiben I **Stay posted!** Bleib(t) auf dem Laufenden! IV
2. Aufenthalt IV
steal [sti:l], **stole, stolen** stehlen II
steam [sti:m] Dampf VI 3 (54)
steep [sti:p] steil III
steer [stɪə] steuern, lenken I
steering wheel ['stɪərɪŋ wi:l] Lenkrad IV
step [step]:
1. Schritt I
2. Stufe III
stereotype ['steriətaɪp] Klischee(vorstellung), Stereotyp VI 2 (44)
stew [stju:] Eintopf IV
stick [stɪk]:
1. Stock III
2. **(stuck, stuck) stick sth. into sth.** etwas in etwas stechen, stecken II
sticky ['stɪki] klebrig II
stiff [stɪf] steif V
°**stifle** ['staɪfl] unterdrücken
still [stɪl]:
1. (immer) noch I
2. trotzdem, dennoch II
°3. Standbild
sting [stɪŋ], **stung, stung** stechen; brennen VI 3 (58)
stingy ['stɪndʒi] *(infml)* knauserig, geizig VI 2 (33)
°**stock** [stɒk] Aktienkapital **stock market** Aktienmarkt
stole [stəʊl] *siehe* **steal**
stolen ['stəʊlən] *siehe* **steal**
stomach ['stʌmək] Magen II
stone [stəʊn] Stein II

stood [stʊd] *siehe* **stand**
stop [stɒp]:
1. anhalten, stoppen I **Stop it!** *(infml)* Hör auf (damit)! / Lass das! II
2. Halt; Station, Haltestelle II
stoplight ['stɒplaɪt] *(AE)* Ampel V
store [stɔː]:
1. *(bes. AE)* Laden, Geschäft IV
2. speichern V
storey ['stɔːri] Stock, Stockwerk, Etage IV
storm [stɔːm] Sturm, Unwetter, Gewitter II
story ['stɔːri]:
1. Geschichte, Erzählung I
2. *(AE)* Stock, Stockwerk, Etage IV
storyteller ['stɔːritelə] Geschichtenerzähler/in IV
storytelling ['stɔːritelɪŋ] (das) Geschichtenerzählen IV
straight [streɪt]:
1. direkt, geradewegs IV **straight on** geradeaus weiter II **with a straight face** ohne eine Miene zu verziehen VI 2 (35)
2. hetero VI 1 (16)
straighten sth. ['streɪtn] etwas gerade rücken, biegen; etwas strecken, straffen VI 3 (65)
°**straining** ['streɪnɪŋ] anstrengend
strange [streɪndʒ] seltsam, komisch I
stranger ['streɪndʒə] Fremde(r), Unbekannte(r) IV
strawberry ['strɔːbəri] Erdbeere II
stream [striːm] Bach III
street [striːt] Straße I **at 14 Dean Street** in der Dean Street 14 **in Dean Street** in der Dean Street I **street artist** Straßenkünstler/in II
streetcar ['striːtkɑː] *(AE)* Straßenbahn IV
strength [streŋθ] Stärke, Kraft IV
stress [stres]:
1. Betonung III **stress mark** Betonungszeichen III
2. betonen V
stretch [stretʃ] sich dehnen, sich strecken IV
strict [strɪkt] streng IV
strike [straɪk] Streik VI 3 (56) **be on strike** streiken, sich im Streik befinden VI 3 (56) **go on strike** streiken, in den Streik treten VI 3 (56)
string [strɪŋ]:
1. Saite IV
°**2.** Schnur, Bindfaden
°**stripe** [straɪp] Streifen
stroll [strəʊl] schlendern, bummeln VI 2 (32)
strong [strɒŋ] stark, kräftig II
strongly ['strɒŋli] nachdrücklich, entschieden, eindringlich VI 2 (40)
structure ['strʌktʃə]:
1. strukturieren, gliedern III
2. Struktur, Gliederung IV
stuck [stʌk] *siehe* **stick**
student ['stjuːdənt] Schüler/in; Student/in I
studio ['stjuːdiəʊ] Studio I
study ['stʌdi] studieren; untersuchen, beobachten; lernen III **study skills** *Lern- und Arbeitstechniken* I **study poster** Lernposter II
stuff [stʌf] Zeug, Kram III
stung [stʌŋ] *siehe* **sting**
stunning ['stʌnɪŋ] atemberaubend, überwältigend, umwerfend V
stupid ['stjuːpɪd] dumm, blöd III
style [staɪl] Stil IV
sub-clause ['sʌbklɔːz] Nebensatz I
sub-heading ['sʌbˌhedɪŋ] Zwischenüberschrift; Kapitelüberschrift IV
subject ['sʌbdʒɪkt], ['sʌbdʒekt]:
1. Schulfach I
2. Subjekt II
3. Thema V
submit sth. (to) [səb'mɪt] etwas einreichen (bei) V
°**substitute** ['sʌbstɪtjuːt] Ersatz
subtitle ['sʌbtaɪtl] Untertitel I
suburb ['sʌbɜːb] Vorort IV
suburban [sə'bɜːbən] Vorort-, Vorstadt-; vorstädtisch V
subway ['sʌbweɪ] *(AE)* U-Bahn IV
succeed (in sth.) [sək'siːd] erfolgreich sein, Erfolg haben (mit etwas, bei etwas) V
success [sək'ses] Erfolg III
successful [sək'sesfl] erfolgreich IV
such [sʌtʃ]: **such a** so ein/e ...; solch ein/e ... III **such as** wie etwa V
suddenly ['sʌdnli] plötzlich, auf einmal I
suffix ['sʌfɪks] Suffix, Nachsilbe V
sugar ['ʃʊgə] Zucker IV
°**sugarcane liquor** ['ʃʊgəkeɪn ˌlɪkə] Zuckerrohrschnaps
suggest [sə'dʒest]:
1. suggest sth. (to sb.) (jm.) etwas vorschlagen III **Dad suggested that we go to the cinema.** Papa schlug vor, ins Kino zu gehen. III
2. auf etwas hindeuten, etwas nahelegen VI 1 (11)
suggestion [sə'dʒestʃən] Vorschlag IV
suit [suːt] Anzug III
suitable ['suːtəbl] geeignet, passend VI 2 (41)
suitcase ['suːtkeɪs] Koffer V
sum sth. up [ˌsʌm‿'ʌp] etwas zusammenfassen IV **To sum up, ...** Zusammenfassend: ... IV
summarize ['sʌməraɪz] zusammenfassen VI 2 (41)
summary ['sʌməri] Zusammenfassung VI 2 (41)
summer ['sʌmə] Sommer I
summit ['sʌmɪt] Gipfel III
sun [sʌn] Sonne I
Sunday ['sʌndeɪ] Sonntag I
sunflower ['sʌnflaʊə] Sonnenblume VI 3 (58)
sung [sʌŋ] *siehe* **sing**
sunglasses *(pl)* ['sʌnglɑːsɪz] (eine) Sonnenbrille II
sunk *siehe* **sink**
sunny ['sʌni] sonnig II
sunscreen ['sʌnskriːn] Sonnenschutzmittel V
sunset ['sʌnset] Sonnenuntergang IV
sunshine ['sʌnʃaɪn] Sonnenschein III
supply [sə'plaɪ] Vorrat; Versorgung, Lieferung VI 3 (58)
support [sə'pɔːt]:
1. unterstützen IV
2. Unterstützung IV
supposed [sə'pəʊzd]: **be supposed to do sth.** etwas tun sollen V
°**Supreme Court** [suːˌpriːm 'kɔːt] Oberster Gerichtshof
sure [ʃʊə], [ʃɔː] sicher II **make sure that ...** sich vergewissern, dass ...; darauf achten, dass ...; dafür sorgen, dass ... II
surf [sɜːf] surfen V
surface ['sɜːfɪs] Oberfläche III
surfboard [sɜːfbɔːd] Surfbrett V
surprise [sə'praɪz]:
1. Überraschung II **in surprise** voller Überraschung IV
2. überraschen VI 1 (21)
surprised [sə'praɪzd] überrascht I
surprising [sə'praɪzɪŋ] überraschend IV
surreal [sə'riːəl] surreal, unwirklich VI 2 (45)
survival [sə'vaɪvl] Überleben VI 3 (55)
survive [sə'vaɪv] überleben III
°**sushi** *(no pl)* ['suːʃi] Sushi
swallow ['swɒləʊ] schlucken; verschlucken V
swam [swæm] *siehe* **swim**
swamp [swɒmp] Sumpf IV
swan [swɒn] Schwan V
sweat [swet] Schweiß V
sweet [swiːt] süß II **sweet potato** Süßkartoffel IV
sweets *(pl)* [swiːts] Süßigkeiten II
swim [swɪm]**, swam, swum** schwimmen I
swim [swɪm] Bad V
swimmer ['swɪmə] Schwimmer/in I
swimming pool ['swɪmɪŋ puːl] Schwimmbad, Schwimmbecken I
swipe [swaɪp] *(am Touchscreen)* wischen, *(mit dem Finger)* streichen/fahren; *(Kreditkarte u.Ä.)* durchziehen VI 3 (57)
switch [swɪtʃ] wechseln IV
°**swivel** ['swɪvl] drehen
sword [sɔːd] Schwert I
sworn [swɔːn] *siehe* **swear**
swum [swʌm] *siehe* **swim**
syllable ['sɪləbl] Silbe II **one-/two-syllable** ein-/zweisilbig II
symbol ['sɪmbl] Symbol II
°**symbolism** ['sɪmbəlɪzm] Symbolismus, Symbolik

synchronize ['sɪŋkrənaɪz] synchronisieren, aufeinander abstimmen VI 2 (5C)
synonym ['sɪnənɪm] Synonym *(bedeutungsgleiches Wort)* IV
system ['sɪstəm] System IV

T

tab [tæb] Tab, Reiter *(bei Karteikarten u. Browsern)* VI 3 (57)
table ['teɪbl]:
1. Tisch I **table tennis** Tischtennis II
2. Tabelle I
°3. **water table** Grundwasserspiegel
tablecloth ['teɪblklɒθ] Tischdecke VI 3 (54)
tackle sth. ['tækl] etwas in Angriff nehmen V
°**tag sth.** [tæg] etwas markieren
take [teɪk]:
1. **(took, taken)** nehmen, mitnehmen; (weg-, hin)bringen I; *(Zeit)* brauchen; dauern II
► S. 216 German "dauern"
take a different view einen anderen Standpunkt vertreten; anderer Ansicht sein V **take a risk** ein Risiko eingehen VI 3 (54) **take a stand (on/against)** Stellung beziehen (zu etwas); ein Zeichen setzen VI 2 (45) **take a walk** spazieren gehen, einen Spaziergang machen IV **take care of sth.** sich (gut) um etwas kümmern; sorgfältig mit etwas umgehen IV **take an exam** eine Prüfung machen/ablegen **take notes (on/about sth.)** (sich) Notizen machen (über/zu etwas) *(beim Lesen/Zuhören)* II **take part in sth.** an etwas teilnehmen II **take photos** fotografieren, Fotos machen I **take pity on sb.** Mitleid mit jm. haben ; sich jemandes erbarmen IV **take place** stattfinden III **take sides** Partei ergreifen VI 3 (70) **take sth. off** etwas ausziehen *(Kleidung)*; etwas absetzen *(Hut, Helm)* II **take sth./sb. seriously** etwas/jn. ernst nehmen VI 1 (20) **take the view that** der Auffassung sein, dass / der Ansicht sein, dass V **take time off** sich frei nehmen VI 1 (20) °**take turns (to do sth.)** sich abwechseln (etwas zu tun)
2. Einstellung, Take *(beim Film)* IV
take (on sth.) Einstellung, Meinung (zu etwas) V
takeaway ['teɪkəweɪ] *Restaurant/Imbissgeschäft, das auch Essen zum Mitnehmen verkauft; Essen zum Mitnehmen* II
taken ['teɪkən] *siehe* **take**
talent ['tælənt] Talent V
talented ['tæləntɪd] begabt, talentiert II
talk [tɔːk]:
1. Vortrag, Referat, Rede I **give a talk (about)** einen Vortrag / eine Rede halten (über) I
2. **talk (to)** reden (mit), sich unterhalten (mit) I **talking** sprechend IV
talkative ['tɔːkətɪv] gesprächig V
tall [tɔːl] groß *(Person)*; hoch *(Gebäude, Baum)* II
tandem ['tændəm] Tandem V
tap [tæp]:
1. tippen, *(vorsichtig)* klopfen II
2. *(leichtes)* Klopfen III
3. Wasserhahn VI 2 (37) **tap water** Leitungswasser VI 2 (37)
°**target** ['tɑːgɪt] Zielscheibe
task [tɑːsk] Aufgabe I
taste [teɪst]:
1. schmecken I
2. Geschmack IV
tasteful ['teɪstfl] geschmackvoll IV
tasty ['teɪsti] lecker II
taught [tɔːt] *siehe* **teach**
tax [tæks] (die) Steuer IV
taxi ['tæksi] Taxi II
taxpayer ['tækspeɪə] Steuerzahler/in IV
tea [tiː]:
1. Tee I **make tea** Tee kochen IV
2. *leichte Nachmittags- oder Abendmahlzeit* II
teach [tiːtʃ], **taught, taught** unterrichten, lehren III **teach sb. to do sth.** jm. etwas beibringen, etwas zu tun III
teacher ['tiːtʃə] Lehrer/in I
team [tiːm] Team, Mannschaft I
tear [tɪə] Träne II
tear [teə], **tore, torn** reißen, zerreißen V **tear sth. down** etwas abreißen IV
teaspoon ['tiːspuːn] Teelöffel II
technical ['teknɪkl] technisch V
technique [tek'niːk] Technik, Methode IV
technological [ˌteknə'lɒdʒɪkl] technologisch VI 3 (52)
technology [tek'nɒlədʒi] Technik, Technologie VI 1 (22)
teen [tiːn] Teenager/in IV **in their teens** im (späten) Teenageralter VI 1 (11)
teeth [tiːθ] *Plural von* **tooth**
telegraph pole ['telɪgrɑːf pəʊl] Telegrafenmast VI 2 (33)
telephone ['telɪfəʊn] Telefon I
telephone box Telefonzelle III
tell [tel], **told, told**: erkennen, feststellen V **tell sb. about sth.** jm. von etwas erzählen; jm. über etwas berichten I **tell sb. the way (to ...)** jm. den Weg (nach ...) beschreiben II **tell sb. (not) to do sth.** jn. auffordern, etwas (nicht) zu tun; jm. sagen, dass er/sie etwas (nicht) tun soll III
temperature ['temprətʃə] Temperatur, Fieber II **have a temperature** Fieber haben II
ten [ten] zehn I
tennis ['tenɪs] Tennis I **table tennis** Tischtennis II
tense [tens] *(grammatische)* Zeit, Tempus III
tension ['tenʃn] Spannung, Anspannung III
tent [tent] Zelt II
tent pole ['tent pəʊl] Zeltstange VI 2 (33)
term [tɜːm]:
1. Trimester I **in the long term** langfristig, auf lange Sicht V
2. Ausdruck, Begriff V
°**terminus** ['tɜːmɪnəs] Endstation
terrible ['terəbl] schrecklich, furchtbar II
terrified ['terɪfaɪd]: **be terrified (of sth.)** schreckliche Angst (vor etwas) haben V
territory ['terətri] Revier, Territorium III
terrorist ['terərɪst] terroristische(r, s); Terrorist/in IV
test ['test]:
1. Test, (Klassen-)Arbeit III
2. testen, prüfen III
text [tekst]:
1. Text I
2. *(auch* **text message***)* SMS II
3. **text sb.** jm. eine SMS schicken I
than [ðæn], [ðən]: **bigger than** größer als II
thank sb. [θæŋk] jm. danken III
Thank you. Danke. I **Thank you for listening.** Danke, dass ihr zugehört habt. / Danke für eure Aufmerksamkeit. II
thanks ['θæŋks] Danke. I **thanks to Maya** dank Maya II
Thanksgiving [θæŋks'gɪvɪŋ] Erntedankfest *(amerikanischer Feiertag am 4. Donnerstag im November)* IV
that [ðæt], [ðət]:
1. **it shows that ...** es zeigt, dass ... I
2. **that group** die Gruppe (dort), jene Gruppe I
3. **that's** das ist I
4. der/die/das; die *(Relativpronomen)* II
5. **that's why** deshalb, darum II
the [ðə] der, die, das; die I **the sooner ... the better ...** je eher ..., desto besser ... V
theatre ['θɪətə] Theater II
their [ðeə] ihr I **their first day** ihr erster Tag I
theirs [ðeəz] ihrer, ihre, ihrs II
them [ðem], [ðəm]:
1. sie; ihnen I
2. ihn oder sie (= **him or her**) IV
theme [θiːm] Thema II
themselves [ðəm'selvz] sich II
then [ðen] dann I **back then** damals V **just then** genau in dem Moment; gerade dann II
there [ðeə] da, dort; dahin, dorthin I **down there** dort unten II **over there** da drüben, dort drüben II **There are ...** Es sind/gibt ... I **There's ...** Es ist/gibt ... I
therefore ['ðeəfɔː] daher, deshalb VI 2 (32)

thermometer [θə'mɒmɪtə] Thermometer II
these [ði:z] diese, die (hier) I
they [ðeɪ]:
1. sie *(Plural)* I
2. er oder sie (= **he or she**) IV
thick [θɪk] dick V
thief [θi:f], *pl* **thieves** [θi:vz] Dieb/in I
thing [θɪŋ] Sache, Ding, Gegenstand I
think [θɪŋk], **thought, thought** denken, glauben I **think of sth.** sich etwas ausdenken; an etwas denken I
third [θɜ:d] dritte(r, s) I **third biggest** drittgrößte(r, s) II
Thirdly, ... ['θɜ:dli] Drittens ... V
thirsty ['θɜ:sti]: **be thirsty** durstig sein, Durst haben I
this [ðɪs]:
1. This is ... Dies ist ... / Das ist ... I
2. this place/break/subject dieser Ort / diese Pause / dieses Fach I **this time** dieses Mal II **this evening/...** heute Abend/... II **this year's ...** das diesjährige ... II
thorough ['θʌrə] gründlich, sorgfältig VI 3 (70)
thoroughly ['θʌrəli] gründlich VI 3 (70)
those [ðəʊz] die ... dort; jene ... I
though [ðəʊ] obwohl V
thought [θɔ:t]:
1. *siehe* **think**
2. Gedanke III **thought-provoking** zum Nachdenken anregend VI 2 (43)
thoughtful ['θɔ:tfl] nachdenklich VI 1 (11)
thousand ['θaʊznd] Tausend, tausend III
threat [θret] Bedrohung VI 3 (55)
threaten ['θretn] drohen; bedrohen VI 3 (55)
three [θri:] drei I
threw [θru:] *siehe* **throw**
thrilled [θrɪld] begeistert V
thriller ['θrɪlə] spannendes Buch VI 2 (43)
throat [θrəʊt] Hals, Kehle II **have a sore throat** Halsschmerzen haben II
through [θru:] durch I
°**throughout time** [θru:'aʊt] im Lauf der Zeiten; schon immer
throw [θrəʊ], **threw, thrown** werfen I
thrown [θrəʊn] *siehe* **throw**
thunder ['θʌndə] Donner II
Thursday ['θɜ:zdeɪ] Donnerstag I
ticket ['tɪkɪt] Eintrittskarte I; Fahrkarte I **ticket office** Fahrkartenschalter; Kasse *(für den Verkauf von Eintrittskarten)* III
°**tide** [taɪd] Gezeiten
tidy ['taɪdi] ordentlich, aufgeräumt V
tie [taɪ] Krawatte, Schlips VI 1 (11)
tighten ['taɪtn] spannen, festziehen, nachziehen IV
till [tɪl]: **till 1 o'clock** bis 1 Uhr I **not till three** erst um drei, nicht vor drei II

time [taɪm]:
1. Zeit; Uhrzeit I **at any time** jederzeit, zu jeder Zeit IV **at no time** zu keiner Zeit IV **at one time** zur selben Zeit, gleichzeitig III **in time (for)** rechtzeitig (zu/für) V **over time** mit der Zeit, im Lauf der Zeit V **What time is it?** Wie spät ist es? I
2. Mal II **this time** dieses Mal II
°**timekeeper** ['taɪmki:pə] *(Arbeitszeit)* Zeitnehmer/in, Zeitkontrolleur/in
timer ['taɪmə] Zeitmesser IV
timetable ['taɪmteɪbl]:
1. Stundenplan I
2. Fahrplan III
tin [tɪn] Dose II
tinned [tɪnd] Dosen-; in Dosen IV
tiny ['taɪni] winzig IV
tip [tɪp] Tipp I
tired ['taɪəd] müde I **be tired of sth.** genug von etwas haben; etwas satt haben III
title ['taɪtl] Titel, Überschrift I
to [tu], [tə]:
1. zu, nach I **count to ten** bis zehn zählen **from ... to ...** von ... bis ... I
2. quarter to eleven Viertel vor elf (10.45 / 22.45) I
3. um zu II
toast [təʊst] Toast(brot) III
today [tə'deɪ] heute I
toe [təʊ] Zeh II
tofu ['təʊfu:] Tofu V
together [tə'geðə] zusammen I
toilet ['tɔɪlət] Toilette I
told [təʊld] *siehe* **tell**
tolerance ['tɒlərəns] Toleranz V
tolerant (of) ['tɒlərənt] tolerant (gegenüber) V
tomato [tə'mɑ:təʊ] Tomate II
tomorrow [tə'mɒrəʊ] morgen II **tomorrow morning** morgen früh, morgen Vormittag II
ton [tʌn] Tonne *(Gewicht)* V **a ton of ...** jede Menge ... V
tone [təʊn] Ton VI 3 (54)
tongue [tʌŋ] Zunge II
tongue-twister ['tʌŋˌtwɪstə] Zungenbrecher II
tonight [tə'naɪt] heute Nacht, heute Abend III
too [tu:]:
1. auch I
2. too late/cold/big/... zu spät/kalt/groß/... I
took [tʊk] *siehe* **take**
tooth [tu:θ], *pl* **teeth** [ti:θ] Zahn II
toothache ['tu:θeɪk]: **have a toothache** Zahnschmerzen haben II
toothbrush ['tu:θbrʌʃ] Zahnbürste V
toothpaste ['tu:θpeɪst] Zahnpasta V
top [tɒp]:
1. Spitze II **at the top (of)** oben, am oberen Ende, an der Spitze (von) II **on top of each other** übereinander, aufeinander III
2. Spitzen-, oberste(r, s) I
3. Top, Oberteil I
topic ['tɒpɪk] Thema, Themengebiet II **topic sentence** Satz, der in das Thema eines Absatzes einführt III
torch [tɔ:tʃ]:
1. Taschenlampe II
2. Fackel II
tore [tɔ:] *siehe* **tear**
torn [tɔ:n] *siehe* **tear**
tortoise ['tɔ:təs] (Land-)Schildkröte III
total ['təʊtl]: **a total of ...** eine Gesamtsumme von ...; insgesamt III **in total** insgesamt V
totally ['təʊtəli] völlig, total V
► S. 197 Intensifying adverbs
totem pole ['təʊtəm pəʊl] Totempfahl VI 2 (33)
touch [tʌtʃ]:
1. berühren, anfassen I
2. get in touch (with sb.) (mit jm.) Kontakt aufnehmen; sich (mit jm.) in Verbindung setzen II **stay in touch (with sb.)** (mit jm.) Kontakt halten; (mit jm.) in Verbindung bleiben II
tough [tʌf] (knall)hart, schwierig III
tour (of) ['tʊər] Rundgang, Rundfahrt, Reise (durch) I
tourist ['tʊərɪst] Tourist/in I
towards [tə'wɔ:dz]: **towards the station / John** auf den Bahnhof / John zu, in Richtung Bahnhof / John III
tower ['taʊə] Turm I
town [taʊn] Stadt I **town hall** Rathaus II
°**toxic** ['tɒksɪk] giftig
toy [tɔɪ] Spielzeug I
°**trace sth. back** [treɪs] etwas zurückverfolgen; etwas zurückführen
track [træk]:
1. (Bahn-)Gleis IV
2. (Feld-)Weg, Pfad IV
°**track sth.** [træk] etwas verfolgen
tractor ['træktə] Traktor II
trade [treɪd]:
1. Handel III
2. (ein)tauschen; Handel treiben VI 2 (32)
°**trader** [treɪdə] Händler/in
tradition [trə'dɪʃn] Tradition IV
traditional [trə'dɪʃənl] traditionell II
traffic ['træfɪk] Verkehr III **traffic light** (Verkehrs-)Ampel *(oft auch:* **traffic lights** *(pl)*) III
trail [treɪl] Weg, Pfad III
train [treɪn]:
1. Zug II **get on a train** in einen Zug einsteigen II
2. trainieren II
trainer ['treɪnə] Turnschuh I
training ['treɪnɪŋ] Training(sstunde) I
tram [træm] Straßenbahn IV
trance [trɑ:ns], *AE:* [træns] Trance IV
transform [træns'fɔ:m] verwandeln; umwandeln V
°**transition** [træn'zɪʃn] Übergang

translate [træns'leɪt] übersetzen II
translator [træns'leɪtə] Übersetzer/in V
translation [træns'leɪʃn] Übersetzung III
transparency [træns'pærənsi] Folie *(für Projektor)* III
transport ['trænspɔːt] Verkehrsmittel; Transport(wesen) V
°**transport** ['trænspɔːt]:
 1. Transport, Beförderung
 2. transportieren, befördern
trap [træp] Falle VI 3 (58)
trash can ['træʃ kæn] *(AE)* Mülltonne, Abfalleimer IV
travel ['trævl] reisen I **travel a country** ein Land bereisen V
travel agent ['trævl_eɪdʒənt] Reisebürokaufmann/-frau V
traveller ['trævələ] Reisende(r) I
tread [tred], **trod, trodden: tread on sb.'s toes** jm. auf die Füße/Zehen treten *(auch im übertragenen Sinne)* III
treat ['triːt] behandeln V
treatment ['triːtmənt] Behandlung V
tree [triː] Baum I
tree trunk ['triː trʌŋk] Baumstamm V
trendy ['trendi] modisch, angesagt, „in" V
trials *(pl)* ['traɪəlz] Turnier, Wettkampf III
triangle ['traɪæŋgl] Dreieck III
triangular [traɪ'æŋgjələ] dreieckig IV
tribe [traɪb] (Volks-)Stamm IV
°**tribespeople** *(pl)* ['traɪbzpiːpl] Stammesangehörige
trick [trɪk] Kunststück, Trick II
trip [trɪp] Ausflug; Reise I **go on day trips** Tagesausflüge machen II
trod [trɒd] *siehe* **tread**
trodden [trɒdn] *siehe* **tread**
trophy ['trəʊfi] Pokal; Trophäe I
tropical ['trɒpɪkl] tropisch, Tropen- V
tropics, the *(pl)* ['trɒpɪks] die Tropen V
trouble ['trʌbl]: **be in trouble** in Schwierigkeiten sein; Ärger kriegen I **get into trouble** in Schwierigkeiten geraten, Ärger kriegen III
trousers *(pl)* ['traʊzəz] Hose II
truck [trʌk] Lastwagen, LKW IV
true [truː] wahr I
trunk [trʌŋk] Baumstamm V
trust [trʌst]:
 1. Stiftung V
 2. trauen, vertrauen VI 3 (69)
truth [truːθ] Wahrheit II
try [traɪ]:
 1. (aus)probieren; versuchen I
 2. Versuch III
T-shirt ['tiːʃɜːt] T-Shirt I
tube [tjuːb]: **the Tube** die U-Bahn *(in London)* III **on the Tube** in der U-Bahn III
tuck [tʌk] stecken, klemmen IV
Tuesday ['tjuːzdeɪ] Dienstag I
tulip ['tjuːlɪp] Tulpe II
tune [tjuːn] stimmen *(Instrument)* IV
tunnel ['tʌnl] Tunnel II
turkey ['tɜːki] Pute, Truthahn IV
turn [tɜːn]:
 1. **(It's) my turn.** Ich bin dran / an der Reihe. I °**take turns** sich abwechseln *(etwas zu tun)*
 2. sich umdrehen III **turn around** sich umdrehen; wenden, umdrehen I **turn round** sich umdrehen III **turn to sb.** sich jm. zuwenden; sich an jn. wenden II
 3. **turn sth. down** etwas leiser stellen III **turn sth. off** etwas ausschalten I **turn sth. on** etwas einschalten I **turn sth. up** etwas lauter stellen II
 4. **turn left/right** (nach) links/rechts abbiegen II
 5. **turn red/cold** rot/kalt werden III
turtle ['tɜːtl] Wasserschildkröte VI 2 (33)
tutor sb. ['tjuːtə] jn. unterrichten, jm. Stunden geben IV
TV [ˌtiː'viː] Fernsehen, Fernsehgerät **on TV** im Fernsehen III
twelve [twelv] zwölf I
twice [twaɪs] zweimal II
twins *(pl)* [twɪnz] Zwillinge I
°**twisty** ['twɪsti] kraus
two [tuː] zwei I **two-syllable** zweisilbig II
type [taɪp]:
 1. tippen, Maschine schreiben VI 1 (17)
 2. **type (of)** Art, Sorte, Typ (von) VI 1 (15)
typical (of) ['tɪpɪkl] typisch (für) IV
°**typo** ['taɪpəʊ] Tippfehler

U

UK [ˌjuː 'keɪ]: **the UK** das Vereinigte Königreich III
umbrella [ʌm'brelə] Regenschirm I
uncle ['ʌŋkl] Onkel I
uncomfortable [ʌn'kʌmftəbl] unbequem IV
uncountable [ʌn'kaʊntəbl] unzählbar, zahllos VI 3 (56)
°**uncrowded** [ʌn'kraʊdɪd] menschenleer
under ['ʌndə] unter I
underground [ˌʌndə'graʊnd] unterirdisch, unter der Erde III **the underground** die U-Bahn III
underline [ˌʌndə'laɪn] unterstreichen I
understand [ˌʌndə'stænd], **understood, understood** verstehen I
understanding [ˌʌndə'stændɪŋ] Verständnis V **come to an understanding** sich einigen; zu einer Übereinkunft kommen VI 2 (33)
understood [ˌʌndə'stʊd]:
 1. *siehe* **understand**
 2. **Make yourself understood.** Mach dich verständlich. V
unemotional [ˌʌnɪ'məʊʃənl] gefühllos, emotionslos V
unequal [ʌn'iːkwəl] ungleich VI 1 (20)
unexcused [ˌʌnɪk'skjuːzd] unentschuldigt IV
unexpected [ˌʌnɪk'spektɪd] unerwartet V
unfair [ʌn'feə] unfair, ungerecht II
unfortunately [ʌn'fɔːtʃənətli] leider, unglücklicherweise V
unfriendly [ʌn'frendli] unfreundlich IV
unhappy [ʌn'hæpi] unglücklich II
uniform ['juːnɪfɔːm] Uniform I
uninteresting [ʌn'ɪntrəstɪŋ] uninteressant IV
°**unique** [ju'niːk] einzigartig, einmalig
unit ['juːnɪt] Kapitel, Lektion I
united [ju'naɪtɪd] vereinigt III **the United Kingdom** das Vereinigte Königreich III
university [ˌjuːnɪ'vɜːsəti] Universität V
unkind [ˌʌn'kaɪnd] unfreundlich, wenig nett, herzlos V
unless [ən'les] es sei denn; außer (wenn) V
unlike [ˌʌn'laɪk] im Gegensatz zu VI 1 (11)
unlucky [ʌn'lʌki]: **be unlucky** Pech haben IV
unnecessary [ʌn'nesəsəri] unnötig IV
unpack [ˌʌn'pæk] auspacken III
unpopular [ʌn'pɒpjələ] unbeliebt IV
°**unsatisfied** [ʌn'sætɪsfaɪd] unbefriedigt, nicht zufriedengestellt
unstoppable [ʌn'stɒpəbl] unaufhaltsam, unaufhaltbar IV
until [ən'tɪl] bis II **not until** erst nicht vor III
untidy [ʌn'taɪdi] unordentlich, unsauber VI 1 (17)
unusual [ʌn'juːʒuəl] ungewöhnlich III
unwrap [ʌn'ræp] auspacken, auswickeln VI 2 (34)
up [ʌp]:
 1. hinauf, herauf; (nach) oben I **up and down** auf und ab; rauf und runter I **up here** hier oben; nach hier oben II **up to** bis (zu) II **What's up?** Was gibt's? / Was ist los? III
 2. **the ups and downs** *(pl)* die Höhen und Tiefen VI 1 (22)
upbringing ['ʌpbrɪŋɪŋ] Erziehung VI 1 (16)
update sth. [ˌʌp'deɪt] etwas aktualisieren, auf den neuesten Stand bringen V
uphill [ˌʌp'hɪl] bergauf III
°**upload sth.** [ˌʌp'ləʊd] etwas hochladen
upset [ˌʌp'set] aufgebracht, gekränkt, mitgenommen V
upstairs [ˌʌp'steəz] oben; nach oben *(im Haus)* I
upstream [ˌʌp'striːm] flussaufwärts III
urban ['ɜːbən] städtisch, Stadt- V
us [ʌs], [əs] uns I
use [juːz] benutzen, verwenden I

use [juːs] Gebrauch, Verwendung VI 3 (58)
used to ['juːst tə]:
1. where the towers used to be wo die Türme früher waren/standen IV
2. get used to sth. sich an etwas gewöhnen V
useful ['juːsfl] nützlich V
username ['juːzəneɪm] Benutzername VI 3 (57)
usual ['juːʒuəl] gewöhnlich, üblich III
usually ['juːʒuəli] meistens, normalerweise, gewöhnlich I
°**utter** ['ʌtə]: **utter directness** vollkommene Offenheit

V

vacation [və'keɪʃn] *(AE)* Urlaub IV
vague [veɪg] vage, unbestimmt VI 3 (55)
°**valid** ['vælɪd] triftig
valley ['væli] Tal II
°**valuable** ['vælјuəbl] wertvoll
value ['væljuː]:
1. Wert V
2. value sth. etwas schätzen, wertschätzen; auf etwas Wert legen VI 1 (16)
van [væn] Transporter, Lieferwagen III
varied ['veərid] abwechslungsreich; verschiedenartig, vielfältig VI 3 (58)
variety [və'raɪəti] Vielzahl, Auswahl VI 3 (58)
°**varroa mite** ['værəʊə ˌmaɪt] Varroamilbe
vast [vɑːst] riesig V
vegan ['viːgən] vegan V
vegetables *(pl)* ['vedʒtəblz] Gemüse I
vegetarian [ˌvedʒə'teəriən]:
1. Vegetarier/in II
2. vegetarisch II
°**vegetation** [ˌvedʒə'teɪʃn] Vegetation, Pflanzenwelt
°**Venn diagram** [ˌven 'daɪəgræm] Schnittmengendiagramm
°**venue** ['venjuː] Veranstaltungsort
verb [vɜːb] Verb III
verse [vɜːs] Vers, Strophe II
vertical ['vɜːtɪkl] vertikal, senkrecht VI 3 (64)
very ['veri]:
1. sehr I
2. the very first/best der/die/das allererste/allerbeste V
► S. 200 Intensifying adverbs
via ['vaɪə] über, durch, per V
vice- [vaɪs] Vize- V
°**victim** ['vɪktɪm] Opfer
victory ['vɪktəri] Sieg V
video ['vɪdiəʊ] Video I
video camera ['vɪdiəʊ ˌkæmərə] Videokamera I
view (of) [vjuː] Aussicht, Blick (auf) II **point of view (on sth.)** Standpunkt (in/über/zu etwas) III **in my view** meiner Ansicht nach, meiner Meinung nach V **in view** in Sicht, sichtbar VI 2 (40) **take a different view** einen anderen Standpunkt vertreten; anderer Ansicht sein V **take the view that** der Auffassung sein, dass / der Ansicht sein, dass V
viewer ['vjuːə] Zuschauer/in VI 3 (62)
village ['vɪlɪdʒ] Dorf I
villager ['vɪlɪdʒə] Dorfbewohner/in VI 2 (32)
°**villain** ['vɪlən] Schurke, Schurkin
VIP [ˌviː‿aɪ 'piː] *(very important person)* Prominente(r) IV
viral ['vaɪrəl]: **go viral** sich wie ein Virus ausbreiten / sich wie ein Lauffeuer verbreiten IV
virtual ['vɜːtʃuəl] virtuell VI 2 (45)
virus ['vaɪrəs], *pl* **viruses** ['vaɪrəsɪz] Virus V
visa ['viːzə] Visum III
vision ['vɪʒn] Vision; Vorstellung VI 3 (54)
visit ['vɪzɪt]:
1. besuchen I
2. Besuch I
visitor ['vɪzɪtə] Besucher/in, Gast II
visual ['vɪʒuəl] optisch, visuell VI 1 (17)
vocabulary [və'kæbjələri] Vokabelverzeichnis, Wörterverzeichnis I
voice [vɔɪs] Stimme I **in a loud voice** mit lauter Stimme II
volleyball ['vɒlibɔːl] Volleyball I
volunteer [ˌvɒlən'tɪə]:
1. sich freiwillig melden; freiwillig/ehrenamtlich arbeiten *(unbezahlt)* III
2. Freiwillige(r), Ehrenamtliche(r) III
vote [vəʊt]: **vote (for)** (für jn./etwas) stimmen; wählen, zur Wahl gehen V °**hold a vote** eine Abstimmung durchführen
voucher ['vaʊtʃə]: **gift voucher** Geschenkgutschein V
vowel ['vaʊəl] Vokal, Selbstlaut II

W

°**wage** [weɪdʒ] Lohn **minimum wage** Mindestlohn
waist [weɪst] Taille II
wait (for) [weɪt] warten (auf) I **wait a minute** Warte einen Moment. / Moment mal. I **I can't wait to see …** Ich kann es kaum erwarten, … zu sehen II
waiter ['weɪtə] Kellner IV
waitress ['weɪtrəs] Kellnerin IV
wake up [ˌweɪk‿'ʌp], **woke, woken:**
1. aufwachen I
2. wake sb. up jn. (auf)wecken II
walk [wɔːk]:
1. Spaziergang I **go for a walk** spazieren gehen, einen Spaziergang machen I **take a walk** *(bes. AE)* spazieren gehen, einen Spaziergang machen IV °**walk of life** Lebensbereich
2. (zu Fuß) gehen I **walk around** herumlaufen, umherspazieren II **walk on** weitergehen II **walk the dog** mit dem Hund rausgehen, den Hund ausführen III
wall [wɔːl] Mauer; Wand II
wander ['wɒndə] herumlaufen; herumirren II
want [wɒnt]: **want sth.** etwas (haben) wollen I **want to do sth.** etwas tun wollen I
war [wɔː] Krieg III
warm [wɔːm] warm I
warning ['wɔːnɪŋ] Warnung III
°**warrior** ['wɒriə] Krieger/in
was [wɒz], [wəz]:
1. *siehe* **be**
2. I wish I was there. Ich wünschte, ich wäre da. II
wash [wɒʃ] waschen, wischen III **wash the dishes** *(pl)* das Geschirr abwaschen, spülen II
waste [weɪst]:
1. Verschwendung V
2. Abfall VI 3 (54)
3. waste sth. (on sth.) etwas (für etwas) verschwenden V
watch [wɒtʃ]:
1. Armbanduhr I
2. sich etwas anschauen; beobachten I **watch TV** fernsehen I **Watch out!** Pass auf! / Vorsicht! I **watch out for sth./sb.** nach jm./etwas Ausschau halten IV
°**watchful** ['wɒtʃfl] wachsam, aufmerksam
water ['wɔːtə] Wasser I **water fountain** *(bes. AE)* Trinkbrunnen IV **waters** *(pl)* Gewässer V **water pipe** Wasserleitung, Wasserrohr V °**water table** Grundwasserspiegel
waterfall ['wɔːtəfɔːl] Wasserfall II
waterfront ['wɔːtəfrʌnt] Hafenviertel *(oft modernisiert und zum Wohnviertel umgebaut)* V
wave [weɪv] Welle II
way [weɪ]:
1. Weg I **ask sb. the way** jn. nach dem Weg fragen II **No way!** Auf keinen Fall! / Kommt nicht in Frage! III **on the way to …** auf dem Weg zu/nach … I **tell sb. the way (to …)** jm. den Weg (nach …) beschreiben II **this/that way** hier entlang/dort entlang; in die Richtung II
2. Art und Weise III **in an interesting way** auf eine interessante Art und Weise III **in this way** auf diese Weise III **the way he …** die Art und Weise, wie er … III **in some/many ways** in mancher/vielerlei Hinsicht III **way of life** Lebensweise, Lebensart IV
we [wiː] wir I
weak [wiːk] schwach VI 1 (16)
weaken ['wiːkən] schwächen VI 3 (58)
wear [weə], **wore, worn** tragen *(Kleidung)* I

weather ['weðə] Wetter II
web [web] (Spinnen-)Netz V
website ['websaɪt] Website I
wedding ['wedɪŋ] Hochzeit, Trauung IV
Wednesday ['wenzdeɪ] Mittwoch
wee [wiː] *(Scottish, infml)* klein III
week [wiːk] Woche I **a three-week holiday** ein dreiwöchiger Urlaub III
weekday ['wiːkdeɪ] Wochentag, Werktag IV
weekend [ˌwiːk'end] Wochenende I **at the weekend** am Wochenende I **on the weekend** *(AE)* am Wochenende IV
weigh [weɪ] wiegen I
weird [wɪəd] seltsam, komisch III
weirdo ['wɪədəʊ] *(infml)* Spinner/in IV
welcome sb. (to) ['welkəm] jn. begrüßen (in), jn. willkommen heißen (in) III **Welcome to Plymouth.** Willkommen in Plymouth. I
well [wel]:
1. gut II; *(gesundheitlich)* gesund I **I don't feel well** Ich fühle mich nicht gut. / Mir geht's nicht gut. II) **well-behaved** brav V
2. **Well, …** Nun, … / Also, … / Na ja, … I
°3. Bohrloch
well-known [ˌwel'nəʊn], ['welˌnəʊn] bekannt, wohlbekannt III
Welsh [welʃ] Walisisch; walisisch III
went [went] *siehe* **go**
were [wɜː], [wə] *siehe* **be**
west [west] Westen; nach Westen; westlich III **westbound** ['westbaʊnd] Richtung Westen III **western** ['westən] westlich, West- III
wet [wet] nass I
whale [weɪl] Wal I
what? [wɒt] was? I **What about you?** Und du/ihr? / Und was ist mit dir/euch? I **What about …?** Wie wäre es mit …? II **What colour …?** Welche Farbe …? I **What is the story about?** Wovon handelt die Geschichte? Worum geht es in der Geschichte? I **What programmes …?** Welche Programme …? / Welche Art von Programmen …? I **What size tea would you like?** Wie groß soll der/dein Tee sein? II **What time is it?** Wie spät ist es? I **What's your name?** Wie heißt du? I **What's she like?** Wie ist sie? / Wie ist sie so? I **What's up?** Was gibt's? / Was ist los? III **I don't know what to do.** Ich weiß nicht, was ich tun soll. III
whatever [wɒt'evə] was (auch) immer III
wheel [wiːl]
1. Rad IV
2. *(kurz für* **steering wheel***)* Lenkrad IV
3. **big wheel** Riesenrad I
4. **wheels** *(pl, infml)* fahrbarer Untersatz IV
when [wen]:
1. wenn I **when it comes to …** was … betrifft/anbelangt, … VI 1 (18)
2. als I
3. **when?** wann? I
whenever [ˌwen'evə] wann (auch) immer; egal, wann III
where? [weə] wo? / wohin? / woher? I **We had no idea where to go.** Wir hatten keine Ahnung, wohin wir gehen sollten. III
wherever [weər'evə] wo (auch) immer II
whether ['weðə] ob IV
which [wɪtʃ]:
1. **which?** welche(r, s)? I
2. der/die/das; die *(Relativpronomen)* II
while [waɪl]:
1. während II
2. eine Weile, einige Zeit III **for a while** eine Weile, eine Zeit lang III
°**whiskery** ['wɪskəri] bärtig
whisper ['wɪspə] flüstern II
whistle ['wɪsl]:
1. pfeifen II
2. (Triller-)Pfeife III **blow a whistle** pfeifen (auf der Trillerpfeife) III
3. Pfiff III
white [waɪt] weiß I
whiteboard ['waɪtbɔːd] Whiteboard Weißwandtafel III
who [huː]:
1. **Who is there?** Wer ist da? I **Who did you tell?** Wem hast du es erzählt? II **Who does he know?** Wen kennt er? II **I don't know who to ask.** Ich weiß nicht, wen ich fragen kann/soll. III
2. der/die/das; die *(Relativpronomen)* II
whoever [huː'evə] wer (auch) immer III
whole [həʊl] ganze(r, s), gesamte(r, s) II
whose [huːz]:
1. **whose?** wessen? II
2. **the men whose homes …** die Männer, deren Wohnungen … IV
why [waɪ] warum I **that's why** deshalb, darum II **Why not try …?** Warum probierst du nicht …? / Warum probieren wir nicht …? IV
wide [waɪd] weit; breit III °**be widely seen as …** weithin als … gelten
wife [waɪf], *pl* **wives** [waɪvz] Ehefrau I
wi-fi ['waɪ faɪ] WLAN VI 3 (57)
wild [waɪld] wild II
wildfire ['waɪldfaɪə] Waldbrand, Buschbrand IV
wildlife ['waɪldlaɪf] Tierwelt, frei lebende Tiere IV
will [wɪl]: **we'll miss the girls (= we will miss the girls)** wir werden die Mädchen verpassen II **I'll have a tea.** Ich nehme einen Tee. *(beim Essen, im Restaurant)* II
win [wɪn], **won, won** gewinnen I °**win sb. over** jn. für sich gewinnen, jn. überzeugen
wind [wɪnd] Wind II
window ['wɪndəʊ] Fenster I
windy ['wɪndi] windig II
wing [wɪŋ] Flügel III
wink (at sb.) [wɪŋk] (jm. zu)zwinkern VI 1 (12)
winner ['wɪnə] Gewinner/in, Sieger/in
winter ['wɪntə] Winter I
wise [waɪz] weise II
wish [wɪʃ]:
1. Wunsch I **make a wish** sich etwas wünschen I
2. wünschen II **I wish I was there.** Ich wünschte, ich wäre da. II
with [wɪð]:
1. mit I
2. bei I
within [wɪ'ðɪn] innerhalb (von) V
without [wɪ'ðaʊt] ohne I
woke [wəʊk] *siehe* **wake**
woken [wəʊkən] *siehe* **wake**
woman ['wʊmən], *pl* **women** ['wɪmɪn] Frau I
won [wʌn] *siehe* **win**
wonder ['wʌndə]:
1. sich fragen, gern wissen wollen III
2. Wunder IV **No wonder …** Kein Wunder … IV
wonderful ['wʌndəfəl] wunderbar IV
won't [wəʊnt]: **she won't come (= she will not come)** sie wird nicht kommen II
wood [wʊd] Holz II
wooden ['wʊdn] hölzern; Holz- III
word [wɜːd] Wort I **May I have a word with you?** Kann ich Sie kurz sprechen? II **word order** Wortstellung I
wordbank ['wɜːdˌbæŋk] „Wortspeicher" I
wordy ['wɜːdi] langatmig, wortreich VI 3 (61)
wore [wɔː] *siehe* **wear**
work [wɜːk]:
1. arbeiten I **work sth. out** etwas herausbekommen, herausarbeiten V
2. Arbeit I **work of art** Kunstwerk IV **work experience** Praktikum; Arbeitserfahrung(en), Praxiserfahrung(en) V
3. funktionieren III
workbook ['wɜːkbʊk] Arbeitsheft I
worker ['wɜːkə] Arbeiter/in I
workplace ['wɜːkpleɪs] Arbeitsplatz VI 1 (20)
worksheet ['wɜːkʃiːt] Arbeitsblatt I
workshop ['wɜːkʃɒp] Werkstatt III; Workshop, Lehrgang II
worktop ['wɜːktɒp] Arbeitsplatte; Küchentheke IV
world [wɜːld] Welt II **in the world** auf der Welt II **natural world** (Welt der) Natur III **World Cup** Weltmeisterschaft III
worldwide ['wɜːldwaɪd] weltweit VI 2 (44)
worm [wɜːm] Wurm I
worn [wɔːn] *siehe* **wear**
worried ['wʌrid] besorgt, beunruhigt I
worry (about) ['wʌri] sich Sorgen machen (wegen, um) II **No worries.** Kein Problem! / Alles OK! / Alles gut! V

worrying ['wʌriɪŋ] beunruhigend VI 3 (58)
worse [wɜːs] schlechter, schlimmer II
worst [wɜːst] der/die/das schlechteste/schlimmste ...; am schlechtesten/schlimmsten II
worth [wɜːθ] wert III
would [wʊd]: **I would choose Sam** ich würde Sam wählen II **What would you like to eat?** Was möchtest du essen? I **I'd (= I would) like ...** Ich möchte ... I **I would have screamed.** Ich hätte geschrien. IV
°**wrist** [rɪst] Handgelenk
write [raɪt], **wrote, written** schreiben I **write sth. down** etwas aufschreiben II
writer ['raɪtə] Schreiber/in III; Schriftsteller/in III
written ['rɪtn] *siehe* **write**
wrong [rɒŋ]:
1. falsch, verkehrt I **go wrong** schiefgehen IV **No, that's wrong.** Nein, das stimmt nicht. I
2. **sb. is wrong** jemand irrt sich; jemand hat Unrecht I
3. **What's wrong with you?** Was fehlt dir?; Was ist los mit dir? II
wrote [rəʊt] *siehe* **write**

Y

yacht [jɒt] Jacht III
yard [jɑːd] *(AE)* Garten VI 1 (24)
year [jɪə]:
1. Jahr I **last/next year's ...** das ... vom letzten/nächsten Jahr II **this year's ...** das diesjährige ... II
2. Jahrgang(sstufe) I
yellow ['jeləʊ] gelb I
yes [jes] ja I **Yes, that's right.** Ja, das ist richtig. / Ja, das stimmt. I
yesterday ['jestədeɪ] gestern I
yet [jet]:
1. **not ... yet** noch nicht I **Have you ... yet?** Hast du schon ...? II
2. trotzdem, dennoch VI 1 (13)
► S. 198 yet
yoga ['jəʊgə] Yoga I
yoghurt ['jɒgət] Joghurt I
you [juː]:
1. du; Sie; ihr; dir; dich; euch; Ihnen I
2. man III
young [jʌŋ] jung I
your [jɔː], [jə] dein/e; euer/eure; Ihr/Ihre I
yours [jɔːz] deiner, deine, deins; eurer, eure, eures II
yourself [jɔː'self] dich, dir; sich (bei „Sie") III **about yourself** über dich selbst I **Enjoy yourself.** Viel Spaß! / Amüsiere dich gut! III **Help yourself.** Greif zu! / Bedien dich! III **Did you cook it yourself?** Hast du es selbst gekocht? IV
yourselves [jɔː'selvz] euch; sich *(bei „Sie")* III
youth [juːθ] Jugend; Jugend- V
yummy ['jʌmi] *(infml)* lecker I

Z

zone [zəʊn]: **pedestrian zone** Fußgängerzone II
zombie ['zɒmbi] Zombie V
zoo [zuː] Zoo I

English sounds

[iː]	green, he, sea
[i]	happy, monkey
[ɪ]	big, in, expensive
[e]	red, yes, again, breakfast
[æ]	cat, animal, apple, black
[ɑː]	class, ask, car, park
[ɒ]	song, on, dog, what
[ɔː]	door, or, ball, four, morning
[uː]	blue, ruler, too, two, you
[ʊ]	book, good, pullover
[ʌ]	mum, bus, colour
[ɜː]	girl, early, her, work, T-shirt
[ə]	a partner, again, today
[eɪ]	name, eight, play, great
[aɪ]	time, right, my, I
[ɔɪ]	boy, toilet, noise
[əʊ]	old, no, road, yellow
[aʊ]	town, now, house
[ɪə]	here, year, idea
[eə]	where, pair, share, their
[ʊə]	tour

[b]	boat, table, verb
[p]	pool, paper, shop
[d]	dad, window, good
[t]	ten, letter, at
[g]	good, again, bag
[k]	cat, kitchen, back
[m]	mum, man, remember
[n]	no, one, ten
[ŋ]	song, young, uncle, thanks
[l]	hello, like, old, small
[r]	red, ruler, friend, sorry
[w]	we, where, one
[j]	you, yes, uniform
[f]	family, after, laugh
[v]	river, very, seven, have
[s]	sister, poster, yes
[z]	please, zoo, quiz, his, music
[ʃ]	shop, station, English
[ʒ]	television, usually
[tʃ]	teacher, child, watch
[dʒ]	Germany, job, project, orange
[θ]	thanks, three, bathroom
[ð]	the, this, father, with
[h]	here, who, behind
[x]	loch

Am besten kannst du dir die Aussprache der einzelnen Lautzeichen einprägen, wenn du dir zu jedem Zeichen ein einfaches Wort merkst – das [iː] ist der **green**-Laut, das [eɪ] ist der **name**-Laut usw.

List of names

Place names
Boulder ['bəʊldə]
Colorado [ˌkɒlə'rɑːdəʊ]
Dakota [də'kəʊtə]
Des Moines [də 'mɔɪn]
Dumfries [dʌm'friːs]
Durham ['dʌrəm]
Lochinver [lɒx'ɪnvə]
Mount Rainier ['reɪniə], [rə'nɪər]
Winston-Salem [ˌwɪnstən'seɪləm]

First names
Alicia [ə'lɪʃə]
Brianna [bri'ænə]
Clay [kleɪ]
Hugh [hjuː]
Jake [dʒeɪk]
Jamal [dʒə'mɑːl]
Joanna [dʒəʊ'ænə]
Lauren ['lɔːrən], ['lɒrən]
Rahel ['rɑːhel]
Shari ['ʃɑːri]
Sherman ['ʃɜːmən]
Shireen [ʃə'riːn]
Zach [zæk]

Family names
Abelove ['eɪbəlʌv]
Alexie [ə'leksi]
Ambachew ['æmbətʃuː]
Boiskin ['bɔɪskɪn]
Cady ['keɪdi]
Harrison ['hærɪsən]
Hughes [hjuːz]
Ingraham ['ɪŋgrəhəm]
Jannon ['dʒænən]
Ludington ['lʌdɪŋtn]
McMillan [mək'mɪlən]
Penumbra [pə'nʌmbrə]
Potente [pə'teɪnteɪ]
Revere [rə'vɪə]
Rowling ['rəʊlɪŋ]
Sykes [saɪks]
Tubman ['tʌbmən]
Weasley ['wiːzli]

Other names
Amnesty ['æmnəsti]
Greenpeace ['griːnˌpiːs]
Holi ['həʊli]
Isabo [iː'sɑːbəʊ]
Tiresias [taɪ'riːsiəs]

False friends

❗ Leider gibt es einige Wörter, die im Englischen und Deutschen ähnlich klingen oder aussehen, aber eine ganz andere Bedeutung haben. Hier sind einige Beispiele für *false friends*:

English	German	German	English
also	= auch	also	= **so; Well ...**
bald	= glatzköpfig	bald	= **soon**
become	= werden	bekommen	= **get**
boot	= Stiefel	Boot	= **boat**
brave	= mutig	brav	= **good, well-behaved**
build	= bauen	bilden	= **make, form**
chips	= Pommes frites	Kartoffelchips	= **crisps**
fire	= Feuer	Feier	= **celebration**
gift	= Geschenk	Gift	= **poison**
grade	= Jahrgangsstufe, Klasse	Grad	= **degree**
kind	= freundlich	Kind	= **child**
handy	= praktisch	Handy	= **mobile**
listen	= zuhören	Listen	= **lists**
map	= Landkarte	Mappe	= **folder**
mist	= Nebel	Mist *(Unsinn)*	= **rubbish**
mode	= Methode, Modus	Mode	= **fashion**
Roman	= römisch	Roman	= **novel**
snake	= Schlange	Schnecke	= **snail**
stay	= bleiben	stehen	= **stand**
where	= wo	wer	= **who**
while	= während	weil	= **because**

Countries and continents

Country/Continent	Adjective	Person	People
Marco is from Italy.	*Pizza is* ***Italian****.*	*Marco is* ***an Italian****.*	***The Italians*** *invented pizza.*
Africa ['æfrɪkə] *Afrika*	African ['æfrɪkən]	an African	the Africans
Asia ['eɪʒə, 'eɪʃə] *Asien*	Asian ['eɪʃn, 'eɪʒn]	an Asian	the Asians
Australia [ɒ'streɪliə] *Australien*	Australian [ɒ'streɪliən]	an Australian	the Australians
Austria ['ɒstriə] *Österreich*	Austrian ['ɒstriən]	an Austrian	the Austrians
Belarus [ˌbelə'ruːs] *Weißrussland*	Belarusian [ˌbelə'ruːsiən]	a Belarusian	the Belarusians
Belgium ['beldʒəm] *Belgien*	Belgian ['beldʒən]	a Belgian	the Belgians
Bosnia and Herzegovina ['bɒzniə ən ˌhɜːtsəgə'viːnə] *Bosnien und Herzegowina*	Bosnian ['bɒzniən]; Herzegovinian [ˌhɜːtsəgə'vɪniən]	a Bosnian; a Herzegovinian	the Bosnians; the Herzegovinians
Canada ['kænədə] *Kanada*	Canadian [kə'neɪdiən]	a Canadian	the Canadians
China ['tʃaɪnə]	Chinese [ˌtʃaɪ'niːz]	a Chinese	the Chinese
Croatia [krəʊ'eɪʃə] *Kroatien*	Croatian [krəʊ'eɪʃn]	a Croatian	the Croatians
the **Czech Republic** [ˌtʃek rɪ'pʌblɪk] *Tschechien, die Tschechische Republik*	Czech [tʃek]	a Czech	the Czechs
Denmark ['denmɑːk] *Dänemark*	Danish ['deɪnɪʃ]	a Dane [deɪn]	the Danes
England ['ɪŋglənd]	English ['ɪŋglɪʃ]	an Englishman / -woman	the English
Estonia [e'stəʊniə] *Estland*	Estonian [e'stəʊniən]	an Estonian	the Estonians
Europe ['jʊərəp] *Europa*	European [ˌjʊərə'piːən]	a European	the Europeans
Finland ['fɪnlənd] *Finnland*	Finnish ['fɪnɪʃ]	a Finn [fɪn]	the Finns
France [frɑːns] *Frankreich*	French [frentʃ]	a Frenchman / -woman	the French
Germany ['dʒɜːməni] *Deutschland*	German ['dʒɜːmən]	a German	the Germans
(Great) Britain ['brɪtn] *Großbritannien*	British ['brɪtɪʃ]	a Briton ['brɪtn]	the British
Greece [griːs] *Griechenland*	Greek [griːk]	a Greek	the Greeks
Hungary ['hʌŋgəri] *Ungarn*	Hungarian [hʌŋ'geəriən]	a Hungarian	the Hungarians
Iceland ['aɪslənd] *Island*	Icelandic [aɪs'lændɪk]	an Icelander ['aɪsləndə]	the Icelanders
India ['ɪndiə] *Indien*	Indian ['ɪndiən]	an Indian	the Indians
Ireland ['aɪələnd] *Irland*	Irish ['aɪrɪʃ]	an Irishman / -woman	the Irish
Israel ['ɪzreɪl]	Israeli [ɪz'reɪli]	an Israeli	the Israelis
Italy ['ɪtəli] *Italien*	Italian [ɪ'tæliən]	an Italian	the Italians
Kosovo ['kɒsəvəʊ]	Kosovan ['kɒsəvən]	a Kosovan	the Kosovans
Latvia ['lætviə] *Lettland*	Latvian ['lætviən]	a Latvian	the Latvians
Lithuania [ˌlɪθju'eɪniə] *Litauen*	Lithuanian [ˌlɪθju'eɪniə]	a Lithuanian	the Lithuanians
Luxembourg ['lʌksəmbɜːg] *Luxemburg*	Luxembourg	a Luxembourger ['lʌksəmbɜːgə]	the Luxembourgers

Country/Continent	Adjective	Person	People
*Marco is from **Italy**.*	*Pizza is **Italian**.*	*Marco is an **Italian**.*	***The Italians** invented pizza.*
Macedonia [ˌmæsəˈdəʊniə] *Mazedonien*	Macedonian [ˌmæsəˈdəʊniən]	a Macedonian	the Macedonians
Malta [ˈmɔːltə]	Maltese [mɔːlˈtiːz]	a Maltese	the Maltese
Moldova [mɒlˈdəʊvə] *Moldawien*	Moldovan [mɒlˈdəʊvən]	a Moldovan	the Moldovans
Montenegro [ˌmɒntɪˈniːgrəʊ] *Montenegro*	Montenegrin [ˌmɒntɪˈniːgrɪn]	a Montenegrin	the Montenegrins
the **Netherlands** [ˈneðələndz] *die Niederlande*	Dutch [dʌtʃ]	a Dutchman / a Dutchwoman	the Dutch
New Zealand [ˌnjuː ˈziːlənd] *Neuseeland*	New Zealand	a New Zealander	the New Zealanders
Northern Ireland [ˌnɔːðən‿ˈaɪələnd] *Nordirland*	Northern Irish [ˌnɔːðən‿ˈaɪrɪʃ]	a Northern Irishman / a Northern Irishwoman	the Northern Irish
Norway [ˈnɔːweɪ] *Norwegen*	Norwegian [nɔːˈwiːdʒən]	a Norwegian	the Norwegians
Peru [pəˈruː]	Peruvian [pəˈruːviən]	a Peruvian	the Peruvians
Poland [ˈpəʊlənd] *Polen*	Polish [ˈpəʊlɪʃ]	a Pole [pəʊl]	the Poles
Portugal [ˈpɔːtʃʊgl]	Portuguese [ˌpɔːtʃʊˈgiːz]	a Portuguese	the Portuguese
Romania [ruˈmeɪniə] *Rumänien*	Romanian [ruˈmeɪniən]	a Romanian	the Romanians
Russia [ˈrʌʃə] *Russland*	Russian [ˈrʌʃn]	a Russian	the Russians
Scotland [ˈskɒtlənd] *Schottland*	Scottish [ˈskɒtɪʃ]	a Scot [skɒt]; a Scotsman / a Scotswoman	the Scots, the Scottish
Serbia [ˈsɜːbiə] *Serbien*	Serbian [ˈsɜːbiən]	a Serbian	the Serbians
Slovakia [sləʊˈvækiə] *die Slowakei*	Slovak [ˈsləʊvæk]	a Slovak	the Slovaks
Slovenia [sləʊˈviːniə] *Slowenien*	Slovenian [sləʊˈviːniən]	a Slovenian	the Slovenians
South Africa [ˌsaʊθ‿ˈæfrɪkən]	South African	a South African	the South Africans
South America [ˌsaʊθ‿əˈmerɪkə] *Südamerika*	South American [ˌsaʊθ‿əˈmerɪkən]	a South American	the South Americans
Spain [speɪn] *Spanien*	Spanish [ˈspænɪʃ]	a Spaniard [ˈspænɪəd]	the Spanish
Sweden [ˈswiːdn] *Schweden*	Swedish [ˈswiːdɪʃ]	a Swede [swiːd]	the Swedes
Switzerland [ˈswɪtsələnd] *die Schweiz*	Swiss [swɪs]	a Swiss	the Swiss
Turkey [ˈtɜːki] *die Türkei*	Turkish [ˈtɜːkɪʃ]	a Turk [tɜːk]	the Turks
Ukraine [juːˈkreɪn] *die Ukraine*	Ukrainian [juːˈkreɪniən]	a Ukrainian	the Ukrainians
the **United Kingdom** [juˌnaɪtɪd ˈkɪŋdəm] *das Vereinigte Königreich*	British [ˈbrɪtɪʃ]	a Briton [ˈbrɪtn]	the British
the **United States of America** [juˌnaɪtɪd ˌsteɪts‿əv‿əˈmerɪkə] *die Vereinigten Staaten von Amerika*	American [əˈmerɪkən]	an American	the Americans
Wales [weɪlz]	Welsh [welʃ]	a Welshman / -woman	the Welsh

Irregular verbs

infinitive	simple past	past participle	
(to) **be**	**was; were**	**been**	sein
(to) **beat**	**beat**	**beaten**	schlagen; besiegen
(to) **become**	**became**	**become**	werden
(to) **begin**	**began**	**begun**	beginnen, anfangen
(to) **bend**	**bent**	**bent**	sich bücken, sich beugen
(to) **bite** [aɪ]	**bit** [ɪ]	**bitten** [ɪ]	beißen
(to) **blow sth. out**	**blew**	**blown**	etwas auspusten, ausblasen
(to) **break** [eɪ]	**broke**	**broken**	brechen; zerbrechen
(to) **bring**	**brought**	**brought**	(mit-, her)bringen
(to) **build**	**built**	**built**	bauen
(to) **burst**	**burst**	**burst**	platzen
(to) **buy**	**bought**	**bought**	kaufen
(to) **catch**	**caught**	**caught**	fangen
(to) **choose** [uː]	**chose** [əʊ]	**chosen** [əʊ]	aussuchen, (aus)wählen; sich aussuchen
(to) **come**	**came**	**come**	kommen
(to) **cost**	**cost**	**cost**	kosten
(to) **cut**	**cut**	**cut**	schneiden
(to) **deal with** [iː]	**dealt** [e]	**dealt** [e]	sich beschäftigen mit; handeln von
(to) **dig**	**dug**	**dug**	graben
(to) **do**	**did**	**done** [ʌ]	tun, machen
(to) **draw**	**drew**	**drawn**	zeichnen
(to) **drive** [aɪ]	**drove** [əʊ]	**driven** [ɪ]	(mit dem Auto) fahren
(to) **drink**	**drank**	**drunk**	trinken
(to) **eat**	**ate** [et, eɪt]	**eaten**	essen
(to) **fall**	**fell**	**fallen**	fallen, stürzen; hinfallen
(to) **feed**	**fed**	**fed**	füttern
(to) **feel**	**felt**	**felt**	fühlen; sich fühlen
(to) **fight**	**fought**	**fought**	(be)kämpfen
(to) **find**	**found**	**found**	finden
(to) **fly**	**flew**	**flown**	fliegen
(to) **forget**	**forgot**	**forgotten**	vergessen
(to) **freeze**	**froze**	**frozen**	(ge)frieren; zufrieren; einfrieren
(to) **get**	**got**	**got**	bekommen; holen; werden; gelangen
(to) **give**	**gave**	**given**	geben
(to) **go**	**went**	**gone** [ɒ]	gehen
(to) **grow**	**grew**	**grown**	wachsen; anbauen, anpflanzen; werden
(to) **hang**	**hung**	**hung**	hängen
(to) **have**	**had**	**had**	haben
(to) **hear** [ɪə]	**heard** [ɜː]	**heard** [ɜː]	hören
(to) **hide** [aɪ]	**hid** [ɪ]	**hidden** [ɪ]	verstecken; sich verstecken
(to) **hit**	**hit**	**hit**	schlagen
(to) **hold**	**held**	**held**	halten
(to) **hurt**	**hurt**	**hurt**	schmerzen, wehtun; verletzen
(to) **keep**	**kept**	**kept**	behalten; aufheben, aufsparen; aufbewahren
(to) **kneel** [niːl]	**knelt** [nelt]	**knelt** [nelt]	knien
(to) **know** [nəʊ]	**knew** [njuː]	**known** [nəʊn]	wissen; kennen
(to) **lay**	**laid**	**laid**	legen
(to) **lead** [iː]	**led**	**led**	führen, leiten
(to) **leave** [iː]	**left**	**left**	(weg)gehen; abfahren; (zurück)lassen; verlassen

infinitive	simple past	past participle	
(to) **lend sb. sth.**	**lent**	**lent**	jm. etwas leihen
(to) **let**	**let**	**let**	lassen
(to) **lie**	**lay**	**lain**	liegen
(to) **light** [aɪ]	**lit** [ɪ]	**lit** [ɪ]	anzünden
(to) **lose** [uː]	**lost** [ɒ]	**lost** [ɒ]	verlieren
(to) **make**	**made**	**made**	machen; herstellen
(to) **mean** [iː]	**meant** [e]	**meant** [e]	bedeuten; meinen
(to) **meet** [iː]	**met** [e]	**met**	treffen; sich treffen; kennenlernen
(to) **pay**	**paid**	**paid**	bezahlen
(to) **put**	**put**	**put**	(etwas wohin) tun, legen, stellen
(to) **read** [iː]	**read** [e]	**read** [e]	lesen
(to) **ride** [aɪ]	**rode**	**ridden** [ɪ]	reiten; (Rad) fahren
(to) **ring**	**rang**	**rung**	klingeln, läuten
(to) **rise** [aɪ]	**rose**	**risen** [ɪ]	(an-, auf)steigen
(to) **run**	**ran**	**run**	rennen, laufen
(to) **say** [eɪ]	**said** [e]	**said** [e]	sagen
(to) **see**	**saw**	**seen**	sehen
(to) **sell**	**sold**	**sold**	verkaufen
(to) **send**	**sent**	**sent**	schicken, senden
(to) **set sth. up**	**set**	**set**	etwas errichten, aufbauen; etwas arrangieren
(to) **sew** [əʊ]	**sewed** [əʊ]	**sewn** [əʊ]	nähen
(to) **shake**	**shook**	**shaken**	schütteln, zittern
(to) **shine**	**shone** *[BE:* ɒ, *AE:* əʊ]	**shone** [ɒ, əʊ]	scheinen *(Sonne)*
(to) **shoot** [uː]	**shot** [ɒ]	**shot** [ɒ]	schießen; erschießen
(to) **shrink**	**shrank**	**shrunk**	schrumpfen
(to) **sing**	**sang**	**sung**	singen
(to) **sink**	**sank**	**sunk**	sinken
(to) **sit**	**sat**	**sat**	sitzen; sich setzen
(to) **sleep**	**slept**	**slept**	schlafen
(to) **speak** [iː]	**spoke**	**spoken**	sprechen
(to) **spend**	**spent**	**spent**	*(Zeit)* verbringen; *(Geld)* ausgeben
(to) **spin around**	**spun**	**spun**	sich (im Kreis) drehen; herumwirbeln
(to) **spread** [e]	**spread** [e]	**spread** [e]	ausbreiten, verbreiten; sich ausbreiten, verbreiten
(to) **stand**	**stood**	**stood**	stehen; sich (hin)stellen
(to) **steal**	**stole**	**stolen**	stehlen
(to) **stick**	**stuck**	**stuck**	stechen, stecken
(to) **sting**	**stung**	**stung**	stechen; brennen
(to) **swim**	**swam**	**swum**	schwimmen
(to) **take**	**took**	**taken**	(mit)nehmen; (weg-, hin)bringen; dauern
(to) **teach**	**taught**	**taught**	unterrichten, lehren
(to) **tear** [teə]	**tore**	**torn**	reißen, zerreißen
(to) **tell**	**told**	**told**	erzählen, berichten
(to) **think**	**thought**	**thought**	denken, glauben
(to) **throw**	**threw**	**thrown**	werfen
(to) **tread** [e]	**trod**	**trodden**	treten
(to) **understand**	**understood**	**understood**	verstehen
(to) **wake up**	**woke up**	**woken up**	aufwachen; (auf)wecken
(to) **wear** [eə]	**wore** [ɔː]	**worn** [ɔː]	tragen *(Kleidung)*
(to) **win**	**won** [ʌ]	**won** [ʌ]	gewinnen
(to) **write**	**wrote**	**written**	schreiben

Writing a limerick

p. 88

a) There are 8 syllables in lines 1,2 and 5. There are 5 syllables in lines 3 and 4.
b) The correct order is: *There was a young man from Cologne*
Who called his best friend on his phone:
Let's go for a walk,
And have a good talk
It's much better than being alone.
c) Individual answers.

Similes

p. 88

1. like a cat on a hot tin roof 2. like a bull in a china shop 3. as stubborn as a mule 4. as bold as brass 5. as cool as a cucumber 6. as easy as pie 7. as good as gold

DNA manipulation

p. 89

1. New methods of manipulating DNA are being discovered by scientists every day it seems. **Picture F**
2. Here, genetic material is being extracted from a human cell. **Picture A**
3. DNA sequences are being examined by a scientist looking for damaged genes that can lead to disease. **Picture C**
4. The disease-causing gene is being replaced with a good copy from a healthy cell. **Picture B**
5. Still the question of whether we should change our genetic code is being discussed today. **Picture E**

Advertising slogans

p. 89

a) 1. Fresh breath leads to success **Picture F**
2. A journey is more than just getting from A to B. **Picture A**
3. Keep your whole life in your pocket. **Picture B**
4. Start your day the healthy way. **Picture C**

b) Individual answers for **Pictures D and E.**

Synonyms

p. 90

a) incredible – unbelievable; observe – watch; relatives – family; mad – angry; notice – spot; respond – answer; stingy – mean; care for – look after; giggle – laugh; appropriate – suitable;
No synonyms in the box: cry, nervous, question, stranger
b) Individual answers

Where was it said?

p. 90

a) A + 3, B + 1, C + 7, D + 6, E + 4, F + 5, G + 2, H + 9, I + 8
b) Minor variations are possible
1. The store offers/offered/is offering €50 cashback on old smartphones.
2. The referee warned the player not to do it again.
3. They announced a ten minute delay for the London train.
4. The doctor advised the patient to take some medicine and rest at home.
5. The teacher told the boys to concentrate.
6. The child refused to give the toy to another child.
7. The teacher suggested extra maths lessons for Tim.
8. The waiter recommended the pasta (to the customer).

What do you mean?

p. 91

1. i fries = chips; 2. j cell phone = mobile phone; 3. b wait in line = queue; 4. g pants = trousers; 5. f restroom = toilets; 6. d fall = autumn; 7. c sidewalks = pavements; 8. e cookie = biscuit; 9. h streetcar = tram; 10. a vacation = holiday

Digital Activism

p. 91

a) Match the form of digital campaign or protest with the correct description
A Pictivism – 3 B Viral video challenges – 2 C Online petitions – 4 D Hashtag protests – 1

b) Individual answers
A Other examples of well-known pictivism trends include posting your favourite childhood cartoon character (against child abuse), environmental images (promoting green campaigns), anti-nuclear power/weapons symbols, the flags of countries who have suffered terrorist attacks.
B Another example of viral videos is the mannequin challenge, where people stand still.
C There are many, many examples of online petitions – serious as well as funny. A funny example is the online petition in France asking Barack Obama to become French President which attracted fifty thousand signatures in 2017.
D Again, there are new hash tags every day. Some famous ones include #OscarsSoWhite (promoting diversity in the Oscar movie award nominations, #JeSuisCharlie (promoting free speech in the face of the terrorist attack on the French magazine Charlie Hebdo.

Adjectives to adverbs

p. 92

Suggested answers:
1. Luckily, the weather is very good for the football match.
2. Normally, we watch two films in a row on Saturdays.
3. Frank gently told Sally the bad news. / (Very) gently, Frank told Sally the bad news.
4. Ben and Kevin both react allergically to nuts.
5. Try not to speak so glumly when you're doing your presentations in class.
6. Anish's classmates think very highly of him.
7. He came into the room and smiled awkwardly at us.
8. She always plays the piano so passionately.
9. Do try to speak more respectfully to your parents.
10. It rained so heavily that it caused serious flooding.

Change one letter

p. 92

1 JOB, 2 RISE 3 EAT 4 SEA 5 MEAT 6 GROW 7 HUGE 8 CAUSE 9 POINT 10 SOME 11 LEVEL
Three word sentence: BEES ARE COOL.

Relationships

p. 93

a) Asking somebody out: B, F, H
Breaking up with somebody: A, C, D, I
Being on a date with somebody: E, G, J

b) 1. C, 2. F, 3. A, 4. D, 5. B, 6. E

English G Access uses the same special vocabulary *('Operatoren')* that is used in standard tests.
Make sure you understand what you need to do when you read one of the verbs below.

The task says	German	Example
ANFORDERUNGSBEREICH I (Comprehension)		
Complete/Finish sth.	Vervollständige etwas.	*Use the words in brackets to complete the sentences. Finish three sentences in a different way.*
Describe sth.	Beschreibe etwas.	*Describe the atmosphere in the park.*
Imagine.	Stelle dir vor.	*Imagine you live in New York.*
List things.	Liste/ Führe Sachen auf.	*List the reasons the two writers give.*
Look sth. up.	Schlage etwas nach.	*Look up the words in a dictionary.*
Make notes (on/about sth.).	Mach (dir) Notizen (über/zu etwas) (zur Vorbereitung)	*Make notes on what you see in the photos.*
Match sth.	Ordne etwas zu.	*Match the definitions to the pictures.*
Outline sth.	Skizziere etwas.	*Outline the author's main ideas.*
Scan a text (for sth.).	Suche einen Text (nach etwas) ab.	*Scan the article for these numbers.*
Skim a text.	Überfliege einen Text (um den Inhalt grob zu erfassen)	*Go to page 177. Skim the three texts there and decide which one you should read.*
Structure sth.	Strukturiere etwas.	*Structure the vocabulary in the box.*
Summarize (sth.) / Sum (sth.) up	Fass (etwas) zusammen.	*Sum up / Summarize the main points of your presentation.*
Take notes (on/about sth.).	Mach (dir) Notizen (über/zu etwas) (beim Lesen oder Zuhören)	*Listen to the woman and take notes on what she tells you.*
Work sth. out.	Finde etwas heraus.	*In each situation, there is something you can't hear. Work out from the context what it is.*
Write *(+ text type)*	Schreibe *(+ Texttyp)*.	*Choose five words from box 1 and write sentences with them.*

ANFORDERUNGSBEREICH I/II (Comprehension/Analysis)		
Present sth.	Stelle etwas vor.	*Discuss your ideas and present them to the class.*
Report sth. (to sb.)	Berichte (jm.) (von) etwas.	*Report your ideas to the class.*

The task says	German	Example
ANFORDERUNGSBEREICH II (Analysis)		
Check sth.	Prüfe etwas.	*Check that you have all the special vocabulary you need.*
Compare two things.	Vergleiche zwei Sachen.	*Compare your tables and correct them if necessary.*
Decide.	Entscheide dich.	*Decide if the people in the dialogues speak British or American English.*
Explain sth.	Erkläre etwas.	*Explain what decision she has made and why.*
Give reasons for sth.	Begründe etwas.	*Give reasons for your answer.*
ANFORDERUNGSBEREICH III (Discussion and comment)		
Agree on sth.	Einigt euch auf etwas.	*Use a placemat to agree on five places to visit.*
Assess sth.	Beurteile etwas.	*Use the feedback sheet to assess each other's report.*
Comment on sth.	Kommentiere etwas.	*Comment on what went wrong.*
Discuss sth.	Diskutiert über etwas / Besprecht etwas.	*Discuss your alternative titles and choose the best one.*
Give (sb.) feedback.	*Gib (jm.) Feedback/Rückmeldung.*	*Take notes on your partner's talk and give them feedback.*
Share sth. (with sb.)	*Teile etwas (mit jm.)*	*Share your ideas and give each other feedback.*

Titelbild

Junge Frau: **Shutterstock**/lzf, Landstraße: **Glowimages**

Illustrationen

S. 11 unten: Cornelsen/**Eric Gira**, Berlin (S. 22, S. 28, S. 53 ob.li., S. 55 B, S. 55 A, S. 70, S. 77, S. 90, S. 94 unten, S. 96 unten; S. 119, S. 145, S. 173 links, S. 189 oben); **Michael Fleischmann** (S. 162 recht, S. 162 links, S. 170, S. 178); **M.B.Schulz**, Düsseldorf (S. 166); **Bernd Kissel** (S. 72 ob.re.); **Carlos Borell**, Berlin (S. II); **Roland Beier** (S. 150); **Tobias Dahmen**, Utrecht/NL (S. 15 ob.li., S. 15 ob.re., S. 16, S. 23 unten, S. 27 links, S. 27 mitte.li., S. 27 mitte.re., S. 27 recht, S. 37, S. 42, S. 60, S. 68, S. 144 oben, S. 144 unten, S. 146, S. 148, S. 174, S. 186 unten, S. 186 oben, S. 152).

Fotos

action press (S. 30 1: Sipa Press); **akg-images** (S. 100 3.v.ob.; S. 18: Pictures From History); **ATC Management/Kate Tempest** (S. 12 oben & unten); **Colourbox** www.colourbox.de (S. 50 links:; S. 95); **Bonnie Glänzer** (S. 108; S. 115); **Crooked Letter Films**, NY (S. 124: Cornelsen); **Fotolia** (S. 72 ob.li.: Cornelsen/Irochka); **Photonica** (S. 72 ob.mi.: Cornelsen/ Jane Leon /Getty Images); **Sapna Richter**, Berlin (S. 21; S. 46; S. 47; S. 53 ob.li.; S. 61; S. 117; S. 121; S. 128 oben); **The Waterland Blog** www.waterlandblog.com (S. 44 oben); **ddp images** (S. 5 unten: Empics/ INTERTOPICS/dapd/Yui Mok; S. 48 un.li.: Empics/ INTERTOPICS/dapd/Yui Mok; S. 31 4: lev dolgachov); **dpa Picture-Alliance** (S. 31 C: AP Photo; S. 49 unten: AP Photo; S. 49 oben: AP Photo; S. 13 links: Everett Collection/Everett Colle; S. 49 mitte: PA Wire/empics; S. 51: zb/dpa-Zentralbild/Manfred Krause); **Dr. Eijiro Miyako** (S. 6; S. 53 ob.re.); **F1online** (S. 10 ob.re.: Westend61/Uwe Umstätter; S. 72 un.mi.re.: Westend61/ Walter Allgöwer); **Fotolia** (S. 96 3.v.ob.: /12ee12; S. 26 mi.un.: Andrey Popov; S. 11 mitte: ave_mario; S. 53 un. li.: bokan; S. 10 un.li.: chanawit; S. 10 mi.li.: djma; S. 54: EtiAmmos; S. 55 D: folienfeuer; S. 100 unten: folienfeuer; S. 92: Irina K.; S. 63: jaddingt; S. 10 mi.re.: Jürgen Fälchle; S. 122: luzitanija; S. 40: Matyas Rehak; S. 123 unten: Miriam Dörr; S. 72 Mitte: Orlando Bellini; S. 126: pressmaster; S. 130: Rawpixel.com; S. 26 oben: Sashkin; S. 110: structuresxx; S. 116: undrey); **GlowImages** (S. 10 un.re.); **imago stock&people** (S. 24 B: Hannelore Förster; S. 50 recht: Olaf Selchow; S. 97 Olaf Selchow; S. 31 3: PAN-IMAGES/Nordmann; S. 98 unten: StockTrek Images; S. 72 un.mi.re.: ZUMA Press); **interfoto e.k.** (S. 24 A: JTB PHOTO/Loop Images); **JR** (S. 45); **laif** (S. 13 recht: CONTRASTO/ARCHIVIO GBB; S. 24 D: Joerg Modrow/Modrow; S. 23 oben: Polaris/Dennis Clark; S. 24 C: Redux/NYT/The New York Times/ RICHARD PERRY); **Lukas Seelwische, die Urbanisten e.V.** (S. 101); **mauritius images** (S. 5 oben: alamy stock photo/andrew sadler; S. 10 ob.li.: alamy stock photo/ andrew sadler; S. 48 un.re.: alamy stock photo/Anthony Collins; S. 30 2: alamy stock photo/Guy Corbishley; S. 31 D: alamy stock photo/JOHN BRACEGIRDLE; S. 53 un.re.: alamy stock photo/Kathryn Truepenny; S. 123 oben: alamy stock photo/Picture Partners; S. 11 oben: Dreet Production/Mito Images/Mito Images / Dreet Production); **Momondo/The DNA Journey** (S. 25 A; S. 25 B; S. 25 C; S. 25 D); **Penguin Random House** (S. 33: Joan Abelove); **Reuters** (S. 52 ob.re.: Wolfgang Rattay); **Shutterstock** (S. 207 mi.re.ob.: 3drenderings; S. 204 mi.ob.: A_Lesik; S. 89 F un.: Africa Studio; S. 221 oben: Africa Studio; S. 197 un.re.: Aila Images; S. 200 recht: Alan Tunnicliffe; S. 217 mi.li.: Alex Leo; S. 98 mitte: alexmillos; S. 221 unten: Amarita; S. 53 un.re.: Andrey_ Popov; S. 215 un.li.: aopsan; S. 106: AVAVA; S. 55 C: bluecrayola; S. 99: bluecrayola; S. 173 mi.re.: bluehand; S. 55 B: Bobnevv; S. 96: Bobnevv; S. 206 ob.li.: carlosdelacalle; S. 128 unten: Cartoonresource; S. 205 oben: Christopher Elwell; S. 200 links:;S.26 mi.ob.: Corepics VOF; S. 30 B: CREATISTA; S. 197 1.v.ob.re: Daniel M Ernst; S. 58 ob.re.: Daniel Prudek; S. 215 oben: shutterstock/Daniel Prudek; S. 207 oben: shutterstock/ Dario Lo Presti; S. 204 unten: shutterstock/deepspace; S. 197 2.v.ob.re.: DiversityStudio; S. 65: dobrohotovo; S. 15 unten: DVARG; S. 91 ob.re.: elmm; S. 89 E ob.: Elnur; S. 89 E un.: eranicle; S. 210 unten: Ewais; S. 217 mi.re.: foxie; S. 207 mi.re.un.: frantic00; S. 213: Gary James Calder; S. 207 mi.li.un.: GDM; S. 219: Gecko1968; S. 197 mi.li.: George Rudy; S. 207 un.re.: GG Studios Austria; S. 89 D ob.: Golden Pixels LLC; S. 89 C ob.: gopixa; S. 8 vorne: Interior Design; S. 53 un.li.: /nterior Design; S. 48 oben: Joseph Sohm; S. 197 un.li.: JPC-PROD; S. 206 ob.re.: jprom; S. 214: Julia Tim; S. 216: Kao-len; S. 208 oben: Kittisak Jirasittichai; S. 89 B un.: Kostenko Maxim; S. 89 A ob.: koya979; S. 58 un.re.: Lane V. Erickson; S. 204 mi.un.: Laura Gangi Pond; S. 198: Maksym Bondarchuk; S. 91 un.re.: Marcos Mesa Sam Wordley; S. 26 unten: Maxx-Studio; S. 8 hinten: Mendo Wong; S. 208 unten: MichaelJayBerlin; S. 197 mi.re.: michaeljung; S. 57 unten: MJTH; S. 96 oben: Nataliia K; S. 91 ob.li.: Natykach Nataliia; S. 217 un.mi.: notbad; S. 217 un.li.: notbad; S. 217 un.re.: notbad; S. 197 un.mi.: Odua Images; S. 196: ostill; S. 197 2.v.ob.li.: ostill; S. 89 C un.: p_saranya; S. 207 mi.ob.mi.: Pause08;

S. 204 oben: Phonlamai Photo; S. 94 oben: pixs4u; S. 20: Poparic; S. 217 oben: Pretty Vectors; S. 215 un.re.: Pumbastyle; S. 212: racorn; S. 30 A: Rawpixel.com; S. 207 mi.un.mi.: Richard Peterson; S. 105: sarahdesign; S. 66: Sergey Nivens; S. 67: sianc; S. 207 2.v.oben: SnelsonStock; S. 218: solar22; S. 210 oben: sripfoto; S. 207 un.li.: Studio KIWI; S. 83 ob.re.: Studio64; S. 206 unten: studiovin; S. 207 mi.li.ob.: Sunflowerr; S. 96 2.v.ob.: Sven Hoppe; S. 72 un.mi.un.: T. Lesia; S. 72 un.li.: Teresa Prokhoryan; S. 215 un.mi. urfin; S. 217 mi.mi.: USBFCO; S. 208 3.v.ob.: Vadym Zaitsev; S. 39 B ob.: vchal; S. 89 D un.: veryulissa; S. 173 mi.li.: Vilnis Karklins; S. 205 unten: wxin; S. 100 2.v.ob.: yui; S. 209: Yuri Samsonov;S.89 A un.: zentilia); **Sky News** (S. 62 A-D; S. 87 A - H); **The Cinema Guild** (S. 38 A oben; S. 38 B oben: S. 38 A unten; S. 38 C; S. 38 B unten; S. 38 D); **The INSIDE OUT Project** (S. 44 un.li.: Rahel Ambachew; S. 44 un.re.: Rahel Ambachew); **The Ocean Cleanup** (S. 78; S. 80: Yuri van Geenen); **The Scottish Government** (S. 76); **Walker Books Australia** (S. 75); **yourphototoday** (S. 52 ob.li.: www.a1pix com/Andrew_ Ostrovsky /PM).

Texte

S. 12 Excerpts from *"Tiresias"* from *"Hold your Own"* by Kate Tempest Copyright © Kate Tempest, 2014; **S. 13** *"Theme for English B "* from Langston Hughes © 1994 by The Estate of Langston Hughes published by permission of Harold Ober Associates, New York and Liepman AG, Zurich; **S. 14** Excerpts from *"Bestiary"* by Sherman Alexie by permission of Ugly Duckling Press/Nancy Stauffer Associates; Excerpts from *"Postcards from the Hedge"* by Hugh McMillan, with permission of Dumfries: Roncadora Press, 2008 http://www.scottishpoetrylibrary.org.uk/poetry/poems/lochinver; **S. 18** *"Women need to be recognized as a part of our history"* by permission of Shari Boiskin, Eastside-Online.org 2016; **S. 22** Excerpts from *"The Seven Daughters of Eve"* by Bryan Sykes, pages 1-2, W.W. Norton & Company, 2001; **S. 32-34** Adapted Excerpts from *"Go and Come Back"* by permission of DK, a division of Penguin Random House LLC. by Joan Abelove, 1998. All rights reserved; **S. 44** Excerpts from *"Mt. Rainier student's photos now on display outside Des Moines Theater"* Courtesy The Waterland Blog (www.waterlandblog.com); **S. 64-65** Excerpts from *"Maximum Happy Imagination"* from *"MR. PENUMBRA'S 24-HOUR BOOKSTORE"* © 2012 by Robin Sloan. Reprinted by permission of Farrar, Straus and Giroux; **S. 73-74** Excerpts from *"Finding Nevo"* © 2017 by Nevo Zisin, reproduced by permission of Walker Books Australia; **S. 78-80** Excerpts from *"The Crowdfunded Conservationist Who Wants to Save the World"* by Andrew Lewis, Outside Magazine, 2017; **S. 101** *"Create Your Skateplaza 2.0 – Ergebnisse der Workshops, Skaten am U und Contest"* Die Urbanisten e.V., 2016.

Giving feedback to your classmates

TEXT — PRESENTATION

✓ Choose criteria[1] for your feedback.

✎ Add other criteria you need, e.g. for feedback on a story.

CONTENT	
✓	You covered the important points in the task.
✓	The information was interesting/new.
✓	You gave examples/details.
✓	You gave your opinion.
✓	You gave arguments for your opinion.
✎	*Your story had a plot.*[2]
	You described the characters.
	…

TEXT

STRUCTURE	
✓	Your introduction said what the text is about.
✓	You used paragraphs.
✓	Each paragraph had a new idea.
✓	You had a conclusion.
✎	…

LANGUAGE	
✓	You used different adjectives and adverbs.
✓	You joined sentences with linking words.
✓	You used special vocabulary for the topic.
✓	Your spelling was correct.
✓	Your grammar was correct.
✎	…

PRESENTATION

STRUCTURE	
✓	You introduced the topic.
✓	Your presentation had a clear structure.
✓	You showed your main points on a poster/…
✓	You summed up at the end.
✓	You invited us to ask questions.
✎	…

DELIVERY	
✓	You seemed relaxed.
✓	You made eye contact.
✓	You used notes.
✓	You spoke clearly.
✓	You explained your pictures.
✎	…

GROUP PRESENTATION	
✓	You each took on responsibility.
✓	You all supported each other.
✓	Each presenter introduced their contribution[3].
✓	The different contributions were relevant to the topic.
✓	The different contributions fitted together.
✎	…

[1] **criteria** *(pl)* [kraɪˈtɪəriə] Kriterien   [2] **plot** [plɒt] Handlung   [3] **contribution** [ˌkɒntrɪˈbjuːʃn] Beitrag